G. M. Dobrov

WISSENSCHAFT

Grundlagen ihrer Organisation und Leitung

Akademie-Verlag · Berlin 1980

G. M. Dobrov

WISSENSCHAFT

Grundlagen ihrer Organisation und Leitung

Nach einem Manuskript aus dem Russischen
ins Deutsche übersetzt von Klaus-Dieter Goll, Eberswalde
Wissenschaftlich bearbeitet durch Dr. habil. Conrad Grau, Berlin

Erschienen im Akademie-Verlag, 1080 Berlin, Leipziger Str. 3—4
Lektor: Dr. Dorothea Fensch
Korrektor: Gerhard Haenel

Lizenznummer: 202 · 100/45/80
Gesamtherstellung: VEB Druckerei „Thomas Müntzer", 5820 Bad Langensalza
Einbandgestaltung: Rolf Kunze
Bestellnummer: 752 786 2 (6281) · LSV 0305
Printed in GDR
DDR 32,— M

Inhalt

Vorbemerkung

Die Monographie G. M. Dobrovs, die hier der Öffentlichkeit vorgelegt wird, zeigt auf ihre Weise die wachsende Bedeutung der Wissenschaft für die sozialistische Gesellschaft.

Sie stellt den bisher umfassendsten Versuch in den sozialistischen Ländern dar, das Gesamtproblem der Wissenschaftswissenschaft, die sich nach der vom Verfasser wiederholt geäußerten Ansicht noch im Stadium der Ausprägung als eigene Disziplin befindet, zu umgreifen und zugleich zu weiteren Untersuchungen anzuregen. Dobrov legt eine Konzeption der Wissenschaftswissenschaft vor, deren Basis das Systemverständnis der wissenschaftlichen Tätigkeit ist.

Eigene grundlegende Forschungsarbeiten und die seines Kollektivs, praktische Erfahrungen mit den in der UdSSR angewandten Methoden und Verfahren der Leitung, der Planung und der Organisation der Wissenschaft, wissenschaftswissenschaftliche Untersuchungen in den sozialistischen Ländern sowie die Auswertung, Berücksichtigung und kritische Verarbeitung von Ergebnissen der Wissenschaftsforschung in nichtsozialistischen Ländern bieten ihm die Grundlage für eine Verallgemeinerung des Forschungsstandes sowie für die Darlegung seiner theoretisch durchdachten marxistisch-leninistischen Konzeption, die — wie Dobrov immer wieder betont — der weiteren Diskussion, Präzisierung und Abwandlung bedarf.

Die Zielstellung konzentriert sich dabei in allen behandelten Fragen darauf, handhabbare Methoden und Verfahren zu erschließen, um unter den Bedingungen sozialistischer gesellschaftlicher Verhältnisse die Leitung, die Planung und die Organisation der Wissenschaft zu verbessern, die Produktivität und die Effektivität der wissenschaftlichen und der wissenschaftlich-technischen Tätigkeit zu erhöhen und so zur Intensivierung der wissenschaftlichen Arbeitsprozesse beizutragen.

Die erste monographische Arbeit von Dobrov zur Wissenschaftswissenschaft ist in der DDR im Jahre 1969 erschienen. Sie beruhte auf der russischen Ausgabe von 1966. Beide Werke führten den Untertitel „Einführung in die Allgemeine Wissenschaftswissenschaft".[1] Die in diesem Werk aufgeworfenen Probleme hat Dobrov seither intensiv weiter verfolgt. Seine Forschungsergebnisse — auch solche seines in Kiev arbeitenden Kollektivs — wurden in den folgenden Jahren auch in der DDR veröffentlicht[2] und fanden ein breites Echo.[3]

Es ist verständlich, daß in die hier vorliegende Monographie Material und Ergebnisse Eingang gefunden haben, die Dobrov für seine bisherigen Publikationen bereits benutzt hat, wobei es sich jedoch nicht um eine bloße Aneinanderreihung überarbeiteter Passagen dieser Titel handelt.

Alle genannten früheren Arbeiten, insbesondere die erste — von Günther Lotz herausgegebene und von Hubert Horstmann übersetzte — Ausgabe der „Wissenschaftswissenschaft" Dobrovs, behalten ihren Wert als Markierungspunkte der Entwicklungsstadien der Dobrovschen Konzeption und der Genesis der Wissenschaftswissenschaft als Forschungsdisziplin. Sie sind in dem neuen Werk aufgehoben, sie sind bewahrt und zugleich weiterentwickelt, korrigiert und theoretisch vertieft. Der Gewinn dieser hier vorgelegten neuen und bisher umfangreichsten Arbeit Dobrovs liegt folglich neben dem neu aufbereiteten Material vor allem in der konzeptionellen Durcharbeitung des bisher Erarbeiteten, in der infolge des erreichten Forschungsstandes unbedingt notwendigen Bestandsaufnahme und in

1 G. M. Dobrov: Wissenschaftswissenschaft. Einführung in die Allgemeine Wissenschaftswissenschaft. Herausgegeben und mit einem Vorwort versehen von Dr. Günther Lotz, Berlin 1969, 2., verb. Aufl. 1970; G. M. Dobrov: Nauka o nauke. Vvedenie v obščee naukoznanie, Kiev 1966; ders., Nauka o nauke. Vvedenie v obščee naukovedenie, 2., erg. u. überarb. Aufl., Kiev 1970.

2 G. M. Dobrov: Aktuelle Probleme der Wissenschaftswissenschaft, Berlin 1970; ders.: Wissenschaftsorganisation und Effektivität, Berlin 1971; ders.: Potential der Wissenschaft, Berlin 1971; ders.: Prognostik in Wissenschaft und Technik, Berlin 1971; Leitung der Wissenschaft. Wissenschaftliche Reaktion Prof. G. M. Dobrov, Kiev, Berlin 1974. Erwähnt werden muß in diesem Zusammenhang auch G. M. Dobrov: Wissenschaft: ihre Analyse und Prognose, Stuttgart 1974. Dieses Werk beruht auf einer vom Verlag der Presseagentur Nowosti (APN), Moskau, vorbereiteten englischen Übertragung einer russischen Vorlage.

3 Wissenschaft. Stellung, Funktion und Organisation in der entwickelten sozialistischen Gesellschaft. Herausgegeben von Günter Kröber u. Hubert Laitko, Berlin 1975; vgl.: Deutsche Zeitschrift für Philosophie, Jg. 25, 1977, H. 5, S. 613—616; Deutsche Literaturzeitung, Jg. 97, 1976, H. 10, Sp. 833—836.

Die in deutscher Sprache erschienenen Werke G. M. Dobrovs wurden u. a. in folgenden Zeitschriften rezensiert: Deutsche Zeitschrift für Philosophie, Jg. 19, 1971, H. 12, S. 1513 bis 1519; ebenda, Jg. 20, 1972, H. 6, S. 760—764; Die Wirtschaft, Nr. 32, 6. August 1970; Deutsche Literatur-Zeitung, Jg. 91, 1970, H. 12, Sp. 1025—1027; ebenda, Jg. 92, 1971, H. 5/6, Sp. 385; Spektrum, Jg. 3, 1972, H. 3, S. 10—11; Zentralblatt für Bibliothekswesen, Jg. 86, 1972, H. 7, S. 430—432.

dem Bemühen einer umfassenderen theoretischen Durchdringung einer Wissenschaftsdisziplin, die weiterhin Forschungsgegenstand ist und bleiben wird und für die das Interesse ständig wächst.

Conrad Grau

Vorwort des Verfassers

Während der letzten Jahrzehnte wurde immer offenkundiger, daß die Wissenschaft ein hochkompliziertes System kollektiver theoretisch-erkennender und praktisch-angewandter Tätigkeit ist.

Die geniale Voraussage von Karl Marx, daß die Wissenschaft in immer umfassenderem Maße zu einer unmittelbaren Produktivkraft der Gesellschaft werde, finden wir in unseren Tagen vollauf bestätigt.

Die organische Vereinigung der Vorzüge des Sozialismus mit den Möglichkeiten der modernen wissenschaftlich-technischen Revolution ist der theoretische Grundgedanke der Wissenschaftsstrategie in allen Ländern der entwickelten sozialistischen Gesellschaft.

Für die sowjetische Wissenschaft haben die Beschlüsse des XXV. Parteitages der KPdSU, die eine größere Effektivität des wissenschaftlich-technischen Fortschritts und einen stärkeren Einfluß der Wissenschaft auf alle Bereiche der gesellschaftlichen Produktion fordern, historische Bedeutung. Die Wissenschaft ist heute zum wichtigsten Intensivierungsfaktor der Produktion geworden, und deshalb muß die systematisch und zielstrebig von extensiven zu intensiven Methoden übergehen. Um dieses Ziel möglichst rasch zu erreichen, hat der XXV. Parteitag der KPdSU ein umfassendes Programm zur Verbesserung der Organisation, der Planung und der Leitung der sowjetischen Wissenschaft beschlossen.

Vor allem die folgenden Gedanken bestimmen daher gegenwärtig die wissenschaftswissenschaftlichen Forschungen in der UdSSR: Orientierung der Wissenschaft auf die untrennbare Einheit von Theorie und Praxis, Sicherung der Kontinuität von Nah- und Fernzielen des gesellschaftlichen Fortschritts, verstärkter Einsatz wissenschaftlicher Methoden bei der Planung und Leitung, systemtheoretische Fundierung der Prozesse von wissenschaftlicher Forschung und Produktion, begründete Prognosen der Wissenschaftsstrategie für die effektive Wechselwirkung von Wissenschaft und gesellschaftlicher Produktion usw.

Die vorliegende Monographie ist ein Versuch, im letzten Jahrzehnt erarbeitete Erfahrungen der Wissenschaftswissenschaft zu verallgemeinern. Der Verfasser geht dabei von der festen Überzeugung aus, daß die Wissenschaftswissenschaft der Länder des Sozialismus und unsere Erfahrungen bei der Organisation und Leitung der Wissenschaft eine sichere Grundlage für die effektive Lösung jener Probleme bieten, die der XXV. Parteitag der KPdSU der sowjetischen Wissenschaft gestellt hat.

Mit besonderer Freude verweise ich an dieser Stelle darauf, daß die Zusammenarbeit auf dem Gebiet der Wissenschaftswissenschaft zwischen der UdSSR und der DDR in den vergangenen Jahren außerordentlich eng und fruchtbringend gewesen ist. Das vorliegende Buch stützt sich unter anderem auch auf theoretische Untersuchungen zur Organisation und Leitung der Wissenschaft in der DDR. Der Autor hat versucht, auf Bemerkungen zu antworten und Wünsche zu berücksichtigen, die von Kollegen in der UdSSR und aus der DDR an ihn herangetragen worden sind. Dieses Buch konnte geschrieben werden dank der schöpferischen Arbeit vieler Kollegen sowohl in der Sowjetunion als auch in der DDR und insbesondere dank der fruchtbringenden Mitwirkung meiner Schüler und Kollegen in der Abteilung „Komplexprobleme der Wissenschaftswissenschaft" des Instituts für Kybernetik der Akademie der Wissenschaften der Ukrainischen SSR.

Gennadij Dobrov

Der Weg ins Heute

(Einführung)

Vor Millionen von Jahren begann die Species Homo sapiens ihren langen Weg des Fortschritts. Der Mensch drang auf ihm in die Geheimnisse der Mikrowelt ein, und er stieß in die Weiten des Kosmos vor. Er schuf automatische Produktionssysteme und mit der elektronischen Datenverarbeitung ein gewaltiges technisches Hilfsmittel für die geistige Arbeit. Er hat gelernt, künstliche Materialien zu produzieren, Kernreaktionen zu steuern und das Geheimnis der Vererbung weitgehend zu enträtseln. Unsere Zeit wird deshalb oft stolz das „atomare", das „chemische" oder das „kosmische" Jahrhundert genannt, und angesichts dieser wissenschaftlichen Fortschritte bezeichnet man sie auch als das „Jahrhundert der großen Hoffnungen".

Der gegenwärtige wissenschaftlich-technische Fortschritt zeichnet sich durch wachsende Schnelligkeit und Universalität aus. Zwischen der Periode der antiken Metallurgie und der Entwicklung der modernen Metallographie lagen fast drei Jahrtausende. Von den ersten astronomischen Instrumenten bis zur Entstehung der wissenschaftlichen Astronomie dauerte es anderthalb Jahrtausende. Von der Erfindung des Mikroskops bis zur Entwicklung der modernen Bakteriologie vergingen etwas mehr als zwei Jahrhunderte. Aber nur ein halbes Jahrhundert trennte die Entdeckung der Radioaktivität vom Bau der ersten Atombombe. Und zwischen der Grundlegung der elektronischen Steuerungs- und Regelungstechnik und den ersten Flügen des Menschen in den Kosmos lagen bereits weniger als 20 Jahre.

Das ist kein Zufall. Dieses hohe und sich ständig beschleunigende Tempo des wissenschaftlich-technischen Fortschritts hat seinen tiefsten Grund in den schnell wachsenden Bedürfnissen der Menschheit. Wir sprechen deshalb heute nicht mehr vom Fortschritt der Wissenschaft oder vom Fortschritt der Technik im einzelnen, sondern vom wissenschaftlich-technischen Fortschritt insgesamt, und in ihm spielt die Wissenschaft in der Regel die führende Rolle.

Kennzeichnend dafür ist auch der sich ständig verkürzende Abstand zwischen dem Zeitpunkt einer wissenschaftlichen Entdeckung und dem Zeitpunkt ihrer technischen Nutzung. Mitte des 19. Jahrhunderts wurde dieser Zeitraum noch in

Jahrzehnten gemessen. Ein Jahrhundert später ist diese Frist auf wenige Jahre geschrumpft.

In der Geschichte des wissenschaftlich-technischen Fortschritts der Menschheit hat der jeweils erreichte Entwicklungsstand in der Erkenntnis der Kompliziertheit der objektiven Welt und der vom Menschen geschaffenen Systeme unvermeidlich zur Komplizierung der Wissenschaft als eines Systems von Erkenntnissen geführt und die Komplizierung der Wissenschaft als eines Organisationssystems zur Folge gehabt. Die charakteristischen Etappen dieses Prozesses[1] sind in Tabelle 1 dargestellt.

Das Verständnis für die moderne Wissenschaft und ihre beschleunigte Entwicklung bliebe sehr unvollständig ohne folgende wesentliche Züge:

- die Entstehung neuer wissenschaftlicher Disziplinen, die Erkenntnisse und Methoden mehrerer verschiedener Wissenschaften in sich vereinen;
- den Übergang von der Beschreibung und qualitativen Analyse zu einer Verbindung von qualitativen und quantitativen Methoden; damit im Zusammenhang stehen die Tendenz zur „Mathematisierung“ der Wissenschaften und der zunehmend abstrakte Charakter neuer wissenschaftlicher Theorien;
- die sich immer deutlicher abzeichnende Tendenz zur Vereinigung von „industrieller“ und „akademischer“ Wissenschaft mit der Hochschulausbildung der Spezialisten;
- die Schaffung von großen Forschungs- und Entwicklungszentren mit entwickelter Experimentier- und Produktionsbasis;
- die Konzentration von heterogen zusammengesetzten Wissenschaftlerkollektiven auf die Lösung besonders wichtiger komplexer wissenschaftlicher Probleme auf der Grundlage staatlicher Wissenschaftsplanung und internationaler Forschungskooperation.

Der entscheidende Faktor des wissenschaftlich-technischen Fortschritts ist heute die radikale qualitative Veränderung des Verhältnisses von Wissenschaft und Gesellschaft — die zunehmende Verwandlung der Wissenschaft in eine unmittelbare Produktivkraft und in eine soziale Kraft. Dieser Fortschritt auf allen Gebieten des materiellen und kulturellen Lebens hängt immer stärker davon ab, wie schnell die Wissenschaft bei der Erforschung der Gesetzmäßigkeiten in Natur und Gesellschaft voranschreitet. Die Wissenschaft verdient deshalb gegenwärtig die Aufmerksamkeit und Anteilnahme der gesamten Gesellschaft.

Die Aufwendung gewaltiger materieller Mittel und die Ausbildung einer immer größeren Anzahl von Menschen zu Wissenschaftlern — das sind die augenfälligsten Erscheinungsformen gesellschaftlicher Förderung der Wissenschaft.

Tabelle 1
Etappen des wissenschaftlich-technischen Fortschritts nach den Ebenen der Kompliziertheit der Systeme, die erkannt und geschaffen werden

Lfd. Nr.	Stadien zunehmender Kompliziertheit	Perioden	Chronologischer Rahmen	Quantitative Charakteristika der Systeme	Qualitative Charakteristika der Systeme	Beispiele typischer Systeme	Wesenszüge der Wissenschaft als eines Systems von Erkenntnissen	Wesenszüge der Wissenschaft als Organisationssystem
1	2	3	4	5	6	7	8	9
1.	Stadium der kleinen (einfachen) Gegenstände	Beginn	Frühes und mittleres Paläolithikum	10^0	Nutzung von Einzelfällen		Sammlung empirischer Erfahrungen und Weitergabe durch den Mechanismus der Vererbung. Erste Elemente der Erziehung	
		Reife	Spätes Paläolithikum			Erste Zeichen und Signale		
2.	Stadium der sich verwandelnden Gegenstände	Beginn	Mesolithikum und frühes Neolithikum	10^1	Anfertigung und Benutzung vereinzelter Gegenstände		Sammlung empirischer Erfahrungen	
		Reife	Spätes Neolithikum (nach der Entstehung des Ackerbaus)			Antike Zeichensysteme (Anfänge der Schrift)	Erste Elemente der Belehrung	
3.	Stadium der großen oder komplizierten (zusammengesetzten) Gegenstände	Beginn	Neolithikum des Alten Orients bis zur Entstehung des Handwerks und der Städte		Herstellung von komplizierten, zusammengesetzten Gegenständen u. Beginn ihrer systematischen Anwendung	Zusammengesetzte Gegenstände (Großbauten, Wassermühlen). Waffenkomplexe		
		Reife	Städtische Zivilisationen der Antike und des Mittelalters	$10^1 - 10^2$			Entstehung erster wissenschaftlicher Systeme	Einzelwissenschaftler

Tabelle 1 (Fortsetzung)

Lfd. Nr.	Stadien zunehmender Kompliziertheit	Perioden	Chronologischer Rahmen	Quantitative Charakteristika der Systeme	Qualitative Charakteristika der Systeme	Beispiele typischer Systeme	Wesenszüge der Wissenschaft als eines Systems von Erkenntnissen	Wesenszüge der Wissenschaft als Organisationssystem
1	2	3	4	5	6	7	8	9
4.	Stadium der kleinen oder einfachen Systeme	Beginn	Zeitalter der Manufaktur des 16. bis 18. Jahrhunderts	Anzahl der Systemelemente	Die Systeme besitzen Elemente mit einer in der Regel determinierten Wechselwirkung	Klassische Maschinen und Systeme von Mechanismen (Uhren, Arbeitsmaschinen, Dampfmaschinen, Elektroantrieb)	Newtonsche deterministische Naturwissenschaft. Bevorzugte Entwicklung von Analysemethoden	„Kleine Wissenschaft"
		Reife	Von der ersten industriellen Revolution bis Ende des 19. Jahrhunderts	10^2—10^4				
5.	Stadium der großen oder komplizierten Systeme	Beginn	Erste Hälfte des 20. Jahrhunderts (Umwälzung in der Naturwissenschaft)	Anzahl der Systemelemente	Die Systeme werden durch eine sich komplizierende massenhafte stochastische Wechselwirkung der Elemente gekennzeichnet	Automatische Fernsprechvermittlung, Systeme zur Verarbeitung von Masseninformation, Systeme zur Steuerung von Raumschiffen und komplizierten experimentellen Einrichtungen für die Forschung	Triumph der Relativitätsprinzipien. Statistisches Bild der Welt. Systematisches (kybernetisches) Herangehen an die Erforschung der objektiven Welt	
		Reife	Epoche der zweiten wissenschaftlich-technischen Revolution	10^4—10^6				„Große Wissenschaft"

Tabelle 1 (Fortsetzung)

Lfd. Nr.	Stadien zunehmender Kompliziertheit	Perioden	Chronologischer Rahmen	Quantitative Charakteristika der Systeme	Qualitative Charakteristika der Systeme	Beispiele typischer Systeme	Wesenszüge der Wissenschaft als eines Systems von Erkenntnissen	Wesenszüge der Wissenschaft als Organisationssystem
1	2	3	4	5	6	7	8	9
6.	Stadium der sich verwandelnden oder ultrakomplizierten Systeme	Beginn Reife	Ende des 20. — Beginn des 21. Jahrhunderts	Anzahl der Elemente etwa 10^7—10^{10}	Dank dem hohen Organisationsniveau besitzen die Systeme Fähigkeiten zum Wachstum, zur Entwicklung und zur Umwandlung. Realisierung der Prinzipien des Selbstlernens und der Selbstvervollkommnung	Vorrichtungen zur Modellierung komplizierter Denkprozesse. Synthetisierung lebender Substanz. Globale ökonomische und Informationssysteme	Die Wissenschaft wird einen ausgeprägten metawissenschaftlichen Charakter besitzen. Wissenschaftliche Heuristik (Methodik des Schöpfertums). Erkenntnis des einheitlichen Weltbilds (unbelebte und lebende Materie, Mensch, Gesellschaft)	Die Wissenschaft ist organisatorisch eins mit dem Gesamtsystem der Lebenstätigkeit des gesellschaftlichen Menschen („Hypergroße Wissenschaft“)

Das Verständnis für die unermeßlichen Möglichkeiten der Wissenschaft — im positiven wie negativen Sinne — hat für den Fortschritt der Menschheit in unserer Epoche existentielle Bedeutung gewonnen. Die Atombomben könnten die Welt zerstören, wenn die Wissenschaft sie nicht ernst nimmt — so warnen zeitgenössische Wissenschaftler, und es ist viel Wahres an diesen Worten.

Belege dafür sind sowohl die Dutzenden von Tonnen herkömmlichen Sprengstoffs entsprechende atomare Sprengkraft, die gegenwärtig je Bewohner unseres Planeten gelagert ist, als auch die Verschmutzung der Erdatmosphäre durch früher durchgeführte Atomtests. In den letzten Jahren gelang es den progressiven Kräften zwar, ein weitgehendes Verbot überirdischer Atomtests durchzusetzen. Die Zukunft der Menschheit fordert jedoch gebieterisch die Vernichtung und Ächtung aller Kernwaffen im Rahmen einer umfassenden Abrüstung im Weltmaßstab.

Aber nicht nur die Atom- und Wasserstoffbomben sind eine globale Gefahr. Unübersehbare Katastrophen können auch durch viele andere heute durchaus realisierbare technische Projekte, etwa durch das Schmelzen der Eismassen der Antarktis oder durch die Umleitung des Golfstroms, entstehen. Deshalb gewinnt in unserer Epoche die internationale Zusammenarbeit der Wissenschaftler besondere Bedeutung, wie sie etwa im Rahmen des „Internationalen Geophysikalischen Jahres", des „Jahres der ruhigen Sonne" und anderer internationaler Forschungsprojekte erreicht werden konnte.

Mehr als 120 Milliarden Dollar wurden bereits in den sechziger Jahren im Weltmaßstab für die Rüstung ausgegeben, inzwischen sind es 400 Milliarden. Schon 8 bis 10 Prozent dieser Summe würden ausreichen, um innerhalb von 20 Jahren in allen notleidenden Gebieten unseres Planeten Hunger, Seuchen und Analphabetismus auszurotten. Mit weniger als 17 Prozent dieser Mittel könnte im Verlauf von 25 Jahren in den ökonomisch schwachentwickelten Ländern eine echte technische Revolution durchgeführt werden: Kraftwerke mit einer Gesamtkapazität von 230 Millionen kW, Stahlwerke mit einem Gesamtausstoß von jährlich 185 Millionen t könnten gebaut und mehr als 100 Millionen ha Land bewässert werden.[2] Um diesen Zielen näherzukommen, müssen jedoch die progressiven Kräfte in aller Welt ihrer historischen Mission gerecht werden und auf unserem leidgeprüften Planeten eine menschenwürdige soziale Ordnung schaffen, damit dem Fortschritt von Wissenschaft und Technik und dem Aufblühen der materiellen und geistigen Kultur der Völker unbegrenzter Raum eröffnet wird.

Eine weitere Gruppe von Problemen, die der Lösung harrt, entstand durch die inneren Widersprüche der Wissenschaftsentwicklung selbst. Um sie richtig verstehen und erfolgreich lösen zu können, bedarf es der wissenschaftlichen Selbsterkenntnis der modernen Wissenschaft; sie muß sich ganz offensichtlich wesentlich

2 Vgl. Militarizm i vooruženie. Spravočnik. Moskau 1963; I. V. Lada: Esli mir razoružitsja. Moskau 1961.

von den früheren Arten der Erforschung der Wissenschaft unterscheiden. Zwei Charakteristika sind für sie spezifisch.

Früher lagen Jahrhunderte zwischen einem Konzeptionswechsel in der Wissenschaft (T_{WK}), und die Zeit, die zwischen einer wissenschaftlichen Entdeckung und ihrer allgemeinen Nutzung verstrich ($T_{Ü}$), betrug ein Mehrfaches der Zeit individueller schöpferischer Tätigkeit eines Wissenschaftlers ($T_c \approx 40$ Jahre):

$$\frac{T_{WK}}{T_c} \cong 2 \div 5\,; \qquad \frac{T_{Ü}}{T_c} \cong 2 \div 3\,.$$

Der Zeitraum dieser Korrelationen hat sich heute um eine ganze Ordnung verringert und beträgt fast immer weniger als 1:

$$\frac{T_{WK}}{T_c} \cong 0{,}2 \div 0{,}5\,; \qquad \frac{T_{Ü}}{T_c} \cong 0{,}1 \div 0{,}3\,.$$

Dieser Umstand zeigt sich deutlich in den spezifischen Schwierigkeiten, mit denen heute jeder schöpferisch tätige Wissenschaftler zu tun hat: Er muß seine Ansichten und Methoden ständig kritisch überprüfen, sie häufig revidieren und nicht selten zugunsten neuer Konzeptionen ganz aufgeben.[3]

Überdies ist die Wissenschaft heute zu einem der sich am schnellsten entwickelnden Arbeitsbereiche der Menschheit geworden. Diese Entwicklung verläuft jedoch höchst ungleichmäßig, und deshalb ist es dringend geboten, nach „Meßgrößen der Wissenschaft" zu suchen und Wege für die effektive Leitung des Arbeitsbereiches „Wissenschaft" zu finden.

Der ständig anwachsende Komplex wissenschaftlicher Forschungsarbeiten verlangt nach neuen Kadern. Die konkrete Analyse der Möglichkeiten für die zusätzliche Ausbildung qualifizierter Wissenschaftler und Ingenieure, die Suche nach einer optimalen Struktur der vorhandenen Wissenschaftler unterschiedlicher Spezialisierung und Qualifikation, die Schaffung günstiger Bedingungen für den effektivsten Einsatz aller in der Wissenschaft Tätigen — dies alles sind dringliche Probleme der modernen wissenschaftlich-technischen Entwicklung.

Unmittelbar verbunden damit ist die Suche nach einer optimalen Struktur der wissenschaftlichen Einrichtungen; sie muß entsprechend den gesellschaftlichen Aufgabenstellungen sowie den Möglichkeiten der Wissenschaft entsprechend veränderbar sein. Die Probleme der Planung und Leitung von Wissenschaftlern und wissenschaftlichen Einrichtungen sowie die Beziehungen im System „Forschung — Entwicklung und technische Realisierung — praktische Nutzung von Neuentwick-

3 Vgl. E. FEJNBERG: Obyknovennoe i neobyčnoe (zametki o razvitii sovremennoj nauki). In: Novyj mir, Nr. 8/1965, S. 207—229.

lungen" müssen sorgfältig erforscht werden, denn der beträchtliche Teil des Nationaleinkommens, der heute für wissenschaftliche Zwecke aufgewendet wird, macht den ökonomischen Aspekt auch im Hinblick auf wissenschaftliche Forschungsprozesse zu einem der wichtigsten Gesichtspunkte. Es müssen Methoden zur Bewertung der Effektivität wissenschaftlicher Arbeit und zu ihrer weiteren Stimulierung gefunden werden, denn von ihrem gesellschaftlichen Nutzen hängt letztlich das weitere soziale Schicksal der Wissenschaft ab.

Vergessen wir nicht: Der bisher durch die Menschheit erreichte Forschritt war nur ein erster, kleiner Schritt auf dem langen Wege in eine großartige vielversprechende Zukunft.[4] Wissenschaftler, die diese Zukunft mitgestalten wollen, benötigen einen zuverlässigen Kompaß, und dieser Kompaß kann nur eine wissenschaftliche Theorie sein, die die Perspektiven der Wissenschaft und ihre Wechselwirkung mit der Gesellschaft voraussehbar macht. Zahllose Naturwissenschaftler und Techniker, Philosophen, Ökonomen, Historiker und Soziologen arbeiten bereits an diesen Problemen und damit am Schicksal der Wissenschaft selbst. Die Geschichte der Wissenschaft beweist, daß auch eine solche Aufgabe gelöst werden kann, wenn das Leben sie erst einmal gestellt hat und wenn die besten Köpfe der Wissenschaft sich ihrer Lösung widmen.

4 Vgl. J. D. Bernal: Die Wissenschaft in der Geschichte. Berlin [3]1967; I. S. Šklovskij: Vselennaja, žizn', razum. Moskau [2]1966, S. 250.

Kapitel 1

Die Wissenschaft von der Wissenschaft

1. Aus der Chronik der Wissenschaftswissenschaft

Die moderne Wissenschaft erforscht alle Seiten der objektiven Realität. Auch die Wissenschaft selbst ist ein real existierendes, würdiges Objekt wissenschaftlicher Forschung. Seitdem es Wissenschaft gibt, gibt es auch Versuche, ihre eigenen Erfahrungen wissenschaftlich zu begreifen. FRANCIS BACON formulierte: „Wissen ist Macht", und seit nunmehr dreieinhalb Jahrhunderten wird dieser Satz durch den wissenschaftlich-technischen Fortschritt bestätigt.

Unter den etwa zweitausend existierenden Wissenschaftsdisziplinen gibt es zwei, die von jeher mehr oder weniger systematisch die Erfahrungen der Wissenschaft studierten. Die eine davon ist die Philosophie. Sie konzentriert ihre Aufmerksamkeit auf die methodologischen Probleme und die allgemeinsten Gesetzmäßigkeiten der Entwicklung des menschlichen Wissens. Die zweite dieser Disziplinen ist die Geschichte der Naturwissenschaft und der Technik. Sie führt gewissermaßen die „Chronik" des wissenschaftlich-technischen Fortschritts und verallgemeinert seine historischen Gesetzmäßigkeiten. Beide Wissenschaften untersuchen die Fakten der Wissenschaft auf der Grundlage qualitativer Analysen.

Moderne Untersuchungen der Wissenschaftsentwicklung konzentrieren sich auf folgende Aspekte:

- Suche nach optimalen Strukturen wissenschaftlicher Einrichtungen und nach den effektivsten Methoden der Wissenschaftsorganisation;
- Ermittlung der Entwicklungstempi und die Bestimmung zukünftiger Wege der Wissenschaft;
- Analyse der Wachstumstendenzen in der Wissenschaft tätiger Menschen;
- Studium der Aufwandsentwicklung für wissenschaftliche Forschungen und der Stimulierung wissenschaftlicher Tätigkeit;
- Untersuchung der Nutzungsintensität wissenschaftlicher Erkenntnisse und Bewertung ihrer Effektivität;
- Ermittlung der individuellen und kollektiven wissenschaftlichen Arbeitsproduktivität;
- Planung und effektivste Leitung des wissenschaftlich-technischen Fortschritts.

Auf das Studium gerade dieser organisatorischen und sozialen Aspekte konzentriert ist die moderne Wissenschaftswissenschaft. Ihr Forschungsgegenstand sind der Wissenschaftsprozeß insgesamt und die wissenschaftliche Arbeit als eine professionell eigenständige Beschäftigungsart.

Die Ergebnisse dieser Untersuchungen sind zunehmend besser theoretisch begründet worden und haben große praktische Bedeutung erlangt. Schließlich wurde ein Stadium erreicht, in dem die Aufgaben der wissenschaftlichen Organisation der Arbeit der Wissenschaftler sowie der wissenschaftlich begründeten Leitung des Wissenschaftsprozesses von einer speziellen wissenschaftlichen Disziplin gelöst werden mußten. Noch ist es zu früh, ihre Geschichte zu schreiben, aber blättern wir dennoch einige Seiten der Chronik der Wissenschaftswissenschaft auf, ohne sie historisch werten zu wollen.

Im 17. Jahrhundert untersuchte RENÉ DESCARTES die individuelle Produktivität der Arbeit der Gelehrten und schlußfolgerte: „... denen , welche die Wahrheit in den Wissenschaften nach und nach zu erforschen suchen, geht es ganz ähnlich wie einem, der reich wird; es fällt ihm weit leichter, großen Reichtum zu erwerben als früher weit geringeren, als er noch arm war."[5] Diese Beobachtung DESCARTES' nahm das bedeutend später formulierte sogenannte Gesetz der beschleunigten Entwicklung der Wissenschaft und seine heutige mathematische Formulierung vorweg.

Im 19. Jahrhundert wurden die ersten systematischen „statistischen Attacken" auf organisatorische und soziale Probleme der Wissenschaft unternommen. Fast gleichzeitig und miteinander polemisierend, veröffentlichten ALPHONSE DE CANDOLLE[6] und FRANCIS GALTON[7] Arbeiten zu diesen Problemen.

DE CANDOLLE stellte sich die Aufgabe, die Wissenschaft als ein ganzheitliches Gebiet der Berufstätigkeit zu untersuchen und, gestützt auf eine Statistik historischer Fakten, die Abhängigkeit des Fortschritts der Wissenschaft von den sozialen, politischen, kulturellen, demographischen und zum Teil von den ökonomischen Bedingungen für die Entwicklung und den Verlauf der Lebenstätigkeit europäischer Wissenschaftler einzuschätzen.[8]

FRANCIS GALTON untersuchte die Verteilung hervorragender Gelehrter unter den Wissenschaftlern verschiedener Zeiten mit Hilfe quantitativer Methoden und schlug eines der ersten statistischen Modelle für eine Erscheinung vor, die später „wissenschaftliche Mehrfachentdeckung" genannt wurde.

An der Schwelle des 20. Jahrhunderts hat sich der Organisator und Erforscher der Wissenschaft, DMITRIJ MENDELEEV, eingehend für die Verbindung der

5 R. DESCARTES: Abhandlung über die Methode. Leipzig 1962, S. 73.

6 Vgl. A. DE CANDOLLE: Histoire des sciences et des savants depuis deux siècles. Génève—Bâle—Lyon 1873, [2]1885; deutsch: Zur Geschichte der Wissenschaften und der Gelehrten seit zwei Jahrhunderten. Leipzig 1911.

7 Vgl. F. GALTON: English Men of Science. London 1874.

8 Vgl. S. R. MIKULINSKIJ/L. A. MARKOVA/B. A. STAROSTIN: Al'fons Dekandol'. Moskau 1973.

Wissenschaft mit der Praxis, für die Struktur wissenschaftlicher Einrichtungen, für die gesetzmäßige Zunahme der Zahl der Wissenschaftler und viele andere Probleme interessiert. Als ein zentrales Prinzip der Wissenschaftspolitik formulierte und begründete er die Feststellung, es gebe „bei der wissenschaftlichen Untersuchung der Gegenstände zwei Haupt- oder Endziele: die Voraussicht und den Nutzen". MENDELEEV hat uns eine Vielzahl von bemerkenswerten Ideen über künftige Entwicklungswege der Wissenschaft hinterlassen. Von ihm stammt die fundamentale prognostische Feststellung: „Bestrebt, das Unendliche zu erkennen, besitzt die Wissenschaft selbst kein Ende, und sie wird in der Wirklichkeit unausweichlich Volkscharakter annehmen, sobald sie eine Weltwissenschaft ist."[9]

Interessante Untersuchungen über Organisation und Funktionsweise der Wissenschaft stellte zu Beginn unseres Jahrhunderts das Mitglied der Akademie der Wissenschaften in St. Petersburg, PAUL WALDEN, an. Er analysierte den Beitrag, den die Wissenschaftler der verschiedenen Länder und der verschiedenen wissenschaftlichen Fachgebiete zum allgemeinen Fortschritt geleistet haben. Als „Kontrollinstanz" des wissenschaftlichen Schöpfertums gelten für WALDEN die Erfordernisse der Praxis und die Bedürfnisse des Volkes. In umfassendem Maße verwertete er in seinen Arbeiten statistische Angaben, die den Verlauf des wissenschaftlich-technischen Fortschritts charakterisieren.

WALDEN analysierte die schöpferische Aktivität einzelner Wissenschaftler und stellte dabei fest, daß die absolute Mehrheit der großen Entdeckungen in der Physik und Chemie vom Ende des 18. bis zum Beginn des 20. Jahrhunderts Wissenschaftlern im Alter zwischen 25 und 30 Jahren gelungen war.

WALDEN bearbeitete Daten über russische Chemiker für einen Zeitraum von fast 50 Jahren, sammelte Material über die Anzahl ihrer wissenschaftlichen Arbeiten und den Umfang ihrer wissenschaftlichen Publikationen und verglich diese Angaben mit ähnlichen Daten aus anderen Ländern. Er gelangte zu dem Schluß, daß zwar die Anzahl der Chemiker je tausend Einwohner in Rußland 20- bis 30mal geringer war als im Westen („Chemiker sind in Rußland seltener als Heliummoleküle in der Atmosphäre"), daß die russischen Chemiker jedoch im Hinblick auf ihre schöpferische Produktivität in nichts hinter ihren ausländischen Kollegen zurückständen. Seinen Worten zufolge gab es in Rußland „nicht nur einzelne große Chemiker, sondern auch eine russische chemische Wissenschaft, deren Entwicklung im letzten Jahrzehnt in einer steil ansteigenden Kurve"[10] verlaufen wäre.

9 D. I. MENDELEEV: Osnovy chimii. Bd. I. Sankt Petersburg [8]1906. Moskau—Leningrad [13]1947, S. 9.

10 P. I. VAL'DEN: Nauka i žizn'. Petrograd [2]1922, S. 86.

Die weitsichtigsten progressiven Wissenschaftler, die über das Schicksal des wissenschaftlich-technischen Fortschritts nachdachten, spürten bereits in den ersten Jahrzehnten unseres Jahrhunderts scharfsinnig heraus, daß die Wissenschaft zwangsläufig neue soziale Funktionen übernehmen werde.

Akademiemitglied VLADIMIR VERNADSKIJ hat bereits im ersten Jahrzehnt unseres Jahrhunderts vorausgesagt, daß „in den Erscheinungen der Radioaktivität Energiequellen, die jene Kraftquellen um ein Millionenfaches übersteigen, die sich die menschliche Phantasie vorzustellen vermag"[11], vorliegen, und er hat auch als einer der ersten deutlich auf die umfassenden sozialen Folgen hingewiesen, die mit dieser perspektivischen Möglichkeit verknüpft sein würden, darunter auf eine Reihe von Problemen, die uns heute noch beschäftigen. VERNADSKIJ gehörte zu den ersten russischen Wissenschaftlern, die eine deutliche Vorstellung von der Spezifik der Ideen und Methoden hatten, die Bestandteil der heutigen Wissenschaftswissenschaft sind. Äußerst aktuell sind auch seine Bemerkungen darüber, „daß dem Verlauf des wissenschaftlichen Denkens ein bestimmtes Bewegungstempo eigen ist, das sich gesetzmäßig mit der Zeit ändert". Er hob das schnelle Wachstum des Umfangs der wissenschaftlichen Information (der „Materialien der Wissenschaft", wie man damals sagte) hervor und wies darauf hin, daß die qualifizierte Auswertung historisch-vergleichender Daten häufig die einzige Form der kritischen Einschätzung sei, die es gestattet, das „vom menschlichen Denken geschaffene Wertvolle und Dauerhafte in dem gewaltigen Material dieser Art zu erkennen".[12]

Prognosen des wissenschaftlich-technischen Fortschritts sind eine überaus komplizierte und verantwortungsvolle Arbeit. Sie erfordern nicht nur ein tiefes Eindringen in das Wesen und die Gesetzmäßigkeiten der Entwicklung von Wissenschaft und Technik, sondern auch eine klare Vorstellung von der Wechselwirkung dieser Gesetzmäßigkeiten mit den gesellschaftlichen Bedingungen, unter denen die Ergebnisse des wissenschaftlich-technischen Fortschritts genutzt werden.

Nicht zufällig wird in den Prognosen für das 20. Jahrhundert die Zukunft der Menschheit im Zusammenhang mit dem Fortschritt der Wissenschaft und der Technik häufig in sehr düsteren Bildern gezeichnet. HENRY ADAMS, ein amerikanischer Soziologe des ausgehenden 19. Jahrhunderts, versuchte, Gesetze der Biologie, der Physik und der Mechanik auf die Analyse dieses Problems anzuwenden. Er formulierte ein sogenanntes Gesetz des Abbaus des demokratischen Dogmas[13] und legte auf der Grundlage dieser Konzeption folgende „Periodisierung der Entwicklung der Gesellschaft" vor: Die erste, die „mechanische

11 Očerki i reči akademika V. I. VERNADSKOGO. Teil 1. Petrograd 1922, S. 37.
12 V. I. VERNADSKIJ: Mysli o sovremennom značenii istorii znanij. Leningrad 1927, S. 16f.
13 Vgl. H. ADAMS: The Degradation of the Democratic Dogma. With an Introduction by BROOKS ADAMS. New York 1958 (first published in 1919), S. 302.

Phase", währte 300 Jahre (1600—1900), die zweite, die „elektrische Phase", umfaßt seiner Berechnung nach $\sqrt{300}$ Jahre (d. h. etwa 17,5 Jahre), und die letzte Phase schließlich, die „Ätherphase", werde $\sqrt{17{,}5}$ Jahre (d. h. etwas länger als 4 Jahre) andauern „und das Denken im Jahre 1921 an die Grenze seiner Möglichkeiten bringen". Es würden allgemeine Stagnation und der Untergang der Zivilisation einsetzen.

Derlei scholastische Analysen und pessimistische Voraussagen sind durch die historischen Erfahrungen der Menschheit widerlegt. Diese Lektion hat aber angesichts der Prognosen verschiedenartiger Naturkatastrophen und der „Selbsterdrosselung" der Wissenschaften bis heute ihre Bedeutung nicht verloren. Wenn auch neuere Prognosen nicht selten auf gediegeneren Fakten fußen und viele real existierende ernste Schwierigkeiten auf dem Entwicklungsweg der Wissenschaft berücksichtigen, so liegt ihnen doch ein methodologischer Fehler zugrunde, der demjenigen von ADAMS ähnelt. Das ist die Verabsolutierung einer falsch gewählten Kennziffer für das Entwicklungsniveau der Wissenschaft, der Versuch, eine Prognose der Zukunft der Wissenschaft auszuarbeiten, ohne dabei viele außerordentlich wichtige Faktoren zu berücksichtigen, die den wissenschaftlich-technischen Fortschritt bestimmen.

Eine umfassend begründete Erklärung der Besonderheiten des wissenschaftlich-technischen Fortschritts haben KARL MARX und FRIEDRICH ENGELS geliefert. Sie analysierten die Geschichte und die Erfahrungen der Wissenschaft ihrer Zeit, formulierten eine Reihe wichtiger Gesetzmäßigkeiten der Entwicklung der Naturwissenschaft und des wissenschaftlich-technischen Fortschritts insgesamt und sahen die Zukunft vieler in jenen Jahren erst entstehender Richtungen der Technik und der Wissenschaft, wie der Automatisierung, der Chemisierung und der Entwicklung der Elektroenergetik, richtig voraus.

Überaus große Beachtung schenke W. I. LENIN den soziologischen Problemen der Wissenschaft, den Problemen von Theorie und Praxis, dem Problem der Wissenschaftsorganisation. Auf seine persönliche Initiative wurden in der UdSSR zum erstenmal in der Wissenschaftsgeschichte die staatliche Planung der wissenschaftlichen Forschung und die Ausarbeitung einer einheitlichen gesamtnationalen Politik der Wissenschaftsentwicklung in Angriff genommen.[14]

Unter der direkten Einwirkung dieser LENINschen Tradition entstanden in der Sowjetunion in den zwanziger Jahren die ersten staatlichen Organe für die Leitung der Wissenschaft, z. B. die „Hauptverwaltung Wissenschaft" („Glavnauka") unter FEDOR PETROW. In dieser Periode wurden in umfassender Weise Prinzipien für die soziale Planung der wissenschaftlich-technischen Entwicklung ausgearbeitet (G. KRŽIŽANOWSKIJ, V. VERNADSKIJ, S. STRUMILIN); es entstanden die ersten wissenschaftswissenschaftlichen Periodika, die Zeitschriften „Sorena"

14 Vgl. LENIN i nauka. Moskau 1960.

(Abkürzung von: *So*cialističeskaja *re*konstrukcija i *na*uka = Sozialistische Rekonstruktion und Wissenschaft), „Naučnyj rabotnik" und andere.

In den zwanziger Jahren unseres Jahrhunderts erschienen mehrere wissenschaftliche Arbeiten, die als direkte Vorboten der modernen Wissenschaftswissenschaft gelten können. 1926 analysierte in den USA ALFRED LOTKA die Häufigkeitsverteilung der Produktivität der wissenschaftlichen Arbeit.[15] 1928 unternahm T. J. RAINOFF zusammen mit einer Gruppe wissenschaftlicher Mitarbeiter in Moskau eine gründliche statistische Untersuchung der Veränderungen in der Effektivität der Arbeit europäischer Physiker des 18. Jahrhunderts.[16] 1932 veröffentlichte S. STRUMILIN eine Untersuchung von prinzipieller Bedeutung zur Methodologie der Erfassung wissenschaftlicher Arbeit.[17] Merklichen Einfluß auf die Entwicklung der Wissenschaftswissenschaft hatten die in jenen Jahren in der UdSSR durchgeführten soziologischen Untersuchungen über die Erfahrungen der internationalen Wissenschaft, insbesondere die Vorträge der sowjetischen Delegation (A. IOFFE, N. I. VAVILOV, B. HESSEN, M. RUBINŠTEJN u. a.) auf dem Zweiten Internationalen Kongreß für Wissenschaftsgeschichte (London 1931).[18]

Unter dem Einfluß der Wirtschaftskrise, der schnell zunehmenden Bedeutung der Wissenschaft und der sich komplizierenden Probleme ihrer Entwicklung erschienen in vielen Ländern Arbeiten zu soziologischen Aspekten der Wissenschaft und über die wissenschaftliche Organisation der Arbeit der Wissenschaftler, wurden fundierte Untersuchungen zur Logik und zur Geschichte der Wissenschaftsentwicklung veröffentlicht. Das zeugte von der wachsenden Rolle der Wissenschaft sowie der Aktualität ihrer komplexen Untersuchung als einer spezifischen Sphäre menschlicher Tätigkeit.

Unter den ersten, die das Bedürfnis nach einer derartigen Wissenschaft artikulierten, waren die polnischen Wissenschaftler MARIA OSSOWSKA und STANISŁAW OSSOWSKI. Im Anschluß an T. KOTARBIŃSKI schlugen sie für diese Wissenschaft die Bezeichnung „Wissenschaft von der Wissenschaft" vor.[19] Später übernahmen die polnischen Kollegen für diese Disziplin die in den slawischen Sprachen naheliegende Bezeichnung „naukovedenie" (vgl.: „iskusstvovedenie" — Lehre von den allgemeinen Gesetzen des künstlerischen Schaffens, „prirodovedenie" — Kom-

15 Vgl. A. J. LOTKA: The Frequency Distribution of Scientific Productivity. In: Journal of the Washington Academy of Sciences, 1926, Bd. 16, Nr. 12, S. 317—323.

16 Vgl. T. I. RAINOFF: Wave-like Fluctuations of Creative Productivity in the Development of West-European Physics in the Eighteenth Century. In: Isis, 1929, Bd. 12, S. 287—307.

17 Vgl. S. G. STRUMILIN: K metodologii učeta naučnogo truda. Leningrad 1932.

18 Vgl. B. M. GESSEN: Social'no-ėkonomičeskie korni mechaniki N'jutona. Moskau—Leningrad 1933.

19 Vgl. M. OSSOWSKA/S. OSSOWSKI: The Science of Science. In: Organon, Warszawa 1936, Nr. 1, S. 1—12; Wiederabdruck in: Minerva. A Review of Science, Learning and Policy, 1964, Bd. 3, Nr. 1, S. 72—82.

plex der Wissenschaften von der Natur). Auf dem sowjetisch-polnischen Symposium zu Problemen der komplexen Erforschung der Wissenschaftsentwicklung 1966 in Lwow wurde diese Bezeichnung auch von den sowjetischen Wissenschaftlern akzeptiert.

Im Jahre 1939 hatte JOHN DESMOND BERNAL in seinem Buch „The Social Function of Science" die Problematik dieser neuen Forschungsrichtung erstmalig gründlich und umfassend formuliert. Er wies unmißverständlich auf die Notwendigkeit hin, die Wissenschaftswissenschaft auf die konkreten Materialien der internationalen Erfahrungen der wissenschaftlich-technischen Entwicklung zu gründen. BERNAL betonte, daß dabei qualitative und quantitative Forschungsmethoden miteinander verbunden und die Probleme der Wissenschaft als Ganzes sowohl mit naturwissenschaftlichen als auch mit historischen und soziologischen Methoden untersucht werden müssen.[20]

BERNALS Buch, das in vielen Ländern in zahlreichen Auflagen erschien, war die erste fundamentale Arbeit, die speziell Problemen der Wissenschaftswissenschaft gewidmet war. In ihm sind bereits viele Wesenszüge zu erkennen, die der modernen „Wissenschaft von der Wissenschaft" eigen sind: eingehende Beschäftigung mit den Problemen der Wissenschaftsorganisation und der Leitung der wissenschaftlichen Forschungsarbeit; historische Betrachtungsweise und konkrete Analyse; umfassende Nutzung statistischer Daten über wissenschaftliche Kader, Einrichtungen und Publikationen; Analyse von Materialien über die Finanzierung der Wissenschaft und über die verschiedenen Aspekte der Effektivität wissenschaftlicher Forschungen; ständiges Bestreben, die sozialen Funktionen der Wissenschaft sowie die wechselseitigen Beziehungen und Abhängigkeiten zwischen den Prozessen der Wissenschaftsentwicklung und den anderen Seiten des Lebens der Gesellschaft gründlich einzuschätzen und zu analysieren.

Interessant ist die in diesem Buch enthaltene Einschätzung der sowjetischen Wissenschaft zu Beginn der dreißiger Jahre. BERNAL machte auf den historisch erstmaligen Versuch einer staatlichen Planung und Finanzierung der Wissenschaft aufmerksam, er verwies auf die Tendenz zu einem beschleunigten Wachstum der wissenschaftlichen Kader und zur Erhöhung ihrer Qualifikation sowie auf die angelaufene Massenproduktion wissenschaftlicher Ausrüstungen und deren kollektive Nutzung. Er erkannte die Entwicklungsperspektiven einer „neuen wissenschaftlichen Industrie der Sowjetunion".

Vollkommen bestätigt haben sich in den folgenden Jahrzehnten auch die in diesem Buch enthaltenen Voraussagen über den Schaden, der aus der Geheimhaltung wissenschaftlicher Informationen durch die Monopole entsteht, und auf den beginnenden Prozeß der Militarisierung der Wissenschaft. BERNAL hielt es für absolut notwendig, den Austausch wissenschaftlicher Informationen in

20 Vgl. J. D. BERNAL: The Social Function of Science. London 1939, 1940, 1942, 1943.

jeder Weise zu entwickeln. Er meinte, die erste „Wirkung der Unvollkommenheit der Organisation" sei die Gefährdung der Wissenschaft selbst. BERNALS Konzeption der modernen Wissenschaft als einer mächtigen gesellschaftlichen Potenz wurde in den Kriegsjahren überzeugend bestätigt, als durch Konzentration, Kooperation sowie effektive Organisation von Forschung und Entwicklung in kürzester Frist enorme Fortschritte in der wissenschaftlich-technischen Entwicklung erzielt wurden.

„Eine Gruppe englischer Wissenschaftler, die J. BERNAL in seinem Bestreben unterstützten, eine neue Betrachtungsweise der Wissenschaft zu entwickeln", schrieben M. GOLDSMITH und A. MACKAY, „dachte und wirkte gegen die Grundlagen des aufkommenden Faschismus. Sie unterstützte den Kampf gegen einen neuen Krieg. In dieser Zeit bildeten sich in der UdSSR unter großen Schwierigkeiten neue Formen der sozialen Organisation heraus, und die Regierungen der kapitalistischen Länder hatten unter den Bedingungen der Krise ihre offensichtliche Unfähigkeit bewiesen, dem Volk Arbeit und Brot zu geben."[21]

Eine Reihe der Gedanken, Analyseverfahren und methodologischen Thesen, denen man in diesem Buch begegnet, hat BERNAL in den Nachkriegsjahren in zahlreichen Publikationen weiterentwickelt. Man kann ihn mit vollem Recht als Begründer und als einen Schrittmacher der allgemeinen Wissenschaftswissenschaft als der modernen Richtung der komplexen Erforschung der Funktionserfahrungen der Wissenschaft bezeichnen.

Ein Ausdruck der allgemeinen Anerkennung der Wissenschaft von der Wissenschaft war 1964 die Veröffentlichung eines Sammelbandes von Beiträgen bekannter Naturwissenschaftler aus Anlaß des 25. Jahrestages des Erscheinens von BERNALS Buch „The Social Function of Science". Daran beteiligten sich weltbekannte Gelehrte, wie C. F. POWELL, P. L. KAPICA, R. L. SYNGE, P. M. BLACKETT u. a., sowie auch angesehene Forscher auf dem Gebiet der Wissenschaftsgeschichte, wie D. DE SOLLA PRICE, C. P. SNOW, G. PIEL u. a. Für diesen Sammelband wählten Autoren und Herausgeber den Titel „The Science of Science" — die Wissenschaft von der Wissenschaft.[22]

Nahmen in der Geschichte der Wissenschaftsentwicklung Erfahrungsanalysen und Prognosen immer schon einen wichtigen Platz ein, so wurden qualitativ fundiertere zielgerichtete Analysen und Prognosen in den letzten zwanzig Jahren — in der Periode revolutionärer Umwälzungen auf allen wichtigen Gebieten des wissenschaftlich-technischen Fortschritts — geradezu lebenswichtig.

Zahlreiche namhafte Wissenschaftler haben insbesondere in den Nachkriegsjahren versucht, die Probleme einer wissenschaftlichen Leitung der Wissen-

21 The Science of Science. Society in Technological Age. Edited by M. GOLDSMITH and A. A. MACKAY. London 1964.

22 Vgl. Ebenda.

schaft zu formulieren (V. Bush, C. P. Snow u. a.)[23], und immer wieder werden sie aufs neue aufgeworfen. In der Sowjetunion außerten sich hierzu seinerzeit S. Vavilov, A. Nesmejanov, M. Keldyš, P. Kapica, N. Semenov und andere große Wissenschaftler. Heute beginnt diese Entwicklung auf dem Gebiet der Wissenschaftswissenschaft erste sichtbare Früchte hervorzubringen.

Diese Entwicklung haben die folgenden Faktoren begünstigt[24]:

— Die moderne Wissenschaft ist vor allem in ihren sichtbaren Ergebnissen eine typische Massenerscheinung und deshalb der statistischen Analyse zugänglich;
— Kybernetik und Informatik gestatten es, die Wissenschaft als ein ganzheitliches System zu konzipieren, und sie liefern zugleich Mittel und Methoden, um die massenhaft anfallenden Informationen über die Funktionsweise der Wissenschaft zu analysieren;
— Die Geschichte des wissenschaftlich-technischen Fortschritts ist die wissenschaftliche Disziplin, der die Wissenschaftswissenschaft ihr Entstehen unmittelbar verdankt. Sie ist eine synthetisierende und integrierende Wissenschaft metawissenschaftlichen Charakters;
— Soziologie und Wissenschaftsgeschichte ermöglichen es, die Funktionsweise wissenschaftlicher Systeme in einem breiten sozialökonomischen Rahmen und über beträchtliche Zeiträume hinweg zu vergleichen;
— Fast überall entstehen heute staatliche Organe für die Leitung oder Koordination der Wissenschaft. Die zentralisierte Sammlung unifizierter Daten ermöglicht die Durchführung wissenschaftswissenschaftlicher Experimente usw.

Besonders günstig sind die Bedingungen und besonders aktuell die Aufgaben der Wissenschaftswissenschaft in Ländern mit einer einheitlichen staatlichen Wissenschaftspolitik und einer planmäßigen gesellschaftlichen Entwicklung.

Die komplexe Erforschung der Funktionserfahrungen der Wissenschaft ist seit etwa zwei Jahrhunderten das Thema zahlreicher wissenschaftlicher Publikationen, in denen die verschiedenen Aspekte der Organisation, der Ökonomik und der Leitung der Wissenschaft sowie der Soziologie und der Psychologie der wissenschaftlichen Tätigkeit analysiert werden, in denen die informationellen Verbindungen der Wissenschaftler und ihrer wissenschaftlichen Werke untersucht werden, die Wissenschaftspolitik kritisch dargestellt wird usw. Mitte der sechziger Jahre erschienen die ersten verallgemeinernden Werke zur Wissenschaftswissenschaft, in denen die moderne Wissenschaft als ein einheitliches Organisationssystem interpretiert wurde. Das gilt z. B. für die in den USA veröffentlichte Mono-

23 Vgl. V. Bush: Science: the Endless Frontier. Washington 1945 (Reprinted N 8F, 1960); C. P. Snow: Science and Government. Cambridge, Mass., 1961.

24 Einige dieser Faktoren wurden 1965 in dem programmatischen Referat von J. Bernal und A. Mackay genannt (vgl. J. D. Bernal/A. L. Mackay: Towards a Science of Science. In: Actes du XIe Congrès international d'Histoire des Sciences, Bd. 1, Wrocław—Warszawa—Kraków 1968, S. 20—28.

graphie von D. DE SOLLA PRICE (1963)[25] und für die in der UdSSR erschienene Arbeit von G. DOBROV (1966)[26].

In den letzten Jahren sind in den USA, der UdSSR, in England, der VP Polen, der BVR, der DDR, der ČSSR, in Indien und einer Reihe anderer Länder spezielle wissenschaftliche Abteilungen und Institute gegründet worden, die sich ausschließlich mit der Bearbeitung dieser Problematik befassen. An Universitäten beginnt man mit Spezialvorlesungen über Wissenschaftswissenschaft. Vereinigungen der Wissenschaftswissenschaftler konstituieren sich, und Konferenzen auf nationaler und internationaler Ebene werden zu verschiedenen Problemen der Wissenschaftspolitik veranstaltet. Spezielle wissenschaftliche Zeitschriften für Probleme der Wissenschaft erscheinen und erfreuen sich großer Popularität. Mit einem Wort — es liegen alle traditionellen Merkmale für die Entstehung einer neuen wissenschaftlichen Disziplin vor.

Eine vom XIII. Weltkongreß für Wissenschaftsgeschichte 1971 in Moskau eingesetzte Kommission hat im Jahre 1972 als internationalen Terminus für dieses neue Wissenschaftsgebiet die Bezeichnung „Lehre von der Wissenschaftspolitik" („Učenie o naučnoj politike") vorgeschlagen; das ist für die Zwecke der internationalen Verständigung und der Zusammenarbeit auf diesem Forschungsgebiet offenbar akzeptabel. Unserer Meinung nach ist das Wichtigste jetzt jedoch nicht, offiziell die Entstehung einer weiteren wissenschaftlichen Richtung zu proklamieren, und noch weniger, einen terminologischen Streit um ihre Bezeichnung auszutragen. Wesentlich sind jetzt die Verallgemeinerung der bereits vorliegenden konkreten Untersuchungen, die Definition der Problematik der neuen wissenschaftlichen Richtung und, was besonders nötig ist, die Information der wissenschaftlichen Öffentlichkeit über alle Bestrebungen, die in den verschiedenen Ländern zur Lösung derartiger wissenschaftlicher Aufgaben unternommen werden. Das vorliegende Buch will nicht zuletzt eine solche Verallgemeinerung und Information über die Erfahrungen der sowjetischen Wissenschaftswissenschaft liefern.

2. Das System der Ziele und der Mittel bei der Leitung der Wissenschaft

BERNAL charakterisierte im Jahre 1964 die Stellung der Wissenschaftswissenschaft im Ensemble der modernen Wissenschaften so: „Die Wissenschaft von der Wis-

25 Gerechtigkeitshalber ist festzustellen, daß die Monographie von DEREK DE SOLLA PRICE eine initiierende Rolle bei der Erweiterung und Aktivierung der wissenschaftlichen Untersuchungen gespielt hat. Vgl. D. DE SOLLA PRICE: Little Science, Big Science. New York—London 1963.

26 Vgl. G. M. DOBROV: Nauka o nauke. Vvedenie v obščee naukoznanie. Kiev 1966 (deutsch: Wissenschaftswissenschaft. Berlin 1969).

senschaft oder das Selbstbewußtsein der Wissenschaft . . . ist die grundlegendste Errungenschaft der zweiten Hälfte des zwanzigsten Jahrhunderts. Sie muß ein weites Gebiet umfassen, einschließlich der sozialen und ökonomischen, aber auch der materiellen und technischen Bedingungen des wissenschaftlichen Fortschritts und der entsprechenden Nutzung seiner Instrumente."[27]

Natürlich trifft diese Aussage Bernals nicht so sehr auf die durch die Wissenschaftswissenschaft bereits erzielten Resultate als vielmehr auf die wissenschaftlichen Möglichkeiten und die außerordentlich wichtige Rolle zu, welche die Wissenschaftswissenschaft in der zukünftigen Geschichte der Wissenschaften wird spielen müssen. Die Wissenschaftswissenschaft wird diese Erwartungen nur dann erfüllen können, wenn sie sich auf eine effektive Zusammenarbeit mit vielen konkreten wissenschaftlichen Disziplinen und mit der Wissenschaft insgesamt stützt. Die Klärung der Frage nach dem Platz der Wissenschaftswissenschaft im System der modernen Wissenschaften kann deshalb zu den wichtigsten Aufgaben gerechnet werden, die bei der Herausbildung dieses neuen Wissenszweiges zu lösen sind.

Vergleichen wir einige charakteristische Definitionen der Wissenschaftswissenschaft:

1. „Dieses neue Forschungsgebiet kann genannt werden: Geschichte, Philosophie, Soziologie, Psychologie, Ökonomie, politische Wissenschaft und Operationsforschung (usf.) der Wissenschaft, Technik, Medizin (usw.). Wir ziehen es vor, es ‚Wissenschaft von der Wissenschaft' zu nennen." (Solla Price[28], Bernal und Mackay[29]).
2. „Die Wissenschaftswissenschaft ist ein spezieller Wissenszweig, der die Gesetzmäßigkeiten der Entwicklung der Wissenschaft als eines ganzheitlichen Systems und einer spezifischen Form der Tätigkeit erforscht." (S. Mikulinskij, N. Rodnyj[30]).
3. „Die Wissenschaftswissenschaft ist eine synthetisierende und integrierende wissenschaftliche Disziplin, die danach strebt, eine wissenschaftliche Theorie der Wissenschaft als der Gesamtheit der sie bestimmenden Gesetze zu schaffen." (I. Maleckij, B. Valentinovič[31]).

Ungeachtet aller Unterschiede wird in diesen Definitionen doch eine wesentliche Gemeinsamkeit sichtbar — das intuitive Erfassen der Hauptzielstellung der Wis-

27 Zitiert in: The Science of Science. Society in Technological Age, a. a. O.
28 D. de Solla Price: Little Science, Big Science, a. a. O.
29 J. D. Bernal/A. L. Mackay: Towards a Science of Science, a. a. O.
30 S. Mikulinkskij/N. Rodnyj: Nauka kak predmet special'nogo issledovanija. In: Voprosy filosofii, 1966, Nr. 6, S. 25—38.
31 I. Maleckij/B. Valentinovič: Osnovnye napravlenija naukoznanija. Materialy sovetsko-pol'skogo simpoziuma po problemam kompleksnogo izučenija razvitija nauki. L'vov 1966.

senschaftswissenschaft. Berücksichtigt man die Entstehungsgeschichte der Wissenschaftswissenschaft, so könnte man noch auf andere wichtige Merkmale hinweisen: Objekt der Forschung — *die Wissenschaft als gesteuertes System*; Methode — *komplexe (System-)Forschung* mit dem Ziel, konkrete Daten zu gewinnen.

Halten wir schließlich fest, daß im Rahmen der Wissenschaftswissenschaft — und auch in diesem Buch — „Wissenschaft" als eine organisierte Form der Berufstätigkeit verstanden wird, deren Ergebnis Kenntnisse über Fakten und Gesetze der objektiven Welt und über Methoden zu ihrer Erkenntnis und Umgestaltung sind. Das „*wissenschaftliche System*" als Objekt praktischer Leitung und theoretischer Untersuchung wird seinerseits als systemhafte Einheit von spezieller Organisation und spezifischen Arbeitsprozessen aufgefaßt. Dank dieser Einheit werden die von der Wissenschaft angehäuften Kenntnisse, die potentiellen Möglichkeiten und vorhandenen Ressourcen der Wissenschaft zu einer Gesamtheit von innerwissenschaftlichen, allgemeingesellschaftlichen und ökonomischen Effekten umgewandelt.

Das oben Gesagte verallgemeinernd, schlagen wir folgende Definition vor:

Die Wissenschaftswissenschaft als wissenschaftliche Disziplin ist die theoretische Grundlage der optimalen Leitung wissenschaftlicher Systeme — zur Verwirklichung der Zielorientierung von Forschungs- und Entwicklungsarbeiten, zur Vergrößerung des Potentials und zur Erhöhung der Effektivität der Wissenschaft mit Hilfe organisatorischer, ökonomischer, informationeller und sozialpsychologischer Mittel.

Grundlegend für das Verständnis der modernen Wissenschaftswissenschaft ist die systemhafte Darstellung von Zielen und Mitteln der Wissenschaftsleitung. Methodologisch wird das generelle Ziel der optimalen Leitung der Wissenschaft (auf jeder Ebene der organisatorischen Hierarchie) verstanden als die effektive Nutzung der Möglichkeiten und Ressourcen der Wissenschaft unter Gewährleistung ihres potentiellen Wachstums in einem Umfang, der sowohl den künftigen Bedürfnissen der Gesellschaft als auch der wissenschaftlich prognostizierten Zielorientierung der Forschung entspricht.

Dieser prinzipiellen Langzeit-Zielstellung untergeordnet ist die Lösung von drei einander wechselseitig ergänzenden zentralen Problemen der Wissenschaftsleitung:

— die Ausarbeitung des Systems der Ziele der wissenschaftlichen Forschungs- und Entwicklungstätigkeit und deren Orientierung, entsprechend den strategischen Zielstellungen der staatlichen Wissenschaftspolitik („Zielorientierung der Wissenschaft");
— die Gewährleistung des Wachstums des wissenschaftlichen Potentials des Landes, dessen Quantität, Struktur und Qualität den gesellschaftlichen Bedürfnissen entsprechen müssen, wie sie sich im System der Nah- und Fernziele der Wissenschaft widerspiegeln („Potential der Wissenschaft");

— die Ausarbeitung und praktische Durchführung eines Komplexes von Maßnahmen zur Erhöhung der Effektivität der Wissenschaft sowohl im Hinblick auf die Nutzung ihrer vorhandenen Kräfte als auch besonders in Richtung auf eine beschleunigte und vollständige Nutzung vorliegender Ergebnisse der wissenschaftlichen Tätigkeit („Effektivität der Wissenschaft").

Jedes dieser strukturellen Probleme der Leitung ist eine Komponente im *System der Ziele der Wissenschaftsleitung* (vgl. Abbildung 1a). Diese Ziele könnten in weitere Teilziele und unmittelbare Leitungsaufgaben aufgegliedert werden.

Der konstruktive Gehalt der Zielorientierung der Wissenschaft besteht vor allem darin, gesamtstaatliche Prioritäten für die verschiedenen Richtungen von Forschungs- und Entwicklungsarbeiten festzulegen.

Die Herausbildung eines den gesellschaftlichen Bedürfnissen entsprechenden wissenschaftlichen Potentials zu gewährleisten heißt vor allem, wissenschaftliche Kader auszubilden und zu erziehen sowie die materiell-technischen Bedingungen für deren Tätigkeit zu schaffen.

Die Effektivität der Wissenschaft wird einerseits bestimmt durch die rationelle Nutzung des vorhandenen Potentials und andererseits, was besonders wichtig ist, durch die schnelle, umfassende und vollständige Anwendung der Ergebnisse wissenschaftlicher Forschungen und Entwicklungsarbeiten.

Die Elemente des Zielsystems sind nicht miteinander austauschbar. Erfolg verbürgt nur ein harmonischer Fortschritt bei der Erreichung aller Teilziele. Halten wir auch fest, daß diese Darstellung auf verschiedenen Ebenen der Leitung interpretiert werden kann: auf gesamtstaatlicher Ebene oder auf der Ebene der Leitung einer thematischen Gruppe, durch einzelne wissenschaftliche Mitarbeiter usw. (vgl. Abbildung 1b). In jedem Falle (wenn auch in unterschiedlichen Proportionen) ist die wissenschaftliche Spezifik der zu lösenden Aufgaben auf engste Weise mit den sozialen Bedingungen und ökonomischen Faktoren verbunden, die den Charakter und die Richtung der wissenschaftlichen Tätigkeit bestimmen.

Diese Umstände sind auch im Hinblick auf das *System der Mittel der Leitung der Wissenschaft* von großer Bedeutung, denn die konkreten Leitungsmaßnahmen können außerordentlich vielfältig sein. Zum Beispiel kann die Leitung für diese oder jene Zwecke die Organisationsstruktur von Einrichtungen verändern, finanzielle Aufwendungen umverteilen, zu anderen Forschungsmethoden übergehen, neue Mitarbeiter gewinnen, Prämien und andere Formen moralischer und materieller Stimulierung einführen usw. Derartige Leitungsmaßnahmen lassen sich trotz aller Vielfalt in vier Hauptklassen einteilen (vgl. Abbildung 1a):

— organisatorisch-administrative Maßnahmen im Rahmen der geltenden Gesetze, der Statusfestlegungen, der geltenden Funktionsstruktur und der üblichen Methoden der Arbeitsplanung;
— ökonomische Formen und Hebel der Leitung, deren Vielfalt und Wirkungs-

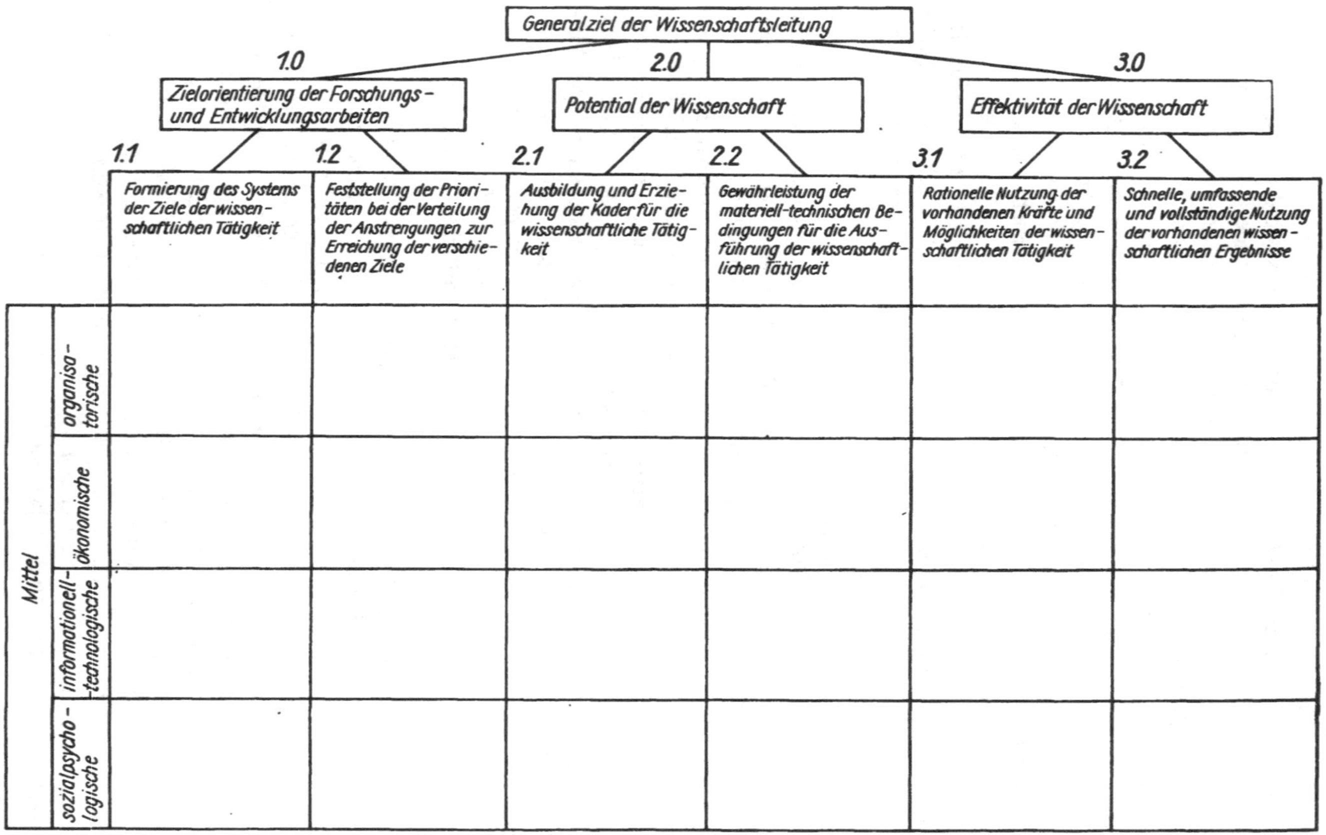

Abb. 1a. System der Ziele und Mittel der Wissenschaftsleitung

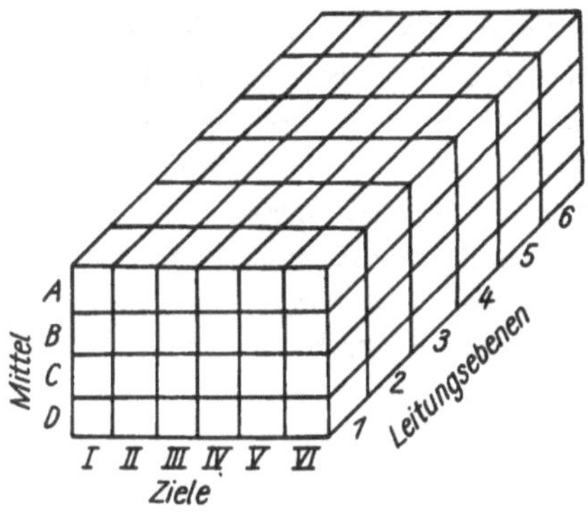

Abb. 1b. Mittel, Ziele und Ebenen der Leitung

Mittel

A — organisatorische; B — ökonomische; C — informationell-technologische; D — sozialpsychologische

Ziele

I — Bildung des Systems der Ziele; II — Feststellung der Prioritäten bei der Verteilung der Anstrengungen; III — Ausbildung der Wissenschaftskader; IV — Gewährleistung der materiell-technischen Bedingungen; V — Nutzung der vorhandenen Kräfte und Möglichkeiten; VI — Schnelle und vollständige Nutzung der vorhandenen Ergebnisse

Leitungsebenen

1 — Zwischenstaatliche; 2 — staatliche; 3 — des Zweiges; 4 — des Instituts; 5 — der wissenschaftlichen Kollektive; 6 — Leitung einzelner Persönlichkeiten (individuelle)

bereich durch die ökonomischen Verhältnisse und das Entwicklungsniveau der Wirtschaft des Landes bestimmt werden;

— informationell-technologische Leitungsfaktoren, deren Anwendung unmittelbare Auswirkungen auf die Ideen, die Methodik und die Technik der Forschungs- und Entwicklungsarbeiten hat;

— sozialpsychologische Leitungsmaßnahmen, die in Abhängigkeit von der sozialen Situation und den in der Wissenschaft üblichen ethischen Normen sehr variabel sind.

Die mehr als fünfzigjährigen Erfahrungen in der Ausarbeitung und Durchführung der staatlichen Wissenschaftspolitik in der UdSSR haben uns gelehrt, daß stabile Erfolge bei der Leitung der wissenschaftlichen Tätigkeit nicht ernsthaft erwartet werden können, wenn nur ein bestimmter Teil des Systems der Ziele verfolgt wird. Maßnahmen zur Regulierung und Intensivierung des Forschungsprozesses müssen deshalb alle vier obengenannten Gruppen von Beziehungen zwischen den Wissenschaftlern, Kollektiven und Organisationen umfassen.

Häufig bestimmen zum Beispiel ökonomische Überlegungen die Zweckmäßigkeit dieser oder jener Leitungsmaßnahme; sie sollten jedoch niemals die einzigen Faktoren sein, die beachtet werden. Dasselbe gilt in bezug auf die Leitungsziele. Ihr ökonomischer Inhalt ist eine unerläßliche und oft auch die wichtigste Komponente der konkreten Zielstellung jedes der sechs Teilziele der Leitung. Aber weder im Hinblick auf das Gesamtsystem der Ziele und Mittel der Wissenschaftspolitik noch im Hinblick auf ein einzelnes Element dieses Systems reduziert sich der Inhalt der Leitung in der sowjetischen Praxis allein auf die ökonomischen Parameter. Diese Feststellung trifft voll und ganz auch auf die anderen Strukturelemente der Ziele und Mittel der Wissenschaftspolitik zu.

Ein Hauptprinzip der Leitung der Wissenschaftsentwicklung in der Sowjetunion ist das *Prinzip der systemhaften Integration von Zielen und Mitteln*: Die Wissenschaftsleitung muß gewährleisten, daß *alle Ziele der staatlichen Wissenschaftspolitik durch die Anwendung jenes Komplexes von Mitteln und Maßnahmen* erreicht werden, *die den Fortschritt der Wissenschaft lenken und stimulieren.*

Mit anderen Worten: Die Matrix „Ziele — Mittel" besitzt im vorliegenden Fall im Prinzip nirgends eine Nullstelle. Sie ist ein integriertes Modell, das die ganze komplexe Problematik der modernen Wissenschaftswissenschaft enthält. Durchaus möglich sind jedoch Forschungskomplexe, die nicht in diesem Modell enthalten sind. Auf ihrer Grundlage wird die innere Struktur der Wissenschaftswissenschaft weiterentwickelt. Einige von ihnen, z. B. die Prognostizierung von Wissenschaft und Technik,[32] die Programmierung Planung der Wissenschaft, dienen dazu, auf der Grundlage von Organisationsmodellen, ökonomischen Modellen, Informationsmodellen und sozialen Forschungsmodellen Methoden der Zielorientierung auszuarbeiten. Im Falle des Komplexes „wissenschaftliches Potential" dienen diese Modelle als Grundlage für die Unterscheidung der vier wichtigsten Komponenten des Potentials der Wissenschaft,[33] und wenn es um die Effektivität geht, dann ermöglichen es dieselben Modelle, die Hauptgruppen jener Faktoren festzustellen und zu analysieren, welche die Effektivität der wissenschaftlichen Tätigkeit gewährleisten.[34]

Die Spezialisierung von Wissenschaftlern wird nach einer Klasse von Modellen geplant, die ebenfalls zur Erreichung der oben definierten theoretischen und angewandten Ziele konstruiert worden sind. Auf der Grundlage solcher soziologischer und sozialpsychologischer Modelle entstand die „Wissenschaftssoziologie".[35]

Informationsmodelle ermöglichten es, im Rahmen der Wissenschaftswissenschaft einen originellen Teilzweig zu entwickeln — die „Wissenschaftsmetrik".[36] Ökonomische Modelle bildeten die Grundlage für die Entwicklung der Wissenschaftsökonomie.[37] Und schließlich entsteht gegenwärtig ein weiterer Zweig der

32 Vgl. E. JANTSCH: Technological Forecasting in Perspective. Paris 1967; G. M. DOBROV: Prognostik in Wissenschaft und Technik. Berlin 1971.

33 Vgl. G. M. DOBROV: Potential der Wissenschaft. Berlin 1971.

34 Vgl. V. A. ŽAMIN/G. A. EGIAZARJAN: Ėffektivnost' kvalificirovannogo truda. Moskau 1968; A. S. KONSON/V. S. SOMINSKIJ: Ėkonomika naučnych razrabotok. Moskau 1968.

35 Vgl. H. BARBER (Hrsg.): Sociology of Science. New York 1932; G. N. VOLKOV: Soziologie der Wissenschaft. Berlin 1970.

36 Vgl. F. MACHLUP: The Production and Distribution of Knowledge in the United States. Princeton, New Jersey, 1962; V. V. NALIMOV/Z. M. MUL'ČENKO: Naukometrija. Moskau 1969.

37 Vgl. E. MANSFIELD: The Economics of Technological Change. New York 1968; G. A. LACHTIN: Taktika nauki. Novosibirsk 1969.

Wissenschaftswissenschaft, dessen Ziel die Analyse und Projektierung von Organisationsstrukturen der Wissenschaft ist.[38]

Unter konkreten Bedingungen ist es häufig erforderlich, einzelne Aspekte des einheitlichen Systems der Ziele und Mittel der Wissenschaftsleitung gesondert zu betrachten. Gerade diese Umstände verweisen mit Nachdruck auf die Notwendigkeit, eine spezielle wissenschaftswissenschaftliche Konzeption für das Studium der Wissenschaft als eines gesteuerten ganzheitlichen Systems zu entwickeln.

Der Staat und seine für die Entwicklung der sowjetischen Wissenschaft zuständigen Organe benötigen im Interesse der Effektivät der Wissenschaft theoretisch begründete und praktisch wirksame Methoden zur Optimierung ihrer Leitungs- und Organisationsentscheidungen. Mit subjektiv gefärbten Entscheidungen ist ihnen nicht gedient. Die sowjetischen Wissenschaftler, die sich mit Problemen der Wissenschaftspolitik befassen, bemühten sich in den letzten Jahren um eine fundierte Ausarbeitung aller jener Probleme, die sich der Wissenschaftswissenschaft auf Grund der sozialen Erfahrung der Wissenschaftsentwicklung stellen.

3. Der Platz der Wissenschaftswissenschaft im System der Wissenschaften

Das Beziehungsgefüge zwischen der Wissenschaftswissenschaft und den anderen Wissenschaften haben wir in Abbildung 2 dargestellt. Wir entnehmen dem Schema, daß sich verschiedene Wissenschaftsbereiche, die auf irgendeine Weise mit der Wissenschaftswissenschaft korrespondieren, wechselseitig überschneiden. Wir möchten darauf hinweisen, daß wissenschaftliche Disziplinen, wie die Mathematik, die Ökonomie, die Informatik oder die Geschichte der Naturwissenschaft und Technik u. a., deren Theorien und Methoden von der Wissenschaftswissenschaft genutzt werden, selbstverständlich eigenständige Wissenschaften bleiben. Zur komplexen Erforschung der Wissenschaft als eines ganzheitlichen Systems tragen diese wissenschaftlichen Disziplinen durch die Vermittlung spezifischer Informationen 1. über Fakten aus dem Bereich der jeweiligen Wissenschaft (F_i), 2. über ihre speziellen Methoden (M_i) und 3. über ihre fachspezifischen Konzeptionen (C_i) bei. Mittels dieser Informationen und auf der Grundlage ihrer Untersuchungen der Funktionserfahrungen wissenschaftlicher Systeme entwickelt die Wissenschaftswissenschaft, indem sie die Informationen (F_0) über

38 Vgl. D. Pelz/F. Andrews: Scientists in Organizations. New York—London—Sydney 1966; G. M. Dobrov/V. N. Klimenjuk/A. A. Savel'ev/V. M. Odrin: Organizacija nauki. Kiev 1970.

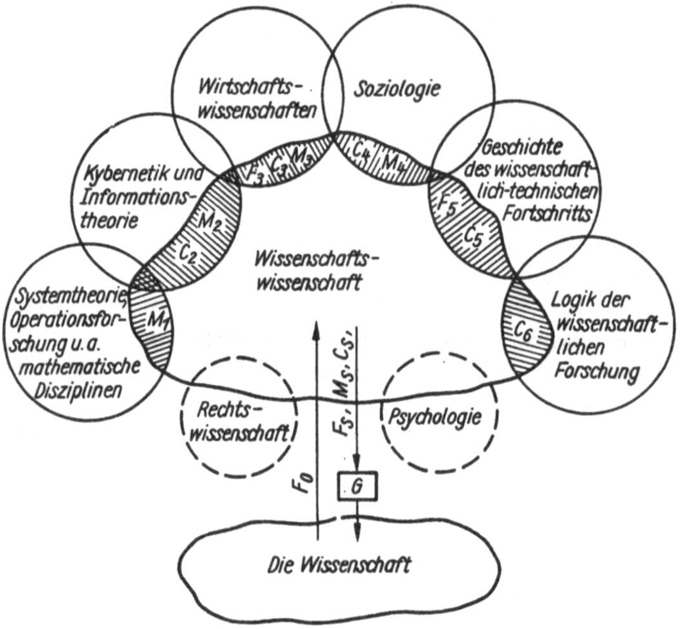

Abb. 2. Die Wissenschaftswissenschaften und ihre Beziehungen zu den anderen Wissenschaftsdisziplinen

F_i — Fakten der Wissenschaften; M_i — Methoden der Wissenschaften; C_i — Konzeptionen der Wissenschaften; F_s — Fakten der Wissenschaftswissenschaft; M_s — Methoden der Wissenschaftswissenschaft; C_s — Konzeptionen der Wissenschaftswissenschaften; G — Entscheidungen fällendes Organ

das Gemeinsame und Vergleichbare den konkreten Wissenschaften hinzufügt, eigene wissenschaftswissenschaftliche Fakten (F_s), Methoden (M_s) und Konzeptionen (C_s). Sie werden ihrerseits von der Wissenschaftswissenschaft dazu benutzt, eine spezifische „Wissenschaftstheorie" und Modelle von wissenschaftlichen Systemen als Leitungsobjekten aufzustellen. Diese Informationen der Wissenschaftswissenschaft finden dann ihren Niederschlag in Empfehlungen für konkrete Entscheidungen und in Projekten für die Optimierung wissenschaftlicher Systeme[39] und wirken über Maßnahmen der entsprechenden Organe der Wissen-

39 Die Herausbildung eigener spezifischer Konzeptionen und Methoden ist in allen neuentstehenden Wissenschaften, also auch in der Wissenschaftswissenschaft, ein ziemlich langwieriger Prozeß. Die Unvollkommenheit des gegenwärtigen Erkenntnisapparats der Wissenschaftswissenschaft und die unzureichenden eigenen Erfahrungen einerseits sowie die besondere Kompliziertheit der zu erforschenden Systeme andererseits machen es zu einem obligatorischen Prinzip wissenschaftswissenschaftlicher Untersuchungen, in höchstem Maße kritisch gegenüber der eigenen Arbeit und vorsichtig bei der praktischen Nutzung der gewonnenen Ergebnisse zu sein.

schaftsleitung (*G*) auf die konkrete Entwicklung der einzelnen Wissenschaften zurück.

Natürlich können die wissenschaftswissenschaftlichen Informationen auch von einzelnen Wissenschaftlern unmittelbar genutzt werden. Aber auch dann wirken diese Informationen auf wissenschaftliche Systeme nicht über deren innerwissenschaftliche physikalische, chemische, biologische u. a. Hypothesen, Gesetze oder Theorien, sondern über die Entscheidungen der Wissenschaftler in organisatorischer, ökonomischer, informationeller oder sozialpsychologischer Hinsicht.

Betrachten wir die Beziehungen zwischen der Wissenschaftswissenschaft und den mit ihr unmittelbar kooperierenden Wissenschaften einmal näher. Wir gehen davon aus, daß der Gegenstand und die konkreten Entwicklungstendenzen dieser Einzelwissenschaften mehr oder minder deutlich umrissen sind, daß dies aber nicht von jenen ihrer Bereiche gesagt werden kann, die in Wechselbeziehungen zur Wissenschaftswissenschaft stehen. Die Grenzen der Wissenschaftswissenschaft werden erst auf der Grundlage der realen Erfahrungen bei der Untersuchung wissenschaftlicher Systeme, erst dann, wenn diese grundlegenden theoretischen Erkenntnisse der Wissenschaftswissenschaft durch die Praxis überprüft worden sind, mit gleicher Bestimmtheit festgelegt werden können.

Die theoretischen und praktischen Bedürfnisse der Gesellschaft und der Wissenschaft selbst, die zur Entstehung der Wissenschaftswissenschaft geführt haben, machen die Zusammenarbeit der Wissenschaftswissenschaft mit der Kybernetik, der Informatik, der Operationsforschung und anderen mathematisch-naturwissenschaftlichen Disziplinen unabdingbar notwendig.[40] Die Wissenschaftswissenschaft strebt eine Systemanalyse der Vergangenheit, der Gegenwart und der Zukunft der Wissenschaft an. Diese Zielstellung würde ohne diese Komponenten der komplexen Erforschung der Wissenschaft jeglichen Sinn verlieren. Da dieses Problem so wichtig ist, wird die Wissenschaftswissenschaft auch in die Bereiche Wissenschaftsmetrik und mathematische Modellierung wissenschaftlicher Systeme untergliedert.

Da die Aufgaben des wissenschaftlich-technischen Fortschritts ständig schwieriger und verantwortungsvoller werden, brauchen seine Schöpfer sowohl ein gründliches Verständnis der allgemeinen Gesetzmäßigkeiten der Wissenschaftsentwicklung als auch konkretes Wissen über den Mechanismus der Wechselwirkung jener Faktoren, die den Verlauf dieses historischen Prozesses determinieren. Die allgemein-methodologische Bedeutung und die erzieherische Rolle von Arbeiten zur

40 Vgl. B. Dean (Hrsg.): Operational Research for Research and Development. Wiley 1963; E. V. Brujackij/L. P. Smirnov: Matematičeskie metody v zadačach upravlenija naukoj. Kiev 1973.

Geschichte der Naturwissenschaft und der Technik nehmen deshalb ständig zu.[41] Aber dies allein ist heute bereits völlig unzureichend. Insbesondere die Wissenschaftshistoriker müssen konstruktiv an der Lösung der neuen Probleme des wissenschaftlich-technischen Fortschritts nach dem Motto mitarbeiten: „Über die Vergangenheit durch die Gegenwart — in die Zukunft."

Die Erkenntnis quantitativ bestimmter Gesetzmäßigkeiten der historischen Entwicklung von Wissenschaft und Technik wird es den Historikern ermöglichen, erheblich effektiver an der praktischen Lösung einiger aktueller Probleme der wissenschaftlich begründeten Leitung dieser Entwicklungsprozesse mitzuarbeiten. Das ist natürlich besonders wichtig bei der Erforschung der Entwicklung von Wissenschaft und Technik in unserem Jahrhundert. Schließlich sind zwei Drittel der wissenschaftlich-technischen Erkenntnisse und über 90% der jemals geschaffenen wissenschaftlich-technischen Dokumentationen das Ergebnis der ersten 65 Jahre des 20. Jahrhunderts, und zur gegenwärtig tätigen Wissenschaftlergeneration gehören neun Zehntel aller Wissenschaftler, die je auf der Erde gelebt haben.[42] Die Schwierigkeiten, die sich bei der Erforschung der Probleme des heutigen wissenschaftlich-technischen Fortschritts ergeben, hat Louis de Broglie seinerzeit treffend vorausgesehen: „Die Geschichte der Naturwissenschaften des 16., 17. und 18. Jahrhunderts ist sehr umfassend, die Geschichte der Wissenschaft des 19. Jahrhunderts ist sehr kompliziert, und man kann mit jenem, der die Geschichte der Wissenschaft des 20. Jahrhunderts schreiben wird, mitfühlen."[43]

Worin besteht gegenwärtig die Beziehung der Wissenschaftswissenschaft zu den traditionellen Untersuchungen über die Geschichte und die Methodologie des wissenschaftlich-technischen Fortschritts?

- Vor allem sind in diesen Untersuchungen wertvolle Analysen von Wissenschaft und Technik konzentriert und vielfältige Kenntnisse und Methoden enthalten. Ohne Berücksichtigung und Nutzung dieser wertvollen Ergebnisse ist eine richtige Deutung der von der Wissenschaftswissenschaft aufzudeckenden Erscheinungen und Fakten entweder überhaupt unmöglich, oder eine solche Deutung droht zu einer von den realen geschichtlichen Erfahrungen isolierten Scholastik zu werden.
- Von großem Wert für die neue Richtung sind historische Daten über die Intensität des wissenschaftlich-technischen Schaffens in den einzelnen Ländern und für beträchtliche Zeiträume. Sehr interessant sind die Beobachtungen über die Kontinuität und die Schicksale der verschiedenen wissenschaftlichen

41 Vgl. S. V. Šuchardin: Osnovy istorii techniki. Moskau 1961; deutsch: S. W. Schuchardin: Grundlagen der Geschichte der Technik. Leipzig 1963; D. Price: Science since Babylon. New Haven—London 1962.

42 Vgl. D. Price: Science since Babylon.

43 Louis de Broglie: Pol'za i uroki istorii nauk. In: Po tropam nauki. Moskau 1962, S. 299.

Ideen, Fakten über voneinander unabhängige Mehrfachentdeckungen, Doppelerfindungen usw. Alles dieses wird, ausgehend von der Spezifik der Organisation und der Effektivität des wissenschaftlichen Prozesses in verschiedenen Etappen und auf verschiedenen Ebenen seiner Entwicklung, analysiert und neu interpretiert.[44]

— Die Ausarbeitung einer für die neue Richtung besonders wichtigen Problematik, der Methoden zur Prognose der Wissenschaftsentwicklung, basiert auf der Anwendung historischer Gesetzmäßigkeiten der Entwicklung von Wissenschaft und Technik, die nun mit Hilfe verschiedenartiger quantitativer Methoden und Verfahren zur Analyse der Wissenschaftserfahrungen konkretisiert werden.

Überaus nahe Beziehungen gibt es auch zwischen der Wissenschaftswissenschaft und der Logik. Logisches Wissen ist seinem Wesen nach Wissen über das Wissen (Metawissen). Das Studium der Logik der wissenschaftlichen Forschung kann einen wesentlichen Beitrag zu den theoretischen Bereichen der Wissenschaftswissenschaft leisten, insbesondere zur Erarbeitung von Konzeptionen der Entwicklung wissenschaftlicher Systeme.[45]

Es ist jedoch zu beachten, daß die Wissenschaftswissenschaft und die Logik mit unterschiedlichen Methoden zwei wechselseitig verbundene, hinsichtlich ihrer Natur, des Systems ihrer Gesetze und ihrer Sprache aber verschiedene Strukturen untersuchen: die Organisationsstruktur der Wissenschaft und die logische Struktur der wissenschaftlichen Erkenntnisse. Die Entwicklung und Vertiefung dieser Beziehungen zwischen der Wissenschaftswissenschaft und der Logik der Wissenschaft eröffnen zusätzliche umfassende Perspektiven für die wissenschaftliche Analyse und die theoretische Verallgemeinerung der Erfahrungen der Wissenschaft.

Wissenschaftswissenschaft und Soziologie verfügen ebenfalls über einen großen Bereich gemeinsamer wissenschaftlicher Interessen. Für die Soziologie ist die Wissenschaft eine soziale Institution zur Gewinnung neuen Wissens und zur gesellschaftlichen Nutzung dieses Wissens. Die Soziologie untersucht die Wissenschaft unter zwei Hauptaspekten: dem der Wechselwirkung von Wissenschaft und Gesellschaft; dem der sozialen Verhältnisse der Menschen im wissenschaftlichen Arbeitsprozeß. Diese Richtung ist höchst bedeutsam. Sie kann als einer der grundlegenden Arbeitsbereiche der Wissenschaftswissenschaft angesehen werden.[46]

44 Vgl. S. R. Mikulinskij u. a.: Očerki istorii i teorii razvitija nauki. Moskau 1969; S. R. Mikulinkij/M. G. Jaroševskij in: Naučnoe tvorčestvo. Moskau 1969 (deutsch: Wissenschaftliches Schöpfertum. Hrsg. von G. Kröber u. M. Lorf. Berlin 1972.

45 Vgl. P. V. Kopnin: Logičeskie osnovy nauki. Kiev 1968; N. Stefanov/S. Kačaunov/K. Simeonova: Struktura i metodologija istoričeskogo poznanija. Sofia 1971.

46 Vgl. D. M. Gvišiani/A. A. Zvorykin (Red.): Social'no-ėkonomičeskie i organizacionnye voprosy nauki v SSSR. Bd. I—IV, Moskau 1970; M. M. Petrov (Red.): Sociologija nauki. Rostov-na-Donu 1969.

Ihre Ergebnisse sind wichtig bei der Ausarbeitung der Wissenschaftsstrategie, der Grundlagen der Wissenschaftspolitik und der Methoden der Wissenschaftsleitung. Es muß betont werden, daß die Wissenschaftswissenschaft vorwiegend die Methoden der empirischen Sozialforschung anwendet, wie sie von der modernen Soziologie entwickelt worden sind.

Die Entstehung der Wissenschaft von der Wissenschaft war eine notwendige Konsequenz der intensiven Verwandlung der modernen Wissenschaft in eine unmittelbare Produktivkraft. Daraus erklärt sich auch die außergewöhnliche Bedeutung, die den ökonomischen Aspekten bei der Erforschung der Funktionserfahrungen der Wissenschaft beigemessen wird.[47]

In der gegenwärtigen Entwicklungsphase der Wissenschaftswissenschaft dürfte eine möglichst intensive Zusammenarbeit mit allen relevanten ökonomischen Disziplinen von größtem Nutzen sein. Das wird die Wissenschaft von der Wissenschaft um Erfahrungen bei der Ausarbeitung komplizierter Probleme der ökonomischen Entwicklung bereichern, die Effektivität der von ihr verwendeten Methoden erhöhen und die Wirksamkeit der von ihr auszuarbeitenden Vorschläge und Empfehlungen vergrößern. Der Komplex Ökonomische Probleme der Wissenschaft dürfte sich zu einem der wichtigsten Bereiche der Wissenschaftswissenschaft entwickeln, zur Ökonomik der wissenschaftlichen Forschungsarbeit.

Die Wissenschaftswissenschaft könnte ihrerseits durch neue Erkenntnisse und Verfahren dazu beitragen, die Einflußsphäre der ökonomischen Wissenschaften auf die Gebiete der nichtmateriellen Produktion und der geistigen Arbeit auszudehnen. Die Bedeutung dieser Gebiete und das ökonomische Interesse an ihnen wachsen in der Epoche der modernen wissenschaftlich-technischen Revolution ständig und gesetzmäßig.

Viele Probleme der Wissenschaftswissenschaft berühren sich unmittelbar mit traditionellen Problemen der ökonomischen Wissenschaften. Deshalb bestehen günstige Möglichkeiten für gemeinsame Forschungen. Folgende Problemgruppen sollten von den ökonomischen Disziplinen und entsprechenden Bereichen der Wissenschaftswissenschaft gemeinsam bearbeitet werden:

1. Erforschung des ökonomischen Potentials des Landes — Analyse des wissenschaftlichen Potentials;
2. Probleme der materiell-technischen Basis der Gesellschaft — Tempo und Niveau der Wissenschaftsentwicklung;

47 Vgl. A. D. Nikolaev: Obščestvennoe vosproizvodstvo i razvitie naučnych issledovanij v SŠA. Očerk teorii. Moskau 1969; P. Nelson/M. Peck/E. Kanachek: Technology, Economic Growth and Public Policy. Washington 1967; L. Ržiga: Ėkonomiceskaja ėffektivnost' naučnotechničeskogo progressa. Moskau 1969; V. S. Sominskij/L. S. Bljachman (Red.): Ėkonomičeskie problemy povyšenija ėffektivnosti naučnych razrabotok. Leningrad 1972.

3. Struktur der Arbeitskräfteressourcen und Reproduktion der ingenieurtechnischen Kader — zahlenmäßiges Wachstum, Struktur und Kaderreserve der in der Wissenschaft tätigen Menschen;
4. Ökonomische Effektivität neuer Technik — Bewertung der Arbeitsproduktivität von Wissenschaftlern sowie der Effektivität der Wissenschaft;
5. Vorbereitende Stadien der Produktion — Erfahrungen bei der Überleitung wissenschaftlicher Ergebnisse in der Praxis;
6. Planung und Prognose der Volkswirtschaft — Prognostik in Wissenschaft und Technik;
7. Geschichte des ökonomischen Denkens — Verallgemeinerung der Erfahrungen der Wissenschaftsorganisation und Erarbeitung theoretischer Grundlagen für die Leitung der Wissenschaft.

Auf viele Erkenntnisse der ökonomischen Wissenschaften kann die Wissenschaftswissenschaft unmittelbar zurückgreifen. Das gilt beispielsweise für die ökonomische Statistik und die ökonomische Kybernetik, für die wissenschaftliche Arbeitsorganisation, für Methoden zur materiellen Stimulierung der Werktätigen usw.

Schließlich wären zwei Wissenschaftsgebiete zu erwähnen — die Psychologie und die Rechtswissenschaft —, deren Zusammenarbeit mit der Wissenschaftswissenschaft zwar erst am Anfang steht, die aber ebenfalls überaus fruchtbringend werden kann.

So könnten die Forschungsergebnisse der modernen Psychologie über das wissenschaftliche Schöpfertum die Wissenschaftswissenschaft um Kriterien für die Einschätzung der Qualität der Kaderressourcen bereichern. Die praktische Wissenschaftsorganisation könnte Methoden übernehmen, um die Fähigkeiten von Menschen zu diesen oder jenen Arten schöpferischer Tätigkeit zu diagnostizieren. Die Wissenschaftsleitung könnte durch psychologische Prinzipien für die Strukturierung wissenschaftlicher Gruppen unter Berücksichtigung individueller Persönlichkeitsfaktoren qualifiziert werden usw. Dies alles deutet darauf hin, daß die Psychologie ein wichtiger Partner der Wissenschaftswissenschaft ist.[48]

Die Rechtswissenschaft müßte die Wissenschaft als ein Organisations- und soziales System untersuchen. Sie könnte damit einen nützlichen Beitrag zur normativen Ausgestaltung der wechselseitigen Beziehungen wissenschaftlicher Kollektive leisten. Eine besonders wichtige Aufgabe könnte die gemeinsame Entwicklung eines Systems grundlegender staatlicher Gesetze über die Wissenschaft werden.[49]

48 Vgl. M. G. Jaroševskij: Psichologija nauki. In: Voprosy filosofii, 1967, Nr. 5.

49 Vgl. M. I. Poskotin/V. A. Rassudovskij/M. P. Ring: Organizacionno-pravovye voprosy rukovodstva naukoj v SSSR. Moskau 1973.

Die Liste der Wissenschaften, mit denen ein Zusammenwirken der Wissenschaftswissenschaft möglich ist, kann noch beträchtlich erweitert werden (Pädagogik, Arbeitshygiene usw.). In einem Register, das von der Abteilung Wissenschaftspolitik der UNESCO aufgestellt worden ist, werden 16 solcher grundlegenden Gebiete genannt.[50]

Es muß jedoch mit aller Bestimmtheit festgehalten werden, daß die Nutzung von Ergebnissen einer anderen Wissenschaft oder gemeinsame Anstrengungen zur Lösung irgendeines konkreten Problems, das die Wissenschaft im ganzen angeht, keineswegs immer mit der Notwendigkeit verbunden sind, die Methoden oder Konzeptionen solcher spezieller Wissenschaften als Bestandteile der Wissenschaftswissenschaft zu übernehmen. Die Auswahl der Erkenntnisse und Methoden, die von der Wissenschaftswissenschaft übernommen und entsprechend den Besonderheiten ihres Forschungsgegenstandes modifiziert werden, wird durch ihr Hauptanliegen bestimmt, nämlich durch die Erforschung der Wissenschaft als eines gesteuerten Systems und durch die Aussicht auf eine umfassendere Aufdeckung der Wechselbeziehungen zwischen den verschiedenen Seiten dieses Systems mit dem Ziel, seine Wirkung zu erhöhen.

Alle Leitungswissenschaften spielen im Ensemble der Wissenschaften eine besondere, eine integrierende Rolle; darin liegt ihre Stärke. Aber sie müssen ihre Objekte als Systeme erforschen und sich deshalb auf viele andere Wissenschaften stützen; und darin liegen die spezifischen Schwierigkeiten bei der Herausbildung der Leitungswissenschaften. Bis heute ist z. B. der Dialog darüber im Gange, was die Kybernetik sei: ein Komplex wissenschaftlicher Disziplinen (allgemeine Automatentheorie, Biokybernetik, ökonomische Kybernetik, Systemtechnik usw.) oder eine spezifische Wissenschaft? Hierher gehört auch die Frage, wozu man die interdisziplinäre Wissenschaft von der Leitung zählen soll: zur Soziologie oder zur Ökonomie? Daß diese Wissenschaften existieren, ist bereits offiziell anerkannt. Sie alle gehören, ebenso wie die Wissenschaftswissenschaft, zu einer Familie — zu den Wissenschaften von der Leitung komplizierter „Mensch-Maschine-Systeme".

Es gibt keine einzige ernsthafte Aufgabe der Wissenschaftsleitung, die theoretisch fundiert und praktisch wirksam *allein* von den Positionen der Wissenschaftsmetrik, *nur* mit den Methoden der Soziologie oder *ausschließlich* mit den Mitteln der ökonomischen Forschung gelöst werden könnte. Um so mehr trifft diese Feststellung auf die zentralen Probleme der Leitung der Wissenschaft zu: die Erhöhung der Effektivität funktionierender Systeme; die optimale Vergrößerung des wissenschaftlichen Potentials; die fundierte Festlegung der Zielorientierung der Forschungs- und Entwicklungsarbeiten.

50 Vgl. UNESCO, Science Policy Research and Teaching Units. Paris 1971.

Die innere Struktur der Wechselwirkung der Wissenschaften bei der systemorientierten Erforschung und Lösung des Komplexes der zentralen Probleme der Wissenschaftsleitung ist in Abbildung 3 dargestellt. Wie heute üblich, bedeutet jeder Pfeil eine „Arbeit", die einen Zustand („Aufgabe") in den anderen („Ergebnisse") überführt. Natürlich erhebt die durch dieses Schema veranschaulichte Auswahl konkreter wissenschaftlicher Aufgaben, die durch theoretische

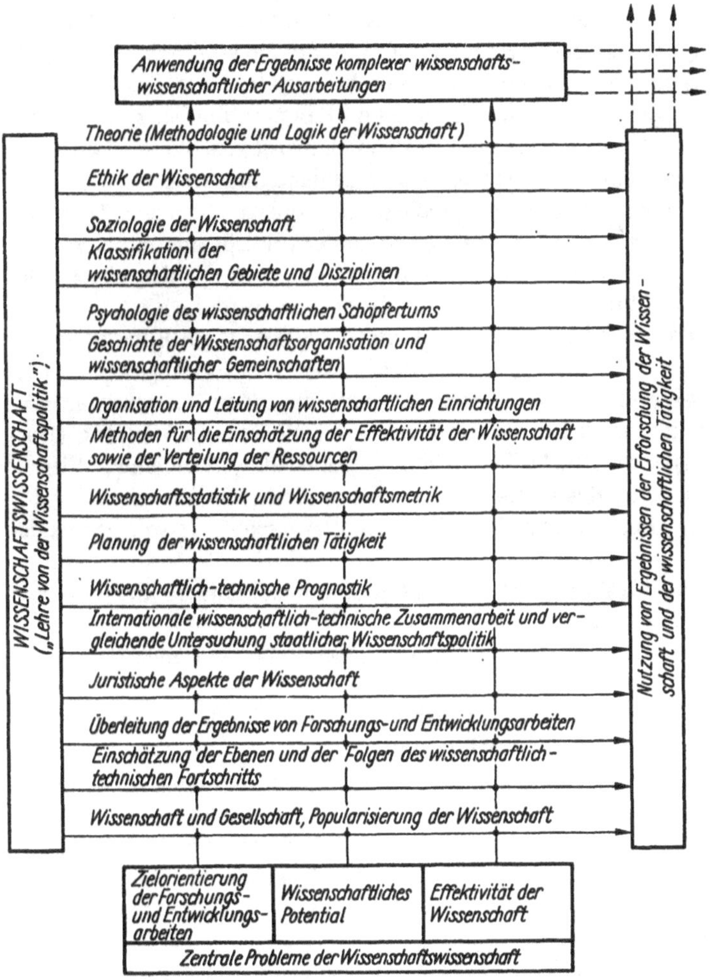

Abb. 3. Integrationsstruktur verschiedener Forschungen über die Wissenschaft zur Ausarbeitung der zentralen Probleme der Wissenschaftswissenschaft

und angewandte Untersuchungen im Rahmen der Komplexprobleme der Wissenschaftswissenschaft zu lösen sind, keinen Anspruch auf erschöpfende Vollständigkeit. Wichtig ist, daß jede dieser Forschungsrichtungen ihr konkretes Ziel erreicht und alle zusammen die Ausarbeitung der funktional wichtigeren synthetischen Zentralprobleme der Wissenschaftswissenschaft gewährleisten. Der Punkt, an dem sich zwei „Arbeiten" überschneiden, markiert die Übergabe eines Teils der Ergebnisse der einen Richtung an die andere.

Entsprechend einer derartigen Struktur der Wissenschaftswissenschaft als eines wissenschaftlichen Zweiges werden in der UdSSR die konkreten Fragen der Organisationsstruktur wissenschaftlicher Einrichtungen für die Wissenschaftswissenschaft gelöst, geht man an die Planung und Kooperation der Forschungen heran. Dabei kann und muß sich die reale Auswahl der Arbeiten, die von dem jeweiligen wissenschaftswissenschaftlichen Kollektiv geplant und ausgeführt werden, aus konkreten Gründen und auch entsprechend der unterschiedlichen Ranghöhe der wissenschaftsleitenden Organe merklich verändern. Nicht alle Arbeiten werden sich hier in Wirklichkeit „kreuzen"; daraus kann auch auf das Niveau der Organisationskomplexität der Forschungen geschlossen werden.

Wissenschaftswissenschaftliche Untersuchungen, die bereits für Entscheidungsfindungen benutzt worden sind, verlieren damit keineswegs zwangsläufig ihren Wert für die Wissenschaft. Sie können sowohl an andere wissenschaftliche Systeme als auch entsprechend der Hierarchie der Wissenschaftsleitung (Forschungsinstitut, wissenschaftliche Vereinigung, Universität, Akademie, Wissenschaftszweig im Maßstab des Landes usw.) weitergegeben werden.

Die Struktur und Problematik der Wissenschaftswissenschaft soll widerspiegeln:

- die integrierende Funktion der Wissenschaftswissenschaft in der heutigen Welt der Wissenschaften;
- das systemorientierte Herangehen der Wissenschaftswissenschaft an die Erforschung ihrer Objekte;
- den komplexen Charakter der Organisation und der Methodologie der wissenschaftswissenschaftlichen Forschungen.

Die im letzten Jahrzehnt im Rahmen der Wissenschaftswissenschaft enstandenen grundlegenden Forschungskomplexe und speziellen wissenschaftlichen Disziplinen (Wissenschaftsmetrik, Prognostik, Wissenschaftsökonomik, Wissenschaftssoziologie usw.) waren lediglich erste Schritte. Noch gleicht die Wissenschaftswissenschaft eher einem unvollständigen Mosaik als einer strukturell durchgebildeten Wissenschaft.

Eine außerordentlich aktuelle Aufgabe sehen wir im gegenwärtigen Entwicklungsstadium der Wissenschaftswissenschaft darin, ihre allgemeintheoretischen Grundlagen herauszuarbeiten. Nach unserer Überzeugung sollte die allgemeine Theorie der Leitung wissenschaftlicher Systeme diese Rolle übernehmen. Solche systemorientierten Überlegungen dürften sich fruchtbar auf die Anstrengungen von Wissenschaftlern auswirken, die ökonomische, organisatorische, informationelle, soziologische und andere Aspekte der Wissenschaft erforschen; und sie dürften auch den Einfluß der Wissenschaft auf die Leitungspraxis erhöhen. ,Unsere Vorstellungen von der Struktur einer derartigen allgemeinen Theorie der Wissenschaftswissenschaft werden durch Tabelle 2 illustriert; sie entspricht Grundgedanken[51] von S. V. EMEL'JANOV und seinen Mitarbeitern.

Tabelle 2

Theorie und Prinzipien der systembestimmten Leitung von Prozessen der wissenschaftlich-technischen Entwicklung

Modellierung von Entwicklungsprozessen und Leitungsobjekten	Theorie der wissenschaftlichen Systeme als Objekt der Analyse, Synthese und Leitung Identifikationsmethoden und Formalisierungsprinzipien Prinzipien für die Aufstellung von Modellen und ihre Realisierung auf EDVA
Methoden zur Formulierung von Zielen und Kriterien	Theorie der Vektorkriterien Methoden zur Messung, Analyse und Bewertung des Systems der Effekte der wissenschaftlich-technischen Tätigkeit Methoden zur Formulierung der Ziele
Methoden und Prozeduren zur Gewinnung von Prognosen	Prognostizierung nach Expertenurteilen Prognostizierung auf der Basis mathematischer Modelle Andere Einschätzungen der Folgen geplanter Maßnahmen
Planungsmethoden und -prozeduren	Planung des Komplexes der Arbeiten Methoden der Zeitplanung Verteilung begrenzter Ressourcen
Methoden zur Synthese von Systemen der organisatorischen Leitung	Theorie der hierarchischen Leitungsstrukturen Informationsströme in den Systemen der organisatorischen Leitung Methoden zur Sicherung der Zuverlässigkeit der Leitung von Entwicklungsprozessen
Methoden für die Fällung operativer Entscheidungen	Allgemeine Theorie der Entscheidungsfindung Methoden zur Stimulierung der Tätigkeit von Menschen, Kollektiven und Organisationen Methoden zur Organisation von Expertenentscheidungen und zur Bearbeitung von Expertenurteilen

51 Vgl. S. V. EMEL'JANOV/E. B. DUDIN/A. A. MALEVIČ: Problemy upravlenija processami razvitija proizvodstva, nauki i techniki i sovremennye metody ich issledovanija. In: Itogi nauki i techniki. Techničeskaja kibernetika. Moskau 1970.

Die theoretischen, experimentellen und anderen Untersuchungen wissenschaftlicher Systeme müssen in nächster Zukunft durch die Erarbeitung eines umfassenden Katalogs theoretischer Thesen und spezifischer Methoden der wissenschaftswissenschaftlichen Forschung fortgeführt werden. Die wichtigste Voraussetzung für die effektive Anwendung sowohl der bereits existierenden als auch zukünftiger Methoden ist offenbar der Übergang von verschiedenartigen Modellen der Wissenschaft (informationellen, ökonomischen, organisatorischen, soziologischen) zu verallgemeinerten Modellen der Wissenschaft.

Die Wissenschaftswissenschaft ist eine junge Wissenschaft. Die Definition ihrer Struktur und Problematik kann darum noch nicht hinreichend exakt sein, sie muß vielmehr Korrekturen zulassen, die sich aus künftigen wissenschaftswissenschaftlichen Untersuchungen ergeben können. Eine solche Aufgabe wird heute immer realistischer.

Bekannt sind zwei wesentlich unterschiedliche Konzeptionen der Wissenschaftswissenschaft. Die eine rückt die allgemeinen erkenntnistheoretischen, logischen, ethischen und anderen Probleme in den Vordergrund. Wir befürchten, daß sich eine Trennung der erkenntnistheoretischen Untersuchungen von den praktischen Aufgaben der Organisation und Leitung der Wissenschaft negativ auswirken wird, und zwar sowohl für das Verständnis der Wissenschaftsprobleme als auch auf die Autorität der Wissenschaftswissenschaft als eines sich konstituierenden Wissenschaftszweiges. Der Autor und das von ihm geleitete Kollektiv von Wissenschaftswissenschaftlern vertreten deshalb entschieden den Standpunkt, daß die Wissenschaftswissenschaft die Aufgabe hat, dazu beizutragen, die soziale Organisation der Wissenschaft zu optimieren und die Methoden der Wissenschaftsleitung zu verbessern. Die gesamten weiteren Ausführungen dieses Buches beruhen auf dieser Auffassung der Wissenschaftswissenschaft.

Hinzuweisen ist auch auf eine andere Einseitigkeit bei der Formulierung der grundlegenden Zielstellungen der Wissenschaftswissenschaft. Häufig ist nur von der Erforschung der ökonomischen Effektivität der Wissenschaft die Rede. In vorsichtiger Form hat diesen Gedanken S. Dedijer formuliert[52], als er die „Messung der Produktivität in den Forschungen und die Messung der Produktivität der Forschungen" in den Mittelpunkt des Programms der Wissenschaft von der Wissenschaft stellte. In extremeren Formen wandelt sich diese Zielstellung zu der Aufforderung, die Wissenschaftswissenschaft durch eine Ökonomik der Wissenschaft zu ersetzen, vergleichbar den Ökonomiken der Volkswirtschaftszweige.

In diesem Fall könnte sich folgende ziemlich paradoxe Situation ergeben. Man stelle sich vor, eine Gruppe von qualifizierten Wissenschaftlern habe die Aufgabe

52 Vgl. S. Dedijer: The Science of Science: A Programme and a Plea. In: Minerva, Bd. IV, Nr. 4, 1966, S. 489—504.

übernommen, ein Lehrbuch über die Ökonomik eines bestimmten Volkswirtschaftszweiges auszuarbeiten. Den Wissenschaftlern fehlen aber Daten und Vorstellungen über die Arten und die Kennzeichen der Produkte des Zweiges im „Naturalausdruck", über die Hauptkennziffern des Niveaus und des Entwicklungstempos des Zweiges, über die Spezifik der Effektivitätsermittlung der Arbeit in den verschiedenen Stadien des Produktionsprozesses usw. Außerdem kann sich dieses Wissenschaftlerkollektiv nicht auf irgendwelche fundierten und vergleichbaren Daten über die für die Entwicklung des Zweiges aufgewendeten Ressourcen stützen. Es muß nicht dargelegt werden, daß die erwähnte Aufgabe unter derart ungünstigen Bedingungen unlösbar ist. Es sei außerdem darauf hingewiesen, daß die Kennziffern der Effektivität der Wissenschaft, für die sich die Ökonomen mit Recht interessieren, nur eines der drei früher formulierten Hauptziele einer wissenschaftlich begründeten Leitung der Wissenschaft widerspiegeln.

Die Erfahrungen zeigen, daß keines dieser Hauptziele der staatlichen Wissenschaftsleitung ignoriert werden darf. Es handelt sich dem Wesen der Sache nach um ein einheitliches Problem: Das nichteffektive Funktionieren der Wissenschaft bedeutet einen niedrigen „Wirkungsgrad" des vorhandenen Potentials; ist das erforderliche wissenschaftliche Potential nicht gesichert, so kann man auch nicht mit einer effektiveren Wissenschaft in der Zukunft rechnen. Und ein Mißgriff bei der Zielstellung für Forschungen und Entwicklungen kann dem Potential der Wissenschaft und der Wissenschaftsentwicklung ernsthaft schaden. Es ist derjenige kein guter Gärtner, der sich nur um die Ernte der Früchte sorgt, die am viele Jahre alten Baum der Erkenntnis wachsen — in diesem Sinne haben diejenigen Wissenschaftswissenschaftler recht, die behaupten, die Wissenschaft sei eigentlich nicht so sehr den Früchten vergleichbar als vielmehr dem Baum, an dem sie wachsen.

Kapitel 2

Theoretische Grundlagen der Wissenschaftspolitik

1. Das Bedürfnis nach einer wissenschaftlich begründeten staatlichen Wissenschaftspolitik

Die Wissenschaft erstreckt sich in unseren Tagen von den höchsten Abstraktionen bis zu den einfachsten praktischen Dingen. Millionen Menschen sind in den Bereichen der Wissenschaft tätig; es werden gewaltige finanzielle Mittel aufgewendet und Ergebnisse erzielt, die potentiell in der Lage wären, in kürzester Zeit nicht nur die Produktion, sondern alle Sphären des sozialen, ökonomischen und kulturellen Lebens der Menschheit umzugestalten.

Allein in der UdSSR hat die Zahl der Wissenschaftler die Millionengrenze überschritten, und die Zahl aller in der Sphäre der Wissenschaft tätigen Menschen liegt in der Sowjetunion bei 4 Millionen. Dabei wuchsen die Gesamtaufwendungen des sowjetischen Staates für die wissenschaftliche Forschung in den siebziger Jahren jährlich um 7—8% und erreichen eine Größenordnung von 20 Milliarden Dollar. Das entspricht etwa 4% des gesellschaftlichen Bruttoprodukts des Landes. Man schätzt, daß in den siebziger Jahren mindestens drei Viertel des Effektivitätszuwachses der Produktion durch Intensivierung erzielt worden sind, und zwar in erster Linie durch die Verwertung der Ergebnisse wissenschaftlicher Forschungs- und Entwicklungsarbeiten.

Ähnliches gilt für die anderen entwickelten Länder der Erde. Alle Möglichkeiten der modernen wissenschaftlich-technischen Revolution zu nutzen, ist auch für die meisten Länder charakteristisch, die erst in jüngster Zeit eine selbständige soziale und ökonomische Entwicklung begonnen haben. In allen diesen Fällen ist die Wissenschaftspolitik, die Politik des Staates hinsichtlich der Forschung und Entwicklung, zu einem zentralen Problem der nationalen Entwicklung geworden.

Die Wissenschaftsleitung ist im Sinne der Wissenschaftswissenschaft ein zielgerichteter Prozeß der Ausarbeitung und Verwirklichung einer bestimmten Politik hinsichtlich der Wissenschaft. Was ist nun diese Erscheinung, die mit dem Terminus „Wissenschaftspolitik" bezeichnet wird? Er umfaßt ein System von Begriffen, das charakterisiert ist durch

— die Gesamtheit der in einer bestimmten Sozialstruktur geltenden Prinzipien und Kriterien, von denen die Einstellung der Gesellschaft zur Wissenschaft und die der Wissenschaft zugemessene soziale Rolle bestimmt werden;

— die sozialen Mechanismen der konkreten Wissenschaftsorganisation und -leitung;
— die Art und Weise der praktischen Leitung der Wissenschaftler, Wissenschaftlerkollektive und wissenschaftlichen Organisationen zu dem Zweck, die Ziele der Wissenschaftsentwicklung zu erreichen.

Anders ausgedrückt: *Unter Wissenschaftspolitik verstehen wir die Prinzipien, die Organisationsformen und die praktischen Maßnahmen des Staates, die er zur Erreichung der sozialen Ziele der Wissenschaftsentwicklung benutzt bzw. ergreift.*

Jede historische Epoche besitzt für sie charakteristische Formen der Wissenschaftsorganisation und -leitung. Sehen wir von allen stets auch vorhandenen historischen Besonderheiten einmal ab, dann kann man als Hauptaufgaben der Wissenschaftsorganisation die folgenden bezeichnen[1]:

1. Es ist das ständige Ziel der Wissenschaft, grundlegende Gesetzmäßigkeiten in Natur und Gesellschaft aufzudecken und sie im Interesse des weiteren wissenschaftlich-technischen Fortschritts zu nutzen.
2. Die Wissenschaftsdisziplinen müssen weiterentwickelt, ihre Methoden präzisiert und ihre Aufgaben im Interesse der Volkswirtschaft bestimmt werden.
3. Das eigentliche Ziel der Wissenschaftsorganisation ist die Überführung der Erkenntnisse, Entdeckungen und Empfehlungen der Wissenschaft in die fortgeschrittene Produktionspraxis. Diese Aufgabe ist entscheidend nicht nur für den Fortschritt der Produktion, sondern auch für die Wissenschaft selbst, denn die Praxis stellt der Wissenschaft die neuen Aufgaben.
4. Eine für die Wissenschaft zutiefst lebenswichtige Aufgabe ist der Austausch von Informationen über wissenschaftliche Erkenntnisse und deren Weiterentwicklung durch neue Kader.

In allen Wissenschaften sind diese vier Hauptaufgaben der Wissenschaftsorganisation untrennbar miteinander verknüpft. Jede Unterschätzung einer dieser Aufgaben würde der Wissenschaft im ganzen und der Lösung konkreter Aufgaben nur schaden, denn sie sind die Grundprobleme der modernen Wissenschaftsorganisation.

Im Prozeß ihrer historischen Entwicklung wächst die Wissenschaft quantitativ und qualitativ, d. h. nach Umfang und Kompliziertheit ihrer Probleme, ständig an. Das erfordert gesetzmäßig strukturelle Neuorganisationen. So haben sich z. B. recht spezialisierte wissenschaftliche Einrichtungen entwickelt: wissenschaftliche Forschungsinstitute unterschiedlichen Profils, wissenschaftliche Lehrstühle an Hochschulen und Universitäten, wissenschaftliche Forschungsinstitute und Industrielaboratorien, Projektierungs- und Konstruktionsbüros usw. Auch die Leitung dieser wissenschaftlichen Einrichtungen und der Wissenschaftlerkollektive ist in der Folge komplizierter geworden. Für die Wissenschaft ist es

1 Vgl. O. N. Ščerban'/G. M. Dobrov: Šljachi ukrainskoj nauki. Kiev 1964.

deshalb heute lebenswichtiger denn je, auf der Grundlage wissenschaftlich begründeter Planung eine einheitliche staatliche Leitung des wissenschaftlich-technischen Fortschritts zu verwirklichen.

Ein überaus wesentliches Merkmal der modernen Wissenschaft ist die Priorität der Forschungsziele der Wissenschaft gegenüber ihrer Organisationsstruktur. Früher waren die Struktur wissenschaftlicher Einrichtungen, die Auswahl der Forschungsthemen, die konkrete Arbeitsorganisation und selbst die Arten der Problemlösung im Grunde entscheidend von den individuellen Auffassungen, Neigungen und Möglichkeiten einzelner leitender Wissenschaftler abhängig.

Die Durchsetzung des Prinzips der Priorität der Ziele gegenüber der Organisationsstruktur stößt auch heute noch oft genug auf den Widerstand der leitenden Wissenschaftler, die gewohnte Methoden nicht aufgeben, Arbeitsrichtungen nicht wechseln wollen.

Das Vorhandensein von bestimmten wissenschaftlichen Ausrüstungen und Verfahren dient auch häufig als Argument, wenn über organisatorische oder strukturelle Veränderungen in Forschungseinrichtungen entschieden werden soll. Der wissenschaftlich-technische Fortschritt und die moderne Wissenschaftsentwicklung machen es jedoch immer öfter notwendig, die Struktur und die Organisation wissenschaftlicher Einrichtungen den konkreten Zielen und Aufgaben der aussichtsreichsten wissenschaftlichen Forschungsrichtungen unterzuordnen.

Nun sind moderne wissenschaftliche Institute oft so umfangreich, daß ihre „Manövrierfähigkeit" in der Tat begrenzt ist. Dann müssen für neue Forschungsrichtungen neue Institutionen geschaffen oder alte radikal umstrukturiert werden. Dies ermöglicht in der Regel nur eine einheitliche staatliche Wissenschaftspolitik.

Das Prinzip der Priorität der Ziele gegenüber der Organisationsstruktur setzt sich unter verschiedenen sozialökonomischen Bedingungen natürlich in unterschiedlichen Formen durch. In der sozialistischen Gesellschaft, für die der wissenschaftlich-technische Fortschritt die wichtigste gesamtstaatliche Aufgabe ist, bestehen besonders günstige Möglichkeiten, ihn im Interesse der gesamten Gesellschaft umfassend zu verwirklichen.[2] Die optimale Leitung eines solchen komplizierten dynamischen Systems, wie es die moderne Wissenschaft bildet, ist undenkbar, wenn operative Strukturveränderungen des Systems im Interesse seines effektiven Funktionierens nicht realisierbar sind.

Die Wissenschaft liefert der Gesellschaft neues Wissen. Dieses „Produkt der allgemeinen Arbeit" gerät in der kapitalistischen Gesellschaft in die Widersprüche der antagonistischen Klasseninteressen und der ökonomischen Inter-

2 Vgl. I. D. Andreev: Nauka i obščestvennyj progress. Moskau 1972; I. A. Majzel': Nauka, avtomatizacija, obščestvo. Leningrad 1972.

essen einzelner konkurrierender Produzenten. Deshalb wächst auch im Kapitalismus das Bedürfnis nach einer staatlich gelenkten Wissenschaftspolitik. Eine solche planmäßige, durch die ganze Nation unterstützte Wissenschaftsentwicklung ist jedoch nur im Sozialismus möglich, wo einheitliche Prinzipien existieren und das Verhältnis zur Wissenschaft durch die Interessen der gesamten Gesellschaft, d. h. durch eine staatliche Doktrin der Wissenschaftsentwicklung, bestimmt wird.

In einem Dokument der UNESCO heißt es in diesem Zusammenhang: „Die Unfähigkeit des Marktmechanismus", den gesellschaftlichen Nutzeffekt der Wissenschaftsinvestitionen zu gewährleisten, „war eine der entscheidenden Ursachen für die Erweiterung der Regierungsfunktionen auf dem Gebiet der Planung sowohl der Wirtschaftspolitik als auch der Wissenschaftspolitik."[3]

Karl Marx verglich die wissenschaftliche Arbeit mit dem Erklimmen steiniger Pfade. Dieses Bild ist heute so zutreffend wie vor hundert Jahren. Der Kampf um die „lichten Höhen" der wissenschaftlichen Erkenntnis vollzieht sich heute jedoch unter Bedingungen einer unvergleichlich komplizierteren Organisationsstruktur der wissenschaftlichen Arbeit und auf einer gewaltig angewachsenen materiell-technischen und informationellen Basis. Die Pfade der Wissenschaft sind deshalb heute keineswegs weniger steinig.

Der Übergang zu wissenschaftlich begründeten Methoden der Wissenschaftsorganisation und -leitung ist nicht allein wegen der quantitativen Besonderheiten des Fortschritts der Wissenschaft und der wachsenden Kompliziertheit der wissenschaftlichen Systeme unvermeidlich. Die moderne Wissenschaft ist in eine qualitativ neue Etappe ihrer Entwicklung eingetreten — in die Periode des Übergangs von den extensiven Formen der Wissenschaftsorganisation zu intensiven Formen. Früher wurde eine höhere Effektivität der Wissenschaft durch ein exponentielles Wachstum der Wissenschaftlerzahl, der Wissenschaftsaufwendungen, der technischen Ausrüstungen, des Informationsvolumens, der Größe der Forscherkollektive usw. erreicht. *Generelle Aufgabe der Organisation und Leitung der modernen Wissenschaft ist die Gewährleistung eines gegenüber dem hohen absoluten Wachstumstempo der organisatorischen Parameter der wissenschaftlichen Systeme beschleunigten Wachstums der Effektivität wissenschaftlicher Forschungsprozesse.*

Zur Lösung dieser Aufgabe wurden einerseits staatliche Institutionen zur Planung und Leitung der Wissenschaftspolitik geschaffen, und andererseits entstand eine neue Wissenschaftsdisziplin, die Wissenschaftswissenschaft, die speziell diese Sphäre gesellschaftlicher Tätigkeit erforscht. Ihr Ziel ist, so stellt in diesem Zusammenhang D. M. Gvišiani fest, „die Ausarbeitung sowohl der theoretischen Grundlagen für die Organisation, Planung und Leitung der Wissenschaft

3 UNESCO/MINESPOL, Paris 22—27 june 1970, Document 4, point 22.

als auch eines konkreten Systems von Maßnahmen, das durch die objektive Logik der Entwicklung von Wissenschaft und Technik diktiert wird. Im Ergebnis gewährleistet sie optimale Tempi des wissenschaftlich-technischen Fortschritts und des Wachstums der Effektivität der wissenschaftlichen Forschung und Entwicklung und wird so zur theoretischen Basis für die Ausarbeitung der Grundlagen der Wissenschaftspolitik."[4]

2. Die strategische Doktrin der sowjetischen Wissenschaft

Das erste der obengenannten Strukturelemente der Wissenschaftspolitik kann als die strategische Doktrin der Wissenschaft bezeichnet werden. Sie wird im Rahmen und mit den Mitteln der staatlichen Wissenschaftspolitik eines Landes verwirklicht.

Die Ziele der Wissenschaftspolitik finden in den offiziellen Dokumenten von Partei und Regierung ebenso wie in den Reden der führenden Persönlichkeiten ihren Niederschlag. Damit wird die Einstellung des Staates zum wissenschaftlichen Fortschritt offenkundig. In den letzten Jahren wurden derartige umfassende Wissenschaftsprogramme auch bereits auf internationaler Ebene formuliert. Beispiele dafür sind das „Komplexprogramm" der wissenschaftlich-technischen Integration der Mitgliedsländer des RGW sowie die Dokumente einer 1970 durchgeführten Konferenz der für die Wissenschaftspolitik verantwortlichen Minister der europäischen Mitgliedsländer der UNESCO.

Der Grundstein für eine staatliche Wissenschaftspolitik wurde in der Welt von mehr als einem halben Jahrhundert in der Sowjetunion gelegt. Das entsprach den Grundinteressen des jungen Sowjetstaates und den Bedürfnissen der sowjetischen Wissenschaft.

V. I. Vernadskij, der außerordentlich viel für die Wissenschaftsorganisation in unserem Lande geleistet hat, schrieb 1916: „Noch nie ist bei uns die Frage der Organisation der Forschungen und der wissenschaftlichen Arbeit, der Organisation eines staatlichen Netzes von Forschungsinstituten erörtert worden. Noch nie war eine solche Aufgabe als eine Aufgabe des Staates anerkannt worden."[5] Er formulierte den in jener Zeit fortschrittlichen Gedanken, daß die Anstren-

4 D. M. Gvišiani: Naučno-techničeskaja revoljucija i problemy nauki. In: Nauka i žizn', 1971, Nr. 3, S. 3.

5 V. I. Vernadskij: O gosudarstvennoj seti issledovatel'skich institutov. In: Otčety Imperatorskoj Akademii nauk komitetu po izučeniju prirodnych proizvoditel'nych sil Rossii. Bd. 8. Sankt Petersburg 1917, S. V.

gungen der Wissenschaft mit dem Ziel vereint werden müßten, die Produktivkräfte des Landes zu vermehren. Daher erklärte er weitsichtig: „Wir wissen, daß im Ergebnis aller dieser Anstrengungen etwas einheitliches Ganzes geschaffen werden wird, da die Wissenschaft eins und unteilbar ist. Besonders nötig ist ein solcher Weg der Organisation dann, wenn es erforderlich ist, ein möglichst großes Ergebnis möglichst schnell und möglichst billig zu erreichen."[6]

Die herangereiften neuen Bedürfnisse der Volkswirtschaft und der wissenschaftlichen Forschungsarbeit hat W. I. Lenin theoretisch verallgemeinert und in staatliche Aktionen umgesetzt. Buchstäblich seit den ersten Tagen nach dem Sieg der Großen Sozialistischen Oktoberrevolution wurden auf seine Initiative hin energische konkrete Maßnahmen zur Organisation der Wissenschaftsentwicklung und zur Schaffung der materiell-technischen Bedingungen für die schöpferische Arbeit der Wissenschaftler ergriffen.[7] In dem von Lenin im April 1918 verfaßten „Entwurf eines Plans wissenschaftlich-technischer Arbeiten" wurden die grundlegenden Zielstellungen der Politik des Sowjetstaates auf diesem Gebiet formuliert.[8] In Übereinstimmung damit begannen im Lande die Ausarbeitung und Verwirklichung der ersten nationalen Programme für wissenschaftlich-technische Arbeiten auf dem Gebiet der Erforschung und Erschließung der Naturschätze des Landes, der Entwicklung moderner Nachrichtenmittel und des Rundfunkwesens, der technischen Rekonstruktion des Transportwesens, der Ausarbeitung der wissenschaftlichen Grundlagen für die Erhöhung der Bodenfruchtbarkeit, der Einrichtung eines Systems der wissenschaftlich-technischen Information, begannen die Stärkung des wissenschaftlichen Potentials des Landes und die Stimulierung der wissenschaftlichen Tätigkeit.[9] Große Aufmerksamkeit widmete der Staat der Entwicklung eines Netzes wissenschaftlicher Einrichtungen, der Stärkung der Akademie der Wissenschaften sowie der Schaffung der ersten Akademien der Wissenschaften in den Unionsrepubliken und akademischer wissenschaftlicher Zentren (Filialen der AdW der UdSSR). Die Ausbildung von qualifizierten Spezialisten für alle Zweige der Wissenschaft und der Technik erfolgte in großem Maßstab. Besonders große Bedeutung für die Entwicklung des wissenschaftlich-technischen Fortschritts in der UdSSR hatte die erfolgreiche Verwirklichung des staatlichen Plans für die Elektrifizierung Rußlands, der unter

6 Ebenda, S. 5.

7 Vgl.: Lenin i nauka. Moskau 1960; W. I. Lenin: Über Wissenschaft und Hochschulwesen. Berlin 1969.

8 Vgl. W. I. Lenin: Die nächsten Aufgaben der Sowjetmacht. In: Werke, Bd. 27. Berlin 1974; ders.: Entwurf eines Plans wissenschaftlich-technischer Arbeiten. In: Werke, Bd. 27. Berlin 1974 (weiterhin zitiert als LW).

9 Vgl. Ju. S. Meleščenko/S. V. Šuchardin: Lenin i naučno-techničeskij progress. Leningrad 1969; Ju. S. Melestschenko/S. W. Schuchardin: Lenin und der wissenschaftlich-technische Fortschritt. Leipzig 1972.

direkter Leitung LENINS ausgearbeitet worden war. Folgende Prinzipien sind seitdem Allgemeingut der sowjetischen Wissenschaft und ihrer strategischen Doktrin[10]:

— die Volksverbundenheit der sowjetischen Wissenschaft, die den Interessen der gesamten Gesellschaft dient und ihre Kräfte aus dem Volk schöpft;
— die Einheit von Theorie und Praxis, die Planmäßigkeit der Wissenschaftsentwicklung, deren Anstrengungen auf die Schlüsselprobleme des wissenschaftlich-technischen Fortschritts konzentriert werden;
— die kollektive Arbeit der Wissenschaftler, die Zusammenarbeit und wechselseitige Weitergabe der Erfahrungen der Generationen von Schöpfern des wissenschaftlich-technischen Fortschritts;
— der Internationalismus und Humanismus der Wissenschaft, die konsequent nach einer fruchtbringenden internationalen Zusammenarbeit strebt;
— die Einheit der wissenschaftlich-technischen Politik des Landes, die von der Gemeinsamkeit der sozialen Grundinteressen aller Schichten und Völker des Landes ausgeht.

Die strategische Orientierung der staatlichen Wissenschaftspolitik in der UdSSR beruhte auf dem Bestreben, *im Interesse des ganzen Volkes und entsprechend den gegebenen Möglichkeiten die grundlegende Gesetzmäßigkeit der Entwicklung der modernen Wissenschaft — die immer vollständigere und immer mehr wissenschaftliche Disziplinen einbeziehende Verwandlung der Wissenschaften in eine unmittelbare Produktivkraft und soziale Kraft der Gesellschaft — möglichst effektiv zu realisieren.*

Bekanntlich ist die gesellschaftliche Leitung überhaupt und die Leitung der Wissenschaft im besonderen organisch verknüpft mit den Prozessen der gesellschaftlichen Arbeitsteilung und der Rationalisierung der Arbeit im Interesse gesellschaftlicher Zielstellungen. W. I. LENIN billigte der Leitungsorganisation beim Aufbau der neuen Gesellschaft eine hohe Priorität zu: „Das ist die schwierigste Aufgabe, denn es handelt sich um die Organisierung der tiefsten, der ökonomischen Grundlagen des Lebens von Millionen und aber Millionen Menschen auf neue Art. Und das ist die dankbarste Aufgabe, denn erst *nach* ihrer Lösung (in den Haupt- und Grundzügen) wird man sagen können, daß Rußland nicht nur eine Sowjetrepublik, sondern auch eine sozialistische Republik *geworden* ist.“[11]

Bei der Vervollkommnung der gesellschaftlichen Leitungstätigkeit läßt sich

10 Vgl. LENIN i nauka. Moskau 1960.

11 W. I. LENIN: Die nächsten Aufgaben der Sowjetmacht. In: LW, Bd. 27. Berlin 1974, S. 232f.

die Sowjetunion von kollektiv erprobten grundlegenden Prinzipien leiten,[12] die auch für die staatliche Wissenschaftspolitik gelten:

— der demokratische Zentralismus; er orientiert die Leitungstätigkeit auf die Erreichung der für das Land wichtigsten sozialpolitischen Ziele;
— die umfassende wissenschaftliche Fundierung der Leitungstätigkeit; durch sie sollen die richtigen Zielstellungen, die richtigen Wege und Mittel zu ihrer Erreichung und die notwendigen Bedingungen für ihre effektivste Verwirklichung garantiert werden;
— die Erhöhung der Verantwortlichkeit jeder Leitungsebene; sie wird erreicht durch eine exakte Verteilung der Funktionen und Verantwortungsbereiche, gesichert durch ein entwickeltes System von Rückkopplungen (Ausführungskontrolle) und unterstützt durch einen Komplex moralischer und materieller Stimuli.

Es hat in der Geschichte der UdSSR keinen Parteitag, keine Konferenz und kein Plenum der Kommunistischen Partei gegeben, die nicht Wesentliches zum Erfahrungsschatz der Leitung sozialer Prozesse beigetragen hätten. Wichtig für die Entwicklung von Theorie und Praxis der Leitung war das Oktoberplenum des ZK der KPdSU im Jahre 1969, das die vorrangige Entwicklung ökonomischer Formen von Leitungsmethoden gegenüber den administrativen Formen begründet hat, wobei die letzteren Formen ein unerläßliches und spezifisches Element aller Systeme der sozialen Leitung bleiben.

Die praktischen Erfahrungen, die unser Land unter den Bedingungen der modernen wissenschaftlich-technischen Revolution gesammelt hat, bestätigen nicht nur die Lebenskraft der strategischen Prinzipien seiner Wissenschaftspolitik, sondern sie ergänzten diese Prinzipien auch durch wichtige neue Aussagen: Eine davon beinhaltet die entschiedene Umorientierung der gesamten Wissenschaft des Landes von extensiven auf intensive Methoden.

Lange Jahre hindurch wurde eine höhere Effektivität der Wissenschaft durch ein exponentielles Wachstum der Zahl der Wissenschaftler, der Aufwendungen für die Wissenschaft, der quantitativen Parameter der technischen Ausstattungen, der Größe der Forscherkollektive usw. erreicht. Heute dagegen besteht die Hauptaufgabe der Organisation und der Leitung der sowjetischen Wissenschaft darin, ein gegenüber den absoluten Wachstumstempi der Ressourcen und der organisatorischen Parameter der wissenschaftlichen Systeme vorrangiges Wachstum der Effektivität des wissenschaftlichen Prozesses zu gewährleisten.

Diese neuen Aspekte der strategischen Doktrin der sowjetischen Wissenschaft finden sich entwickelt und konkretisiert in den grundlegenden Aufgaben, die der

12 Vgl. V. G. Afanasjew: Wissenschaftliche Leitung der Gesellschaft. Berlin 1969; G. Ch. Popov: Problemy teorii upravlenija. Moskau 1970.

Praxis der Wissenschaftsleitung und ihrer Theorie, der Wissenschaftswissenschaft, gestellt sind.

Die Kommunistische Partei der Sowjetunion, die in der Entwicklung der Wissenschaft stets eine Hauptaufgabe gesehen hat, beschloß auf ihrem XXV. Parteitag: „Die Aufmerksamkeit der Wissenschaftler ist auf die wichtigsten Probleme des wissenschaftlich-technischen und des sozialen Fortschritts zu konzentrieren, von deren Lösung die erfolgreiche Entwicklung der Wirtschaft, der Kultur und der Wissenschaft selbst am stärksten abhängt. Vorzusehen sind Forschungsarbeiten, die prinzipiell neue Wege und Möglichkeiten für die Umgestaltung der Produktivkräfte der Sowjetunion und für die Entwicklung von Technik und Technologie der Zukunft eröffnen.

Effektivität und Qualität der Forschung sind zu erhöhen und die Formen der Verbindung zwischen Wissenschaft und Produktion weiter zu vervollkommnen. Die Überleitung wissenschaftlicher Erkenntnisse in die Volkswirtschaft ist zu beschleunigen...

Die Organisation der Arbeit der Wissenschaftler ist zu verbessern, ihre Effektivität zu erhöhen. Die Verantwortlichkeit der Forschungskollektive und ihrer Leiter für Niveau und Qualität der Forschungen sowie für die Fundierung ihrer Empfehlungen ist zu erhöhen. Die Interessiertheit der Kollektive und Mitarbeiter der wissenschaftlichen Einrichtungen an der Erhöhung der Effektivität ihrer Tätigkeit ist zu verstärken...

Das System der Leitung der Forschungseinrichtungen und der Projektierungs- und Konstruktionsbetriebe sowie die Koordinierung, Planung und Finanzierung der Forschung sind zu verbessern."[13]

Es gibt drei Gruppen grundlegender Möglichkeiten, die Effektivität der Wissenschaft und des wissenschaftlich-technischen Fortschritts zu erhöhen:

- Die einen liegen in der Sphäre der unmittelbaren schöpferischen Tätigkeit der Forscher und bestehen in der Erhöhung des methodologischen Niveaus der wissenschaftlichen Arbeit, in der Hervorbringung neuer, besser fundierter Ideen, in der Erschließung aussichtsreicher Forschungsmethoden;
- Andere liegen im Bereich der Leitung des wissenschaftlichen Prozesses und bestehen in der Optimierung der Organisationsformen der wissenschaftlichen Arbeit, in der Schaffung günstigster Bedingungen für eine fruchtbringende Arbeit aller Kategorien von Mitarbeitern und für das gesamte Spektrum des modernen wissenschaftlichen Prozesses;
- Die dritten bestehen in der Vervollkommnung des sozialen, vor allem des ökonomischen Mechanismus zur schnellsten Erschließung der wissenschaftlichen Ergebnisse durch die Produktion und die gesellschaftliche Praxis insgesamt.

13 XXV. Parteitag der KPdSU. Dokumente. Berlin 1976, S. 73.

Die strategische Zielsetzung der Politik des Sowjetstaates im Hinblick auf die Wissenschaft besteht in der Orientierung aller Organe und Maßnahmen der sozialen Leitung auf die effektive Nutzung des umfangreichen Komplexes der heutigen Möglichkeiten für die Intensivierung des wissenschaftlich-technischen Fortschritts.

3. Der soziale Mechanismus der staatlichen Wissenschaftspolitik

Ein zweites Strukturelement der Wissenschaftspolitik sind die Struktur von Wissenschaftlerkollektiven und der soziale Mechanismus der Organisation und der Leitung der sowjetischen Wissenschaft. Die statistischen Daten über das Wachstumstempo der Anzahl wissenschaftlicher Einrichtungen sowie der verschiedenen Kategorien von in der Sphäre der Wissenschaft tätigen Menschen sind bekannt (vgl. Tabelle 3).[14] Es fällt auf, daß die Anzahl wissenschaftlicher Mitarbeiter in der UdSSR in den letzten 20 Jahren drei- bis viermal schneller gewachsen ist als die Anzahl der wissenschaftlichen Einrichtungen. Das hat die Leitung der Tätigkeit der wissenschaftlichen Kollektive zusätzlich komplizierter und verantwortungsvoller gemacht.

Tabelle 3

Anzahl der wissenschaftlichen Einrichtungen und der Personen, die in der UdSSR in der wissenschaftlichen Forschung tätig sind (Stand am Jahresende)

	1940	1950	1960	1970	1971	1972	% zu 1950
Wissenschaftliche Einrichtungen insgesamt (inkl. Hochschulen und Universitäten)	2359	3447	4196	4367	5182	5307	154
Davon wissenschaftl. Forschungsinstitute, ihre Filialen und Abteilungen	786	1157	1728	2146	2525	2648	229
Wissenschaftler insgesamt (in 1000 Pers.)	98,3	162,5	354,2	664,6	927,7	1002,9	617
Davon Doktoren d. Wiss.	—	3,3	10,9	14,8	23,6	26,1	791
Kandidaten d. Wissensch.	—	45,5	98,3	134,4	224,5	249,2	548
Gesamtzahl der Beschäftigten im Bereich der Wissenschaft u. wissenschaftlichen Dienstleistung (in 1000 Pers.)	362	714	1763	2625	3238	3374	472

14 Vgl. Narodnoe chozjajstvo SSSR (1922—1972). Moskau 1972, S. 103, 347.

Entsprechend der Spezialisierung und der konkreten Rolle, die die verschiedenen im Bereich der Wissenschaft wirkenden Organisationen und Einrichtungen spielen, wird die Gesamtstruktur der wissenschaftlichen Kräfte des Landes durch folgende Klassifikationstabelle gekennzeichnet (vgl. Tabelle 4).

Tabelle 4
Typen der Einrichtungen und Institutionen, die zum Zweig der Volkswirtschaft der UdSSR „Wissenschaft und wissenschaftliche Dienste" gehören

1. Wissenschaftliche Forschungsinstitute (NII) — staatliche Institutionen, deren hauptsächliche Tätigkeit die Forschung in bestimmten Wissenschaftsgebieten ist	2. Institutionen, die einen Komplex von Forschungs-, Projektierungs-, Konstruktions- und technologischen Arbeiten ausführen	3. Wissenschaftliche Forschungseinrichtungen, die organisatorisch und funktional der Produktion angeschlossen sind	4. Wissenschaftliche Forschungseinrichtungen, die organisatorisch und funktional zum Hochschulwesen gehören
1.1. Forschungsinstitute akademischen Profils	2.1. Forschungs- und Konstruktionsinstitute	3.1. Forschungseinrichtungen, die zu Forschungs- und Produktionsvereinigungen gehören	4.1. Universitäten und Hochschulen
1.2. Abteilungen, Filialen und andere selbständige Gliederungen von Forschungsinstituten akademischen Profils	2.2. Wissenschaftliche Forschungsinstitute, Konstruktionsinstitute und technologische Institute	3.2. Wissenschaftliche Forschungseinrichtungen, die zu Industriebetrieben und Produktionsvereinigungen gehören, darunter auch zu Produktions- und Entwicklungsvereinigungen	4.2. Wissenschaftliche Forschungsinstitute der Universitäten und Hochschulen
1.3. Forschungsinstitute der Zweige	2.3. Projektierungs- u. Forschungseinrichtungen		4.3. Problemlaboratorien der Universitäten und Hochschulen
1.4. Abteilungen, Filialen und andere selbständige Gliederungen von Forschungsinstituten mit Zweig-Profil	2.4. Projektierungs-, Konstruktions- und Versuchseinrichtungen		4.4. Forschungssektoren der Universitäten u. Hochschulen

5. Einrichtungen, die einen Komplex von Informationsarbeiten ausführen	6. Einrichtungen, die einen Komplex von Versuchs- und Erprobungsarbeiten ausführen	7. Einrichtungen, die einen Komplex von Arbeiten zur Organisation und Leitung der Wissenschaft ausführen	8. Andere Forschungsorganisationen und Dienstleistungseinrichtungen, die sich nicht in die Grundklassifikation einordnen lassen
5.1. Institute und Zentren der wissenschaftlichen und technischen Information	6.1. Versuchsbetriebe und Versuchseinrichtungen, die wirtschaftlich selbständig sind	7.1. Die Organe der Wissenschaftsleitung	
5.2. Rechenzentren, die die Informationsbearbeitung vornehmen	6.2. Auf der Basis der wirtschaftlichen Rechnungsführung arbeitende Versuchs- u. Produktionsorganisationen zur Reparatur, Kontrolle, Montage und Einrichtung wissenschaftlicher Geräte und Ausrüstung	7.2. Wissenschaftliche Räte, Kommissionen und Komitees	
5.3. Wissenschaftliche u. wissenschaftlich-technische Bibliotheken	6.3. Botanische Gärten, Versuchs- u. Sortenerprobungsstationen, zoologische Gärten, Schutzgebiete, landwirtschaftl. u. zool. Versuchsstationen		
5.4. Informationsdienste, Archive, Museen, Ausstellungen	6.4. Expeditionen, meteorologische u. astronomische Beobachtungsstationen		

Wichtig für das Verständnis des sozialen Organismus der sowjetischen Wissenschaft ist der Umstand, daß wissenschaftlich-technisches Schöpfertum nicht nur von den professionellen Wissenschaftlern und Ingenieuren ausgeht, die in den verschiedenen wissenschaftlichen Einrichtungen arbeiten, sondern auch von zahlreichen qualifizierten Werktätigen der Produktionssphäre, der Kultur und der gesellschaftlichen Leitung.

In vielen Betrieben des Landes arbeiten gesellschaftliche Büros für technisch-ökonomische Analyse, gesellschaftliche Forschungsabteilungen und Gruppen, die nicht selten zu sogenannten gesellschaftlichen wissenschaftlichen Forschungsinstituten zusammengeschlossen sind. Sie orientieren die ingenieurtechnischen Mitarbeiter und die Neuerer der Produktion darauf, gemeinsam mit den professionellen Wissenschaftlern aktuelle Probleme des technischen Fortschritts zu lösen. Die Arbeit dieser Menschen wird vorwiegend moralisch stimuliert und fußt auf ihrer Begeisterung für den wissenschaftlich-technischen Fortschritt überhaupt.

Nach der Zahl der Beschäftigten können die Korrelationen zwischen den Sektoren der sowjetischen Wissenschaft etwa so angegeben werden:

Akademischer Sektor	—	1
Hochschulsektor (einschließlich Universitäten)	—	2
Industriezweig-Sektor (angewandte Forschung und Entwicklung)	—	6
Betrieblicher Sektor (siehe Klassifikationsrubriken 3.1, 3.2)	—	1
Gesellschaftlicher Sektor	—	10

Der Struktur der Wissenschaftler in der UdSSR entspricht auch die allgemeine Struktur der Ebenen und Organe der Wissenschaftsleitung. Abbildung 4 zeigt ein kybernetisches Schema des Mechanismus der staatlichen Wissenschaftspolitik.[15] Es widerspiegelt ziemlich vollständig das System der wissenschaftspolitischen Verantwortlichkeiten der Legislative, der Exekutive im gesamtstaatlichen Rahmen, der wissenschafts-organisatorischen Exekutiven, der gesellschaftlichen Organisationen, die wissenschaftlich-technische Kenntnisse fördern oder verbreiten, der Staatsorgane und Leiter von Betrieben und Einrichtungen, die Forschungsergebnisse unmittelbar nutzen usw.

Alle funktionalen Beziehungen und Unterstellungsformen wissenschaftlicher Einrichtungen in der UdSSR zeigt Abbildung 5. Eine Weiterentwicklung und Detaillierung dieses Schemas ist die Leitungsstruktur des Systems wissenschaftlicher Einrichtungen in den Unionsrepubliken sowie im Rahmen der unterschiedlichen staatlichen Verwaltungsstrukturen.

15 Dem Schema liegt das von der UNESCO angenommene zugrunde. Vgl.: UNESCO. Science Policy Studies and Documents, Nr. 15. Paris 1970.

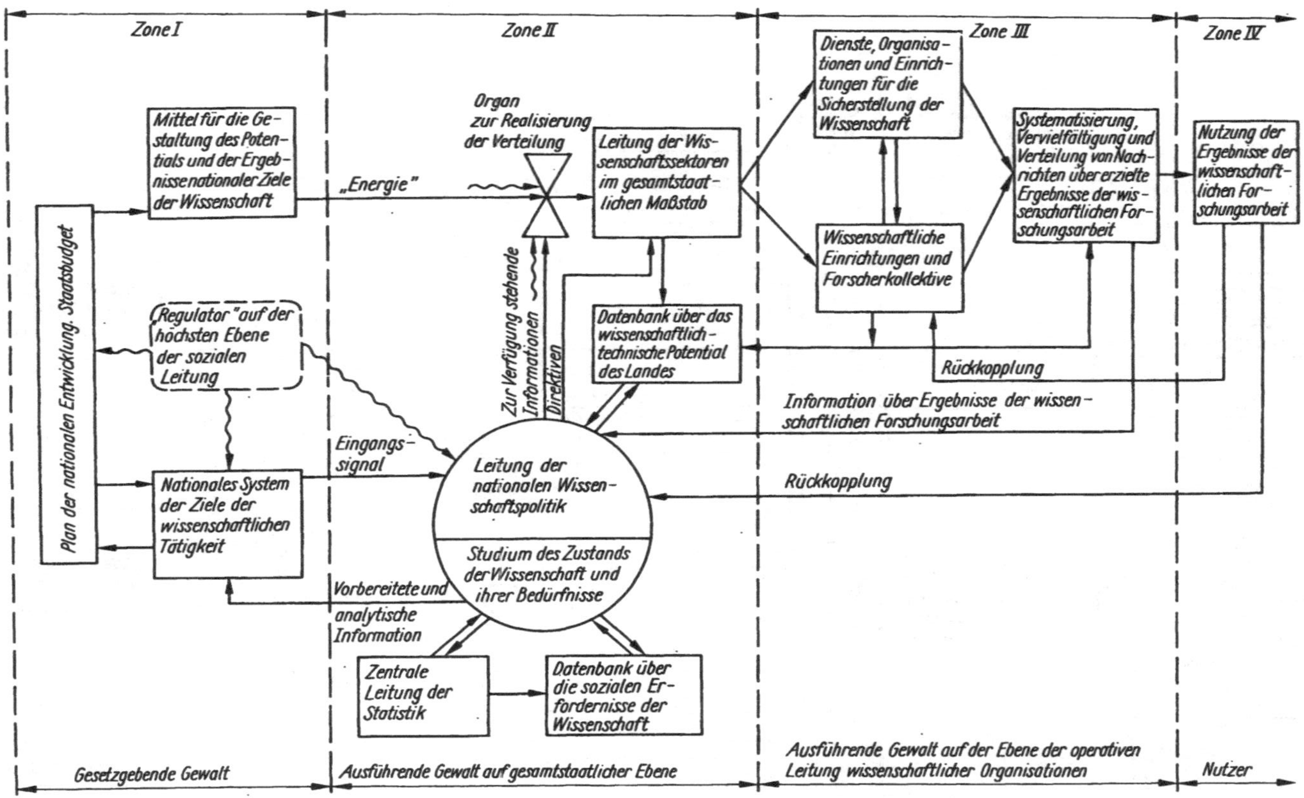

Abb. 4. Modell des Mechanismus der nationalen Wissenschaftspolitik

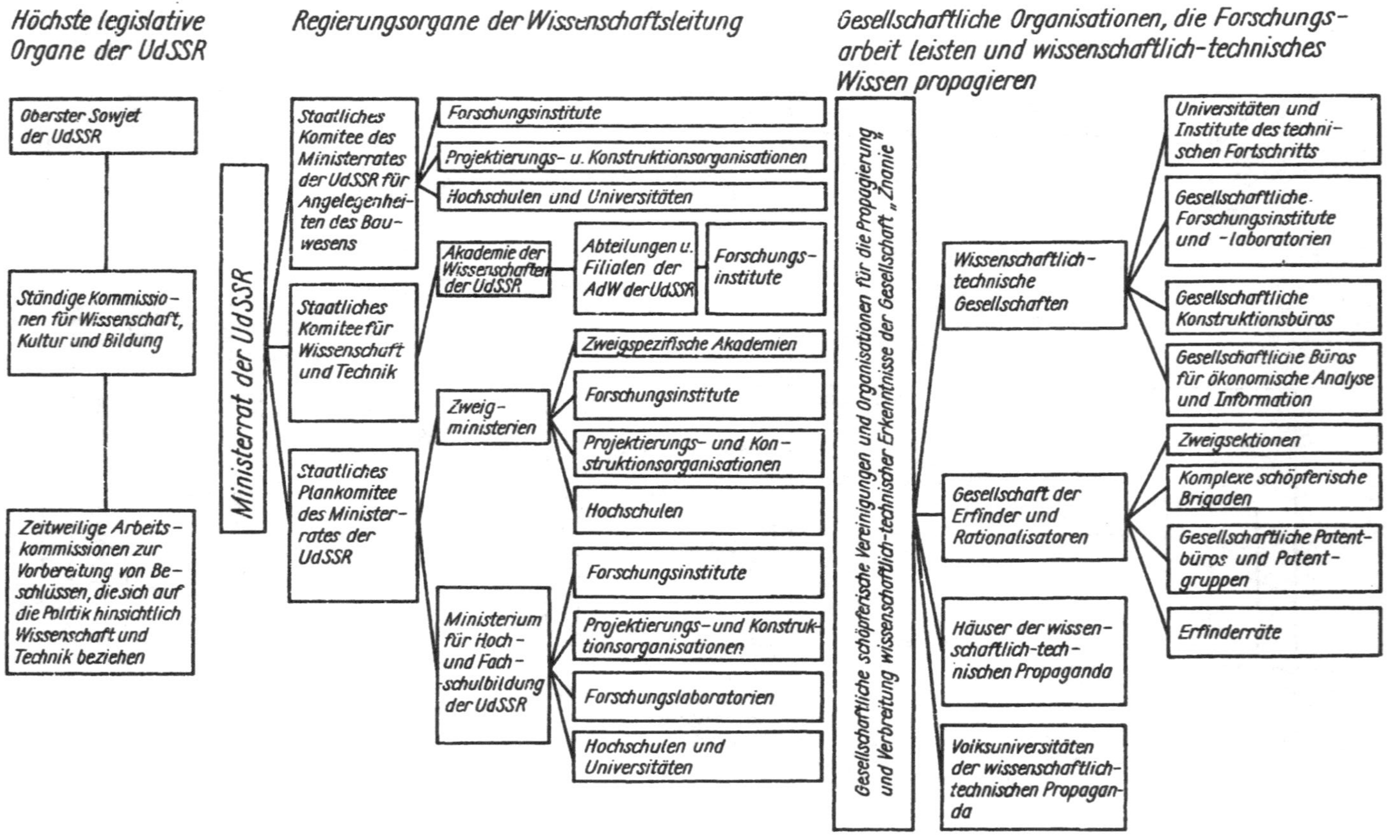

Abb. 5. Struktur der Organe und Organisationen, die in der UdSSR die staatliche Wissenschaftspolitik realisieren

Dazu ist vor allem anzumerken (und das wird durch die langjährigen Erfahrungen der staatlichen Wissenschaftsorganisation in der UdSSR bestätigt), daß kein Schema, das die Wissenschaftler nach administrativen Gesichtspunkten aufteilt, ideal sein kann. Dem widerstreben zwei für die Wissenschaft spezifische Faktoren. Erstens verfügt das Produkt der wissenschaftlichen Arbeit — das neue Wissen — über die Eigenschaft der „Multivalenz", d. h., es ist potentiell vielfach nutzbar. So sind z. B. die Ergebnisse eines Chemikers, der an einer Einrichtung der Akademie der medizinischen Wissenschaften arbeitet, sowohl für das Landwirtschaftsministerium als auch für die Akademie der Wissenschaften der UdSSR usw. interessant. Zweitens erfordern die wissenschaftlichen Forschungs- und Entwicklungsarbeiten immer dringlicher die Herstellung und Entwicklung interdisziplinärer und zwischenbehördlicher Beziehungen, d. h. von informationellen, ökonomischen, sozialpsychologischen und organisatorischen Beziehungen. Deshalb ist es notwendig, die funktionalen Beziehungen und organisatorischen Abhängigkeiten der verschiedenen wissenschaftlichen Forschungsinstitute zu überprüfen.

So wurde in den Jahren 1961 und 1963 eine beträchtliche Anzahl von Einrichtungen und Spezialabteilungen einiger Institute aus der Akademie der Wissenschaften der UdSSR, aus den Akademien der Unionsrepubliken und aus spezialisierten Akademien der Wissenschaften ausgegliedert und direkt in das System der Industriezweig-Ministerien und -Behörden überführt. Diese Einrichtungen wurden in vielen Fällen auch in neue organisatorische Beziehungen eingegliedert. Zum Beispiel wurden die wissenschaftlichen Institutionen technischen Profils den Institutionen der physikalischen und mathematischen Wissenschaften angenähert, was nicht selten eine Präzisierung ihres Profils und ihrer Struktur erforderlich machte.

Einige wissenschaftliche Forschungsinstitute erfuhren eine doppelte funktionale Einordnung: Das Allunionsinstitut für wissenschaftlich-technische Information (VINITI) z. B. ist der Akademie der Wissenschaften der UdSSR und dem Ministerium für die Produktion von Automatisierungsmitteln und Leitungstechnik unterstellt. Es gibt auch wissenschaftliche Einrichtungen, die funktional mit Akademien der Wissenschaften und gleichzeitig mit dem Hochschulwesen verbunden sind. Erfolgversprechend ist auch die Gründung von Universitäten, die sich auf die wissenschaftlichen Kräfte der Akademie der Wissenschaften stützen (z. B. in Nowosibirsk).

Daraus erklärt sich ebenfalls die in der UdSSR verringerte Anzahl akademischer wissenschaftlicher Einrichtungen zwischen 1960 und 1965.[16] Sie sank an der Akademie der Wissenschaften von 241 auf 193 und an den Akademien der

16 Vgl.: Narodnoe chozjajstvo SSSR v 1962g. Moskau 1963, S. 587; Narodnoe chozjajstvo SSSR v 1965g. Moskau 1966, S. 708—714.

Unionsrepubliken von 389 auf 349. Die weitere Entwicklung führte jedoch zur Entstehung neuer akademischer Institute, so daß ihre Zahl bis zum Jahre 1971 wieder auf 246 bzw. 396 anstieg.[17]

Insgesamt spielen die wissenschaftlichen Einrichtungen der Akademie der Wissenschaften der UdSSR eine ständig wachsende Rolle in der sowjetischen Wissenschaft. An diesen akademischen Einrichtungen ist ein erheblicher Teil der am höchsten qualifizierten Wissenschaftler der UdSSR konzentriert. Sie koordinieren und leiten die Grundlagenforschung auf dem Gebiet der Natur- und der Gesellschaftswissenschaften im Landesmaßstab,[18] und damit sind die Akademien der Wissenschaften weitgehend für die Konzipierung und die Realisierung der strategischen Wissenschaftsdoktrin der UdSSR und für die Gewährleistung einer effektiven Wissenschaftsentwicklung verantwortlich. An ihnen wird ein beträchtlicher Teil des wissenschaftlichen Nachwuchses ausgebildet. Über die Hälfte der Doktor- und Kandidatendissertationen, die im Lande verteidigt werden, werden in akademischen wissenschaftlichen Einrichtungen approbiert. Die führenden Wissenschaftler der Akademien der Wissenschaften sind die qualifiziertesten Mitglieder wissenschaftlicher Räte, sie wirken als Experten und Konsultanten im weitverzweigten Netz wissenschaftlicher Einrichtungen der UdSSR und beeinflussen damit auch deren Niveau und Arbeitsweise.

Die Befürchtungen einiger Autoren,[19] es gebe eine Tendenz zur Verminderung der Rolle der akademischen wissenschaftlichen Einrichtungen in der UdSSR, entbehren nach unserer Ansicht jeglicher Grundlage. Derartige Mutmaßungen beruhen auf Unkenntnis oder einer Unterschätzung der tatsächlichen Beziehungen zwischen der Wissenschaft in den Akademien, den Wirtschaftszweigen und den Hochschulen; diese Beziehungen sind nicht solche der zahlenmäßigen Stärke dieser oder jener Einrichtungen.

Die grundlegende Schlußfolgerung aus den sowjetischen Erfahrungen der staatlichen Wissenschaftsleitung ist: Bei der planmäßigen Verteilung der Wissenschaftler müssen die Spezifik der modernen Wissenschaftsprozesse und das konkrete Forschungsniveau, das von diesen oder jenen Wissenschaftlerkollek-

17 Vgl. Narodnoe chozjajstvo SSSR (1922—1972), S. 106.

18 Analoge Funktionen im Hinblick auf wissenschaftliche Forschungen von unmittelbarem Interesse für viele führende Volkswirtschaftszweige, insbesondere soweit es einen Teil der Probleme zwischen Behörden und Industriezweigen betrifft, übt das Staatliche Komitee für Wissenschaft und Technik beim Ministerrat der UdSSR aus. Es ist auch das hauptsächliche staatliche Organ, das die gesamtnationalen Pläne und Programme der Forschungs- und Entwicklungsarbeiten aufstellt sowie die staatliche Politik in bezug auf das Wachstum des wissenschaftlichen Potentials und die Entwicklung des Netzes wissenschaftlicher Einrichtungen der UdSSR festlegt.

19 Vgl. OECD, Science Policy in USSR. Paris 1969; R. W. Davies/R. Amann: Science Policy in USSR. In: Scientific American, vol. 220, Nr. 6, 1969.

tiven erreicht worden ist, weitestgehend berücksichtigt werden, um auf diese Weise günstige Voraussetzung für eine schnellstmögliche und effektive Überführung neuer Ergebnisse der Wissenschaft aus dem Stadium der Grundlagenforschung in den Bereich der praktischen Anwendung zu schaffen.

Dabei wird das Prinzip der zentralisierten Wissenschaftsleitung, das mit der Durchführung einer einheitlichen staatlichen Wissenschaftspolitik organisch verbunden ist, durch einen beweglichen Einsatz des vorhandenen wissenschaftlichen Potentials sowie durch eine umfassende Entwicklung der interdisziplinären und institutionellen Zusammenarbeit der wissenschaftlichen Einrichtungen ergänzt.

Eine charakteristische Erscheinungsform dieses Prinzips sind die modernen Tendenzen zur Bildung komplexer wissenschaftlicher Zentren.

War die Wissenschaft seinerzeit in wenigen Städten und kulturellen Zentren konzentriert, so verbreitet sie sich jetzt territorial sehr weit und tendiert dazu, spezielle große Wissenschaftszentren zu schaffen (das Akademiestädtchen der Sibirischen Abteilung der Akademie der Wissenschaften der UdSSR, Cambridge in den USA u. a.). Diese wissenschaftlichen Zentren haben drei Realisierungsstadien durchlaufen, wobei jedes Stadium die Erfahrungen der voraufgegangenen Organisationsformen wissenschaftlicher Zentren einschloß:

1. Von den wissenschaftlichen Schulen der antiken Denker zu den wissenschaftlichen Zentren der Universitäten. Bestimmend waren hier die Erfordernisse der pädagogischen Praxis.
2. Von den ersten Forschungslaboratorien in Industriebetrieben zu wissenschaftlichen Zentren, die sich nicht auf die wissenschaftliche Ausbildung beschränkten, sondern auf Forschung und praktische Anwendung spezialisiert waren. Entscheidend waren hier die unmittelbaren Bedürfnisse der Produktion.
3. Von autonomen Akademie-Instituten, Universitätslehrstühlen und Industriezweig-Laboratorien zur Schaffung komplexer wissenschaftlicher Zentren. Sie führen zu einer Synthese der in den vorangegangenen Etappen gemachten Erfahrungen und bereichern diese durch den Gedanken, Forschung und Entwicklung komplex zu betreiben. Ausschlaggebend ist hier das Bestreben, die schnellstmögliche Überführung wissenschaftlicher Ideen aus dem Stadium der Grundlagenforschung in das der praktischen Nutzung sicherzustellen und Bedingungen für eine fruchtbringende interdisziplinäre Zusammenarbeit zu schaffen.

Wissenschaftliche Zentren aller drei Typen entstehen auch noch heute. Entscheidend ist allein, auf welchem Niveau geforscht wird und wie rasch wissenschaftliche Entdeckungen praktisch genutzt werden. „Provinzialismus“ in der wissenschaftlichen Forschung bedeutet heute nichts anderes als Mangel an Wissenschaftlichkeit.

Ein niedriges Forschungsniveau beeinträchtigt auch das Niveau der wissenschaftlichen Ausbildung; ein unzureichend ausgebildeter wissenschaftlicher Nachwuchs wiederum ist nicht in der Lage, ein hohes wissenschaftlich-technisches Niveau der Produktion zu gewährleisten; damit sinken dann wieder die Anforderungen an die wissenschaftlichen Kader, an das Niveau ihrer Ausbildung usw. — der Teufelskreis ist komplett.

Die Wirtschaftsreform in der UdSSR hat die schöpferische Zusammenarbeit zwischen den Forschungsinstituten der Akademien und der Industriezweige, zwischen Hochschulen und Universitäten und der Produktion stimuliert. Eine Folge davon war der in den letzten Jahren wesentlich gewachsene Umfang der Forschungs- und Entwicklungsarbeiten, die von Wissenschaftlern auf der Grundlage von Wirtschaftsverträgen mit Betrieben ausgeführt wurden. Immer populärer wird die Zusammenarbeit zwischen Hochschulwissenschaftlern und Praxispartnern in der Form von Industriezweig-Forschungslaboratorien, die von den Ministerien und Verwaltungen finanziert wird. Da ein Teil der auf der Grundlage der wirtschaftlichen Rechnungsführung erfolgenden Arbeiten jedoch eng angewandten Charakter besitzt, werden die Möglichkeiten der Wissenschaftler noch längst nicht voll genutzt. Immer dringlicher werden deshalb auch eine engere Zusammenarbeit zwischen den Wissenschaftlern an den Hochschulen und Universitäten und den akademischen wissenschaftlichen Einrichtungen, ihre Kooperation mit den großen wissenschaftlichen Instituten, die in der Regel besser mit modernsten technischen Mitteln ausgerüstet sind.

Die Effektivität einer solchen Zusammenarbeit veranschaulichen die Erfahrungen der Universität von Nowosibirsk und der Wissenschaftler der Sibirischen Abteilung der Akademie der Wissenschaften der UdSSR, des Moskauer Physikalisch-technischen Instituts und einiger Akademie-Institute, der Universität Taschkent und der Akademie der Wissenschaften Usbekistans, der Kasachischen Universität und des Instituts für Kernphysik der Kasachischen Akademie der Wissenschaften. Die Akademie der Wissenschaften der UdSSR, die Akademien der Wissenschaften der Unionsrepubliken und die Organe des Hochschulwesens sind gemeinsam darum bemüht, die großen Möglichkeiten einer derartigen Kooperation vollständiger zu nutzen.

In den letzten Jahren ist viel für die Entwicklung neuer akademischer Zentren der sowjetischen Wissenschaft getan worden. Im wissenschaftlichen Zentrum Donezk der Akademie der Wissenschaften der Ukrainischen SSR wurden neue Einrichtungen geschaffen, darunter ein physikalisch-technisches und ein physikalisch-chemisches Institut, ein Institut für Industrieökonomik, ein botanischer Garten und ein Rechenzentrum mit Forschungsabteilungen für angewandte Mathematik. In Irkutsk wird das Akademiestädtchen der Ostsibirischen Filiale der Sibirischen Abteilung der Akademie der Wissenschaften der UdSSR gebaut. Es wurden die Uralabteilung und die Fernöstliche Abteilung der Akademie der

Wissenschaften der UdSSR sowie das Nordkaukasische wissenschaftliche Hochschulzentrum (in Rostow am Don) organisiert. Hier erhielten Institute der Grundlagen- und der angewandten Forschung eine gute Basis für erfolgreiches Wirken. Viele Akademie-Filialen existieren auch in autonomen nationalen Bezirken. Das zeugt erneut von der konsequenten Verwirklichung der Nationalitätenpolitik, von der wachsenden Qualifikation der örtlichen Kader und von ihren Erfolgen in der Forschung. Andere Filialen wirken in den großen ökonomischen Regionen, die über reiche Naturschätze verfügen.

Die Filialen und Abteilungen der Akademien der Wissenschaften sind komplexe wissenschaftliche Zentren, auf deren Tätigkeit sich der unmittelbare Kontakt mit den Produktionsbetrieben und mit den Problemen des wirtschaftlichen und kulturellen Aufbaus der Regionen überaus günstig auswirkt. Sie erarbeiten die theoretischen Grundlagen für die rationelle Nutzung der Naturschätze und für die Entwicklung der Produktivkräfte und bestimmen die effektivsten Wege für den technischen und kulturellen Fortschritt dieser Regionen. Sie widmen sich aber nicht nur den „lokalen" Problemen, sondern sie beschäftigen sich auch mit Forschungsarbeiten, die für die sowjetische Wissenschaft insgesamt interessant sind.

Die Gestaltung und Entwicklung wissenschaftlicher Zentren gehören heute zu den wichtigsten Aufgaben der Wissenschaftspolitik, und das Konzipieren von Prinzipien für diese Art der Organisation der wissenschaftlichen Kräfte ist eine höchst aktuelle Aufgabe. Bilden die wissenschaftlichen Einrichtungen ein und derselben Region bereits ein wissenschaftliches Zentrum? Ganz offensichtlich reicht die Gemeinsamkeit des Territoriums allein keinesfalls aus, diese Frage positiv zu beantworten. Viele praktische Fragen der Organisation und Leitung der regionalen Wissenschaft werden nur auf der Grundlage einer Theorie wissenschaftlicher Zentren gelöst werden können.

Hinsichtlich der Bedingungen in der UdSSR ist (gestützt auf die sowjetischen und die weltweiten Erfahrungen) die Meinung vorherrschend, daß die effektivste Form regionaler Wissenschaftsorganisation ein komplexes wissenschaftliches Zentrum ist, dessen unabdingbare Voraussetzung ein nationales Netz entsprechend profilierter wissenschaftlicher Einrichtungen und Universitäten bildet. Die wissenschaftlichen Forschungseinrichtungen einer Region können auf informationellem, sozialpsychologischem, organisatorischem und ökonomischem Gebiet sehr effektiv zusammenarbeiten.

Die wichtigste Voraussetzung für eine nicht formale, sondern für eine wirkliche Gemeinsamkeit der Ziele, der Leitungsmethoden, der Stimulierungsformen und der Verantwortlichkeiten sind die gemeinsamen Forschungsinteressen der Wissenschaftler. Wichtig ist deshalb ein entsprechendes „geistiges Klima" in den wissenschaftlichen Zentren; es fördert den Informationsaustausch und eine fruchtbare wissenschaftliche Kommunikation.

Ebenso wichtig ist die Verflechtung der neuen komplexen wissenschaftlichen Zentren mit den anderen wissenschaftlichen Zentren des Landes und mit dem bereits vorhandenen Netz regionaler Zentren der wissenschaftlich-technischen Information.

Die modernen komplexen wissenschaftlichen Zentren müssen nicht nur über ein leistungsfähiges internes Informationssystem verfügen, sondern auch alle nötigen interdisziplinären Verbindungen pflegen. Die regionalen Informationszentren hingegen müssen die Informationsverbindungen zwischen dem wissenschaftlichen Zentrum und den Produktionsbetrieben der Region sichern.

Wir schlagen folgende Definition des Begriffs „wissenschaftliches Zentrum" vor: Ein wissenschaftliches Zentrum ist ein regionaler Verband von Einrichtungen, der gemeinsame wissenschaftliche Ziele verfolgt und durch informationelle, sozialpsychologische, organisatorische und ökonomische Beziehungen verbunden ist.

Diese Definition enthält die Grundvoraussetzungen jedes organisatorischen Systems — die Einheit der Ziele, der Leitung und der Verantwortlichkeit.

Gemeinsamkeit der Ziele: Sie bedeutet keineswegs, daß Forschungen lediglich zu einem Thema oder Problem durchgeführt würden; gemeint ist vielmehr, daß jedes wissenschaftliche Zentrum sich auf einige profilbestimmende Forschungsrichtungen konzentriert. Dieses Forschungsprofil ergibt sich entweder aus innerwissenschaftlichen Problemstellungen oder aus bestimmten Staatsaufgaben; es dient der Entwicklung von Technologien und Produkten, die dem Weltniveau entsprechen, der Lösung komplexer Forschungsprobleme auf interdisziplinärer Basis oder der Überführung neuer Problemlösungen in die Produktionspraxis.

Für wissenschaftliche Zentren sind komplexe Forschungsthemen und interdisziplinär betriebene Forschungsarbeit charakteristisch. Es ist deshalb vorgesehen, in jedem wissenschaftlichen Zentrum eine wissenschaftliche Abteilung für angewandte Mathematik und ein Rechenzentrum mit Forschungsabteilungen kybernetischen Profils einzurichten. Wichtig ist auch die Zusammenarbeit der wissenschaftlichen Zentren mit den Hochschulen und Universitäten. In der Regel sind sie mit ein oder zwei Hochschulen gekoppelt. Forschungszentren tragen nicht zuletzt zur Einrichtung von Lehrstühlen und Fakultäten an Hochschulen bei, die dann Spezialisten für ihr Profil ausbilden. Ein Beispiel dafür ist der Lehrstuhl für Kybernetik am Moskauer Physikalisch-technischen Institut, dessen Angehörige einige Jahre lang erfolgreich am Institut für Kybernetik der Akademie der Wissenschaften der Ukrainischen SSR gearbeitet haben.

Gemeinsamkeit der Leitung: Sie besagt, daß trotz unterschiedlicher „vertikaler" behördlicher Zuordnung der Einrichtungen eines wissenschaftlichen Zentrums dieses Zentrum sein eigenes Leitungssystem besitzen muß.

Das Leitungsorgan eines wissenschaftlichen Zentrums hat folgende Aufgaben:
- komplexe und koordinierte Leitung im Interesse der Hauptziele des wissenschaftlichen Zentrums;
- die Entwicklung strategisch begründeter Kooperationsbeziehungen zwischen allen Einrichtungen des wissenschaftlichen Zentrums im Interesse der Forschungsarbeit;
- die Herstellung produktiver Beziehungen zwischen Wissenschaft und Produktion, um die Überführung der Forschungsergebnisse in die Produktion zu beschleunigen.

Das Leitungsorgan eines wissenschaftlichen Zentrums hat folgende Rechte:
- die Interessen des wissenschaftlichen Zentrums bei den örtlichen, den Republiks- und den Unionsbehörden sowie gegenüber den Akademien der Wissenschaften zu vertreten;
- die Organisation und die Leitung der wissenschaftlichen Kräfte und Mittel zur Erreichung der Forschungsziele des wissenschaftlichen Zentrums und zur Bildung objektgebundener Wissenschaftlerkollektive usw.

Gemeinsamkeit der Verantwortlichkeit: Sie entsteht vor allem auf Grund der finanziellen Beziehungen, die zwischen wissenschaftlichen Zentren, der Akademie der Wissenschaften und den Industriezweig-Ministerien bestehen. Die zielgerichtete Finanzierung der Forschungsthemen des wissenschaftlichen Zentrums verpflichtet dessen Leitung, die finanziellen Mittel entsprechend der Bedeutung der profilbestimmenden Themen einzusetzen. Die Leitung besitzt jedoch das Recht, einen Teil dieser Mittel auch für die Lösung anderer Forschungsaufgaben und zur Erweiterung der materiell-technischen Basis des Zentrums zu verwenden.

4. Dynamik und Struktur der Handlungen in den Leitungssystemen der Wissenschaft

Die Leitung von sozialen Systemen ist nichts anderes als die Leitung von Menschen, Kollektiven und Organisationen bei der Ausübung spezifischer Systemfunktionen, die auf das Erreichen dieser oder jener sozialer Ziele gerichtet sind. Die dritte Strukturkomponente der staatlichen Wissenschaftspolitik kann definiert werden als die zielgerichtete und effektive Einwirkung auf die politischen, ökonomischen, organisatorischen, informationellen, rechtlichen und ethisch-moralischen Beziehungen, die sich im wissenschaftlichen Arbeitsprozeß herausbilden. Diese Verhältnisse und Beziehungen widerspiegeln in jeweils spezifischer Weise die sozialökonomische Natur der Gesellschaft und das erreichte

Entwicklungsniveau der Wissenschaft — den Grad ihrer Umwandlung in eine unmittelbare Produktivkraft und in eine soziale Kraft der Gesellschaft.

Die Theorie einer interdisziplinären Leitungswissenschaft ist ein Kind des 20. Jahrhunderts, während die theoretischen Grundlagen der Wissenschaftsleitung sich sogar erst in den letzten Jahrzehnten herauszubilden begannen. Dabei sind die Probleme der Leitung der Wissenschaft keineswegs neu. Die Genesis spezifischer Formen zur Regelung der Beziehungen und Verhältnisse der in der Wissenschaft tätigen Menschen reicht mit ihren Wurzeln bis zu den Ursprüngen der Wissenschaft zurück. Im Altertum konnte sich die Wissenschaft mit den moralisch-didaktischen Formen der Beziehungen zwischen „Lehrer" und „Schülern" begnügen. In dem Maße, wie der Umfang der Kenntnisse anwuchs und die Spezialisierung der Forscher voranschritt, gewann die Regelung der Informationsbeziehungen immer größere Bedeutung. Mit der Entwicklung der professionellen wissenschaftlichen Arbeit und mit zunehmender Arbeitsteilung innerhalb der Wissenschaft wurde eine Leitung der organisatorischen und der administrativ-rechtlichen Beziehungen in der Wissenschaft immer notwendiger. Je mehr die Wissenschaft zu einer unmittelbaren Produktivkraft wird, je mehr ihre Kostenintensität und ihre potentielle Effektivität zunehmen, desto aktueller und wichtiger werden die Probleme der Leitung der Wissenschaft.

In unseren Tagen, da die Wissenschaft zu einem großen und komplizierten, sich dynamisch entwickelnden System geworden ist und da sie vor der bedeutenden Aufgabe steht, von extensiven zu intensiven Entwicklungsformen überzugehen, *ist die Leitung der Wissenschaft in die Periode der systematischen Veränderung aller Beziehungen und Verhältnisse eingetreten, die im Prozeß der wissenschaftlichen Forschungsarbeit entstehen.*

Dieses Problem kann nur durch eine wissenschaftlich begründete Leitung der Wissenschaft gelöst werden. D. M. Gvišiani schreibt dazu: „Wissenschaftlichkeit der Leitung bedeutet vor allem eine Absage an den Subjektivismus in der Einschätzung der Produktionsaufgaben und der erzielten Resultate, bedeutet den entschiedenen Übergang zur allseitig begründeten Einschätzung der vorhandenen Ressourcen sowie der realen Möglichkeiten für deren optimale Nutzung. Die Wissenschaftlichkeit der Leitung besteht darin, daß sie sich auf moderne Methoden der quantitativen Messung, auf die mathematisch-statistische Analyse und die mathematische Modellierung der zu leitenden Prozesse sowie der Produktions- und Wirtschaftskomplexe stützt. Ein modernes Leitungssystem ist undenkbar ohne die komplexe Mechanisierung und Automatisierung der Leitungstätigkeit."[20]

Struktur und Dynamik einer wissenschaftlich begründeten Leitung der Wissen-

20 D. M. Gvišiani: Social'naja rol' nauki i politika gosudarstva v oblasti nauki. In: Upravlenie, planirovanie i organizacija naučnych i techničeskich issledovanij. Moskau 1971.

schaft sind in Abbildung 6 dargestellt. Wir schicken voraus, daß die Leitung der Wissenschaft im Hinblick auf die zu leitenden Systeme nichts Äußeres oder gar „Fremdartiges“ ist. Sie ist ein unverzichtbares organisches Attribut dieser Systeme und eine der wichtigsten Voraussetzungen für deren Wirken. Leitungsmaßnahmen — auf Grund von Erfahrungen, theoretischen Verallgemeinerungen und begründeten Vorstellungen von den Bedürfnissen und Möglichkeiten der Wissenschaft — sind sowohl Ausgangs- als auch Endpunkt der Leitungstätigkeit.

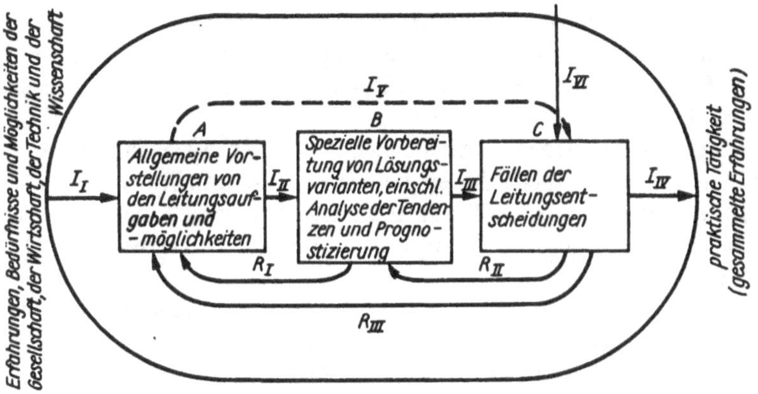

Abb. 6. Schematische Darstellung der Organisation einer wissenschaftlich begründeten Leitung der Wissenschaft

Daraus folgt das erste Prinzip für die Organisation der wissenschaftlich begründeten Leitung: *Die Leitung muß als organischer Bestandteil des einheitlichen Systems der wissenschaftlichen Tätigkeit, als sein spezifisches Teilsystem, angesehen werden.*

Die am Eingang des Teilsystems „Leitung“ eintreffende Information I_I wird im speziellen Block der Arbeiten „A“ akkumuliert, wo die allgemeinen Vorstellungen von den Leitungsaufgaben und -möglichkeiten gebildet werden. Damit verknüpft ist ein anderes Organisationsprinzip der wissenschaftlich begründeten Leitung der Wissenschaft: *das unbedingte Vorhandensein einer speziellen informationellen Sicherstellung, einer Ausgangsbasis von vergleichbaren Daten und zuverlässigen Fakten, welche die Erfahrungen, die Bedürfnisse und die Möglichkeiten der Wissenschaftsentwicklung widerspiegeln.* Dennoch kann auf der Grundlage allein dieser Vorstellungen das praktische Verhalten in der Regel noch nicht verändert werden. Die Information I_{II} muß durch spezielle Verfahren und Methoden im Arbeitsblock „B“ verarbeitet werden.

Hier werden in großem Umfang spezielle Methoden der Wissenschaftswissenschaft angewandt, die auf Ideen der Mathematik (insbesondere der Operationsforschung), der Informatik, der Ökonomie, der Soziologie und anderer Wissenschaften beruhen.

Das letzte Ziel dieser Arbeiten, einschließlich der Analyse von Tendenzen und der Prognostizierung, sind Lösungsvarianten und konkrete Empfehlungen für die Leitung (Information I_{III}). Das Vorrecht der Entscheidung hingegen gehört ausschließlich denen, die die Arbeiten des Blocks „C" ausführen. Darin findet folgendes Organisationsprinzip der wissenschaftlich begründeten Leitung der Wissenschaft seine Widerspiegelung: *die Teilung der Kompetenz im Teilsystem „Leitung" und das Vorhandensein eines sogenannten linearen Stabs-Schemas der Aktivitäten*, bei dem die entscheidungfällenden Instanzen sich auf die Ergebnisse der speziell für sie wissenschaftlich vorbereiteten Entscheidungsvarianten stützen können.

Im Funktionsprozeß des linearen Stabs-Schemas, das die Arbeitsblöcke A, B und C umfaßt, entstehen zwischen diesen die Rückkopplungen R_I, R_{II} und R_{III}; sie ermöglichen es, die Arbeit jedes Blocks zielgerichtet zu vervollkommnen und das wissenschaftliche Niveau des Informationsausgangs zu verbessern. Die Wissenschaftswissenschaft, die an dieser Arbeit teilnimmt (Arbeitsblock B, ein Teil der Arbeiten im Block A sowie Hilfe bei der Entscheidungsfällung im Block C), schafft im Verlauf spezieller Untersuchungen, bei deren experimenteller Überprüfung sowie der Verallgemeinerung der Erfahrungen anderer wissenschaftlicher Systeme *die theoretischen Grundlagen für die Erhöhung der Effektivität* der Leitung wissenschaftlicher Systeme. Das komplexe, systemhafte Herangehen an die Leitungsaufgaben, *die theoretische Begründung der Leitungsentscheidungen und die Berücksichtigung der realen Spezifik der zu leitenden Systeme* bilden ein weiteres wichtiges Organisationsprinzip der wissenschaftlichen Leitung.

Die Entscheidungsfindung ist eine spezifische und besonders verantwortungsvolle Tätigkeit des Teilsystems „Leitung". Die entscheidungfällende Instanz benutzt dazu nicht allein die Information I_{III}. Üblicherweise wird in nicht minder großem Umfang auch Information aus dem Block A herangezogen (I_V). Für die Entscheidungsfällung besonders wichtige Informationen gehen beim Block C von den übergeordneten Leitungsinstanzen ein (I_{VI}). Auf der Grundlage dieser Daten sowie der eigenen Erfahrungen und Vorstellungen lösen die Leiter, die zur Entscheidungsfällung bevollmächtigt sind, die Aufgaben der Auswahl und der Synthese der Leitungsentscheidungen.

Entsprechend unserer Definition der Wissenschaftsleitung verändern, konstituieren oder korrigieren die Entscheidungen (Information I_{IV}), die vom leitenden Teilsystem getroffen werden, die wissenschaftliche Forschungsarbeit.

Gerade diese Beziehungen im Forschungskomplex sind es, die die einzelnen Elemente und Akte der wissenschaftlichen Tätigkeit zu einem einheitlichen System vereinigen. Je vollständiger ihr Komplex ist und je wirksamer sie funktionieren, desto lebensfähiger ist das wissenschaftliche System, desto höher ist die Effektivität seiner Arbeit. Davon geht das schon erwähnte Prinzip der wissenschaftlich begründeten Leitung der Wissenschaft aus — das *Prinzip der Gewährleistung der Einheit der informationellen, sozialpsychologischen, organisatorischen und ökonomischen Verbindungen im Prozeß der wissenschaftlichen Tätigkeit.*

Die konkrete Wissenschaftsentwicklung und die theoretischen Verallgemeinerungen der modernen Wissenschaftswissenschaft erlauben die Feststellung, daß die Leitung des Wissenschaftsprozesses nur dann erfolgreich ist, wenn es gelingt, das effektive Funktionieren *aller* Arten von Verbindungen zu sichern. Umgekehrt kann die Unterschätzung oder mangelnde Koordinierung jeder einzelnen Verbindung zu sehr spürbaren negativen Folgen führen.

Nennen wir einige konkrete Fragen, die in der Praxis der Wissenschaftsleitung unter dem Aspekt des dargelegten Prinzips gelöst werden.

Wissenschaftliche Forschungsinstitute benötigen konkrete Informationen über verwandte Forschungen anderer Einrichtungen. Das gilt auch für den Informationsaustausch zwischen den Akademien, den Hochschulen und Universitäten sowie den Industriezweig-Instituten einerseits und der Produktion andererseits.

Mit der Lösung dieser Aufgabe sind die problemgebundenen wissenschaftlichen Räte betraut, und um ihre Tätigkeit effektiver zu gestalten, wurde ihnen das Recht zugesprochen, nicht nur die informationellen, sondern auch die ökonomischen und organisatorischen Beziehungen der an einem Forschungsprojekt Beteiligten zu beeinflussen. Einige Problemräte, die zielgerichtete Forschungsprogramme bearbeiten, dürfen Ressourcen verteilen und Forschungsgruppen gründen, darunter auch zeitweilige, die durch mehrere Institute und auf der Grundlage von Wirtschaftsverträgen auch von der Industrie finanziert werden.

Wichtig für die bessere Wirksamkeit des staatlichen Netzes von „komplexen akademischen wissenschaftlichen Zentren" ist die zielgerichtete Verstärkung des Gesamtsystems informationeller, organisatorischer und ökonomischer Verbindungen zwischen den zu einem Zentrum gehörenden Einrichtungen einerseits und den akademischen Einrichtungen, den Hochschulen und Universitäten, den Forschungsinstituten der Industriezweige und den Konstruktionsbüros der jeweiligen Region andererseits. Das beeinflußt natürlich höchst effektiv die Wirksamkeit der Verbindungen zwischen der Wissenschaft und der Produktion.

Man kann mehrere Wirkungsrichtungen nennen, die effektiv zur Lösung des genannten Problems beitragen:

— Bewährt hat es sich in der Praxis, auf der Ebene von Ministerien komplexe gemeinsame Forschungsprogramme der Akademie-Institute, der Forschungsinstitute der Industriezweige, der Konstruktionsbüros (KB) und der Produktionsorganisationen auszuarbeiten und festzulegen.

— In der Akademie der Wissenschaften wird besonders die Organisierung von Komplexforschungen mit interdisziplinärer Thematik gefördert, für welche die akademischen Einrichtungen über bedeutend größere Möglichkeiten verfügen, den gesamten Forschungskomplex zu leiten.

— Wenn die Forschungsergebnisse für die Nutzung in einem bestimmten Zweig vorgesehen sind, dann gehen die Wissenschaftsorganisatoren immer öfter ohne weiteres zur Doppelfinanzierung der Forschungsinstitute über, die zum Akademie- oder zum Hochschulsystem gehören. Wenn auf Kosten eines Zweiges eine Versuchs- und Produktionsbasis für ein wissenschaftliches Forschungsinstitut geschaffen wird, dann liegt die Zweckmäßigkeit dieser Form ökonomischer Verbindungen auf der Hand. Bei Forschungsinstituten mit doppelter Einordnung behält die Akademie (oder die Universität) auf Grund des Vorlaufs der Grundlagenforschung sowie der engen Beziehungen des betreffenden Forschungsinstituts zu anderen Einrichtungen der Akademie (oder zu Problemlaboratorien und Lehrstühlen der Hochschule) ein „Kontrollpaket von Ideen".

Entscheidende Voraussetzungen für die Integration der wissenschaftlichen Einrichtungen der Akademie, der Industrie und der Universitäten und Hochschulen bilden gemeinsame Programme für aussichtsreiche Forschungen sowie ein verstärkter Einfluß der Grundlagen- und angewandten Forschung der Akademie der Wissenschaften auf das wissenschaftlich-methodische Niveau der Arbeiten in den Forschungsinstituten der Industriezweige und die zielgerichtete Hilfe für sie bei der Ausbildung höchstqualifizierter wissenschaftlicher Kader. Zugleich erhalten die akademischen wissenschaftlichen Zentren und die Akademie der Wissenschaften der UdSSR die Möglichkeit, die Arbeiten im Industriezweig wirksamer zu beeinflussen und die für die gemeinsame Nutzung bestimmte Versuchs- und Produktionsbasis durch eine Teilfinanzierung aus dem Budget der Industriezweig-Wissenschaft zu stärken. Dieses Prinzip erweist sich in den meisten Fällen auch für die Universitäten als akzeptabel.

Die Festigung der Beziehungen zwischen der Grundlagen- und der angewandten Forschung in den akademischen Einrichtungen, aber auch zwischen den angewandten Forschungs- und Entwicklungsarbeiten innerhalb der wissenschaftlichen Einrichtungen der Industriezweige wird entscheidend gefördert durch die zielstrebige Entwicklung einer experimentellen Produktionsbasis für die gemeinsame Nutzung.

Die meisten wissenschaftlichen Einrichtungen in der UdSSR haben längst jenes Niveau hinter sich gelassen, das sich mit einer handwerklich-technischen Selbstversorgung begnügen konnte. Das wird besonders deutlich angesichts der Forderung, eine rechentechnische, eine Konstruktions- und eine experimentelle Produktionsbasis *zu schaffen und effektiv zu nutzen*, welche die Durchführung aller erforderlichen Forschungs- und Entwicklungsarbeiten ermöglichen.

In der Sowjetunion wird ein langfristiges Programm zur Schaffung eines Netzes von Rechenzentren, von Speziallabors zur Kontrolle und Reparatur wissenschaftlicher Instrumente und Geräte, von Versuchs- und Produktionswerkstätten, von Konstruktionsbüros usw. verwirklicht. Das konkrete Ziel dieses Programms besteht darin, den Forschungsinstituten einen ungestörten Arbeitsablauf zu gewährleisten.

Einen wichtigen Platz in diesem Programm nimmt die Bildung von Wissenschafts- und Produktionsvereinigungen ein. Dabei handelt es sich um eine neue Organisationsform der Wissenschaft. Die Wissenschaft wird hier mit einem leistungsfähigen Produktionsbetrieb und einem spezialisierten Konstruktionsbüro gekoppelt. In solchen Vereinigungen spielt die Wissenschaft bei Entscheidungen die führende Rolle. Generaldirektor der Vereinigung ist in der Regel der Leiter der wissenschaftlichen Einrichtung.

Charakter und Inhalt von Leitungsentscheidungen, welche Seite der wissenschaftlichen Tätigkeit sie auch immer betreffen mögen, sind sehr verschiedenartig. Aber unabhängig von ihrem konkreten Inhalt sind Leitungsentscheidungen durch drei Hauptkomponenten gekennzeichnet, die a) die Ziele, b) die Wege (Verfahren) zu ihrer Erreichung und c) die Verteilung der Ressourcen entsprechend festlegen oder korrigieren. Betrachtet man Leitungsentscheidungen, die nicht ausgeführt worden sind oder die nicht zu den gewünschten Ergebnissen geführt haben, so kann man neben den vielen jeweils konkreten Gründen dafür auch einen für die absolute Mehrzahl gemeinsamen Grund ermitteln: Bei solchen Entscheidungen werden in der Regel entweder eine oder zwei der obengenannten Komponenten überhaupt nicht berücksichtigt, oder ihr konkreter Inhalt war nicht miteinander abgestimmt worden. Daraus folgt eines der wichtigsten allgemeinen Prinzipien für rationelle Leitungsentscheidungen — *die systemhafte Koordinierung und Begründung der Auswahl der Ziele, der Festlegung der Arbeitsprogramme und der Verteilung der Ressourcen.*

Mit diesem Prinzip hängt eine der Ursachen dafür zusammen, daß die der Leitung zur Verfügung stehenden gewaltigen organisatorischen Reserven für die Erhöhung der Effektivität der wissenschaftlichen Tätigkeit nicht genügend genutzt werden. Nach Angaben von Wissenschaftswissenschaftlern[21] nennen 81 % der untersuchten wissenschaftlichen Systeme (wissenschaftliche Forschungseinrichtungen im Rahmen von Produktionsvereinigungen) als Gründe für ihre ökonomischen Schwierigkeiten Unzulänglichkeiten der Leitung der wissenschaftlichen Forschungstätigkeit. Dabei stellte sich heraus: Bei 26 % der Mißerfolge fehlten klar formulierte Ziele der Forschungs- und Entwicklungsarbeiten, bei 35 % wurde die Aufstellung der Arbeitsprogramme als unbefriedigend angesehen, und bei 26 % fehlte eine Begründung für die Verteilung der Ressourcen und war die ökonomische Analyse unbefriedigend. Die restlichen 13 % waren auf individuelle Gründe zurückzuführen, die nicht unter die genannten Kategorien fielen.

21 Vgl. ebenda, S. 40.

Wir verweisen in diesem Zusammenhang auf Bemühungen um eine verbesserte Entscheidungsfindung bei der Leitung wissenschaftlicher Einrichtungen in der UdSSR. Diejenigen, welche die Arbeitspläne aufstellen, sind häufig unzureichend über die Ziele der wissenschaftlichen Tätigkeit und der Organisation orientiert, und die Verteilung der Ressourcen erfolgt oft isoliert vom konkreten Inhalt der Ziele und der Arbeitsprogramme. Zur Überwindung dieser Schwierigkeiten bei der Leitung der Wissenschaft soll die Bildung spezieller Abteilungen für technisch-ökonomische Analyse in den wissenschaftlichen Forschungsinstituten der Sowjetunion führen. Zu unmittelbaren Helfern der Leiter werden die Operationsforscher und die in der Praxis tätigen Wissenschaftswissenschaftler, die in diesen Abteilungen arbeiten.

Bis jetzt haben wir von der wissenschaftlich begründeten Leitung der wissenschaftlichen Tätigkeit insgesamt gesprochen. Die Leitung dieser Tätigkeit erfolgt auf den verschiedensten Ebenen — vom Staatlichen Komitee für Wissenschaft und Technik beim Ministerrat der UdSSR und vom Präsidium der Akademie der Wissenschaften der UdSSR bis zum verantwortlichen Bearbeiter eines Themas, der die Forschungstätigkeit von drei bis vier Mitarbeitern leitet. Wesentlich verschieden sind natürlich auch die zu treffenden Entscheidungen und der konkrete Inhalt der Leitungsaufgaben auf den verschiedenen Leitungsebenen. Zugleich kennzeichnet ihren funktionalen Inhalt aber auch viel Gemeinsames.

Benutzen wir zur Behandlung dieser Fragen das Funktionsschema der Aufgaben bei der Leitung der wissenschaftlichen Forschungstätigkeit, das in Abbildung 7 dargestellt ist.

Das Schema zeigt, daß die erste und allgemeinste Funktion der Leitung (eine mit Rechten und Pflichten zur Leitung der wissenschaftlichen Tätigkeit ausgestattete Instanz oder Person) darin besteht, Entscheidungen zu fällen; zugleich muß ein Komplex von wirksamen informationellen, sozialpsychologischen, organisatorischen und ökonomischen Verbindungen innerhalb des geleiteten Systems, mit den übergeordneten und den untergeordneten Leitungsebenen der wissenschaftlichen Tätigkeit und vor allem mit dem gesamtstaatlichen System „Wissenschaft — Technik — Produktion“ gesichert sein.

Jedes Wissenschaftssystem hat ganz spezifische Aufgaben, deren Wichtigkeit sich aus der Gesamtheit der zentralen Leitungsprobleme ergibt.

Zu diesen Problemen gehört in den wissenschaftlichen Einrichtungen z. B. die komplexe Gestaltung der Forschungen. Die Erfahrungen bei der Leitung der sowjetischen Wissenschaft zeigen, daß bei komplexen Bemühungen der wissenschaftlichen Kollektive die Möglichkeiten der modernen Wissenschaft

Abb. 7. Leitung der wissenschaftlichen Forschungstätigkeit ▶

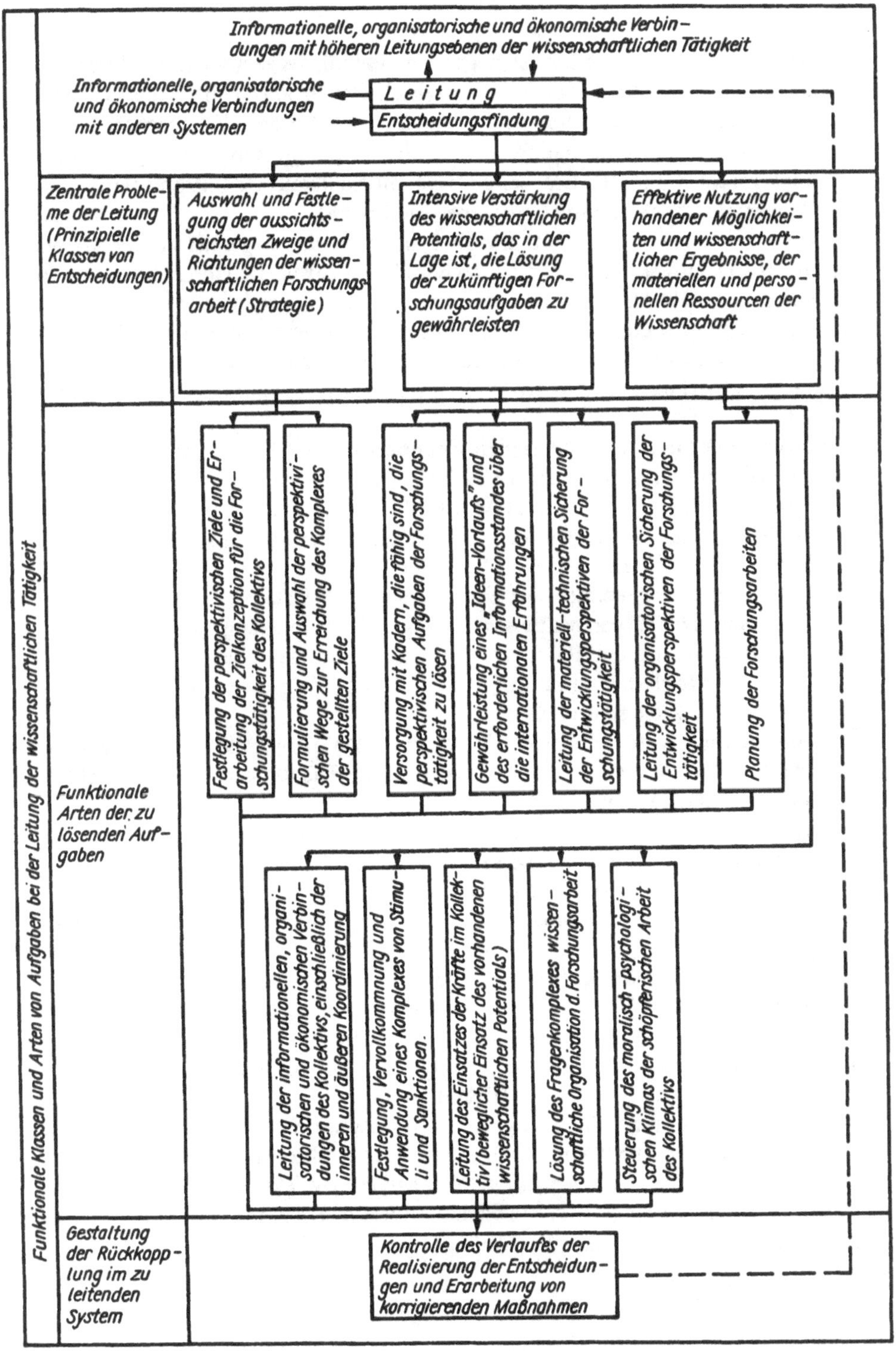

Funktionale Klassen und Arten von Aufgaben bei der Leitung der wissenschaftlichen Tätigkeit
Informationelle, organisatorische und ökonomische Verbindungen mit höheren Leitungsebenen der wissenschaftlichen Tätigkeit
Informationelle, organisatorische und ökonomische Verbindungen mit anderen Systemen
Leitung
Entscheidungsfindung
Zentrale Probleme der Leitung (Prinzipielle Klassen von Entscheidungen)
Auswahl und Festlegung der aussichtsreichsten Zweige und Richtungen der wissenschaftlichen Forschungsarbeit (Strategie)
Intensive Verstärkung des wissenschaftlichen Potentials, das in der Lage ist, die Lösung der zukünftigen Forschungsaufgaben zu gewährleisten
Effektive Nutzung vorhandener Möglichkeiten und wissenschaftlicher Ergebnisse, der materiellen und personellen Ressourcen der Wissenschaft
Funktionale Arten der zu lösenden Aufgaben
Festlegung der perspektivischen Ziele und Erarbeitung der Zielkonzeption für die Forschungstätigkeit des Kollektivs
Formulierung und Auswahl der perspektivischen Wege zur Erreichung des Komplexes der gestellten Ziele
Versorgung mit Kadern, die fähig sind, die perspektivischen Aufgaben der Forschungstätigkeit zu lösen
Gewährleistung eines „Ideen-Vorlaufs" und des erforderlichen Informationsstandes über die internationalen Erfahrungen
Leitung der materiell-technischen Sicherung der Entwicklungsperspektiven der Forschungstätigkeit
Leitung der organisatorischen Sicherung der Entwicklungsperspektiven der Forschungstätigkeit
Planung der Forschungsarbeiten
Leitung der informationellen, organisatorischen und ökonomischen Verbindungen des Kollektivs, einschließlich der inneren und äußeren Koordinierung
Festlegung, Vervollkommnung und Anwendung eines Komplexes von Stimuli und Sanktionen.
Leitung des Einsatzes der Kräfte im Kollektiv (beweglicher Einsatz des vorhandenen wissenschaftlichen Potentials)
Lösung des Fragenkomplexes wissenschaftliche Organisation d. Forschungsarbeit
Steuerung des moralisch-psychologischen Klimas der schöpferischen Arbeit des Kollektivs
Gestaltung der Rückkopplung im zu leitenden System
Kontrolle des Verlaufes der Realisierung der Entscheidungen und Erarbeitung von korrigierenden Maßnahmen

am vollständigsten und schnellsten genutzt und die Wissenschaftler durch die Erfahrungen und Methoden anderer Wissenschaften produktiv bereichert werden, was seinerseits das Wachstum der potentiellen Kräfte der Wissenschaft stimuliert. Komplexe Forschungen fördern in der Regel die Orientierung des Forschungsprozesses auf die Bearbeitung der aussichtsreichsten Problematik und die Anwendung hocheffektiver moderner Methoden.

Wenn ein solches System funktioniert, dann ist das Ergebnis größer als die arithmetische Summe der Ergebnisse der einzelnen Institute und ihrer Gliederungen als autonomer Glieder. Jedes Strukturglied fördert mit seinen wissenschaftlichen Ideen, Ergebnissen und Methoden die anderen Gliederungen und das Erreichen der Ziele des Gesamtsystems. Je fester und aktiver die wissenschaftlichen Verbindungen zwischen den Gliedern sind, desto effektiver funktioniert das Gesamtsystem.

Gliedert man nun die allgemeinen Funktionen der Leitung der wissenschaftlichen Tätigkeit *nach den Arten der zu lösenden Aufgaben* weiter auf, so läßt sich ein System höchst typischer funktionaler Aufgaben erkennen (s. Schema S. 81).

Die Zielorientierung wird erreicht, wenn die Leiter im Entscheidungsprozeß folgende Aufgaben lösen:

— Festlegung der Thematik der Forschungs- und Entwicklungsarbeiten;
— Formulierung der perspektivischen Wege zur Erreichung der Ziele;
— Grobeinschätzung der Ressourcen und der organisatorischen Bedingungen, die dafür erforderlich sind, auf verschiedenen Wegen diese oder jene wünschenswerten Ziele zu erreichen;
— Ausarbeitung von fundierten Systemen sozialökonomischer und wissenschaftlich-technischer Auswahlkriterien für die Richtungen der wissenschaftlichen Forschungstätigkeit;
— Auswahl strategischer Varianten der wissenschaftlichen Tätigkeit und die Korrektur der Wissenschaftspolitik.

Die Gesamtressourcen für die wissenschaftliche Tätigkeit werden dadurch formiert, daß der Wachstumsprozeß der Hauptkomponenten des Potentials gesteuert wird:

— die Versorgung mit Kadern, die Perspektivaufgaben zu lösen vermögen;
— die Bildung eines Vorlaufs an wissenschaftlichen Ideen und Sammlung von Informationen über die internationalen Erfahrungen;
— die materiell-technische Sicherstellung der Entwicklungsperspektiven der wissenschaftlichen Forschungstätigkeit;
— die organisatorische Sicherung der wissenschaftlichen Forschungsarbeiten, einschließlich der rechtzeitigen Bildung neuer Kollektive und der personellen und strukturellen Reorganisation bestehender Kollektive.

Die laufenden Aufgaben im wissenschaftlichen Forschungsprozeß sind im Leitungsprozeß durch folgende Maßnahmen zu sichern:

- Planung der wissenschaftlichen Forschungsarbeiten;
- Leitung der informationellen, organisatorischen und ökonomischen Verbindungen der Kollektive, einschließlich der inneren und äußeren Koordinierung;
- Festlegung, Anwendung und ständige Verbesserung des Systems von *Stimuli* und *Sanktionen*;
- Leitung des Einsatzes der Kräfte im Kollektiv (der bewegliche Einsatz des vorhandenen wissenschaftlichen Potentials);
- Lösung der Fragen einer wissenschaftlichen Organisation der Forschungsarbeit;
- Schaffung eines moralisch-psychologischen Klimas für kollektive schöpferische Arbeit.

Diese Art von Aufgaben finden wir auf jeder Leitungsebene, wenngleich ihre relative Bedeutung und ihr spezifischer Anteil wesentlich verschieden sein können. Am vollständigsten sind alle diese typischen Aufgaben auf der Leitungsebene einer selbständigen wissenschaftlichen Forschungseinrichtung vertreten.

Die nächste funktionale Aufgabenart bildet die Fortsetzung und den logischen Abschluß der gerade behandelten. Es sind Aufgaben der Kontrolle über den Stand der wissenschaftlichen Forschungs- und der wissenschaftlich-organisatorischen Tätigkeit sowie über die Verwirklichung der Entscheidungen; dazu gehört auch die auf dieser Grundlage erfolgende Herausarbeitung entsprechender Korrekturmaßnahmen, d. h. der Rückkopplung in der Leitung der Tätigkeit des wissenschaftlichen Systems.

Das von uns unter dem Gesichtspunkt der Wissenschaftsleitung betrachtete Prinzip des systemhaften Herangehens an die Festlegung der Ziele, der Wege zu ihrer Erreichung und der erforderlichen Ressourcen (das sogenannte System PPBS)[22] besitzt unserer Ansicht nach auch eine große allgemeine und grundlegende Bedeutung für die wissenschaftliche Leitung überhaupt.

Das Schwierigste in der gegenwärtigen Etappe der Entstehung einer wissenschaftlichen Leitung der Forschungstätigkeit ist u. E., zwei Traditionen zu überwinden: erstens, sich auf die automatische, selbstorganisierende Wirkung wissenschaftlicher Ideen und die moralische Autorität der Leiter der Einrichtungen zu verlassen und zweitens, sich ausschließlich auf administrative Leitungsmethoden zu stützen. Die erste Methode reicht ganz offensichtlich nicht aus, und die zweite ist in der Regel ineffektiv. Die wissenschaftliche Tätigkeit leiten heißt im modernen Sinne des Wortes, ein konsequent systemorientiertes Herangehen an die Festlegung der Ziele und der Wege zu ihrer Erreichung sowie an

22 In der modernen internationalen Leitungspraxis und -theorie wird ein Prinzip dieser Art als „Planning-Programming-Budgeting-System" (PPBS) bezeichnet. Es muß jedoch darauf hingewiesen werden, daß sowohl der Inhalt jeder der Komponenten (insbesondere der Ziele) als auch die gerechtfertigte Benutzung des Terminus „Plan" ganz wesentlich von den sozialen Bedingungen abhängen, unter denen diese Methodologie angewandt wird.

die Verteilung der Ressourcen der wissenschaftlichen Arbeit zu gewährleisten und die Gesamtheit der Verbindungen und Beziehungen, die im Prozeß der wissenschaftlichen Forschungsarbeit entstehen, komplex zu regulieren.

Allgemeines *Kriterium für die Effektivität der Leitung* der wissenschaftlichen Tätigkeit ist das Erreichen aller Ziele, die dem wissenschaftlichen System gestellt sind, und zwar in kürzester Frist, mit maximalen Ergebnissen und bei optimaler Höhe des Aufwands an verfügbaren Ressourcen.

Um die erforderliche Dynamik bei der Leitung der modernen wissenschaftlichen Tätigkeit charakterisieren zu können, muß unbedingt das richtige Verständnis der neuen Rolle des Zeitfaktors beachtet werden. Was früher in Jahrzehnten erreicht wurde, muß heute oft innerhalb weniger Jahre vollendet werden. Der Grundsatz „lieber später als gar nicht" ist heute in der Wissenschaft fast überall durch den Gegensatz abgelöst worden: „Wenn nicht rechtzeitig, dann ist es unzweckmäßig." Nicht rechtzeitig gewonnene Forschungsergebnisse und nicht rechtzeitig realisierte Möglichkeiten kann man mit größter Wahrscheinlichkeit nach 5 bis 6 Jahren in der internationalen wissenschaftlichen Literatur finden, oder man kann sie zweckmäßigerweise als Lizenzen für neue Ausrüstungen und Technologien erwerben.

Leiten heißt heute Entscheidungen rechtzeitig fällen und realisieren oder sie entsprechend dem Prozeßverlauf und den sich verändernden Anforderungen operativ korrigieren. Verspätete Entscheidungen zwingen die Leitung zu ständigen Korrekturen. Infolge der Trägheit des zu leitenden Systems Wissenschaft sinkt dadurch die Effektivität der wissenschaftlichen Tätigkeit in starkem, häufig sogar in beträchtlichem Maße.

Eine effektivere und für die Leitung der modernen Wissenschaft durchaus zweckmäßige Methode ist die „antizipierende Leitung". Ausschlaggebend für ihre Verwirklichung ist die Benutzung von Mitteln und methodischen Verfahren zur prognostischen Sicherstellung der Leitungsdienste. Dabei muß betont werden, daß diese prognostische Arbeit für die Praxis der Wissenschaftsleitung nicht episodisch erfolgen darf, sondern daß vielmehr der Stand des Forschungsgebietes und das erreichte Bearbeitungsniveau des Problems permanent im Auge behalten werden müssen, um die Einschätzungen und die Struktur der prognostizierten Möglichkeiten ständig präzisieren zu können.

Die Hinwendung zu den Erfahrungen, den Kenntnissen und der Intuition der Spezialisten ist auch deshalb gerechtfertigt, weil gerade diese Elemente, zusammen mit anderen Eigenschaften der Wissenschaft als eines komplizierten dynamischen Systems, gewährleisten, daß dieses System die Qualitäten der Selbstorganisation und Selbstregulierung besitzt. Die beste der möglichen Methoden der Wissenschaftsleitung ist die „antizipierende Leitung mit Selbstregulierung".

Als kompliziertes dynamisches System ist die Wissenschaft durch folgende Wesenszüge gekennzeichnet:

— eine große Anzahl aktiv wirkender Elemente, die durch ein entwickeltes System vielfältiger Beziehungen vereint sind;
— das Vorhandensein eines einheitlichen hierarchischen Teilsystems „Leitung", das organischer Bestandteil der wissenschaftlichen Tätigkeit ist;
— die Fähigkeit zur Ausführung mannigfaltiger und komplizierter Funktionen, wobei viele wesentliche Funktionen Wahrscheinlichkeitscharakter besitzen;
— die Fähigkeit, entsprechend der Gesamthierarchie der Ziele und der Wertkriterien relativ isolierte Teile des einheitlichen Systems zu unterscheiden, zu integrieren und die Struktur dieser Teile zu verändern;
— die Fähigkeit zum aktiven Informationsaustausch nicht nur innerhalb des Systems der wissenschaftlichen Tätigkeit, sondern auch, was besonders wichtig ist, mit anderen, größeren Systemen („Wissenschaft"—„Technik"—„Produktion"—„Gesellschaft");
— die Fähigkeit einiger Teilsysteme, unter Bedingungen der Selbsteinstellung und Selbstregulierung zu arbeiten.

Die Leitung eines solchen Systems, dessen Ziel ein höheres Niveau seiner Organisiertheit ist, stützt sich auf die Gesamtheit der Eigenschaften des zu leitenden Systems. Spezielle Untersuchungen der Wissenschaftsleitung[23] haben ergeben, daß der absolute Grad der Organisiertheit eines Systems größer ist als die algebraische Summe der absoluten Organisiertheitsgrade der Systemkomponenten.

Daraus folgt der wichtige Schluß, daß im Prozeß der Leitung eines komplizierten Systems die maximale Entwicklung der Eigenschaft Selbstorganisation in den Teilen und Elementen des Systems gewährleistet bleiben muß. Das wird unter folgenden Bedingungen erreicht:
— Die Teilsysteme besitzen die Fähigkeiten zu zweckmäßiger Aktivität, und sie verfügen dabei über entsprechende Kriterien der Zweckmäßigkeit;
— bei zufälligen Einwirkungen vermögen Teilsysteme neue eigene Strukturen und Varianten zu suchen, die sich den optimalen annähern.

Mit anderen Worten: Wissenschaftsleitung bedeutet keineswegs, daß alles durch Direktiven, starre Parameter oder Beschlüsse „von oben" entschieden wird. Durch die konkrete Leitung des Systems Wissenschaft werden im Gegenteil Eigenschaften der genannten Art nicht unterdrückt, sondern entwickelt. Vorausgesetzt wird dabei, daß die Leiter aller Ebenen von systemorientierten Zielkriterien ausgehen, daß sie über Vorstellungen von den Wegen zum optimalen Funktionieren der Organisation verfügen und Fertigkeiten in der Entscheidungsfindung und praktische Fähigkeiten zur Verwirklichung dieser Möglichkeiten besitzen.

23 Vgl. E. A. Aleksandrov/V. P. Bogolepov: O nekotorych organizacionnych kriterijach kačestva funktionirovanija sistem. In: Organizacija i upravlenie. Moskau 1968.

Diese Besonderheiten der sowjetischen Wissenschaftsleitung sollen Voraussetzungen prinzipieller Art für ein stabiles und sich systematisch verbesserndes Funktionieren des geleiteten Systems schaffen; im Endergebnis wächst dadurch die Effektivität der staatlichen Wissenschaftspolitik.

Die Erfahrungen der sowjetischen und der internationalen Wissenschaftswissenschaft und die gemeinsamen Bemühungen der Wissenschaftler der sozialistischen Länder ermöglichen es heute, große programmatisch-zielgerichtete Arbeitskomplexe in Angriff zu nehmen, die auf die Erhöhung der Effektivität der Wissenschaft zielen. Nennen wir einige derartige Probleme, die, wie wir meinen, von besonders großem theoretischem und praktischem Interesse sind.

Die Ausarbeitung einer Prognose der staatlichen Wissenschaftspolitik für die Jahre 1976—1990. Varianten der planmäßigen Veränderungen von Struktur und Wachstumstempo des wissenschaftlichen Potentials, Maßnahmen zur effektiveren Nutzung der Kräfte, Ergebnisse und Möglichkeiten der Wissenschaft — dies alles muß im Hinblick auf die künftigen Bedürfnisse und Möglichkeiten noch während des laufenden Fünfjahrplans ausgearbeitet werden. Eine derartige Prognose muß die Perspektive dieser oder jener Maßnahmen im Bereich der Wissenschaftsorganisation und -leitung begründen, aber auch die Bedeutung der Parameter konkretisieren, die es erlauben, in den verschiedenen Zweigen eine einheitliche Wissenschaftspolitik zu planen und praktisch zu verwirklichen. Beispiele solcher Parameter sind der zu erwartende Bedarf an wissenschaftlichen Kadern und an Geldmitteln für Forschungs- und Entwicklungsarbeiten, der Umfang an Investitionen für die Entwicklung der materiell-technischen Basis der Wissenschaft, die Fristen für die Ersetzung wissenschaftlicher Ausrüstungen, die Höhe des Nutzeffekts je Rubel Aufwand und je Beschäftigten in der Wissenschaft u. a. m.

Auch wünschenswerte Veränderungen der strukturellen Charakteristika der wissenschaftlichen Tätigkeit müssen perspektivisch geplant werden: das Verhältnis zwischen dem Volumen der Grundlagenforschung, der angewandten Forschung und Entwicklungsarbeiten; der Anteil der Wissenschaft in den Hauptsektoren der Berufstätigkeit; die Struktur der wissenschaftlichen Kader entsprechend der Qualifikation und den hauptsächlichen Fachgebieten; die Struktur des Netzes und der Problemorientierung der wissenschaftlichen Einrichtungen (darunter des Netzes der wissenschaftlichen Zentren des Landes); die Struktur der ökonomischen, organisatorischen, informationellen und sozialpsychologischen Verbindungen zwischen den Forschungskollektiven usw.

Die Schaffung von automatisierten Systemen zur Informationsversorgung der Wissenschaftsleitung. Derartige Systeme sollen von den Organen der Wissenschaftsleitung verschiedener Ebenen in Anspruch genommen werden. Als Teil des einheitlichen staatlichen Netzes automatisierter Leitungssysteme sollen sie zur Lösung verschiedener Klassen von Aufgaben beitragen:

- zur Informationsermittlung und -weitergabe (Suche nach analogen Themen, Einteilung der wissenschaftlichen Forschungsinstitute nach verwandten Forschungsinteressen, Informationen über mögliche Auftraggeber oder Bearbeiter von Forschungsarbeiten, Entwicklungsarbeiten usw.);
- zu statistisch-rechnerischen Aufgaben (Erfassung der Veränderungen in der Struktur des wissenschaftlichen Potentials, Verteilung der aufgewendeten Ressourcen, Intensitäten der ökonomischen, organisatorischen und informationellen Wechselwirkungen, Verallgemeinerung der Daten über die Erfüllung der Forschungspläne, der Überleitungspläne, der Pläne für die experimentelle und konstruktive Überprüfung, der Pläne für die Kaderausbildung — vor allem in Hinblick auf die wichtigsten Richtungen der wissenschaftlichen Tätigkeit, aber auch hinsichtlich der Organisationsstrukturen usw.);
- zu logisch-analytischen Aufgaben (Vorbereitung von Empfehlungsvarianten für die komplexe Gestaltung wissenschaftlicher Aktivitäten; Analyse der Tendenzen bei der Veränderung der Forschungsorientierung des Netzes der wissenschaftlichen Einrichtungen; vergleichende Analyse der sich in der UdSSR und in anderen Ländern herausbildenden Organisationsformen bei konkreten komplexen wissenschaftlichen Programmen; Verfolgung der Durchlauftempi besonders wichtiger wissenschaftlicher Vorhaben von der Grundlagenforschung bis zur Realisierung usw.);
- zu Modellierungsaufgaben (Systematisierung der Industriezweig-Prognosen sowie problemgebundener wissenschaftlich-technischer und ökonomischer Prognosen, ihre vergleichende Analyse; Aufstellung spezieller Modelle der „staatlichen Programme für die wichtigsten wissenschaftlich-technischen Arbeiten" und ihre Nutzung für die Analyse des Standes der Problembewältigung sowie für die Prognostizierung der Varianten der zukünftigen ökonomischen und wissenschaftlich-technischen Politik).

Die *Ausarbeitung komplexer Projekte für die Vervollkommnung der Organisation und Leitung* speziell der größten wissenschaftlichen Zentren.

Gestützt auf die Erfahrungen ökonomischer, organisatorisch-struktureller, informationswissenschaftlicher und soziologischer Untersuchungen über die Wissenschaft, sind diese Arbeiten darauf orientiert, entsprechend den Bedingungen des betreffenden wissenschaftlichen Forschungsinstituts oder wissenschaftlichen Zentrums ein System von Maßnahmen durchzuführen, um

- die Organisationsstruktur zu vervollkommnen, was die Schaffung interinstitutioneller Gliederungen, die Bildung von „Problemabteilungen" usw. einschließt;
- die Planungspraxis und Entscheidungsfindung bei der Wissenschaftsleitung — auf der Grundlage von „Ziel- und Entscheidungsbäumen", von Methoden der Operationsforschung, von ökonomisch-mathematischen Verfahren der

Themenauswahl sowie der Optimierung der Lösung einiger anderer Leitungsaufgaben — zu verbessern;

- die Komplexität der laufenden Forschungen zu erhöhen und die volle Durchführung des Zyklus „Forschung—Entwicklung—Realisierung" zu gewährleisten;
- ein System von Kennziffern für das Niveau der Tätigkeit und für die Effektivität der Forschungen zu entwickeln;
- die Finanzpolitik mit dem Ziel effektiver zu gestalten, die Prinzipien der wirtschaftlichen Rechnungsführung wirksamer durchzusetzen;
- die Kaderpolitik und das System der Leistungsstimuli sowie die organisatorischen und sozialpsychologischen Bedingungen für die schöpferische Arbeit der Wissenschaftler zu verbessern;
- die Arbeit der Dienste, deren Aufgabe die Sicherstellung der Wissenschaft in experimentell-produktionsmäßiger, informationeller, materiell-technischer und administrativ-wirtschaftlicher Hinsicht ist, zu vervollkommnen.

Der Erfahrungsschatz der sowjetischen und der internationalen Wissenschaftswissenschaft enthält genügend theoretisch begründete Ideen und experimentell überprüfte Methoden dafür, solche wichtigen Komplexprobleme der höheren Effektivität der Wissenschaftsleitung zu lösen, und zwar sowohl auf der Ebene einzelner wissenschaftlicher Forschungsinstitute als auch auf der Ebene des Systems der wissenschaftlichen Einrichtungen.

Die Ausarbeitung der Methodologie und die praktische Unterstützung der Programm-Ziel-Planung und -Leitung. Ein Zielprogramm ist ein Plankomplex von ökonomischen, organisatorischen, Produktions-, Projektierungs- und wissenschaftlichen Forschungsarbeiten, die, bezogen auf das generelle Ziel, eine bestimmte Hierarchie bilden.

Die sowjetischen und die internationalen Erfahrungen besagen, daß die Einheit und Ausbalancierung der Entscheidungen zur Zielauswahl, zur Festlegung der Wege zu diesen Zielen und zur Verteilung der Ressourcen mit solchen Programmen besser als mit allen anderen Organisationsverfahren gewährleistet werden. Dieses System von Entscheidungen ist das Fundament, das Erfolg oder Mißerfolg bestimmt, und deshalb verlangt es die Koordinierung vieler Anstrengungen. Für die Methodologie der Planung bedeutet Bilanziertheit der Ziele, Wege und Ressourcen, den Übergang von der sogenannten Planung auf der Basis des erreichten Niveaus zur Planung auf Grund der sozialen und ökonomischen Endziele; vom heute typischen Ressourcen-Charakter der Planparameter zum Sach- und Ziel-Charakter; von der Trennung der ökonomischen und der wissenschaftlich-technischen Planinhalte zu ihrer wirklichen Einheit und wechselseitigen Fundierung.

Eine wichtige Eigenschaft des Programm-Ziel-Verfahrens liegt darin, daß es bewußt darauf gerichtet ist, den gesamten Komplex der Grundbedingungen für die Effektivität des wissenschaftlich-technischen Fortschritts — die Beschleunigung des Tempos, die erweiterte praktische Anwendung und die vollständigere Nutzung der von Wissenschaft und Technik neu geschaffenen Möglichkeiten — zu gewährleisten.

Die Erfahrungen bei der Vervollkommnung der Organisation und der Leitung des wissenschaftlich-technischen Fortschritts zeigen, daß es durchaus möglich ist, bei den meisten Komplexen wissenschaftlich-technischer Arbeiten die Fristen auf die Hälfte, ja manchmal auf ein Drittel und weniger zu verkürzen. Das wird auch durch Angaben über Zeitverluste bestätigt, die sowjetische Ökonomen anhand abgeschlossener Themenpläne ermittelt haben. Es ist typisch, daß etwa 15 bis 20% der Gesamtzeit für die Hauptarbeiten durch unvollkommene materiell-technische und experimentell-produktionsmäßige Sicherstellung der Wissenschaft verlorengehen. Etwa 25% der Zeit entfallen auf die Abstimmung von Leitungsentscheidungen, auf das Warten von Entscheidungen der verschiedenen Ebenen usw.

Berechnungen anhand eines Modells, das im Landesmaßstab die Kennziffern für das Wachstum des Nationaleinkommens, die Aufwendungen für den wissenschaftlich-technischen Fortschritt und die Verkürzung der Fristen für die technische und ökonomische Realisierung von Neuentwicklungen in Beziehung setzte,[24] zeigen, daß bei einer Reduzierung der letzten Größe von 9 auf 5 bis 6 Jahre bis 1990 ein drei- bis vierfaches Wachstum der Effektivität möglich ist. Andernfalls müssen in drei Planjahrfünften bis 1990 mehr als 200 Mrd. Rubel zusätzlich in die Wissenschaft investiert werden.

Ist „schneller“ der erste Faktor der Effektivität, so ist der zweite Faktor „umfassender“. Die breite Einführung von wissenschaftlichen oder technischen Neuerungen, die sich bereits in einzelnen Zweigen oder Betrieben bewährt haben, liefert einen ökonomischen Effekt, der weit schneller wächst als die nominellen Zahlen über die Verbreitung solcher Neuerungen.

Der dritte, ebenso unverzichtbare Faktor der Effektivität heißt „vollständiger“. Um die neuen Erkenntnisse der in- und ausländischen Wissenschaft vollständig zu gewinnen und ihre weitere zielgerichtete Nutzung sicherzustellen, benötigen wir ein entwickeltes Netz komplexer wissenschaftlich-technischer Programme, um insbesondere die sogenannten Zwischenergebnisse oder Nebenprodukte der Forschung auszuwerten, die dann anfallen, wenn ein bestimmtes komplexes Forschungsthema bearbeitet wird. Zu diesem Zweck werden auf neue Weise orientierte Zielprogramme für die Verbreitung wissenschaftlich-technischer Errungenschaften zwischen den einzelnen Industriezweigen und über die jeweilige Region hinaus entwickelt.

24 Dieses Modell ist ein Beispiel für sogenannte integrierte Modelle, über deren methodologische Bedeutung für die Wissenschaftswissenschaft wir weiter oben gesprochen haben.

Der Übergang zur Organisation und zur Leitung der Arbeiten nach dem Programm-Ziel-Prinzip erfordert erweiterte Rechte der Programmleiter, einschließlich der Möglichkeit, während der gesamten Durchführung des Programms und nach dynamischen ökonomischen Normativen über den Einsatz der Ressourcen zu entscheiden: die Ausarbeitung von Methoden zur Einschätzung der Effektivität der Programme und insbesondere zur Feststellung des Anteils der verschiedenen Organisationen am erzielten ökonomischen Nutzen; die Schaffung von Mitteln für spezielle informationelle, darunter auch prognostische Sicherstellung; die exakte Festlegung des Charakters der gegenseitigen Beziehungen zwischen der Programmleitung und den Leitungen der Zweige und Verwaltungen. Außerdem wird auch eine Anzahl anderer komplizierter Fragen der Methodologie der Programm-Ziel-Leitung aufgeworfen. Um ihre Lösung bemühen sich Spezialisten der staatlichen Wissenschaftspolitik.

Diese Tätigkeit führt zu immer engeren Beziehungen zwischen der sowjetischen Wissenschaftswissenschaft und den Organen der Wissenschaftsleitung einerseits sowie zwischen den Diensten für technisch-ökonomische Analyse und der Informationsvermittlung andererseits. Auf einem höheren Niveau führt diese Tendenz zur Bildung spezialisierter Institute, welche die Probleme der einheitlichen staatlichen Wissenschaftspolitik bearbeiten, wissenschaftlich-technische Prognosen aufstellen sowie automatisierte Systeme zur informationellen Sicherstellung der Wissenschaftsleitung schaffen und entwickeln. Die Tätigkeit solcher Institute für Systemuntersuchungen des wissenschaftlich-technischen Fortschritts wird ergänzt werden durch ein Netz von Konsultationsbüros, die nach wirtschaftlichen Gesichtspunkten arbeiten und zielgerichtet spezielle Aufgaben der staatlichen Wissenschaftspolitik lösen.

Kapitel 3

Die Wissenschaft als Informationssystem

1. Auswahl der Kennziffern

Eine entscheidende Voraussetzung für die erfolgreiche Anwendung quantitativer Methoden bei der wissenschaftswissenschaftlichen Analyse sind zuverlässige Kennziffern und Charakteristika der Wissenschaftsentwicklung. Die Wissenschaft als Summe und System von Erkenntnissen ist offensichtlich ein ideelles Objekt, ein Produkt der intellektuellen Tätigkeit des Menschen. Dieses ideelle Objekt entsteht aber, entwickelt sich und wird praktisch genutzt unter konkreten materiellen Bedingungen.

Diese konkreten materiellen Bedingungen gaben den Anstoß zu gründlichen statistischen Berechnungen der folgenden Daten: Quantität wissenschaftlicher Resultate (Entdeckungen, Erfindungen), Anzahl veröffentlichter Arbeiten, Anzahl der Wissenschaftler, Anzahl und Struktur wissenschaftlicher Institutionen, Höhe der Wissenschaftsinvestitionen, ökonomische Effektivität der wissenschaftlichen Arbeiten, Nutzungshäufigkeit von Entdeckungen und Erfindungen usw.

Die Art und Weise, wie sich derartige Kennziffern zeitlich und innerhalb der verschiedenen Wissenszweige verändern, ermöglicht Rückschlüsse auf bestimmte wesentliche Merkmale der Wissenschaftsentwicklung. Die Gesamtheit dieser Merkmale gestattet es — wenngleich nur mittelbar, so doch meist hinlänglich objektiv —, über Tempo und Veränderungstendenzen in jener komplizierten historischen Erscheinung zu urteilen, die wir als Wissenschaft bezeichnen. Rückschlüsse erlauben auch Vergleiche zwischen diesen Fakten und dem Wachstumstempo konkreter Zweige der Technik und der Produktion.

Bei der Auswahl und der Arbeit mit Kennziffern muß sorgfältig darauf geachtet werden, daß sie auch tatsächlich Aussagewert im Hinblick auf eine untersuchte Erscheinung besitzen. Dieses methodologische Problem ist eine konkrete Erscheinungsform der dialektischen Wechselwirkung von Form und Inhalt, von materiellen Ausdrucksformen der Wissenschaft und der Wissenschaft als einem System ideeller Erkenntnisse.

Der Inhalt, der theoretische Gehalt der Wissenschaft überflügelt in der Regel jene Organisations- und anderen materiellen Formen, in denen er in der Wissenschaft -- der Form nach — entwickelt wurde. Neue Erkenntnisse erzwingen daher nicht selten neue materielle und Organisationsformen der Wissenschaft.

Da der Mitarbeiterstab wissenschaftlicher Institutionen nicht unbegrenzt erweitert werden kann, die Zahl und der Umfang der wissenschaftlichen Arbeiten aber sehr schnell wachsen, wird überall versucht, die Effektivität der Arbeit jedes einzelnen der im Bereich der Wissenschaft Beschäftigten zu erhöhen. Diesem Ziel dienen technische Neuausstattungen, die vorrangige Entwicklung vielversprechender wissenschaftlicher Ideen und Methoden sowie die Einführung modernster Formen der Wissenschaftsorganisation. Wir gelangten unvermeidlich zu falschen Einschätzungen der Wissenschaftsperspektiven, würden wir nur in der „Anzahl der Wissenschaftler" die wesentliche Kennziffer für das Entwicklungsniveau der Wissenschaft sehen.

Überaus wichtig insbesondere für die gegenwärtige Wissenschaft ist die Kennziffer ihrer ökonomischen Effektivität. Aber auch diese Kennziffer kann, für sich genommen, nicht die ganze Spezifik einer Reihe wichtiger wissenschaftlicher Disziplinen und Forschungsrichtungen, vor allem im Hinblick auf theoretische und Grundlagenprobleme der Wissenschaft, widerspiegeln.

Adäquater für das Entwicklungstempo der Wissenschaft wären wahrscheinlich statistische Angaben über die Anzahl neuer wissenschaftlicher Entdeckungen, Erfindungen, Entwicklungen usw. Eine solche Statistik ist jedoch leider nicht immer möglich, da die Angaben der verschiedenen Wissenschaften in der Regel nicht unmittelbar vergleichbar sind; selbst innerhalb einer Wissenschaft sind Vergleiche oft problematisch.

Hinsichtlich technischer Erfindungen geht man immer mehr dazu über, statistische Angaben über deren Anzahl innerhalb eines bestimmten Zeitabschnitts auf einem bestimmten Gebiet zu bearbeiten. Derartige Angaben sind u. E. aber nicht als Kennziffern des Niveaus der wissenschaftlich-technischen Entwicklung anzusehen, sondern eher als ein Gradmesser für schöpferische Aktivitäten und als ein Kennzeichen für die Herausbildung neuer Interessenschwerpunkte, was mit dieser oder jener konkreten sozialökonomischen oder wissenschaftlich-technischen Situation im Zusammenhang stehen mag.

So zeugen die uns zur Verfügung stehenden statistischen Angaben über sowjetische Patente für Erfindungen auf dem Gebiet der Schweißtechnik für den Zeitraum von 1924 bis 1960 von einer bedeutenden Zunahme der schöpferischen Aktivität, die in den letzten 7 bis 8 Jahren besonders schnell wuchs (auf diese Jahre entfällt die Hälfte aller Erfindungen). Gleichzeitig weisen die Angaben auf zeitweilige Stagnationen in den Jahren 1937/38, 1943/44 und 1950/51 hin. Lassen sie sich auf Ursachen zurückführen, die dem Schweißen als einem Zweig der Technik und der Technologie spezifisch eigen waren? Die Tatsache, daß Aufschwung und Rückgang der schöpferischen Aktivität in der Entwicklungsgeschichte zweier voneinander unabhängiger Schweißarten — des

Lichtbogen-Schweißens und des Widerstand-Schweißens — jeweils zur gleichen Zeit einsetzten, sowie das in vieler Hinsicht analoge Bild auf dem von der Schweißtechnik weit entfernten Gebiet der Bergbaumaschinen-Industrie legen den Gedanken nahe, daß man die Ursachen für diese Erscheinungen nicht in der Schweißtechnik suchen muß, sondern in der historisch-konkreten wissenschaftspolitischen Situation.

In der modernen Wissenschaftswissenschaft wird häufig die Anzahl wissenschaftlicher Publikationen als Kennziffer benutzt; sie steht mit Angaben über neue Ergebnisse der Wissenschaft in einer mehr oder weniger engen Wechselbeziehung, ist aber natürlich keineswegs damit identisch. Diese Kennziffer eröffnet — wie auch die anderen obengenannten — eine Reihe interessanter praktischer Möglichkeiten. Man darf jedoch die Anzahl der Publikationen nach unserer Auffassung nicht zum Hauptkriterium für die „Dimension der Wissenschaft" oder gar für den „Beitrag zur Wissenschaft" machen.[1] Bekanntlich ist eine derartige Verabsolutierung die Hauptursache für die falsche Schlußfolgerung gewesen,[2] die Wissenschaft sei an den Grenzen ihrer Entwicklungsmöglichkeiten angelangt. In Wirklichkeit zeigte die Analyse dieser Angaben lediglich, daß grundlegende Veränderungen in der Technik und in den Methoden des Austausches und der Verarbeitung wissenschaftlicher Informationen notwendig geworden waren (und allein diese Schlußfolgerung ist bedeutungsvoll).

Wir wollen an dieser Stelle die Versuche der letzten Jahre, verschiedene Arten allgemeinhistorischer Erscheinungen direkt mittels mathematischer Gleichungen zu beschreiben,[3] nicht näher betrachten, da sich diese Versuche teils noch im Anfangsstadium ihrer Entwicklung befinden, teils aber von völlig falschen Voraussetzungen ausgehen. So schreibt N. Rashevsky: „Der Mensch ist ein biologisches Wesen, und die menschlichen Widersprüche befinden sich natürlich innerhalb der Biologie. Soziologie und Geschichte werden damit im weiten Sinne zu Gebieten der Biologie."[4] Daß derartige Versuche, verschiedene Bewegungsformen der Materie zusammenzufassen und miteinander zu vermischen, methodologisch nicht unproblematisch sein dürften, ist augenscheinlich. Vom

1 Vgl. P. V. Kopnin: Logičeskie osnovy nauki. Kiev 1968, S. 71—82; N. Stefanov/S. Kačaunov/K. Semeonova: Struktura i metodologija istoričeskogo poznanija. Sofia 1971.

2 Vgl. I. Maleckij/B. Valentinovič: Osnovnye napravlenija naukoznanija. In: Materialy sovetsko-pol'skogo simpoziuma po problemam kompleksnogo izučenija razvitija nauki. L'vov 1966; V. A. Žamin/G. A. Egiazarjan: Ėffektivnost' kvalificirovannogo truda. Moskau 1968.

3 Vgl. N. Rashevsky: Outline of Mathematical Approach to History. In: Bull. Math. Biophys., 1953, Bd. 15, Heft 2, S. 197—234; Some quantitative aspects of history. In: Bull. Math. Biophys., 1953, Bd. 15, Heft 3, S. 339—359; J. Purš: Historie a matematika. In: Věstník ČSAV, 1963, Heft 4, S. 473—478. Siehe auch ČS časopis historický, 1963, Heft 1, S. 34—35.

4 N. Rashevsky: Outline of Mathematical Approach to History. S. 198.

mathematischen Standpunkt aus ist es völlig unkorrekt, mit funktionalen Abhängigkeiten Erscheinungen beschreiben zu wollen, bei denen eine typische multiple Korrelation vorliegt. Mit anderen Worten: Die zu untersuchende Erscheinung unterliegt dem Einfluß vieler widersprüchlicher Faktoren, darunter auch solcher, die sich auf zufällige Weise verändern.

Die Suche nach signifikanten Kennziffern ist noch längst nicht beendet. Präzisierungen der Wissenschaftswissenschaft dürften durch verschiedene Kombinationen von quantitativen Kennziffern möglich sein, wobei insbesondere solche Kennziffern Bedeutung erlangen, die für verschiedene Wissenschaftszweige verallgemeinerungsfähig sind.

Bei der Suche nach (zeitlich und für verschiedene Wissenschaftszweige) vergleichbaren Kennziffern betrachten wir es als aussichtsreich, wenn man die wissenschaftliche Forschungstätigkeit als einen spezifischen Informationsprozeß ansieht. Unter diesem allgemeinen informationstheoretischen Aspekt kann man die Wissenschaft als ein kompliziertes dynamisches Informationssystem betrachten, das der Mensch für die Sammlung, Analyse und Verarbeitung von Informationen geschaffen hat, um neue Wahrheiten, neue praktische Anwendungsmöglichkeiten zu erschließen.

Wir halten es für möglich, die Geschichte der Naturwissenschaft und der Technik als wissenschaftlich zuverlässige Information über wissenschaftliche und technische Erfahrungen der Vergangenheit zu behandeln, die auf dem derzeitigen Wissensstand verarbeitet (verallgemeinert) und in den Dienst der Zukunft gestellt wird. In dieser Hinsicht besitzt die Geschichte der Naturwissenschaften und der Technik als Wissenschaft viele Gemeinsamkeiten nicht nur mit der Wissenschaftswissenschaft, sondern auch mit einer Reihe anderer wissenschaftlicher Disziplinen. „Die gesamte Literatur, darunter auch die wissenschaftliche", schrieb der amerikanische Kybernetiker GILBERT KING, „stellt eine Summe von Mitteilungen aus der Vergangenheit dar, und die Forschungen, die sich auf ihr Studium gründen, stellen eine besondere Art des geschlossenen Rückkopplungskreises dar, der die Gedanken und Handlungen steuert, die in der Zukunft entstehen oder stattfinden können."[5]

Aus kybernetischer Sicht kann man die Wissenschaft als ein relativ isoliertes Informationssystem betrachten. Der bekannte polnische Kybernetiker H. GRENIEWSKI, der diesen Begriff anwandte, schrieb zur Begründung der Hypothese vom relativ isolierten System: „Um eine vollständige Antwort auf die gestellte Frage geben zu können, müßte man die Geschichte der Naturwissenschaften und der Gesellschaftswissenschaften gründlich kennen."[6]

5 Avtomatičeskoe upravlenie. Moskau 1961, S. 111.

6 H. GRENIEWSKI: Elementy cybernetyki: Warszawa 1959 (russ. Ausgabe: G. GRENEVSKIJ: Kibernetika bez matematiki. Moskau 1964; vgl. auch H. GRENIEWSKI/M. KEMPISTY: Kybernetische Systemtheorie ohne Mathematik. Berlin 1966).

Um die Hypothese von der relativen Isoliertheit zu stützen, führte GRĖNIEWSKI zwei wesentliche Umstände an, die beweisen, daß sein Herangehen der praktischen Erfahrung, insbesondere der mit der Wissenschaft verbundenen, nicht widerspricht. „1. Jahrtausendelang verwendete die Menschheit so etwas wie einen Begriff des perspektivistischen Systems. Die Menschen wollten wissen, wodurch man dieses oder jenes erreichen kann oder wie man handeln muß, um das vorgestellte Ziel zu erreichen. Im Laufe der Zeit ‚strichen' sie in einzelnen Systemen bestimmte inputs ‚aus' (sie glaubten beispielsweise nicht mehr daran, daß das Schicksal einzelner Menschen von den sichtbaren Konfigurationen der Himmelskörper beeinflußt wird), und gleichzeitig ‚bauten' sie neue inputs in einzelne Systeme ‚ein' (beispielsweise die krankheitserregende Rolle von Bakterien). 2. In ähnlicher Weise verwendete die Menschheit jahrtausendelang so etwas wie einen Begriff des retrospektiven Systems. Die Menschen wollten wissen, welcher Faktor in der Vergangenheit gewirkt und den derzeitigen Zustand herbeigeführt hat ... Unter dem Einfluß neuer Erfahrungen, in dem Maße, wie die Zahl ihrer Vorurteile zu- oder abnahm, oder auch in dem Maße, wie sich die Wissenschaft entwickelte, ‚strichen' die Menschen bestimmte outputs der retrospektiven Systeme ‚aus' und ‚bauten' bestimmte neue ‚ein'."[7]

Die Idee von der relativen Isoliertheit der Wissenschaft, die hier von kybernetischen Positionen aus dargelegt wurde, ist im Prinzip nicht neu. Wissenschaftshistoriker und marxistische Philosophen haben sie wiederholt verwendet. Abstraktionen und Annahmen dieser und sogar weiterreichender Art sind z. B. von der wissenschaftlichen Disziplin „Logik der Wissenschaften" akzeptiert worden.[8] Der bekannte sowjetische Wissenschaftler B. M. KEDROV, der Probleme der Klassifikation der Wissenschaften und die Geschichte der Naturwissenschaften untersucht, schrieb in einer seiner Arbeiten: „Wie alle Erscheinungen geistiger Art weist die Wissenschaft in ihrer Entwicklung eine relative Selbständigkeit auf."[9]

Wir beschäftigen uns mit dieser Konzeption, nicht weil sie prinzipiell neu ist, sondern weil sie, unserer Meinung nach, von informationstheoretischen Positionen her entwickelt, neue praktische Möglichkeiten für die Erforschung der Prozesse und Erscheinungen der Geschichte des wissenschaftlich-technischen Fortschritts erschließt.

In der Tat besitzen die Prozesse der Speicherung, Verarbeitung und Übertragung von Informationen in den verschiedenen Zweigen des wissenschaftlich-technischen Fortschritts eine Reihe allgemeiner und vergleichbarer Merkmale.

7 Ebenda.
8 Vgl. Logičeskaja struktura naučnogo znanija, Moskau 1965.
9 B. M. KEDROV: Zakonomernosti razvitija nauki (Referat auf dem Symposium „Vergangenheit und Zukunft der Wissenschaft" des XI. Internationalen Kongresses für Wissenschaftsgeschichte). In: Organon, Warszwa 1965, Nr. 2, S. 182.

Auch die Informationen selbst, mit denen es die Wissenschaft zu tun hat, weisen allgemeine charakteristische Merkmale auf.

Vom Standpunkt des französischen Kybernetikers LOUIS COUFFIGNAL aus kann man die Wissenschaft insgesamt als eine Art Betrieb ansehen, der sich aus selbstorganisierenden Einheiten zusammensetzt. Das Wesen eines solchen „Betriebes" besteht darin, daß er eine „Gemeinschaft von Menschen (umfaßt), deren wesentliche Aufgabe darin besteht, dem Betrieb ihre Informationen zur Verfügung zu stellen".[10]

Der weitaus größte Teil jener gewaltigen Informationsmenge, mit der es alle Zweige der Wissenschaft zu tun haben, besteht aus mannigfaltigen Informationen über die reale, objektiv existierende Welt. Sie sind bereits oder werden Gegenstand der menschlichen Erkenntnis und der wissenschaftlichen Untersuchung.

Es ist bekannt, wie groß die Informationsmenge ist, die die Menschheit in der langen Geschichte ihres Fortschritts angehäuft hat. Schnell schwillt der bereits existierende Informationsstrom an, den die Wissenschaft selbst in Gestalt ihres Apparates, ihrer Verfahren, Abstraktionen u. dgl. hervorbringt. Bedauerlicherweise gibt es aber auch eine nicht geringe Informationsmenge, die aus einer unwissenschaftlichen Interpretation der Welt resultiert, die das Ergebnis von Fehlern, Vorurteilen und Aberglauben ist. Diese und nur diese Art von Informationen hat oder kann die Tendenz haben, an Umfang abzunehmen. Der Umfang aller übrigen Arten von Informationen nimmt ständig und immer schneller zu. Das ist sowohl durch die schnell wachsenden Bedürfnisse der Menschheit als auch durch den sich ständig beschleunigenden wissenschaftlich-technischen Fortschritt bedingt.

Nicht unbegründet ist man heute zu der Auffassung gelangt, daß sich der Mensch erst an der Oberfläche eines großen Meeres von Informationen bewegt und ihren gesamten Umfang bei weitem nicht ausschöpft, wenn er Entscheidungen fällt. Berechnungen haben ergeben,[11] daß die vollständige Informationsmenge für eine Frage mittleren Schwierigkeitsgrades in der Größenordnung von etwa 10^9 bt (duale Informationseinheiten) liegt. Ein Mensch aber, der nicht über technische Hilfsmittel verfügt, kann Informationen bestenfalls mit einer Geschwindigkeit von 45 bt in der Sekunde aufnehmen und verarbeiten. Der Wachzustand eines Menschen während seines bewußten Lebens umfaßt etwa 10^9 Sekunden. Die gesamte Informationsmenge, die ein Mensch ohne technische

10 L. COUFFIGNAL: Kibernetika — iskusstvo upravlenija. In: Nauka i čelovečestvo. Moskau 1964, S. 500.

11 Vgl.: Proceedings of I.R.E., 1962, Bd. 50, Heft 5.

Ausrüstung verarbeiten könnte, beläuft sich also auf $45 \cdot 10^9$ bt. In Wirklichkeit aber ist diese Zahl um mindestens zwei Zehnerpotenzen kleiner.[12]

Man darf auch den sehr wesentlichen Umstand nicht vergessen, daß sich die Problematik nicht nur auf das gewaltige Anwachsen der Informationsmenge beschränkt. In dem Maße, wie sich die Wissenschaft entwickelt und immer tiefer in die Gesetze der Natur eindringt, wird auch der Inhalt der Informationen unvergleichlich komplizierter und steigen die Anforderungen, die an die Effektivität der wissenschaftlichen Arbeit gestellt werden.

Die informationstheoretische Untersuchung der Wissenschaft und des wissenschaftlich-technischen Fortschritts insgesamt fand in den letzten Jahren immer häufiger Aufmerksamkeit bei den Forschern. G. A. LACHTIN[13] begründete die Anwendbarkeit der SHANNONformel für die Bestimmung der Produktivität von Wissenschaftlern, die in Zweigen der angewandten Wissenschaften tätig sind.

Auch der sowjetische Wissenschaftler V. S. SOMINSKIJ, der ökonomische Probleme der Wissenschaft untersucht, hebt als die wichtigsten Aspekte der Forschungstätigkeit in allen Wissenschaftszweigen die Prozesse der Informationsgewinnung, -analyse, -verarbeitung und -übertragung hervor.[14] Der amerikanische Wirtschaftswissenschaftler F. MACHLUP stellte fest, daß sich die ökonomischen Untersuchungen in der Wissenschaftswissenschaft hauptsächlich darauf richten, „die Forschungsarbeit in den theoretischen und den angewandten technischen Wissenschaftszweigen zu studieren, d. h., die Produktion solcher Arten von Erkenntnissen zu studieren, die als Investition in die zukünftige Steigerung der Arbeitsproduktivität betrachtet werden können".[15]

Das wissenschaftliche Niveau jeglicher Forschung wird bekanntlich weitgehend bestimmt durch Umfang und Charakter der Informationen, die der Forscher heranzieht, durch die Methoden, mit denen diese Informationen analysiert und bewertet werden, durch die Formen der Nutzung dieser Informationen sowie durch das Maß der Anreicherung des Informationsstroms mit neugewonnenen Daten und Verallgemeinerungen. Besonders wichtig und in spezifischer Weise kompliziert ist die Informationsbasis bei wissenschaftswissenschaftlichen Untersuchungen.

Der Wissenschaftswissenschaftler und Logiker L. TONDL, der von dem Gedanken

12 Natürlich verdient nicht jede Information die gleiche Aufmerksamkeit. Gut ist es, wenn es gelingt, ihren wertvollsten Teil auszunutzen und dabei die historische Relativität unserer Auswahlkriterien zu berücksichtigen.

13 Vgl. G. A. LACHTIN: O proizvoditel'nosti truda pri provedenii technologičeskich issledovanij. In: Izvestija SO AN SSSR, 1968, Heft 8.

14 Vgl. V. S. SOMINSKIJ: Rabočee vremja sotrudnikov naučno-issledovatel'skogo instituta. In: Ėkonomika i organizacija naučno-issledovatel'skich rabot. Leningrad 1965.

15 F. MACHLUP: The Production and Distribution of Knowledge in the United States. Princeton, New Jersey, 1962, S. 54.

des sowjetischen Mathematikers A. A. MARKOV ausging, daß man die Technik als eine bestimmte Synthese von Kausalnetzen betrachten könne, entwickelt die Konzeption von der anti-entropischen Funktion der Technik, der zufolge der Mensch mittels des Entwicklungsprozesses der Technik den Organisiertheitsgrad der Materie, der Energie und der Information erhöht. Wie TONDL bemerkte, kommt der Wissenschaft in diesem Zusammenhang eine außerordentlich wichtige Rolle bei der Formierung und Realisierung von Aufgaben der Synthese neuer Kausalnetze zu: „Einerseits zeigt sie, welche Aufgaben der Synthese möglich sind und wie sie gelöst werden können, andererseits weist sie auf die bestehenden Grenzen dieser Möglichkeiten hin, zeigt, welche Aufgaben unter Ausnutzung von Elementen einer bestimmten Art lösbar und welche unlösbar sind."[16]

Einen bedeutenden praktischen Beitrag zur Untersuchung der wissenschaftlich-technischen Informationsströme leisten solche großen spezialisierten wissenschaftlichen Forschungsorganisationen wie das VINITI (UdSSR)[17] und das Institut für Dokumentation (USA). In den letzten Jahren sind Untersuchungen über den wissenschaftlich-technischen Prozeß bekannt geworden, die sich auf die Bearbeitung statistischer Daten über naturwissenschaftliche und technische Informationsströme gründen. Besondere Aufmerksamkeit verdienen eine Anzahl von Publikationen sowjetischer Autoren[18] und insbesondere die erste verallgemeinernde Monographie zur Wissenschaftsmetrik von V. V. NALIMOV und Z. M. MUL'ČENKO.[19] Diese Arbeiten können mit vollem Recht als eine praktische Bestätigung dafür dienen, daß das informationstheoretische Herangehen an die Geschichte des wissenschaftlich-technischen Fortschritts möglich und aussichtsreich ist.

Zwar können ein Patent, eine publizierte Arbeit, ein Wissenschaftler usw. einem anderen Patent, einer anderen Publikation, einem anderen Wissenschaftler usw. nie völlig gleichgesetzt werden, dennoch erhalten wir in der Tat eine Reihe wichtiger quantitativer Kennziffern und Parameter über den Prozeß der wissenschaftlich-technischen Entwicklung, wenn wir zeitweilig von Wertcharakteristika abstrahieren und die statistischen Daten verarbeiten, die über das Tempo, das Niveau und die Richtung in den quantitativen Veränderungen

16 L. TONDL: Słovo o filosofii techniky. In: Filosofický Časopis, 1964, Heft 3, S. 286.

17 VINITI — Vsesojuznyj institut naučno-techničeskoj informacii — Unionsinstitut für wissenschaftlich-technische Information.

18 Vgl.: Prikladnaja dokumentalistika. Moskau 1968; Teoretičeskie problemy informatiki. Moskau 1968; L. S. KOZAČKOV: Sistemy potokov naučnoj informacii. Kiev 1973; G. G. VOROB'EV (Red.): Dokumental'nye sistemy v upravlenii. Moskau 1973; Analiz tendencij i prognozirovanie naučno-techničeskogo progressa. Kiev 1967; G. M. DOBROV (Red.): Naukovedenie — prognozirovanie — informatika. Kiev 1970; Naukovedenie i informatika. Kiev 1969—1973, Nr. 1—10.

19 V. V. NALIMOV/Z. M. MUL'ČENKO: Naukometrija. Moskau 1969.

derartiger Größen sowie über die Veränderungen ihrer grundlegenden strukturellen Bestandteile Auskunft geben.

Das Abstrahieren vom konkreten Inhalt und vom relativen Wert der analysierten Informationen ist ein sehr verbreitetes, insbesondere für die klassische SHANNONsche Informationstheorie typisches Verfahren. Dieser Abstraktionsvorgang und das mit ihm verbundene eingeschränkte Verständnis der Spezifik des analysierten Materials gewährleisten dennoch, wenn die Analyse der Wissenschaft kosequent informationstheoretisch betrieben wird,[20] bestimmte Vorteile bei der Erkenntnis der Spezifik der Funktionsweise der Wissenschaft als System. Ähnliche Sachverhalte liegen auch in anderen Fällen der Mathematisierung der Wissenschaften vor.[21]

Die vorliegenden Erfahrungen beweisen ferner, daß der Forscher beim informationstheoretischen Vorgehen jedoch ständig berücksichtigen muß, daß die Wissenschaft nur prinzipiell als ein relativ isoliertes System betrachtet werden kann. Zu berücksichtigen sind auch die logischen Grenzen der Möglichkeiten, die eine derartige Untersuchung im Hinblick auf die Erkenntnis der qualitativen (inhaltlichen) Besonderheiten des zu untersuchenden Prozesses bietet.[22]

Zu welchen falschen Schlußfolgerungen ein Forscher gelangen kann, der dieses methodologische Prinzip verletzt, ist aus einer Arbeit von STEVEN DEDIJER zu ersehen. In dieser Arbeit wird ein internationaler Vergleich der Entwicklung der Wissenschaften angestellt. DEDIJER untersuchte die zeitliche Bezogenheit von Zitierungen und versuchte festzustellen, aus welchen Jahren die Quellen stammen, die in neuen Arbeiten (1963) auf dem Gebiet der Physik benutzt wurden. Dabei stellte er eine interessante Abhängigkeit fest (Abbildung 8), die besonders folgendes besagt: Quellen, die aus einer mehr als 15 Jahre zurückliegenden Zeit stammen, sind nur zu 5% vertreten, 10 bis 15 Jahre alte Quellen zu annähernd

20 Das informationstheoretische Herangehen an die Analyse der Geschichte des wissenschaftlich-technischen Fortschritts schließt natürlich nicht aus, daß auch Arbeitsergebnisse genutzt werden, die auf dem Gebiet der semantischen Information (vgl. JU. ŠREJDER: O količestvennych charakteristikach semantičeskoj informacii. In: Naučno-techničeskaja informacija, 1963, Nr. 10) und der Theorie der Werte (Axiologie) (vgl. V. P. TUGARINOV: O cennostjach žizni i kul'tury. Leningrad 1960) erzielt worden sind. Wir sind im Gegenteil von der besonderen Bedeutung und Perspektive derartiger Methoden überzeugt.

21 Vgl. A. M. JAGLOM/I. M. JAGLOM: Verojatnost' i informacija. Moskau 1973; vgl. A. M. JAGLOM/I. M. JAGLOM, Wahrscheinlichkeit und Information. Berlin 1967; V. A. USTINOV/A. F. FILINGER: Istoriko-social'nye issledovanija, ĖVM i matematika. Moskau 1973; B. V. BIRJUKOV/E. S. GELLER: Kibernetika v gumanitarnych naukach. Moskau 1973.

22 Vgl. V. V. KOSOLAPOV: Informacionno-logičeskij analiz naučnogo issledovanija. Kiev 1968; S. E. ZLOČEVSKIJ/A. V. KOZENKO/V. V. KOSOLAPOV/A. N. POLOVINČIK: Information in der wissenschaftlichen Forschung. Berlin 1972.

20%. Alle übrigen Quellen, die von den Physikern benutzt wurden, stammten aus dem letzten Jahrzehnt.[23]

Diese Beobachtungen sind insofern von Interesse, als sie den Prozeß der Erneuerung der Ergebnisse, die in der modernen Physik benutzt werden, charakterisieren. Im Vergleich zu den obenangeführten statischen Einschätzungen der Informationsvolumina zeugen sie indirekt von der Verteilung („Dichte") des inhaltlichen Wertes, den die Informationen für die Physiker besitzen. Diese Daten sind für die Bibliographie und die wissenschaftlichen Informationsdienste von praktischem Interesse.

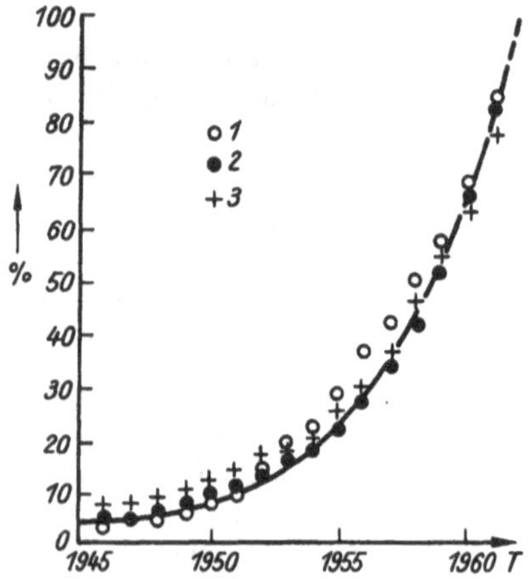

Abb. 8. Zeitliche Bezogenheit von Zitierungen in wissenschaftlichen Arbeiten der Physik (1963)

Aus der Tatsache, daß die Angaben in amerikanischen, sowjetischen und westeuropäischen Zeitschriften der Physik fast völlig mit der von DEDIJER festgestellten Abhängigkeit übereinstimmen, zieht dieser jedoch einen absolut ungerechtfertigten Schluß: Er spricht von einer Identität der gesellschaftlichen Ziele der Wissenschaft und der Wissenschaftspolitik in Ländern mit unterschiedlichen Gesellschaftsordnungen. Er geht sogar noch einen Schritt weiter und behauptet, daß „sich die Grenzen zwischen den zutiefst widersprüchlichen Ideologien allmählich in einer allgemeinen Weltideologie auflösen".[24] Der Wissenschaft kommt seiner Meinung nach die Rolle des „Hauptinstruments" in diesem Prozeß zu. Übrigens werden ähnlich tendenziöse und unrichtige Behauptungen gegenwärtig immer häufiger von verschiedenen bürgerlichen Theoretikern aufgestellt. So suchte der französische Soziologe JEAN FOURASTIÉ auf einem inter-

23 S. DEDIJER: International Comparisons of Science. In: New Scientist, 1964, Heft 379, S. 461 bis 464.

24 Ebenda, S. 469.

nationalen Symposium zu Problemen der Zukunft der Menschheit (Royaumont 1961) — übrigens ohne Erfolg — zu beweisen, daß der wissenschaftlich-technische Fortschritt die Gesellschaft automatisch zur Harmonie führe, denn ihm „scheine, daß die Länder des Ostens und die westlichen Länder an ein- und demselben Haus bauen".[25]

In dem Kampf und in der Arbeit, die der Menschheit auf dem schwierigen Weg zu einem stabilen Frieden und zu sozialer Harmonie noch bevorstehen, ist die Hoffnung auf automatischen Fortschritt eine gefährliche Illusion.

2. Informationsmodelle des wissenschaftlich-technischen Fortschritts

Will man eine Vorstellung von der gewaltigen Menge an wissenschaftlich-technischen Informationen vermitteln, die die Menschheit im Verlaufe des Fortschritts der Naturwissenschaft und der Technik angesammelt hat und die heute unmittelbarer Untersuchungsgegenstand der Historiker sind, so führt man am besten folgende Daten an:

Nach Angaben der Zeitschrift „American Documentation" (1963) erschienen in den sechziger Jahren in der Welt annähernd 100 Millionen Titel verschiedener Publikationen, darunter 30 Millionen Bücher und 13 Millionen Patentschriften und Urheberscheine. In 100000 Periodika verschiedener Art wurden etwa 4 Millionen Aufsätze veröffentlicht. Davon entfielen allein auf die 30000 wichtigsten wissenschaftlich-technischen Zeitschriften 2 bis 2,5 Millionen Aufsätze. Täglich wurden im Durchschnitt ungefähr 100 Druckbogen Text für einen auf einem engen wissenschaftlichen oder technischen Spezialgebiet arbeitenden Fachmann herausgegeben.

„Informationsflut", „Himalaja von Büchern", „totgeborene Schätze" — das sind nur einige der Epitheta für den derzeitigen allgemeinen Überfluß an Informationen und den gleichzeitigen akuten Mangel an solchen Informationen, die für die Schöpfer des wissenschaftlich-technischen Fortschritts von praktischer Bedeutung sind. Bereits im Jahre 1958 ist errechnet worden,[26] daß der Forscher ein Drittel seiner Arbeitszeit darauf verwenden muß, sich mit der Information vertraut zu machen, die er für seine neue Arbeit benötigt. Im Verlauf der siebziger Jahre hat sich die Situation noch verschlechtert. Die Forscher ziehen

25 Zit. in: Kakoe buduščee ožidaet čelovečestvo? Prag 1964.

26 Vgl. M. N. HALBERT/R. L. ACKOFF: Preprints of Papers for International Conference of Scintific Information. Washington D.C., November 16—21, 1958.

es daher immer häufiger vor, die wissenschaftlichen Fakten, Methoden usw. auf kostspieligem Wege neu zu „entdecken", statt sich mit der langwierigen Suche nach entsprechenden Veröffentlichungen in der internationalen wissenschaftlichen Literatur abzugeben.

Die meisten heutigen Wissenschaftler und Techniker vertreten die Auffassung, daß es im Interesse des gegenwärtigen und zukünftigen wissenschaftlich-technischen Fortschritts notwendig ist, prinzipielle Veränderungen in der Nutzung bereits vorhandener Forschungsergebnisse herbeizuführen. Allan Kent, einer der bekanntesten amerikanischen Fachleute auf dem Gebiet des Informationswesens, schreibt dazu: „Die in der letzten Zeit von Wissenschaft und Technik erzielten Ergebnisse haben gezeigt, daß es im Interesse einer weiteren Erhöhung der Effektivität bei der Nutzung von wissenschaftlichen Forschungsergebnissen sehr wichtig ist, ‚gedanklich' tief in die früher erzielten Ergebnisse einzudringen; d. h., man muß zu einer retrospektiven Informationssuche übergehen."[27]

Geht man von der Tatsache aus, daß sich der Inhalt der Wissenschaft alle 40 bis 50 Jahre, die Informationsmenge auf dem Gebiet der Wissenschaft und der Technik dagegen alle 10 bis 15 Jahre verdoppelt, so läßt sich leicht errechnen, daß sich der Umfang des menschlichen Wissens von 1950 bis zum Ende unseres Jahrhunderts verdoppelt haben wird, während die Menge an wissenschaftlich-technischen Informationen, aus der der Forscher für seine speziellen Zwecke auswählen muß, im gleichen Zeitraum um mehr als das Dreißigfache angestiegen sein wird. Ganz offensichtlich ist nicht jede Information gleichermaßen wertvoll und notwendig. Der allgemeine „Ausnutzungskoeffizient" des Reichtums an Informationen, den die Menschheit im Laufe ihrer Geschichte angesammelt hat, weist jedoch eine stark fallende Tendenz auf. Diese Tatsache ist zweifellos besorgniserregend.

Besonders gilt das eben Gesagte für jenes Gebiet des wissenschaftlich-technischen Fortschritts, auf dem die gesammelten Erfahrungen praktisch angewendet werden. Deshalb beginnen wir die Betrachtung der Informationsströme mit der Konstruktion eines einfachen Modells eines Stroms, das sich vor allem auf die Geschichte der Technik bezieht.

In den Koordinaten T und I (Abbildung 9) erfassen wir die Zeit, in der sich die Geschichte irgendeines Zweiges der Technik entwickelt, und die Informationsmenge über technische Ideen, die jährlich auf dem betreffenden Gebiet entwickelt worden sind. Letztere läßt sich beispielsweise mit Hilfe der Anzahl der als Patent angemeldeten Ideen berechnen.

Da wir unseren Informationsstrom auf den statistisch ermittelten Bestand an Daten beziehen, die im i-ten Jahr durch den auf dem Gebiet der Technik Tätigen ausgenutzt werden, müssen wir in diesem historischen Strom zwei we-

27 A. Kent: Information Systems in Documentation. New York 1957, S. 11.

sentlich verschiedene Bestandteile unterscheiden: die Informationen, die dem Erfinder der Technik bekannt sind (der schraffierte Bereich — I_k), und die Informationen, die ihm nicht bekannt sind und daher bei der Ausarbeitung neuer Lösungen nicht berücksichtigt werden (I_{uk}). In unserem auf ein Niveau von 100% „gebrachten" Strom ist $I_0^{(i)} = I_k^{(i)} + I_{uk}^{(i)} = 100\%$.

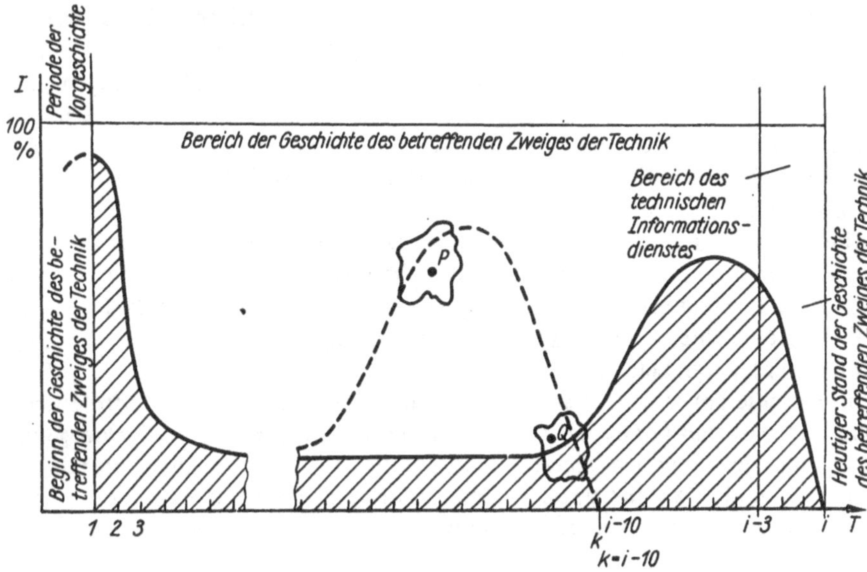

Abb. 9. Modell des historischen Informationsflusses

Der Verteilungscharakter dieser Elemente des allgemeinen Informationsstroms ist auf dem angegebenen Diagramm deutlich zu erkennen. In der Tat haben uns die technischen Ideen, die in der jüngsten Vergangenheit entwickelt worden sind, noch auf keinem der vorhandenen Informationskanäle (Seminare, Kolloquien, Patente, Publikationen, Maschinenausstellungen usw.) erreicht. Je weiter wir jedoch in die Vergangenheit zurückgehen, um so mehr treten die Ergebnisse des praktischen Informationsaustausches zutage, und das relative Niveau der Informiertheit erhöht sich allmählich. In dieser Zone des untersuchten Informationsstroms — in einem Zeitraum, der etwa 3 Jahre zurückreicht — arbeiten alle wissenschaftlich-technischen Informationsdienste, die sich bemühen, die „Informationswoge" steil ansteigen zu lassen.

Untersucht man den Zeitraum, der 10 bis 12 Jahre zurückliegt, so trifft man erneut auf einen Zeitabschnitt mangelhafter Information über die technischen Erfahrungen der Vergangenheit. Dieser eigenartige „Informationssturz" hat viele

Ursachen; folgende seien genannt: 1. Alles das, was dem Techniker nicht rechtzeitig bekannt geworden ist, wird ihm auch unbekannt bleiben, wenn nicht spezielle Forschungen auf dem Gebiet der Geschichte der Technik betrieben werden; 2. das menschliche Gedächtnis hat glücklicherweise die Eigenschaft, all das zu vergessen, was im Augenblick des Bekanntwerdens nicht von unmittelbarem Interesse ist bzw. was seine Bedeutung zum betreffenden Zeitpunkt verloren hat; 3. die Anzahl der im Bereich der Technik Tätigen wächst sehr schnell (die Anzahl der Ingenieure verdoppelt sich z. B. alle fünf Jahre), was bedeutet, daß es vor 10 Jahren nur 25% der heute vorhandenen Ingenieure gab, und nur sie konnten ja die Informationen der damaligen Zeit überhaupt behalten oder vergessen. Zu bemerken ist, daß die Historiker der Wissenschaft und der Technik ihre Forschungsobjekte gerade in dieser Zone des Informationsstroms suchen.

Die Anfangsetappe in der Geschichte eines bestimmten technischen Zweiges, die Zeit der Pionierleistungen, ist meist mehr oder weniger erforscht und auch den Technikwissenschaftlern in einem gewissen Maße bekannt. Was dahinterliegt, die „Vorgeschichte" der grundlegenden Erfindungen, ist in der Regel wenig erforscht und kaum bekannt.

Im Verlaufe des historischen Prozesses nimmt die nicht genutzte Informationsmenge absolut und relativ zu. Wenn auch die Dichte der Informationswoge im allgemeinen dem Exponentialgesetz folgend zunimmt,[28] so nimmt doch ihre relative Höhe ständig ab. Das führt dazu, daß immer häufiger bereits früher gefundene technische Lösungen (und keineswegs immer die besten) noch einmal „entdeckt" werden.

Hier einige Daten zu dieser Situation: In den USA und in England ist errechnet worden, daß 10 bis 20% aller wissenschaftlichen Forschungs- und Entwicklungsarbeiten nicht hätten durchgeführt zu werden brauchen, wenn man Informationen über bereits abgeschlossene analoge Arbeiten besessen hätte. Die durch solche Doppelarbeiten entstandenen Verluste betragen Mrd. Dollar.

In der UdSSR wurden in den sechziger Jahren von jeweils 1000 angemeldeten Erfindungen nur 240 bis 280 als wirklich neu (in der internationalen Praxis noch unbekannt) anerkannt.[29] Unseren Berechnungen zufolge ist der Anteil der „Zweiterfindungen" auf dem Gebiet des Kohlekombinebaus (Klasse 5v) von 40% im Jahre 1946 auf 85% im Jahre 1961 gestiegen. Diese Tatsachen zeugen sowohl vom Ausmaß unrationell aufgewendeter schöpferischer Anstrengungen

28 Im vierten Kapitel werden wir den Charakter des Wachstums der Gesamtmenge an wissenschaftlich-technischer Information ausführlich behandeln. In unserem auf ein Niveau von 100 Prozent gebrachten Informationsstrom drückt sich dieses Wachstum in einer zunehmenden Dichte der Informationswelle aus.

29 Vgl. O. A. Michajlov: Istočniki informacii i patentnoj literatury. In: Techničeskie biblioteki SSSR, 1963, Heft 9, S. 34.

und materieller Mittel als auch von der Vielzahl praktisch interessanter Mitteilungen, die in den wissenschaftlich-technischen Informationsquellen der Vergangenheit verstreut sind.

Vorgänge dieser Art passieren immer häufiger. Dabei werden sowohl Entdeckungen jüngeren Datums wiederholt (so wurde z. B. der von sowjetischen Gelehrten bereits früher festgestellte und beschriebene dritte Strahlungsgürtel ein zweites Mal „entdeckt") als auch Entdeckungen, die bereits längere Zeit zurückliegen (so wurden z. B. in sowjetischen Archiven in den letzten Jahren mehr als 40000 Dokumente zutage gefördert, die Auskunft über vergessene Entdeckungen von Lagerstätten wertvoller Bodenschätze geben).[30] Es gibt also Grund zu der Feststellung, daß wir im Prozeß des wissenschaftlich-technischen Fortschritts immer tiefer in die Geheimnisse der Natur eindringen, immer neue Möglichkeiten für die Entwicklung von Wissenschaft und Technik erkennen und daß wir gleichzeitig immer weniger von dem wissen, was bereits kein Geheimnis mehr ist, d. h., was bereits entdeckt und erforscht worden ist.

Im Hinblick auf die Geschichte der technisch-schöpferischen Tätigkeit kann man mit Recht sagen: Je umfassender die Geschichte eines bestimmten Zweiges der Technik ist, desto weniger ist sie praktisch bekannt, und desto notwendiger ist es, sie — sowohl auf theoretische als auch auf praktische Ziele orientiert — gründlich zu untersuchen.

Es sei bemerkt, daß sich unsere Interpretation des historischen Informationsstroms auf wissenschaftlich-technischem Gebiet auf den allgemeinen Fall bezieht. In konkreten Bereichen der Technik kann es sich wesentlich anders verhalten. Das eröffnet weitere Möglichkeiten, den Grad und den Charakter unserer Informiertheit über die in der Vergangenheit erzielten Ergebnisse auf den einzelnen Gebieten von Wissenschaft und Technik objektiv zu beurteilen.

Wir haben versucht, dieses theoretische Modell auf ein konkretes Informationsfeld anzuwenden. Wir bearbeiteten Daten abgelehnter Anträge des Archivs der Staatlichen Patentbibliothek der UdSSR, die sich auf Erfindungen auf dem Gebiet des Kohlekombinebaus der letzten dreißig Jahre beziehen.[31] Dabei erhielten wir folgende zeitliche Verteilung der Häufigkeit wiederholt eingereichter Vorschläge (Abbildung 10):

Bei der Aufstellung des Diagramms betrachteten wir die Tatsache, daß sich die Häufigkeit von „Wiederentdeckungen" verringert, als Kriterium dafür, daß der Grad der Informiertheit auf dem betreffenden wissenschaftlich-technischen Gebiet zugenommen hat. Die Punkte, die sich auf die Jahre 1941, 1942, 1943

30 Vgl. A. GORBOVSKIJ: Starye zagadki i novye gipotezy. In: Nauka i žizn', 1963, Heft 6, S. 102.

31 Die Informationen wurden auf duale (Markierungs-)Lochkarten mit dem Rechenlocher PS 80 aufgetragen. Mit der elektronischen Rechenmaschine Ural 4 wurde die Information unter zahlreichen Aspekten analysiert. Diese Arbeit wurde gemeinsam mit L. P. SMIRNOV durchgeführt.

und 1944 beziehen, wurden bei der theoretischen Verteilungskurve nicht in Betracht gezogen, weil der tatsächliche Umfang der technischen Erfahrungen auf dem Gebiet des Kohlekombinebaus (der Umfang des Vergleichsmaterials) in diesen Jahren völlig unbedeutend war.

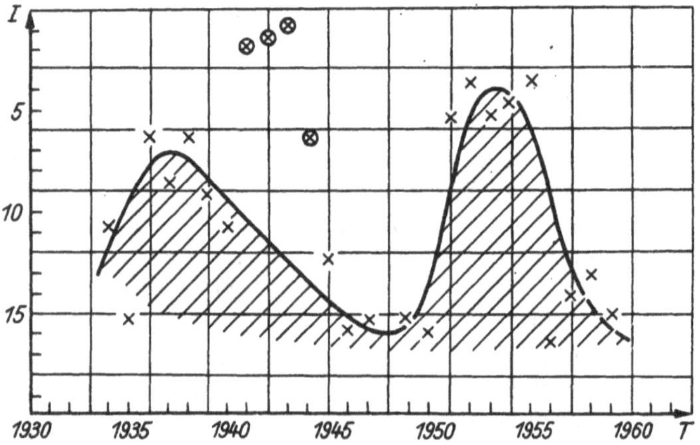

Abb. 10. Struktur des historisch-technischen Informationsflusses auf dem Gebiet des Kohlekombinebaus

Die Verteilungskurve, die wir durch die Analyse des konkreten Informationsmaterials erhielten, widerspiegelt natürlich eine Reihe spezifischer Merkmale der Geschichte des Kohlekombinebaus. Sie ist auch unter dem Gesichtspunkt interessant, welcher Weg einzuschlagen ist, um bestimmte Gruppen von Wissenschaftlern und Technikern mit Informationen über technische Erfahrungen aus der Vergangenheit zu versorgen.

Allgemein bekannt ist, daß es wesentliche Unterschiede in der Struktur der historischen Informationsströme der Wissenschaft und der der Technik gibt. Erstere sind dadurch gekennzeichnet, daß sie einen höheren Abstraktionsgrad aufweisen, daß das Material konzentriert ist und ein wesentlicher Teil der früher gesammelten Kenntnisse in die späteren Arbeiten eingeht. Die Tatsache, daß es eine bedeutende Anzahl von Übersichtsarbeiten und von verallgemeinernden theoretischen Arbeiten gibt, wirkt sich auf das allgemeine Niveau der Informiertheit der einzelnen Wissenschaftszweige ebenfalls günstig aus. Allerdings läßt sich auch bei den historischen Informationsströmen der Wissenschaft die Tendenz beobachten, daß die nicht genutzte Informationsmenge zunimmt. Folgende Überlegungen mögen diese Behauptung erhärten:

Der Fall, daß sämtliche Wissenschaftler eines bestimmten Wissenschaftszweiges alle Arbeiten ihrer Kollegen kennen, kann durch eine Gleichung dargestellt werden, in der die Gesamtmenge der Beziehungen zwischen N_t Informationsobjekten und Informationssubjekten (die Anzahl der Wissenschaftler, die in der Zeit t arbeiten und ihre Ergebnisse mit einer durchschnittlichen Intensität von q Arbeiten pro Jahr und Forscher publizieren) erfaßt wird. Bekanntlich steht in solchen Gleichungen die Gesamtmenge der Beziehungen N_t in zweiter Potenz. Der reale Ausnutzungsgrad der Informationen durch die Wissenschaftler wird jedoch durch eine Gleichung beschrieben, in der N_t bereits in erster Potenz steht (die Informationsaneignung trägt in der Regel individuellen Charakter und wird durch die durchschnittliche Intensität von Q Arbeiten je Jahr und Wissenschaftler bestimmt).

Die Differenz dieser beiden Größen kann als Kennziffer jenes Teils der insgesamt möglichen Informationsmenge betrachtet werden, der den Fachkollegen unbekannt geblieben ist.

Im allgemeinen (bei großen Werten N_t) wird das erste Glied dieser Differenz, bei dem N_t in der zweiten Potenz steht, im Vergleich zum zweiten Glied so groß sein, daß man die Behauptung aufstellen kann: Die Menge der ungenutzten potentiellen Informationen wächst fast proportional zum Quadrat der Zahl der Wissenschaftler.

Theoretisch kann man damit die analytisch festgestellte,[32] nicht universelle Geltung des Gesetzes vom exponentiellen Wachstum der Informationsmenge erklären. Praktisch ist man, um die Menge der ungenutzten, aber möglichen Informationen in der Wissenschaft zu verringern, bestrebt, Bedingungen zu gewährleisten, unter denen die Intensität der Informationsaneignung die Intensität der Publikation wissenschaftlicher Arbeiten möglichst übersteigt ($Q > q$). Diesem Ziel dienen in der gesamten bisherigen Wissenschaftsgeschichte Arbeiten mit verallgemeinerndem und Übersichtscharakter, wissenschaftliche Bibliographien, Informationsdienste sowie die sich in den Naturwissenschaften immer stärker durchsetzende Tendenz zur logischen Formalisierung und Mathematisierung des wissenschaftlichen Apparats.[33]

Die Differenzierung der Wissenschaften und die Spezialisierung der Wissenschaftler, die begrenzte Anzahl der Spezialisten und die verbesserte Möglichkeit, die auf einem solchen Gebiet erscheinenden Arbeiten vollständiger zu erfassen, fördern die Abnahme des Informationsverlustes ebenfalls, soweit es um das betreffende engbegrenzte Forschungsgebiet geht. Allerdings wird das auf Kosten zunehmender Informationsverluste in bezug auf die anderen Wissenschafts-

32 Vgl. L. S. Kozačkov: Sistemy potokov naučnoj informacii. Kiev 1973.

33 In diesem Zusammenhang möchten wir anmerken, daß die Gesellschaftswissenschaften, die es mit großen Werten N_t und t zu tun haben sollten, häufig über keine eigenen Referate- und Auskunftsdienste verfügen, in ihrer Darstellungsweise beschreibende Wissenschaften sind und sich im Vergleich zu anderen Wissenschaften in einer besonders ungünstigen Lage befinden.

zweige erreicht. Der historisch progressive Integrationsprozeß der Wissenschaft ist eng mit dem Problem verbunden, wie die Zielrichtung und die allgemeinen technischen Mittel des Prozesses der gegenseitigen wissenschaftlichen Information im Hinblick auf die Intensität des Informationsflusses prinzipiell verändert werden können.

In der gegenwärtigen Etappe der Wissenschaftsentwicklung (20. Jahrhundert) hat die sich schnell ausbreitende Tendenz zur wissenschaftlichen Gemeinschaftsarbeit den Informationsverlust verringert. Von zunehmender Bedeutung ist auch die Tatsache, daß die verschiedenen Formen des persönlichen Kontakts zwischen den Wissenschaftlern (dazu gehören auch Konferenzen, Symposien u. ä.) den wissenschaftlichen Informationsaustausch fördern. Die Informationen, die man bei solchen Begegnungen unmittelbar erhält, ermöglichen es zugleich in der Folgezeit — und das ist das Wichtigste —, die Effektivität der Suche nach Informationen, die für den Wissenschaftler besonders relevant sind, erheblich zu erhöhen. Das aber bedeutet eine vielfache Vergrößerung des Kriteriums Q.

In der jüngsten Zeit wird auch die elektronische Technik der Informationsverarbeitung immer erfolgreicher für diesen Zweck eingesetzt. Sie ermöglicht es nicht nur, die Suche nach den notwendigen Informationen effektiv zu betreiben, sondern übernimmt auch einen immer größeren Teil der auf logische Analyse und eine vorläufige Bearbeitung der gewonnenen Informationen verwendeten Arbeit.

Eine Charakteristik der wissenschaftlich-technischen Informationsströme wäre sehr unvollkommen, das allgemeine Bild in wesentlichen Momenten ungenau, wenn wir nicht noch eine andere Seite dieser Frage untersuchten. Wir meinen damit, daß die wissenschaftlich-technischen Informationen nicht nur in der Wissenschaft als einem relativ isolierten System zirkulieren. Um das eigentliche Ziel des wissenschaftlichen Prozesses zu erreichen, d. h., um menschlichen Zwecken zu dienen, müssen sie auch in weitaus umfassenderen Systemen zirkulieren (z. B. im System Wissenschaft—Technik—Produktion). In diesen Systemen tritt die wissenschaftliche Arbeit in ihrer entwickeltsten Form als wahrhaft „allgemeine Arbeit“ (K. Marx) auf. Und hier zeigen sich auch jene sozialökonomischen Faktoren besonders deutlich, die unter den verschiedenen historischen Bedingungen einen sehr unterschiedlichen Einfluß auf den Verlauf der wissenschaftlichen und der technischen Entwicklung ausüben.

Ein erweitertes Zirkulationsschema der wissenschaftlich-technischen Information im System Wissenschaft (S) — Technik (T) — Produktion (P) zeigt Abbildung 11.

Die Intensität der in diesem Diagramm dargestellten sechs Informationsströme hat sich in den verschiedenen Perioden der Geschichte des wissenschaftlich-technischen Fortschritts in überaus symptomatischer Weise verändert. Jahrhundertelang überwogen in diesem System die Ströme I_1 und I_2, die von der

Produktion zur Technik und von der Technik zur Wissenschaft verlaufen. Sehr klein war der Informationsstrom I_3, der von der Wissenschaft direkt zur Produktion verläuft. Auch auf die Technik (I_4) übte die Wissenschaft keinen bemerkenswerten Einfluß aus. Über diese Epoche schrieb FRIEDRICH ENGELS in einem Brief (1894): „Wenn die Technik ... ja größtenteils vom Stande der Wissenschaft abhängig ist, so noch weit mehr diese vom *Stand* und den *Bedürfnissen* der Technik ... Von der Elektrizität wissen wir erst etwas Rationelles, seit ihre technische Anwendbarkeit entdeckt ist. In Deutschland hat man sich aber leider daran gewöhnt, die Geschichte der Wissenschaften so zu schreiben, als wären sie vom Himmel gefallen."[34]

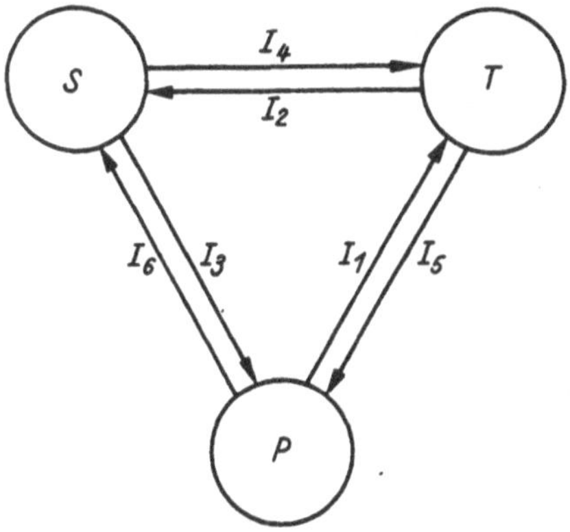

Abb. 11. Schema des Informationsaustausches im System Wissenschaft (S) — Technik (T) — Produktion (P)

Die dialektische Logik des wissenschaftlich-technischen Fortschritts, der von den schnell zunehmenden und komplizierter werdenden Bedürfnissen der Produktion sowie des gesellschaftlichen Lebens insgesamt stimuliert wird, hat sich gesetzmäßig dahingehend entwickelt, daß in unserer Zeit alle Informationsströme im System P—T—S außerordentlich intensiv und fruchtbar sind. Im Rahmen ihrer Wechselwirkung erlangen die Ströme I_4 und I_3 eine ständig zunehmende produktive Bedeutung. Diese Ströme befördern die Informationen aus der Sphäre der eigentlichen wissenschaftlichen Tätigkeit in den Bereich der Technik und der Produktion. Dieser Prozeß dehnt sich gesetzmäßig aus und erfaßt immer stärker auch andere Tätigkeitsbereiche des Menschen (z. B. die Kaderausbildung).

In dem Umfang, wie die Wissenschaft heute (und mehr noch in der Zukunft) zu einer unmittelbaren Produktivkraft wird, wird der wissenschaftlich-technische Fortschritt mehr und mehr das Ergebnis wirklich allgemeiner Arbeit, die MARX

34 K. MARX/F. ENGELS: Werke, Bd. 39. Berlin 1968, S. 205 (weiterhin zitiert als MEW).

wie folgt charakterisiert hat: „Allgemeine Arbeit ist alle wissenschaftliche Arbeit, alle Entdeckung, alle Erfindung. Sie ist bedingt teils durch Kooperation mit Lebenden, teils durch Benutzung der Arbeiten Früherer."[35] Die Wechselbeziehungen der Informationsströme innerhalb des wissenschaftlich-technischen Fortschritts werden in Abbildung 12 dargestellt.[36]

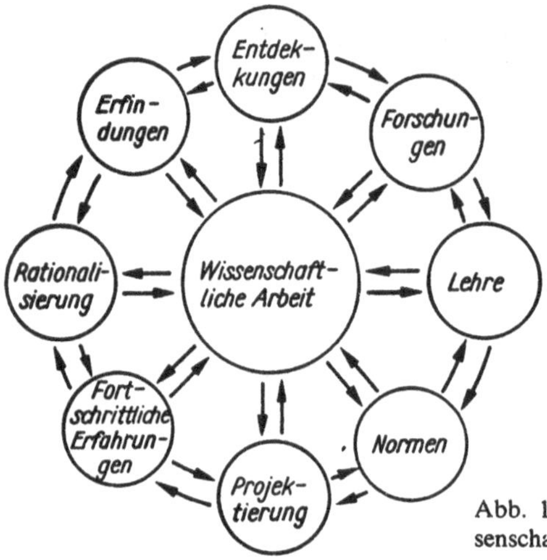

Abb. 12. Schema der Informationsströme im wissenschaftlich-technischen Fortschritt der Gegenwart

Eine praktisch wichtige und theoretisch überaus interessante Aufgabe bildet die Untersuchung des Mechanismus und der Intensität der Informationszirkulation im wissenschaftlich-technischen Fortschritt überhaupt. Die Informationsverluste in solchen Systemen sind sehr aufschlußreich: Sie liegen zwischen 20 und 80% der gesamten Informationsmenge. Derart hohe Verluste lassen sich natürlich nicht allein auf wissenschaftlich-technische Probleme zurückführen.

Es gibt zahlreiche Beispiele dafür, daß kapitalistische Monopole auf Grund egoistischer Interessen Ergebnisse wissenschaftlicher Arbeit geheimhalten.[37] Nur ungern finanzieren sie Grundlagenforschungen, die erst in ferner Zukunft Früchte tragen. Sie behindern künstlich einen effektiven Informationsaustausch und halten nicht nur Forschungsergebnisse geheim, die im Zusammenhang mit Rüstungsaufträgen stehen, sondern auch andere nicht minder wichtige Ergebnisse,

35 K. Marx: Das Kapital. III. Bd. In: MEW, Bd. 25. Berlin 1964, S. 113—114.

36 Vgl. M. P. Kuznecova/E. G. Kirienko: Vseobščij trud v naučno-techničeskoj informacii. In: Naučno-techničeskaja informacija, Teil 2. Kiev 1964, S. 14—16.

37 Vgl. J. M. Šejnin: Nauka i militarizm v SŠA. Moskau 1963; O. G. Onuškin: Naučno-techničeskij progress i sovremennyj kapitalizm. Moskau 1967.

die bei Forschungen im Auftrage von Privatfirmen gewonnen worden sind.[38] Aus diesen Gründen wird in den USA nur ein Fünftel der positiven Ergebnisse von Forschungs- und Entwicklungsarbeiten in Publikationsorganen veröffentlicht, die jedermann zugänglich sind. Anhand konkreten Zahlenmaterials konnte JOHN D. BERNAL beispielsweise in den fünfziger Jahren nachweisen, daß in den USA und in England ungefähr zwei Drittel aller Informationen über neue Forschungsergebnisse und Entdeckungen unveröffentlicht blieben, daß sie in den Archiven der Firmen verschwanden und sorgfältig vor den Konkurrenten geheimgehalten wurden, die häufig die gleichen Entdeckungen machten und sie ebenfalls geheimhielten.[39]

Die unvollständige Ausnutzung wissenschaftlich-technischer Erkenntnisse nimmt bereits chronischen Charakter an und ruft bei zahlreichen bürgerlichen Wissenschaftlern ernste Besorgnisse hervor. So warnte der bekannte amerikanische Wirtschaftswissenschaftler W. LEONTIEF bereits vor längerer Zeit davor, daß sich dieser Umstand „letztlich noch schädlicher auf das Tempo des wirtschaftlichen Wachstums auswirken kann als die Brachlegung von Kapital und die Arbeitslosigkeit".[40]

Zum Konsumenten der geistigen Produktion der Wissenschaft, die zu einer unmittelbaren Produktivkraft wird, muß die ganze Menschheit werden. Der prinzipiell gesellschaftliche Charakter der allgemeinen wissenschaftlichen Arbeit gerät mit dem privaten Charakter der Aneignung aller Arbeitsergebnisse im Kapitalismus von Jahr zu Jahr in einen immer tieferen Widerspruch. Dieser Widerspruch kann weder durch Rezepte zur Erziehung einer „Klasse humaner und hochintellektueller Manager" der kapitalistischen Produktion beseitigt werden noch durch naive Hoffnungen auf universelle Maschinensprachen, die das gegenseitige Verständnis zwischen den Unternehmern gewährleisten sollen, noch durch elektronisch ausgerüstete „Gehirnzentren". Die entscheidende Voraussetzung für seine Beseitigung ist die grundlegende Umgestaltung der Gesellschaftsordnung.

Bei der hier entwickelten informationellen Konzeption des wissenschaftlich-technischen Fortschritts muß beachtet werden, daß dieser Prozeß ohne das Vorhandensein einer sogenannten bestätigenden Rückkopplung, einer ständigen Einschätzung des Nutzeffekts der gewählten Lösungen, undenkbar ist.

Im allgemeinen kann der zyklische Charakter des Entwicklungs- und Vervollkommnungsprozesses z. B. technischer Mittel in folgender Weise dargestellt werden (s. Abbildung 13a):

38 Vgl. L. V. BERKNER: Secrecy and Scientific Progress. In: Science, 1956, Bd. 123, S. 783—787.
39 Vgl. J. BERNAL: Uspechi nauki. In: Voprosy filosofii, 1959, Nr. 8, S. 61.
40 W. LEONTIEF: Einführung zum Buch von L. S. SILK: The Research Revolution. New York 1960, S. 8.

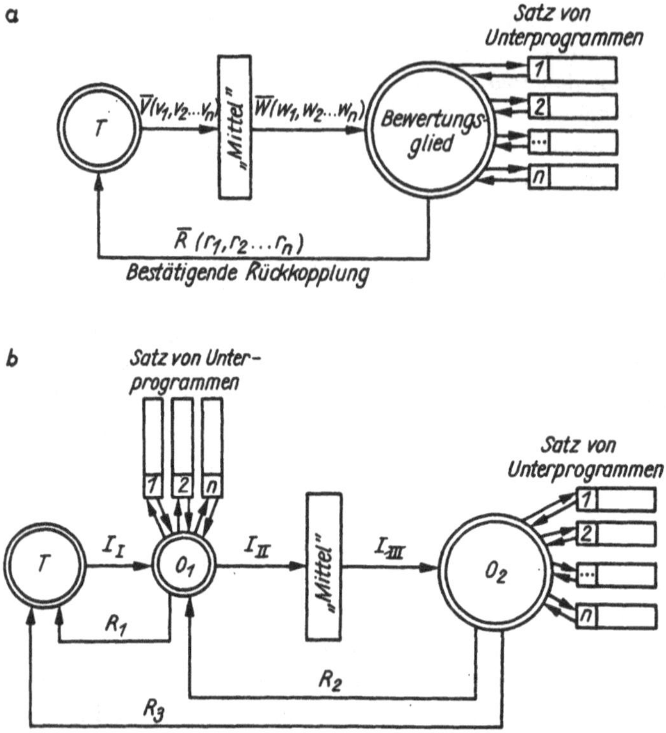

Abb. 13. Modell der Entwicklung technischer Mittel (Zyklus mit bestätigender Rückkopplung)

In irgendeinem Glied T (Erfinder, Konstruktionsbüro usw.) wird eine Primärinformation über technische Mittel V erzeugt. Diese Information stellt eine Summe von Daten über die benutzten bewährten und die neuen technischen Ideen dar. Nach der Erprobung und Anwendung der Maschine erhalten wir eine wesentlich veränderte Summe an Informationen W, die nun in das Bewertungsglied eintritt. Letzteres verarbeitet diese Summe vermittels eines Satzes von Unterprogrammen (technische Erfahrungen, Bedürfnisse der Produktion, ökonomische Kriterien, Erfordernisse der Wissenschafts-, Technik- und Wirtschaftspolitik u. a.). Die neu empfangenen Informationen werden dem Anfangsglied in Form einer bestätigenden Rückkopplung R übergeben. Auf diese Weise wird der Entwicklungsprozeß der Technik korrigiert und gesteuert.

Natürlich ist dieser Prozeß in Wirklichkeit weitaus komplizierter. Man muß das Vorhandensein zahlreicher Bewertungszwischenglieder mit ihren Unterprogrammen und entsprechenden Rückkopplungen beachten (s. z. B. Abbildung 13b). Hier sind O_1 und O_2 Bewertungsglieder; I_{I}, I_{II} und I_{III} stellen Informationsströme über technische Ideen und R_1, R_2 und R_3 bestätigende Rückkopplungen dar. Die konkrete Entschlüsselung der historisch entstandenen Sätze von Unterprogrammen ist eine sehr wichtige Aufgabe. Sie läßt sich nur dann lösen, wenn man die Gesamtheit der wissenschaftlich-technischen und sozialökonomischen Faktoren, die den Verlauf des Fortschritts bestimmen, gründlich untersucht.

Das Mitglied der Akademie der Medizinischen Wissenschaften der UdSSR, P. K. ANOCHIN, schrieb über diesen Entwicklungscharakter der Technik, daß der Mensch in allen Etappen der „Vervollkommnung von Maschinen unvermeidlich im Mittelpunkt dieses zyklischen Systems stand und jene ‚Bewertungsinstanz' darstellte, die in der heutigen Zeit unter bestimmten Bedingungen durch ein elektronisches Gerät repräsentiert werden kann".[41]

Die Geschichte lehrt, daß bei weitem nicht jede wissenschaftlich-technische Lösung rechtzeitig gebührende Anerkennung gefunden hat. Mitunter blieb die bestätigende Rückkopplung auch ganz aus. Aufgabe der Wissenschaftswissenschaftler und der Historiker des wissenschaftlich-technischen Fortschritts ist es, ein Kriterium der historischen Relativität von Bewertungen einzuführen und nach Möglichkeit die tatsächlichen (mitunter neuen) Beziehungen zwischen Vergangenheit, Gegenwart und Zukunft festzustellen.

Für diejenigen Historiker, die die Arbeitsergebnisse und Arbeitsprozesse der Wissenschaftler mit kybernetischen Methoden untersuchen wollen, wird auch das von H. GRENIEWSKI vorgeschlagene praxeologische Modell der Wechselwirkung zwischen Subjekt (oder einer Gruppe von Subjekten) und Umgebung oder der Wechselwirkung zwischen einzelnen Subjekten von Interesse sein. Sehr richtig bemerkt der Autor dazu folgendes: „Der Begriffsapparat der Kybernetik ist zweifellos für die Konstruktion eines derartigen Modells geeignet."[42]

In seiner einfachsten Variante ist dieses Modell wie folgt beschaffen (Abbildung 14):

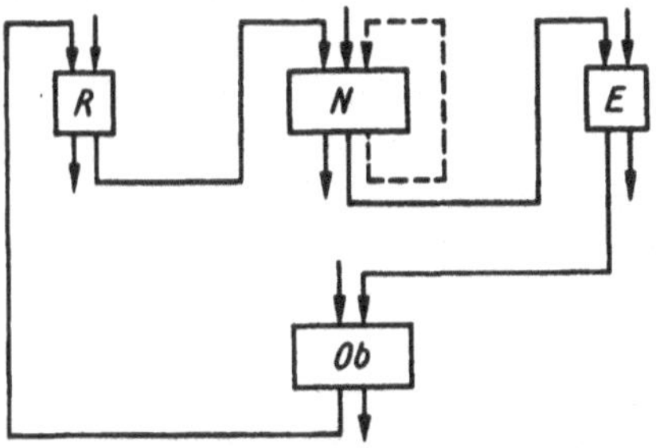

Abb. 14. Allgemeines Schema der Wechselwirkung zwischen „Subjekt" und „Objekt"

41 P. K. ANOCHIN: Fiziologija i kibernetika. In: Filosofskie voprosy kibernetiki. Moskau 1961.
42 Vgl. die Arbeiten von H. GRENIEWSKI (Anm. 6 zum 3. Kapitel, S. 94).

Sobald das Subjekt mittels des Effektors (einer Gruppe von Effektoren) *E* auf den Untersuchungsgegenstand *Ob* einwirkt, erhält es in seinem Zentralnervensystem *N* eine Information über dieses Objekt, die von dem Rezeptor (einer Gruppe von Rezeptoren) *R* aufgenommen und an *N* weitergeleitet wurde. Der Selbstkopplungskreis (die punktierte Linie) im System *N* unterstreicht die Bedeutung des Gedächtnisses für den Funktionsablauf dieses Systems. Sowohl für dieses Modell als auch für kompliziertere Modelle GRENIEWSKIS ist charakteristisch, daß sie nicht nur „inputs" und „outputs" enthalten, die *E-Ob-R-N* verbinden, sondern auch „inputs" aus der äußeren Umgebung des Modells und „outputs" an diese Umgebung. Das spiegelt einen wesentlichen Umstand wider, nämlich den, daß die Wirkungsweise aller Systeme des Modells Wahrscheinlichkeitscharakter trägt. Letzterer hängt nicht nur davon ab, inwieweit uns die Besonderheiten des vom Modell vertetenen konkreten Systems noch unbekannt sind, sondern auch von dem prinzipiellen Umstand, daß die Notwendigkeit — vom dialektischen Gesichtspunkt her gesehen — nie in reiner Form auftritt, sondern sich ihren Weg durch zahlreiche Zufälle bahnen muß.

3. Verwendung technischer Mittel der Informationsverarbeitung

Wenn man von der Anwendung kybernetischer Ideen und moderner technischer Mittel der Informationsverarbeitung bei wissenschaftswissenschaftlichen Untersuchungen spricht, so muß man unserer Auffassung nach besonders die praktische Seite einer solchen Fragestellung betonen.[43]

Wissenschaftshistoriker beschäftigen sich mit retrospektiver Informationserkundung, d. h. mit der Erkundung von Informationen, die von einer bestimmten wissenschaftlichen Disziplin oder einem bestimmten Zweig der Technik im Verlauf der Entwicklung angesammelt worden sind. Unmittelbar darauf folgt die Aufgabe, Informationen, die von den Forschern neu vorgelegt worden sind, mit den Informationen zu vergleichen, die bereits der Geschichte angehören, also die Kontinuität der Informationen festzustellen, sie vergleichend zu bewerten. Offenbar berühren sich Aufgaben dieser Art in der Praxis mit den Interessen und Aufgaben der Dienste für wissenschaftliche Informationen und der Ämter zum Schutze der Patent- und Urheberrechte.

Hervorzuheben ist die besondere Aktualität der Konsultationsaufgaben auf dem Gebiet des technischen Schöpfertums. Gewöhnlich bemühen sich auch die

43 Vgl. V. A. USTINOV: Primenenie vyčislitel'nych mašin v istoričeskoj nauke. Moskau 1964; G. M. DOBROV: Istoriko-techničnі doslidžennja i kibernetika. In: Narisi z istorii techniki na Ukraini. Kiev 1964.

Konstrukteure einer völlig neuen Maschine darum, Ideen zu verwenden, die sich bereits bei der Konstruktion (oder Projektierung) früherer Maschinen bewährt haben. Ohne die positive Bedeutung dieser Erfahrungen verabsolutieren zu wollen, kann man jedoch mit Sicherheit sagen, daß diese Arbeitsweise nicht nur die Projektierungsfrist verkürzen und die anschließende Herstellung der Maschine verbilligen kann, sondern auch den Wahrscheinlichkeitsgrad zu erhöhen vermag, daß die neue Maschine brauchbar ist. Es ist eine allgemeine Gesetzmäßigkeit der wissenschaftlich-technischen Entwicklung, daß Ideen und mehr noch Prinzipien unvergleichlich länger als die konkreten Konstruktionen, in denen sie verwirklicht worden sind, genutzt werden.[44]

An dieser Stelle möchten wir darauf verweisen, daß die traditionelle Form, in der Forschungsergebnisse zur Geschichte des wissenschaftlich-technischen Fortschritts veröffentlicht werden, nämlich in Form von Aufsätzen und Büchern, unter den neuen Bedingungen nicht mehr allen Anforderungen genügt. Derartige Arbeiten (wie auch andere zusammenfassende Werke und Nachlagewerke) tragen in gewissem Umfang dazu bei, in einem verhältnismäßig kleinen Bereich des Informationswesens ein relativ hohes Informationsniveau zu sichern. In dem Maße jedoch, wie sich die Wissenschaft entwickelt, erleiden diese Arbeiten in der Regel ein ähnliches Schicksal wie alle übrigen Publikationen und wissenschaftlich-technischen Dokumentationen.

Daraus ergibt sich die Notwendigkeit, nach neuen Formen für die Darstellung von Forschungsergebnissen zu suchen, welche die Erfahrungen des wissenschaftlich-technischen Fortschritts verallgemeinern. Ein solches Ziel könnte unserer Meinung nach darin bestehen, entsprechend bearbeitete und analysierte Informationsmengen so aufzubereiten, daß diese durch verschiedene Informationsdienste und Informationssysteme genutzt werden können, die ihre Aufgabe darin sehen, die Erfahrungen des wissenschaftlich-technischen Schöpfertums den operativen Anforderungen entsprechend nochmals zu analysieren und möglichst vollständig zu nutzen.[45] Die Aufgaben, die von solchen Systemen zu lösen sind, können wie folgt klassifiziert werden: a) retrospektive Informationsrecherche; b) statistische Berechnungen; c) logische Analyse der gespeicherten Erfahrungen auf dem

44 Vgl. G. M. Dobrov: O primenenii matematičeskich metodov i ĖVM v issledovanijach po istorii techniki. In: Seminar po metodologičeskim voprosam kibernetiki. Kiev 1965; Badania hystorycznotechniczne a cybernetyka. In: Kwartalnik historii nauki i techniki. Warszawa 1965, Nr. 1 u. 2.

45 Praktische Erfahrungen bei der Lösung derartiger angewandter Aufgaben der Analyse der Technikgeschichte werden in den folgenden zwei Büchern mitgeteilt: V. M. Gluškov (Red.): Ispol'zovanie ĖVM v issledovanijach po istorii nauki i techniki. Moskau 1966; G. M. Dobrov u. a.: Mašinnye metody analiza informacii ob opyte naučno-techničeskogo razvitija. Moskau 1972. Sie enthalten Arbeiten unseres Kollektivs sowie Artikel anderer Spezialisten, die an ähnlichen Problemen arbeiten.

Gebiet der wissenschaftlich-technischen Entwicklung; d) Modellierung der Prozesse der wissenschaftlich-technischen Entwicklung.

Als Beispiel dafür, wie derartige Aufgaben auf dem Gebiet der historischen Forschungen gelöst worden sind, kann der Komplex der Arbeiten gelten, die unter der Leitung von V. A. USTINOV vom Laboratorium für die Anwendung mathematischer Methoden bei gesellschaftswissenschaftlichen Untersuchungen der Sibirischen Abteilung der Akademie der Wissenschaften der UdSSR durchgeführt wurden.[46] Durch diese Arbeiten wurde nachgewiesen, daß es möglich und notwendig ist, die EDV-Technik einzusetzen, um einen großen Kreis von Quellen zu erfassen, die Beziehungen zwischen historischen Ereignissen und Fakten festzustellen, Daten zu identifizieren und statistische Aufgaben zu lösen. Bekannt sind die Versuche, mit Hilfe der EDV historische Quellen bibliographisch zu ermitteln. In den Untersuchungen sowjetischer Wissenschaftswissenschaftler und Historiker werden technische Mittel verschiedenen Niveaus zur Informationsverarbeitung eingesetzt.[47]

Das erste Symposium, das in der Sowjetunion zu Fragen der Anwendung quantitativer Methoden und der Nutzung der Rechentechnik für Forschungen zur Geschichte des wissenschaftlich-technischen Fortschritts stattgefunden hat (Kiew 1966), lenkte die Aufmerksamkeit breiter Kreise der wissenschaftlichen Öffentlichkeit des Landes auf sich und bewies überzeugend die große Perspektive der von den sowjetischen Wissenschaftlern neu angewandten Forschungsmethoden.[48]

In großem Umfang werden in der ČSSR die Lochkartentechnik und die analytische Rechentechnik (die zum „Arithma"-System gehören) auf dem Gebiet historischer Untersuchungen angewendet, um mit ihrer Hilfe statistische Aufgaben und Rechercheaufgaben zu lösen.

46 Vgl. V. A. USTINOV: Nekotorye voprosy primenenija ėlektronnoj matematičeskoj mašiny v istoričeskoj nauke. Autorreferat der Kandidatendissertation, Novosibirsk 1962; Ė. V. EVREINOV/JU. G. KOSAREV/V. A. USTINOV: Primenenie ėlektronnych vyčislitel'nych mašin v issledovanii pis'mennosti drevnich majja. Bd. 1 u. 2, Novosibirsk 1961.

47 Vgl. D. R. DEOPIK/G. M. DOBROV/JU. JU. KACHK/I. D. KOVAL'ČENKO/CH. Ė. PALLI/V. A. USTINOV: Količestvennye i mašinnye metody obrabotki istoričeskoj informacii (Vortrag auf dem XII. Internationalen Kongreß für Geschichtswissenschaften. Moskau 1970); JU. JU. KACHK: Primenenie ĖVM v issledovanijach istorikov Ėstonskoj SSR. In: Istorija SSSR, 1964, N. 1; V. N. KLIMENJUK: Primenenie perfokart v naučnych issledovanijach. Kiev 1969: Pervyj rabočij simpozium po voprosam primenenija količestvennych metodov i ispol'zovanija vyčislitel'noj techniki v issledovanijach po istorii naučno-techničeskogo progressa. Sbornik tezisov. Kiev 1966.

48 Vgl. V. M. GLUŠKOV (Red.): Ispol'zovanie ĖVM v issledovanijach po istorii nauki i techniki; G. M. DOBROV u. a.: Mašinnye metody analiza informacii ob opyte naucnotechničeskogo razvitija; Pervyj rabočij simpozium po voprosam primenenija količestvennych metodov, a. a. O.

Interessant sind die Arbeiten von Historikern aus dem Libanon, die die Rechentechnik bei geographiegeschichtlichen Untersuchungen angewendet haben.[49] Auf einem internationalen Symposium zur Geschichte der Astronomie (Hamburg, 1964) wurde über die Versuche von Wissenschaftshistorikern der Harvard-Universität (USA) berichtet, Computer mit hohen Arbeitsgeschwindigkeiten zur Lösung bestimmter wissenschaftsgeschichtlicher Aufgaben einzusetzen.[50] Beträchtliches Interesse fand auf dem XIII. Internationalen Historikerkongreß 1970 in Moskau das Kollektivreferat sowjetischer Wissenschaftler, das einen großen Kreis von Untersuchungen zusammenfaßte, die auf der Grundlage von mathematischen Methoden der Informationsanalyse durchgeführt worden waren.[51]

Bereits dieser knappe Überblick läßt erkennen, daß die modernen technischen Mittel, mit denen man verschiedene Arten wissenschaftlicher Aufgaben erfolgreich lösen kann, sehr vielgestaltig sind. Dabei gilt es, vier Ebenen technischer Mittel klar voneinander abzugrenzen, die sich nach dem Grad der Kompliziertheit und ihren Einsatzmöglichkeiten unterscheiden: 1) bibliographische (Katalog-) Karteikarten; 2) Randlochkarten und Mittel der sogenannten Kleinmechanisierung der Informationsarbeit; 3) Maschinenlochkarten und entsprechende Sortier- und Tabelliermaschinen; 4) Elektronenrechner (EDVA).

Bei der Entscheidung für das jeweils zweckmäßige Mittel muß man sich unserer Ansicht nach von folgenden Kriterien leiten lassen: Umfang der gespeicherten Informationsmenge; Zuwachsgeschwindigkeit der Informationsmenge; logische Kompliziertheit (Kapazität) der zu lösenden Aufgaben; Häufigkeit des wiederholten Zugriffs zu der aufbereiteten Menge historischer Informationen; Arbeitsaufwendigkeit bei der Vorbereitung der Aufgabe.

Geht man von den vorliegenden Erfahrungen aus, kann folgende verallgemeinernde Übersicht über die vier technischen Ebenen der Informationsverarbeitung und die Haupttypen der zu lösenden Aufgaben gegeben werden (Tabelle 5).

Es erscheint uns sowohl aus theoretischer wie aus praktischer Sicht wichtig, schon jetzt verallgemeinernde wissenschaftswissenschaftliche Untersuchungen in einer solchen Form vorzunehmen, daß die Materialien mit Hilfe moderner technischer Mittel bearbeitet werden können.

49 Vgl. F. I. Haddad/E. S. Kennedy: Place Names of Medieval Islam. In: The Geographical Review, Bd. 54, Heft 3, 1964, S. 439f.

50 So erhielten sie für die Exzentrizität der Marsbahn folgende Vergleichswerte: Ptolemäus — 0,1; Kopernikus — 0,0973; heutige Angabe — 0,0933. Vgl. auch O. Gingerich: Applications of High-Speed Computers to the History of Astronomy. In: First International Symposium on the History of Astronomy. Hamburg 1964.

51 Vgl. D. R. Deopik/G. M. Dobrov/Ju. Ju. Kachk/I. D. Koval'čenko/Ch. Ė. Palli/V. A. Ustinov: Količestvennye i mašinnye metody obrabotki istoričeskoj informacii, a. a. O.

Tabelle 5

Anwendung verschiedener technischer Mittel zur Informationsverarbeitung

Angewendete technische Mittel	Typ der Aufgabe			
	Retrospektive Nachforschung (Recherchen)	Statistische Berechnungen	Logische Analyse der Informationen	Modellierung historischer Prozesse
Lochkarten mit Randperforation und Mittel der Kleinmechanisierung	ja	teilweise	nein	nein
Maschinell zu bearbeitende Lochkarten, Sortier- und Tabelliermaschinen	ja	ja	teilweise	nein
Elektronische Rechenmaschinen	ja	ja	ja	ja

Dabei geht es uns nicht in erster Linie um die Arbeitsproduktivität der Wissenschaftswissenschaftler schlechthin, sondern um die sich ihnen bietenden prinzipiellen Möglichkeiten, ihre spezifische Funktion im allgemeinen Wissenschaftsprozeß wirksamer wahrzunehmen.

In dem Maße, wie Größe und Kompliziertheit der wissenschaftlichen Systeme zunehmen, wird das wirksame Funktionieren der Rückkopplungen im wissenschaftlich-technischen Entwicklungsprozeß zu einer immer wichtigeren Bedingung für die effektive Leitung dieses Prozesses. Für die Wissenschaftswissenschaft ergibt sich daraus die strategische Perspektive, von episodischen Einwirkungen auf wissenschaftliche Systeme mit Hilfe partieller Empfehlungen und Maßnahmen überzugehen zur systematischen Analyse der Tendenzen, zur Prognose der zukünftigen Wissenschaftsentwicklung; auf dieser Linie liegen auch die Entwicklung und der Einsatz von automatisierten Leitungssystemen für diese Zwecke.

Zur Lösung solcher Aufgaben bedarf es einer beträchtlichen Verstärkung der theoretischen und methodologischen Basis der Wissenschaftswissenschaft.

4. Auf dem Weg zur Mathematisierung der Wissenschaftswissenschaft

Es gibt einen bestimmten Satz von Merkmalen, die ein System von jeder beliebigen anderen Gesamtheit von Elementen unterscheiden. Ein System ist ein ganzheitlicher Komplex wechselseitig verbundener Elemente; es verfügt über eine bestimmte Struktur, in deren Rahmen eine Rangordnung der Elemente unterschieden werden kann; in seiner Wechselwirkung mit der Umwelt kann es als Element eines anderen, übergeordneten und umfassenderen Systems angesehen werden ; strukturell bilden die Elemente eines Systems Teilsysteme des Gesamtsystems.

Jeder, der die Organisation und das Funktionieren der modernen Wissenschaft kennt, weiß, daß die Wissenschaft deutlich und vollständig alle Merkmale und Eigenschaften von Systemen aufweist. Der üblichen Klassifikation entsprechend,[52] kann die Wissenschaft zur Gruppe der sehr komplizierten probabilistischen Systeme gerechnet werden.

Der Systemcharakter der Wissenschaftsorganisation hat seinen tiefsten Grund im Systemcharakter der wissenschaftlichen Kenntnisse, die hervorzubringen, zu speichern und weiterzugeben Aufgabe der Wissenschaft ist. Das Organisationsniveau beider Systeme ist historisch bedingt. Beide Systeme haben sich mit dem wissenschaftlich-technischen Fortschritt der Menschheit herausgebildet und werden gesetzmäßig komplizierter in dem Maße, wie sich dieser Fortschritt entwickelt.

Aus dieser Feststellung ergeben sich einige konkrete Folgerungen, die für die komplexe Erforschung der Funktionserfahrungen der Wissenschaft von wesentlicher Bedeutung sind. Wichtig ist hier der Hinweis auf die organische Beziehung zwischen dem Systemherangehen an die Analyse der Wissenschaft und der Notwendigkeit, die Wissenschaftswissenschaft zu mathematisieren.

Es gibt sowohl inner- als auch außerhalb der Sowjetunion bereits gewisse praktische Erfahrungen auf diesem Gebiet. Für die Entstehung und Entwicklung derartiger progressiver Tendenzen in der Wissenschaftswissenschaft zeugen u. a. folgende Tatsachen: die immer umfassendere Nutzung von Methoden der mathematischen Statistik; die Hinwendung zur Untersuchung des Systems der strukturellen und quantitativen Charakteristika der Informationsströme über die Funktionserfahrungen der Wissenschaften; die Anwendung kybernetischer Ideen und Methoden in wissenschaftswissenschaftlichen Untersuchungen; die schnell zunehmenden Erfahrungen bei der Anwendung von Methoden der Operationsforschung, beim Aufbau und bei der Analyse verschiedener mathematischer Modelle von Organisationssystemen der Wissenschaft; die Nutzung maschineller Methoden zur Analyse massenhafter wissenschaftsgeschichtlicher Informationen, darunter auch die Benutzung von Mitteln der Rechentechnik u. a.

Das sich entwickelnde Systemherangehen und die informationelle Konzeption der Wissenschaft sollen zur Herausbildung und Entwicklung allgemeiner Methoden und Formen für die Lösung wissenschaftswissenschaftlicher Aufgaben beitragen; sie sollen die weitere Verbreiterung des quellenkundlichen Fundaments dieses Wissenszweiges stimulieren und günstigere Bedingungen für den gesetzmäßig herangereiften Mathematisierungsprozeß der Wissenschaftswissenschaft als einer wissenschaftlichen Disziplin sichern.

52 Vgl. St. Beer: Kybernetik und Management. Frankfurt (Main) [3]1967.

Der Mathematisierungsprozeß einer schnell wachsenden Zahl von Wissenschaften, der sich gegenwärtig immer aktiver und nutzbringender vollzieht, besitzt tiefreichende Wurzeln. Wichtigste Triebkräfte dieses Prozesses sind die wachsenden Anforderungen an die Wissenschaft, an ihre Effektivität, an ihre Beweglichkeit und an die Allgemeingültigkeit der von ihr vorgeschlagenen Lösungen. Die Erfahrungen bei der Mathematisierung einer Reihe von Wissenschaften zeigen auch ihre wichtigsten Voraussetzungen: Das sind einerseits das gestiegene Niveau der am stärksten mathematisierten Wissenschaften, ihr Übergang zur Erkenntnis noch grundlegenderer Gesetzmäßigkeiten des von ihnen erforschten Teils der objektiven Welt und ein höheres Niveau ihres logischen Apparates und der erreichten Verallgemeinerungen, das sind andererseits die Erweiterung der Grenzen der Mathematik selbst, der Entwicklungsstand ihres Apparates und das Vorhandensein moderner, leistungsfähiger technischer Mittel für die Verwirklichung der mathematischen Methoden in den neuen Anwendungsgebieten.

V. M. Gluškov, Mitglied der Akademie der Wissenschaften der UdSSR, der von der bekannten Leninschen Konzeption des Erkenntnisprozesses — „Von der lebendigen Anschauung zum abstrakten Denken und von ihm zur Praxis" — ausgeht, deutet die Gesetzmäßigkeit des Prozesses der Mathematisierung der Wissenschaften folgendermaßen.[53]

Indem sie vom Stadium der Faktensammlung und der Gliederung der zu beschreibenden Erscheinungen („lebendige Anschauung") zur Ausarbeitung eines Systems von wissenschaftlichen Begriffen und Termini, zur Klassifizierung der Forschungsobjekte und zur Typologie der eigenen Problematik übergehen, beginnen die konkreten Wissenschaften damit, ihre eigene spezielle Sprache zu schaffen — sie treten ins Stadium des „abstrakten Denkens" ein. Bereits in dieser Etappe bieten solche Wissenschaften ein weites Feld für die Anwendung einer Anzahl spezifischer Gebiete der Mathematik (Theorie der halbgeordneten Mengen, Strukturtheorie, Graphentheorie).

Es sei festgestellt, daß die Wissenschaftswissenschaft insgesamt in eine solche für die Mathematisierung günstige Etappe eingetreten ist.

Danach beginnt sich unter dem Einfluß der gesetzmäßig steigenden Anforderungen der Praxis in der Spezialsprache der konkreten Wissenschaften eine eigentümliche „Algebra der Sprache" zu entwickeln, d. h. eine Gesamtheit von Prinzipien, Regeln und Verfahren für verschiedenartige formale Umwandlungen, die es gestatten, die inneren Gesetzmäßigkeiten und Beziehungen auszudrücken, die von der betreffenden Wissenschaft erforscht werden.

53 Vgl. V. M. Gluškov: Gnoseologičeskie osnovy matematizacii nauk. Kiev 1965. Wir gehen bei der Beschäftigung mit der Mathematisierung der Wissenschaften von dieser Arbeit Gluškovs aus.

In wissenschaftlichen Disziplinen, die erst vor kurzer Zeit über das deskriptive Stadium hinausgekommen sind, liegt diese „Algebra der Sprache" unausgeprägt vor, sie ist jedoch stets vorhanden. Ein Beispiel dafür sind die Definitionen, ohne die keine Wissenschaft auskommt. Jede Definition besteht faktisch aus zwei Teilen — dem zu definierenden Begriff und dem Text, der den Inhalt des Begriffs darlegt. Ein solcher Text kann immer durch eine endliche Konjunktion von Merkmalen und den Beziehungen dieser Merkmale dargestellt werden. Man kann diese beiden Teile vollauf berechtigt als eine typisch äquivalente (durch ein Gleichheitszeichen verbundene) Umwandlung ein und derselben Formel interpretieren. In der modernen Mathematik gibt es eine ganze Reihe von Gebieten, deren Apparat solchen Zielen gerecht wird (mathematische Logik, allgemeine Modelltheorie, allgemeine Theorie algebraischer Systeme). Bereits in diesem Stadium der Mathematisierung traditionell deskriptiver Wissenschaften machen diese Wissenschaften einen merklichen Schritt voran in Richtung auf die Erfordernisse der Praxis.

Die sich gesetzmäßig entwickelnde Mathematisierung der Wissenschaften hängt noch mit einem weiteren Umstand zusammen. Es gibt in der Sprache jeder Wissenschaft zwei jeweils speziell entwickelte Teile: einen informativen Teil und einen Berechnungsteil. In den Wissenschaften, in denen der Berechnungsteil erheblich stärker als der informative Teil entwickelt war, hat der Mathematisierungsprozeß früher begonnen (z. B. in der Mechanik). „Sprachen, die dieser Forderung nicht gerecht wurden (sagen wir solche, bei denen der Berechnungsteil tiefgehende Schlüsse nur im Ergebnis irgendwelcher sehr langer Konstruktionen liefern konnte), befanden sich dann jenseits der praktischen Anwendungsmöglichkeiten und entwickelten sich deshalb nicht."[54] Der Berechnungsteil in ihnen bestand meistens aus graphischen Darstellungen, die es infolge ihrer Anschaulichkeit ermöglichten, den überaus effektiven Gesichtsapparat des Menschen aktiv in den Prozeß der Schlußfolgerungen („Berechnungen") einzubeziehen.

Hier ist zu sagen, daß die heutige Wissenschaftswissenschaft dieses Verfahren immer umfassender und sicherer benutzt. Dies ist, für sich genommen, ein Faktor für die Entwicklung des Berechnungsteils ihrer speziellen Sprache.

Ein wesentlicher Schritt auf dem Wege zur Mathematisierung der Wissenschaften besteht darin, daß sich die Wissenschaften in ständig zunehmendem Umfange verschiedene Methoden der statistischen Analyse zu eigen machen. Die Mathematisierung traditionell beschreibender Wissenschaften zeigt sich meistens darin am deutlichsten, daß statistische Aufgaben verschiedener Art und unterschiedlichen Niveaus gestellt und gelöst werden. Hierauf folgt gewöhnlich die Ausarbeitung von Methoden zur mathematischen Beschreibung der Abhängigkeit zwischen den Erscheinungen und dem Verlaufscharakter der zu untersuchenden Prozesse. Von

54 Ebenda. S. 12.

einem hohen Niveau der Mathematisierung eines bestimmten Wissenschaftszweiges zeugt es, wenn in diesem Zweig die Methode der Modellierung angewendet wird. Sie basiert in der Regel auf bereits erkannten wesentlichen Gesetzmäßigkeiten und Eigenschaften sowie auf einem hinreichend entwickelten Berechnungsapparat der betreffenden Wissenschaftssprache.

Schwierigkeiten bei der Mathematisierung traditionell beschreibender Wissenschaften entstehen durch einen Überfluß an wenig formalisiertem oder nicht formalisiertem Material. Schließlich bereitet auch die Spezifik der zu erforschenden Prozesse, die sich häufig unter dem Einfluß widersprüchlicher und gewöhnlich zutiefst verschiedenartiger Faktoren entwickeln, große Schwierigkeiten. Die Möglichkeiten zur Überwindung dieser Schwierigkeiten sind in den beiden letzten Jahrzehnten beträchtlich gewachsen. Prinzipiell neu im Leben der Wissenschaft dieser Jahre sind die beiden folgenden Umstände: 1. Die Mathematik selbst hat große Erfolge bei der Entwicklung einer allgemeinen Theorie der Sprachen und bei der Ausarbeitung verschiedenartiger Berechnungsmethoden erzielt; 2. es sind leistungsfähige technische Mittel zur Überwindung der Schwächen entstanden, die der Berechnungsteil der Spezialsprachen der konkreten Wissenschaften aufweist, nämlich Elektronenrechner, die auch für Zwecke der logischen Informationsanalyse verwendet werden. Dies alles zusammengenommen gibt der weiteren Mathematisierung eines immer größeren Kreises wissenschaftlicher Disziplinen, darunter auch der Wissenschaftswissenschaft, großen Auftrieb.

Wir sind überzeugt, daß die komplexe Erforschung der Funktionserfahrungen der Wissenschaft ein außerordentlich dankbares Anwendungsgebiet für die Methoden, Ideen und technischen Mittel der Kybernetik darstellt. Zielgerichtete Beachtung muß dabei solchen für den Mathematisierungsprozeß wichtigen Aspekten der Wissenschaftswissenschaft geschenkt werden wie: der Ordnung ihres „Wörterbuchs“; der Ausarbeitung von Formalisierungsregeln und -verfahren; der Entwicklung von Methoden zur Informationsumwandlung, die für die Benutzung von EVDA geeignet sind; der Ausarbeitung statistischer, struktureller und danach auch dynamischer Modelle von Erscheinungen und Entwicklungsprozessen wissenschaftlicher Systeme; dem Übergang zur Anwendung der Methode der mathematischen Hypothese, bei der die Erkenntnis mit einer mathematischen Beschreibung einer bestimmten Erscheinung beginnt und die Wahrheit der Hypothese danach experimentell und durch praktische Erprobung verifiziert wird.

Auch für die umfassende Anwendung der mathematischen Systemtheorie und der Methoden der Operationsforschung in der wissenschaftswissenschaftlichen Analyse gibt es nicht wenige Voraussetzungen. Die Methoden der Operationsforschung werden anscheinend eine besonders bedeutende Rolle in angewandten wissenschaftswissenschaftlichen Untersuchungen spielen. Vorliegende Erfahrungen bei der Anwendung dieser Methoden lassen mit Bestimmtheit erwarten, daß sie bei der Ausarbeitung mindestens der angewandten Probleme der Wissenschaftswissenschaft effektiv genutzt werden können. Zu diesen Problemen gehören: Untersuchungen über die Verteilung der (finanziellen, materiellen und personellen) Ressourcen; Analyse der optimalen Organisation von Forschungsarbeiten und wissenschaftlichen Einrichtungen; Entwicklung von Methoden zur Auswahl der Gebiete, auf denen geforscht werden soll; Planung und Leitung komplizierter Forschungsprogramme.

Um diese Perspektiven bei der Nutzung des äußerst leistungsfähigen methodischen Potentials verwirklichen zu können, müssen jedoch zwei Fragen richtig beantwortet werden: Was kann man in der Wissenschaft messen? Was ist der reale Sinn der bei der Messung der Wissenschaft ermittelten Größen?

In der Wissenschaftswissenschaft ist es leider eine alltägliche Erscheinung, daß nach Abschluß einer Untersuchung erst noch festgestellt werden muß, auf welche Fragen die erzielten Ergebnisse eigentlich eine Antwort geben.

Eine wesentliche Ursache, welche die objektive Analyse und den Vergleich von Daten über die Funktionserfahrungen wissenschaftlicher Systeme erschwert, ist die offizielle Wissenschaftsstatistik, die spontan entstanden ist und in keinem Lande geordnet und systematisch erfolgt. Die Versuche, die in den letzten Jahren von der UNESCO und anderen internationalen Organisationen unternommen wurden, um ein einheitliches Herangehen an die Festlegung und Messung der in der offiziellen Statistik zu berücksichtigenden Objekte der Wissenschaft durchzusetzen, können dieses Urteil noch nicht verändern.

Professor V. V. NALIMOV, der den Stand und die nächsten Perspektiven der Wissenschaftsmetrik beschrieben hat, formulierte zu Recht: „... es läßt sich keine Kennziffer finden, die eindeutig das charakterisieren würde, war wir intuitiv als das Wesen der Wissenschaft überhaupt verstehen. Viele macht das mutlos. Uns persönlich scheint es, daß es in Wirklichkeit keinen Grund zum Pessimismus gibt. Schließlich beschränken wir uns in den exakten Wissenschaften in der Regel auch darauf, nur indirekte Kennziffern zu messen und zu untersuchen. Wer kann sagen, was ein gutes Halbleitermaterial oder was ein guter Stahl ist? ... In den exakten Wissenschaften haben sich die Forscher daran gewöhnt, Prozesse zu erforschen und zu steuern, obwohl sie nur indirekte Kennziffern besitzen. Das ist in jedem Fall nicht einfach. Hier braucht es gesunden Menschenverstand und Intuition. Die Wissenschaftsmetrik befindet sich in dieser Hinsicht in keiner besonders schlechten Situation. Wichtig ist nur, daß sich diejenigen, die sich mit der Wissenschaftsmetrik befassen, den gesunden Menschenverstand bewahren."[55] Die Richtigkeit dieser Worte wird durch die Erfahrungen bei der Ausarbeitung der methodischen Probleme der historischen Analyse komplizierter Systeme

55 V. V. NALIMOV: Količestvennye metody issledovanija processa razvitija nauki. In: Voprosy filosofii, 1966, Nr. 12, S. 39.

bestätigt; diese Probleme sind denen der Wissenschaftsmetrik durchaus ähnlich.

Wir wollen versuchen, in verallgemeinerter Form den Komplex der Forderungen dazulegen, die an die Meßgrößen und Einschätzungen der Funktionserfahrungen der Wissenschaft zu stellen sind. Diese Forderungen können als Folgerung aus dem Systemherangehen an die Analyse der Wissenschaft angesehen werden.

1. Die Wissenschaftswissenschaft braucht komplexe Einschätzungen der Funktionserfahrungen der Wissenschaft, die sich im Idealfall einem ganzheitlichen System von Meßgrößen annähern.
2. Die gewählten Meßgrößen müssen die Möglichkeit bieten, ein wissenschaftliches System in seiner Dynamik (Entwicklung in der Zeit oder Veränderung hinsichtlich der strukturellen Komponenten des Systems) zu analysieren.
3. Bei der Durchführung von Messungen muß berücksichtigt werden, daß die Wissenschaft als System zur Klasse der probabilistischen Systeme gehört, was einen prinzipiellen Wahrscheinlichkeitscharakter der Bewertungen bedingt (darum muß der Streuungsgrad der Daten beobachtet werden usw.).
4. Bei der praktischen Anwendung der gewählten Meßgrößen ist der indirekte Charakter der Messungen der meisten wissenschaftswissenschaftlichen Parameter im Auge zu behalten.
5. Die Kriterien der Einschätzungen, die auf der Grundlage von Daten der Wissenschaftsmetrik getroffen werden, müssen nach Möglichkeit vom Optimum des Gesamtsystems und nicht von einem lokalen Optimum ausgehen. Hier gilt das bekannte systemtheoretische Prinzip, daß ein optimales Funktionieren von Teilen des Systems noch nicht das Überleben des Gesamtsystems garantiert.

Das System der Meßgrößen in der Wissenschaftswissenschaft ist gerade erst im Entstehen begriffen. Man kann sich heute fünf strukturelle Hauptbestandteile dieses Systems vorstellen, die sich neben anderem auch durch ihre Ausgangsbasis und die Meßmethoden unterscheiden.

1. Meßgrößen für die informationellen Charakteristika der Wissenschaft. Sie basieren auf der Analyse des breiten wissenschaftlich-technischen Informationsflusses.
2. Parameter für die organisatorischen Beziehungen und Eigenschaften der Wissenschaft. Sie basieren auf Archivalien, auf Fragebogen-Erhebungen über Meinungen der Spezialisten und auf unmittelbaren („naturellen") Messungen der laufenden Erfahrungen der Wissenschaftsorganisation.
3. Einschätzungen der ökonomischen Parameter der Wissenschaft. Sie basieren sowohl auf den Daten der offiziellen Statistik und des Berichtswesens als auch auf dem Studium von Archivalien über die Ströme von Wissenschafts„produkten" im „Naturalausdruck" (Anmeldungen neuer wissenschaftlicher Resul-

tate – Entdeckungen, Erfindungen, Dokumente der nationalen Registrierung neu zuerkannter wissenschaftlicher Grade und Titel usw.).

4. Parameter für die sozialpsychologischen Charakteristika der Wissenschaft. Sie basieren auf experimentellem Material, das direkt in arbeitenden wissenschaftlichen Systemen gesammelt wird, jedoch auch auf der Analyse von Angaben über die langjährigen Erfahrungen der in der Wissenschaft tätigen Menschen.
5. Bewertungen der logischen Beziehungen der Wissenschaft und der inhaltlichen Eigenschaften der Wissenschaft (z. B. „Wichtigkeit" der Richtungen und „Bedeutsamkeit" der Probleme, Möglichkeit ihrer Lösungen usf.). Hauptsächliche Methode der Messungen ist hier die Methode der Expertenurteile, aber auch die Analyse von Apriori-Meinungen repräsentativ ausgewählter Spezialistengruppen.

Natürlich kann jede dieser Gruppen von Meßgrößen weiter in Untergruppen usw. differenziert werden. Die Meßgrößen innerhalb einer Gruppe können gewöhnlich ohne besondere Schwierigkeiten zu einem System zusammengefaßt werden. Schwieriger wird es, wenn Meßgrößen aus unterschiedlichen Gruppen zu einem ganzheitlichen System vereint werden sollen.

Es wurden neun konkrete Arten von heute benutzten Wissenschaftsmodellen unterschieden (ein informationelles, ein logisches, ein gnoseologisches, ein ökonomisches, ein politisches, ein soziologisches, ein demographisches, ein psychologisches und ein Modell der Systemtechnik).[56] Als wichtigste Voraussetzung für ein komplexes Herangehen an das Problem wurde dabei mit Recht die Notwendigkeit hervorgehoben, alle diese Modelle vertieft theoretisch durchzuarbeiten und auf dieser Grundlage konkrete und aussagekräftige Ergebnisse zu gewinnen. Wir sind optimistisch hinsichtlich der Aussichten, ein solches Verfahren auszubilden, und hinsichtlich der Möglichkeit, komplexe Meßgrößen für den Prozeß der Wissenschaftsentwicklung auszuarbeiten. Dafür sprechen folgende Verfahren und Methoden, die in großem Umfang von den Wissenschaftswissenschaftlern angewendet werden:

— die Messung der Effektivität wissenschaftlicher Systeme in Abhängigkeit von den verschiedenen Typen der Wissenschaftsorganisation und der Organisation des Forschungsprozesses, von den individuellen psychologischen Eigenschaften der Wissenschaftler, vom Typ der Gesellschaftsordnung und von der Stellung der Wissenschaft in der Gesellschaft;
— die Analyse der Intensität und der Ausrichtung der Informationsbeziehungen als einer indirekten Meßgröße der logischen Beziehungen und der inhaltlichen Eigenschaften des wissenschaftlichen Systems;

56 Vgl. V. V. Nalimov/Z. M. Mul'čenko: Naukometrija. Moskau 1969, S. 6–8.

- die Aufnahme von Expertenurteilen direkt in die Struktur der informationellen Meßgrößen verschiedener Parameter der Wissenschaft;
- das Bestreben, die verschiedenen Seiten der Lebenstätigkeit des Wissenschaftsorganismus durch systemtheoretisches Herangehen und dessen allmähliche Vervollkommnung komplex zu erfassen;
- die Beachtung des Grundsatzes der harmonischen Einheit von quantitativen und qualitativen Charakteristika der Wissenschaft und die Absage an die Verabsolutierung irgendeiner isoliert betrachteten Meßgröße oder Messungsmethode.

Im Zusammenhang mit dem betrachteten Problem der Wissenschaftsmetrik ist an die Aussage LENINS zu erinnern, daß eine wahrhaft wissenschaftliche Untersuchung vom Wissenschaftler verlangt, „aus exakten und unbestreitbaren Tatsachen ein Fundament zu errichten, auf das man sich stützen kann ... Damit es wirklich ein Fundament wird, kommt es darauf an, nicht einzelne Fakten herauszugreifen, sondern den Gesamtkomplex der auf die betreffende Frage bezüglichen Tatsachen zu betrachten, *ohne eine einzige* Ausnahme, denn sonst taucht unvermeidlich der Verdacht, und zwar der völlig berechtigte Verdacht auf, daß die Tatsachen willkürlich ausgewählt oder zusammengestellt sind ...“[57]

Im Vergleich zu der Information, die in einzeln betrachteten Fakten und Beispielen enthalten ist, bringen die in der LENINschen Feststellung genannten repräsentativen Gesamtheiten von Fakten dem forschenden Wissenschaftswissenschaftler prinzipiell neue Information. Das ist Information über Tendenzen und Gesetzmäßigkeiten, die sich relativ objektiv in statistischen Gesetzmäßigkeiten und Verteilungen niederschlagen und widerspiegeln. Sie ist jedoch im Ausgangsmaterial in einer Form enthalten, die keinen direkten Zugriff erlaubt. Um diese Information zu erhalten, bedarf es einer entsprechenden Bearbeitung (Analyse) bedeutender Mengen des Ausgangsmaterials. Dieser Umstand ist ein zusätzlicher Beweis dafür, daß es an der Zeit ist, eine informationelle Konzeption der Wissenschaftswissenschaft auszuarbeiten.

57 W. I. LENIN: Statistik und Soziologie. In: LW, Bd. 23. Berlin 1960, S. 286.

Kapitel 4

Die Dynamik der Informationsprozesse in der Wissenschaft

1. Die Beschleunigung des Entwicklungstempos der Wissenschaft

Kennzeichnend für die heutige Wissenschaft ist ihr immer rascheres Entwicklungstempo. Aussagen darüber finden sich in zahlreichen Arbeiten von Naturwissenschaftlern, Philosophen und Wissenschaftshistorikern. Diese Aussagen beruhen in der Regel auf einer logischen Analyse der Fakten und Erscheinungen, auf historischen Vergleichen und auf praktischen Alltagserfahrungen.[1]

Es sollen jedoch an dieser Stelle einige zusätzliche konkrete Daten angeführt werden, die geeignet sind, die Ursachen und den „Mechanismus" des zunehmenden Entwicklungstempos der Wissenschaft zu erhellen.

Die polnischen Wissenschaftler I. MALECKI und E. OLSZEWSKI formulierten auf dem Symposium „Vergangenheit und Zukunft der Wissenschaft", das im Rahmen des XI. Internationalen Kongresses für Wissenschaftsgeschichte (1965) stattfand, zwei Gruppen von Faktoren,[2] die für den Prozeß der wissenschaftlich-technischen Entwicklung typisch seien:

— eine zunehmende Verkürzung der Entwicklungszyklen, d. h. der für die Überarbeitung wissenschaftlicher Konzeptionen erforderlichen Zeit. Die ARISTOTELISCHE Gravitationstheorie existierte fast 2000 Jahre. NEWTONS Ideen wurden nach 200 Jahren spezifiziert. Die Atom- und Korpuskulartheorie von DALTON und AVOGADRO, die von der Vorstellung der Unteilbarkeit der Atome ausging, bestimmte 100 Jahre lang die Auffassungen von der Struktur der Materie. RUTHERFORDS und BOHRS Theorie von der Atomstruktur verlor schon nach 10 Jahren ihre ausschließliche Gültigkeit usw.;

— eine immer engere Verzahnung zwischen Grundlagenforschung und angewandter Forschung. Es dauerte länger als ein Jahrhundert, ehe das wissenschaftlich entwickelte Prinzip der Photographie praktisch realisiert wurde. Auf dem

1 Vgl. M. M. KARPOV: Osnovnye zakonomernosti razvitija estestvoznanija. Rostov-na-Donu 1963; V. I. SIFOROV: Obščie tendencii razvitija sovremennogo estestvoznanija. In: Voprosy filosofii, 1963, Nr. 4; G. M. DOBROV/A. JU. GOLJAN-Nikol'skij: Vek velikich nadežd. Sud'ba naučno-techničeskogo progressa XX stoletija. Kiev 1964.

2 Vgl. I. MALECKI/E. OLSZEWSKI: Some Regularities of the Development of Science in the Twentieth Century. In: Organon, Warszawa 1965, Nr. 2.

Gebiet der Fernsprechtechnik betrug die entsprechende Zeitspanne etwas mehr als 50 Jahre. 30 Jahre vergingen zwischen der Idee und dem Bau des Dieselmotors. In unserem Jahrhundert verkürzten sich diese Fristen weiter: bei der Radartechnik auf 15 Jahre, bei der Atombombe auf ungefähr 6 Jahre und bei der Lasertechnik auf weniger als 2 Jahre.

Man könnte diese Aufzählung — gestützt auf bekannte historische Fakten — noch beliebig fortsetzen. Da wir jedoch den repräsentativen Charakter einer solchen Auswahl im Augenblick nicht exakt beweisen können, bedürfen die qualitative Analyse und die logischen Schlußfolgerungen, die wir soeben gezogen haben, eines prinzipiellen Kommentars.

Vor allem stellen wir fest, daß das oben Gesagte lediglich eine allgemeine Tendenz zum Ausdruck bringt, eine Hauptrichtung der komplizierten und jeweils spezifisch verschiedenen Prozesse der wissenschaftlich-technischen Entwicklung. Die Anzahl der Ausnahmefälle kann ebenfalls erheblich sein. Bei einer gründlichen Untersuchung derartiger Übersichten sind zwei Gruppen von Ursachen erkennbar, auf denen diese Erscheinungen beruhen: Zum einen sind dies Ursachen, die mit der inneren Logik der Entwicklung der Wissenschaft als Ganzes zusammenhängen, mit dem Vorhandensein (oder Fehlen) entsprechender geeigneter Konzeptionen, Methoden und Mittel für die Lösung der Probleme, und zum anderen sind dies Ursachen, die durch ein allgemeines Bedürfnis entweder nach einer Korrektur der vorhandenen Konzeptionen oder nach Ersetzung der vorhandenen technischen Mittel durch andere bedingt sind.

Beide Gruppen von Ursachen treten unter den verschiedenen sozialökonomischen Entwicklungsbedingungen des wissenschaftlich-technischen Fortschritts — wenn auch in wesentlich unterschiedlichem Umfange und in wesentlich unterschiedlicher Form — in Erscheinung. Am stärksten und unmittelbarsten werden dabei die angewandten Forschungen und die Entwicklung neuer technischer Mittel von den sozialökonomischen Faktoren beeinflußt.

Man darf jedoch nicht übersehen, daß die Ablösung wissenschaftlicher Konzeptionen (zum Unterschied von technischen Mitteln) in der Regel nicht in der Weise vor sich geht, daß diese einfach eliminiert werden, daß die alten Auffassungen widerrufen und neue an ihre Stelle gesetzt werden. Diese Ablösung vollzieht sich vielmehr in der Form, daß Auffassungen von höherem Allgemeinheitsgrad erarbeitet werden, die den unerschöpflichen Reichtum der realen Welt genauer und vollständiger widerspiegeln. Gerade in der dialektischen Kontinuität der wissenschaftlichen Erkenntnis des einheitlichen Bildes der Welt liegt der Schlüssel für die Erklärung der Ursachen, die zur Beschleunigung des Entwicklungstempos der Wissenschaft führen. Dabei kann man feststellen, daß die gesamte Entwicklung des betreffenden Wissenschaftszweiges im allgemeinen um so schneller verläuft, je höher das Niveau dieser Kontinuität ist, d. h., je vollkommener die Erfahrungen früherer Generationen genutzt werden.

In den letzten Jahren sind Versuche unternommen worden, das Entwicklungstempo der Wissenschaft mit Hilfe quantitativer Methoden einzuschätzen. Zu diesem Zweck wurden die Dynamik der zahlenmäßigen Zunahme wissenschaftlicher Zeitschriften, Publikationen und Referate, die Zunahme der Anzahl der Wissenschaftler und das Wachstum der Investitionen in die Wissenschaft statistisch analysiert. In der von einer Gruppe führender wissenschaftlicher Mitarbeiter des VINITI verfaßten fundamentalen Arbeit „Osnovy informatiki" („Grundlagen der Informatik")[3] wird ein beeindruckendes Bild von mehr als 10 solcher Kurven gezeichnet, die auf Materialien verschiedener Länder beruhen. Ihr gemeinsames Merkmal ist das sich ständig beschleunigende Wachstum der untersuchten Daten.

Ein typisches Beispiel stellt in dieser Hinsicht die Statistik über die zahlenmäßige Zunahme der Arbeiten dar, die von der bekannten englischen wissenschaft-

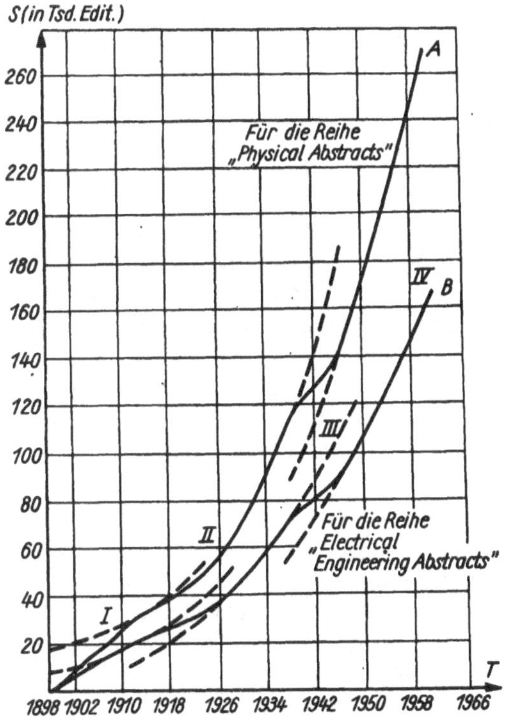

Abb. 15. Diagramm der zahlenmäßigen Zunahme veröffentlichter wissenschaftlicher Arbeiten

3 A. I. MICHAJLOV/A. I. ČERNYJ/R. S. GILJAREVSKIJ: Osnovy informatiki. Moskau 1968, Kapitel 1; dies.: Informatik. Grundlagen. Berlin 1970.

lichen Referatezeitschrift „Science Abstracts“ erfaßt worden sind. Die Zeitschrift erscheint seit dem Ende des vorigen Jahrhunderts in zwei Reihen, und zwar für die Physik und für die Elektrotechnik.

In Abbildung 15 ist dies im Diagramm dargestellt. Es berücksichtigt die wissenschaftlichen Publikationen der wichtigsten Länder von 1898 bis 1960. Besonders zu erwähnen ist die Tatsache, daß das zahlenmäßige Wachstum der wissenschaftlichen Arbeiten auf dem Gebiet der Physik (Kurve A) höher liegt als auf dem Gebiet der Elektrotechnik (Kurve B). Der allgemeine Charakter beider Kurven ist jedoch sehr ähnlich. Auf beiden sind auch einige wesentlich verschiedene Abschnitte markiert: I — die Periode der Entstehung der „neuen Physik“ und eine vergleichsweise etwas längere Periode des sich beschleunigenden Wachstumstempos in der Elektrotechnik; II — eine Periode der Entwicklung, in der sich die Kurve einer Exponentialfunktion fast ideal annähert; III — eine starke Verringerung des allgemeinen Tempos der wissenschaftlichen Entwicklung, hervorgerufen durch den zweiten Weltkrieg; IV — die gegenwärtige Periode des exponentiellen Wachstums.

Das allgemeine Entwicklungstempo der Kennziffern, die die Physik betreffen, stellt sich in der untersuchten Periode so dar, daß sich die Anzahl der wissenschaftlichen Arbeiten alle 13 bis 15 Jahre verdoppelt. In der Elektrotechnik erfolgt eine Verdopplung alle 16 bis 18 Jahre.

Derek Price legte die Ergebnisse einer statistischen Untersuchung von 6 Millionen Publikationen für eine Gruppe von Naturwissenschaftlern aus 100 Jahren (1860—1960) vor, und zwar nach Angaben des „Science Citation Index“.[4] Die mittlere, verallgemeinernde Kurve in diesem Diagramm zeigt das Tempo, in dem sich die Anzahl der Arbeiten verdoppelt — in jeweils 13,5 Jahren, mit einer gewissen Beschleunigung in den Jahren 1946 bis 1960. Besonders bemerkenswert ist, wie sich in dieser Kurve das tiefe Absinken des Wachstumstempos der Anzahl wissenschaftlicher Arbeiten in den Jahren des ersten und des zweiten Weltkriegs widerspiegelt. In diesen Zeitabschnitten ist die Anzahl der Arbeiten um mehr als die Hälfte zurückgegangen. Diese Daten zeigen einmal mehr, daß Kriege einen negativen Einfluß auf die allgemeine Entwicklung der Naturwissenschaft ausüben. Bemerkenswert ist zugleich aber auch etwas anderes: Solche Katastrophen können zwar die Integralkurve des Wachstums wissenschaftlicher Forschungen wesentlich deformieren, sie vermögen jedoch das allgemeine, gesetzmäßige Wachstum der Wissenschaft nicht aufzuhalten („Das Denken läßt sich nicht zum Stillstand bringen!“). Darin äußern sich wahrscheinlich immanente Entwicklungsgesetze der Wissenschaft, die es, nebenbei bemerkt, rechtfertigen, die Wissenschaft als ein relativ selbständiges System zu betrachten.

Eine der für die Praxis wesentlichen Schlußfolgerungen aus dem oben Dargelegten besteht darin, daß die Hälfte aller zur Verfügung stehenden wissenschaft-

4 Vgl. D. de Solla Price: Networks of Scientific Papers. In: Science, 1965, Bd. 149, S. 510—515.

lichen Daten in den letzten 15 Jahren gewonnen wurde. Diese Tatsache muß nicht nur von den Wissenschaftswissenschaftlern, den Wissenschaftshistorikern und den Fachleuten für die Informationsversorgung der Wissenschaft berücksichtigt werden, sondern auch von denjenigen, die für die Ausbildung von Fachkadern verantwortlich sind. Unter dem Aspekt der Wissenschaftsplanung muß besonders auf den Umstand hingewiesen werden, daß die heutige Wissenschaftlergeneration in den nächsten 15 Jahren eine mindestens so umfangreiche wissenschaftliche Arbeit vollbringen muß, wie sie in der gesamten bisherigen Entwicklungszeit der Wissenschaft geleistet worden ist.

Die erste wenn auch keineswegs einzige Ursache für die beschleunigte Entwicklung der Wissenschaft hängt, wie schon bemerkt, mit dem kumulativen Charakter der wissenschaftlichen Erkenntnis zusammen. Der große NEWTON hat einmal von sich gesagt: „Wenn ich weiter als DESCARTES sehe, so deshalb, weil ich auf den Schultern eines Giganten stehe." Jede Wissenschaftlergeneration stützt sich auf die Erfahrungen aller vorangegangenen Generationen. Jede neue wissenschaftliche Konzeption, jede Idee oder auch nur jede prinzipiell wichtige Tatsache hat neue Zyklen wissenschaftlicher Arbeiten zur Folge. Bereits früher aufgestellte Thesen und in die Wissenschaft eingeführte Fakten werden durch solche Arbeiten weiterentwickelt, überprüft oder verworfen. Mit der wissenschaftlichen Erkenntnis verhält es sich wie mit der Zeit: Man kann sie weder aufhalten noch zurückdrehen. Zum Unterschied von der Zeit bewegt sich die Wissenschaft jedoch meist mit zunehmender Geschwindigkeit voran. Natürlich sind Erkenntnisse und wissenschaftliche Arbeiten nicht ein und dasselbe. Es besteht jedoch ein enger Zusammenhang zwischen ihnen, schon deshalb, weil letztere die materiellen Träger und Bewahrer der ersteren sind.

Auf Grund einer qualitativen historisch-logischen Analyse und einer Untersuchung der quantitativen Kennziffern des Wissenschaftsprozesses kann man das sich immer mehr beschleunigende Entwicklungstempo als ein allgemeines Bewegungsgesetz der Wissenschaft betrachten.

Als einer der ersten Wissenschaftler, die das Gesetz der beschleunigten Wissenschaftsentwicklung feststellten und formulierten, kann FRIEDRICH ENGELS gelten. Er wies nach, daß die MALTHUSsche Theorie, die in geometrischer Progression wachsende Bevölkerung der Erde könne unmöglich ernährt werden, unbegründet ist. ENGELS schrieb dazu: „Die Wissenschaft aber vermehrt sich mindestens wie die Bevölkerung; diese vermehrt sich im Verhältnis zur Anzahl der letzten Generation; die Wissenschaft schreitet fort im Verhältnis zu der Masse der Erkenntnis, die ihr von der vorhergehenden Generation hinterlassen wurde ..."[5]

5 F. ENGELS: Umrisse zu einer Kritik der Nationalökonomie. In: MEW. Bd. 1, Berlin 1956, S. 521.

Eine mathematische Beschreibung des Gesetzes der beschleunigten Wissenschaftsentwicklung haben die sowjetischen Gelehrten G. VLĖDUC, V. NALIMOV, N. STJAŽKIN[6] und M. KARPOV[7] vorgelegt. Sie geht von der Differentialgleichung $\frac{dS}{dt} = kS$ aus, bei der $\frac{dS}{dt}$ die „Geschwindigkeit" der Wissenschaftsentwicklung ist, S die Gesamtheit der Ergebnisse der Wissenschaft und k der Proportionalitätskoeffizient, der einer bestimmten Wissenschaft und ihren historischen Entwicklungsbedingungen entspricht. Durch Integration dieser Gleichung erhält man den mathematischen Ausdruck des sogenannten Bewegungsgesetzes der Wissenschaft $S = S_0^{ekt}$. In dieser Exponentialfunktion sind S_0 die Summe der Ergebnisse der Wissenschaft zum Zeitpunkt der Berechnung und e die Basis der natürlichen Logarithmen. Bei einer Verdopplungsperiode von 15 Jahren nehmen der Koeffizient k die Größe 0,05 und die letzte Gleichung[8] dementsprechend die Form $S = S_0^e \cdot 0{,}05t$ an.

In der Arbeit von V. V. NALIMOV und Z. M. MUL'ČENKO[9] wird zu Recht festgestellt, daß die Geschwindigkeit, mit der die Anzahl der Publikationen wächst, als ein indirektes (informationelles) Maß für deren Aktualität angesehen werden kann. Dabei wurde bewiesen, daß die allgemeineren Fälle der Entwicklung auch über längere Zeitabschnitte hinweg besser durch eine Folge von Exponenten approximiert werden, bei denen sich in verschiedenen Intervallen die Werte des Parameters k ändern. Die Diskussion über die Wachstumskurven der Wissenschaft, die 1958 stattfand,[10] hat gezeigt, daß eine solche Approximierung je nach dem System der Ausgangspostulate mit Hilfe verschiedenartiger Kurven (Parabel, Hyperbel usw.) vorgenommen werden kann.

In der Monographie von E. JANTSCH[11] werden die Bedingungen erörtert, unter denen der Informationszuwachs der Menge der bereits gesammelten Information proportional ist, d. h., die Entwicklung exponentiell erfolgt. Dies „gilt nur, a) wenn man eine ideale Verbindung zwischen allen Forschern und allen Teilen der Information annehmen kann und b) wenn man faktisch jede durch diese Verbindung gebotene Möglichkeit ausnutzen kann. Natürlich können diese beiden Annahmen

6 Vgl. G. Ė. VLĖDUC/V. V. NALIMOV/N. I. STJAŽKIN: Naučnaja i techničeskaja informacija kak odna iz zadač kibernetiki. In: Uspechi fizičeskich nauk, 1959, Heft 69, Folge 1, S. 13—56.

7 Vgl. M. M. KARPOV: Osnovnye zakonomernosti razvitija estestvoznanija.

8 Anzumerken ist, daß diese Gleichung, wie andere ähnliche Gleichungen auch, nicht der Berechnung dient. Der Koeffizient k, der hier z. B. als Konstante angenommen wird, verändert in Wirklichkeit seinen Wert, und das heißt, es verändert sich auch der Verlauf der statistischen Kurven.

9 Naukometrija. Moskau 1969.

10 Vgl. G. Ė. VLĖDUC/V. V. NALIMOV/N. I. STJAŽKIN: Naučnaja i techničeskaja informacija kak odna iz zadač kibernetiki.

11 Vgl. E. JANTSCH: Technological Forecasting in Perspektive. Paris 1967.

für das Gesamtwachstum von Wissenschaft und Technik, wo die Verbindung nicht ideal ist, nicht gelten . . .“

In der Untersuchung von L. S. Kozačkov[12] ist gezeigt worden, daß bei linearem Wachstum der Anzahl der Wissenschaftler die Anzahl der Publikationen nach dem logarithmischen Gesetz wächst; bei exponentiellem Wachstum der Anzahl der Wissenschaftler wächst die Anzahl der Publikationen linear. Eine exponentielle Zunahme der Anzahl der Publikationen erfordert dementsprechend im allgemeinen eine doppelte Potenzierung der Anzahl der Wissenschaftler.

Die Wissenschaft insgesamt und die Geschichte der einzelnen Wissenschaftsdisziplinen kennen Perioden mit verschiedenen Wachstumstempi. Engels ist wiederholt auf dieses Bewegungsgesetz der Wissenschaft zurückgekommen und präzisierte insbesondere 1875 seine Auffassung dahingehend, daß dieses Gesetz für die Wissenschaft nicht allgemein charakteristisch sei, sondern speziell für die Wissenschaft jener Epoche, in der sich die Naturwissenschaft von den Fesseln der Theologie und der mittelalterlichen Scholastik befreite. Diese Epoche beginnt nach Engels mit dem Ende des 16. und dem Anfang des 17. Jahrhunderts. Es ist die Periode, die durch die berühmten Entdeckungen des Kopernikus eingeleitet wurde. „Von da an datiert“, wie Engels schreibt, „die Emanzipation der Naturforschung von der Theologie, wenn auch die Auseinandersetzung der einzelnen gegenseitigen Ansprüche sich bis in unsere Tage hingeschleppt und sich in manchen Köpfen noch lange nicht vollzogen hat. Aber von da an ging auch die Entwicklung der Wissenschaften mit Riesenschritten vor sich und gewann an Kraft, man kann wohl sagen im quadratischen Verhältnis der (zeitlichen) Entfernung von ihrem Ausgangspunkt. Es war, als sollte der Welt bewiesen werden, daß von jetzt an für das höchste Produkt der organischen Materie, den menschlichen Geist, das umgekehrte Bewegungsgesetz gelte wie für den anorganischen Stoff.“[13]

Warum verlief die Wissenschaftsentwicklung erst von dieser Periode an beschleunigt? Der sowjetische Wissenschaftshistoriker M. Karpov verweist auf drei wesentliche Umstände[14]:

a) Die feudale Produktion konnte leicht ohne Wissenschaft auskommen und schloß die Möglichkeit ihrer Anwendung aus;
b) die Wissenschaft selbst war zu jener Zeit eine Magd der Religion;
c) es waren noch keine effektiven Mittel und Methoden für die Verbreitung wissenschaftlicher Information gefunden. Tatsächlich begann sich der Buchdruck mit beweglichen Lettern in Europa erst vom 16. Jahrhundert an auszubreiten. Im 17. Jahrhundert erschienen die ersten wissenschaftlichen Zeitschriften,

12 Vgl. L. S. Kozačkov: Sistemy potokov naučnoj informacii. Kiev 1973.

13 F. Engels: Dialektik der Natur, Einleitung. In: MEW, Bd. 20. Berlin 1962, S. 313. Strenggenommen hat Engels hier eine Parabel im Sinn und nicht den Exponenten.

14 Vgl. M. M. Karpov: Osnovnye zakonomernosti razvitija estestvoznanija, S. 191.

im 18. Jahrhundert die ersten Referatezeitschriften, und im 19. Jahrhundert bildeten sich internationale bedeutsame Zentren für wissenschaftliche Dokumentation heraus.[15] Diese Faktoren sind noch durch folgenden wichtigen Umstand zu ergänzen: Wissenschaft und Technik hatten noch kaum Einfluß auf die Produktion.

Es sei an dieser Stelle betont, daß die von ENGELS auf der Grundlage einer historisch-logischen Analyse gegebene Einschätzung der Periode des Wirkens des Gesetzes von der beschleunigten Wissenschaftsentwicklung durch moderne quantitative Untersuchungen sehr genau bestätigt worden ist. Der Leiter des Instituts für Geschichte der Wissenschaft und der Technik an der Yale-Universität (USA), DEREK J. DE SOLLA PRICE, verwies darauf, daß sich die Wissenschaft seit 300 Jahren beschleunigt entwickelt, d. h. seit jener Zeit, da sich ihre Entwicklungsbedingungen revolutionär veränderten.[16]

Untersuchungen der Beziehungen zwischen dem Bevölkerungswachstum und dem Wachstum der gesellschaftlichen Arbeitsproduktivität haben nach I. JA. KONFEDERATOV gezeigt,[17] daß das Entwicklungstempo der gesellschaftlichen Produktion erheblich über dem Wachstumstempo der Bevölkerung liegt. Wenn man den gegenwärtigen jährlichen Bevölkerungszuwachs (etwa 2%) gleich 1 setzt, so beträgt das Verhältnis zwischen dem Tempo des jährlichen Bevölkerungszuwachses, dem Wachstumstempo der Weltproduktion und dem Entwicklungstempo der Wissenschaft etwa 1:2:4.

Analysiert man die historische Entwicklung der Wissenschaft mit statistischen Methoden, so erweist sich die Untersuchung von Daten, die sich ausschließlich auf die eine oder andere wissenschaftlichen Disziplin beziehen, häufig als unzureichend. Sinnvoller scheint es zu sein, statistische Angaben über die Entwicklung konkreter und eng miteinander verbundener Objekte innerhalb der klassischen Triade P — T — S (Produktion — Technik — Wissenschaft) zu untersuchen (vgl. Abbildung 16).

Vergleichen wir das Entwicklungstempo eines bestimmten Produktionszweiges (etwa die Zunahme der Kohleförderung) mit dem Entwicklungstempo der Technik, die in den Produktionsprozessen angewendet wird (Menge und Leistungsfähigkeit der Förderanlagen), und mit dem Entwicklungstempo des entsprechenden Wissenschaftszweiges (wissenschaftliche Arbeiten zur Theorie des Kohleabbaus, über Förderanlagen und zur Mechanisierung), dann können wir bestimmte Schluß-

15 Vgl. L. RICHTER: Die Zeitschrift „Acta Eruditorum" als Zentrum der wissenschaftlichen Dokumentation von europäischer Bedeutung. In: XI Congrès International d'Histoire des Sciences. Warszawa 1965, Sommaires 1/22, sowie Actes du XIe Congrès ..., Bd. II, Wrocław—Warszawa—Kraków 1967, S. 71—74.

16 Vgl. D. DE SOLLA PRICE: Little Science, Big Science. New York 1963; W. I. LENIN: Statistik und Soziologie: In: LW, Bd. 23. Berlin 1968.

17 Vgl. L. D. BEL'KIND u. a.: Instorija ėnergetičeskoj techniki. Moskau—Leningrad 1960.

folgerungen über die Entwicklung des wissenschaftlich-technischen Fortschritts auf dem betreffenden Gebiet ziehen. So legt beispielsweise das Verhältnis $\frac{dT}{dt} > \frac{dP}{dt} > \frac{dS}{dt}$ den Gedanken nahe, daß die Entwicklung des betreffenden Wissenschaftszweiges hinter den Bedürfnissen der Technik zurückgeblieben ist, weswegen das schnelle quantitative Wachstum der Technik nicht mit einer ebenso schnellen Verbesserung der quantitativen Kennziffern der Produktion einhergeht (Selbstkosten, Produktivität, Qualität der geförderten Kohle usw.).

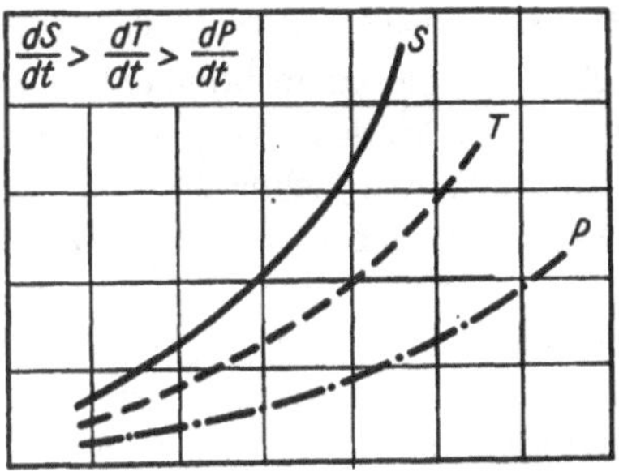

Abb. 16. Triade Wissenschaft (S) — Technik (T) — Produktion (P)

Für die gegenwärtige Entwicklungsetappe der Sowjetwissenschaft ist die optimalste Korrelation[18]:

$$\frac{dS}{dt} > \frac{dT}{dt} > \frac{dP}{dt}.$$

In diesem Sinne erklärte auf der Allunionsberatung der Wissenschaftler im Kreml (1961) M. V. Keldyš: „In der neuen historischen Etappe, in der entscheidenden Phase des ökonomischen Wettbewerbs mit dem kapitalistischen System ist es notwendig, daß sich unsere Technik schneller entwickelt als die Schwerindustrie und daß die Naturwissenschaften, die die prinzipielle Grundlage des technischen Fortschritts und die Hauptquelle der bedeutendsten technischen Ideen darstellen, das Entwicklungstempo der Technik überflügeln.“[19] Noch dramatischer brachte A. N. Kossygin diesen Gedanken in seiner Rede zum Ausdruck: „Bei aller Kompliziertheit und Mannigfaltigkeit der Wechselbeziehungen zwischen Wissen-

18 Diese darf nicht als unbedingte Forderung verstanden werden, die Ableitung zu nehmen. Sie erklärt nur das Verhältnis bestimmter beliebig zulässiger Veränderungsgeschwindigkeiten der drei Größen P—T—S zueinander.

19 Vsesojuznoe soveščanie naučnych rabotnikov (stenogrammy, materialy). Moskau 1961, S. 15.

schaft und Technik einerseits und materieller Produktion andererseits erfordert eine allseitige Entwicklung der materiellen Produktion offensichtlich, daß das Entwicklungstempo der Technik das Wachstumstempo der Produktion überflügelt und sich die Wissenschaft schneller als die Technik entwickeln muß."[20]

Das Verhältnis der Wachstumsgeschwindigkeiten, das als ein gewisses allgemeines Kriterium der Wissenschaftspolitik betrachtet wird, kann natürlich nur im Rahmen informationeller Modelle der wissenschaftlich-technischen Entwicklung gelten, aus denen es auch gewonnen wurde. Es läßt sich zeigen, daß im Rahmen von ökonomischen Modellen (in der gegebenen Etappe der Politik hinsichtlich Wissenschaft und Technik) eine schnellere Entwicklung der Glieder vorzuziehen ist, in denen die Verwirklichung der von der Wissenschaft erschlossenen Möglichkeiten erfolgt. Und in bezug auf organisatorische und soziale Modelle des Systems ist die Forderung gerechtfertigt, daß die wissenschaftliche, die technische und die produktionsmäßige Komponente des Systems in gleichem Tempo vervollkommnet wird und ein gleich hohes Niveau besitzt.

Dieses wichtige Prinzip und seine etwas ungewöhnliche Interpretation mit Hilfe eines Systems von Ableitungen sind tief begründet. „Die Wissenschaft", bemerkte J. D. BERNAL, „muß als die zweite Ableitung des Gesamtprodukts angesehen werden. Die tatsächliche Erzeugung kann als Ausgangsmaß bei den Überlegungen über die Finanzierung der Wissenschaft dienen. Die Erweiterung oder Verbesserung der Produktion mit gewöhnlichen technischen Methoden ist die erste Ableitung. Sie stellt die Geschwindigkeit bei der Veränderung der existierenden Produktionsprozesse dar. Die zweite Ableitung — die Geschwindigkeit der Veränderung der ersten — ist genau das, was die Wissenschaft produziert."[21]

Einen interessanten Gedanken zur Entwicklung der dargestellten Konzeption hat der sowjetische Wissenschaftswissenschaftler B. G. KUZNECOV beigetragen.[22] Ausgehend von dem Prinzip, daß sich die optimale Produktionsstruktur durch eine steigende Produktivität der gesellschaftlichen Arbeit P auszeichnen muß, muß die erste Ableitung von P im Falle des Fortschritts positiv sein:

$$\frac{\mathrm{d}P}{\mathrm{d}t} > 0 .$$

Die geplante Einsparung muß gewährleisten, daß die Geschwindigkeit ständig zunimmt $\frac{\mathrm{d}^2P}{\mathrm{d}t^2} > 0$. Diese zweite Ableitung wird durch den Gesamtnutzen des

20 Ebenda, S. 33.

21 The Science of Science. Society in a technological age. London 1964, S. 274.

22 Vgl. B. G. KUZNECOV: Fizika vysokich ėnergij i narodno-chozjajstvennye prognozy (Vortrag auf dem wissenschaftlichen Symposium „Metodologičeskie problemy dolgosročnogo ėkonomičeskogo prognozirovanija"). Moskau 1966. Vgl. auch ders.: Fizika i ėkonomika. Moskau 1967.

technischen Fortschritts und der angewandten Forschungen gewährleistet. Die fundamentalen Zweige der Wissenschaft nun haben die Tendenz zur ständigen Beschleunigung dieses Fortschritts zu sichern (dritte Ableitung):

$$\frac{d^3P}{dt^3} > 0 .$$

Entsprechend der Gesamttendenz des wissenschaftlich-technischen Fortschritts hängt die Entwicklung der Produktion und der Technik immer direkter von den höheren Ableitungen ab. Diese gesetzmäßige Forderung des Lebens (eine Bedingung des Fortschritts) wird durch das intellektuelle Potential der Wissenschaft befriedigt, das sich aus der Lösung fundamentaler wissenschaftlicher Probleme ergibt. „Die optimale Struktur der Volkswirtschaft", schreibt B. G. Kuznecov, „ist eine Struktur, die nicht einen maximalen Wert P liefert, sondern einen maximalen Wert der Ableitungen $P, \dot{P}, \ddot{P}, \dddot{P}$".

Wir lassen zunächst den möglichen Fall außer acht, daß der Wert dieser Funktion Null ist; er tritt ein, wenn bei irgendeinem Schritt sich die Geschwindigkeit der Veränderung von P stabilisieren und die nächste Ableitung gleich Null sein würde.[23] Wichtig ist für uns an dieser Stelle die Idee an sich, der Versuch nämlich, die Wissenschaft in die Struktur eines umfassenderen Systems höherer Ebene einzubeziehen.

Die angeführte Analyse erlaubt es offenbar, als eine allgemeine Gesetzmäßigkeit des wissenschaftlich-technischen Fortschritts folgende Aussage zu formulieren[24]: Je höher die Ordnung der Ableitung ist, auf deren Größe ein Forschungsergebnis einwirkt, desto schwieriger ist es, von heutigen Positionen aus seinen zukünftigen ökonomischen Nutzen zu bestimmen, aber desto tiefgreifender und bedeutender ist ein solcher Nutzen auf längere Sicht.

Daß das Verhältnis zwischen dem Entwicklungstempo der Wissenschaft, der Technik und der Produktion in der dargelegten Weise untersucht wird, ist durch die außerordentlich große Bedeutung bedingt, die den grundlegenden Naturwissenschaften für den gesamten wissenschaftlich-technischen Fortschritt zukommt. Wissenschaftswissenschaftler haben auf die Analogie zwischen der Funktion, die das Wachstumstempo der Anzahl der wissenschaftlichen Arbeiten beschreibt, und den Gleichungen der autokatalytischen Reaktionen in der Chemie hingewiesen. Bei diesen Reaktionen bilden sich bekanntlich im Prozeß der Katalyse selbst Reagenzien, die im weiteren Verlauf der Reaktionen ihrerseits die Rolle

23 Man kann diese Schwierigkeiten vermeiden, wenn man die Struktur der Zielfunktion vervollkommnet: $P, \dot{P}, \ddot{P}, \dddot{P}$. Das ist auch deswegen nötig, weil sie in der vorgeschlagenen allgemeinen Form nicht für unmittelbare Berechnungen bestimmt ist.

24 Vgl. G. Ė. Vlėduc/V. V. Nalimov/N. I. Stjažkin: Naučnaja i techničeskaja informacija kak odna iz zadač kibernetiki.

eines Katalysators spielen. Diese Ähnlichkeit trägt nicht nur äußerlichen, formalen Charakter. Die Wissenschaft (insbesondere die Grundlagenforschung) und der wissenschaftlich-technische Fortschritt insgesamt besitzen die Eigenschaft, Probleme, Bedürfnisse und neue Möglichkeiten hervorzubringen, die zur Erweiterung der Forschungen sowie zur Beschleunigung des allgemeinen Verlaufs der wissenschaftlich-technischen Entwicklung anregen.

Die praktischen Möglichkeiten, die sich im Ergebnis der wissenschaftlichen Forschungen ergeben und in den Anwendungsgebieten (Technik, Landwirtschaft, Medizin usw.) realisiert werden, bringen selbst eine Vielzahl neuer Fakten hervor, die ihrerseits wieder erforscht werden müssen.

Ein anschauliches Beispiel dafür sind die Polymere und Monomere in der Chemie, die nicht nur in der organischen Chemie, in der chemischen Technologie und im Chemieanlagenbau ganz neue wissenschaftliche Forschungsgebiete ins Leben gerufen haben; in der technischen Mechanik entstand eine Richtung, die die physikalisch-mechanischen Eigenschaften von Plaststoffen untersucht, in der Medizin eine Richtung, welche Untersuchungen über die Verträglichkeit von Plasten mit Geweben des lebenden Organismus anstellt usw.

Diese autokatalytische Eigenschaft naturwissenschaftlicher Forschungen kann man als eine weitere Ursache für die beschleunigte Wissenschaftsentwicklung insgesamt betrachten. Diese Eigenschaft beeinflußte jedoch in den verschiedenen Entwicklungsperioden der einzelnen Wissenschaften deren Entwicklung in unterschiedlichem Maße.

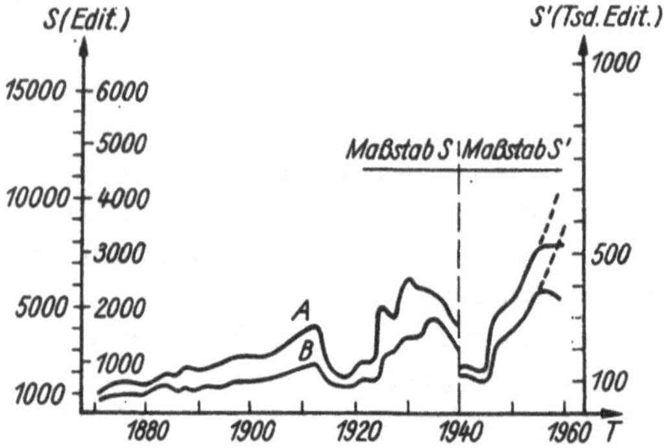

Abb. 17. Zahlenmäßige Zunahme der wissenschaftlichen Publikationen auf dem Gebiet der Mathematik

A — Anzahl der Referate in allen Zweigen der Mathematik einschließlich der mathematischen Physik („Mathematical Review"); B — Anzahl der spezifisch mathematischen Arbeiten (ohne Arbeiten der angewandten Mathematik, Methodologie, Geschichte und Pädagogik der Mathematik)

Eine Analyse von J. FOLTA und L. NOVY über die Entwicklung der mathematischen Forschungen (international von 1870 bis 1960) ergab[25] (Abbildung 17.):

Dieses Diagramm weist neben Ähnlichkeiten mit den oben besprochenen Diagrammen auch einen wesentlichen Unterschied auf. Er besteht darin, daß die Charakteristika für das Wachstumstempo der mathematischen Forschungen in zwei deutlich voneinander unterschiedene Gruppen zerfallen. Bis zum zweiten Weltkrieg verdoppelte sich die Anzahl der wissenschaftlichen Arbeiten ungefähr alle 25 Jahre, in den folgenden Jahren vollzog sich dieser Prozeß in annähernd 12 Jahren. Gegenwärtig ist die Mathematik unvergleichlich enger mit den Erfordernissen der Praxis verbunden, und das hat sich auf den wissenschaftlich-technischen Fortschritt äußerst günstig ausgewirkt (die Mathematik begann in vielen Wissenschaften umfassend und wahrnehmbar als „Katalysator" zu wirken). Dies ist auch von Vorteil für das Entwicklungstempo der mathematischen Wissenschaft selbst gewesen.

Noch vielgestaltiger stellt sich der Charakter der Entwicklung wissenschaftlicher Forschungen dar, wenn wir von einzelnen Wissenschaftszweigen zur Untersuchung der Forschungsdynamik bei konkreten Problemen übergehen. Auf den Abbildungen 18 und 19 sind Daten über das Wachstum der Anzahl wissenschaftlicher Arbeiten auf den Gebieten der Thermophysik[26] und der Quantenelektronik[27] dargestellt.

Im ersten Fall beobachten wir ein ziemlich gleichmäßiges Anwachsen der An-

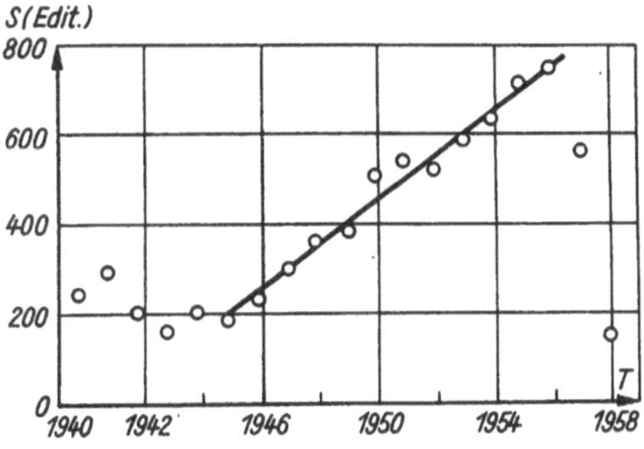

Abb. 18. Anzahl der veröffentlichten Arbeiten über die thermophysikalischen Eigenschaften der Stoffe (10000 Publikationen im Zeitraum von 1940 bis 1958)

25 Vgl. J. FOLTA/L. NOVY: Sur la question des méthodes quantitatives dans l'histoire des mathématiques. In: Acta historiae naturalium nec non technicarum. Prag 1965; Analiz tendencij i prognozirovanie naučno-techničeskogo progressa. Kiev 1967.

26 Vgl. Naučno-techničeskaja informacija. 1962, Nr. 11.

27 Vgl. I. MALECKI/E. OLSZEWSKI: Some Regularities of the Development of Science in the Twentieth Century, S. 198.

zahl der Forschungsarbeiten: Sie verdoppeln sich jeweils alle 7 Jahre. Das zeugt einerseits von der großen Aktualität der Forschungen, die zahlenmäßig doppelt so schnell wie die der Physik insgesamt zunehmen. Andererseits zeigen diese Daten, daß in bezug auf die Lösungsmethoden und Lösungsprinzipien des betreffenden Problems, aber auch im Hinblick auf die Triebkräfte derartiger Forschungen keine wesentlichen Veränderungen vor sich gegangen sind.

Im zweiten Fall erkennen wir ein ganz anderes Bild: eine stürmisch zunehmende Anzahl der Arbeiten im Zeitraum von 1947 bis 1955 (der Zeitraum der Verdopplung beträgt zwei Jahre), danach aber — unmittelbar nach der Herstellung der ersten Gasquantengeneratoren (Maser) — eine merkliche Abnahme der Publikationszahl. I. MALECKI und E. OLSZEWSKI[28] erklären das damit, daß in der Periode, die der Herstellung der Maser vorausgegangen ist, im internationalen Maßstab eine Vielzahl von Forschungen parallel betrieben wurde. Man kann jedoch vermuten, daß sich der Abfall des letzten Astes der Kurve nicht nur aus einer Abnahme der Anzahl parallel betriebener Forschungsarbeiten, sondern auch durch die Geheimhaltung der Ergebnisse dieser nach 1955 als besonders aussichtsreich angesehenen Problematik erklärt. Möglicherweise hat sich der Umstand, daß hier Daten aus jüngster Zeit analysiert worden sind, auf den Charakter dieses Abschnitts ausgewirkt. In diesem Fall konnte sich der neue und zielgerichtet orientierte Informationsstrom über die wissenschaftlichen Forschungen noch nicht in der Statistik widerspiegeln.

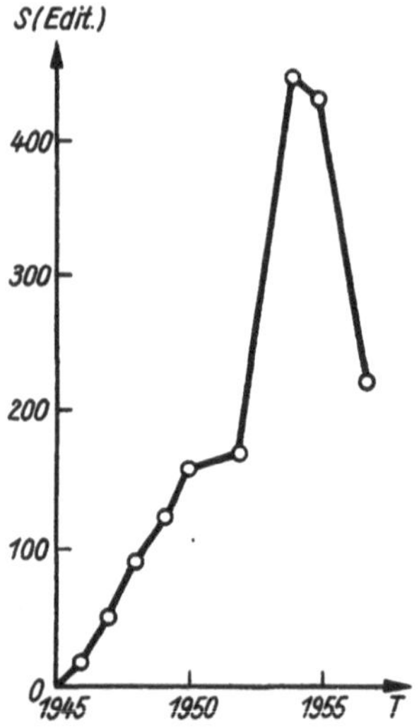

Abb. 19. Anzahl der Publikationen zu Fragen der Quantenelektronik

28 Vgl. ebenda.

Wir haben diese Beispiele aus der modernen Geschichte der Mathematik und der Physik nicht zufällig ausgewählt. Sie können, so scheint uns, den folgenden charakteristischen Wesenszug der Wissenschaftsentwicklung in der Epoche der modernen wissenschaftlich-technischen Revolution deutlich machen: Die allgemeine Beschleunigung des Entwicklungstempos der Wissenschaft ist sowohl mit den zunehmenden und sich verändernden Erfordernissen der Produktion als auch mit einer Verstärkung der Rückkopplung zwischen wissenschaftlicher Forschung und Praxis eng verbunden; es liegt eine wechselseitige Bedingtheit vor.

Der erste Umstand kommt deutlich darin zum Ausdruck, daß in der modernen Produktion nicht nur Transport-, technologische und energetischen Funktionen mechanisiert und automatisiert werden, sondern auch Kontroll- und Lenkungsfunktionen, ja in einer Reihe von Fällen auch logische Funktionen, die früher ausschließlich vom Menschen ausgeübt wurden.[29] Als in der Produktion noch Maschinen und technologische Prozesse vorherrschten, die auf relativ einfachen mechanischen sowie physikalischen Gesetzen beruhten, konnten die Aufgaben, eine neue Technik zu schaffen und zu entwickeln, gelöst werden, indem man sich weitgehend auf die praktischen Fertigkeiten und die Intuition der Ingenieure und Techniker stützte. Unter den gegenwärtigen Bedingungen aber verlangt die praktische Anwendung des überaus komplizierten Komplexes physikalisch-chemischer, energetischer und informationeller Prozesse die zielgerichtete und aktive Einwirkung der Wissenschaft unmittelbar auf den Funktions- und Entwicklungsprozeß der Produktion.

Der zweite der obengenannten Umstände äußert sich immer augenfälliger darin, daß eine enge Wechselbeziehung, Annäherung und gegenseitige Durchdringung zwischen Produktionspraxis, Projektierungs- und Konstruktionsarbeiten, angewandter Forschung und Grundlagenforschung auf dem Gebiet der Naturwissenschaften entstehen. Diese allgemeine Tendenz wird mitunter als vertikale Integration der Wissenschaften bezeichnet.

Zugleich wirkt im heutigen wissenschaftlich-technischen Fortschritt auch eine andere enorm wichtige Tendenz — die Wechselwirkung zwischen den Wissenschaften.

2. Der Mechanismus der Wechselwirkung der Wissenschaften

Im allgemeinen gesetzmäßigen Entwicklungsgang der Wissenschaft müssen wir zwei eng miteinander verbundene Aspekte deutlich unterscheiden: jene Seiten und gesetzmäßigen Zusammenhänge, die sich auf ihr Verhältnis zur Praxis, zur

29 Vgl. A. A. Zvorykin: Nauka, proizvodstvo, trud. Moskau 1965.

Produktion und zur Technik, beziehen, und jene Seiten und gesetzmäßigen Zusammenhänge, welche die innere Logik der Entwicklung der wissenschaftlichen Erkenntnis betreffen.[30]

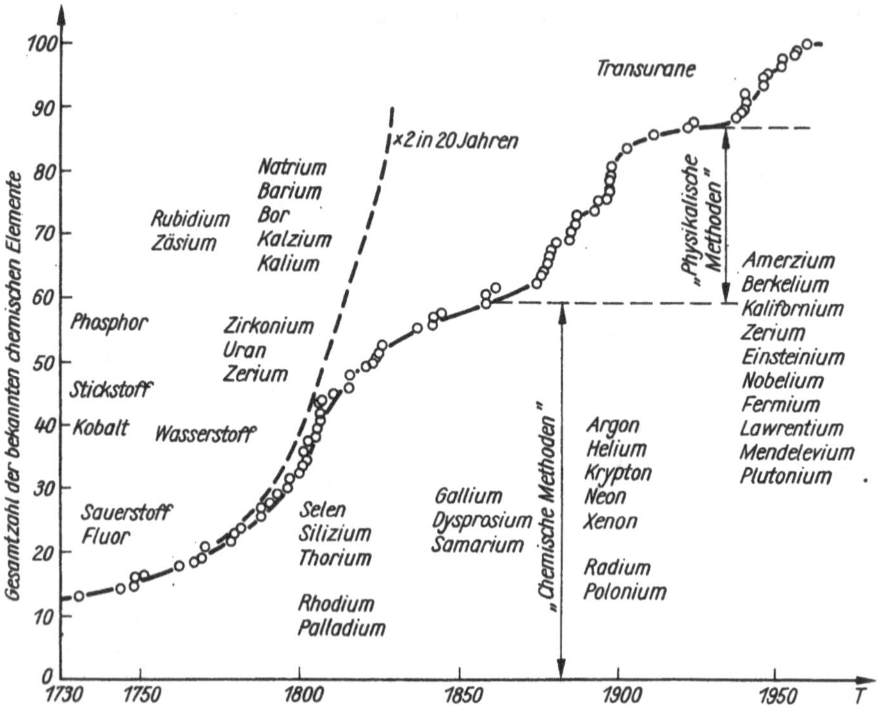

Abb. 20. Tempo der Entdeckung chemischer Elemente

Den ersten Aspekt haben wir bereits wiederholt erörtert; betrachten wir nun den zweiten Aspekt und seinen gesetzmäßigen Zusammenhang mit dem ersten.

Weder die Wissenschaft als System von Erkenntnissen noch die einzelnen Wissenschaftsdisziplinen entwickeln sich im Sinne eines linearen Fortschritts, sondern eher einer komplizierten Kurve. Perioden stürmischer Entwicklung folgen auf Perioden einer gewissen Stagnation. Offensichtlich hängt diese Ungleichmäßigkeit der allgemeinen Entwicklung mit dem dialektischen Prozeß des Übergangs von der quantitativen Anhäufung neuer Fakten, Erfahrungen, Methoden usw. zu qualitativen Veränderungen im Inhalt der Wissenschaft selbst zusammen. Ein anschauliches Beispiel dafür liefert die Chemie. Benutzt man als Kennziffer

30 Vgl. B. M. KEDROV: Zakonomernosti razvitija nauki, a. a. O., S. 179.

das Tempo, mit dem neue chemische Elemente entdeckt wurden, so läßt sich die historische Entwicklung dieser Wissenschaft von 1730 bis 1952 mit Hilfe des Diagramms (Abbildung 20) darstellen.[31]

In diesem Diagramm ist besonders die Periode der siebziger Jahre des 19. Jahrhunderts zu beachten: Sie brachte einen merklichen Aufschwung des Entwicklungstempos der Chemie, das sich zuvor verlangsamt hatte. In diesen Jahren wurde das periodische System der chemischen Elemente entdeckt (1869), es wirkte eine ganze Plejade weltbekannter Chemiker, und schließlich entstanden in der Chemie neue Forschungsmethoden, die nicht nur auf die chemischen, sondern auch auf die physikalischen Eigenschaften der Elemente und Stoffe gerichtet waren. Ein ähnlicher Umschwung läßt sich in den vierziger Jahren des 20. Jahrhunderts feststellen, als neue Vorstellungen von der Struktur der Materie und höchst leistungsfähige neue technische Forschungsmittel einen Aufschwung bewirkten.

Um den allgemeinen Verlauf der Wissenschaftsentwicklung zu verstehen, muß man auch beachten,[32] daß im 18. und auch noch im 19. Jahrhundert ein Objektbereich der realen Welt in der Regel durch einen Wissenschaftszweig erforscht wurde. In unserem Jahrhundert dagegen wird ein und derselbe Objektbereich kennzeichnenderweise immer häufiger durch einen ganzen Komplex von Wissenschaften untersucht. Gleichzeitig wächst die Bedeutung der „Querschnitts-" oder Strukturwissenschaften, die mit ihren Methoden sehr verschiedenartige Objektbereiche untersuchen, die früher traditionell Forschungsobjekte sehr verschiedener „klassischer" Wissenschaftsdisziplinen waren.

Der moderne Prozeß der Differenzierung und Integration[33] der Wissenschaften hängt vor allem mit folgenden Umständen zusammen:

— Er ist typisch für die Wissenschaftsentwicklung in der Epoche der wissenschaftlich-technischen Revolution;
— er beeinflußte die Wissenschaftsentwicklung und die Methoden der Wissenschaftsorganisation;
— er fördert einige Tendenzen, die den einheitlichen Wissenschaftsprozeß negativ beeinflussen;
— es wird notwendig, die Wissenschaftsentwicklung vorauszusehen, die Richtungen für die Vervollkommnung der Wissenschaftsorganisation und die

31 Vgl. International Science and Technology, 1963, Nr. 15, S. 37.

32 Vgl. B. M. Kedrov: O dialektike sovremennogo estestvoznanija. In: Nauka i žizn', 1959, Nr. 9.

33 Strenggenommen ist der allgemein übliche Ausdruck „Integration der Wissenschaften" nicht exakt. Der damit bezeichnete Prozeß der Wechselwirkung von Wissenschaften läuft nämlich keineswegs auf eine völlige Verschmelzung vorher isolierter wissenschaftlicher Disziplinen zu einer einzigen neuen hinaus. Er bedeutet lediglich, daß zwischen diesen Disziplinen enge Beziehungen hergestellt, gemeinsame Methoden entwickelt und Ziele angestrebt werden, die für die vorher isolierten Wissenschaften gleich naheliegen.

Prinzipien für eine richtige Deutung von Wesen und Erscheinungsformen der Differenzierung und der Integration der Wissenschaften festzulegen.

Der Prozeß der Differenzierung und Integration der Wissenschaften rief verschiedene Interpretationstendenzen hervor. M. KARPOV[34] sieht in ihm (natürlich nicht ohne Grund) einen höchst wichtigen Faktor für die Beschleunigung des Entwicklungstempos der Wissenschaft. D. PRICE hingegen[35] zählt die Differenzierung der Wissenschaften und die Spezialisierung der Wissenschaftler (ebenfalls nicht ohne Grund) zu den wichtigsten Ursachen einer zukünftigen „Selbsterdrosselung" der Wissenschaften. T. KUHN, der auf prinzipiell anderen methodologischen Positionen als KARPOV und PRICE steht, zieht einen zutiefst falschen Analogieschluß, indem er die DARWINsche Entwicklung der Arten mit dem Entwicklungsprozeß wissenschaftlicher Ideen vergleicht. Seiner Meinung nach „unterscheiden sich die aufeinander folgenden Stufen dieses Prozesses durch eine immer größere Spezialisierung voneinander. Und wie die biologische Evolution vollzieht sich der gesamte Prozeß ohne ein bestimmtes Ziel. Er strebt nicht nach wissenschaftlicher Wahrheit . . ."[36]

Die zweite Tendenz (z. B. I. MALECKI und E. OLSZEWSKI)[37] zeigt sich in der Neigung, den Integrationsprozeß der Wissenschaften zu verabsolutieren. Die Spezifik und der Mechanismus des Differenzierungsprozesses werden dabei fast völlig außer acht gelassen.

Die dritte und zahlreichste Gruppe von Autoren (z. B. L. TONDL)[38] schenkt der Differenzierung und Integration zwar die gebührende Aufmerksamkeit, betrachtet diese Prozesse jedoch als mehr oder weniger selbständige Erscheinungen in der Wissenschaftsgeschichte.

Nach unserer Meinung rechtfertigt eine unvoreingenommene realisistische Analyse der Wissenschaftsentwicklung, sich entschieden gegen eine Verabsolutierung der Differenzierungserscheinungen zu wenden und sich dafür einzusetzen, daß Differenzierung und Integration als Bestandteile eines einheitlichen dialektischen Entwicklungsprozesses der Wissenschaft betrachtet werden, in dem die Integration die führende Rolle spielt.

Zur Begründung dieses Standpunktes ist es notwendig, sich um eine konkrete Analyse des Mechanismus der Wechselwirkung zwischen den Wissenschaften zu bemühen. Wir wenden uns deshalb erneut der informationstheoretischen Interpretation des Wissenschaftsprozesses zu.

34 Vgl. M. M. KARPOV: Osnovnye zakonomernosti razvitija estestvoznanija, S. 193.

35 Vgl. D. J. DE SOLLA PRICE: Science since Babylon. New Haven 1962, S. 118.

36 TH. KUHN: The Structure of Scientific Revolutions. Bd. 2. Chicago 1962.

37 Vgl. I. MALECKI/E. OLSZEWSKI: Some Regularities of the Development of Science in the Twentieth Century.

38 Vgl. L. TONDL: O vývoji a charakteristikých rysech současné vědy. In: Společnost a technická revoluce. Prag 1965, Nr. 11, S. 80—96.

In Abbildung 21 ist das einfachste Zirkulationsschema der Informationsströme in einer als isoliert vorausgesetzten Wissenschaft *S* dargestellt. *In* und *Ot* sind Input und Output des Systems *S* und verbinden das System sowohl mit den äußeren Triebkräften des wissenschaftlichen Prozesses als auch mit seiner Zielsetzung. Es sei jedoch gleich bemerkt, daß Input und Output des Systems sowohl mit materiellen als auch mit ideellen Faktoren verbunden sein können (z. B. mit Bedürfnissen und Zielen der kulturellen oder gesamtwissenschaftlichen Entwicklung).

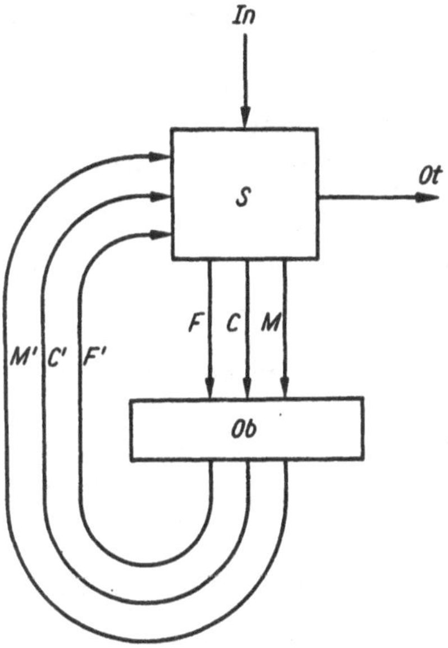

Abb. 21. Informationsströme in einer isoliert betrachteten Wissenschaft

Weiter oben haben wir die Informationsströme, die in der Wissenschaft selbst zirkulieren, in verallgemeinerter Form untersucht. Jetzt müssen wir sie detaillierter klassifizieren. Im Informationsstrom, der zum Objekt *Ob* hin und von ihm wegfließt, werden die drei wichtigsten Bestandteile unterschieden: *F* (und entsprechend *F'*) bezeichnet Informationen über Fakten, die der Wissenschaft vor (und nach) der Untersuchung des Objektes *Ob* zur Verfügung stehen; *C* (und entsprechend *C'*) bezeichnet Informationen über Konzeptionen, Ideen und Theorien, die in der Wissenschaft vor (und nach) der Untersuchung des Objektes *Ob* akzeptiert wurden; *M* (und entsprechend *M'*) bezeichnet Informationen über Methoden, technische Mittel und Verfahren, mit denen die Wissenschaft vor (und nach) der Untersuchung des Objektes *Ob* operiert hat.

Dazu ist zu bemerken, daß in den beschreibenden Wissenschaften der Informationsstrom F' die größte Intensität aufweist, in theoretischen und gut formalisierten Wissenschaften der Informationsstrom C' und in experimentellen und angewandten Wissenschaften die Informationsströme M' und F'.

Die Intensität der Informationsströme insgesamt und ihrer einzelnen Bestandteile ist historisch bedingt. In den verschiedenen Entwicklungsstadien einer Wissenschaft kommt jeweils der ersten, zweiten oder dritten Komponente des allgemeinen Informationsstroms oder deren Kombinationen die entscheidende Bedeutung für den Fortschritt dieser Wissenschaft zu. Das läßt sich durch zahlreiche Beispiele belegen. Ein sehr anschauliches Beispiel sind die obenangeführten Daten über das Entwicklungstempo der Chemie. Der prinzipiell unerschöpfliche Reichtum an Eigenschaften der von der Wissenschaft erforschten realen Objekte ist die Grundvoraussetzung für die historische Unerschöpflichkeit der wissenschaftlichen Informationen. Die vielfältigen und ständig wachsenden Anforderungen des praktischen Lebens an die Wissenschaft stellen die Haupttriebkraft für die Intensivierung und Komplizierung der wissenschaftlichen Informationsströme dar.

Dieser Prozeß insgesamt besitzt einen zutiefst dialektischen Charakter. In ihm sind Widersprüche ständig existent, die in dem Maße, wie sich die Wissenschaft entwickelt, überwunden werden:

a) zwischen dem Bedürfnis nach neuen Fakten und den Methoden (vorhandenen Mitteln) der Faktengewinnung;
b) zwischen den Möglichkeiten, die sich aus den neu geschaffenen Forschungsmitteln ergeben, und den Konzeptionen, Theorien und Ideen der betreffenden Wissenschaft, die unter den Bedingungen anderer Methoden und Mittel des Wissenschaftsprozesses entwickelt worden sind;
c) zwischen den von der Wissenschaft angehäuften Fakten einerseits und den Möglichkeiten, diese Informationen zu verarbeiten (zu analysieren, zu verallgemeinern, zu entwickeln), andererseits;
d) zwischen den von der Wissenschaft neu festgestellten Fakten und Erscheinungen und den Möglichkeiten, sie auf der Grundlage der von der betreffenden Wissenschaft erarbeiteten Konzeptionen, Theorien und Ideen zu erklären, zu deuten, anzuwenden usw.

In welcher Form diese Widersprüche überwunden werden können und welche Bedeutung die im Ergebnis dieser Überwindung neu entstehenden Faktoren für die weitere Entwicklung der Wissenschaft besitzen, ist natürlich in erster Linie von den inhaltlichen (und nicht spezifisch informationellen) Charakteristika der Wissenschaft abhängig. Daraus erwächst auch die unterschiedliche Bedeutung der verschiedenen Typen von Widersprüchen für den dialektischen Entwicklungsprozeß der Wissenschaft. So tritt beispielsweise der von uns zuletzt genannte Widerspruch in der gesamten Entwicklungsgeschichte der Wissenschaft in Erscheinung. Die unter b) und c) genannten Widersprüche begannen sich dagegen erst in der gegenwärtigen Periode des wissenschaftlich-technischen Fortschritts spürbar auszuwirken.

Alle diese Widersprüche zusammengenommen führen von Zeit zu Zeit eine radikale Veränderung des gesamten Profils einer wissenschaftlichen Disziplin herbei. Man spricht in diesem Zusammenhang mit Recht von einer Revolution in der betreffenden Wissenschaft. Es verkürzen sich die Zeitabschnitte zwischen solchen radikalen Veränderungen deutlich, die Entwicklungszyklen der meisten Wissenschaften werden kürzer. Die gesetzmäßige zeitliche Verkürzung der Entwicklungszyklen eben führt zur wissenschaftlichen Revolution.

Das zeitliche Zusammenfallen grundlegender Veränderungen in den einzelnen Wissenschaften trägt keineswegs Zufallscharakter, sondern hier liegt eine Wechselwirkung zwischen den Wissenschaften vor. Das ursächlich gesetzmäßige und ständig zunehmende Bedürfnis nach Wechselwirkung zwischen den Wissenschaften gründet sich prinzipiell auf die materielle Einheit der Natur: Zwischen den Objekten, die von den verschiedenen Wissenschaften erforscht werden, existiert ein (deutlich oder weniger deutlich ausgeprägter) Kausalzusammenhang, und die einzelnen, von unterschiedlichen wissenschaftlichen Disziplinen erforschten Seiten ein und desselben Objekts spiegeln natürlich nur einen Teil des einheitlichen Komplexes von Eigenschaften wider, die dem Objekt eigen sind. In dem Maße, wie sich unsere Kenntnisse über die reale, objektiv existierende Welt und über die sie erforschenden Wissenschaften erweitern und vertiefen, wird eine zunehmend aktive und bewußt organisierte Wechselwirkung zwischen den verschiedenen Wissenschaften immer notwendiger.

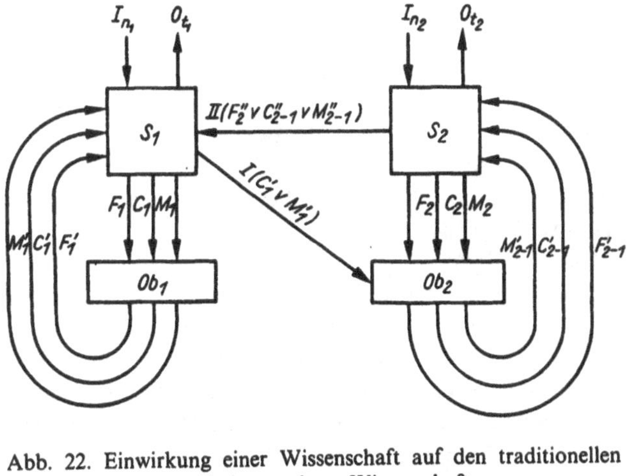

Abb. 22. Einwirkung einer Wissenschaft auf den traditionellen Forschungsgegenstand einer anderen Wissenschaft

Man kann drei prinzipiell verschiedene Strukturtypen des Mechanismus der Wechselwirkung zwischen den Wissenschaften unterscheiden.

A. *Die Einwirkung einer Wissenschaft auf den traditionellen Forschungsgegenstand einer anderen Wissenschaft* (Abbildung 22). Gegeben seien zwei relativ isolierte Systeme — die Wissenschaften S_1 und S_2. Unter dem Einfluß der neuen Anforderungen, die das Leben stellt und die als „Input" in das System I_{n2} eingehen, aber auch im Zusammenhang mit den Schwierigkeiten, die bei der Lösung der inneren Widersprüche des Systems S_2 entstanden sind, beginnt die Wissenschaft S_2, nachdem sie auf die in der Wissenschaft S_1 vorhandenen (oder sich neu ergebenden) Möglichkeiten aufmerksam geworden ist, von einem bestimmten Zeitpunkt an Informationen aus dem System S_1 für die Erforschung ihres traditionellen Objekts Ob heranzuziehen.

In dem neu entstandenen Informationsstrom I spielen die Daten über die in der Wissenschaft S_1 erprobten und bewährten Ideen und Konzeptionen C_1' oder (und) die Daten über die Methoden und Mittel des wissenschaftlichen Prozesses M_1' in der Regel eine besonders wichtige Rolle. Bei der schöpferischen Anwendung dieser neuen Möglichkeiten auf die Erforschung des Objekts Ob_2 werden die Methoden der Wissenschaft S_2 (Informationsstrom M_{2-1}') selbst wesentlich verändert, werden ihre Konzeptionen, Theorien und Ideen (Informationsstrom C_{2-1}') bedeutend bereichert sowie erneuert, und es erweitert sich der Kreis der Fakten und Erscheinungen (Informationsstrom F_{2-1}'), die Untersuchungsgegenstand der Wissenschaft S_2 sind.

Die Verarbeitung dieser Informationsströme im System S_2 ermöglicht nicht nur eine wesentliche Veränderung der qualitativen und quantitativen Charakteristika im „Output" Ot_2, sondern erzeugt auch einen Rückfluß der Informationen II zur Wissenschaft S_1. Dieser Informationsstrom enthält im allgemeinen sowohl neue Fakten F_2'' als auch (oder) neue Konzeptionen C_{2-1}'' als auch (oder) neue Methoden M_{2-1}''. Aufnahme und Verarbeitung dieses Informationsstroms können ihrerseits zur Bereicherung des Systems S_1 und zur Verbesserung seiner Charakteristika im „Output" Ot_1 beitragen.

Nehmen wir einen konkreten, schon fast zum Schulbeispiel gewordenen Mechanismus der Wechselwirkung zwischen den Wissenschaften — die Biochemie. Die Rolle des Systems S_1 spielte in diesem Fall am Ende des 19. Jahrhunderts die Chemie, die Rolle des Systems S_2 die Biologie mit ihrem spezifischen Untersuchungsgegenstand, der lebenden Natur. Im Informationsstrom I überwogen anfangs die Informationen über chemische Methoden und Mittel des wissenschaftlichen Prozesses (M_1'); später fanden dann Daten über chemische Gesetze und allgemeinere chemische Konzeptionen ihren Platz. Aus der Wechselwirkung mit der Biologie gewann die Chemie (Informationsstrom II) ihrerseits sehr nützliche Fakten (F_2'') und Vorstellungen (C_{2-1}'') über die Spezifik des Verlaufs der chemischen Reaktionen im lebenden Organismus sowie Anregungen zur Vervollkommnung einer Reihe von chemischen Forschungsmethoden (M''_{2-1}).

In dem Maße, wie sich diese interdisziplinäre Wechselwirkung verstärkte, nahm die Intensität der Informationsströme I und II zu. Ihre Struktur entwickelte sich und wurde komplizierter, ihre Richtung bildete sich heraus. Die Verarbeitung dieser Informationen durch den Menschen wurde so kompliziert, speziell und aktuell, daß ein objektives Bedürfnis nach der Herausbildung eines besonderen Systems mit relativ selbständigen Inputs und Outputs, mit allen erforderlichen Informationsströmen und natürlich auch mit Menschen, die sich mit der Sammlung, Analyse und Verarbeitung dieser Informationen im Rahmen des neuen wissenschaftlichen Systems beschäftigen, entstand. Anders ausgedrückt, es vollzog sich ein historisch gesetzmäßiger Akt der Differenzierung der Wissenschaften.

Es sei bemerkt, daß die Systeme S_1 und S_2 natürlich auch während dieses Vorgangs und nach seinem Abschluß in Funktion bleiben und ihre spezifischen Aufgaben weiterhin lösen. Wie früher entstehen in ihnen viele neue Möglichkeiten und neue Bedürfnisse, keineswegs weniger als seinerzeit am Ende des 19. Jahrhunderts. Die Informationen von der klassischen Chemie und klassischen Biologie empfängt und verarbeitet jetzt eine Spezialwissenschaft, nämlich die Biochemie. Sie übt die für die Wissenschaft insgesamt lebenswichtige Funktion der Integration der beiden genannten Wissenschaften (der „Mutterwissenschaften" der Biochemie) aus.

Man könnte einwenden, daß eine solche Wissenschaft ihre Funktion nur mangelhaft erfüllt (es zeigt sich z. B. der negative Einfluß der sogenannten engen Spezialisierung). Doch das ist nicht die Schuld des gesetzmäßigen Vorgangs der Differenzierung selbst. Man muß die Ursachen vielmehr in der Unvollkommenheit des allgemeinen Zirkulationsmechanismus der Informationen suchen, weiterhin in wissenschaftlich-methodischen (möglicherweise auch methodologischen) Schwächen der Tochterwissenschaft und selbstverständlich auch auf der Ebene der Organisation und der Technik. Außerdem gibt es subjektive Gründe: Damit das neu entstandene, relativ selbständige System erfolgreich funktionieren kann, genügt es nicht, begabte Chemiker oder Biologen und energische Organisatoren der neuen Wissenschaft zu haben, man braucht vor allen Dingen begabte Biochemiker. — Die moderne Biochemie ist übrigens reich an Persönlichkeiten dieser Art, und diese spezialisierte Wissenschaft übt ihre Integrationsfunktionen im allgemeinen gut aus.

Die Ursache dafür, daß eine Reihe wissenschaftlicher Institutionen, in denen die im Ergebnis der interdisziplinären Wechselwirkung entstandenen neuen Richtungen entwickelt werden sollen, nicht effektiv arbeitet, liegt oft in der Unterschätzung des subjektiven Faktors. Insgeheim hofft man, diesen Faktor durch organisatorische und technische Maßnahmen ausgleichen zu können.

Da wir das Beispiel der Biochemie ziemlich ausführlich behandelt haben, möchten wir nur noch auf einige besonders charakteristische Fälle hinweisen.

Radioastronomie. Im Informationsstrom I, der von der Funktechnik her eintrifft, sind überwiegend Informationen über das methodische Instrumentarium enthalten, das sich für astronomische Untersuchungen eignet, es überwiegt also die Komponente M'_1; im Strom II fließen hauptsächlich Informationen (M''_{2-1}) über spezifisch notwendige Verbesserungen an den mächtigen radiotechnischen Mitteln, die für astronomische Zwecke eingesetzt werden.

Anwendung radioaktiver Isotope in der Medizin. Hierbei werden die reichen Erfahrungen verschiedener technischer Wissenschaften genutzt. Der Informationsstrom I besteht in diesem Falle fast ausschließlich aus Informationen M'_1. Der Informationsrückfluß von der Medizin, z. B. zur Radiodetektoskopie, ist unbedeutend. Es ist kaum zu erwarten, daß auf der Basis einer solchen Wechselwirkung zwischen den Wissenschaften in naher Zukunft ein relativ selbständiges wissenschaftliches System entsteht. Dies schließt die Intensivierung der Wechselwirkung zwischen der Medizin und anderen konkreten technischen Wissenschaften nicht aus (sondern setzt sie sogar voraus).

Mathematisierung der Wissenschaften. Diese Art der Wechselwirkung zwischen den Wissenschaften besitzt eine lange Tradition. Ihre heutige revolutionierende Bedeutung konnte sie jedoch so lange nicht erreichen, wie im Informationsstrom I Informationen über mathematische Methoden ohne Angaben über moderne technische Mittel für ihre Realisierung vorherrschten und dementsprechend die Mathematik selbst (S_1) die ankommenden Informationen (Informationsstrom II) über die für die betreffende Naturwissenschaft S_2 erforderlichen spezifischen Konzeptionen C''_{2-1} und Methoden M''_{2-1} nicht effektiv verarbeitete. Heute übt dieser Mathematisierungsprozeß einen außerordentlich wichtigen Einfluß nicht allein auf die Naturwissenschaften, sondern auch auf die Entwicklung einer immer größeren Anzahl Gesellschaftswissenschaften aus.

Einzug der Ideen der Kybernetik und ihrer technischen Hilfsmittel, z. B. in die Biologie. Im Informationsstrom I sind beide Elemente des Informationsstroms (C'_1 und M'_1) feststellbar. In der Perspektive kommt jedoch dem ideellen, theoretischen Wesen der Kybernetik (C'_1) offenkundig der Vorrang zu. Im Informationsstrom II wurde bei Vorhandensein (und auf der Basis) der intensivsten Elemente (F''_2 und C''_2) die Entstehung der Bionik möglich. Bei größter Intensität (und auf der Basis) der Elemente M''_{2-1} und C''_{2-1} in diesem Informationsstrom entsteht die Biometrie. Handelt es sich bei S_2 um die Ökonomie, so entsteht die Ökonometrie usw.

B. *Die Untersuchung desselben Objekts durch zwei verschiedene Wissenschaften* (Abbildung 23). Diese Situation unterscheidet sich prinzipiell von der vorigen: Das Objekt Ob_{1-2} kann für beide Systeme S_1 und S_2 gleichermaßen neu (oder gleichermaßen naheliegend) sein. Für seine Erforschung werden alle Kräfte und

Möglichkeiten der betreffenden Wissenschaften eingesetzt. Die Triebkräfte dafür, daß die Anstrengungen vieler Wissenschaften vereinigt werden, liegen meistens außerhalb der speziellen (inneren) Interessen dieser Wissenschaften. Die Initiative für die Organisation einer solchen interdisziplinären Wechselwirkung geht vor allem unmittelbar von bewußt gewordenen gesellschaftlichen Erfordernissen aus (große technische Probleme, komplexe Erforschung von größeren Objekten usw.).

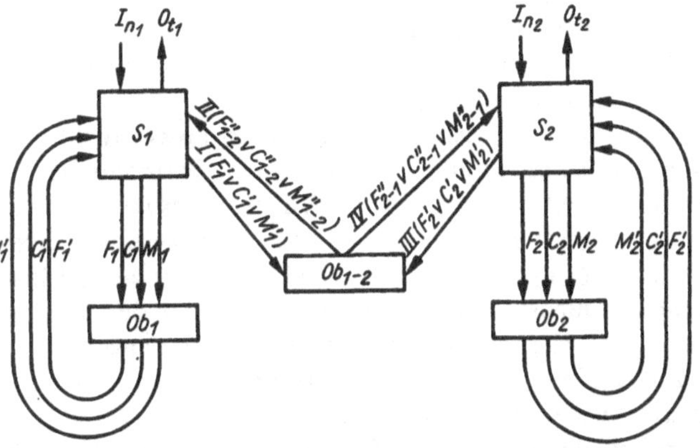

Abb. 23. Untersuchung desselben Objekts durch zwei verschiedene Wissenschaften

Ein klassisches Beispiel der Wissenschaftsgeschichte für eine solche Wechselwirkung zwischen den Wissenschaften sind die vereinten Bemühungen von Wissenschaftlern verschiedener Fachgebiete um die praktische Nutzung der Kernenergie. Ein Beispiel aus jüngerer Zeit ist die Kosmosforschung. Heute steht die internationale Wissenschaft vor der Aufgabe, die Geosphäre und die Biosphäre der Erde allseitig zu erforschen, das Problem der Krebserkrankungen und andere vielleicht nicht ganz so weitreichende, jedoch nicht minder bedeutsame Komplexprobleme zu lösen.

In diesem Zusammenhang sei bemerkt, daß die intensiven mannigfaltigen Informationsströme II und IV, die ganzen Erfahrungen, die sich die Wissenschaften im Prozeß einer solchen interdisziplinären Wechselwirkung aneignen, nicht selten eine Differenzierung, eine Verselbständigung komplexer und spezialisierter wissenschaftlicher Disziplinen (z. B. der technischen Physik) ermöglichen und notwendig machen.

Auf dieser Grundlage ist es häufig zweckmäßig, neue komplexe wissenschaftliche Institutionen zu schaffen, die über ein entwickeltes Netz spezialisierter wissenschaftlicher Unterabteilungen (Laboratorien, Konstruktionsbüros, eine

Versuchs- und Produktionsbasis usw.) verfügen. Dazu braucht man nicht nur eine bestimmte Anzahl von Fachleuten — Physiker, Mathematiker, Elektrofachleute, Mechaniker usw. —, sondern ebenfalls talentierte Organisatoren, die über ausreichende wissenschaftliche Fachkenntnisse verfügen und auch die Arbeit wissenschaftlicher Kollektive organisieren und leiten können.

Die Spezifik einer derartigen interdisziplinären Wechselwirkung besteht darin, daß sie in unvergleichlich höherem Maße als die anderen Arten der Wechselwirkung von den sozialökonomischen Faktoren beeinflußt wird, von den Möglichkeiten der einheitlichen staatlichen Planung und Leitung der Wissenschaft sowie von den realen Bedingungen für die Organisierung der Zusammenarbeit von Wissenschaftlern im internationalen Maßstab.

Dieser Fall der interdisziplinären Wechselwirkung ist ein anschauliches Beispiel für die Integration der Wissenschaften, die durch eine harmonische Verbindung vieler differenzierter und oft sehr eng spezialisierter wissenschaftlicher Richtungen erreicht wird. Dieser Umstand, ebenso aber auch die Existenz von Informationsströmen, die im Grunde einheitlich, strukturell aber höchst kompliziert und außerordentlich intensiv sind, stellen bei dieser Art der Wechselwirkung zwischen den Wissenschaften besonders hohe Anforderungen an die Vervollkommnung des Zirkulationsmechanismus der wissenschaftlich-technischen Informationen. Es ist errechnet worden,[39] daß durch die optimale Ausnutzung der notwendigen und im Prinzip vorhandenen Informationen in solchen Fällen durchschnittlich 60% der Ausgaben für wissenschaftliche Forschungsarbeiten eingespart, die Frist für die Lösung wissenschaftlicher Probleme um zwei bis drei Jahre verkürzt und die für technische Entwicklungen erforderliche Zeit sogar um mehr als die Hälfte verringert werden kann. Diese Zahlen gewinnen noch an Bedeutung, wenn man in Betracht zieht, daß mehr als die Hälfte aller Wissenschaftler und aller materiellen Ressourcen der modernen Wissenschaft in interdisziplinäre Wechselwirkungen dieser Art einbezogen ist.

C. *Die Untersuchung der Ergebnisse einer Wissenschaft mit Methoden und Mitteln einer anderen Wissenschaft* (Abbildung 24). Dieser Fall interdisziplinärer Wechselwirkung tritt zwar nicht so häufig auf wie die beiden vorher genannten Arten, ist aber äußerst charakteristisch, besonders für die moderne Wissenschaft und ihre sich heute abzeichnenden Entwicklungstendenzen.

Am kennzeichnendsten ist hier, daß eine bestimmte Wissenschaft S_m die Gesamtheit (oder einen Teil) der Informationen über eine andere Wissenschaft S_i unmittelbar untersucht.[40]

39 Vgl. L. Říha: Efektivnost vytáření vědeckotechnického pokroku. In: Planováné hospodářství, 1964, Nr. 1, S. 44—52.

40 Wir möchten darauf hinweisen, daß im vorliegenden Falle i größer sein kann (mehrere zu untersuchende Systeme), während $m = 1$ ist.

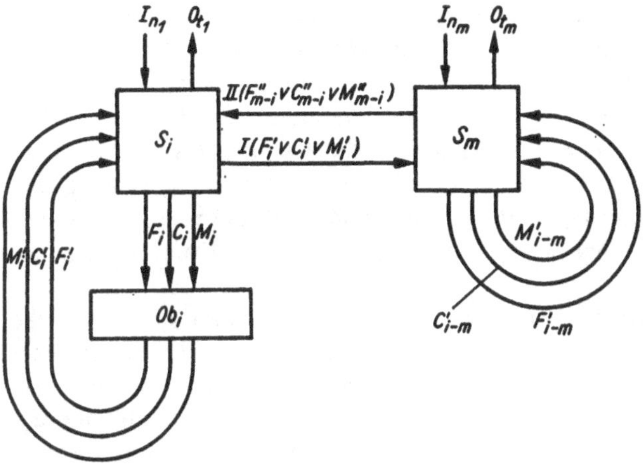

Abb. 24. Untersuchung der Ergebnisse einer Wissenschaft mit Methoden und Mitteln einer anderen Wissenschaft

Außer Objekten des Typs S_i und außer sich selbst[41] besitzt die betreffende Wissenschaft S_m keine weiteren Untersuchungsgegenstände. Mit anderen Worten: Die Informationen über irgendeinen Teil der real existierenden, objektiven Welt erreichen das System S_m — vermittelt durch das System S_i (oder eine Summe derartiger Systeme) — in Gestalt des Informationsstroms I. Auf spezifische Weise verarbeitet, fließen diese Informationen sowohl zum Output des Systems $S_m(Ot_m)$ als auch zurück zum System S_i (Informationsstrom II) und werden dort verwertet.

Der deutlich ausgeprägte Integrationscharakter einer solchen Wechselwirkung zwischen den Wissenschaften ist offensichtlich. Die Informationsströme, die von einer beträchtlichen Anzahl von Wissenschaften S_i ausgehen, werden von einer einzigen Wissenschaft S_m verarbeitet (gesammelt, analysiert und verallgemeinert). Die konkreten Erscheinungsformen einer solchen interdisziplinären Wechselwirkung sind verschieden.

In bestimmten Fällen steht die Wissenschaft S_m durch eine abstrahierende Untersuchung der Informationen über allgemeine oder analoge Eigenschaften verschiedener Objekte Ob_i mit den Wissenschaften S_i in Wechselwirkung. Auf die Erkenntnis der Voraussetzungen dieser Wechselwirkung bezieht sich LENINS bekannte Feststellung: „Die Einheit der Natur zeigt sich in der ‚überraschendsten Analogie' der Differentialgleichungen auf den verschiedenen Erscheinungsgebieten."[42]

41 Siehe die Schleife der Selbstverknüpfung, durch die die Informationsströme F'_{i-m}, C'_{i-m}, M'_{i-m} fließen.

42 W. I. LENIN: Materialismus und Empiriokritizismus. In: LW, Bd. 14. Berlin 1962, S. 290.

Ein bekanntes Beispiel für die Ausnutzung dieser „überraschendsten Analogie“ ist die *Schwingungstheorie*, in der die Mechanik, die Elektrotechnik, die Akustik, die Funktechnik, die Hydraulik und einige andere Wissenschaften die Rolle des Systems S_i spielen. Dabei herrscht im Informationsstrom I das Element C_i' vor, hauptsächlich jener Teil dieses Elements, der die Gesetzmäßigkeiten betrifft, denen die Schwingungen verschiedener materieller Objekte in unterschiedlichen Medien unterliegen. Dementsprechend bringt auch der Informationsstrom II in erster Linie Informationen vom Typ C''_{m-i} und M''_{m-i} (Konzeptionen und Methoden) zum System S_i.

Ganz offensichtlich besitzt auch die allgemeine Informationssituation bei einer solchen Wechselwirkung zwischen den Wissenschaften ihre spezifischen Besonderheiten: Eine große Anzahl von Informationsströmen fließt von verschiedenen Wissenschaften weg (und zu ihnen hin); die Konzeptionen und Methoden des Systems S_m tragen viel dazu bei, die Informationsschwierigkeiten in allen Wissenschaften zu überwinden, die in Wechselwirkung stehen.

Das wird am Beispiel der Informationstheorie deutlich sichtbar. Hier enthält der Informationsstrom II bereits alle drei Hauptbestandteile. Die Informationstheorie abstrahiert in der Regel nicht nur von der physischen Beschaffenheit der Signalträger, sondern auch vom konkreten Inhalt der Informationen in den Systemen S_i. Deshalb war der Informationsstrom I nicht von Anfang an intensiv.

Das veranlaßte den bekannten französischen Informationstheoretiker LÉON BRILLOUIN zu den durchaus nicht rhetorisch gestellten Fragen: „Mit dem Erscheinen der Informationstheorie ist ein neues Territorium für die Wissenschaft erobert worden. Diese Entdeckung schuf ein neues Gebiet, das unverzüglich Kundschafter und Forscher anzog. Das ist eine interessante Erscheinung in der Geschichte der Wissenschaft, und eine solche plötzliche Erweiterung des Gebietes der wissenschaftlichen Forschung verdient eine eingehendere Untersuchung. Wie kam es dazu? Wie weit geht dies? Und wo kann man eine weitere Ausdehnung erwarten? Deutet diese ganze Erscheinung den Einbruch der Naturwissenschaften in ein Territorium an, das von alters her der Philosophie gehört, oder ist das die Entdeckung eines neuen Landes, einer Art ‚Niemandsland‘, das früheren Forschern entgangen war?“[43] BRILLOUIN hat diese Fragen in seinem bemerkenswerten Buch „Science and information theory“ selber glänzend beantwortet. Gleichzeitig muß man im Hinblick auf die Erkenntnis des spezifischen interdisziplinären Wechselwirkungsmechanismus, der hier vorliegt, auf folgende wesentliche Umstände hinweisen.

In den meisten Systemen S_i, die sehr vielfältige Objekte untersuchen, hat sich im Laufe der Zeit eine gewaltige Menge an Daten und Beobachtungen angesammelt, die von gewissen gemeinsamen Eigenschaften dieser vielfältigen Infor-

43 L. BRILLOUIN: Science and Information Theory. New York 1956.

mationen zeugen. (Die Ergebnisse der Untersuchung von Analogien und der Beobachtung von Gemeinsamkeiten wurden in der Folgezeit zur Grundlage des Informationsstroms I in unserem Schema.) In dem Maße, wie Wissenschaft und Technik Fortschritte zu verzeichnen hatten, wurden unter dem Einfluß der Erfordernisse aller Wissenschaften, aber auch der Produktion und der Gesellschaft insgesamt wiederholt Versuche unternommen, eine einheitliche Theorie auszuarbeiten. CLAUDE SHANNON[44] und seine Nachfolger verallgemeinerten Daten aus vielen Gebieten, entwickelten früher unternommene Versuche weiter und schufen das, was heute als Informationstheorie bezeichnet wird. Das war zweifellos die Entstehung einer neuen speziellen wissenschaftlichen Disziplin, ein Akt der Differenzierung.

Auf Grund des Wesens der Informationstheorie selbst, auf Grund der Logik des Mechanismus, der zu ihrer Entstehung geführt hatte, begann diese spezielle wissenschaftliche Disziplin jedoch von Anfang an eine überaus wichtige (und ständig wachsende) Rolle bei der Integration des Gesamtsystems der modernen Wissenschaften zu spielen. Die Informationsströme II, die vom System S_m zu den Systemen S_i fließen, sind sehr intensiv. Ihre Ausnutzung führt in der Regel zu hocheffektiven Ergebnissen. Der Index i kann in diesem Fall im Prinzip als eine Größe betrachtet werden, die der Anzahl aller heute existierenden und in der Zukunft möglichen wissenschaftlichen Disziplinen gleich ist.

Die Informationstheorie besitzt eine Reihe von Besonderheiten, die in zunehmendem Maße die Aufmerksamkeit der Philosophen erregen. Bestimmte Philosophen suchen den zutiefst materialistischen und dialektischen Geist der neuen Wissenschaft zu leugnen und sie für die Konstruktion verschiedener halbwissenschaftlicher oder offen antiwissenschaftlicher idealistischer Schemata zu benutzten. Andere[45] sehen in ihr eine Bestätigung der These von der Einheit der Natur, von der Vielfalt und den wechselseitigen Beziehungen zwischen den Eigenschaften der Materie usw. Es wird auch auf die künftigen Möglichkeiten der Informationstheorie hingewiesen, unsere Erkenntnismittel qualitativ ganz wesentlich zu bereichern.[46] Noch ist die Informationstheorie faktisch eine Theorie der „Signalinformation"; die Probleme einer Theorie der semantischen

44 Vgl. seine Arbeiten in russischer Übersetzung in K. ŠENNON: Raboty po teorii informacii i kibernetike. Moskau 1963.

45 Vgl. I. B. NOVIK: Kibernetika. Filosofskie i sociologičeskie problemy. Moskau 1963; F. P. TARASENKO: K opredelneniju ponjatija „informacija" v kibernetike. In: Voprosy fiziologii, 1963, Nr. 4.

46 Vgl. F. P. TARASENKO: K opredeleniju ponjatija „informacija" v kibernetike, a. a. O.; N. WIENER: Kybernetik. Regelung und Nachrichtenübertragung im Lebewesen und in der Maschine. Düsseldorf—Wien 1963; ders.: Mensch und Menschmaschine. Kybernetik und Gesellschaft. Frankfurt/M.—Berlin (West) 1952; V. M. GLUŠKOV: Einführung in die technische Kybernetik. Berlin 1969, 1970; A. I. BERG: Kibernetika i stroitel'stvo kommunizma. In: Kibernetika, myšlenie, žizn'. Moskau 1964.

(inhaltlichen) Information hingegen sind noch nicht gelöst. Es gibt jedoch keinen Grund dafür anzunehmen, daß dies so bleiben würde. Ist diese Aufgabe (die Bestandteile C''_{m-i} und M''_{m-i} des Informationsstroms II wesentlich zu bereichern) gelöst, so kann die allgemeine Informationstheorie eine noch bedeutendere, fruchtbare und vereinigende (integrierende) Rolle beim Fortschritt der Wissenschaft spielen. Das gilt sowohl für die Wissenschaften, zu denen es bereits allgemeine Kontakte der Informationstheorie gibt, als auch für diejenigen, bei denen diese Kontakte noch nicht bestehen.[47]

Es gibt Grund, noch ein weiteres interessantes Beispiel für die interdisziplinäre Wechselwirkung des gerade behandelten Typs zu untersuchen. Wir meinen die Geschichte der Naturwissenschaften. Sie ist in der Tat eine Wissenschaft, deren Entstehungsmechanismus und Funktionsweise völlig mit dem besprochenen Schema übereinstimmen. Ein wesentlicher Unterschied dieser Wissenschaft, sagen wir gegenüber der Informationstheorie, besteht jedoch darin, daß hier der Informationsstrom I besonders stark ausgebildet ist,[48] während der Informationsstrom II leider noch keine hohe Intensität aufweist. Innerhalb dieses Stroms ist vor allem die Komponente M''_{m-i} besonders schwach ausgeprägt. Die Aktualität der Aufgabe, moderne naturwissenschaftliche Methoden für die Analyse der wissenschaftsgeschichtlichen Informationen auszuarbeiten und sich entsprechende technische Mittel für die Durchführung des wissenschaftlichen Prozesses anzueignen, haben wir bereits weiter oben gekennzeichnet. Hier soll etwas anderes hervorgehoben werden. Obwohl sich die Geschichte der Naturwissenschaften derartige Aufgaben nicht stellt, kann sie dennoch aus folgenden Gründen einen bestimmten Platz im System der Wissenschaften beanspruchen: als sich ständig erneuernde Chronik des wissenschaftlich-technischen Fortschritts, als wichtiger Faktor für die Ausarbeitung allgemeiner Probleme der Methodologie der Naturwissenschaften und schließlich als wissenschaftliche Kritik der Wissenschaft selbst.

Aber erstens ist dies sowohl im Hinblick auf die Erfordernisse des Lebens als auch im Hinblick auf die heutigen Möglichkeiten der Geschichte der Naturwissenschaften wenig; zweitens ist die Lösung selbst der traditionellen Aufgaben der Geschichte der Naturwissenschaften — die den hohen Anforderungen der unmittelbaren Schöpfer des wissenschaftlich-technischen Fortschritts gerecht werden könnte — unmöglich, wenn nicht die wissenschaftlich-methodische Grundlage dieser Arbeit entschlossen erneuert wird. Übrigens ist der heute in

47 Zur Informationsproblematik vgl. neuerdings auch A. D. URSUL: Problema informacii v sovremennoj nauke. Moskau 1975; V. G. AFANAS'EV: Soziale Information und Leitung der Gesellschaft. Berlin 1976 (russ. Ausgabe 1975).

48 Es wäre keine Übertreibung, diesen Informationsstrom angesichts der heutigen realen Möglichkeiten der Wissenschaftshistoriker für die Informationsverarbeitung sogar als übermäßig intensiv zu bezeichnen.

kollektiver Arbeit geförderte Entstehungsprozeß der Wissenschaftswissenschaft eines der Verfahren, die zur Lösung einer derartigen Aufgabe geeignet sind. Die Wissenschaftswissenschaft kann mit vollem Recht als eine typische Wissenschaft angesehen werden, welche die behandelte Art der Wechselwirkung von Wissenschaften praktiziert.

Im wissenschaftlichen Fortschritt der Zukunft wird die hier beschriebene Art der Wechselwirkung zwischen den Wissenschaften eine immer größere Rolle spielen. Erwarten kann man ferner eine weiter wachsende Bedeutung der Wissenschaftswissenschaft als einer Wissenschaft, die sich die Synthese früherer, gegenwärtiger und zukünftiger Erfahrungen zahlreicher Wissenszweige und der konkreten Erfahrungen der Wissenschaftsorganisation zum Ziel setzt.

Damit haben wir die drei Haupttypen des strukturellen Mechanismus der interdisziplinären Wechselwirkung behandelt. Wir haben versucht, möglichst anschaulich die dialektische Einheit des Integrations- und Differenzierungsprozesses sowie die künftig in diesem Prozeß bestimmende Rolle der Integrationstendenz darzustellen. Die außerordentliche Bedeutung dieses Prozesses für die allgemeine Beschleunigung des Entwicklungstempos der Wissenschaft bedarf keiner weiteren Erläuterung.

Die obenangeführten Strukturschemata wären allerdings nichts mehr als graphische Illustrationen zum allgemeinen logischen Gang unserer Darlegung, wenn es nicht die prinzipielle Möglichkeit gäbe, die behandelten grundlegenden Informationsströme zu messen und quantitativ exakt zu analysieren.

3. Netze der faktischen Wechselwirkung zwischen den Wissenschaften

Es wäre von großem Vorteil, wenn die Erforscher der historischen Erfahrungen der Wissenschaft über eine universelle und objektive Kennziffer verfügten, mit deren Hilfe sie den Wert der wissenschaftlichen Arbeiten messen könnten. Aber erstens ist es unmöglich, eine solche absolute für alle Zeiten und Fälle gültige Kennziffer zu finden, weil die Bewertungskriterien, die wir benutzen, historisch bedingt sind. „Die Geschichte der Wissenschaft und ihrer Vergangenheit muß von jeder Wissenschaftlergeneration kritisch dargestellt werden", bemerkte seinerzeit V. I. VERNADSKIJ.[49] Zweitens darf unsere Arbeit an einer exakten quantitativen Analyse dessen, was überhaupt bewertet werden kann, nicht deshalb scheitern, weil eine allgemein anerkannte universelle Kennziffer fehlt. Die

49 Očerki i reči akademika V. I. VERNADSKOGO. Teil I. Petrograd 1922, S. 113.

Historiker des wissenschaftlich-technischen Fortschritts benutzen bei ihren rein qualitativen Analysen auch Einschätzungen wie „hervorragend“, „groß“, „berühmt“ usw., obwohl sie keine allgemeinen Anwendungsregeln angeben können.

Im Interesse eindeutiger Bewertungstermini wollen wir unsere Methode auf folgende Weise graphisch erläutern (Abb. 25). *T* bezeichnet die Zeit, in der sich die historischen Ereignisse vollziehen, *D* den gegenwärtigen historischen Zeitpunkt, *C* das Datum des zu bewertenden Ereignisses, und *P* und *F* stehen für Vergangenheit und Zukunft.

Abb. 25. Zur Auswahl der Bewertungstermini „historische Verdienste“, „Einfluß“, „Bedeutung“, „vollkommene historische Bewertung“

Um die historischen Verdienste eines Menschen, der zum Zeitpunkt *C* irgendeine wissenschaftliche Arbeit abgeschlossen hat, einzuschätzen, vergleichen wir die Informationen über dieses Ereignis mit den Informationen, die diesem Ereignis vorausgegangen sind (I_P), sowie mit den Informationen, die sich auf die Zeit beziehen, in der das Ereignis stattgefunden hat (I_C).

In diesem Zusammenhang sei an die Worte Lenins erinnert: „Historische Verdienste werden nicht danach beurteilt, was historische Persönlichkeiten, gemessen an den heutigen Erfordernissen, *nicht geleistet haben*, sondern danach, was sie im Vergleich zu ihren Vorgängern Neues geleistet haben.“[50]

Vergleicht man die Daten über irgendeine wissenschaftliche Arbeit (I_C) mit den Daten über die zeitlich folgenden Arbeiten (I_{CD}), kann man auf den tatsächlichen Einfluß schließen, den die betreffende Arbeit auf die weitere Entwicklung der Wissenschaft (bis auf den heutigen Tag) ausgeübt hat.

Natürlich ist dieser tatsächliche Einfluß nicht immer dem unter anderen historischen Bedingungen potentiell möglichen Einfluß adäquat. Das muß besonders beachtet werden, wenn man die Bedeutung der betreffenden Arbeit für die Zukunft einschätzt. In einem solchen Fall ist es nötig, unser Verständnis vom Wesen dieser Arbeit (I_D) mit den Vorstellungen (Informationen) über die Erfordernisse, Aufgaben und Probleme der zukünftigen Wissenschaftsentwicklung zu vergleichen (I_{DF}).

Die Gesamtheit der so vorgenommenen Einschätzungen stellt eine vollständige historische Einschätzung der betreffenden wissenschaftlichen Arbeit,

50 LW. Bd. 2. Berlin 1961, S. 180.

des betreffenden Ereignisses oder des Wissenschaftlers dar. Eine vollständige historische Einschätzung ist (jedenfalls vorläufig) nur auf der Basis der qualitativen (inhaltlichen) Analyse möglich. Es besteht jedoch schon heute die Möglichkeit, den Prozeß einer so wichtigen Einschätzung wie der des tatsächlichen Einflusses in einem gewissen Sinne zu formalisieren.

Die Prämissen dieser Formalisierung stehen mit folgender Tatsache in Zusammenhang: Falls die betreffende Arbeit den weiteren Wissenschaftsprozeß tatsächlich beeinflußt hat, zeigt sich das darin, daß die in dieser Arbeit enthaltenen Ideen, Fakten usw. in den folgenden wissenschaftlichen Arbeiten verwertet worden sind. Die wissenschaftliche Verwertung kann natürlich auf verschiedene Weise erfolgen,[51] nämlich: a) durch Übernahme von Fakten oder Versuchsergebnissen, die dann neu interpretiert werden; b) durch Verarbeitung der Fakten und Urteile eines früheren Autors, um den gemeinsamen Gedankengang beider Autoren zu bestätigen oder überzeugender zu formulieren; c) durch direkte Weiterentwicklung der Konzeptionen und Methoden des ersten Autors; d) durch den Nachweis, daß die Arbeitsergebnisse des ersten Autors unvollständig, ungenau oder gar vollkommen falsch sind.

Fast alle wissenschaftlichen Arbeiten lassen sich im Prinzip unter jedem der eben aufgezählten Aspekte auswerten. In der Regel wird jede Übertragung einer wesentlichen und originellen Information von einer Arbeit in eine andere durch Verweise, Literaturverzeichnisse usw. belegt. Eine Verletzung dieser Regel widerspräche dem wissenschaftlichen Arbeitsethos.[52]

Unter dem Gesichtspunkt der Einschätzung des tatsächlichen Einflusses auf den Gesamtverlauf des wissenschaftlichen Prozesses verdienen unseres Erachtens nicht nur diejenigen Arbeiten Beachtung, deren Ideen und Aussagen bis heute lebendig sind und wirken; zu beachten sind auch jene Arbeiten, die auf Grund neuer wissenschaftlicher Fakten, Konzeptionen, Methoden, Erfordernisse und anderer sich verändernder Faktoren als wissenschaftlich nicht mehr aktuell oder wertvoll gelten. Wirklich wissenschaftliche Arbeiten hinterlassen stets eine Spur, hatten einmal Einfluß auf die Wissenschaftsentwicklung. Im allgemeinen verzweigt sich der „Baum“ der logischen Beziehungen sehr schnell und entwickelt sich auf folgende Weise: Jede wissenschaftliche Arbeit A wird in einer Gruppe von Arbeiten x, y, z verwertet. Die in diesen enthaltenen Informationen

51 Wir verwerfen eine „Ausnutzung“ wie das Plagiat, das mit der Wissenschaft nichts gemein hat.

52 Eine gewisse Ausnahme bilden die wissenschaftliche Publizistik und populärwissenschaftliche Arbeiten, die breiten Kreisen der Öffentlichkeit wertvolle Informationen zugänglich machen. Die Spezifik dieses Genres verlangt eine Beschränkung des wissenschaftlichen Apparates; aber auch in diesem Fall wird jeder seriöse Autor die Arbeiten nennen, die ihm als Quellen gedient haben und die der Beachtung nachfolgender Forscher wert sind. Vgl. D. Price: Ethics of Scientific Publications. In: Science, 1964, Bd. 144, Heft 3619, S. 655—657.

wiederum werden (ebenfalls selektiv) an eine weitere Serie von Arbeiten α, β, $\gamma \dots \eta$ weitergegeben usw. Alle diese Arbeiten sind durch Informationsströme zu einem komplizierten Netz tatsächlicher wechselseitiger Beeinflussung verbunden. Dabei ist ein Netz von Arbeiten mit aktuellem Informationswert von einem Netz von Arbeiten, deren Informationswert — historisch bedingt — erschöpft ist, zu unterscheiden. Ersteres entwickelt sich weiter und bildet neue „Zweige", letzteres entspricht einer „Sackgasse".

Die Struktur des Netzes, die quantitative Intensität der Informationsströme, aber auch deren charakteristische Ausrichtung erlauben ein mehr oder weniger objektives Urteil darüber, welchen Einfluß diese oder jene Arbeit auf den Entwicklungsprozeß der Forschungen auf dem jeweiligen konkreten Gebiet ausgeübt hat. Sie ermöglichen ferner ein objektives Urteil über das Schicksal der entstandenen wissenschaftlichen Richtungen, wissenschaftlichen Schulen und über die Gemeinschaften der „unsichtbaren Kollegen"[53] in der Wissenschaft.[54]

Wollen wir jedoch die Bedeutung der einen oder anderen Arbeit für die zukünftige Wissenschaftsentwicklung einschätzen oder diese Arbeit gar historisch vollständig bewerten, dann müssen wir uns einem anderen Typ von Kriterien zuwenden. Eine entscheidende Rolle kann in einem solchen Fall auch die negative Auswirkung der zu untersuchenden Erscheinung spielen, ungeachtet ihrer früher einmal vorhandenen Intensität (ein Beispiel dafür ist das Schicksal der Schule Lysenkos in der Biologie). Ein anderer Fall ist das Schicksal der sogenannten vorzeitigen Entdeckungen, die zu ihrer Zeit nicht anerkannt sowie weiterentwikkelt wurden und deshalb keinen Einfluß auf die Wissenschaftsentwicklung nehmen konnten, obwohl die potentiellen Möglichkeiten dazu in diesen Entdeckungen vorhanden waren und häufig auch für die Zukunft erhalten blieben.

Ein Hilfsmittel für den Aufbau von Netzen des tatsächlichen wechselseitigen Einflusses wissenschaftlicher Arbeiten ist von der modernen wissenschaftlichen Dokumentalistik in Zusammenhang mit den praktischen Erfordernisses des wissenschaftlichen Informationsdienstes geschaffen worden.[55] Die nicht sehr exakte, jedoch bereits eingebürgerte Bezeichnung lautet „Citation indexing" oder, wie man sie in der UdSSR im allgemeinen nennt, Zusammenstellung von Indizes bibliographischer Nachweise. Zu diesem Zweck wird eine gekürzte

53 Mit diesem Terminus bezeichnet man in der Wissenschaftswissenschaft jenen Teil einer Wissenschaftlergeneration, der sich analoge wissenschaftliche Ziele gestellt hat, sie selbständig anstrebt und dabei aktiv neue wissenschaftliche Informationen austauscht.

54 Vgl. D. Crane: Invisible Colleges. Diffusion of Knowledge in Scientific Communities. Chicago 1972.

55 Vgl. E. Garfield: Citation Indexes of Science: New Dimension in Documentation Through Association of Ideas. In: Science, 1955, Bd. 122, Heft 3159, S. 108—111; ders.: Citation Indexes in Sociological and Historical Research. In: American Documentation, 1963, Bd. 14, Heft 4, S. 289—291; ders.: Citation Indexing: A Natural Science Literature Retrieval System for Social Sciences. In: The American Behavioral Scientist, 1964, Bd. 7, Heft 10, S. 58—61.

bibliographische Beschreibung der Quelle und der darin benutzten Literatur auf 80spaltige Maschinenlochkarten aufgetragen. Nach der Durchsicht[56] des vollständigen Publikationsmaterials (das für den ausgewählten Zeitraum und die entsprechende Wissenschaftsdisziplin in Frage kommt) wird ein spezieller Informationsfundus gebildet, von dem bei der weiteren detaillierten Analyse mit modernen Elektronenrechnern ausgegangen wird.

Auf der Grundlage dieser Analyse werden Bibliographien über die wichtigsten (wechselseitig aufeinander Bezug nehmenden) Zweige der Wissenschaft zusammengestellt und jährlich veröffentlicht. Da sie damit alle wesentlichen Quellen erfassen, erweisen sie den Forschern eine sehr wertvolle (und bis heute durch keine anderen Mittel zu ersetzende) Hilfe bei der Beschaffung der notwendigen umfassenden Informationen. Derselbe Informationsfundus ermöglicht es, operativ und kompetent auf spezielle Anforderungen hin bestimmte Bibliographien und Publikationsübersichten zusammenzustellen, die konkrete Auskunft geben.

Es ist auch auf die Möglichkeit verwiesen worden, die „Citation-indexing-Methode" für die wissenschaftsgeschichtliche Analyse zu benutzten. Abbildung 26 zeigt eines der ersten Netze des faktischen wechselseitigen Einflusses wissenschaftlicher Arbeiten. Es ist von G. Allen[57] im Jahre 1960 auf der Basis von 15 Arbeiten zum Problem der Nukleinsäuren,[58] die in der inter-

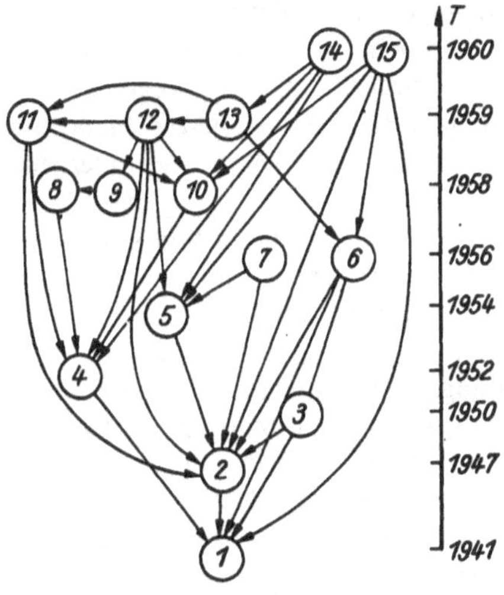

Abb. 26. Netz des wechselseitigen Einflusses von 15 Arbeiten zum Problem der Nukleinsäuren

56 Diese arbeitsaufwendige Operation ist heute in beträchtlichem Maße mechanisiert, auf der Tagesordnung steht ihre volle Automatisierung.
57 Vgl. E. Garfield: Citation Indexes in Sociological and Historical Research.
58 Diese relativ kleine Anzahl ist aus Gründen der Einfachheit und Anschaulichkeit gewählt worden.

nationalen wissenschaftlichen Fachpresse von 1941 bis 1960 veröffentlicht worden waren, aufgestellt worden. Das Diagramm zeigt anschaulich den großen faktischen Einfluß der Arbeiten 1, 2, 4, 5 und 10, aber auch die „Sackgasse" der Arbeit 7.

Mit Hilfe der Analysemethode des sogenannten kritischen Weges kann man eine effektive automatisierte Analyse beliebig komplizierter bibliographischer Netze vornehmen. Dabei erhält man objektive Daten über den faktischen wechselseitigen Einfluß und die Entwicklungstendenzen wissenschaftlicher Forschungen sowie über die Intensität und Richtung der „Migration" wissenschaftlicher Informationen aus einem Forschungsgebiet in andere. Unter den für unsere Zeit typischen Bedingungen, für die eine große Anzahl von Forschungsarbeiten, eine gewaltige Informationsmenge und die ständig zunehmende Bedeutung der interdisziplinären Wechselwirkung kennzeichnend sind, fällt es sogar einem gut informierten und kompetenten Forscher schwer, Veränderungen in der Taktik der Lösung eines wissenschaftlichen Problems, die in den verschiedenen Ländern vor sich gehen, operativ zu verfolgen. Eine Veränderung in der Struktur der Informationsströme ist der allererste Indikator dafür. Auf Grund einer Analyse dieser Veränderungen kann man folgendes voraussagen: den künftigen Bedarf an neuen spezialisierten (oder komplexen) wissenschaftlichen Institutionen; die Notwendigkeit vorhandener oder neuer Zeitschriften und die Entstehung neuer, relativ selbständiger wissenschaftlicher Richtungen. Struktur, Intensität und Ausrichtung der Netze des faktischen wechselseitigen Einflusses ermöglichen es auch, große wissenschaftliche Entdeckungen vorauszusagen, die auf einzelnen Gebieten zu erwarten (herangereift) sind; sie liefern manchmal auch Material dazu, die Ursachen für die niedrige Produktivität dieser oder jener Richtung zu erklären.

J. D. Bernal benutzte eine solche Methode in einer heute schon klassischen wissenschaftsgeschichtlichen Untersuchung über die Genesis und das historische Schicksal der von L. Pasteur entdeckten Erscheinung der molekularen Asymmetrie.[59] Die von ihm zu diesem Problem angefertigte kleine topologische Karte der faktischen Informationsverbindungen ermöglichte wichtige Schlüsse über die Entdeckerpriorität, die Tendenzen, die zur Entdeckung geführt hatten, und über das eigenartige historische Schicksal dieser Entdeckung.

E. Garfield, einer der Schöpfer der „Citation-indexing-Methode", benutzte Elektronenrechner zur logischen Analyse wissenschaftlicher Entwicklungen. Auf einem Rechner vom Typ IBM 707 wurde nach der „Citation-indexing-Methode" die Verflechtung jener grundlegenden (in Publikationen nachweisbaren) Ideen simuliert, die zu dem größten Ereignis in der Genetik des 20. Jahrhunderts, der Entzifferung des Vererbungscodes im DNS-Molekül, geführt hatten.

59 Vgl. J. D. Bernal: Science and Industry in XIXth Century. London 1953, S. 230.

Ein Vergleich der so erzielten Ergebnisse mit dem Buch von AZIMOV zur Geschichte dieses Problems[60] ergab, daß die Maschine einen großen Teil der Ereignisse, die auch die Aufmerksamkeit AZIMOVS gefunden hatten, berücksichtigt und entsprechend koordiniert hatte. Außerdem analysierte die Maschine eine Reihe weiterer Faktoren und interessanter Beziehungen, die der Dechiffrierung des molekularen Vererbungscodes vorangegangen waren und diese beeinflußt hatten, die aber aus sprachlichen, technischen oder anderen Gründen in dem Buch AZIMOVS nicht erwähnt wurden.

Seinen Bericht über diese Untersuchung leitet GARFIELD[61] mit der durchaus nicht rhetorischen Frage ein: „Kann ein Elektronenrechner Geschichte der Wissenschaft schreiben?“ Die Antwort, mit der wir voll übereinstimmen, lautet: Im üblichen und herkömmlichen Verständnis von Form, Inhalt und Aufgaben wissenschaftsgeschichtlicher Forschungen „vermutlich nicht. Aber eine elektronische Rechenmaschine kann das in einer Weise tun, wie es die Menschen nicht können.“

Es muß hier noch einmal unterstrichen werden, daß der Einsatz elektronischer Rechentechnik für derartige Untersuchungen nur dann zweckmäßig ist, wenn Historiker der Naturwissenschaft und der Technik nicht kontemplativ-beschreibende, sondern theoretisch-schöpferische Untersuchungen der vielschichtigen Prozesse der wissenschaftlich-technischen Entwicklung erarbeiten wollen.

Die Möglichkeit, Modelle wissenschaftsgeschichtlicher Erscheinungen zu konstruieren, muß die Wissenschaftshistoriker naturgemäß besonders reizen, und mit Hilfe der modernen Informationstechnik kann man heute in der Tat Informationsströme messen, analysieren und bewerten. Wir kommen nicht umhin, diese außerordentlich interessanten neuen Möglichkeiten vertiefter wissenschaftswissenschaftlicher Forschung intensiv zu nutzen.

Wählt man eine repräsentative Gruppe konkreter materieller Informationsträger (etwa wissenschaftliche Veröffentlichungen) über bestimmte relativ isolierte wissenschaftliche Systeme aus, bezeichnet man die Strukturelemente des allgemeinen Informationsstroms (F, C, M) durch verschiedene Indizes, mißt man die Intensität und Richtung dieser Ströme in verschiedenen Zeitabschnitten, kontruiert man Netze ihrer wechselseitigen Verflechtungen und nutzt man bei der geistigen Durchdringung des gewonnenen Bildes die reichen Erfahrungen der qualitativen (inhaltlichen) Analyse, so kann man zu Schlußfolgerungen über reale Tendenzen und sich herausbildende Gesetzmäßigkeiten des Fortschritts der Wissenschaft gelangen, die konkret und objektiv (d. h. in vollem Umfang des Wortes wissenschaftlich) und deshalb von praktischer und theoretischer Bedeutung sind.

60 Vgl. I. AZIMOV: The Genetic Code. New York 1964.

61 Vgl. The use of Citation Data in Writing the History of Science. Institute for Scientific Information Inc. Philadelphia 1964.

Bekannt sind die Versuche[62], den „Science Citation Index“ zu benutzen, um die Effektivität der Tätigkeit einzelner Wissenschaftler einzuschätzen. Da es auf Grund objektiver und subjektiver Faktoren unzulässig ist,[63] die Bedeutung einer einzelnen Arbeit nach der Häufigkeit ihrer Zitierung zu bewerten, wird die Zitierhäufigkeit einer Gesamtheit von Arbeiten (einer Richtung, zu einem Problem, von einem Wissenschaftler) untersucht.

Eine Untersuchung von S. und J. COLE[64] über repräsentative Gruppen von Wissenschaftlern ergab eine bestimmte Beziehung zwischen der Zitierhäufigkeit der Autoren und der Bedeutung, die ihren Arbeiten zugemessen wird. Nach dieser Untersuchung können spezielle „Bedeutungsindizes“ für verschiedene Gruppen von Wissenschaftlern errechnet werden:

$$\alpha = \alpha_1 \cdot \alpha_2 \cdot \alpha_3$$

α_1, α_2 und α_3 werden auf der Grundlage nichtinformationeller Kriterien gewonnen, etwa nach dem Grad ihrer wissenschaftlichen Reputation. Der Koeffizient α_1 gibt eine Experteneinschätzung darüber wieder, wie bekannt die Arbeiten der untersuchten Gruppe von Wissenschaftlern unter Fachleuten sind, α_2 widerspiegelt die Zugehörigkeit dieser Wissenschaftler zu wissenschaftlichen Kollektiven, die große wissenschaftliche Autorität genießen, und α_3 wird auf der Grundlage einer Analyse der Auszeichnungen errechnet, die diese Wissenschaftler erhalten haben. Die Untersuchungsergebnisse (s. Tabelle 6) zeigen zwar eine

Tabelle 6

Beziehung zwischen den Kriterien der Zitierhäufigkeit und der Bedeutung der Wissenschaftler

Gruppe von Wissenschaftlern	„Index der Bedeutsamkeit“
Viel publizierende und häufig zitierte	0,72
Viel publizierende, aber selten zitierte	0,4
Wenig publizierende, aber häufig zitierte	0,74
Wenig publizierende und selten zitierte	0,3

62 Vgl. G. M. DOBROV/A. A. KORENNOJ: Informacionnaja baza naukometrii. In: Teoretičeskie problemy informatiki. Moskau 1968.

63 Dazu gehören u. a. die bestehenden Traditionen des Zitierens, die Verständlichkeit der Darlegung, die Tatsache, daß manche Wissenschaftler ihrer Zeit voraus sind, daß ihre Ideen von den Kollegen nicht verstanden werden usw.

64 Vgl. S. COLE/J. COLE: Scientific Output and Recognition. A study in the Operation of the Reward System in Science. In: American Sociological Review, 1967, Bd. 32, S. 377—390.

bestimmte Beziehung zwischen der Zitierhäufigkeit und der den Wissenschaftlern zugemessenen Bedeutung, sie machen aber zugleich völlig deutlich, daß Kriterien für die Einschätzung der Produktivität von Wissenschaftlern nicht allein auf Daten über die Anzahl der Veröffentlichungen oder allein auf Daten über die Zitierhäufigkeit aufgebaut werden können.

R. F. VASIL'EV[65] hat für diese Zwecke ein kombiniertes Informationskriterium konstruiert. Was die Bewertung der Tätigkeit einzelner Wissenschaftler angeht, so können die Ergebnisse, die ein Index wissenschaftlicher Zitierungen (Science Citation Index — SCI) bietet, dazu benutzt werden, wenig zitierte führende Wissenschaftler zu ermitteln, deren Forschungsergebnisse offensichtlich von beträchtlichem Wert sind. Die weitere inhaltliche Analyse muß zeigen, worin die Ursachen für die geringe „Popularität“ liegen und wie sie beseitigt werden können.

Erfolgversprechender ist u. E. eine statistische Analyse des SCI bei großen Gruppen von Wissenschaftlern einzelner Wissenschaftszweige oder wissenschaftlicher Schulen, der wissenschaftlichen Systeme verschiedener Länder usw. Dann tritt nämlich das „Gesetz der großen Zahl“ in Aktion, und es zeichnen sich ungeachtet der erwähnten „Störungen“ gewisse statistische Gesetzmäßigkeiten und Tendenzen ab. So stützte sich z. B. die Einschätzung des Beitrags einzelner Länder zum internationalen wissenschaftlichen Informationsstrom, die von einer Gruppe sowjetischer Wissenschaftler unter der Gesamtleitung von V. V. NALIMOV[66] vorgenommen wurde, auf einen Vergleich folgender zwei Kennziffern: a) die Anstrengungen, die von diesem oder jenem Land für die Wissenschaftsentwicklung unternommen werden (relative Zahl der Publikationen); b) die Effektivität dieser Anstrengungen (die relative Zahl bibliographischer Verweise auf Autoren der verschiedenen Länder).

Die Analyse dieser Kennziffern für eine Reihe von Wissenschaftszweigen führte zu praktisch wichtigen Schlüssen über die Verspätung von Informationen, über Organisationsmängel im Informationsdienst usw.

A. A. KORENNOJ versuchte mit Hilfe eines SCI ein experimentelles informationelles Netzmodell der Entwicklung eines konkreten wissenschaftlichen Problems aufzustellen. Er ging davon aus, daß das Netz des faktischen wechselseitigen Einflusses die informationelle Widerspiegelung des historisch-logischen Netzes der Beziehungen im realen Prozeß der Wissenschaftsentwicklung ist.[67] Als

65 Vgl. R. F. VASIL'EV: O količestve publikacij i častote citirovanija kak naukometričeskich pokazateljach. In: Materialy k Simpoziumu „Issledovanie operacij i analiz razvitija nauki“, Heft 1. Moskau 1967.

66 Vgl. V. V. NALIMOV: Količestvennye metody issledovanija processa razvitija nauki. In: Voprosy filosofii, 1966. Heft 12, S. 38—47.

67 Vgl. A. A. KORENNOJ: Analiz informacionnych svjazej v potokach naučno-techničeskoj dokumentacii. Avtoreferat kand. diss. Moskau 1969.

Untersuchungsobjekt wählte er ein Problem aus der Gasdynamik (die Strömungsverhältnisse im Überschallbereich). Zunächst wurden anhand wissenschaftshistorischer Arbeiten, die sich mit der Entwicklung dieses Problems beschäftigten, die Zentralpunkte ermittelt (d. h. die „Schlüsselarbeiten" und ihre Autoren) und Beziehungen zwischen ihnen hergestellt. (Abbildung 27 zeigt diese historischen Beziehungen gestrichelt.)

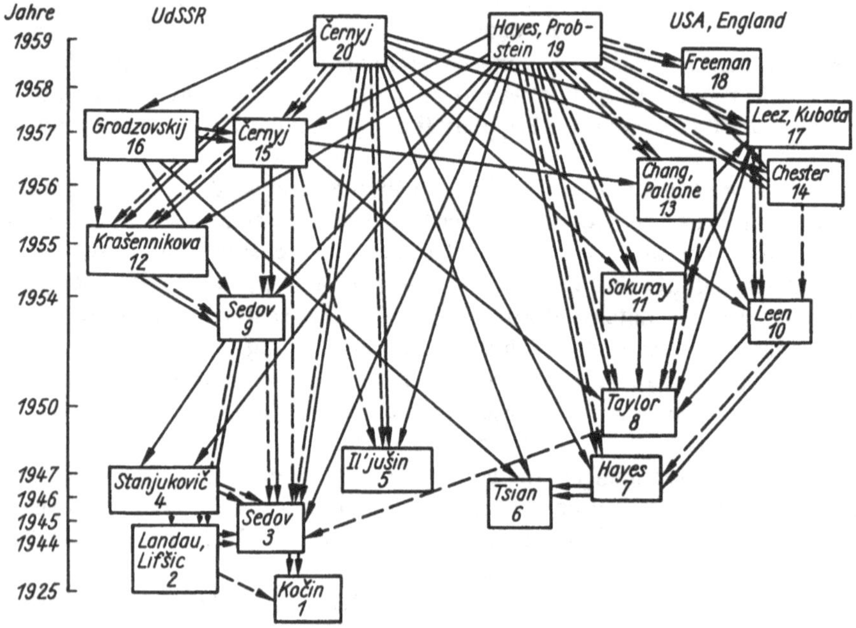

Abb. 27. Netz des wissenschaftlichen Einflusses bei der Lösung eines konkreten Problems

Sodann wurden zwischen denselben Zentralpunkten die Beziehungen dargestellt, die mit Hilfe eines SCI ermittelt worden waren. Das geschah mit Hilfe eines speziell ausgearbeiteten Algorithmus auf dem Rechner „Minsk 22". Die mit Hilfe des SCI festgestellten Beziehungen sind auf Abbildung 27 als durchgezogene Linie dargestellt (Zitierungs-Verbindungen). Ein Vergleich ergab, daß mit der traditionellen historischen Methode 29 Verbindungen zwischen den „Zentralpunkten" des Netzes festgestellt worden waren. Mit Hilfe des SCI gelang es, 24 Verbindungen zu finden, die mit den nach der ersten Methode ermittelten übereinstimmen (d. h. etwa 80%). Außerdem wurden mit Hilfe des SCI 27 neue Verbindungen festgestellt. Insgesamt wurden mit Hilfe des SCI 51 Verbindungen gefunden.

Man kann Netzmodelle dieser Art analysieren, um eine Reihe von inhaltlichen und quantitativen Charakteristika zu erhalten. So zeichnen sich z. B. deutlich zwei wissenschaftliche Schulen ab (UdSSR und USA/England), zwischen denen sich Verbindungen erst auf Grund jüngerer Arbeiten ergeben haben. Die Zeitskala läßt auch Urteile über Entdeckerprioritäten bei grundlegend neuen Gesetzen und Ideen zu. Die Analyse des Netzes zeigt schließlich Arbeiten, die sich nicht auf andere beziehen. Es liegt nahe anzunehmen, daß dies gewissermaßen Pionierarbeiten waren, die eine Information erstmalig enthielten. Besonders interessant ist u. E. die Möglichkeit, Netze dieser Art mit verschiedenen mathematischen Verfahren zu untersuchen, um so quantitativ bestimmte Charakteristika zu gewinnen. Das obige Netz ist in diesem Sinn nichts anderes als ein gerichteter Graph, dessen Ecken die „Zentralpunkte" und dessen Kanten die Zitierungs-Verbindungen sind.[68]

Im einfachen Fall kann man sich darauf beschränken, einen spezifischen „Einflußkoeffizienten" der betreffenden Ecke („Zentralpunkt") zu errechnen[69]:

$$C = \frac{P_i}{q_i}.$$

Hier sind P_i die Kanten, die zur Ecke i hin verlaufen, q_i die Kanten, die von der Ecke i ausgehen.

Eine solche Berechnung ermöglicht es, trotz ihrer offenbar nur bedingten Geltung eine gewisse Vorstellung vom faktischen Einfluß der betreffenden wissenschaftlichen Arbeit zu gewinnen. Entsprechend der angeführten Formel ist für Arbeiten, die keine Ausgangsverbindungen haben, $C = \infty$. Das entspricht in Wirklichkeit einem bedeutenden Einfluß, den diese Arbeiten auf den weiteren Verlauf der Lösung des wissenschaftlichen Problems genommen haben. Für Arbeiten der höchsten Ebene, die noch nicht zitiert wurden, ist $C = 0$, obwohl diese Arbeiten wertvolle Ideen und Fakten enthalten können. Wir betonen noch einmal, daß die Zitierungshäufigkeit bei einem solchen Vorgehen eine Bewertungskennziffer für den faktischen informationellen Einfluß der betreffenden wissenschaftlichen Arbeit, nicht aber für ihren inhaltlichen Wert ist.

Erfolgreiche Versuche, mit Hilfe der Matrizenmethode Zitierungen in wissenschaftlichen Publikationen zu analysieren, haben A. A. Korennoj und E. Yagi

68 Vgl. O. Ore: Grafy i ich primenenie. Moskau 1965 (Das 1962 erschienene Buch „Theory of Graphs" von O. Ore erschien 1968 in russischer Übersetzung).

69 Vgl. J. Margolis: Citation Indexing and Evaluation of Scientific Papers. In: Science, 1965, Bd. 155, S. 12f.

unternommen.[70] Die Struktur einer quadratischen Matrix zur Analyse der Intensität der Beziehungen in Netzen unserer Klasse wird in allgemeiner Form in Abbildung 28 dargestellt.

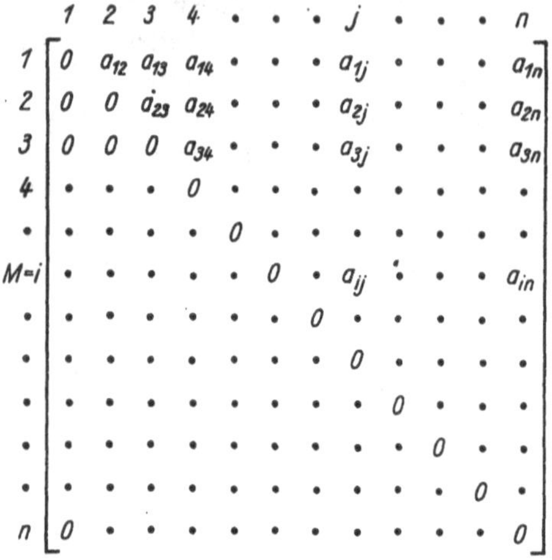

Abb. 28. Matrix der Beziehungen für die Ermittlung der Intensität des wissenschaftlichen Einflusses

In dieser Matrix sind horizontal (Zeilen) und vertikal (Spalten) dieselben „Zentralpunkte“ in chronologischer Reihenfolge angeordnet. Es wird angenommen, daß das Element der Matrix a_{ij}, das im Schnittpunkt der Zeile i und der Spalte j liegt, gleich 1 ist, wenn eine Verbindung vom Autor („Zentralpunkt“) i zum Autor j besteht. Gibt es eine solche Verbindung nicht, so wird angenommen, daß a_{ij} gleich 0 ist. Die Besonderheit einer solchen Matrix ist, daß der unter der Hauptdiagonale liegende Teil der Elemente gleich 0 ist, weil Verbindungen nicht von früheren „Zentralpunkten“ zu späteren verlaufen können. Gleich 0 sind auch die auf der Hauptdiagonale liegenden Elemente, weil die „Zentralpunkte“ nicht mit sich selbst in Beziehung stehen können. Die quantitative Kennziffer, welche die Intensität der Verbindungen angibt, wird in diesem Falle als Summe der Matrixelemente bestimmt.

Matrizen dieser Art können sowohl für das ganze Netz als auch für einzelne Abschnitte des Netzes aufgestellt werden. Im ersten Fall kann man eine quanti-

70 Vgl. A. A. Korennoj: Analiz informacionnych svjazej v potokach naučno-techničeskoj dokumentacii; E. Yagi: An Application of Type Matrix to Analyse Citations of Scientific Papers. In: American Documentation, vol. 16, Nr. 1, 1965.

tative Charakteristik der Intensität der direkten Verbindungen für die gesamte ausgewählte Gruppe von Wissenschaftlern erhalten, im zweiten Fall wird eine Intensitätskennziffer für die direkten Verbindungen innerhalb einer Gruppe von Wissenschaftlern gewonnen. Im obenangeführten Beispiel (vgl. Abbildung 27) können die Gruppe I (UdSSR) und die Gruppe II (USA/England) als solche Gruppen gewählt werden. Bildet man dann für diese Gruppen eine gemeinsame Matrix, wobei man als Zeilen die „Zentralpunkte“ der Gruppe I und als Spalten die „Zentralpunkte“ der Gruppe II einsetzt, so erhält man eine Kennziffer für die Einschätzung der äußeren, zwischen den Gruppen bestehenden Verbindungen. Vertauscht man Zeilen und Spalten, dann erhält man einen vergleichbaren Wert für die Rückbeziehungen zwischen diesen Gruppen.

Praktisch können solche Daten zum Beispiel dazu dienen, den Grad des Einflusses bestimmter wissenschaftlicher Schulen auf andere Schulen einzuschätzen. Wandelt man die auf diese Weise gewonnenen Matrizen 1. Ordnung in Matrizen höherer Ordnung um, so kann man interessante Daten über indirekte Verbindungen zwischen den „Zentralpunkten“, die nicht direkt miteinander verbunden sind, gewinnen. Wenn wir z. B. die Matrix M mit sich selbst multiplizieren, erhalten wir M^2, und an dieser Matrix können wir die über einen dritten „Zentralpunkt“ bestehenden indirekten Verbindungen zweier „Zentralpunkte“ feststellen.

4. Die Dynamik der Informiertheit

Die Wissenschaft ist ein sich dynamisch entwickelndes System; seine strukturellen Elemente verändern und entwickeln sich ständig. Allgemein anerkannt ist, daß häufig gerade junge Wissenschaftler große Entdecker sind. Es gibt auch den umgekehrten Fall, und zwar was man die „Disproportion zwischen Ambition und geistiger Ausstattung“ nennt. Darum ist die objektive Einschätzung von wissenschaftlichen Ideen und Methoden, aber auch von wissenschaftlicher Informiertheit eine der wichtigsten Aufgaben der Wissenschaftswissenschaft.

Auf den ersten Blick sieht es nun so aus, als müsse man mit einer objektiven wissenschaftlichen Bewertung so lange warten, bis es einen allgemein verbindlichen „Almanach der wirklich wichtigen wissenschaftlichen Arbeiten“ oder einen „Internationalen Katalog neuer wissenschaftlicher Ergebnisse“ gibt.

Immerhin darf es hoffnungsvoll stimmen, wenn einige wissenschaftliche Periodika bereits das Spitzenniveau der Wissenschaftsentwicklung mit bestimmen. In den Ländern mit einem Plansystem und einer einheitlichen Wissenschafts- und Technikpolitik (z. B. in der UdSSR und der Tschechoslowakei) gibt es staatliche Registraturen für neue wissenschaftliche Ergebnisse und Entdeckungen sowie allgemein zugängliche zentrale Informationsfonds über Forschungs- und Entwicklungsarbeiten. Die in diesen Fonds enthaltenen Dokumente sind wissenschaftliche Informationen, die sich von der Masse anderer Publikationen durch eine relativ größere Neuheit und einen höheren inhaltlichen Wert unterscheiden.

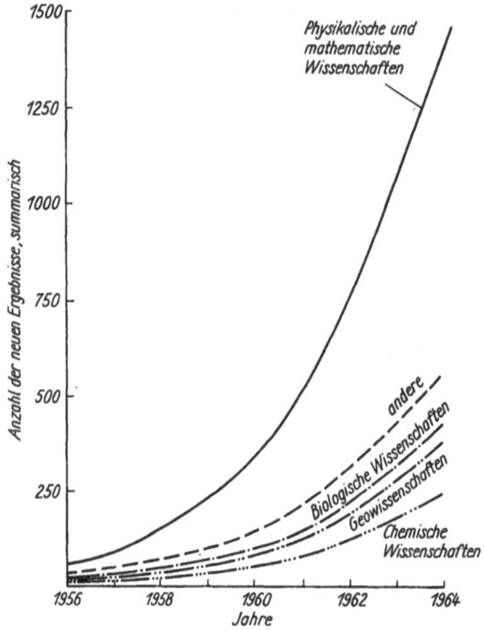

Abb. 29. Kumulative Wachstumskurven der Anzahl von Anmeldungen wissenschaftlicher Entdeckungen

Eine Analyse dieser Informationen ergab:

- Sie verdoppeln sich (vgl. Abbildung 29) annähernd alle drei bis vier Jahre, auf den Gebieten der Physik, der Mathematik und der Mechanik sogar alle 2 bis $2^1/_2$ Jahre;
- auf den Gebieten der Physik, der Mechanik und der Chemie wächst der Anteil der Neuentdeckungen an der Gesamtzahl der wissenschaftlichen Entdeckungen überproportional (dies kann von den Wissenschaften über die lebende Natur nicht festgestellt werden);
- sehr charakteristisch sind die Kurven über das Verhältnis neu angemeldeter wissenschaftlicher Fakten (F) zu den neu angemeldeten wissenschaftlichen Methoden (M) (vgl. Abbildung 30).

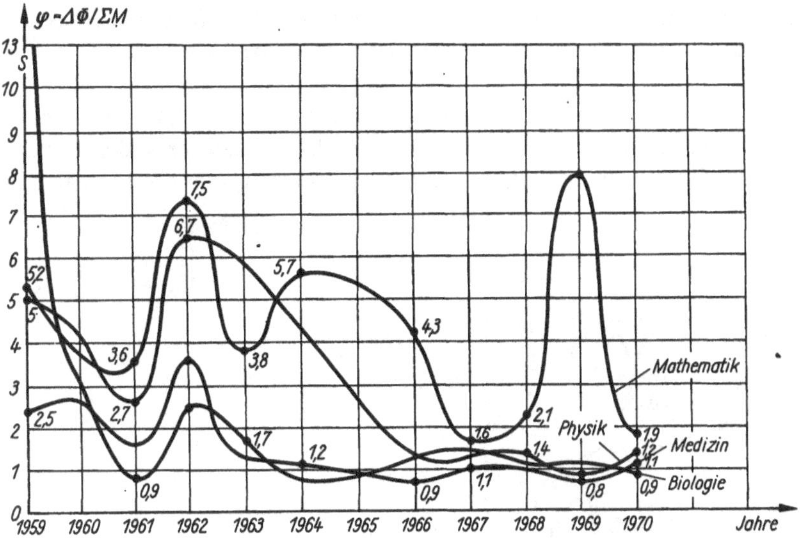

Abb. 30. Veränderung der strukturellen Charakteristik des Fonds der Anmeldungen

Das Verhältnis des jährlichen Informationszuwachses zu Fakten und zu dem kumulativ errechneten Informationsfundus über neue Methoden $\varphi = \frac{\Delta F}{\sum M}$ bildet eine spezifische Informationskennziffer. Sie steht, so darf man annehmen, in einer Korrelation mit der Fähigkeit der von dem betreffenden Wissenschaftszweig entwickelten oder übernommenen Methoden, neu entdeckte Fakten zum Informationsstrom beizusteuern, aber auch mit der Intensität, mit der die Methoden in dem betreffenden Wissenschaftszweig erneuert werden.

Im Charakter der Kurven der biologischen Wissenschaften kann man zwei gleichzeitig wirkende Faktoren erkennen: Die alten Methoden waren nicht genügend fruchtbringend (Informationssignal dafür — die Verringerung von ΔF); in der Wissenschaft wird intensiv an der Entwicklung und Vervollkommnung neuer Forschungsmethoden gearbeitet (Informationssignal dafür — die Zunahme von ΣM).

Ein im Prinzip anderes Ergebnis kann auf Grund des Informationskoeffizienten in den medizinischen Wissenschaften erwartet werden (vgl. Abbildung 30). Ihrer *absoluten Intensität* nach nehmen sie einen der ersten Plätze in dem betreffenden Informationsfundus ein. Die Zeit für eine grundlegende Erneuerung der Forschungsmethoden in den medizinischen Wissenschaften scheint noch nicht gekommen zu sein.

In den physikalisch-mathematischen Wissenschaften kann man wie in einigen anderen Wissenschaften einen periodischen Wechsel zwischen Zu- und Abnahme des Koeffizienten feststellen. Wir erklären dies mit dem Prozeß der dialektischen Wechselwirkung von Fakten und Methoden im Verlauf der Wissenschaftsentwicklung.

Die Informationskomponente des wissenschaftlichen Potentials eines Landes kann man indirekt nach dem Platz beurteilen, den die Publikationen der Wissenschaftler im Gesamtstrom der wissenschaftlichen Information einnehmen.[71] In

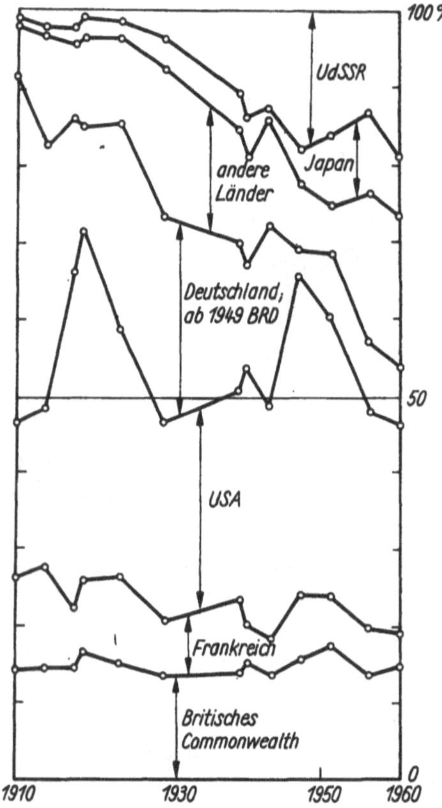

Abb. 31. Zunahme der wissenschaftlichen Publikationen auf dem Gebiet der Chemie

71 Vgl. D. PRICE: The Science of Science. In: Bulletin of the Atomic Scientist, vol. XXI, N 8, 1965; P. S. NAGPAL/J. R. BHATIA/A. RAHMAN/R. N. BHARGAVA: Trends of Research in Electronics Engineering. New Delhi 1966; M. M. KARPOV/A. V. POTEMKIN/M. K. PETROV: Nacional'nyj i mirovoj standarty raspredelenija naučnoj dejatel'nosti. In: Vsesojuznoe soveščanie po količestvennym metodam v sociologii. Materialy sekcii količestvennych metodov izučenija razvitija nauki. Moskau 1967; D. B. BARKER: Growth of Chemical Literature, Past, Present and Future. In: Chemical and Engineering News, 1961, vol. 39, Nr. 29, S. 78; D. J. URQUHART: Rising Tide of Paper. In: The Advancement of Sciences, 1964, vol. 21, Nr. 91.

der Chemie z. B. ergibt sich dabei folgendes Bild[72] (vgl. Abbildung 31). Es zeigt, wie sich der Beitrag der einzelnen Länder zu den Erkenntnissen der modernen Chemie veränderte. D. PRICE wies auch darauf hin, daß eine Gruppe von Ländern (UdSSR, Japan u. a.), die Anfang des Jahrhunderts weniger als 10% zum internationalen Strom der wissenschaftlichen Arbeiten auf diesem Gebiet beigesteuert haben, heute fast die Hälfte der „Theorie-Produktion“ der chemischen Wissenschaft der Welt liefert.

In der Gruppe der physikalischen Wissenschaften sah die weltweite Verteilung zu Beginn der sechziger Jahre folgendermaßen aus: USA — 31,1%; UdSSR — 16,4%; England — 13,5%; Japan — 7,7%; Frankreich — 6,3%; übrige Länder — 25,0%.

M. KARPOV, A. POTEMKIN und M. PETROV, die diese Angaben machen, weisen mit Recht auf die Notwendigkeit hin,[73] eine solche Statistik nach differenzierteren strukturellen Komponenten zu untersuchen. Sie verweisen z. B. auf den Umstand, daß der Anteil der Arbeiten zur Festkörperphysik am Gesamtstrom der Arbeiten zur Physik 15,1% beträgt (sog. Weltstandard der Verteilung von 1961). Die von sowjetischen Autoren geleisteten und publizierten physikalischen Arbeiten auf diesem Gebiet machen 23% aus, die tschechoslowakischen 24,5%.

Sieht man einen solchen „Weltstand der Verteilung“ als eine gewisse historisch bedingte Bilanz wissenschaftlicher Ergebnisse an, dann lassen die zitierten Angaben den Schluß zu, daß in der UdSSR und der ČSSR vorrangig Informationen auf dem Gebiet der Festkörperphysik gesammelt worden sind.

Vergleiche dieser Art liefern Material, die Tendenzen bei der Verteilung der Forschungsanstrengungen und die relativen Tempi zu beurteilen, mit denen eigene Informationsvorräte in jedem einzelnen Land und international gesammelt worden sind. Tabelle 7, die von indischen Wissenschaftlern erarbeitet worden ist, gibt auf der Grundlage des Weltfundus an Publikationen zur Radioelektronik einen Überblick über die Situation in der ersten Hälfte der sechziger Jahre.[74]

Die Tabelle zeigt hinsichtlich der Abteilungen, die im Weltstand der Verteilung die letzten Plätze einnehmen, einen hohen Übereinstimmungsgrad bei der relativen Größe der Anstrengungen. Alle wesentlich unterschiedlichen Daten finden sich im oberen Teil der Tabelle. Hier schlägt sich nieder, daß die verschiedenen Länder ihre Anstrengungen auf Forschungsrichtungen konzentrieren, die unter nationalen Aspekten am dringlichsten sind.

72 Vgl. S. COLE/J. COLE: Scientific Output and Recognation, S. 96; B. E. PATON: Rešajuščee uslovie bor'by za naučno-techničeskij progress. In: Kommunist Ukrainy, 1965, Nr. 2.

73 Vgl. M. M. KARPOV/A. V. POTEMKIN/M. K. PETROV: Nacional'nyj i mirovoj standarty raspredelenija naučnoj dejatel'nosti, a. a. O.

74 Vgl. P. S. NAGPAL/J. R. BHATIA/A. RAHMAN/R. N. BHARGAVA: Trends of Research in Electronics Engineering, a. a. O.

Tabelle 7

Lfd. Nr.	Abteilung der Radioelektronik	Welt		UdSSR		Indien	
		%	Platz der Abt.	%	Platz der Abt.	%	Platz der Abt.
1	Elektronenröhren und Geräte	20,8	1	3,5	8	18,0	3
2	Messung und Instrumente	13,4	2	13,1	3	3,3	7
3	Nachrichtensysteme	13,0	3	20,8	1	11,5	4
4	Halbleitermaterialien und Geräte	12,6	4	12,8	4	9,5	5
5	Elektronenschaltungen	12,5	5	14,6	2	25,0	1
6	Ausbreitung von Wellen; Antennen, Radioastronomie	8,3	6	11,9	5	22,0	2
7	Mikrowellentechnik	7,6	7	10,6	6	5,7	6
8	Quantenelektronik	5,8	8	8,5	7	3,3	8
9	Rundfunk und Akustik	4,0	9	3,2	9	1,6	9
10	Integrierte Schaltungen und Mikroschaltungen	2,0	10	1,0	10	0,1	10
		100		100		100	

Das Prinzip der Ganzheitlichkeit der Wissenschaft als eines Systems gilt auch für die Wissenschaft im internationalen Maßstab. Daraus ergibt sich die aktuelle Aufgabe, die Struktur des Informationsstroms zu untersuchen, der von den Wissenschaftlern eines bestimmten Landes benutzt wird. Solchen Zwecken können *retrospektive Modelle* der benutzten Information dienen. Ein solches Modell kann beispielsweise helfen, die Altersstruktur der von den Wissenschaftlern eines Landes benutzten Information quantitativ einzuschätzen.

Geht man von der selbstverständlichen Voraussetzung aus, daß die Angaben niemals jünger als die Informationsquelle sein können,[75] dann kann man Kurven der statistischen Verteilung des Alters aller benutzten Informationsquellen (in einem bestimmten Jahr) für ein bestimmtes Gebiet aufstellen. Wir beschränken uns dabei auf eine Untersuchung der Struktur des Informationsstroms in 40 Jahren (das ist der Zeitraum, in dem sich der Umfang der wissenschaftlichen Erkenntnisse verdoppelt, in dem ein Wissenschaftler schöpferisch tätig sein kann, und der Zeitraum, in dem sich die Weltbevölkerung verdoppelt).

75 In der Regel sind sie älter; bei Zeitschriften — mindestens 1 bis 2 Jahre und bei Monographien — mindestens 3 bis 4 Jahre.

Abbildung 32 zeigt ein retrospektives Modell der Information, die im Jahre 1966 von den Autoren aller Artikel der bekannten sowjetischen Zeitschrift für Fragen der Elektrotechnik „Električestvo" benutzt worden ist.

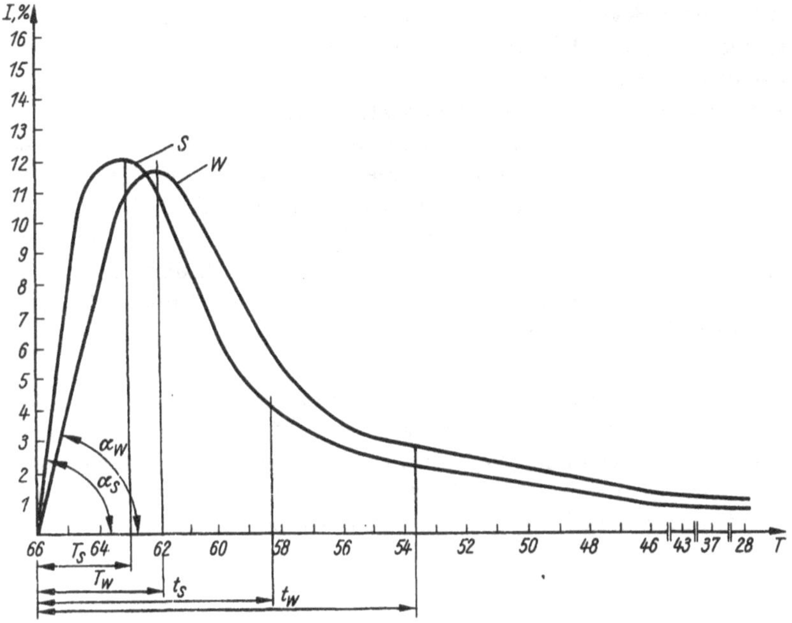

Abb. 32. Retrospektives Modell der Struktur der Informationsquellen einer wissenschaftlichen Zeitschrift

Die Kurve *S* betrifft die sowjetischen, die Kurve *W* die ausländischen Quellen. Solche Modelle besitzen folgende charakteristische Besonderheiten:

I sei die Konzentration des „populärsten" Teils der Quellen und *T* sein statistisches Alter; tg α sei die Geschwindigkeit, mit der der Informationsgrad gegen das Niveau der „populärsten" Gruppe von Quellen hin zunimmt; t_m — das statistische Durchschnittsalter aller in der Gesamtheit der (benutzten) Quellen enthaltenen Informationen.

Wenn die Informations- und Wertcharakteristika der benutzten sowjetischen und ausländischen Quellen identisch sind, so gilt:

$$t_m^{\text{sov}} = t_m^{\text{ausl}} .$$

Ein solches Bild ergibt sich z. B. bei einem retrospektiven Modell, das auf der Grundlage der Materialien der sowjetischen Zeitschrift „Kibernetika" für die sechziger Jahre aufgestellt worden ist. Die Analyse der Artikel zur Elektrotechnik zeigt hingegen ein anderes Bild. Insbesondere ergibt sich:

$$t_m^{\text{ausl}} - t_m^{\text{sov}} = 12{,}25 - 7{,}63 = 4{,}62 \text{ Jahre}.$$

Diese statistische Bewertung des Informationsservice auf dem Gebiet der Elektrotechnik ist ein Signal für die Notwendigkeit, die Informationsversorgung auf diesem Gebiet zu verbessern.

Untersuchen wir die Informationskomponente des wissenschaftlichen Potentials von den Positionen der oben formulierten grundlegenden Gesetze für das Funktionieren des Wissenschaftsorganismus. Unter dem Aspekt der Einheit der Wissenschaft als eines Systems und angesichts der beschleunigten Entwicklung der Weltwissenschaft wird die optimal vollständige und operative Informationsversorgung der Forschungsarbeit von einer Aufgabe der Hilfsdienste zu einem der Hauptprobleme jeder beliebigen wissenschaftlichen Einrichtung. Faktisch ist dies ein neues Problem, das, typisch für die heutige Wissenschaft, von ihr selbst geschaffen worden ist.

Die moderne Wissenschaftsentwicklung beeinflußt alle Aspekte des Informationsproblems. Eine dieser Auswirkungen ist z. B. die ständig wachsende Gefahr, daß Entdeckungen oder Neuentwicklungen dem Weltniveau nicht entsprechen. Abbildung 33 veranschaulicht den Anteil von Erfindungen auf dem Gebiet der Bergbautechnik, die den modernen Anforderungen nicht gerecht werden.

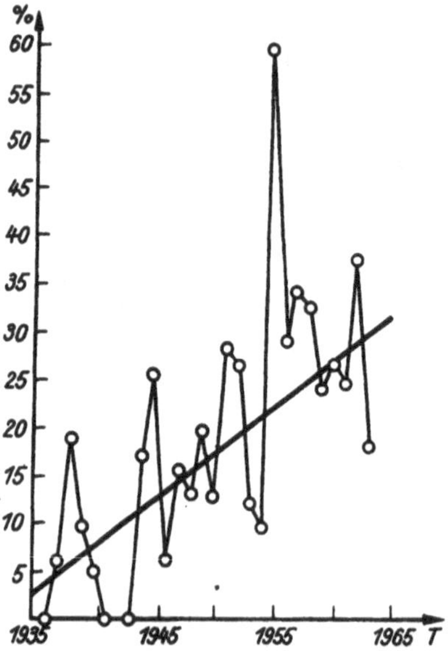

Abb. 33. Wachstumstendenz der Anzahl jener Erfindungen, die dem gegebenen Niveau nicht entsprechen

Unzureichende Information führt ebenfalls zu wissenschaftlichen Arbeiten, die wenig oder keine neue Information enthalten. Solche bedauerlichen, weil nutzlosen Produkte der Wissenschaft komplizieren die Informationssituation noch weiter, und zwar in ständig zunehmendem Ausmaß und Tempo.

Dies zeigt sich z. B. am Umfang der Dissertationen. Das Diagramm in Abbildung 34 zeigt, wie sich der Umfang der Kandidaten-Dissertationen, die in den 50er und 60er Jahren in der UdSSR verteidigt worden sind, verändert hat.

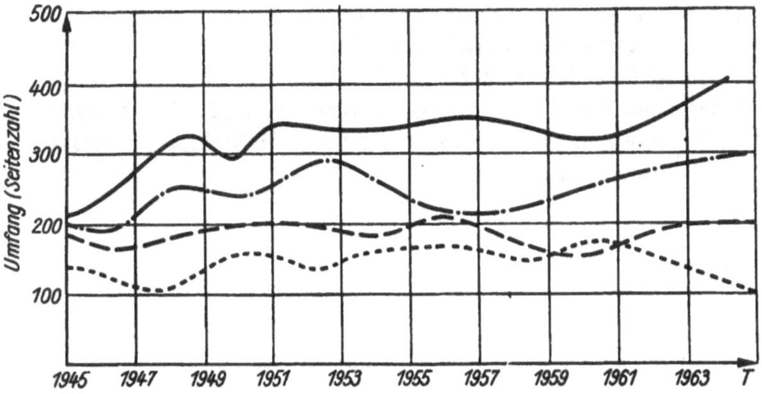

Abb. 34. Veränderung des Umfangs von Dissertationsschriften in den physikalisch-mathematischen, technischen, medizinischen und historischen Wissenschaften

——— Historische Wissenschaften; ·—·—·—· Medizinische Wissenschaften; – – – – – – Technische Wissenschaften; ········ Physikalisch-mathematische Wissenschaften

Über lange Jahre betrug der mittlere Umfang der Dissertationen in den physikalisch-mathematischen Wissenschaften 150 Seiten, in den technischen Wissenschaften 180 Seiten, in den medizinischen Wissenschaften 250 Seiten und in den historischen Wissenschaften 330 Seiten. Je weiter der Apparat einer wissenschaftlichen Disziplin formalisiert ist, desto weniger Seiten werden natürlich dazu benötigt, den Inhalt einer wissenschaftlichen Arbeit darzulegen. Umgekehrt wird der Umfang der Dissertationen um so größer sein, je stärker die betreffende wissenschaftliche Disziplin beschreibenden Charakter trägt.

Charakteristisch sind die Veränderungen des Umfangs der Dissertationen in den letzten fünf Jahren des untersuchten Zeitraums. In den Wissenschaften, in denen ein besserer Informationsservice besteht (physikalisch-mathematische und technische Wissenschaften), gelingt es trotz sehr umfangreicher Ausgangsinformation, den Umfang der für den Forscher erforderlichen Information zu gewährleisten und dennoch den Gesamtumfang der einzelnen wissenschaftlichen Arbeiten nicht zu vergrößern, sondern ihn sogar noch zu verringern.

In den wissenschaftlichen Disziplinen hingegen, in denen es um die Informationsdienstleistung schlecht bestellt und folglich schwierig ist, die wirklich notwendige Information zu erhalten, sind die Forscher gezwungen, diese Information durch weniger konzentrierte Materialien und Angaben zu kompensieren. Das führt unvermeidlich zu einem größeren Umfang der Dissertationen. Auf dem Gebiet der Geschichte hat der mittlere Umfang 400 Seiten erreicht.

Diese Analyse einer scheinbar speziellen Frage des wissenschaftlich-technischen Prozesses demonstriert noch einmal, wie typisch für den modernen wissenschaftlich-technischen Fortschritt die „Informationskrise" ist. Um diese „Krise" zu meistern, müssen alle effektiven Mittel und rationellen Methoden der Wissenschaft und Technik eingesetzt werden.

Zu noch weiterreichenden Schlüssen gelangt man, wenn man die Dynamik der Informiertheit in den aufeinanderfolgenden Etappen des Zyklus „Forschung—Entwicklung—Überleitung" analysiert.

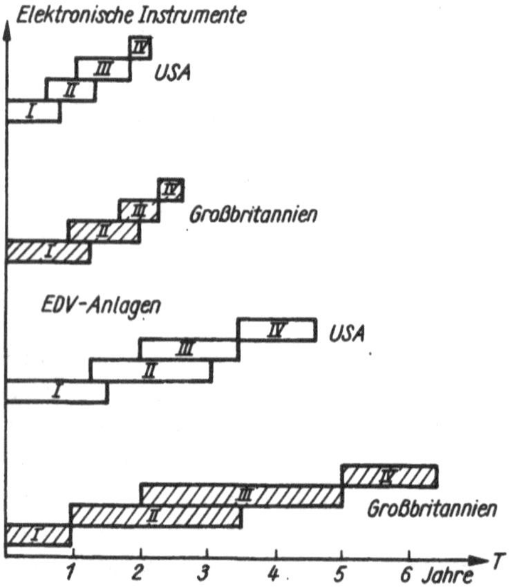

Abb. 35. Schema der Überleitungsdauer für zwei moderne Objekte des wissenschaftlich-technischen Fortschritts

I — Überleitung der wissenschaftlichen Ausarbeitung ins Stadium der Projektierung; II — Konstruktion und Schaffung eines experimentell-industriellen Prototyps; III — Entwicklung der technischen Dokumentation und Vorbereitung zur Serienproduktion; IV — industrielle Erprobungen und Bewertung der technisch-ökonomischen Kennziffern der vollendeten Entwicklung

Wir nennen das Untersuchung der Zeitabläufe und formulieren als Aufgabe, die zeitlichen Intervalle zwischen dem Entstehen einer wissenschaftlichen Idee, ihrer wissenschaftlichen Ausarbeitung, ihrer Verwirklichung in Versuchsmustern und schließlich in der Erzeugnisproduktion zu analysieren und quantitativ einzuschätzen. Der englische Wissenschaftswissenschaftler C. FREEMAN[76] hat diese Aufgabe illustriert (Abbildung 36).

Die von FREEMAN vorgeschlagene Klassifikation der Stadien des uns interessierenden Übergangsprozesses ist nicht die einzig mögliche. Man kann diese Stadien beispielsweise nach den Etappen, in denen der Bestand der technischen Systeme erneuert wird, unterteilen (s. Abbildung 36). Man kann wichtige Einblicke in die Struktur des Prozesses von der Wissenschaftsinnovation bis zur Produktion gewinnen, wenn man konkretes Informationsmaterial für jede Etappe dieses Prozesses untersucht.

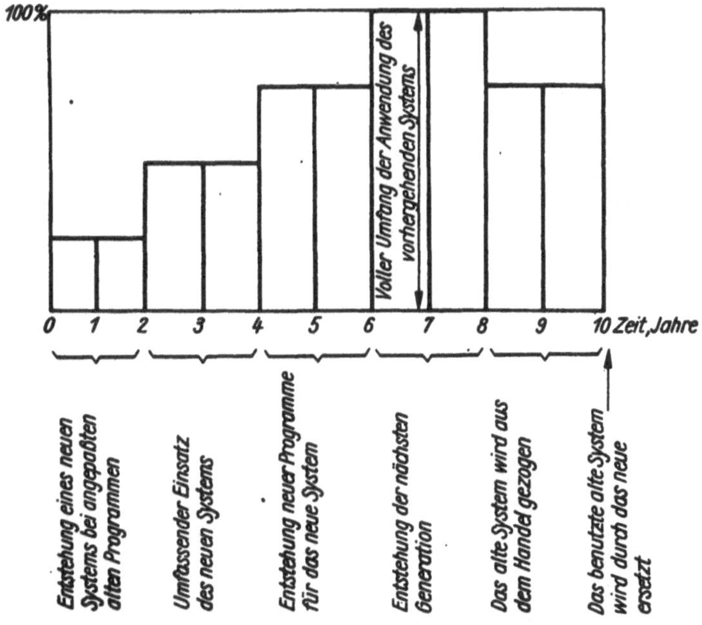

Abb. 36. Lebensdauer und Etappen der Erneuerung von Elementen technischer Systeme

76 Vgl. C. FREEMAN: Research and Development in Electronic Capital Goods. In: National Institute Economic Review, Nov. 1965, Nr. 34, S. 67.

Diesen Prozeß abzukürzen (durch Zeitersparnis auf den einzelnen Etappen und durch zeitliche Zusammenlegungen) bedeutet sowohl für die Produktion als auch für die Wissenschaft selbst stets einen großen Gewinn.

Die Produktion erhält dadurch wichtige Vorteile hinsichtlich des technischen Niveaus und im Kampf um den Absatzmarkt. So ist z. B. bekannt[77], daß es 14% der Erzeugnisse, welche die verarbeitende Industrie der USA Mitte der sechziger Jahre produzierte, drei Jahre zuvor noch nicht gegeben hatte. In der Luftfahrtindustrie betrug diese Kennziffer 35%. In der pharmazeutischen Industrie waren über 60% der Erzeugnisse fünf Jahre vorher noch völlig unbekannt. Im ganzen stimmen wir der Einschätzung zu, daß sich der Weltmarkt hinsichtlich der Produkte, die auf den neuesten Ergebnissen von Wissenschaft und Technik beruhen, im allgemeinen alle 8 bis 10 Jahre erneuert.[78] In einzelnen Bereichen (z. B. bei wissenschaftlichen Meßgeräten) ist diese Frist indessen nur halb so lang.

Für die Wissenschaft selbst ist die beschleunigte Umwandlung von Informationen in Forschungs- und Entwicklungsarbeit ebenfalls lebenswichtig, weil für jede wissenschaftliche Ausarbeitung ein moralischer Verschleiß der *Gebrauchs*eigenschaften der wissenschaftlichen Produkte unvermeidlich ist.

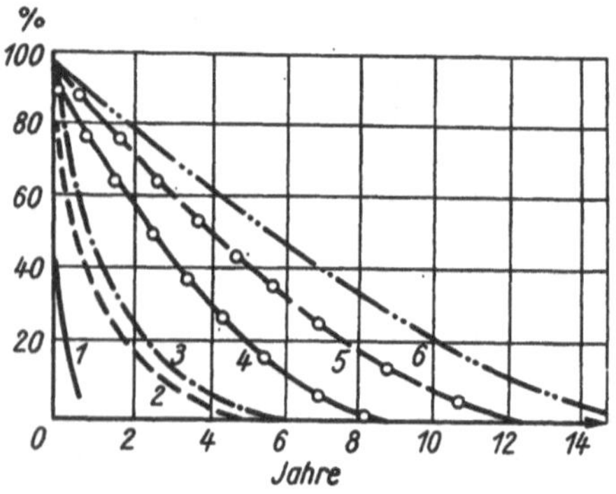

Abb. 37. Dynamik der sinkenden Benutzungshäufigkeit verschiedener Arten von Informationsträgern

1 — Informationsblatt; 2 — Expreß-Information; 3 — produktionstechnischer Zeitschriftenartikel; 4 — wissenschaftlich-technischer Zeitschriftenartikel; 5 — Monographie; 6 — Beschreibung einer Erfindung

77 Vgl. M. Cigánik: Vytváranie a využívanie fondu informácii vo vede, technike a ekonomike. Bratislawa 1964 (deutsch: Der Informationsfonds in Wissenschaft, Technik und Ökonomie. Berlin 1967; neu verfaßte Auflage: Berlin 1973).

78 Vgl. R. P. Včerašnyj/D. I. Ivanov: Patenty i techničeskaja politika. In: Voprosy izobretatel'stva, 1966, Nr. 2.

In informationeller Hinsicht schlägt sich dies im Wertverlust wissenschaftlich-technischer Informationen nieder. Alle Hauptarten von Informationen (Abbildung 37) sinken auch in allen Hauptanwendungsbereichen (Abbildung 38) ziemlich schnell in ihrem Nutzwert.[79]

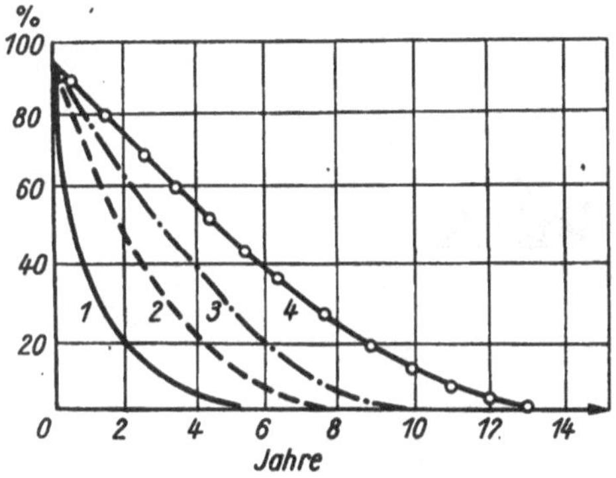

Abb. 38. Dynamik der sinkenden Benutzungshäufigkeit von Information in Abhängigkeit von der Anwendungssphäre
1 — Industrie; 2 — technisches Schöpfertum; 3 — Leitung; 4 — wissenschaftliche Forschungen

Dies ist zweifellos eine Folge des Gesetzes der beschleunigten Wissenschaftsentwicklung. Dies Gesetz führt zu einer *gesetzmäßigen und obligatorischen Erneuerung* der Ideen und der Möglichkeiten, die von der Wissenschaft in den Dienst des Menschen gestellt werden.

Besondere Aufmerksamkeit verdient die Notwendigkeit, die wissenschaftlichen Kenntnisse von Spezialisten systematisch auf einem hohen Niveau zu halten, sie ständig zu erneuern und zu ergänzen. Abbildung 39 zeigt ein Diagramm über die Dynamik des Niveaus des individuellen Informationsstandes, und zwar in Abhängigkeit von der Art, in der die erworbenen Kenntnisse angewendet und erneuert werden. Die Geschwindigkeit des Verlustes („Abwertung" — Kurve A_1, Abb. 39) beträgt annähernd 10% pro Jahr. Doppelt so schnell gehen die Fertigkeiten, einmal erworbene Kenntnisse anzuwenden, verloren („Deaktivierung" — Kurve A_2, Abb. 39).

Wenn ein Wissenschaftler auf der Höhe des wissenschaftlich-technischen Fortschritts bleiben will, muß er mindestens 25% seiner Zeit darauf verwenden, die wissenschaftlich-technische Literatur systematisch zu studieren. Eine unserer

79 Vgl. A. Tuszko: Drogi skuteczności w badaniach naukowych. In: Przegląd Organizacij. Warszawa, 1967, Nr. 1, S. 1—4.

Untersuchungen[80] zeigte, daß Doktoren und Kandidaten der Wissenschaften dem Studium der wissenschaftlich-technischen Literatur im Durchschnitt täglich 3,76 bzw. 4,09 Stunden widmen (s. Tabelle 8).

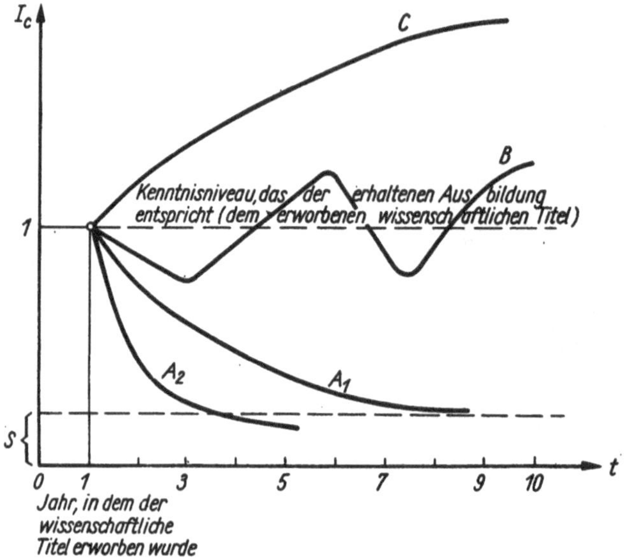

Abb. 39. Modell der Dynamik des individuellen Informationsstandes eines Spezialisten in Abhängigkeit von der Art der Anwendung und Erneuerung der einmal erworbenen Kenntnisse

A_1 und A_2 — Fälle ohne Vervollständigung und Entwicklung der einmal erworbenen Kenntnisse; B — der Spezialist führt von Zeit zu Zeit Forschungsarbeiten aus, die dazu beitragen, seinen Wissensstand zu halten; C — der Spezialist führt systematisch wissenschaftliche Forschungsarbeiten aus und erweitert und vervollständigt nicht nur die eigenen, sondern auch die allgemeinwissenschaftlichen Kenntnisse

Unterschiede im täglichen Zeitaufwand für das Studium der wissenschaftlich-technischen Literatur zeigen sich, wenn man die Dienststellung der Wissenschaftler in Betracht zieht. Leiter arbeiten im Durchschnitt mehr mit der Literatur als untere wissenschaftliche Mitarbeiter. Infolge der starken zeitlichen Inanspruchnahme durch organisatorische Tätigkeit befinden sich die Abteilungsleiter, was das Literaturstudium angeht, in einer schlechteren Situation als die höheren wissenschaftlichen Mitarbeiter. Dadurch wird eine der Voraussetzungen dafür geschaffen, daß in der Tätigkeit der Abteilungsleiter organisatorisch-administrative Funktionen gegenüber den Funktionen des wissenschaftlichen

80 G. M. Dobrov: Wissenschaftsorganisation und Effektivität. Berlin 1971.

Leiters dominieren. In wissenschaftlichen Forschungseinrichtungen, insbesondere akademischen Profils, bildet der hohe Grad wissenschaftlicher Informiertheit eine der wichtigsten Komponenten des moralischen Rechts eines Wissenschaftlers, ein Kollektiv von Kollegen zu leiten.

Tabelle 8

Zeitaufwand von Wissenschaftlern für das Studium wissenschaftlich-technischer Literatur+

Arten des Zeitaufwandes — Stunden	Wiss. Grad		Dienststellung		
	Kand. d. Wiss.	Doktoren d. Wiss.	Untere wiss. Mitarbeiter	Höhere wiss. Mitarbeiter	Leiter von Abteilungen und Laboratorien
Studium der ausländischen Literatur	1,62	1,65	1,45	1,63	1,55
Studium der sowjetischen Literatur	2,14	2,44	1,90	2,24	2,26
Insgesamt	3,76	4,09	3,35	3,87	3,81

+ Die Tabelle enthält Daten über 1552 Kandidaten und 227 Doktoren der Wissenschaften, davon 72 untere wissenschaftliche Mitarbeiter, 972 höhere wissenschaftliche Mitarbeiter und 320 Abteilungsleiter.[81]

Die Ergebnisse der vorliegenden Untersuchung zeigen, daß die führenden Wissenschaftler heute im Durchschnitt etwa 4 Stunden, das heißt die Hälfte ihrer Arbeitszeit, für das Literaturstudium aufwenden. Eine weitere Vergrößerung dieses Zeitaufwands ist absolut unzulässig. Aber auch dieser Zeitaufwand ist kaum zweckmäßig; denn wenn man die Zeit berücksichtigt, die für die Wahrnehmung der organisatorischen Funktionen erforderlich ist, bleibt den wissenschaftlichen Leitern zuwenig Zeit für die experimentelle und theoretisch-schöpferische Arbeit.

Ein wichtiges Ereignis in der Wissenschaftsgeschichte der letzten 15 Jahre war die funktionale Teilung der wissenschaftlichen Forschungsarbeit — die Entwicklung der wissenschaftlichen Informationsarbeit zu einer neuen, relativ selbständigen Art wissenschaftlicher Tätigkeit. Ihre wissenschaftlich-methodischen Grundlagen werden von einer neuen wissenschaftlichen Disziplin erarbeitet — von der Theorie der wissenschaftlichen Information (Informatik). Gegenstand und Aufgaben der Theorie der wissenschaftlichen Information formulieren A. I. Michajlov, A. I. Černyj und R. S. Giljarevskij wie folgt.[82]

81 Ebenda, S. 95.
82 Vgl. A. I. Michajlov/A. I. Černyj/R. S. Giljarevskij: Osnovy informatiki. Moskau 1968; zitiert nach dies.: Informatik. Grundlagen. Berlin 1970, S. 45.

„1. Untersuchung von Informationsprozessen:
a) Erfassen und Klassifizieren dokumentaler Informationen;
b) Methoden zur Erzeugung und Entwicklung optimaler Formen wissenschaftlicher Sekundärdokumente;
c) Methoden zur Speicherung und Recherche semantischer Informationen;
d) Methoden zur Verbreitung von Informationen;
e) Organisation der wissenschaftlichen Informationstätigkeit in verschiedenen Ländern, unter verschiedenen gesellschaftlichen Verhältnissen und auf verschiedenen Gebieten der menschlichen Tätigkeit.

2. Erarbeitung von Methoden zur Analyse semantischer Informationen (Festlegung von Kriterien zur Bewertung des Inhalts von Dokumenten; Methoden zur Extraktion wesentlicher Informationen; Methoden zur Informationsverarbeitung usw.).

3. Entwicklung von Methoden zur Fixierung wissenschaftlicher Informationen in Form von Dokumenten.

4. Entwicklung von Informations-Recherchesystemen (IRS), die für Informationen verschiedenen Umfangs und unterschiedlicher Art anwendbar sind. Erarbeitung von Informations-Recherchesprachen (IRSp) für die automatische Recherche und von Methoden zur Übersetzung aus natürlichen Sprachen in IRSp sowie umgekehrt.

5. Untersuchung der Möglichkeiten für die Anwendung der Maschinentechnik zur Durchführung von Informationsprozessen. Erforschung der Verwendung elektronischer Datenverarbeitungsanlagen zur Realisierung von IRS."

Seit 1952 arbeitet in der UdSSR eine große spezialisierte wissenschaftliche Institution daran, diesen Wissenszweig zu entwickeln — das Allunionsinstitut für wissenschaftliche und technische Information (Vsesojuznyj institut naučnoj i techničeskoj informacii — VINITI). Nach dem Umfang der Arbeiten und den praktischen Ergebnissen nimmt dieses Institut unter den vergleichbaren Einrichtungen auf dem Gebiet der wissenschaftlichen Information einen der ersten Plätze in der Welt ein. Seine Arbeiten finden ihren Niederschlag in der Referate-Zeitschrift „Naučnaja i techničeskaja informacija" sowie in dem monatlich erscheinenden Sammelband „Naučno-techničeskaja informacija".

Wir müssen hier nicht besonders hervorheben, daß es weitgehende gemeinsame Interessen zwischen der „Wissenschaft von der Wissenschaft" und der Theorie der wissenschaftlichen Information gibt. Die Wissenschaftswissenschaft muß u. E. bestrebt sein, die theoretischen und praktischen Ergebnisse der Informatik für die Verallgemeinerung der Erfahrungen der Wissenschaftsorganisation zu nutzen. Zugleich sollten die Erkenntnisse der Wissenschaftswissenschaft in einigen Teilen der Theorie der wissenschaftlichen Information angewendet werden können.

Da die praktischen Probleme der wissenschaftlichen Information und Dokumentation nicht zu den unmittelbaren Aufgaben der Wissenschaftswissenschaft gehören, gehen wir hier nicht auf sie ein. Über einen Gesichtspunkt wollen wir dennoch einige Worte sagen, da es hier einen Zusammenhang mit unserer Gesamtkonzeption der Wissenschaftswissenschaft gibt.

Von den wissenschaftlichen Informationsdiensten werden bekanntlich maximale Vollständigkeit, Zuverlässigkeit, operativer Charakter und eine konkrete Zielgerichtetheit der wissenschaftlichen Informationen erwartet.

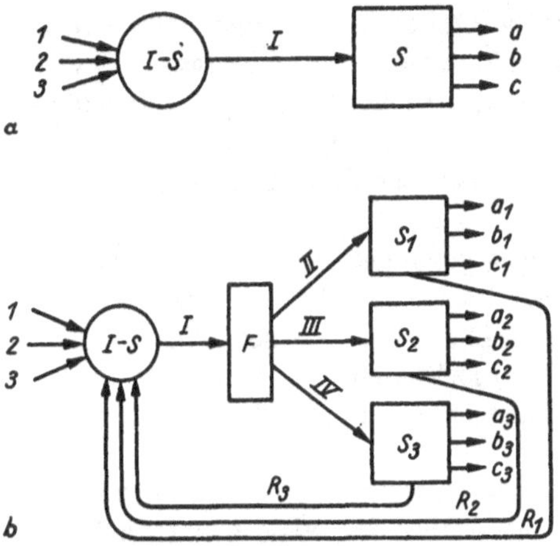

Abb. 40. Schemata der Tätigkeit wissenschaftlicher Informationsdienste

Das historisch entstandene Funktionsschema der wissenschaftlichen Informationsdienste (s. Abbildung 40a) ist dadurch gekennzeichnet, daß in der Regel eine Rückkopplung fehlt, d. h., es fehlt eine Wertung des Effektivitäts- und Zweckmäßigkeitsgrades der Information, die vom Informationsdienst geliefert wird. Außerdem ist diese Information (Strom I) nicht nach den wissenschaftlichen Interessen der Hauptgruppen von Wissenschaftlern im System S differenziert. Diese Interessen verändern und entwickeln sich ständig. Eine Rückkopplung herzustellen und die Zielrichtung der Information zu gewährleisten, gehören daher keineswegs zu den leichten Aufgaben. Sie können jedenfalls nicht allein durch periodische Beratungen der interessierten Personen gelöst werden.

Das Schema eines erfolgversprechenderen Systems der wissenschaftlichen Information zeigt Abbildung 40b.

F ist hier sozusagen ein „Filter“, d. h. ein Systemglied, das die Informationen auf bestimmte Weise klassifiziert und den Informationsstrom spezialisiert; R_1, R_2 und R_3 sind die entsprechenden Kanäle der bestätigenden Rückkopplung, durch die die Bewertungsinformation hindurchläuft und die es ermöglichen, die Arbeitsweise der Glieder *I—S* und *F* zu regulieren. Die praktischen Realisierungsmöglichkeiten für ein solches System sind gegeben. Auf höchstem technischem Niveau (Einsatz von EDVA) stützen sie sich auf die Prinzipien der Autokorrektur und der Selbstoptimierung. Bei Verwendung der analytischen Rechentechnik kann man sich das Arbeitsschema eines solchen Systems folgendermaßen vorstellen: Nachdem sich der Forscher mit einer Information bekannt gemacht hat, notiert er auf der begleitenden Lochkarte seine Einschätzung darüber, in welchem Grad diese Information seinen konkreten Ansprüchen genügt. Diese Daten werden systematisch benutzt, um die Gestaltung künftiger Informationsströme zu korrigieren. Selbst auf einem Niveau des Informationsdienstes, der keine speziellen technischen Mittel einsetzt, besteht die Möglichkeit, ständig derartige Bewertungsinformationen zu erhalten und zu analysieren. Ohne eine entsprechende Rückkopplung „zersplittert" sich das System, ist keine effektive Leitung möglich.

Viel kann getan werden (und nicht wenig geschieht schon), um den wechselseitigen Informationsaustausch im Rahmen der bereits bestehenden Funktionsformen der Wissenschaft zu aktivieren. Die Mehrheit der Wissenschaftler beginnt zu verstehen, daß dies sowohl für die Wissenschaft insgesamt als auch für die Beantwortung der konkreten Fragen, über die sie arbeiten, von lebenswichtiger Bedeutung ist.

Dieses Streben der Wissenschaftler nach Nutzung umfassenderer Informationsbereiche, d. h. letztlich die Tendenz zur Integration des Wissens und zur Einheit der Wissenschaft, spiegelt sich in folgender Tatsache wider: Annähernd 50% aller wissenschaftlichen Informationen, mit denen sich ein Wissenschaftler heute bekannt macht, betreffen Grenzgebiete seines Faches,[83] und gerade an solcher Information besteht der größte Bedarf.[84]

Engere Beziehungen zwischen den verschiedenen Wissenschaftszweigen werden nicht allein durch technisch-organisatorische Schwierigkeiten behindert; auch infolge des speziellen Inhalts und spezifischer Formen der Information ist es für die Spezialisten der verschiedenen Gebiete schwerer geworden, einander zu verstehen.

Um derartige Probleme zu lösen, ist es außerordentlich wichtig, die vorhandenen Möglichkeiten vollständiger und effektiver zu nutzen. Vor allem müssen die Wissenschaftler selbst ihre Einstellung zur persönlichen Beteiligung an der wissenschaftlichen Information verändern. Die alte, von dem bekannten russischen Gelehrten KLIMENTIJ TIMIRJAZEV formulierte Regel „für die Wissenschaft arbeiten und für das Volk schreiben" muß in unseren Tagen unbedingt durch die Forderung ergänzt werden: „die Kollegen informieren". Dafür werden alle Formen

83 Vgl. D. J. URQUHART: Rising Tide of Paper, a. a. O.

84 Vgl. E. TÖRNUDD: Dokumentation und Forscher als ihre Benutzer. In: Nachrichten für Dokumentation, 1964, Bd. 15, Heft 4, S. 182—186.

gebraucht. Eine neue und verantwortungsvolle Rolle bei der Informierung der Kollegen, die auf einander fremden Gebieten der Wissenschaft arbeiten, hat die populärwissenschaftliche Literatur zu spielen. Sie muß die *wissenschaftlichen Neuigkeiten* weitesten Kreisen von Fachleuten zugänglich machen. Aber das ist, wie GEORGE THOMSON betont, „keine leichte Aufgabe, und die Arbeit jener, denen es gelingt, diese Aufgabe zu lösen, sollte in der wissenschaftlichen Öffentlichkeit ebenso hoch gewürdigt werden wie die Arbeit der Forscher selbst".[85]

Eine weitere Schwierigkeit ist das Sprachenproblem. Nach Angaben der UNESCO verteilte sich die gedruckte wissenschaftliche Information Ende der fünfziger Jahre folgendermaßen auf die verschiedenen Sprachen[86]: Englisch — 60%, Russisch — 11%, Deutsch — 11%, Französisch — 9%, Japanisch — 3%, Spanisch — 2%, alle übrigen Sprachen — 4%. Der Anteil der wissenschaftlichen Information, die in russischer Sprache veröffentlicht wird, hat sich im vergangenen Jahrzehnt erhöht. Auf Grund der großen Erfolge der sowjetischen Wissenschaft hat das Bestreben der ausländischen Wissenschaftler, die russische Sprache zu erlernen und die russischen Publikationen zu nutzen, stark zugenommen.[87]

Diese Umstände ändern jedoch nichts daran, daß auch die sowjetischen Wissenschaftler Fremdsprachen erlernen müssen, um unsere Kenntnisse der ausländischen wissenschaftlichen Informationen zu verbessern und deren Nutzung im Interesse des wissenschaftlich-technischen Fortschritts zu gewährleisten.

Das Problem der Produktion und Verbreitung von wissenschaftlicher Information besitzt nicht nur prinzipiell wissenschaftliche Bedeutung, sondern auch offensichtlich staatlich-ökonomische Aspekte. F. MACHLUP, der diese Frage am Beispiel der USA gründlich analysiert hat, gelangte zu der Schlußfolgerung, daß die vorhandene große Ungleichmäßigkeit bei der Benutzung von wissenschaftlicher Information durch die verschiedenen Gruppen von Wissenschaftlern dem wissenschaftlichen Potential des Landes insgesamt großen Schaden zufügt. „Eine Gesellschaft, in der nur eine kleine Anzahl von Menschen viel weiß, ist eindeutig eine unwissende Gesellschaft", schreibt MACHLUP, „. . . der gesamtnationale Wissensvorrat ist größer, wenn es eine große Anzahl von Gebildeten gibt, in denen vergleichsweise bedeutendere Wissensvolumina angehäuft sind".[88]

85 DŽ. TOMSON: Predvidimoe buduščee. Moskau 1958, S. 159.
86 Vgl. E. TÖRNUDD: Dokumentation und Forscher als ihre Benutzer, a. a. O.
87 Vgl. International Science and Technology, 1963, Heft 22.
88 F. MACHLUP: The Production and Distribution of Knowledge in the USA. Princeton, New Jersey 1962, S. 122—123.

Kapitel 5

Die Wissenschaft als Organisationssystem

1. Schöpfertum und Organisiertheit

Die informationstheoretische Untersuchung der Wissenschaft mit ihrer weitgehenden Benutzung von statistischen Daten, Informationsmodellen, Strukturschemata usw. birgt die uns klar bewußte „Gefahr", die *individuelle Besonderheit* der schöpferischen und psychologischen Eigenarten der einzelnen in der Wissenschaft tätigen Menschen zu unterschätzen.

Wir haben uns erlaubt, das Wort „Gefahr" hier in Anführungsstriche zu setzen, und zwar aus folgenden Gründen: Erstens sind bereits sehr große Erfahrungen bei der Beschreibung und der logischen Analyse der schöpferischen Eigenart einzelner hervorragender Wissenschaftler gesammelt worden. Sie werden durch die hier vorliegende Forschungsrichtung keineswegs negiert oder über Bord geworfen. Zweitens sucht die moderne Psychologie zielstrebig und nicht ohne Erfolg nach einem Zugang zur exakten quantitativen Analyse der Psychologie der wissenschaftlichen Arbeit. Wir hoffen, daß künftige Erforscher der „Wissenschaft von der Wissenschaft" auf die Ergebnisse solcher Arbeiten zurückgreifen können. Drittens ist seit langem bekannt, daß sich im Prozeß bewußter, aber auch zufälliger Wechselwirkungen menschlicher Individuen allgemeine Züge, Handlungen und Verhaltensweisen offenbaren, die prinzipiell exakt analysiert werden können.

Wenig hilfreich bei dem Bestreben, die Wechselwirkung der Menschen in der Wissenschaft und den Charakter der wissenschaftlichen Tätigkeit *konkret* zu erkennen, sind subjektive Urteile, wie z. B. die des angesehenen Naturwissenschaftlers und Mitglieds der Akademie der Wissenschaften der UdSSR, V. ENGEL'GARD: „Das Schöpfertum des Wissenschaftlers ist in seinem tiefsten Ursprung das Ergebnis eines angeborenen physiologischen Bedürfnisses, das Ergebnis eines gewissen Instinktes, der ebenso mächtig empfunden wird wie das Bedürfnis des Vogels zu singen oder das Bestreben des Fisches, gegen die Strömung einen reißenden Gebirgsfluß hinaufzuschwimmen."[1] Ein anderes Beispiel bietet die von anderen methodologischen Positionen her formulierte und noch anfechtbarere

1 V. ĖNGEL'GARD: Dvižuščie sily naučnogo tvorčestva. In: Nauka i žizn', 1965, Nr. 3, S. 50.

Erklärung des bekannten amerikanischen Spezialisten auf dem Gebiet des wissenschaftlichen Bildungswesens, J. H. HILDEBRAND, die wahre Berufung des Wissenschaftlers sei durch den Aphorismus aus der Apostelgeschichte bestimmt, „neue Dinge zu sagen oder zu vernehmen“[2].

Wir sind davon überzeugt, daß die Triebkräfte und Quellen, aber auch die realen Faktoren und Bedingungen des wissenschaftlichen Schöpfertums unvergleichlich reicher und komplizierter als alle fiktiven Schemata sind. Sie konkret zu untersuchen und zu erkennen ist eine wichtige Aufgabe künftiger wissenschaftswissenschaftlicher Forschungen. Wir werden an dieser Stelle nur zwei Seiten dieses Problems berühren. Sie betreffen einige Wesenszüge des schöpferischen Charakters der modernen Wissenschaft und das Zusammenwirken dieser Züge mit der notwendig exakten Arbeitsorganisation der Wissenschaftler.

Die Einstellung zum wissenschaftlichen Schöpfertum ist weder angeboren noch gottgegeben; sie ist vielmehr, wie alles in der Wissenschaft, historisch bedingt. Der Weg von der beschaulichen naturphilosophischen Reflexion zur modernen, experimentellen Methodologie der Naturwissenschaft und von ihr zum modernen wissenschaftlichen Weltbild war immer durch objektiv-real auf die Wissenschaft einwirkende Faktoren bedingt. Die Anforderungen des Lebens und die konkreten Entwicklungsbedingungen der Wissenschaft selbst, die Tiefe und Breite der wissenschaftlichen Konzeptionen, der Umfang und die Wachstumsgeschwindigkeit der wissenschaftlichen Informationen sowie die realen Möglichkeiten der Informationsgewinnung und -verarbeitung, der technische Ausstattungsgrad des Wissenschaftsprozesses, das allgemeine kulturell-technische Niveau und der Entwicklungsstand der Produktivkräfte des Landes — diese und andere historisch konkrete Funktionsbedingungen der Wissenschaft haben die Herausbildung der typischen Wesenszüge des schöpferischen Prozesses in der Wissenschaft entscheidend beeinflußt.

Dieser historisch gesetzmäßige Prozeß der Herausbildung neuer Züge des modernen wissenschaftlichen Denkens findet seinen Niederschlag in solchen charakteristischen Erscheinungen wie:

— der zunehmenden Beweglichkeit des schöpferischen wissenschaftlichen Denkens, die mit einer beschleunigten Ablösung und Erneuerung der wissenschaftlichen Ansichten, Theorien und Konzeptionen verknüpft ist;
— dem immer bewußteren Streben nach Breite und Universalität des wissenschaftlichen Vorgehens, nach einem einheitlichen wissenschaftlichen Weltbild. Das findet seinen Ausdruck in der Suche nach umfassenden Analogien, im systematischen Erforschen der Erscheinungen sowie in der komplexen Analyse aller Seiten der zu untersuchenden Erscheinungen;

2 J. H. HILDEBRAND: To Tell or to Hear Some New Things. In: American Scientist, 1963, Bd. 51, Nr. 1, S. 3.

- dem Streben nach quantitativer Bestimmtheit und wahrscheinlichkeitstheoretischer Einschätzung der zu untersuchenden Prozesse und Erscheinungen;
- der beträchtlich gestiegenen Bedeutung der Methodologie der Wissenschaften;
- der Akzeptierung des Prinzips der Organisiertheit des wissenschaftlich-technischen Schaffensprozesses;
- dem Streben nach einer bewußten Regelung der Zukunft von Wissenschaft und Technik sowie nach optimalen Entwicklungswegen für sie.

Der Prozeß der Herausbildung neuer Züge des wissenschaftlichen Denkens, der in allen Wissensgebieten vor sich geht, ist überaus kompliziert und dialektisch widersprüchlich. Wir sind davon überzeugt, daß die Verallgemeinerung der Funktionserfahrungen wissenschaftlicher Systeme durch die Wissenschaftswissenschaft einen konstruktiven Beitrag zum allgemeinen Fortschritt in den Methoden des modernen wissenschaftlichen Schöpfertums leisten wird, daß sie dazu beitragen wird, die günstigsten organisatorischen Bedingungen für die schöpferische Arbeit der Wissenschaftler zu schaffen.

Der bekannte sowjetische Botaniker und Pflanzenzüchter Ivan Mičurin schrieb seinerzeit: „Meine Nachfolger müssen mich überflügeln, mir widersprechen, sogar mein Werk zerstören und es zugleich fortsetzen. Nur aus einer solchen konsequenten Zerstörung der Arbeit erwächst auch der Fortschritt.“[3]

Der freie schöpferische Meinungsaustausch, das geduldige Suchen nach neuen Wegen in der Wissenschaft, die Anerkennung der prinzipiellen Unvollkommenheit des eigenen Wissens und die Bereitschaft, neue wissenschaftliche Fakten zu akzeptieren — dies alles sind Erscheinungsformen der Tendenz zu größerer Beweglichkeit des schöpferischen wissenschaftlichen Denkens.

Das immer bewußtere Streben nach Breite und Universalität des wissenschaftlichen Vorgehens hat seine tiefen Wurzeln in den historischen Erfahrungen der Wissenschaft, besonders in den Erfahrungen der letzten Jahrzehnte. Es wird immer offensichtlicher, daß viele grundlegende wissenschaftliche Probleme (z. B. die Gravitationstheorie, die gesteuerte Kernfusion, theoretische Probleme der Kosmogonie usw.) nicht allein dadurch gelöst werden können, daß man weitere Informationen sammelt und sie auf der Grundlage der Ideen und Methoden heute bekannter wissenschaftlicher Richtungen verarbeitet. Benötigt werden auch dringend prinzipiell neue Ideen, die sich von den gegenwärtigen durch unvergleichlich größere Allgemeinheit und Universalität unterscheiden. Die Erfahrungen der letzten zwei Jahrzehnte haben ebenfalls gezeigt, daß dort, wo ein solches wissenschaftliches Vorgehen praktiziert worden ist, grundlegende und tiefgreifende progressive Veränderungen auf vielen Gebieten der Wissenschaft erzielt werden konnten. Ein Beispiel dafür ist die der Kybernetik zugrunde-

3 I. V. Mičurin: Sočinenija. Bd. 4. Moskau 1948, S. 402.

liegende Idee von der Gemeinsamkeit der Informations- und Regelungsprozesse in der Gesellschaft, in der belebten und in der unbelebten Natur.

Die Schöpfer solcher Ideen sind in der Regel kühne Theoretiker, die fähig sind, traditionelle Methoden und auf der Grundlage eines begrenzten Faktenmaterials entstandene Auffassungen, die in dem betreffenden Wissenschaftszweig herrschen, zu überwinden. Die Ausarbeitung solcher umfassenden und universellen wissenschaftlichen Ideen und Methoden wird in zunehmendem Maße das Werk schöpferisch arbeitender *Kollektive* sein, in denen die vielfältigen individuellen Fähigkeiten, Kenntnisse und Auffassungen zahlreicher Forscher harmonisch miteinander verbunden und genutzt werden. Von 1940 bis 1970 ist die Anzahl wissenschaftlicher Einrichtungen in der UdSSR um das 2,1fache gewachsen, während sich die Anzahl der in diesen Einrichtungen arbeitenden Menschen fast verzehnfacht hat. Die Größe der Wissenschaftlerkollektive wächst also fast fünfmal schneller als die Anzahl der Einrichtungen. Dabei nehmen die Schwierigkeiten der Kommunikations- und Leitungsaufgaben im Kollektiv bekanntlich noch schneller zu als die Anzahl der Kollektivmitglieder.

Die in Kollektiven vereinten schöpferischen Individualitäten müssen sich in immer stärkerem Maße von dem Prinzip leiten lassen: „Geniale Ideen kommen denen, die sie durch beharrliche Arbeit verdient haben." Die wissenschaftliche Arbeitsorganisation im Bereich der Wissenschaft muß dazu beitragen, daß aus Gruppierungen von Wissenschaftlern echte schöpferische Kollektive werden.

Die Wesenszüge eines neuen Typs des wissenschaftlichen Denkens bahnen sich den Weg ins Leben gegen zahlreiche subjektive und objektive Schwierigkeiten. Unter den letzteren verdient der Umstand Beachtung, daß die schnell zunehmende Kompliziertheit und Arbeitsaufwendigkeit wissenschaftlicher Prozesse und der beschleunigt wachsende „Industrialisierungsgrad" der modernen Wissenschaft natürlich die Tendenz zu einer immer engeren beruflichen Spezialisierung der Wissenschaftler verstärken.

Frédéric Joliot-Curie sagte dazu 1958 auf einer internationalen Konferenz von Nobelpreisträgern: „Vor etwa zwanzig Jahren konnte die ‚Artillerie', die zur Erforschung der Atomkerne benutzt wurde, in einem nur wenige Kubikzentimeter großen Fläschchen enthalten sein. Dieser oder jener Versuch, der zu sehr bedeutenden Ergebnissen führte, erforderte nur einen kleinen Raum, einige Quadratmeter, und ein nicht besonders umfangreiches Material."[4] Jetzt aber, unter den Bedingungen der „Industrialisierung" der Wissenschaft, sei es enorm wichtig, Maßnahmen zu ergreifen, damit sie die Persönlichkeit des Wissenschaftlers nicht erdrücke.

4 F. Joliot-Curie: Wissenschaft und Verantwortung. Ausgewählte Schriften. Berlin 1962, S. 199.

Besonders unangenehm kann sich dieser Umstand auf die Entwicklung junger Wissenschaftler auswirken, wenn sie, weil das Kollektiv nicht optimal organisiert ist, lange Zeit zur Ausführung notwendiger, aber eng spezialisierter Operationen im wissenschaftlichen Prozeß herangezogen werden. Akademiemitglied L. A. ARCIMOVIČ bezeichnete dies als einen Entwertungsprozeß eines großen Teils der Kenntnisse, die der Spezialist einmal erworben hat, und als die Verwandlung des Spezialisten in einen „qualifizierten Präparator".[5] Der italienische Physiker und Wissenschaftshistoriker V. RONCHI nennt diese Erscheinung „die Verwandlung des Gelehrten in einen Provisor"[6] und verweist in diesem Zusammenhang auf den großen Nutzen, den Naturwissenschaftler aus dem schöpferisch-kritischen Studium wissenschaftsgeschichtlicher Untersuchungen ziehen können. Seine tiefe Überzeugung, daß es im Hinblick auf die Herausbildung umfassender wissenschaftlicher Ansichten notwendig sei, die Erfahrungen der Wissenschaft schöpferisch zu studieren, bringt auch einer der angesehensten Physiker der Gegenwart, LOUIS DE BROGLIE, in seinem Aufsatz „Der Nutzen und die Lehren der Wissenschaftsgeschichte" zum Ausdruck.[7]

Das kritische Studium und die schöpferische Aneignung der Erfahrungen früherer Wissenschaftlergenerationen sind eine wesentliche, aber allein noch keineswegs ausreichende Bedingung, den hier erörterten Widerspruch zu überwinden. Es muß auch auf die Notwendigkeit einer optimalen Arbeitsorganisation der Wissenschaftlerkollektive hingewiesen werden, denn durch sie erst werden die wissenschaftlichen Qualifikationen und spezifischen Fähigkeiten der Wissenschaftler vielseitig und zweckmäßig genutzt. Unbedingt vonnöten ist in Kollektiven der Wissenschaftler auch eine wahrhaft schöpferische Atmosphäre, die einen umfassenden Meinungsaustausch und ein hohes Niveau der innerkollektiven wissenschaftlichen Diskussion und Kritik ermöglicht.[8] Das Niveau der wissenschaftlichen Diskussionen ist durch spezielle Methoden der schöpferischen Erörterung wissenschaftlicher Probleme zu erhöhen, wie z. B. durch die „Methode der fortschreitenden Einschätzung"[9] oder, in der englischen Variante, durch das „brain-storming" und andere ähnliche Prozeduren, die zielgerichtet *zur Aktivierung des kollektiven schöpferischen Denkens beitragen.*

5 L. A. ARCIMOVIČ: Nekotorye zakonomernosti v razvitii fiziki. In: Dialektičeskij materializm i sovremennoe estestvoznanije. Moskau 1964, S. 37.

6 V. RONCHI: Considerations et experiences concernant l'enseignement de l'Histoire de la science. In: Organon, 1964, Heft 1, S. 281.

7 Vgl. LOUIS DE BROGLIE: Pol'za i uroki istorii nauki. In: Po tropam nauki. Moskau 1962.

8 Vgl. P. N. ZAVLIN/A. I. ŠČERBAKOV/M. A. JUDELEVIČ: Trud v sfere nauki. Novosibirsk 1971; A. RAKITOV: Logika i organizacija naučnych issledovanij. In: Političeskoe samoobrazovanie, 1966, Nr. 8, S. 46—54.

9 Vgl. D. I. IORDANSKIJ: Metod gruppovogo obsuždenija otnešeniem ocenki. In: Vsesojuznoe soveščanie po količestvennym metodam v sociologii. Materialy sekcii količestvennych metodov izučenija razvitija nauki. Moskau 1967.

Charakteristisch für den modernen wissenschaftlichen Arbeitsprozeß ist schließlich die wachsende Bedeutung der allgemein-methodologischen Grundlagen der Wissenschaft. Das Bestreben, die Wechselbeziehungen der vielfältigen und komplizierten Erscheinungen der objektiven Welt umfassend zu erkennen, sowie das Studium und die bewußte Anwendung der objektiven Gesetze der Logik in der wissenschaftlichen Erkenntnis selbst erfordern es mehr als je zuvor, die wissenschaftsmethodologischen Grundlagen der Naturwissenschaften ständig zu vervollkommnen.[10]

Das moderne wissenschaftliche Denken verlangt auch die bewußte Akzeptierung des Prinzips, daß der wissenschaftliche Prozeß exakt organisiert und die schöpferische Tätigkeit wissenschaftlicher Kollektive zielstrebig geleitet werden muß. Unter den Bedingungen der planmäßigen sozialistischen Entwicklung wird dieses Prinzip in den meisten Fällen ganz natürlich akzeptiert, und im Prozeß der Realisierung dieses Prinzips ist es möglich, die Interessen aller Mitglieder wissenschaftlicher Kollektive harmonisch mit den Zielen und Aufgaben der wissenschaftlichen Richtung zu verbinden, über die in dem betreffenden Kollektiv gearbeitet wird.[11]

Die innere Logik der Entwicklung wissenschaftlicher Systeme ist derart, daß die objektiven Erfordernisse der Leitung der Wissenschaftsorganisation unter allen sozialökonomischen Bedingungen in Erscheinung treten. Immer häufiger kommen auch Wissenschaftler, die in den kapitalistischen Ländern arbeiten, zu der Schlußfolgerung, daß dort, wo das wissenschaftliche Kollektiv nicht geleitet wird, die Freiheit des Schöpferischen zur Freiheit für die Mittelmäßigkeit werde, die den Steuerzahler und die ganze Nation teuer zu stehen komme.[12]

Offensichtlich werden die Methoden der wissenschaftlichen Arbeitsorganisation im Bereich der Wissenschaft nicht nur durch die Spezifik der Wissenschaftszweige, durch ihr Entwicklungsniveau und den Charakter der ihnen gestellten Aufgaben weitgehend bestimmt, sondern auch durch die konkreten sozialen Bedingungen der Wissenschaft. Die Wissenschaftswissenschaft bemüht sich, bei der Ausarbeitung der Grundlagen für die wissenschaftliche Arbeitsorganisation in diesem Bereich alle diese Faktoren zu erfassen. Wir meinen, daß der wissenschaftlichen Arbeitsorganisation im Bereich der Wissenschaft

10 Vgl. D. M. Gvišiani/S. R. Mikulinskij (Red.): Ėvoljucija form organizacii nauki v razvitych kapitalističeskich stranach. Moskau 1972; S. R. Mikulinskij/Ju. M. Šejnin (Red.): Organizacija naučnoj dejatel'nosti. Moskau 1968.

11 Vgl. S. R. Mikulinskij/Ju. M. Šejnin (Red.): a. a. O.; K. A. Lange: Organizacija upravlenija naučnymi kollektivami. Leningrad 1971; V. S. Sominskij u. a.: Trud v sfere nauki i ego organizacija. In: Socialističeskij trud, 1966, Nr. 11; A. I. Ščerbakov: Puti soveršenstvovanija organizacii truda naučnych sotrudnikov. 1966.

12 Vgl. A. P. Rowe: The Problem of Freedom and Efficiency in Universities. In: Science and Freedom, Bull. Nr. 16, 1960, S. 9.

die Idee der optimalen Leitung des wissenschaftlichen Systems insgesamt und seiner grundlegenden Komponenten sowie die Idee zugrunde gelegt werden müssen, die Prinzipien der gesellschaftlichen Zweckmäßigkeit und der konkreten wissenschaftlichen Notwendigkeit harmonisch mit der Spezifik des Schöpfertums in der Wissenschaft und den Gesetzen der Logik der Wissenschaftsentwicklung zu verbinden.

Weiter unten werden wir eine Reihe von konkreten Resultaten und Empfehlungen der Wissenschaftswissenschaft hinsichtlich der wissenschaftlichen Arbeitsorganisation in der Wissenschaft behandeln. Die praktische Anwendung dieser ersten, zweifellos interessanten Ergebnisse muß jedoch mit der nötigen Umsicht erfolgen.

Die Wissenschaftsorganisation wird zuweilen mit der Arbeit eines Gärtners verglichen: Er pflanzt Nutzbäume in einen für sie günstigen Boden, kümmert sich um ihr Wachstum und lenkt ihre Entwicklung, obwohl ihr Wachstum und ihre Entwicklung nicht allein von seinen Bemühungen, sondern auch von inneren Gesetzmäßigkeiten abhängen. Der Gärtner handelt nach den Empfehlungen des Gartenbaus, die Bäume aber wachsen nach den Gesetzen der Biologie.

Auf Erfolg und Anerkennung im überaus anspruchsvollen Kreis der Wissenschaftler kann nur eine solche Theorie der Organisation der wissenschaftlichen Forschungsarbeit rechnen, die auf einer festen und modernen wissenschaftlichen Grundlage entwickelt und vielfach praktisch überprüft worden ist.

2. Die Tendenz zur Kollektivität

Die Organisation der Arbeit der Wissenschaftler erfolgt praktisch unter Bedingungen, die nicht nur durch die allgemein komplizierte Informationssituation, durch die realen Möglichkeiten der Wissenschaft sowie durch die unterschiedlich komplizierten Wissenschaftsprozesse determiniert sind, sondern auch durch die vorhandenen Wissenschaftler und ihre individuellen Besonderheiten.

Dabei entstehen zahlreiche Probleme, die gelöst werden müssen, z. B.:

- die Stellung des individuellen Schöpfertums im kollektiven Forschungsprozeß;
- die rationelle Struktur von Wissenschaftlerkollektiven;
- die Leitung der kollektiven Wissenschaftsprozesse;
- die Regelung der persönlichen Beziehungen;
- die Bewertung der Produktivität und der Effektivität der Arbeit von Wissenschaftlerkollektiven usw.

Diese Probleme werden auf verschiedenen methodologischen Ebenen theoretisch untersucht, wobei jeweils wesentlich verschiedene Seiten der im Grunde einheitlichen Erscheinung erhellt werden.

Auf der phänomenologischen Ebene werden die konkreten Erfahrungen verschiedener Formen der Zusammenarbeit der Wissenschaftler dargestellt und erörtert — von lehrreichen Beispielen für die schöpferische Gemeinschaft von zwei oder drei Koryphäen der Wissenschaft bis hin zur Entstehung solcher kollektiver Genies wie beispielsweise des „produktivsten Mathematikers der Gegenwart", NICOLAS BOURBAKI.[13]

Auf logisch-psychologischer Ebene werden Probleme des kollektiven wissenschaftlichen Schöpfertums und damit verbundene spezifische heuristische Probleme analysiert.

Auf der Ebene der angewandten Soziologie werden die Wechselbeziehungen in Wissenschaftlerkollektiven sowie der Einfluß der verschiedenen sozialen und organisatorischen Faktoren auf die Produktivität des Wissenschaftsprozesses untersucht.

Auf informationeller Ebene werden die Struktur, die Intensität und die Zielrichtung sowohl der inneren als auch der äußeren Beziehungen der Wissenschaftlerkollektive erforscht und spezielle Bewertungssysteme der informationellen Produktivität erarbeitet.

Die Lösung dieser Aufgabe ist nicht Selbstzweck, sondern dient der gesellschaftlich notwendigen Aufgabenstellung, die höchste Effektivität der Arbeit jedes einzelnen Wissenschaftlers und der Wissenschaft insgesamt sicherzustellen. Dieses optimale Funktionieren des wissenschaftlichen Systems als einheitlicher, gesetzmäßiger Prozeß der Teilung der Arbeitsfunktionen und des Zusammenschlusses der Wissenschaftler zu zweckmäßig und zielstrebig wirkenden wissenschaftlichen Kollektiven ist nicht neu; es besitzt vielmehr seine eigene, sehr charakteristische Geschichte. Die Etappen dieses Prozesses können in informationeller Hinsicht so beschrieben werden, wie Abbildung 41 es zeigt.

In der Geschichte der Wissenschaft dominierte lange Zeit der Typ des wissenschaftlichen Einzelgängers. Den *Bereich seiner Informationsmöglichkeiten* können wir uns bedingt als einen Kreis von endlicher Größe vorstellen (Abb. 41, I), der im wesentlichen *bestimmt wird durch den Vorrat an Kenntnissen und Ideen sowie durch die Fähigkeiten, neue Informationen zu gewinnen und zu verarbeiten.*

Schüler, die sich zunächst völlig im Informationsbereich des Lehrers bewegen, erweitern ihn schließlich mit seiner Hilfe (insbesondere die wissenschaftlichen Ideen der betreffenden „wissenschaftlichen Schule").

Im 18. Jahrhundert entstanden unter den Bedingungen einer rasch wachsenden Menge wissenschaftlicher Informationen und einer allgemeinen Verbreitung

13 Kollektives Pseudonym einer internationalen Gruppe hervorragender, meist französischer Mathematiker. Vgl. D. J. STRUIK: Abriß der Geschichte der Mathematik. 5. erw. Aufl. Mit einem Anhang über die Mathematik des 20. Jh. von I. POGREBYSSKI. Berlin 1972, S. 236.

experimenteller wissenschaftlicher Methoden, aber auch wegen der Komplizierung und zunehmenden Arbeitsaufwendigkeit des wissenschaftlichen Prozesses die ersten relativ stabilen Wissenschaftlerkollektive. Die typische Organisation solcher Kollektive zeigt Abbildung 41, II. Im Bereich der informationellen Möglichkeiten des Wissenschaftlers 1 arbeiten die Kollegen 2, 3 und 4. Ihre spezifischen, wenngleich nicht sonderlich umfassenden informationellen Möglichkeiten werden im Rahmen *wissenschaftlicher Laboratorien* genutzt.

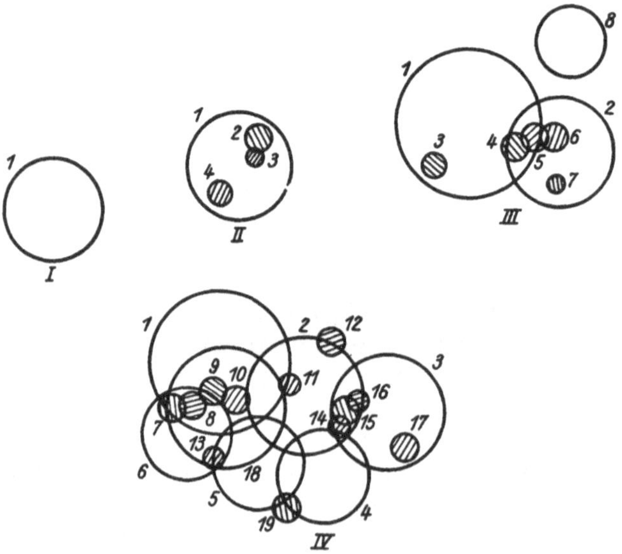

Abb. 41. Zur Frage der Organisierung wissenschaftlicher Kollektive

In jener Zeit wurden wissenschaftliche Arbeiten kaum je von mehreren Autoren geschrieben, und gleichartige (und oft gleichzeitige) wissenschaftliche Entdekkungen mehrerer Wissenschaftler gelangen fast immer unabhängig voneinander. Dies war ein Ergebnis des noch sehr unentwickelten Informationsaustausches zwischen den Wissenschaftlern. Der Begründer der russischen Wissenschaft, MICHAIL LOMONOSOV, konnte noch erfolgreich auf vielen, sehr verschiedenartigen Gebieten der Wissenschaft schöpferisch tätig sein — von fundamentalen theoretischen Forschungen bis hin zur angewandten Wissenschaft.

Im 19. Jahrhundert[14] veränderte sich die Situation des Wissenschaftlers dann

14 Die Perioden sind hier natürlich nur ungefähr, als besonders typische angegeben. In den verschiedenen Wissenschaftszweigen und in den verschiedenen Ländern sind recht beträchtliche Abweichungen von dieser Periodisierung festzustellen. Auch die Etappen der Kollektivbildung mußten im vorliegenden Zusammenhang notwendigerweise im gewissem Sinne schematisiert und damit vereinfacht werden.

grundlegend. In dieser Periode beginnen sich neue Formen der Wissenschaftsorganisation herauszubilden (Abbildung 41, III). Es wird immer häufiger nötig, daß zwei Wissenschaftler (1, 2) zusammenarbeiten; es muß sich dabei nicht unbedingt um zwei „bedeutende" Wissenschaftler handeln. Wichtig ist nur, daß sich die Struktur ihrer informationellen Möglichkeiten wesentlich unterscheidet. Beträchtlich wächst die Bedeutung der wissenschaftlich Tätigen 3, 4, 5, 6 . . ., die auf Zwischenoperationen im allgemeinen wissenschaftlichen Prozeß spezialisiert sind. Die Mitarbeiter 3 und 7 helfen wie früher, Informationen, die die Gelehrten 1 und 2 speziell interessieren, zu gewinnen und zu verarbeiten; die Mitarbeiter 4, 5 und 6 dagegen arbeiten gemeinsam an der Lösung von Aufgaben, die von Interesse für das ganze *Kollektiv* des Laboratoriums sind.

Besonders charakteristisch ist die Rolle des Wissenschaftlers 8. Er steht abseits von den Ideen und Methoden, die in dem betreffenden Wissenschaftlerkollektiv entwickelt werden, und bemüht sich, dasselbe Problem mit wesentlich anderen Methoden und auf der Grundlage anderer wissenschaftlicher Ideen zu lösen. Unter den individuell arbeitenden Wissenschaftlern sind solche Präzedenzfälle von alters her bekannt. Als „Konkurrent" trat nun aber bereits das Kollektiv in Erscheinung, das mit einer größeren Anzahl von Daten operierte, beträchtlich mehr Arbeiten publizierte und daher die Herausbildung allgemein anerkannter wissenschaftlicher Ansichten stärker beeinflußte. In der Regel kamen diese Ansichten der Wahrheit näher. Doch in der Wissenschaft sind Ausnahmen nicht weniger wert als Regeln, und ein unter den Bedingungen geringerer Informationsmöglichkeiten arbeitender Wissenschaftler kann sich durchaus als der Träger der inhaltlich aussichtsreicheren Idee erweisen.

Das veranlaßte seinerzeit Akademiemitglied V. I. VERNADSKIJ zu dem Aufruf, die Arbeit der „Häretiker in der Wissenschaft", der „abseits stehenden Wissenschaftler", aufmerksam zu verfolgen. In einer Arbeit aus dem Jahre 1903 schrieb er: „Die Geschichte der Wissenschaft liefert auf Schritt und Tritt Beispiele dafür, daß abseitsstehende Persönlichkeiten mit ihren Behauptungen mehr im Recht sein können als ganze Wissenschaftlervereinigungen oder Hunderte und Tausende von Forschern, die sich an die herrschenden Ansichten klammern . . ."[15]

Im Zusammenhang mit der im 19. Jahrhundert spürbar beschleunigten Ablösung wissenschaftlicher Konzeptionen begannen sich in den Wechselbeziehungen zwischen Lehrern und Schülern immer deutlicher neue Züge abzuzeichnen. Die Schüler erwarben in kürzeren Fristen bedeutsamere Kenntnisse, überschritten immer häufiger und entschiedener die Grenzen des Informationsbereichs ihres Lehrers und gerieten dabei nicht selten unter den Einfluß der Gedanken konkurrierender Schulen. Noch existierte die „wissenschaftliche

15 Očerki i reči akademika V. I. VERNADSKOGO. T. I, II. Petrograd 1922.

Schule" in prinzipiell unveränderter Form, sie schien sogar noch weiter aufzublühen, 'zugleich aber machten sich gewisse Wandlungen in ihrem Traditionsverständnis bemerkbar: Charakteristisch dafür ist, daß Wissenschaftler beginnen, sich schließlich selbst von ihr bedrückt zu fühlen. Hier zeigen sich sowohl eine aus psychologischer Trägheit resultierende Neigung zum alten Organisationstyp als auch ein mangelndes Verständnis für die gesetzmäßige Spezifik des neuen Niveaus der Zusammenarbeit.

Um die Jahrhundertwende schrieb der Physiker und Experimentator ALBERT MICHELSON an seinen Freund und Mitarbeiter ROBERT MILLIKAN: „Jedesmal, wenn ich den Aspiranten ein Problem gebe, verderben sie alles, weil sie nicht so arbeiten können, wie ich es möchte, aber ich kann sie nicht fortschicken und alles selbst tun; oder, umgekehrt, sie erreichen gute Resultate — dann beginnen sie sofort, das Problem als ihr eigenes zu betrachten, während es doch meines ist. Aber es handelt sich doch darum, zu wissen, welches Problem es wert ist, in Angriff genommen zu werden — das ist überhaupt viel wichtiger als gewissenhafte Arbeit an einem beliebigen Problem. Darum ziehe ich es vor, weiter nichts mehr mit den Dissertationen zu tun zu haben. Ich werde mir einen Assistenten suchen und ihn monatlich bezahlen. Dieser Mann wird nicht glauben, daß ich ihm mehr schulde als den monatlichen Scheck."[16]

Noch schärfer und offener hatte sich bereits fünfzig Jahre zuvor der große Chemiker JUSTUS VON LIEBIG über die Schwierigkeiten bei der Leitung des Kollektivs eines großen Laboratoriums geäußert: „Beinahe möchte ich wünschen, die ganze Maschine stände still, und alles wäre gut. *Die Beschäftigung mit den jungen Leuten, die sonst meine Freude war, ist mir eine wahre Pein; eine Frage oder eine Auskunft macht mich ganz elend.*"[17]

W. OSTWALD zitiert diese Äußerung 1909 und bemerkt dazu: „Überlegt man sich, daß es sich darum handelt, täglich sich in den Gedankengang von mehreren Dutzend wissenschaftlicher Arbeiten hineinzufinden, deren jugendliche Inhaber die Annahme, der Professor wisse ganz genau, wo sie eben sind, als selbstverständlich empfinden, so erkennt man, welche Erschöpfung diese tägliche Einstellung des intellektuellen Auges auf beständig wechselnde Gebiete mit sich bringen muß."[18]

OSTWALD hielt es noch für eine selbstverändliche Pflicht eines wissenschaftlichen Leiters, immer mehr zu wissen und zu können als jeder einzelne seiner Mitarbeiter und als alle Mitarbeiter zusammen. Im 20. Jahrhundert hat jedoch der wissenschaftliche Fortschritt dazu geführt, in Wissenschaftlerkollektiven

16 M. UILSON: Amerikanskie učenye i izobretateli. Moskau 1964, S. 96. (Das Buch von MITCHELL WILSON erschien zuvor unter dem Titel: American Science and Invention).

17 Zit. nach: W. OSTWALD: Große Männer. Leipzig 1909, S. 196.

18 Ebenda, S. 197.

Menschen zusammenzufassen, die jeweils spezialisierte Kenntnisse und Fertigkeiten auf wesentlich verschiedenen Gebieten besitzen und damit effektiver zur Lösung der gemeinsamen Aufgabe beitragen können.

Die moderne Organisationsstruktur des wissenschaftlichen Kollektivs (das nun schon als Abteilung oder Sektor bezeichnet wird und Laboratorien und andere Spezialgruppen umfaßt) ist in Abbildung 41, IV dargestellt. Hier arbeiten viele hinsichtlich ihrer Möglichkeiten und ihrer informationellen Spezifik sehr verschiedene Wissenschaftler (1, 2, 3, 4, 5, 6, 18) und eine beträchtliche Anzahl anderer für die Wissenschaft tätiger Menschen. Gehen wir auf einige Besonderheiten dieser Struktur ein.

Zunächst sind die Informationsbereiche der Wissenschaftler meist unterschiedlich. Dies ist für die Lösung bestimmter Aspekte des Gesamtproblems notwendig. Ist Wissenschaftler 1 der Leiter des Gesamtkollektivs, so ist die Überschneidung eines Teils seiner informationellen Möglichkeiten mit denen des Wissenschaftlers 18 auch aus organisatorischen Gründen notwendig (der Wissenschaftler 18 kann als sein Stellvertreter fungieren).

Wissenschaftler, die vorwiegend im Bereich der informationellen Möglichkeiten der führenden wissenschaftlichen Mitarbeiter arbeiten, sind zum Teil in den Gruppen 7, 8, 9, 10 sowie 14 und 18 zusammengefaßt, die gemeinsame Methoden und Ausrüstungen benutzen, oder sie sind individuelle Mitarbeiter einiger Wissenschaftler (11, 13, 17).

Beachtung verdient die Rolle des Wissenschaftlers 3. Hinsichtlich der Größe des Bereichs seiner informationellen Möglichkeiten kommt er dem Niveau des wissenschaftlichen Leiters des Kollektivs nahe. Jedoch ist die Struktur dieses Bereichs beim Wissenschaftler 3 äußerst charakteristisch. Dieser Wissenschaftler kann etwa Spezialist für irgendwelche besonderen Forschungsmethoden sein (14, 15 und 16 gehören zu dem von ihm geleiteten Laboratorium), oder er kann im Kollektiv der Abteilung gewisse Konzeptionen verfolgen, die sich von den allgemein üblichen Konzeptionen hinsichtlich des betreffenden Problems wesentlich unterscheiden.

Charakteristisch ist auch die Stellung der Mitarbeiter 12 und 19. Zwar gehören sie, gemessen am Bereich ihrer informationellen Möglichkeiten, nicht zu den führenden wissenschaftlichen Mitarbeitern, aber ihre spezifischen Kenntnisse und Fertigkeiten, ihr in vieler Hinsicht nicht zu ersetzender Beitrag zur gemeinsamen Forschung können dazu führen, daß die tatsächliche Bedeutung eines jeden von ihnen für die Arbeit der Abteilung größer ist als z. B. die des wissenschaftlichen Mitarbeiters 6.

Eine solche Systemstruktur der modernen wissenschaftlichen Kollektive hat sich unter dem Einfluß einiger objektiver Faktoren gesetzmäßig herausgebildet. Die wichtigsten dieser Faktoren sind: die gestiegenen Anforderungen des Lebens an die Effektivität des Wissenschaftsprozesses, die erhöhte Kompliziertheit dieses Prozesses und die erheblich schwieriger gewordene Informationssituation in der Wissenschaft.

Die große Anzahl zufälliger wissenschaftlicher Entdeckungen, wie sie beispielsweise noch zur Zeit von BECQUEREL gelangen, hat in unserer Zeit vielleicht absolut nicht abgenommen (wegen der größeren Anzahl von Wissenschaftlern), aber ihr Anteil am Gesamtaufkommen der wissenschaftlichen Erkenntnisse sinkt ganz zweifellos.

Die Wissenschaft dringt immer tiefer in die Geheimnisse der Natur ein. Um diese Aufgabe unter den heutigen Bedingungen zu lösen, muß sie das Wissen und Können von Wissenschaftlern vieler (oft sehr verschiedener) Fachgebiete vereinigen, muß sie eine immer leistungsfähigere und kompliziertere wissenschaftliche Ausrüstung benutzen, riesige Informationsmengen aus verschiedenen Disziplinen und Sprachgebieten verarbeiten und aufwendige Maßnahmen zur Überleitung der Forschungsergebnisse in die Produktion ergreifen. Das alles können nur gut organisierte, zweckmäßig zusammengesetzte und mit moderner wissenschaftlicher Technik ausgerüstete Kollektive leisten, die zielstrebig und beharrlich arbeiten.

Kennzeichnend für diese eindeutig wachsende Bedeutung der kollektiven Arbeit in der wissenschaftlichen Forschung sind die Ergebnisse, zu denen L. BADASH[19] gelangt ist, als er die Autorschaft an Publikationen auf dem gesamten Gebiet der chemischen Wissenschaften (1910—1960) untersuchte. Wurden am Anfang des Jahrhunderts noch 82% aller gedruckten Arbeiten von Einzelautoren verfaßt, so ist dies am Ende der untersuchten Periode nur noch bei 33% der Arbeiten der Fall. Entsprechend nahm in diesen fünfzig Jahren der Anteil der Arbeiten zu, die von zwei Autoren (von 16% auf 43%) und drei Autoren geschrieben wurden (von 2% auf 15%). In den zwanziger Jahren erschienen die ersten von vier und mehr Personen verfaßten Arbeiten. Im Jahre 1960 betrug der Anteil dieser Arbeiten bereits 9%, und diese Tendenz wächst schnell.

Auch der allgemeine Informationseffekt, der erzielt wird, wenn Wissenschaftler ihre Bemühungen vereinigen, ist aufschlußreich. L. A. IGNATOV (Abb. 42) hat Angaben über die Urheberschaft von 22000 Erfindungen analysiert, die in den sechziger Jahren in der UdSSR angemeldet wurden. Es zeigte sich, daß der Anteil der Erfindungen, die von einer Person gemacht worden sind, von Jahr zu Jahr abnimmt, während der Anteil der Erfindungen, für die drei bis acht Autoren angegeben werden, zunimmt. Fast stabil über die Jahre hinweg bleibt der Anteil der Erfindungen, die von zwei, neun, zehn und elf Autoren gemacht worden sind. Wir hielten es für zweckmäßig, diese Erscheinung an folgendem Beispiel zu untersuchen: Wie veränderte sich die Anzahl der wiederholten

19 Zit. nach: D. DE SOLLA PRICE: Little Science, Big Science, S. 88.

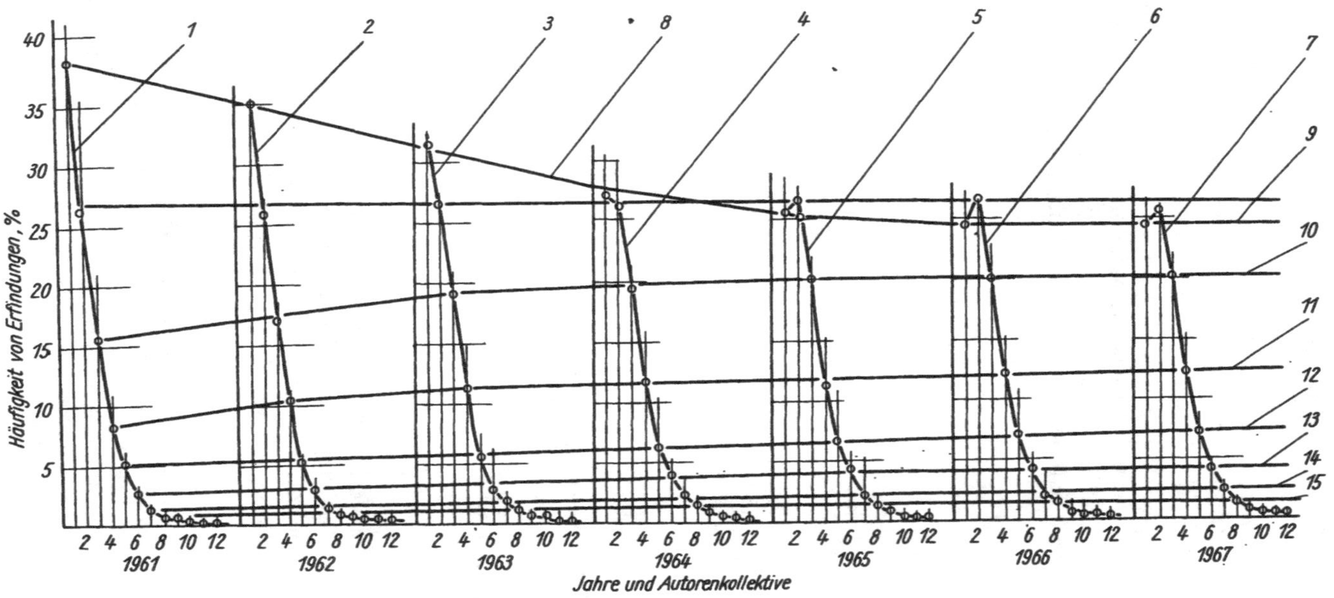

Abb. 42. Relative Häufigkeit angemeldeter Erfindungen als Funktion der Kollektivität der Anmelder

„Erfindungen“, die auf Grund ungenügender Information zustande gekommen sind?[20]

Aus dem Diagramm in Abbildung 43 geht folgendes hervor: 60% der Vorschläge, in denen bereits vorhandene Erfindungen nochmals „erfunden“ wurden, kamen von Einzelautoren, 20% kamen von Autoren, die zu zweit, 10% von Autoren, die zu dritt gearbeitet hatten usw. Eine größere Autorenzahl als 6 bis 7 führt offenbar kaum noch zu einer Erweiterung des allgemeinen Informationsbereiches; es kommt im wesentlichen nur zu einer Überlagerung der Informationsbereiche, ohne daß sich das allgemeine Informationsniveau merklich erhöht.[21]

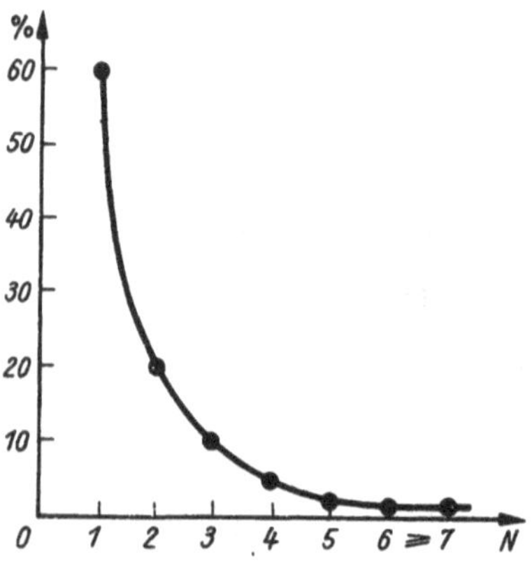

Abb. 43. Anteil wiederholter Erfindungen als Funktion der Anzahl der beteiligten Autoren N (1935—1963)

Symptomatisch für die Veränderungen in der Autorschaft bei wissenschaftlichen Arbeiten ist der Übergang von individuellen zu kollektiven Forschungsmethoden und Publikationsformen. Dieser Sachverhalt ist bereits sehr eingehend untersucht worden. Abbildung 44 vermittelt die Ergebnisse einer Analyse der

20 Die Daten wurden gemeinsam mit L. P. Smirnov bei einer vielschichtigen Analyse von Informationen über abgelehnte Anmeldungen von Erfindungen auf dem Gebiet des Bergbaumaschinenbaus gewonnen. Zur Analyse wurde ein Elektronenrechner benutzt.

21 Eine Vergrößerung der Anzahl der Mitautoren über 6 bis 7 hinaus ist durchaus berechtigt aus anderen wichtigen Motiven — etwa aus dem Bestreben, die Arbeit in höherer Qualität und kurzfristig abzuschließen und ihre praktische Realisierung zu sichern.

Kollektivautorschaft bei drei wesentlich verschiedenen Arten wissenschaftlicher Tätigkeit.[22]

Das Diagramm zeigt, daß der Anteil der Kollektivarbeiten wächst, der Anteil der Arbeiten von Einzelautoren hingegen ständig sinkt. Der offensichtliche Niveauunterschied des schöpferischen und individualisierten Elements der verschiedenen Prozesse zeigt sich lediglich in den absoluten Zahlen. Die Tendenz ihrer Veränderung ist jedoch im Grunde einheitlich. Der Anteil der individuellen Arbeiten *verringerte sich* von 1950 bis 1965 a) bei Publikationen von 53% auf 38%; b) bei Erfindungen von 84% auf 46% und c) bei Anmeldungen wissenschaftlicher Entdeckungen (1956—1965) von 97% auf 85%. Der Anteil der kollektiven Arbeiten von zwei, drei und mehr Autoren *nimmt* in allen Fällen *zu*, wobei der der kollektiven Arbeiten bei Erfindungen besonders schnell wächst.

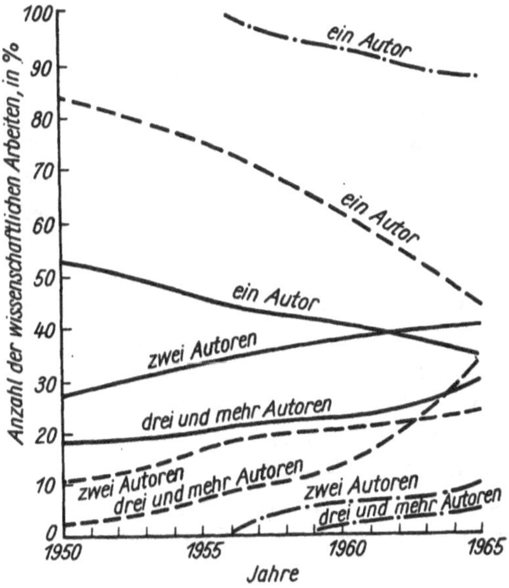

Abb. 44. Auftreten von Autorenkollektiven

——————— Publikationen; — — — — — — Anmeldungen von Erfindungen; —·—·—·— Anmeldungen von wissenschaftlichen Entdeckungen

22 Die Angaben über Erfindungen umfassen alle Dokumente der Patentklasse 58 (Bergbautechnik). Die Angaben über Entdeckungen beziehen sich auf den gesamten Anmeldungsfonds des sowjetischen staatlichen Registrationsdienstes für wissenschaftliche Entdeckungen. Die Angaben über Publikationen sind zum Vergleich der oben (Anm. 19) erwähnten Arbeit von L. BADASH entnommen worden.

Wir führen den Begriff des *Strukturkoeffizienten der Kollektivautorschaft* von Dokumenten eines Stroms wissenschaftlich-technischer Information .

$$\Gamma = \frac{Q_{koll}}{Q_{koll} + Q_{indiv}} \text{ ein.}$$

Dabei ist Q_{koll} der prozentuale Anteil der von mehreren Autoren verfaßten Arbeiten (drei und mehr Autoren) am betreffenden Informationsstrom, Q_{indiv} der prozentuale Anteil der Arbeiten von Einzelautoren.

1964 betrug dieser Strukturkoeffizient in den von uns untersuchten Fällen:

a) bei wissenschaftlichen Entdeckungen	0,07
b) bei Erfindungen	0,8
c) bei Publikationen	0,7 .

W. SHOCKLEY[23] untersuchte am Beispiel der Physik den Einfluß sogenannter *Autoritätsfaktoren* auf die Kollektivautorschaft, den manchmal zu beobachtenden Fall, daß Personen wegen ihrer Autorität (ihres Einflusses) in ein Autorenkollektiv aufgenommen werden oder daß die Namen junger Mitarbeiter deshalb als Mitglieder des Autorenkollektivs genannt werden, um ihre Autorität zu heben. Der Aufbau der Diagramme, bei denen alle Arbeiten großer Autorenkollektive unberücksichtigt blieben, und der Diagramme, in denen den Mitautoren nur ein entsprechender Anteil der Arbeit zugeschrieben wurde (0,5 bei zwei Autoren, 0,33 bei drei Autoren usw.), zeigte eine im Prinzip unveränderte Tendenz.

B. CLARK[24] wies am Beispiel der biologischen Wissenschaften für die Jahre 1954 bis 1964 folgende Tendenz nach: eine sinkende Anzahl der Arbeiten von Einzelautoren (von 35% auf 23%), eine gewisse Stabilität des Anteils der von zwei Autoren geschriebenen Arbeiten (um 40% schwankend) und einen relativ hohen Anteil der von drei Autoren geschriebenen Arbeiten (um 20% mit steigender Tendenz). Der Strukturkoeffizient der Kollektivität für 1962 betrug hier 0,75. Das bedeutet, daß die Anzahl der von mehreren Autoren verfaßten Arbeiten deutlich über der Anzahl der Arbeiten liegt, die von einem Autor verfaßt worden sind.

Möglicherweise wirkte sich auf CLARKS statistische Analyse aus, daß er nur Publikationsmaterial der jährlichen Sessionen der Föderation amerikanischer Gesellschaften für experimentelle Biologie berücksichtigte. Dort berichten Spezialisten in der Regel über Arbeitsergebnisse eines größeren Forscherkollektivs

23 Vgl. W. SHOCKLEY: On the Statistics of Individual Variations of Productivity in Research Laboratories. In: Proceedings of I.R.E., 1957, Bd. 45, Nr. 3.

24 Vgl. B. L. CLARK: Multiple Autorship Trends in Scientific Papers. In: Science, 1964, Bd. 143, Nr. 3608, S. 822ff. (Tabelle S. 824).

in dessen Namen. Da die große Instabilität der Angaben CLARKS die letzte analysierte Periode betrifft, scheint die Annahme berechtigt, daß sich hier indirekt der gegenwärtige Prozeß einer generellen Revision der Methoden und der Erneuerung der Ideen der experimentellen Biologie widerspiegelt.

Die ständig wachsende Kollektivität in der wissenschaftlichen Forschung macht die *Altersstruktur von Wissenschaftlerkollektiven* zu einem wichtigen Sachverhalt. Es ist notwendig, die Erfahrungen, das Wissen und die Fertigkeiten der älteren Wissenschaftlergeneration harmonisch mit den Qualitäten zu verbinden, die die jüngeren Kollegen in das Kollektiv einbringen. Zwischen dem Durchschnittsalter des Kollektivs T_k, dem Durchschnittsalter der jährlich neu in das Kollektiv eintretenden Kollegen t_Δ und dem Umfang dieser jährlichen Ergänzung ΔN läßt sich folgende Abhängigkeit feststellen:

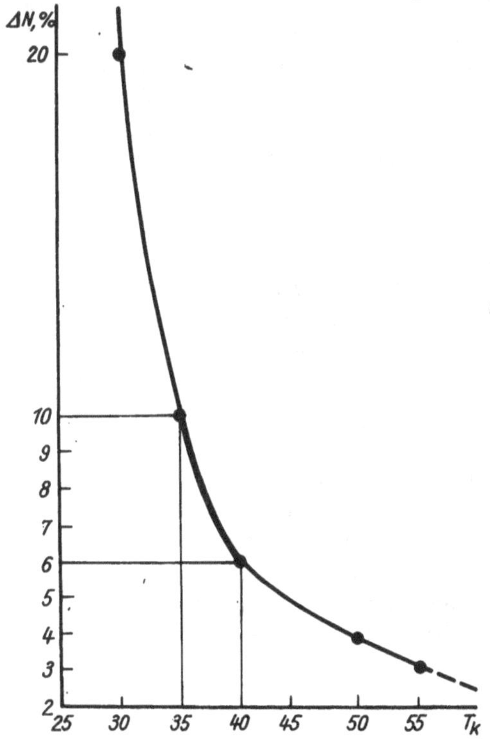

Abb. 45. Durchschnittsalter des Kollektivs (T_k) bei unterschiedlicher jährlicher Ergänzung des Bestandes (N)

Um das Durchschnittsalter des Kollektivs im optimalen Bereiche zu halten (35—40 Jahre), müssen bei einer Ergänzung des Wissenschaftlerbestandes mit Spezialisten im Alter von 25 bis 28 Jahren jährlich 6 bis 10 Prozent des Kaderbestandes erneuert werden.[25] Bei einer jährlichen Zunahme der Anzahl der Wissenschaftler um 7,2% verdoppelt sich ihre Gesamtzahl alle 10 Jahre. Ein derart hohes Wachstumstempo der Wissenschaftlerzahl kann nicht ständig beibehalten werden. Es muß deshalb ein effektiv und human funktionierender Mechanismus zur Regulierung der Altersstruktur der Wissenschaftlerkollektive gefunden werden. In der Sowjetunion kann diese Aufgabe planmäßig gelöst werden; auch die unmittelbaren funktionalen Beziehungen, die zwischen den wissenschaftlichen Zentren, den Universitäten und der Produktion bestehen, erleichtern dies. Dennoch gehört die Aufrechterhaltung einer optimalen Altersstruktur in jedem Falle zu den kompliziertesten Aufgaben des Leiters einer wissenschaftlichen Institution.

„Eine gewaltige Reserve der Wissenschaft", stellt das Mitglied der Akademie der Wissenschaften der UdSSR, M. Lavrent'ev, fest, „liegt in der richtigen Verbindung der wissenschaftlichen Jugend, ihrer schöpferischen Aktivität mit der Weisheit und Erfahrung der älteren Generation. Wie in einem Atomreaktor gibt es hier eine kritische Masse, wo zuwenig schlecht und zuviel auch schlecht ist. Das richtige Verhältnis zu finden, zu erraten, zu erfüllen — darin liegt das Talent des wissenschaftlichen Leiters."[26]

Eine nützliche Orientierung dabei ist die Gewährleistung des „offenen Charakters" des wissenschaftlichen Kollektivs, seiner Aufgeschlossenheit neuen Ideen gegenüber und seiner schöpferischen Kühnheit bei der Überprüfung und Anwendung solcher Ideen. Ein erprobtes und keineswegs formales (statistisch errechnetes) Merkmal für das gesunde Alter des Kollektivs besteht darin, daß „in jungen Kollektiven neue Ideen in der Regel starkes Interesse erregen, in alten Kollektiven dagegen auf eine mißgünstige, häufig auch spöttische Einstellung treffen".[27]

Um die Bedingungen für eine möglichst fruchtbringende Tätigkeit jedes Kollektivmitgliedes zu sichern, ist die Untersuchung des allgemeinen Informationseffekts, der durch gemeinsame Anstrengungen der Forscher auf wissenschaftlich-technischem Gebiet erreicht wird, von großem Interesse. Leider sind uns gründliche Arbeiten hierzu bislang nicht bekannt. Teiluntersuchungen, z. B. des faktischen Einflusses wissenschaftlicher Arbeiten,[28] zeigen jedoch, daß Ar-

25 Vgl. V. V. Nalimov: Molodoj učenyj i kollektiv. In: Vestnik vysšej školy, 1966, Nr. 1, S. 51—56.

26 Organizacija i ėffektivnost' naučnych issledovanij. 2. Aufl., Novosibirsk 1967, S. 8.

27 V. V. Nalimov: Molodoj učenyj i kollektiv, S. 53.

28 Vgl. B.-A. Lipetz: Information Science. In: American Documentation, 1962, Bd. 13, S. 251—266.

beiten, die von Kollektiven verfaßt worden sind, im späteren wissenschaftlichen Prozeß 1,5mal häufiger benutzt werden als Arbeiten von Einzelautoren.

Dies betrifft die Hauptmasse der wissenschaftlich-technischen Informationen. In differenzierteren Untersuchungen, insbesondere bei den Grundlagenwissenschaften mit ihrem niedrigen Strukturkoeffizienten der Kollektivität (Γ), dürfte sich ein wesentlich anderes Bild ergeben. So kam R. VASIL'EV bei einer Untersuchung über das Schaffen einer ausgewählten Gruppe führender Wissenschaftler auf dem Gebiet der physikalischen Chemie zu dem Ergebnis,[29] daß Arbeiten, die von zwei Autoren verfaßt worden sind, annähernd doppelt so häufig zitiert werden wie Arbeiten, die von einem Autor stammen (s. Abb. 46). Arbeiten, die von drei Autoren verfaßt worden sind, werden dagegen weniger als halb so oft wie individuelle Arbeiten und 4- bis 6mal seltener als Arbeiten zweier Autoren zitiert.

Die enge Beziehung zwischen der Produktivität und der Effektivität der Forschungen sowie dem Niveau der Arbeitsorganisation in Wissenschaftler-

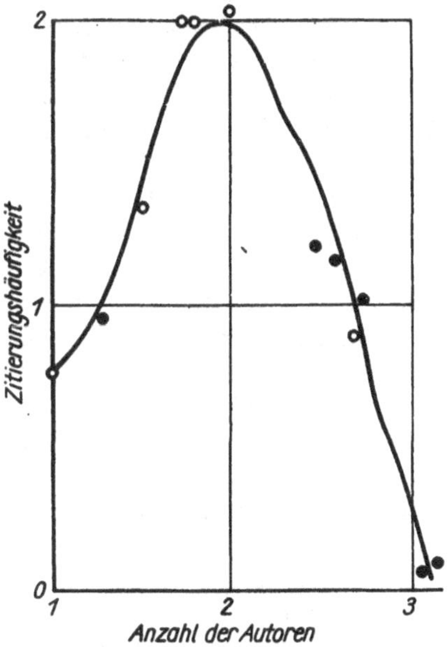

Abb. 46. Durchschnittliche Zitierungshäufigkeit als Funktion der Kollektivautorschaft der zitierten Arbeiten

29 Vgl. R. F. VASIL'EV: O častote citiruemosti kak pokazatele kačestva naučnoj produkcii. In: Materialy II Simpoziuma po problemam analiza zakonomernostej i prognozirovaniju razvitija nauki i techniki, Teil I, Kiev 1967.

kollektiven wird auch durch zahlreiche Beobachtungen auf der qualitativen (inhaltlichen) Ebene bestätigt.[30] Die Kollektivität der Arbeit ist zwar nicht die einzige, aber in einer Reihe von Forschungsetappen unerläßliche Voraussetzung des Erfolges. Das gilt besonders für die abschließenden Stadien, die mit der Überleitung der Forschungs- und Entwicklungsergebnisse in die Praxis verknüpft sind.

Die Bedeutung der Kollektivität in der Wissenschaft wird auch in Zukunft in dem Maße weiter zunehmen, wie sich die Wissenschaft in eine unmittelbare Produktivkraft verwandelt. Damit wird zugleich auch die Rolle der Wissenschaftler, welche die Arbeit der Wissenschaftlerkollektive organisieren, wachsen und sich inhaltlich verändern.

In der modernen Wissenschaft ist der Erfolg zunehmend gerade vom harmonischen Zusammenspiel des ganzen Ensembles der handelnden Kräfte abhängig. Die Kollektivität ist deshalb eine Erscheinungsform des grundlegenden Gesetzes vom Systemcharakter der Wissenschaft auf dem Gebiet der Organisationsstruktur des Wissenschaftlerbestandes.

Nicht die Anzahl der Wissenschaftler an sich, sondern das Niveau der Kollektivität ihrer Arbeit, nicht einzelne, individuelle Ergebnisse, sondern die allgemeine, auf ein bestimmtes Ziel gerichtete schöpferische Arbeit der Wissenschaftler garantiert den Gesamterfolg der Wissenschaft. Dies ist die wichtigste Schlußfolgerung aus den bisherigen Darlegungen.

Die objektive Wirkung des Gesetzes vom Systemcharakter der Wissenschaft läßt sich auch am Beispiel der Entstehung und Funktionsweise solcher spontan entstehenden Wissenschaftlerkollektive wie der „unsichtbaren Kollektive" feststellen. Dies sind Forschergruppen, die nicht durch irgendwelche formellen Bindungen, sondern nur durch Ströme wechselseitig nützlicher Informationen verbunden sind. Die Mitglieder der unsichtbaren Kollektive können in verschiedenen Ländern und manchmal sogar auf formal verschiedenen Gebieten der Wissenschaft arbeiten, im Grunde aber streben sie alle ein ähnliches Ziel an, und die Erfahrungen eines jeden von ihnen sind für alle anderen von unmittelbarem Interesse. Die Teilnehmer einer solchen Gemeinschaft tauschen regelmäßig Vorabdrucke sowie andere wissenschaftliche Primärinformation aus und sichern sich damit Vorteile gegenüber den Forschern, denen solche Quellen zur Verstärkung des wissenschaftlichen Potentials fehlen.

Diese Art der Wechselbeziehungen von Wissenschaftlern besitzt eine sehr lange Geschichte. Zur Zeit L. Eulers und M. Lomonosovs war die wissenschaftliche Korrespondenz z. B. das hauptsächliche und beinahe einzige Mittel des Gedankenaustausches zwischen den Gelehrten. Gegenwärtig erlebt die wissen-

30 Vgl. G. V. Samsonov: Mesto naučno-techničeskogo progressa v sozdanii material'no-techničeskoj bazy kommunizma. In: Problemy istorii nauki i techniki. Kiev 1963.

schaftliche Korrespondenz eine Art Renaissance — als Versuch, die moderne Informationskrise zu mindern, und als spontane Form der beschleunigten Vergrößerung des wissenschaftlichen Potentials.

Wichtige gesellschaftlich-organisatorische Faktoren für den Erfolg unsichtbarer Kollektive und wissenschaftlicher Kollektive überhaupt sind eine vernünftige Organisation wissenschaftlicher Symposien und Konferenzen und die Beseitigung der Barrieren „egozentrischer" und „provinzieller" Beschränktheit.[31]

Andere aktuelle Probleme bei der Organisation der wissenschaftlichen Kollektive, die noch dringlicher einer wissenschaftlichen Untersuchung bedürfen, ergeben sich aus der Konzentration wissenschaftlicher Kollektive um die gigantischen technischen Mittel einer wissenschaftlichen Experimentierbasis. Hier ist eine neue Art „wissenschaftlicher Schulen" entstanden, die sich nicht wie früher um einen „Patron", sondern um ein Synchrophasotron zusammenschließen.

Der schöpferische Wettstreit heutiger Astronomen ist in hohem Maße zu einem Wettbewerb der leistungsfähigsten Teleskope geworden.

Diese Analogie ist gar nicht so weit hergeholt. Was früher die Schüler um den Lehrer zusammenschloß, war *die gemeinsame Sicht eines Teils der wissenschaftlichen Welt*, die sich aus der spezifischen Art des Vorgehens ergab und aus den Möglichkeiten, welche die Methoden der betreffenden Schule boten. Weitgehend dieselben Wesenszüge kommen durch die moderne, einzigartige Ausrüstung in den wissenschaftlichen Prozeß. Sie hat schon lange und unwiderruflich den Charakter eines wissenschaftlichen *Instrumentariums* prinzipiell *kollektiver Bestimmung* angenommen. Der Anteil des für die individuelle Benutzung bestimmten Instrumentariums hingegen ist zu einer fast belanglosen Größe geschrumpft.

Im schlimmsten Falle nimmt diese Rivalität Formen an, die dem „Pyramidenbau" gleichen oder nach der Regel: „Wenn die wissenschaftlichen Ideen nicht ausreichen, dann fordere neues Gerät" praktiziert werden. Im allgemeinen dagegen wird dadurch objektiv der Widerspruch zwischen der gesetzmäßigen Beschleunigung der Wissenschaftsentwicklung und der „moralischen" Trägheit der immer schwerer zu erneuernden wissenschaftlichen Ausrüstung verschärft.

Höchst symptomatisch hat sich auch die „Lebensdauer" der technischen Ausrüstungen verändert[32] (vgl. Abb. 47). Sie beträgt heute etwa 5 bis 8 Jahre, und das führt dazu, daß viele gerade erst entstehende theoretische Doktrinen,

31 Vgl. J. Klein: Working with Groups. London 1963; Ch. Argyris: Personality and Organization. The Conflict Between System and Individual. New York 1963; W. R. Brain: Science and Antiscience. In: Science, 1966, Bd. 14, Nr. 3667, S. 182—198.

32 Vgl. Ch. W. Sherwin: How Do Weapon System Get Born? — Project Hindsight Seeks Answer. In: Armed Forces Management, 1966, Bd. 12, Nr. 9, S. 115—118; L. Angelo: Federal Affairs. In: Chemical and Engineering News, 1966, Bd. 44, Nr. 39, S. 42.

strategische Schemata und taktische Verfahren im Hinblick auf die Möglichkeiten der technischen Mittel bereits wieder veraltet sind.

Die Theorie der Organisation und Leitung des Wissenschaftsprozesses steht in vieler Hinsicht vor einem ähnlichen Problem, nämlich vor der Gefahr, mit „moralisch verschlissenen“ Ergebnissen zu operieren, wenn es ihr nicht gelingt, ihre eigene Arbeitsorganisation rasch auf die Höhe ihrer Aufgaben zu bringen.

Die Lösung dieses Problems erfordert eine Antwort auf die aktuelle Frage: Mit welchen organisatorischen Maßnahmen können unter den modernen Bedingungen eine optimale Struktur des Wissenschaftssystems und die effektive Nutzung des wissenschaftlichen Potentials gewährleistet werden?

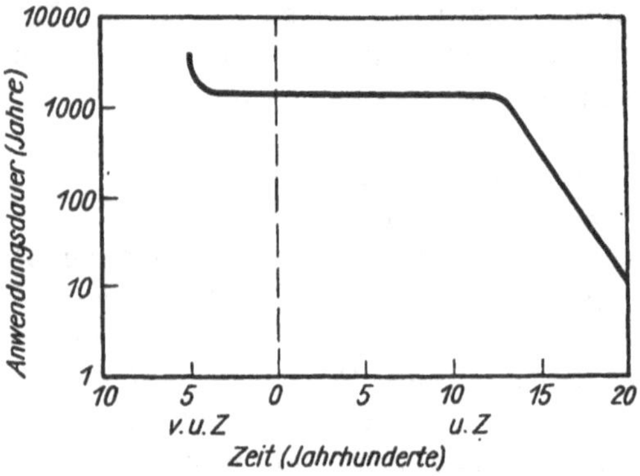

Abb. 47. „Lebensdauer“ technischer Ausrüstungen

3. Die Optimierung der Organisationsstruktur von Wissenschaftlerkollektiven

Die moderne Wissenschaftsorganisation besitzt eine komplizierte und in vielen Beziehungen sehr widerspruchsvolle Struktur. Die Optimierung dieser Organisationsstruktur ist eines der wichtigsten Probleme der Wissenschaftsleitung und der Wissenschaftswissenschaft.[33] Die Behandlung dieses Problems sollte von den

33 Vgl. A. I. Rakitov: Osnovnye problemy i izmerimye parametry v teorii organizacii issledovanija. In: Vsesojuznoe soveščanie po količestvennym metodam v sociologii. Materialy sekcii količestvennych metodov izučenija razvitija nauki. Moskau 1967; V. V. Kulešov: O vozmožnosti modelirovanija organizacionnych struktur naučno-issledovatel'skich učreždenij. In: Vsesojuznoe soveščanie po količestvennym metodam v sociologii. Materialy sekcii količestvennych metodov izučenija razvitija nauki. Moskau 1962; V. E. Michajltčenko/K. V. Utenkov u. a.: Organizacionnye problemy formirovanija naučnych kollektivov otraslevych NII. Char'kov 1973.

Kriterien ausgehen, die der Optimierung der Organisationsstruktur wissenschaftlicher Systeme zugrunde zu legen sind.

Unter dem Gesichtspunkt des wissenschaftlichen Potentials könnte das *Grundprinzip der Optimierung* der Organisationsstruktur wissenschaftlicher Systeme folgendermaßen formuliert werden: In organisatorischer Hinsicht optimal ist ein System, das bei der Nutzung des ihm eigenen wissenschaftlichen Potentials den höchstmöglichen Wirkungsgrad gewährleistet.

Zum Komplex der zu optimierenden Parameter gehören:

1. *die Ausnutzung der Arbeitszeit der Wissenschaftler*, besonders der hochqualifizierten Spezialisten;
2. *die Konzentration auf die Hauptziele* der wissenschaftlichen Organisation;
3. *die rationelle Komplettierung der Kaderstruktur*;
4. *das komplexe Funktionieren* aller strukturellen Gliederungen des wissenschaftlichen Systems, in dem sich die vollständige Nutzung der Möglichkeiten und des Informationspotentials (Ideen, Methoden, Resultate) der einzelnen strukturellen Gliederungen für das Erreichen der Ziele des Systems insgesamt widerspiegelt.

Diese Optimierungsparameter betreffen nur die allgemeinen Seiten der Nutzung wissenschaftlicher Potentiale, aber auf ihrer Grundlage können für die verschiedenen Stufen der Organisationshierarchie wissenschaftlicher Systeme konkrete Optimierungskriterien ausgearbeitet werden. Solche Stufen sind: a) Problemgruppen (thematische Gruppen), b) strukturelle Laboratorien, Sektoren und Abteilungen, c) wissenschaftliche Forschungsinstitute, d) Gruppen von Forschungsinstituten, die in einer Akademie oder nach den Zweigen der Hauptforschungsinteressen zusammengefaßt sind und e) das Organisationssystem der Wissenschaft im staatlichen Maßstab.

Natürlich wird die Bedeutung dieser oder jener Optimierungskriterien je nach Rangebene und konkreten Funktionsbedingungen des Systems wesentlich verschieden sein. Das ermöglicht es in einzelnen Fällen, einige Kriterien unbeachtet zu lassen. In der Regel setzt jedoch die optimale Leitung der Organisationsstruktur der Wissenschaft voraus, daß bewußt eine Verbesserung des Gesamtkomplexes der zu optimierenden Parameter angestrebt wird. Betrachten wir nun einige Kriterien näher.

Die Zeit des Wissenschaftlers. Eines der grundlegenden Gesetze der Ökonomie, das Gesetz der Ökonomie der Zeit, gilt selbstverständlich auch für die wissenschaftliche Arbeit. Die Ausnutzung der Arbeitszeit des Wissenschaftlers ist deshalb ein wichtiges Indiz für das Organisationsniveau eines wissenschaftlichen Systems; es läßt Rückschlüsse zu auf die Arbeitsproduktivität wissenschaftlicher Forschungsinstitute.[34]

34 Vgl. A. CHARMES/A. C. STEDRY: Constrained Model for Real Time Control in Research and Development. In: Management Science, 1966, Bd. 12, Nr. 8, B-353, B-362.

Tabelle 9

Arten des Zeitaufwands	Zeitaufwand; Stunden — Minuten			
	Wissenschaftliche Mitarbeiter		Sektorenleiter, Leiter von Laboratorien	Stellvertreter d. Direktors f. Wissensch.
	Untere wiss. Mitarbeiter	Höhere wiss. Mitarbeiter		
Wissenschaftliche Arbeit am Thema	4-00	3-48	3-12	2-54
Lektüre von Fachliteratur	1-18	1-12	1-30	1-00
Insgesamt für die Arbeit am Thema	5-18	5-00	4-42	3-54
Anteil der wissenschaftlichen Forschungsarbeit am 7stündigen Arbeitszeitbudget (%)	75,7	71,4	67,1	55,7
Besprechungen mit Mitarbeitern	0-30	0-54	1-24	1-24
wissenschaftsorganisatorische Arbeit	0-42	0-54	1-24	3-12
für die Lösung wirtschaftlicher Fragen	0-24	0-24	0-30	0-42
Insgesamt für wissenschaftsorganisatorische, Kader- und wirtschaftliche Arbeit	1-36	2-12	3-18	5-18
Sonstige Arten von Arbeiten, die mit den Dienstobliegenheiten verknüpft sind	0-36	0-24	0-36	0-24
Gesellschaftliche Arbeit während der Arbeitszeit	0-24	0-18	0-30	0-42
Insgesamt	7-54	7-54	9-06	10-18

Es gibt bereits gründliche Untersuchungen über das Zeitbudget sowjetischer Wissenschaftler. Sie wurden in den sechziger Jahren im Novosibirsker Wissenschaftlichen Zentrum,[35] in einer Gruppe von Forschungs- sowie Projektierungs- und Konstruktionsorganisationen der Stadt Leningrad[36] und in der Akademie der

35 Vgl. M. A. Lavrent'ev, Bereč' vremja učenogo! In: Organizacija i ėffektivnost' naučnych issledovanij. 2. Aufl., Novosibirsk 1967, S. 5—12; V. G. Fomin: Bjudžet vremeni naučnogo rabotnika. Moskau 1967; I. V. Černov/A. I. Ščerbakov: Nekotorye voprosy organizacii naučnogo truda. In: O nekotorych voprosach usilenija roli nauki v stroitel'stve kommunizma. Novosibirsk 1965.

36 Vgl. A. P. Solov'ev: Opyt izmerenija zatrat vremeni v naučno-issledovatel'skich opytno-konstruktorskich organizacijach. Leningrad 1967; P. N. Zavlin: Ob izučenii zatrat rabočego vremeni naučnych rabotnikov. In: Materialy po analizu tendencij i prognozirovaniju naučno-techničeskogo razvitija. Kiev 1967; V. M. Petrov: Vuzy i naučno-techničeskij progress. Moskau 1973.

Wissenschaften der Ukraine[37] durchgeführt. Diese Untersuchungen beruhen auf einer hinreichend repräsentativen Auswahl von Beobachtungsobjekten; die Informationen wurden mit der Methode der Selbstaufnahme gewonnen[38] und mit der Methode der Momentaufnahmen korrigiert.[39]

Die Analyse der Arbeitszeitbudgets der Wissenschaftler[40] deckte beträchtliche Reserven auf. Charakteristisch ist z. B., daß Wissenschaftler mit wachsender Qualifikation in der Regel immer weniger Arbeitszeit für ihr Forschungsthema aufwenden können (vgl. Tabelle 9, die auf den Ergebnissen der Nowosibirsker Untersuchung beruht).[41]

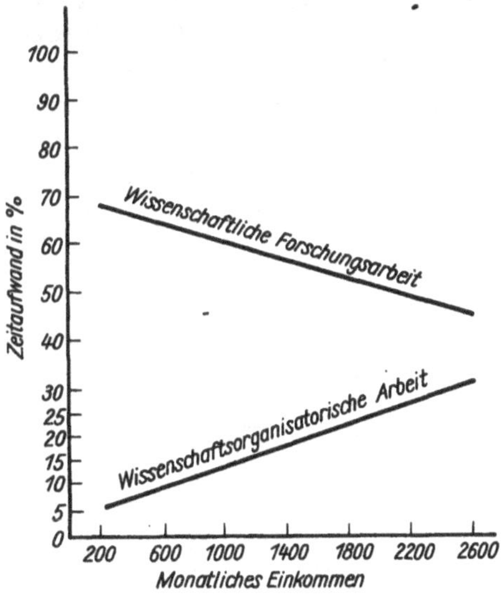

Abb. 48. Struktur des Arbeitszeitbudgets in Abhängigkeit von der Höhe des Gehalts der Wissenschaftler (nach indischen Angaben)

37 Vgl. G. M. Dobrov: Potential der Wissenschaft. Berlin 1971; Autorenkollektiv unter Leitung von G. M. Dobrov: Leitung der Wissenschaft. Berlin 1974.

38 Vgl. I. V. Černov/A. I. Ščerbakov: Izučenie organizacii truda naučnych rabotnikov (voprosy metodiki i analiza). Novosibirsk 1966.

39 Vgl. P. N. Zavlin: Ob izučenii zatrat rabočego vremeni naučnych rabotnikov, a. a. O.

40 In einigen Fällen berücksichtigte die Analyse auch die außerhalb der Arbeitszeit der Wissenschaftler aufgewendete Zeit. Das ist insofern gerechtfertigt, als ein Wissenschaftler in der Regel seine Beschäftigung mit der Wissenschaft nicht auf die sogenannte „Dienstzeit" beschränkt.

41 Vgl. I. V. Černov/A. I. Ščerbakov: Nekotorye voprosy organizacii naučnogo truda, a. a. O.

Dieser Umstand ist leider für die ganze moderne Wissenschaft typisch. Eine indische Untersuchung[42] erbrachte beispielsweise, daß für die eigentliche wissenschaftliche Arbeit von 8 Stunden Arbeitszeit etwa 5 Stunden und 30 Minuten aufgewendet werden, also 72%. Die Veränderung der Struktur des Zeitbudgets in Abhängigkeit von der Höhe des Gehalts, das die Wissenschaftler beziehen, ist ebenfalls sehr aufschlußreich (vgl. Abb. 48).

In der Grundlagenforschung wird die qualitative Seite der Kollektivität stark dadurch beeinflußt, daß die Forscherkollektive sich aus Fachleuten verschiedener Wissenschaftsdisziplinen zusammensetzen. Es wurde deshalb versucht, die Gesamteffektivität solcher Wissenschaftlerkollektive einzuschätzen.[43]

Zu diesem Zweck wurden die Daten folgendermaßen gruppiert: In die Gruppe A wurden Angaben über Wissenschaftler aufgenommen, die mit Wissenschaftlern anderer Fachgebiete systematisch schöpferische Kontakte pflegten, mit ihnen zusammenarbeiteten und gemeinsam publizierten; in Gruppe B wurden Angaben über solche Wissenschaftler aufgenommen, die solche interdisziplinären Verbindungen nicht unterhielten und nur mit Spezialisten ihres eigenen wissenschaftlichen Profils zusammenarbeiteten und publizierten (vgl. Tabelle 10).

Tabelle 10

Wissenschaftliche Produktion (pro Wissenschaftler für 1964—1966)	Gruppe A (37 Pers.)	Gruppe B (31 Pers.)
Anzahl der veröffentlichten Monographien	0,41	0,13
Anzahl der veröffentlichten Aufsätze	11,8	6,44
Anzahl der von einem Wissenschaftler ausgebildeten Kandidaten der Wissenschaften	1.18	0,13

Anmerkung
Die Angaben betreffen nur führende Wissenschaftler auf dem Gebiet der organischen Chemie, die einen wissenschaftlichen Grad besitzen.

Ein Vergleich der Produktivität der Wissenschaftler zeigt, daß die Kennziffern für die Gruppe A wesentlich über denen der Gruppe B liegen. Sie betragen für die Menge der veröffentlichten Monographien das Dreifache, bei den Aufsätzen fast das Doppelte und bei der Zahl der ausgebildeten Kandidaten der Wissenschaften das Neunfache.

Das „Kollektivitätsoptimum" wird besonders empfindlich beeinflußt durch den Zeitaufwand der leitenden Wissenschaftler für die Lösung der organisa-

42 Vgl. A. AHMAD/S. R. GUPTA: Opinion Survey of Scientists and Technologists. In: Survey Report Nr. 9. New Delhi 1967.

43 Diese Arbeit haben wir gemeinsam mit A. A. SAVEL'EV ausgeführt.

torischen und informationellen Aufgaben. Nach unseren Beobachtungen, die mit den Ergebnissen Leningrader Wissenschaftswissenschaftler übereinstimmen, betragen die direkten Arbeitszeitverluste (unproduktiver Aufwand) zwischen 12 und 20%. Abbildung 49 zeigt, wie sich diese Größe in Abhängigkeit von der Anzahl der Mitarbeiter, die dem leitenden Wissenschaftler direkt unterstellt sind, verändert.

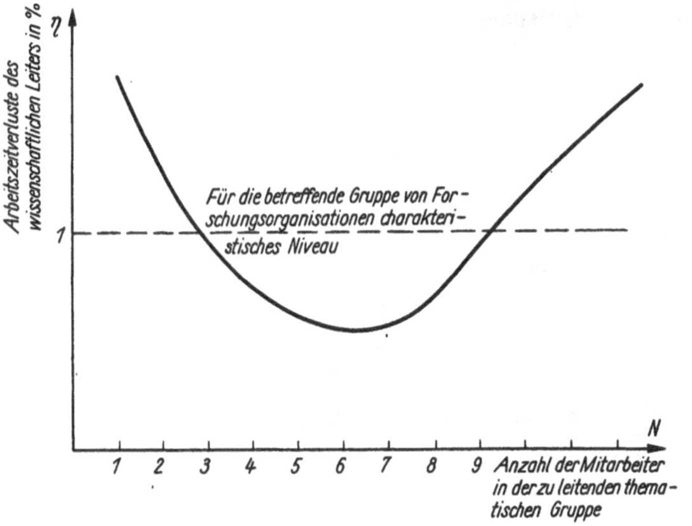

Abb. 49. Arbeitszeitverluste des Wissenschaftlers in Abhängigkeit von der Größe des von ihm geleiteten Kollektivs

Natürlich muß stets die spezifische Aufgabenstellung des jeweiligen Forscherkollektivs berücksichtigt werden. Im allgemeinen ergibt sich als optimaler Bereich jedoch recht deutlich eine Größenordnung von 10 bis 25 Mitarbeitern auf einen Forschungsgruppenleiter.

Zur Bearbeitung theoretischer Themen genügen meist kleine Arbeitsgruppen, während zur Lösung von Problemen der angewandten Forschung häufig große Wissenschaftlerkollektive benötigt werden.

Beinahe als Regel kann gelten, daß ein Kollektiv von 15 Personen bedeutend produktiver als fünf selbständige Gruppen mit je 3 Personen ist; es erreicht aber nur die Hälfte der Produktivität eines sehr viel stärkeren Kollektivs (von etwa 40—50 Personen).[44]

44 Vgl. J. P. PLATT: The Step to Man. 1966; G. M. IDLIS: Ob osnovnych principach i rezul'tatach obščej teorii NOT i optimal'noj struktury NII. In: Vestnik AN Kazachskoj SSR, 1966, Nr. 4, S. 18—34; Chemical and Engineering News, 1967, Bd. 45, Nr. 12, S. 5.

Bekanntlich ist die nicht für die unmittelbare wissenschaftliche Arbeit aufgewendete Zeit eines hochqualifizierten Wissenschaftlers im ganzen nicht mit „verlorener Zeit" identisch. Auf Grund des sich komplizierenden Wissenschaftsprozesses müssen höher qualifizierte Wissenschaftler sich auch stärker an der wissenschaftsorganisatorischen Arbeit beteiligen. Angaben amerikanischer Wissenschaftswissenschaftler besagen,[45] daß es eine optimale Zone (vgl. Abb. 50) der Veränderung des Strukturkoeffizienten für den Aufwand an Grundarbeitszeit gibt. Die Formel dieses Koeffizienten lautet:

$$\tau = \frac{T_{\text{for}}}{T_{\text{for}} + T_{\text{org}}}.$$

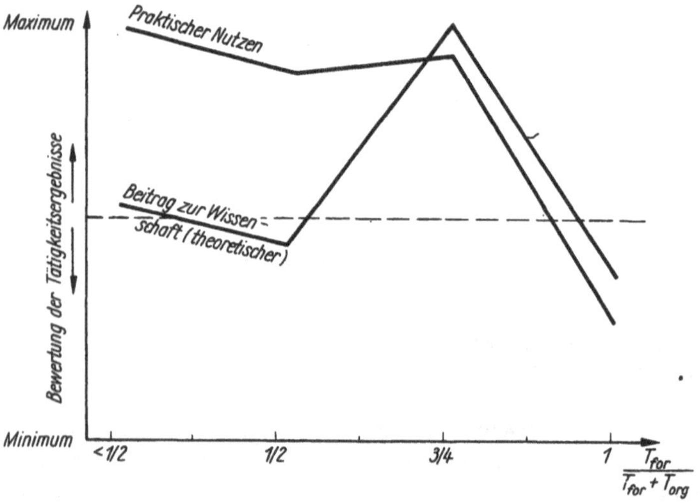

Abb. 50. Diagramm der Veränderungen des Strukturkoeffizienten der Arbeitszeitverluste

Dabei sind T_{for} die für die wissenschaftliche Forschungsarbeit aufgewendete Zeit (Stunden) und T_{org} die Zeit (Stunden), die für die wissenschaftsorganisatorische Arbeit aufgewendet wird.

Die Ergebnisse in Abbildung 50 sind das Resultat der Untersuchung einer gemischten Gruppe von Wissenschaftlern, die auf verschiedenen Fachgebieten und in unterschiedlichen Typen wissenschaftlicher Einrichtungen arbeiten. Sie

45 Vgl. C. Orth/J. Bailey/F. Wolek: Administering Research and Development. The Behavior of Scientists and Engineers in Organization. London 1965.

müssen noch im Hinblick auf eine Typologie wissenschaftlicher Forschungen präzisiert und konkretisiert werden. Als optimal kann jedoch im allgemeinen ein Wert zwischen 0,75 und 0,5 angesehen werden. Die obere Grenze ist typisch für wissenschaftliche Einrichtungen, in denen theoretische Forschungen überwiegen, die untere Grenze für die angewandten Wissenschaften.

Besonders wichtig ist die Ermittlung der echten Arbeitszeitverluste des Wissenschaftlers

$$\beta = \frac{T_v}{T_0}.$$

Zu diesem Zweck wurde eine detaillierte Klassifikationstabelle aller in einem wissenschaftlichen Forschungsinstitut anfallenden Arbeiten[46] und der sie ausführenden Personen aufgestellt. Je nachdem ob diese Arbeiten zu den Dienstobliegenheiten des Ausführenden gehörten, nicht dazu gehörten oder nur in genau begrenztem Umfang dazu gehörten, wurden sie als nützlicher Aufwand, als Verlust — soweit der festgelegte Umfang überschritten wurde — als überflüssiger Arbeitszeitaufwand (Verlust) klassifiziert.[47]

Die Ergebnisse einer einwöchigen Selbstaufnahme des Arbeitstages von 15192 wissenschaftlichen Mitarbeitern (57% aller Beschäftigten) zeigten einen ungerechtfertigt hohen Wert des Strukturkoeffizienten der Arbeitszeitverluste $\beta = 0{,}16$. Die Größe dieses Koeffizienten hängt weitgehend von der Organisationsstruktur eines Forschungsinstitutes ab.

Nach internationalen Angaben[48] liegt der optimale „kritische Umfang eines fruchtbar arbeitenden Kollektivs" bei 15 bis 20 Mitarbeitern. Es wurde errechnet, daß Kollektive dieser Größe weniger als die Hälfte aller Ressourcen der Wissenschaft (Kader, Geld usw.) beanspruchen, aber mehr als 90% aller sogenannten Universitäts-Entdeckungen, d. h. der neuen naturwissenschaftlichen Erkenntnisse, erbringen.

Tabelle 11 beruht auf Ergebnissen der zitierten Leningrader Untersuchung und enthält Angaben über die Abhängigkeit des Strukturkoeffizienten τ von anderen Organisationsparametern der Struktur wissenschaftlicher Forschungsinstitute. Eines speziellen Kommentars bedarf die dritte Abteilung der Tabelle. In ihr markiert sich mittelbar das Verhältnis zwischen der Anzahl der Mitarbeiter, welche

46 Vgl. A. P. SOLOV'EV: Opyt izmerenija zatrat vremeni v naučno-issledovatel'skich i opytno-konstruktorskich organizacijach. Leningrad 1967.

47 Die in der Praxis von Forschungsinstituten vorkommenden Stillstands- und Wartezeiten gehören natürlich auch zu den Arbeitszeitverlusten.

48 Vgl. J. P. PLATT: The Step to Man; Chemical and Engineering News, 1967, Bd. 45, Nr. 12, S. 5.

die eigentliche Forschungsarbeit leisten (Spezialisten mit Hochschulbildung), und der Anzahl des Hilfspersonals. Die zweite Zeile dieses Teils der Tabelle zeigt, daß bei einem Verhältnis von 1:1 zwischen Spezialisten mit Hochschulbildung und Mitarbeitern mit Fachschulbildung ein Wachstum des Koeffizienten τ um 20 bis 25% zu erwarten ist. In wissenschaftlichen Einrichtungen akademischen Profils wirkt sich eine solche strukturelle Zusammensetzung der Kader noch wesentlich stärker auf das optimale Funktionieren eines Forschungsinstituts aus.

Die Arbeitszeit des Wissenschaftlers ist nur ein Kriterium für die Organisationsstruktur der Wissenschaft. Dennoch konnten wir zeigen, daß noch große Reserven auf diesem Gebiet vorhanden sind. Um sie zu nutzen, müssen auch die anderen Möglichkeiten der Vervollkommnung der Wissenschaftsorganisation mobilisiert werden.

Tabelle 11

	Kennziffern, die die Struktur des Zeitbudgets beeinflussen	Durchschnittswert von τ
	Anzahl der in einer Organisation beschäftigten Personen	
I	bis 500 Personen	0,121
	bis 1000 Personen	0,154
	bis 2500 Personen	0,158
	Besonderheiten des wissenschaftlichen Profils der Organisation	
II	Forschungsinstitute der Akademien	0,179
	Forschungsinstitute der Industriezweige	0,157
	Projektierungsinstitute und Institute für Projektierung und Technologie	0,145
	Verhältnis zwischen der Anzahl der Mitarbeiter mit Hochschulbildung und derjenigen mit Fachschulbildung	
III	mit Hochschulbildung — bis 45% aller Beschäftigten	0,105
	mit Hochschulbildung — über 45% aller Beschäftigten	0,126

Die Konzentration der Anstrengungen des Kollektivs

Dieses Optimierungskriterium dient dazu, den Konzentrationsgrad zu erfassen, mit dem die Kräfte eines Forschungskollektivs auf die Erreichung derjenigen Ziele gerichtet sind, die auf Grund ihrer Wichtigkeit und Kompliziertheit als die Hauptziele des betreffenden wissenschaftlichen Systems definiert worden sind.

In wissenschaftlichen Einrichtungen akademischen Profils trägt die Optimierung nach diesem Kriterium dazu bei, die thematische Zersplitterung zu überwinden und die Kräfte darauf zu konzentrieren, die wichtigsten wissenschaftlichen Probleme auszuarbeiten und praktisch wirksame Ergebnisse zu erreichen. In den Forschungsinstituten der Industriezweige bedeutet eine solche Optimierung, daß sie aktiver daran arbeiten, besonders aussichtsreiche wissenschaftliche Ergebnisse zu erzielen und sie rasch in die Produktion überzuleiten. In beiden Fällen bedeutet es auch, die Arbeitszeitverluste über den Rahmen dieser Institute hinaus zu verringern. Dieses Optimierungskriterium beinhaltet das Verhältnis zwischen der Summe der Arbeitsaufwendungen, die für die Bearbeitung der wissenschaftlichen Hauptthemen geplant sind (pro Person und Monat), und dem übrigen Arbeitszeitfonds.

Angaben für die Berechnung dieses Kriteriums enthalten die Pläne jedes Forschungsinstituts. Noch aufschlußreicher wäre es jedoch, dieses Kriterium anhand von Daten über die tatsächlichen Arbeitsaufwendungen der Forschungsinstitute zu analysieren. Die unvollkommene Erfassung dieser Aufwendungen und die objektiven Schwierigkeiten einer solchen Erfassung im konkreten Fall sind allgemein bekannt. Dennoch möchten wir betonen: Die Anwendung von Methoden der Netzplantechnik auf die Planung und den Ablauf von Forschungsprozessen ermöglicht genormte Prozeduren zur *Sammlung von Informationen*, die vergleichbar und für die Analyse unter vielfältigen Gesichtspunkten geeignet sind. Auf einer solchen Informationsbasis kann das effektive Funktionieren bestimmter Systeme vom Konzentrationsgrad ihrer potentiellen Kräfte her konkret und quantitativ bestimmt analysiert werden.

Der Konzentrationsgrad der Kräfte eines wissenschaftlichen Systems schwankt bekanntlich zwischen den Polen „Jedem Wissenschaftler sein persönliches Thema" und „Ein Thema für alle strukturellen Einheiten des Instituts". In beiden Extremfällen dürfte die Arbeitsorganisation des Systems vom Optimum weit entfernt sein, da so das vorhandene Potential nicht effektiv genutzt werden kann.

Wenn man die Spezifik der Ziele und die spezifischen Möglichkeiten der konkreten wissenschaftlichen Systeme berücksichtigt, so muß der *Bereich des optimalen Konzentrationsgrades* der Kräfte als die maximale Effektivität im Rahmen des betreffenden wissenschaftlichen Systems definiert werden. Geht man vom Prinzip der Priorität der Ziele des wissenschaftlichen Systems gegenüber seiner Organisationsstruktur aus, dann wird es möglich sein, konkrete Leitungsmaßnahmen im Interesse der Erreichung dieser Ziele zu ergreifen.

Die rationelle Komplettierung wissenschaftlicher Kollektive

Zur Lösung komplizierter wissenschaftlicher Probleme bedarf es in der Regel der Bildung von Kollektiven, in denen Spezialisten verschiedener Wissenschaftsdisziplinen zusammenarbeiten. Dabei ergeben sich manche Probleme: Welche

Spezialisten werden benötigt? Wie vieler Wissenschaftler der verschiedenen Wissensgebiete bedarf das Kollektiv? Wie wird die schöpferische Produktivität der Wissenschaftler dadurch beeinflußt? usw.

Eine Untersuchung über die fachliche Zusammensetzung des Bestandes an Spezialisten in fünf Akademie-Instituten brachte folgende Ergebnisse[49] (s. Tabelle 12):

Tabelle 12

Struktur der Fachgebiete bei Wissenschaftlern einer Gruppe von Akademie-Instituten

Institut für organische Chemie	Institut für physikalische Chemie	Institut für Physik	Institut für technische Wärmephysik	Institut für Elektroschweißen
organische Chemiker 45%	Chemiker 37%	Physiker 70%	Ingenieure für Mechaniker 31%	Ingenieure für Mechaniker 33%
Chemie-Ingenieure 24%	Physikochemiker 25%	Radiophysiker 12%	Ing. für Wärmetechnik 27%	Metallurgie-Ingenieure 13%
Chemiker 16%	Chemiker-Technologen 20%	Andere 18%	Bergbau-Ingenieure 13%	Schweiß-Ingenieure 11%
Andere 15%	theoret. Chemiker 10%		Elektro-Ingenieure 10%	Andere 43%
			Andere 19%	
Insgesamt 8 Kategorien von Spezialisten	Insgesamt 11 Kategorien von Spezialisten	Insgesamt 10 Kategorien von Spezialisten	Insgesamt 10 Kategorien von Spezialisten	Insgesamt 18 Kategorien von Spezialisten

Anmerkung
Die Tabelle enthält Daten über Wissenschaftler, die den wissenschaftlichen Grad eines Kandidaten oder Doktors der Wissenschaften besitzen. Die Prozentzahlen beziehen sich auf die Gesamtzahl der Kandidaten und Doktoren der Wissenschaften in dem betreffenden Institut.

Die Anzahl der Berufsgruppen schwankt zwischen 8 (Institut für organische Chemie) und 18 (Institut für Elektroschweißen). Die Anzahl der zahlenmäßig stärksten Spezialistengruppen, in denen zusammen über die Hälfte aller Kandidaten und Doktoren des betreffenden Instituts vertreten sind, war dabei unterschiedlich und lag zwischen 2 und 4.

Wesentliche Unterschiede bestehen zwischen dem Institut für Physik und dem Institut für Elektroschweißen. Im Institut für Physik gehören der ersten Kategorie z. B. mehr als zwei Drittel aller höchstqualifizierten Mitarbeiter an, der zweiten Kategorie dagegen nur 12%. Für das Institut für Elektroschweißen ist eine andere Besonderheit kennzeichnend: Die drei zahlreichsten Mitarbeiterkategorien machen nur 57% aus, der Rest verteilt sich auf 15 andere Kategorien. Bemerkenswert ist, daß ausgebildete Schweißingenieure hier nur 11% aller Doktoren und

49 Vgl. G. M. Dobrov: Wissenschaftsorganisation und Effektivität. Berlin 1971, S. 125.

Kandidaten der Wissenschaften stellen. Darin widerspiegelt sich der komplexe Charakter der Arbeit des Instituts; es sind dies alle Arbeiten von der Erforschung physikalischer Prozesse bis hin zur Entwicklung und Einführung der ersten Serien neuer Schweißgeräte.

Die Analyse der zahlenmäßigen Verteilung der Wissenschaftler in den Forschungsinstituten entsprechend ihrer Fachausbildung läßt den Schluß zu, daß für ein modernes Entwicklungsniveau der interdisziplinären Zusammenarbeit zwei Arten von Strukturen typisch sind: erstens eine Verteilung, in der Gruppen von eng spezialisierten und für das betreffende Forschungsinstitut profilbestimmenden Berufen überwiegen (Abb. 51, Kurven 3, 4, 5), und zweitens eine Verteilung — wie sie in Instituten mit einem umfassenden wissenschaftlichen

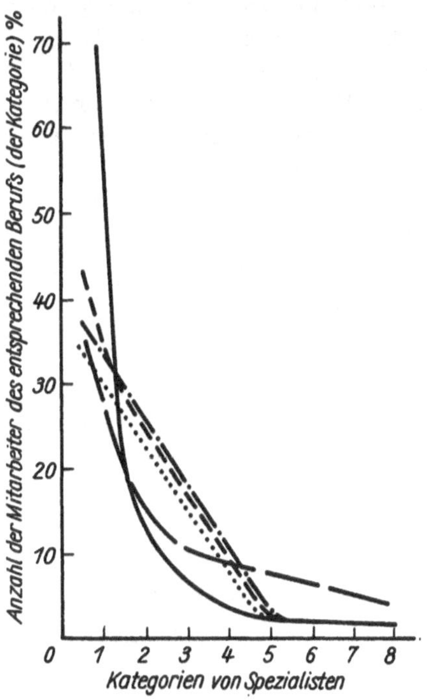

Abb. 51. Verteilung der Wissenschaftler in den Instituten der Akademie der Wissenschaften der Ukrainischen SSR nach ihrer Hochschulbildung

———————— Institut für Physik
——— ——— Institut für Elektroschweißen
.... Institut für technische Wärmephysik
— — — — — — Institut für organische Chemie
·—·—·—·— Institut für physikalische Chemie

Profil zu beobachten ist — mit einer vorherrschenden Tendenz, die Anstrengungen von Spezialisten der verschiedensten Berufsgruppen zu vereinen (Abb. 51, Kurven 1, 2).

Diese Erscheinung steht in direktem Zusammenhang mit dem Problem der Orientierung der Forschungsinteressen verschiedener Institute. Im ersten Fall widmen sich die Institute vorwiegend der Aufgabe, fundamentale Grundlagen des betreffenden Wissensgebietes eingehender zu bearbeiten. Im zweiten Fall streben sie danach, alle Forschungen zu einem Problem selbst durchzuführen: von der wissenschaftlichen Suche bis hin zur angewandten Forschung und zu der experimentell-konstruktiven Entwicklung.

Alle Erfahrungen besagen, daß die Intensität der interdisziplinären Verbindungen große Bedeutung besitzt. Organisatorisch werden diese Verbindungen jedoch auf unterschiedliche Weise hergestellt — entweder über die allgemeine wissenschaftliche Information oder durch die Schaffung komplexer Wissenschaftsstrukturen, d. h. durch das kollektive Handeln von Wissenschaftlergruppen. Von der Wirksamkeit dieser interdisziplinären Verbindungen hängt in hohem Maß die Effektivität der Forschungsarbeit ab.

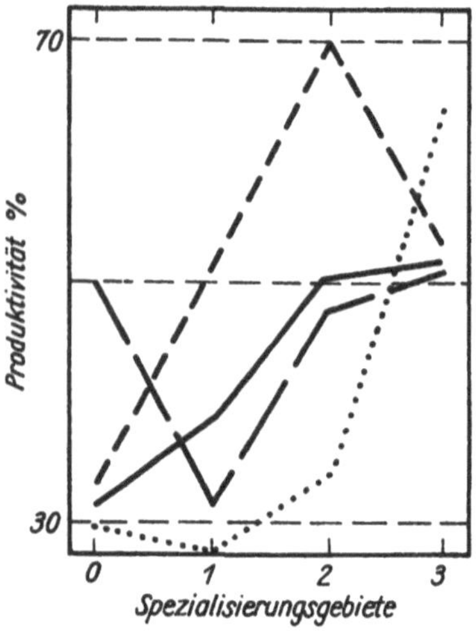

Abb. 52. Produktivität von Wissenschaftlern, die angewandte Forschungen betreiben, in Abhängigkeit von der Anzahl der Spezialisierungsgebiete

——————— Wissenschaftliche Ausbeute
- - - - - - - Allgemeiner Nutzen
— — — — — — Artikel
.... nichtveröffentlichte Berichte

Die Arbeitsproduktivität von Wissenschaftlern steht auch in enger Beziehung zu der Anzahl wissenschaftlicher Gebiete, auf denen die Wissenschaftler Fachleute sind.[50] Dieser Faktor wirkt sich jedoch je nach der Spezifik der Forschungen unterschiedlich aus. Während bei Wissenschaftlern, die angewandte Forschungen betreiben, die Hauptkennziffern der Effektivität nur wenig von der Beherrschung zusätzlicher Spezialgebiete abhängen (Abb. 52), sind bei Theoretikern und bei Experimentatoren, die Grundlagenforschung betreiben, fast alle Kennziffern der Arbeitseffektivität der Breite ihrer wissenschaftlichen Spezialisierung direkt proportional (Abb. 53). Diese Erkenntnisse stimmen gut mit den experimentellen Ergebnissen überein, die wir im vorigen Kapitel sowie in einer Monographie dargelegt haben.[51]

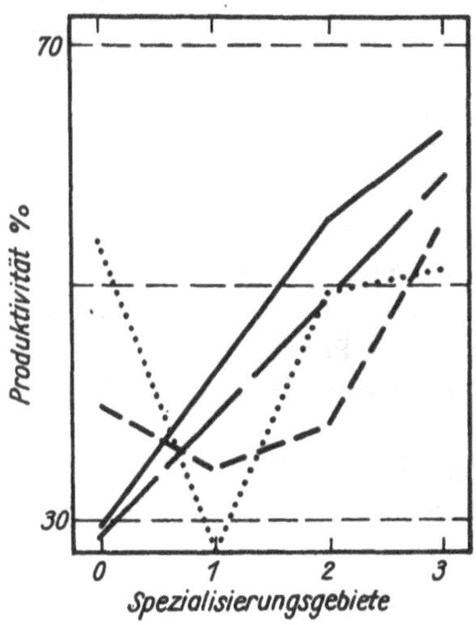

Abb. 53. Produktivität von Wissenschaftlern, die theoretische Forschung betreiben, in Abhängigkeit von der Anzahl der Spezialisierungsgebiete

———————— Wissenschaftliche Ausbeute
- - - - - - - Allgemeiner Nutzen
— — — — — — Artikel
.... nichtveröffentlichte Berichte

Interessant ist die Tatsache, daß die Werte für die Effektivität der Arbeit von Wissenschaftlern sehr unterschiedlich sind, sobald sie drei Spezialgebiete beherrschen. In diesem Fall verlangsamt sich bei Wissenschaftlern, die angewandte Forschungen betreiben, die Arbeitsproduktivität beachtlich (Abb. 52). Bei Wissen-

50 Vgl. P. I. Val'den: Nauka i žizn'. Bd. 4.1. Petrograd ^{2}1922.
51 Vgl. G. M. Dobrov: Wissenschaftsorganisation und Effektivität, a. a. O.

schaftlern dagegen, die theoretische Forschungen betreiben, wachsen die entsprechenden Werte (Abb. 53). Bemerkenswert ist auch, daß die Kurven, welche die Hauptkennziffern der Arbeitseffektivität als Funktion der Anzahl der Spezialisierungsgebiete darstellen, bei Wissenschaftlern, die theoretische Forschungen betreiben, steiler ansteigen, als das bei den mit angewandter Forschung befaßten Wissenschaftlern der Fall ist.

Grundsätzlich wirkt sich die Wechselwirkung verschiedener wissenschaftlicher Fachgebiete auf die Effektivität der wissenschaftlichen Arbeit also positiv aus; es ist jedoch erforderlich, diese Frage in organisatorisch unterschiedlichen Formen für die Grundlagenforschung und für die angewandte Forschung zu lösen.

Wissenschaftler streben in der Regel danach, ihre Kenntnisse zu vertiefen und zu erweitern. Nicht selten entsteht dabei das Bedürfnis, weitere Fachgebiete zu beherrschen. Eine Analyse hat gezeigt, daß in der Akademie der Wissenschaften jeder vierte Kandidat und Doktor der Wissenschaften im Prozeß der wissenschaftlichen Arbeit sein Fachgebiet gewechselt hat. Am stärksten ist das bei jenen Wissenschaftsdisziplinen der Fall, die umfassende wissenschaftliche Einsichten und die Arbeit mit Fakten, Methoden und wissenschaftlichen Konzeptionen anderer Fachgebiete erfordern. Das ist typisch für die physikalisch-technische Werkstoff-Forschung, für die Biochemie, die Biophysik und die Physiologie. In wissenschaftlichen Einrichtungen dieses Profils beträgt der Anteil der Wissenschaftler, die ihr Fachgebiet gewechselt haben, 29%. In der Mathematik, Mechanik und Kybernetik erreicht er 34%.

Die zielgerichtete Weiterbildung der wissenschaftlichen Mitarbeiter liegt im gesellschaftlichen Interesse. Diesem Zweck dient auch die in der UdSSR übliche Praxis des Austausches führender Spezialisten zwischen Akademie-Einrichtungen, wissenschaftlichen Einrichtungen der Industrie- und Wirtschaftszweige sowie Hochschulen und Universitäten, dienen die Praktika von Wissenschaftlern in Instituten angrenzenden Profils (2 bis 3 Monate bis zu einem Jahr) sowie die immer häufiger praktizierte sogenannte Zielaspirantur, die Ausbildung hochqualifizierter Spezialisten für bestimmte Wissenschaften durch Vertreter anderer Wissenschaften. Beispiele dafür sind die Aspirantur von Biologen bei Chemikern für eine spätere Arbeit auf dem Gebiet der Biochemie, die Aspirantur von Physikern bei Biologen für eine spätere Tätigkeit im Bereich der Molekularbiologie u. a.

Die Komplexität der Forschungstätigkeit

Die Natur ist unendlich vielfältig, und das Wissen über sie ist im Prinzip unerschöpflich. Je gründlicher und allseitiger ein Gegenstand erforscht worden ist, desto vollständiger ist das Spektrum der von der Wissenschaft eroberten

Positionen — von fundamentalen Gesetzen bis hin zur Kenntnis praktischer Anwendungsmöglichkeiten und wissenschaftlich fundierter Erfahrungen bei der Verwirklichung dieser Möglichkeiten —, desto größer sind die Erkenntnispotenzen und die soziale Bedeutung der modernen Wissenschaft.

Obwohl wir gewohnheitsmäßig oft von „Grundlagenwissenschaften“ und „angewandten Wissenschaften“ sprechen, treffen die Termini „fundamental“ und „angewandt“ eigentlich mehr auf die Forschungen als auf die Wissenschaften insgesamt zu. Forschungen können zum Ziel haben:

- die Feststellung fundamentaler Gesetze, die Entdeckung und wissenschaftliche Erklärung von Erscheinungen der realen Welt (Grundlagenforschungen);
- die Auffindung von Verfahren für die Nutzanwendung wissenschaftlicher Erkenntnisse in der Produktion, der Technik, der gesellschaftlichen Praxis oder in anderen, darunter auch angrenzenden Gebieten der Forschungsarbeit (angewandte Forschungen).

Was dagegen die Wissenschaften angeht und mehr noch das System der modernen wissenschaftlichen Erkenntnisse, so bilden sie in der Regel ein *einheitliches Spektrum von Problemen*, und zwar von fundamentalen theoretischen Untersuchungen bis zu speziellen angewandten Forschungs- und Entwicklungsarbeiten. In diesem Sinne verfügt die Mathematik über spezialisierte Forschungsrichtungen, die ein nicht geringeres angewandtes Potential besitzen als beispielsweise die Wissenschaft von den Metallen, und auf dem Gebiet des Elektroschweißens erfolgen fundamentale Untersuchungen, die große Bedeutung für die Ausbildung der modernen Vorstellungen der Festkörperphysik haben.

Unter organisatorischen Gesichtspunkten können wir davon sprechen, daß sich die einen wissenschaftlichen Abteilungen vorwiegend oder sogar ausschließlich auf Grundlagenforschungen spezialisieren, andere wiederum auf angewandte Forschungen. Jede scharfe Abgrenzung und mehr noch jede Gegenüberstellung von *Wissenschaften* nach diesem Kriterium sind theoretisch falsch und können in der Praxis böse Folgen für die einen wie für die anderen Wissenschaften haben.

Da die Unterscheidung zwischen diesen beiden Begriffen ihre Ursache in der unterschiedlichen Orientierung auf die Arten der Forschungsergebnisse hat, ist auf folgendes hinzuweisen. Jedes Ergebnis einer wissenschaftlichen Untersuchung besitzt eine grundsätzliche Eigenschaft, die „Multivalenz“ genannt wird; sie besteht in folgendem:

- Jedes Ergebnis besitzt, wenn auch in unterschiedlichem Grade, potentielle Bedeutung sowohl für die Ausformung der theoretischen Gestalt der Wissenschaft als auch für die praktische Anwendung der Wissenschaft;
- jedes konkrete Ergebnis kann in Wechselwirkung mit vielen vorher oder nachher gewonnenen wissenschaftlichen Erkenntnissen treten, und das führt

zu einer beträchtlichen Erweiterung der potentiellen Nutzungsmöglichkeiten dieses Ergebnisses, zur Vielfalt der Möglichkeiten der Wissenschaft;
— die Wiederholbarkeit und vielfältige Nutzbarkeit der Ergebnisse führen nicht zu ihrer Entwertung, vielmehr wächst ihr Wert durch die Präzisierung wissenschaftlicher Aussagen, durch die Ersetzung der einen Möglichkeiten durch andere, effektivere usw.

Dies führt zu gewissen Schwierigkeiten, wenn es darum geht, die Effektivität wissenschaftlicher Forschungsarbeiten zu messen. Wir benötigen deshalb immer einen *Komplex* von Meßgrößen und Bewertungskriterien, um die verschiedenen Seiten und Erscheinungsformen der Effektivität des Wissenschaftsprozesses zu erfassen. In Abhängigkeit vom Charakter der Leitungsaufgaben und von dem spezifischen Verhältnis von Grundlagen- und angewandter Forschung in dem zu leitenden System sind unterschiedliche Meßgrößen entscheidend.

Die grundsätzliche Eigenschaft der Multivalenz wissenschaftlicher Ergebnisse ist besonders offensichtlich im Bereich der modernen Grundlagenforschung, und deshalb spielt sie die revolutionierende Rolle im wissenschaftlichen Forschungsprozeß. Die bislang unbefriedigende Lösung vieler aktueller wissenschaftlich-technischer Probleme (z. B. die Steuerung der Kernfusion, Probleme der maschinellen Übersetzung, die Automatisierung der Leitung der Produktion, der Kampf gegen die Verschmutzung der Biosphäre und anderer) hat ihren Grund in den Schwierigkeiten der Grundlagenforschung.

Ähnliches gilt für den heutigen Ausnutzungsgrad bereits vorhandener Ergebnisse und Möglichkeiten der modernen Wissenschaft (z. B. der Chemie für die Industrieproduktion oder der Biologie für die Landwirtschaft); hierfür ist in erster Linie das Zurückbleiben der angewandten Forschung verantwortlich.

Beschleunigter Erkenntniszuwachs, Konzentration auf die Erforschung der grundlegenden Gesetzmäßigkeiten von Natur und Gesellschaft sowie rasche Nutzung aller wissenschaftlichen Erkenntnisse — das ist unsere Wissenschaftsstrategie. Die konkreten Proportionen zwischen Grundlagenforschung und angewandter Forschung hängen dabei in der Sowjetunion von der Spezifik der zu bearbeitenden Probleme ab, wobei die Besonderheiten der damit befaßten wissenschaftlichen Einrichtungen berücksichtigt werden.

Um die Effektivität der sowjetischen Wissenschaft zu steigern, steht gegenwärtig die Lösung folgender Probleme im Vordergrund: Sicherung von Tempo und Umfang der Forschung auf jenen Gebieten der angewandten Forschung, auf denen bereits genügend wissenschaftlicher Vorlauf vorhanden ist; beschleunigte Entwicklung theoretischer Konzeptionen auf jenen Gebieten, auf denen — durch die Praxis erfordert — angewandte Forschungen sowie Entwicklungsarbeiten intensiv betrieben werden. Dabei wird alles unternommen, die Beziehungen zwischen der Grundlagen- und der angewandten Forschung zu verbessern.

Die Daten und Experteneinschätzungen über das Aufwandsverhältnis im gesamtstaatlichen Maßstab auf dem Gebiet der Grundlagenforschung (G), der angewandten Forschung (A), der Entwicklungsarbeiten (E) und der Arbeiten zur Realisierung der Neuentwicklungen (R) können in folgender Weise verallgemeinert werden:

G	A	E	R
2^0	2^2	2^4	2^8
1	4	16	256

Das bedeutet, daß bei den für die eigentliche wissenschaftliche Forschung (G + A) bestimmten Mitteln und Kadern der wünschenswerte Anteil für Grundlagenforschungen mit etwa 20% angegeben wird. Er beträgt etwa 5‰, wenn man alle Forschungs- und Entwicklungsarbeiten einbezieht (G + A + E). Prinzipiell sei festgestellt: Um die vollständige und rechtzeitige Nutzung aller Neuentwicklungen zu gewährleisten, muß die Gesamthöhe der Investitionen für den Bereich der Realisierung (R) um eine Potenz größer sein als alle vorher zur Gewinnung wissenschaftlich-technischer Lösungen aufgewendeten Mittel.

Es gibt auch viele Möglichkeiten, über die Organisationsstruktur wissen-

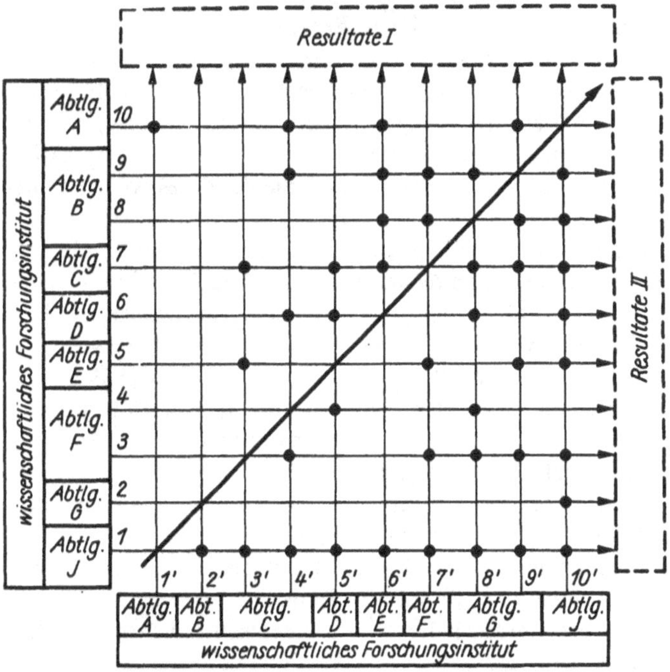

Abb. 54. Schema des komplexen Zusammenhangs zwischen den Abteilungen eines wissenschaftlichen Forschungsinstituts

schaftlicher Einrichtungen deren Effektivität zu vergrößern. Wissenschaftspolitisch gilt das Prinzip, daß das Gesamtresultat einer wissenschaftlichen Organisation nicht gleich, sondern größer als die arithmetische Summe der Ergebnisse ist, die von den einzelnen Abteilungen (Instituten, Arbeitsgruppen usw.) dieser Organisation erzielt werden. Jede Struktureinheit eines solchen Systems trägt mit ihren Methoden, Ideen und wissenschaftlichen Ergebnissen zur Erreichung der Ziele des Gesamtsystems auf mannigfaltige Weise bei, und nur aus diesem Umstand erklärt sich die hohe Effektivität wissenschaftlicher Systeme.

Wir haben unter diesem Aspekt ein quantitativ bestimmtes Optimierungskriterium aufgestellt und sind dabei von folgenden Grundvorstellungen ausgegangen (Abb. 54).

Ein konkretes wissenschaftliches System, z. B. ein Forschungsinstitut, soll aus einer bestimmten Anzahl struktureller Abteilungen d bestehen — in unserem Fall $d = 8$. Es arbeitet an einer bestimmten Anzahl von Forschungsthemen D — in unserem Fall $D = 10$. Meist gilt $\frac{D}{d} = 2$ bzw. 3.

Die horizontalen Pfeile, die Arbeiten $D_1, D_2, \dots D_{10}$, entsprechen den geplanten Themen der Abteilungen. Die Ergebnisse dieser Arbeiten besitzen in jedem Fall selbständige Bedeutung. Sie nehmen die Form von Berichten und Veröffentlichungen an, werden zur praktischen Nutzung weitergegeben usw. „Resultate II" sind Ergebnisse, die von diesen Abteilungen in der gleichen Form, in den gleichen Fristen und mit dem gleichen Aufwand an Ressourcen auch hätten erzielt werden können, wenn sie nicht als Strukturelemente dieses wissenschaftlichen Systems fungiert hätten.

Wissenschaftskommunikation erfolgt in einem solchen Fall über die allgemeinen Kanäle der wissenschaftlich-technischen Information, durch Kontakte auf wissenschaftlichen Konferenzen und anderes mehr. Mängel sind in einem solchen Fall: fehlende weitere Verbindungen; größere Verzögerungsfristen; Niveauverluste bei der Informationsnutzung; unvollständige Angaben und methodische Schwierigkeiten bei der Verwendung „fremder" Resultate; mangelndes Interesse an Kooperation und Kooperationsplanung usw.

Werden alle Leitungsmaßnahmen (Verteilung von Leitungs- und Verantwortungskompetenzen, Ablaufpläne und Einsatz der Ressourcen, Koordinierung der gemeinsamen Ziele usw.) auf die Entwicklung aller Verbindungen zwischen den wissenschaftlichen Abteilungen konzentriert, dann können kurzfristig auf hohem Niveau stehende „Resultate I" erzielt werden. Auf dem Diagramm sind die Überschneidung gemeinsamer Forschungsinteressen und die Weitergabe einzelner Ergebnisse der „horizontalen" Arbeiten an die „vertikalen" markiert. Komplexe Ergebnisse dieser Art hätten vom selben Kollektiv in gleicher Form, in den gleichen Fristen und bei gleichem Aufwand von Ressourcen nicht erzielt werden können, wenn es sich außerhalb des Gesamtsystems befunden hätte. Die meisten der bedeutenden wissenschaftlichen Ergebnisse des letzten Jahrzehnts sind dank derartiger komplexer Arbeiten erzielt worden.

Um die Organisationsformen wissenschaftlicher Systeme in Richtung auf ein stärkeres komplexes Zusammenwirken ihrer Subsysteme weiter zu vervollkommnen, muß ein weiterer sehr wichtiger Optimierungsfaktor der Organisationsstruktur zur Geltung gebracht werden.

Das Maximum möglicher wechselseitiger Verbindungen beträgt in unserem Fall $L_{max} = D(D - 1)$. Die wirkliche Anzahl der wechselseitigen Verbindungen L_s wird dagegen durch eine Analyse der konkreten Arbeitspläne der wissenschaftlichen Einrichtungen ermittelt. In unserem Fall ist $L_{max} = 90$; $L_s = 44$. Das Verhältnis $\delta = \frac{L_s}{L_{max}}$ nennen wir den Komplexitätskoeffizienten der Organisationsstruktur. Er kann zwischen 0 und 1 liegen. In unserem Beispiel ist $\delta = 0{,}49$. Für annähernd die Hälfte der Forschungsarbeiten ist also im Plan eine Zusammenarbeit mit den übrigen strukturellen Abteilungen vorgesehen.

Nach unseren Einschätzungen ist der Komplexitätskoeffizient in den Akademie-Einrichtungen im letzten Jahrzehnt um das Sieben- bis Achtfache gewachsen und liegt gegenwärtig im Durchschnitt bei 0,2 bis 0,3.

In der Praxis können selbstverständlich auch andere Methoden zur quantitativen Einschätzung des Komplexitätsniveaus mit Erfolg angewendet werden. Man kann z. B. vor der Matrix selbst eine Rangordnung der geplanten Arbeiten anhand offizieller Daten oder spezieller Experteneinschätzungen aufstellen. Eine solche Matrix der Arbeiten enthält dann einen allgemeinen Vektor der Bedeutsamkeit der Komplexverbindungen.

Da in akademischen Institutionen nicht jede Forschungsarbeit komplexer Natur ist, genügt zur komplexen Bewertung der Arbeiten in den wichtigsten Richtungen häufig eine partielle (unvollständige) Matrix. Sie enthält dann alle „horizontalen" Arbeiten; vertikal aber werden nur die für das System besonders bedeutsamen wissenschaftlichen Arbeiten angegeben, deren Vereinigung im gegebenen Rahmen möglich und zweckmäßig ist.

Die Methoden zur Analyse und Einschätzung der Komplexität wissenschaftlicher Forschungsarbeiten könnnen noch wesentlich verbessert werden, wenn man nicht nur die geplanten, sondern auch die real funktionierenden interdisziplinären Verbindungen untersucht und den Umfang, die Struktur sowie die Veränderungstendenzen dieser Verbindungen berücksichtigt.

Die Untersuchung der Komplexität wissenschaftlicher Forschungsarbeiten ist eine der wichtigsten Aufgaben der Wissenschaftswissenschaft. Die Leningrader Institute[52] konnten z. B. nachweisen, daß bei sonst gleichen Bedingungen

52 Vgl. V. M. Petrov: Vuzy i naučno-techničeskij progress, a. a. O.

durch eine komplexe Arbeitsorganisation selbst bei unverändertem Personalbestand eine Steigerung der Arbeitsproduktivität eines Instituts um das 1,3- bis 1,5fache möglich ist.

Das Haupthindernis auf dem Wege zu einer komplexen Wissenschaftsorganisation sind nicht die fehlenden Daten oder mangelhafte Methoden der Komplexitätsbewertung, sondern es besteht vor allem darin, daß sich die Funktionen der Leitungsinstanzen eines wissenschaftlichen Systems unter den Bedingungen der komplexen Organisation grundsätzlich verändern. Zu den Direktiven und den Kontrollfunktionen der Leitungsglieder des wissenschaftlichen Systems kommen nun noch die Organisierung der unmittelbaren Zusammenarbeit der Forschungskollektive, die Anwendung wissenschaftlich begründeter Methoden bei der Festlegung der Ziele und der Gestaltung der Arbeitsprogramme sowie bei der Verteilung der Ressourcen.

Es ist eine durch Erfahrungen aller Forschungsinstitute bestätigte Regel, daß nahezu alle bedeutenden wissenschaftlichen Ergebnisse, die das *Ansehen eines wissenschaftlichen Systems bestimmen*, gerade durch die komplexen Anstrengungen der beteiligten Forschungsabteilungen und -richtungen erzielt werden, und zwar durch Zusammenarbeit sowohl innerhalb des betreffenden Instituts als auch mit anderen Forschungsinstituten, Konstruktionsbüros, Produktionsbereichen usw.

Über die Selbstisolierung mancher Wissenschaftlerkollektive, ihre Unterschätzung der organisierten Zusammenarbeit und ihr „Desinteresse an dem, was beim Nachbarn geschieht", schrieb Akademiemitglied L. Arcimovič zutreffend folgendes: „Unter diesen Bedingungen große Entdeckungen zu machen dürfte ebenso schwer sein wie, sagen wir, im Moskauer Handel Aladins Wunderlampe oder einen Zauberstab zu kaufen."[53]

Unsere Analyse hat gezeigt, daß isolierte, voneinander unabhängige Anstrengungen bestenfalls einen additiven Effekt ergeben. Vereinte Kräfte hingegen erzielen einen Effekt, der bereits als Produkt der erzielten und der vielfach wechselseitig genutzten Ergebnisse gemessen werden kann. Eine wahrscheinlichkeitstheoretische Analyse dieser strukturellen Eigenschaft wissenschaftlicher Forschungsinstitute führte G. M. Idlis zu folgender These: „Also ... erlaubt es die wissenschaftliche (optimale) Arbeitsorganisation einzelner wissenschaftlicher Mitarbeiter in den entsprechenden vollständig ausgerüsteten akademischen Forschungseinrichtungen mit einer optimalen Gesamtstruktur und einer am effektivsten ausgearbeiteten Problematik, die Produktivität der Forschungsarbeit zu erhöhen und die durchschnittlichen Lösungsfristen der unter-

53 L. A. Arcimovič: Nekotorye zakonomernosti razvitija fiziki. In: Dialektičeskij materializm i soveremennoe estestvoznanie. Moskau 1964, S. 36.

suchten aktuellen Probleme bei im wesentlichen unveränderten personellen und materiellen Ressourcen um . . . das 15,5fache zu verkürzen."[54]

4. Ein Modell für die Optimierung der Kaderstruktur

Die für die moderne Wissenschaft typischen Prozesse der Arbeitsteilung und Spezialisierung, der Formalisierung immer größerer Bereiche unseres Wissens und der immer umfassenderen Mechanisierung und Rationalisierung von Arbeitsabläufen usw. eröffnen wissenschaftlichen Kollektiven große Möglichkeiten der Optimierung ihrer Potentiale und ihrer Struktur.[55] Eine dieser Möglichkeiten ist die Herstellung optimaler Proportionen zwischen den verschiedenen Kategorien wissenschaftlicher Mitarbeiter.
Tabelle 13 empfiehlt folgende Proportionen:

Proportion Forscher—Spezialisten mit Fachausbildung

1:1,5 bis 2,

Proportion Dipl.-Ingenieure—Spezialisten mit Fachschulbildung

1:3 bis 4,

Proportion Forscher—andere Kategorien von Mitarbeitern, die in der Forschungs- und Entwicklungsarbeit tätig sind

1:4 bis 5.

Empfehlungen dieser Art müssen freilich stets die Spezifik der jeweiligen wissenschaftlichen Organisation und deren wissenschaftliche Aufgabenstellung berücksichtigen.

Allgemein anerkannte Normative oder Methodiken zur Gewährleistung rationeller Proportionen zwischen den wissenschaftlichen Mitarbeitern und dem wissenschaftlichen Hilfspersonal gibt es bislang nicht.

Praktisch sieht es heute noch meist so aus, daß bei der Aufstellung des Stellenplans eines Instituts (im Rahmen des vorhandenen Lohnfonds) die Wünsche der einzelnen Abteilungsleiter in diesem oder jenem Maß berücksichtigt werden.

54 Vgl. G. M. Idlis: Ob osnovnych principach i rezul'tatach obščej teorii NOT i optimal'noj struktury NII, a. a. O., S. 32f.

55 Vgl. E. I. Kissel': Organizacija truda v issledovatel'skich i proektnych učreždenijach. Moskau 1969; Problemy dejatel'nosti učenogo i naučnych kollektivov. Leningrad, Heft I (1968), II (1969), III (1970), IV (1971).

Tabelle 13

Faktische und empfohlene Kaderstruktur der wissenschaftlichen Einrichtung eines Zweiges

Kategorie der Mitarbeiter	Faktisches Verhältnis	Ergebnisse der Untersuchung des faktischen Arbeitszeitaufwandes		Ergebnisse der Experteneinschätzung, ausgehend von der Arbeitsaufwendigkeit der Arbeitsprozesse	Empfohlene Proportion
		Zusätzlicher Zeitaufwand anderer Mitarbeiter (Pers.)	Insgesamt		
Wissenschaftliche Mitarbeiter, die unmittelbar forschen (Forscher)	100				100
Mitarbeiter, die an der Schaffung und experimentellen Erprobung von Modellen der Erzeugnisse arbeiten	20	10—15	30—35	35	30—35
davon Ingenieure und Konstrukteure	2	2—5	4—7	10	10
Arbeiter in den Werkstätten	18	8—10	26—28	25	20—25
Mitarbeiter an der technologischen Vorbereitung der Produktion des neuen Erzeugnisses	76	13—20	89—96	106	95—105
Arbeiter der Versuchsproduktion	63	10—15	73—78	72	70—80
Mitarbeiter der Ingenieurdienste der Produktion	8	10—15	18—23	19	20—25

Diese Wünsche wiederum gründen sich auf Intuition, die Bitten der Leiter von Arbeitsgruppen usw. Die Festlegung der Proportionen zwischen den wissenschaftlichen Mitarbeitern und dem wissenschaftlichen Hilfspersonal basiert also im wesentlichen auf dem traditionellen System der Experteneinschätzungen. Das ist kein Zufall und hängt mit den allgemeinen Schwierigkeiten einer Normierung und Reglementierung der wissenschaftlichen Arbeiten und der wissenschaftlichen Hilfsarbeiten zusammen. Diese Praxis berücksichtigt zwar eine Reihe spezifischer Faktoren der wissenschaftlichen Forschungsarbeit, ermöglicht es aber nicht, die gestellte Aufgabe effektiv auf wissenschaftlichem Niveau zu lösen. Infolge der begrenzten Ressourcen ist in den meisten wissenschaftlichen Einrichtungen das Verhältnis zwischen den wissenschaftlichen Mitarbeitern und dem wissenschaftlichen Hilfspersonal praktisch bei weitem nicht optimal; und da Orientierungsgrößen fehlen, wird diese Proportion im Laufe der Entwicklung häufig noch verschlechtert.

Die Proportion zwischen Wissenschaftlern und wissenschaftlichem Hilfspersonal ist ein dynamischer Parameter. Darin zeigt sich der Prozeß der Arbeitsteilung, der in den verschiedenen Wissenschaften und selbst in Instituten, die zu einem Wissensgebiet gehören, aber in ihrer Forschung verschieden orientiert sind, in spezifischer Weise verläuft. Die Arbeitsteilung nach Schwierigkeitsgraden, die Mechanisierung und die Automatisierung eines immer breiteren Spektrums von Operationen des Wissenschaftsprozesses gehören zu den wichtigsten Faktoren einer rationellen Nutzung der intellektuellen Kräfte der Wissenschaft.

Es ist im Grunde unmöglich, die verschiedenen Arbeitsarten im wissenschaftlichen Prozeß exakt voneinander abzugrenzen. Die Arbeitsteilung ist eine historische Kategorie. Außerdem werden inhaltlich und hinsichtlich der Qualifikationsanforderungen ähnliche Arbeiten je nach dem Entwicklungsstand der verschiedenen Wissenschaftszweige in einigen Gebieten als Hilfsarbeiten angesehen, in anderen Gebieten dagegen als Arbeiten, die von wissenschaftlichen Mitarbeitern auszuführen sind.

Wir gehen hier von der offiziellen Definition des wissenschaftlichen Mitarbeiters aus, die von der Zentralverwaltung für Statistik der UdSSR eingeführt worden ist[56] und die in allen Instituten angewendet wird. Dieser Definition zufolge gehören zu den wissenschaftlichen Mitarbeitern: Ordentliche Mitglieder der Akademie der Wissenschaften der UdSSR, Ordentliche und Korrespondierende Mitglieder aller Akademien der UdSSR; alle Personen, die den wissenschaftlichen Grad eines Doktors oder eines Kandidaten der Wissenschaften oder den wissenschaftlichen Titel eines Professors, Dozenten, höheren oder unteren wissenschaftlichen Mitarbeiters oder Assistenten besitzen, unabhängig vom Ort und Charakter ihrer Arbeit; Personen, die wissenschaftliche Forschungsarbeit in wissenschaftlichen Institutionen und wissenschaftlich-pädagogische Arbeit an Hochschulen und Universitäten leisten, unabhängig davon, ob sie einen wissenschaftlichen Grad besitzen, sowie Personen, die wissenschaftliche Arbeit in Industriebetrieben sowie Projektierungsbüros leisten. Die im weiteren dargelegte Methodik trifft nur auf wissenschaftliche Forschungsinstitute zu.

Die unterschiedlich komplizierte Arbeit in den verschiedenen Instituten macht das errechnete Verhältnis m zwischen der Anzahl der Wissenschaftler und der Anzahl des wissenschaftlichen Hilfspersonals zu einer Kennziffer, die gewissermaßen die Spezifik des betreffenden Instituts widerspiegelt. In jedem Fall gilt jedoch für die wechselseitigen Beziehungen zwischen Wissenschaftlern und wissenschaftlichem Hilfspersonal eine funktionale Beziehung: Das wissen-

56 Methodologischer Hinweis 143. In: Narodnoe chozjajstvo SSSR v 1969g. Moskau 1970, S. 829.

schaftliche Personal stellt dem wissenschaftlichen Hilfspersonal die Aufgaben. Die Zeit, die wissenschaftliche Mitarbeiter für die Ausführung von Arbeiten aufwenden, die auch von weniger qualifizierten Mitarbeitern hätten erledigt werden können (τ), zählt als Verlust, obwohl dies in gewissem Umfang unvermeidlich ist. Der Bedarf an Hilfsarbeiten entsteht bei den wissenschaftlichen Mitarbeitern auf nicht genau bestimmbare Weise, jedoch mit einer durchschnittlichen Häufigkeit, die für das jeweilige Fachgebiet und die konkrete Organisation spezifisch ist. Um alle Wünsche der wissenschaftlichen Mitarbeiter nach der Erledigung von Hilfsarbeiten erfüllen zu können, wäre ein großes Heer von wissenschaftlichem Hilfspersonal erforderlich. Das wiederum würde wegen zu geringer Auslastung des Hilfspersonals (Stillstandszeiten) zu Verlusten anderer Art führen.

Die Ausführungsdauer einer konkreten Aufgabe des wissenschaftlichen Hilfspersonals mag zufällig sein; es existiert jedoch ein konstanter Mittelwert für die Zeit, die zur Erfüllung von Hilfsarbeiten erforderlich ist. Er ist charakteristisch für das konkrete Forschungsinstitut und die mit ihm verwandten Institute.

Das Verhältnis zwischen dem durchschnittlichen Zeitaufwand für wissenschaftliche Hilfsarbeiten und für die eigentliche wissenschaftliche Arbeit (β), das sich in der Praxis herausbildet, ist (neben den Parametern τ und m) eine Art integrierende Kennziffer für die Spezifik jedes konkreten Instituts.

Untersuchen wir die Bedingungen für die Realisierung des vorgeschlagenen Modells.[57] Im Modell wird angenommen, daß jeder wissenschaftliche Mitarbeiter über bestimmte wissenschaftliche Hilfsgeräte verfügt und daß, falls alle wissenschaftlichen Hilfskräfte beschäftigt sind und sich die Notwendigkeit von wissenschaftlicher Hilfsarbeit ergibt, diese Arbeit von den wissenschaftlichen Mitarbeitern ausgeführt wird. Mit anderen Worten, es wird einerseits die Möglichkeit eingeräumt, daß ein wissenschaftlicher Mitarbeiter einen Teil seiner Arbeitszeit für die Ausführung von Arbeiten aufwendet, die nicht seiner Qualifikation entsprechen (nicht seinem Beruf entsprechender Aufwand, der jedoch als hochqualifizierte Arbeit bezahlt wird). Andererseits entsteht natürlich auch die Situation, daß, da der Bedarf an Hilfsarbeit bei den wissenschaftlichen Mitarbeitern weitgehend zufällig anfällt, ein Teil des wissenschaftlichen Hilfspersonals nicht ausgelastet ist. Es liegt auf der Hand, daß beide Arten von Verlusten nicht gleichwertig sind. Ohne die soziale, ethisch-moralische usw. Bedeutsamkeit dieser Verluste zu berühren, können wir sie unter Kostengesichtspunkten vergleichen, d. h. als Zeitverluste, ausgedrückt im Umfang der Entlohnung der wissenschaftlichen Mitarbeiter und des wissenschaftlichen Hilfspersonals.

Die Aufgabe reduziert sich folglich darauf, die Verluste im System „wissenschaftliche Mitarbeiter — wissenschaftliches Hilfspersonal“ zu optimieren (Mini-

57 Das Modell wurde gemeinsam mit V. N. Klimenjuk und B. Ja. Brusilovskij, von dem auch die mathematische Interpretation der Aufgabe stammt, ausgearbeitet.

mierung der Verluste). *Als strukturell optimal bezeichnen wir eine Gruppe von einem Wissenschaftler und mehreren wissenschaftlichen Hilfskräften, in der die summarischen Zeitverluste im Wertausdruck minimal sind.*

Die mit Hilfe dieser Methode ermittelten ökonomischen Verluste, die durch eine nicht optimale Proportion zwischen wissenschaftlichen Mitarbeitern und wissenschaftlichem Hilfspersonal entstehen, betreffen nur die direkten und unmittelbar einschätzbaren Verluste. Es gibt daneben im Umfang beträchtlich größere indirekte oder sekundäre Verluste, die durch eine verringerte Effektivität der qualifiziertesten Mitarbeiter und einfach dadurch entstehen, daß sich die Arbeitsbedingungen für das Kollektiv insgesamt verschlechtern.

Selbst dieses unvollständige Bild bietet eine Grundlage für konkrete Maßnahmen: Es geht darum, rationellere strukturelle Proportionen in der Zusammensetzung des Personals herzustellen. Die hier dargelegte Methodik ermöglicht:

a) unmittelbar die direkten Geldverluste (in Rubel des Arbeitsentgelds) einzuschätzen, die durch eine vorliegende unrationelle Proportion zwischen Wissenschaftlern und wissenschaftlichem Hilfspersonal entstehen;
b) diejenige Proportion festzustellen, die dem Charakter der Arbeitsteilung auf dem jeweiligen Forschungsgebiet und dem Rationalisierungsgrad der Arbeitsprozesse in einem Institut am besten entspricht;

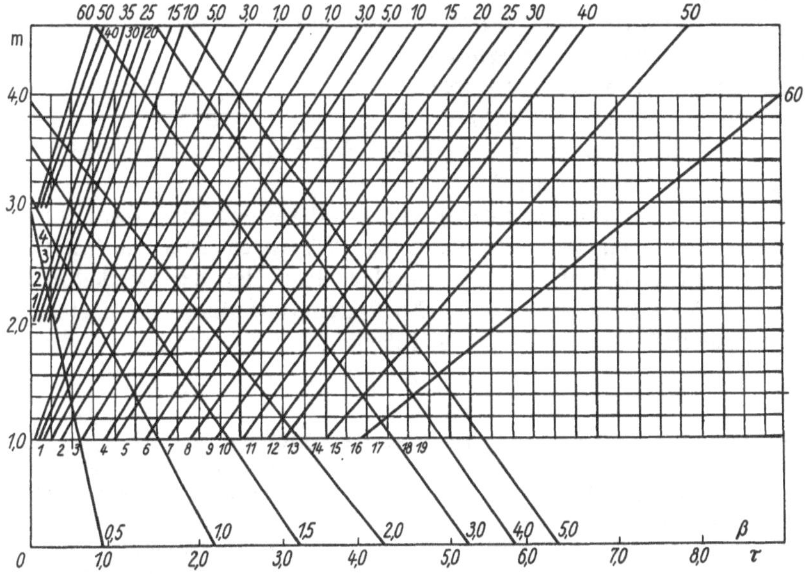

Abb. 55. Nomogramm der Zustände eines Organisationssystems

c) eine dynamische Analyse der Kaderpolitik vorzunehmen, die Folgen früherer Entscheidungen einzuschätzen und die künftige zahlenmäßige Kaderstruktur eines Instituts auszuarbeiten.

Der Wert *m* ist jedoch eher *rationell* als optimal, denn es bleiben beträchtliche Restverluste erhalten. Sie können nur verringert werden durch eine Reorganisation des Forschungsprozesses selbst, durch die Einführung von Automatisierungsmitteln und durch eine wesentlich höhere Qualifikation des wissenschaftlichen Hilfspersonals. Durch solche Maßnahmen verändern sich auch die statistischen Werte für β und andere Parameter. Der Rationalisierungsprozeß der Personalstruktur kann dann entsprechend den veränderten Bedingungen weitergeführt werden.

Um die Optimierungsberechnungen der verschiedenen Varianten von Personalstrukturen und Zeitaufwendungen bequemer nutzen zu können, sind die Zustände des Systems „wissenschaftliche Mitarbeiter—wissenschaftliches Hilfspersonal" in einem Nomogramm zusammengefaßt worden (s. Abb. 55).

Wenn man mit Hilfe dieses Nomogramms die gesuchten Parameter bestimmen will (die ökonomische Einschätzung der Verluste durch die unrationelle Personalstruktur und den rationellen Wert *m*), braucht man folgende Ausgangswerte:

— die in einem bestimmten Jahr (t_0) in einem Institut vorhandene Proportion zwischen den wissenschaftlichen Mitarbeitern und dem wissenschaftlichen Hilfspersonal (m_0);
— den statistischen Mittelwert der Zeitaufwendungen der wissenschaftlichen Mitarbeiter für nicht berufsspezifische Arbeiten (τ_0).

Die erste Größe kann der statistischen Berichterstattung des Instituts entnommen werden. Für die Ermittlung der zweiten Größe gibt es spezielle Methoden (kollektive Experteneinschätzungen; Selbstaufnahme der Arbeitszeit; Stichprobenuntersuchungen u. a.).[58]

Der Sektor „Komplexprobleme der Wissenschaftswissenschaft" des Instituts für Kybernetik untersucht und beobachtet seit 1967 systematisch die Veränderungen der Parameter *m* und τ in den einzelnen Instituten der Akademie der Wissenschaften der Ukrainischen SSR. Die Extremwerte dieser Parameter für alle Abteilungen der Akademie sind in Tabelle 14 wiedergegeben.

58 Die Methodik und die Verfahrensweisen bei Experteneinschätzungen der Struktur von Zeitaufwendungen wissenschaftlicher Mitarbeiter, die in Akademie-Instituten arbeiten, sind u. a. in folgenden Monographien dargestellt: G. M. DOBROV: Prognostik in Wissenschaft und Technik. Berlin 1971; D. PELZ/F. ANDREWS: Scientists in Organizations. New York—London—Sidney 1966; G. M. DOBROV: Wissenschaftsorganisation und Effektivität; P. N. ZAVLIN/A. I. ŠČERBAKOV/M. A. JUDELEVIČ: Trud v sfere nauki. Moskau 1973; G. M. DOBROV u. a.: Leitung der Wissenschaft. Berlin 1974.

Tabelle 14

Die Werte τ und m in den Abteilungen der Akademie der Wissenschaften der Ukrainischen SSR

Lfd. Nr.	Abteilungen der Akademie	τ				m			
		1967		1971		1967		1971	
		min	max	min	max	min	max	min	max
	I *Sektion physikalisch-technische und mathematische Wissenschaften*								
1	Mathematik, Mechanik und Kybernetik	2,3	2,6	2,4	3,2	1,5	2,7	0,7	2,4
2	Physik	2,4	2,9	2,4	2,5	2,3	2,5	2,2	2,9
3	Geo- und Kosmos-Wissenschaften	2,4	2,6	2,5	2,9	2,0	4,0	1,4	3,2
4	Physikalisch-technische Probleme der Materialkunde	2,2	2,6	2,3	3,4	2,0	2,6	1,6	1,9
5	Physikalisch-technische Probleme der Energetik	2,4	2,6	2,6	2,8	1,1	1,8	1,0	1,5
	II *Sektion chemisch-technologische und biologische Wissenschaften*								
1	Chemie und chemische Technologie	2,2	2,6	2,6	2,8	1,5	1,6	1,0	2,3
2	Biochemie, Biophysik, Physiologie	2,7	3,1	2,8	3,0	1,5	2,4	1,5	2,3
3	Allgemeine Biologie	2,6	3,0	2,1	2,3	1,5	1,9	2,1	2,3
	III *Sektion Gesellschaftswissenschaften*								
1	Ökonomie, Geschichte, Philosophie und Recht	2,7	3,0	2,5	2,9	0,2	0,9	0,4	1,5
2	Literatur, Sprache und Kunst	2,2	2,9	2,0	2,8	0,3	0,5	0,4	0,7

Anmerkung

Bei der Verwendung der Daten der Tabelle ist zu beachten, daß sich in den einzelnen Instituten die Werte τ wesentlich von denen der Tabelle unterscheiden. Das erklärt sich durch die spezifischen Besonderheiten der Institute innerhalb jeder Abteilung der Akademie der Wissenschaften der Ukrainischen SSR.

Die Daten dieser Tabelle werden in den Instituten zur Einschätzung ihrer Kaderpolitik benutzt. Da die Mittelwerte erheblich schwanken, wird empfohlen, den konkreten Wert von m anhand der statistischen Materialien zu errechnen und den Wert von τ unter Berücksichtigung einer gewissen Spezifik des jeweiligen Instituts im Vergleich zu anderen Instituten der Abteilung zu wählen oder, was am besten ist, ihn auf Stichproben zu stützen, die die Hauptphasen des Forschungsprozesses eines Forschungsinstituts erfassen.

Die Reihenfolge im Zustandsnomogramm (Abbildung 55) des Systems „wissenschaftliche Mitarbeiter — wissenschaftliche Hilfskräfte" ist folgende: Wir bestimmen die durchschnittlichen Zeitverluste der wissenschaftlichen Mitarbeiter durch nicht berufsspezifische Arbeiten (τ_0) je Arbeitstag sowie die durchschnittliche Anzahl der wissenschaftlichen Hilfskräfte, die in diesem Institut auf einen wissenschaftlichen Mitarbeiter entfallen (m_0), für ein Jahr (t_0).

Wir tragen die Werte τ_0 und m_0 auf den Achsen τ und m des Nomogramms ab und bestimmen so den entsprechenden Punkt im Nomogramm. Durch diesen Punkt legen wir Gerade, die den nächsten entsprechenden Geraden des Nomogramms parallel sind, und bestimmen durch Interpolation auf den Achsen die Werte Δc und β.

Die verborgenen Lohnfondsverluste (Δc) werden im Nomogramm in Rubeln pro Monat je Wissenschaftler des Instituts angegeben. Die durchschnittlichen Gesamtverluste für das Institut erhält man, wenn man den Wert Δc mit der Anzahl der wissenschaftlichen Mitarbeiter des Instituts (N) im betreffenden Jahr multipliziert.

Bewegen wir uns längs der Geraden $\beta = \text{const.}$, die für das Institut charakteristisch ist, so finden wir den Kreuzungspunkt dieser Geraden mit der Geraden der minimalen Verluste ($c = 0$) und bestimmen m_{rat} und τ_{rat} als die Koordinaten dieses Punktes.

Betrachten wir weitere Beispiele für die Anwendung dieses Nomogramms, indem wir Daten über die Arbeitsorganisation wissenschaftlicher Mitarbeiter in einigen Akademie-Instituten benutzen.

Beispiel 1. Im Institut „A" betrug 1967 die Proportion zwischen wissenschaftlichem Hilfspersonal und wissenschaftlichen Mitarbeitern $m_0 = 1{,}8$. Durch eine Befragung war festgestellt worden, daß in jenem Jahr die nicht berufsspezifischen Zeitverluste bei den wissenschaftlichen Mitarbeitern dieses Instituts $\tau_0 = 2{,}5$ Std./Arbeitstag betrugen. Wir tragen diesen Punkt auf dem Nomogramm ein und stellen fest, daß die verborgenen Lohnfondsverluste auf Grund der nicht optimalen Größe von m_0 annähernd 6 Rubel je Wissenschaftler betrugen. Berücksichtigt man, daß 1967 im Institut die Anzahl der wissenschaftlichen Mitarbeiter $N_0 = 187$ war, so betrugen die Gesamtverluste im Institut monatlich $c = N_0 \cdot \Delta c_0 = 1100$ Rubel.

Wir ziehen eine Gerade, die parallel der nächsten Geraden gleicher Werte β verläuft, und bestimmen auf der β-Achse das Verhältnis der durchschnittlichen Zeit für die wissenschaftliche Hilfsarbeit je Zeiteinheit der wissenschaftlichen Arbeit, die für das betreffende Institut charakteristisch ist. Es beträgt im vorliegenden Fall annähernd $\beta = 1{,}9$.

Folgen wir derselben Geraden bis zu den Null-Verlusten ($\Delta c = 0$), so erhalten wir den Wert für ein rationelles Verhältnis zwischen den wissenschaftlichen Mitarbeitern und dem wissenschaftlichen Hilfspersonal, der für dieses Institut $m \approx 2{,}3$ betrug. Die nicht berufsspezifischen Zeitverluste wären dabei $\tau = 1{,}9$ Std./Arbeitstag.

Betrachten wir nun, wie sich der Wert dieser Parameter 1971 verhalten hat. Nach den Daten des Instituts „A" war im Jahre 1971 $m_1 = 1{,}5$. Der Wert der Proportion m war also gegenüber 1967 noch weiter gesunken, was natürlich zu einem weiteren Wachstum der Verluste τ_1 und der verborgenen Lohnfondsverluste Δc_1 führen mußte. An der Kreuzungsstelle der Geraden $m_1 = 1{,}5$ mit der Geraden $\beta = 1{,}9$ finden wir, daß $\tau_1 = 2{,}8$ Std./Arbeitstag und $\Delta c_1 = 14$ Rubel je Wissenschaftler waren. Da 1971 im Institut „A" $N_1 = 212$ Wissenschaftler gezählt wurden, betrugen die summarischen Lohnfondsverluste in diesem Institut 1971 monatlich bereits $c_1 = N_1 \cdot \Delta c_1 = 212 \cdot 14 = 3000$ Rubel.

Die *direkten*, durch die unrationelle Kaderstruktur verursachten Verluste waren in diesem Institut innerhalb von 4 Jahren fast um das Dreifache gestiegen und betrugen über 3000 Rubel vom Lohnfonds monatlich. Für diese Mittel hätten etwa 30 Laboranten, Techniker und Ingenieure eingestellt werden können als ein erster Schritt zur Optimierung der Kaderstruktur.

Beispiel 2. Im Institut „B" betrugen nach den Daten von 1971 $\tau_0 = 2{,}5$ Std. und $m_0 = 2{,}0$. Anhand des Nomogramms finden wir, daß für dieses Institut $\beta = 2$ und $\Delta c = 4$ Rubel (der Punkt liegt etwa in der Mitte zwischen den Kurven gleicher Verluste $\Delta c = 3$ Rubel und $\Delta c = 5$ Rubel). Im Institut „B" gab es in diesem Jahr 580 wissenschaftliche Mitarbeiter. Die direkten und unmittelbaren Verluste durch die nicht rationelle Kaderstruktur betrugen demnach 1971 annähernd $c_0 = 4 \cdot 580 = 2300$ Rubel monatlich.

Den rationellen Wert von m finden wir mit Hilfe des Nomogramms an der Schnittstelle der Geraden $\beta = 2$ und der Geraden $\Delta c = 0$. Er beträgt $m_{rat} = 2{,}4$. Dabei ist $\tau_{rat} = 2$ Stunden. Anders ausgedrückt, vergrößert man die Proportion m bis zum rationellen Wert (von 2 auf 2,4 wissenschaftliche Hilfskräfte je Wissenschaftler), dann können die nicht berufsspezifischen Zeitaufwendungen der Wissenschaftler von durchschnittlich 2,5 auf 2 Stunden täglich verringert werden, und das würde eine Einsparung von 2300 Rubel Lohnfonds monatlich ermöglichen.

Beachtung verdient der hohe Restwert τ. Offensichtlich kann die Struktur des Arbeitsaufwands im Institut nur mit Hilfe des Parameters m nicht optimiert werden. Vielmehr muß durch Automatisierungsmaßnahmen, durch die Einführung moderner Mittel der Informations- und Organisationstechnik sowie durch die Qualifizierung der wissenschaftlichen Hilfskräfte eine Veränderung herbeigeführt werden. Mit anderen Worten: Durch die Erhöhung der Arbeitsproduktivität bei den dienstleistenden und Hilfsoperationen des wissenschaftlichen Prozesses kann der Parameter β wesentlich beeinflußt werden.

Die dargestellte Methodik ermöglich es, unter Berücksichtigung der Spezifik des konkreten Instituts annähernde Werte für die Ausgangsparameter auszuwählen und mit Hilfe des Zustandsnomogramms des Systems „Wissenschaftler – wissenschaftliche Hilfskräfte“ rationelle Werte für die Proportion des Personals zu gewinnen; damit kann in quantitativ bestimmter Form die generelle Richtung festgestellt werden, die bei der Kaderpolitik in einem konkreten Institut zu verfolgen ist.

Da die Optimierung der Qualifikationsstruktur der Mitarbeiter eines Instituts einen überaus langwierigen und komplizierten Prozeß darstellt, erscheint es zweckmäßig, die praktischen Maßnahmen, die auf die Herstellung eines rationellen zahlenmäßigen Verhältnisses zwischen wissenschaftlichen Hilfskräften und wissenschaftlichen Mitarbeitern zielen, in Etappen durchzuführen. Bei der allmählichen Annäherung an den optimalen Wert dieses Verhältnisses (wobei zur Vergrößerung der Anzahl der wissenschaftlichen Hilfskräfte hauptsächlich die Lohnfondseinsparung benutzt werden kann, die durch die Rationalisierung der Kaderstruktur erzielt wird) ist es zugleich erforderlich, systematisch das Organisationsniveau der Arbeit und der Leitung im Institut zu vervollkommnen sowie den Mechanisierungs- und Automatisierungsgrad der wissenschaftlichen Forschungsprozesse zu erhöhen.

Kapitel 6

Die Kader für die Wissenschaft

1. Die Dynamik der wissenschaftlichen Kader

Die Wissenschaft ist heute einer der sich am schnellsten entwickelnden Bereiche der Gesellschaft. Dieses hohe Entwicklungstempo ist nicht zuletzt bedingt durch eine ständig zunehmende Anzahl von Wissenschaftlern. Zu Beginn der 70er Jahre des 20. Jahrhunderts arbeiteten auf der Welt etwa 4 Millionen Wissenschaftler (ungefähr ein Viertel davon in der UdSSR). Die Gesamtzahl der Menschen, die in der Wissenschaft tätig sind (einschließlich des wissenschaftlichen Hilfs- und Dienstleistungspersonals, der Mitarbeiter in Versuchsstationen usw.), ist noch um das Drei- bis Vierfache größer. Die gegenwärtige Wissenschaftlergeneration stellt neun Zehntel aller Wissenschaftler, die je auf der Erde gelebt haben (Abb. 56).[1] In den industriell entwickelten Ländern entfallen auf je 100 Beschäftigte in der Industrie 2 bis 3 Personen, die in der wissenschaftlichen Forschung tätig sind.[2] Und diese Kennziffer zeigt eine deutliche Wachstumstendenz, die um so anschaulicher wird, wenn man nicht nur die Wissenschaftler selbst, sondern alle im Bereich der Wissenschaft berufstätigen Personen in Betracht zieht (s. Tabelle 15).

Tabelle 15

Beschäftigungssphäre	1940	1950	1960	1965	1970
Insgesamt in der Volkswirtschaft der UdSSR	100	119	183	227	266
davon					
Industrie	100	117	170	207	241
Gesundheitswesen	100	136	229	283	337
Bildungswesen	100	124	179	246	300
Wissenschaft und wissenschaftliche Dienste	100	197	487	725	895

1 Vgl. D. Price: Science since Babylon. New Haven—London 1962; P. Auger: Gegenwärtige Tendenzen in der wissenschaftlichen Forschung. Hrsg. v. d. UNESCO, 1963.

2 Vgl. A. Tuszko/S. Chaskilewicz: Badania Naukowe. Organizowanie i kierowanie. Warszawa 1968.

Tabelle 15 zeigt das Wachstumstempo der Zahl der Arbeiter und Angestellten (prozentual zu 1940) in jenen Zweigen der Volkswirtschaft der UdSSR, die sich durch ein besonders hohes Wachstumstempo auszeichnen.[2a] Die Wissenschaft als Beschäftigungsphäre wächst mindestens zwei- bis dreimal schneller als alle übrigen Zweige. 1970 waren in der UdSSR im Bereich der Wissenschaft 3,2 Millionen Menschen beschäftigt.

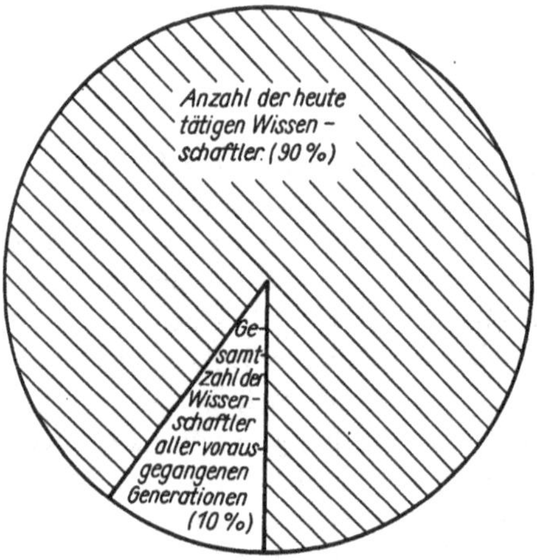

Abb. 56. Verhältnis der Anzahl der heute tätigen Wissenschaftler zur Gesamtzahl der Wissenschaftler aller vorausgegangenen Wissenschaftlergenerationen

Einen Vergleich der Wachstumstempi der Anzahl der Wissenschaftler in verschiedenen Ländern ermöglicht Abbildung 57. Ihr liegen Angaben der Zentralverwaltung für Statistik der UdSSR, der UNESCO und der OECD* für die Jahre 1910 bis 1960 zugrunde. Die Abbildung zeigt das durchschnittliche Wachstumstempo der wissenschaftlichen Kader in der UdSSR, in den USA und in den westeuropäischen Ländern. Mit Befriedigung können wir feststellen, daß die entsprechende Kennziffer (Verdoppelung in 7 Jahren) in der Sowjetunion um das Zweifache höher liegt als in den kapitalistischen Ländern Europas (Verdoppelung in 15 Jahren) und wesentlich höher als in den Vereinigten Staaten von Amerika (Verdoppelung in 10 Jahren).

2a Vgl.: Narodnoe chozjajstvo SSSR (1922—1972). Moskau 1972.
* Organization for Economic Cooperation and Development — Organisation für Wirtschaftliche Zusammenarbeit und Entwicklung.

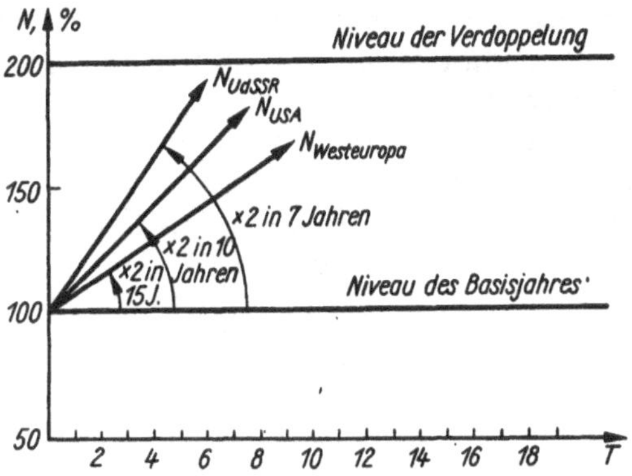

Abb. 57. Tempo der zahlenmäßigen Zunahme der Wissenschaftler in der UdSSR, in den USA und in den Ländern Westeuropas während der letzten fünfzig Jahre

Diese Kennziffern sind Durchschnittszahlen und deshalb höchst relativ. Das Kaderwachstum war in dem betrachteten Zeitraum auch nicht gleichmäßig. In der UdSSR z. B. war das schnellste Wachstum in den Nachkriegsjahren zu verzeichnen (Verdoppelung in 4 bis 5 Jahren). Dabei war die absolute Zahl der wissenschaftlichen Kader hier größer als in jedem anderen Lande. Legt man nur die Anzahl der eigentlichen Wissenschaftler zugrunde, so besitzt annähernd jeder vierte einen wissenschaftlichen Grad. Die entsprechenden Angaben sind in Tabelle 3 gemacht worden (Kap. 2, S. 61).

In der UdSSR entfallen auf je 10000 Einwohner mehr als 38 Wissenschaftler; das entspricht dem höchsten Stand unter den hochentwickelten Ländern.[3] Die Gesamtzahl der in der Wissenschaft beschäftigten Menschen je Million Einwohner betrug in der Sowjetunion über 13000. Die UNESCO, die das Niveau der Wissenschaftsentwicklung in den kapitalistischen Ländern der Erde einschätzte[4], teilt für diese die Zahl von 5000 in der Wissenschaft Beschäftigten je Million Einwohner mit und nennt als Perspektive für die wissenschaftliche Entwicklung in den Ländern Asiens, Lateinamerikas und Afrikas eine Zahl von 500 bis 1000 Wissenschaftler je Million Einwohner. Es wird angenommen, daß dieses Niveau erst in 30 bis 40 Jahren erreicht wird.

3 Vgl. C. Freeman/A. Young: The Research and Development Effort in Western Europe, North America and the Soviet Union. Paris 1965.

4 Vgl.: Problems in Science and Technology for Priority Consideration of the Advisory Committee of the Economic and Social Council on the Application of Science and Technology to Development. UNESCO (N.A.) DIR 6, rev. 1. Paris, 17. 2. 1964.

Die Wissenschaftsentwicklung in den Sowjetrepubliken Mittelasiens und Transkaukasiens,[5] wo es vor der Revolution fast keine wissenschaftlichen Kader gab, zeigt überzeugend, daß solche Kennziffern unter den Bedingungen der sozialistischen Planung und der brüderlichen gegenseitigen Hilfe aller Sowjetvölker in kürzeren historischen Fristen um ein Vielfaches übertroffen worden sind.

Das Bild vom Wachstum der wissenschaftlichen Kader wäre unvollständig ohne einen Vergleich mit anderen Daten über den allgemeinen Verlauf der Wissenschaftsentwicklung.

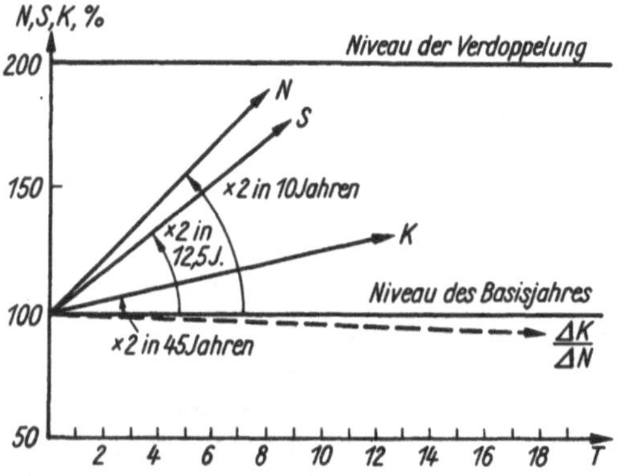

Abb. 58. Verhältnis zwischen den Wachstumsgeschwindigkeiten der Anzahl wissenschaftlicher Ergebnisse (*K*), der Anzahl wissenschaftlicher Informationen (*S*) und der Gesamtzahl der Wissenschaftler (*N*) in den letzten 50 Jahren

Wenden wir uns zunächst dem Diagramm der Abbildung 58 zu. Es zeigt das ungefähre Wachstumstempo einiger wissenschaftswissenschaftlicher Kennziffern während der letzten fünfzig Jahre. Die Gesamtmenge der grundlegenden wissenschaftlichen Ergebnisse *K* zeigt eine Tendenz zur Verdoppelung in 45 Jahren. Der Umfang der wissenschaftlichen Informationen über Forschungsarbeiten *S* besitzt die Tendenz zur Verdoppelung im Zeitraum von 12,5 Jahren. Die Gesamtzahl der eigentlichen wissenschaftlichen Kader *N* tendiert zur Verdoppelung innerhalb von 10 Jahren.

5 Vgl. U. A. Arifov: Razvitie nauki v Sovetskom Uzbekistane. Taškent 1964; A. Mackay: Scientific Progress in Soviet Azerbaydzhan. In: Journal of the Royal Central Asian Society, 1964, Bd. 51, S. 141–148.

Die Angaben dieses Diagramms ermöglichen einige interessante Feststellungen.[6] Der jährliche relative Zuwachs (ausgedrückt in Prozenten) der verallgemeinerten Kennziffern ist sehr verschieden: $\Delta K = 1{,}55\%$; $\Delta S = 5{,}7\%$; $\Delta N = 7{,}2\%$.

Daß die Informationen über wissenschaftliche Arbeiten 3,6mal schneller anwachsen als die Menge der eigentlichen wissenschaftlichen Ergebnisse, zeugt vielleicht von einer Tendenz zur „Verwässerung" des Inhalts wissenschaftlicher Informationen und widerspiegelt die objektive Tatsache, daß sich die Informationssituation in der modernen Wissenschaft allgemein verschlechtert und kompliziert.

Damit hängt auch in gewissem Maße die Tatsache zusammen, daß $\Delta N > \Delta S$.

Besondere Aufmerksamkeit verdient der spezifische Parameter $\frac{\Delta K}{\Delta N}$. Er charakterisiert die relative Zunahme der neuen wissenschaftlichen Ergebnisse im Vergleich zum relativen Zuwachs der Anzahl der Wissenschaftler und besitzt, wie uns scheint, eine insgesamt sinkende Tendenz.[7]

Letztere Beobachtung bedárf einer Erläuterung. Die Begriffe „Effektivität (ėffektivnost') der Wissenschaft" und „Produktivität (produktivnost', auch: rezul'tativnost') der Arbeit der Wissenschaftler in einem Wissenschaftszweig" sind keineswegs identisch. Die Effektivität ist durch den Umfang und die Art der praktischen Anwendung der gewonnenen Forschungsergebnisse sowie durch die Intensität bedingt, mit der sie in dem betreffenden und in anderen Wissenschaftszweigen genutzt werden. Sie hängt nicht nur vom Wirken einer bestimmten Gruppe von Wissenschaftlern ab, sondern auch von dem der „Verbraucher" der erzielten Forschungsergebnisse. Das Endergebnis dieser gemeinsamen Bemühungen (darunter auch das in Rubeln gemessene, d. h. die ökonomische Effektivität) wird als ein wichtiges Zeugnis ihrer effektiven Tätigkeit gewöhnlich und verdientermaßen der wissenschaftlichen Institution gutgeschrieben. Die Bewertung der Arbeitsproduktivität der Wissenschaftler hingegen beruht auf Angaben über die Dimensionen der von wissenschaftlichen Kollektiven oder einzelnen Wissenschaftlern erzielten neuen Ergebnisse, die potentielle Bedeutung für die angewandte oder/und theoretische Nutzung besitzen.

Bliebe die individuelle Produktivität der Wissenschaftler bei gleichzeitiger Zunahme ihrer Zahl konstant (auf dem Stand des Basisjahres), so müßte $\frac{\Delta K}{\Delta N} = 1$

6 Die obenangeführten Zahlen für die Zeiträume der Verdopplung wurden als ungefähre Einschätzungen aus den in der wissenschaftswissenschaftlichen Literatur am meisten verbreiteten Daten gewählt. Dieser Umstand sowie beträchtliche Schwankungen im Wachstumstempo dieser Größen lassen das Diagramm höchst relativ erscheinen; es widerspiegelt nur das Verhältnis der Wachstumstendenzen der drei Kennziffern.

7 Einer speziellen Analyse bedarf der Einfluß, den die Tatsache, daß in der Weltwissenschaft eine beträchtliche Anzahl wissenschaftlicher Ergebnisse aus verschiedenen Gründen geheimgehalten oder nicht veröffentlicht wird, auf diese Bewertung ausübt.

sein. Dem Wachstum der Zahl der Wissenschaftler um, sagen wir, 10% würde dann ein ebenfalls zehnprozentiger Zuwachs an neuen wissenschaftlichen Ergebnissen entsprechen. In Wirklichkeit ist das längst nicht so; selbst der Zuwachs des Informationsumfangs S entspricht nicht der Zunahme der Wissenschaftlerzahl, und das uns besonders interessierende Verhältnis $\frac{\Delta K}{\Delta N}$ beträgt im vorliegenden Fall ungefähr 0,22.

Die Ergebnisse der modernen Wissenschaft können angesichts der wachsenden Kollektivität des Wissenschaftsprozesses immer weniger in „mein" und „dein" eingeteilt werden; schwierige Probleme werden heute nur noch gelöst, indem sie durch die verschiedenen Wissenschaftsdisziplinen planmäßig bearbeitet, indem große wissenschaftlich-technische Mittel eingesetzt und prinzipiell neue Ideen und methodische Konzeptionen zur Lösung dieser Probleme gesucht werden. Die traditionelle Taktik des direkten „massierten Angriffs" auf ein kompliziertes wissenschaftliches Problem bewährt sich in der Praxis meist nicht mehr.

Die Anzahl der Probleme wächst rasch, sie werden inhaltlich immer komplizierter, und zudem werden die Anforderungen an die theoretische und praktische Verwertbarkeit von Forschungsergebnissen anspruchsvoller. Die Anzahl der Wissenschaftler wächst deshalb ebenfalls unablässig. Doch schon jetzt wird das zahlenmäßige Wachstum der wissenschaftlich tätigen Menschen vom Wachstumstempo der technischen Forschungsausrüstung überflügelt, und diese Tendenz wird sich noch weiter verstärken.

Die vorrangige Steigerung der Investitionen für die materiell-technische und experimentelle Basis der Wissenschaft ist ein wichtiges Charakteristikum der Wissenschaftspolitik in der Sowjetunion. Seit 1950 ist die Anzahl der Mitarbeiter an der Ukrainischen Akademie der Wissenschaft um das 10,3fache und das Jahresbudget um das 11,3fache gewachsen; die Investitionen für wissenschaftliche Ausrüstungen stiegen auf mehr als das Fünfundzwanzigfache. Nach Ansicht des Präsidenten dieser Akademie, B. E. PATON, muß die technische Ausstattung wissenschaftlicher Einrichtungen mindestens doppelt so groß sein wie die von industriellen Produktionsstätten.[8] Durch ein solches Verhältnis sollen der notwendige wissenschaftliche Vorlauf gegenüber dem Produktionsniveau gewährleistet und eine Voraussetzung für die Steigerung der Effektivität der Wissenschaft geschaffen werden. Die wichtigste Aufgabe der Wissenschaftsleitung sind jedoch die Sorge um die in der Wissenschaft tätigen Menschen und die Schaffung von Bedingungen für den effektivsten Einsatz aller Mitarbeiter.

8 Vgl. B. E. PATON: Šljachi ukrains'koi nauki. In: Nauka i žittja, 1964, Nr. 2; ders.: Rešajuščee uslovie bor'by za naučno-techničeskij progress. In: Kommunist Ukrainy, 1965,

Die Forschungsarbeit besteht aus sehr verschiedenen Prozessen; man hat z. B. errechnet, daß das (zeitliche) Verhältnis zwischen schöpferischer und nichtschöpferischer Arbeit etwa 1:6 bis 1:9 beträgt, wobei dieses Verhältnis in den Gesellschaftswissenschaften am ungünstigsten ist.[9]

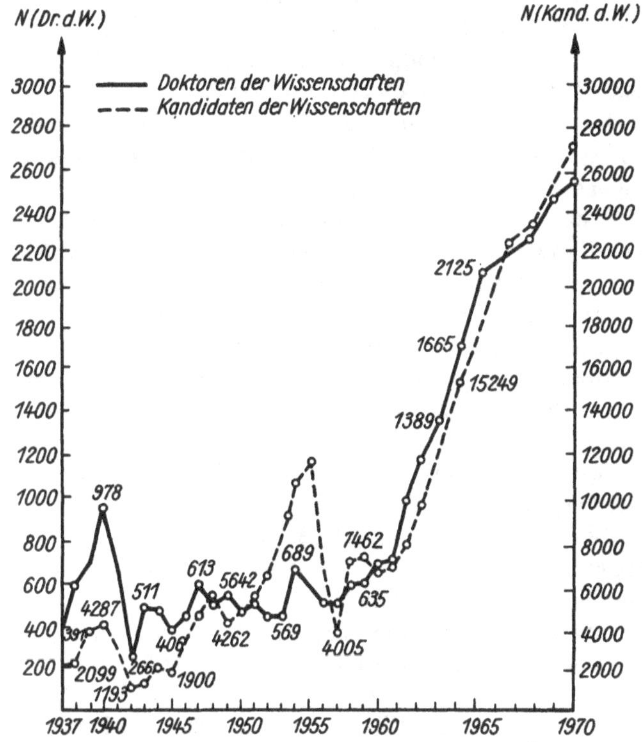

Abb. 59. Zahlenmäßige Zunahme der Doktoren und Kandidaten der Wissenschaften in der UdSSR

———— Doktoren der Wissenschaften; - - - - - - - Kandidaten der Wissenschaften

Eine möglichst effektive Kaderstruktur ist abhängig von der Ausbildung hochqualifizierter Wissenschaftler. Wir haben das Ausbildungstempo von Doktoren und Kandidaten der Wissenschaften anhand der Dissertationskataloge der Staatlichen Öffentlichen Lenin-Bibliothek sowie der Zentralen Medizinischen Biblio-

9 Vgl. G. M. Dobrov: Obščestvennym naukam — sovremennuju naučno-techničeskuju bazu. In: Kommunist Ukrainy, 1966, Nr. 5; N. Stefanov/S. Kačaunov/K. Simeonova: Struktura i metodologija na istoričeskoto poznanie. Sofija 1971; Z. Kowalewski: Nauki społeczne a rozwój społeczny. Warszawa 1971.

thek statistisch untersucht. Danach wurden bis Anfang der siebziger Jahre über 150000 Dissertationen verfaßt und verteidigt.[10]

Abbildung 59 zeigt das dynamische Wachstum der Zahl der jährlich in der UdSSR bestätigten neuen Doktoren und Kandidaten der Wissenschaften im Zeitraum von 1937 bis 1970. Deutlich sichtbar ist der große Schaden, welcher der Sowjetunion durch den zweiten Weltkrieg entstanden ist; erst nach fünf Jahren wurde das Vorkriegsniveau in der Ausbildungsintensität bei Kandidaten der Wissenschaften wieder erreicht (1946—1950), und bei der Ausbildung von Doktoren der Wissenschaften war das Vorkriegsniveau sogar erst 1962 wiederhergestellt. In der Nachkriegszeit hat sich folgendes Verhältnis ergeben: Auf eine Doktordissertation entfallen 10 Kandidatendissertationen.

Unserer Meinung nach gehören Angaben über Doktor- und Kandidatendissertationen zu den aussagekräftigsten indirekten Indikatoren für das Entwicklungstempo und die Entwicklungstendenzen der Wissenschaft. Auf jeden Fall enthalten die Dissertationen in unvergleichlich höherem Maße als sonstige wissenschaftliche Publikationen ein Element des Neuen, einen bestimmten Beitrag zur Wissenschaft. Dissertationen werden gewöhnlich einer ziemlich strengen Prüfung unterzogen, und außerdem verteidigt jeder Wissenschaftler seine Arbeit nur einmal. Eine nach Wissenschaftszweigen differenzierte Dissertationsstatistik kann daher sowohl für die Einschätzung der allgemeinen schöpferischen Aktivität in einer bestimmten Disziplin als auch für den Vergleich der relativen Entwicklungstempi in den verschiedenen wissenschaftlichen Richtungen herangezogen werden.

Interessant ist ein Vergleich zwischen der Doktorenausbildung in der UdSSR und der in den Vereinigten Staaten von Amerika.[11]

Die Gesamtzahl der Wissenschaftler und qualifizierten Spezialisten, die in den USA in der wissenschaftlichen Forschung tätig waren, betrug am Ende des Untersuchungszeitraums über eine Million. Mehr als ein Drittel davon besaß den wissenschaftlichen Grad eines Doktors der Wissenschaften. Bekanntlich stimmt das System der wissenschaftlichen Grade in den USA (Bakkalaureus, Doktor)

10 Wir haben die Arbeit gemeinsam mit V. N. Klimenjuk ausgeführt. Das Informationsfeld wurde auf duale Zeichenlochkarten übertragen, die danach auf einer technologischen Linie bearbeitet wurden; diese Linie bestand aus der üblichen Lochkarten- und Analysetechnik: Rechenlocher, Prüflocher, Doppler, Selektion und Tabelliermaschine. Vgl. G. M. Dobrov/V. N. Klimenjuk: Statističeskij analiz tempov podgotovki kandidatov i doktorov nauk. In: Puti povyšenija ėffektivnosti naučnogo truda, Teil I, Novosibirsk 1966; G. M. Dobrov/V. N. Klimenjuk: Opyt rešenija nekotorych zadač obščego naukoznanija s ispol'zovaniem vyčislitel'noj techniki. In: Analiz tendencij i prognozirovanie naučno-techničeskogo progressa. Kiev 1967.

11 Vgl. G. M. Dobrov: Potential der Wissenschaft. Berlin 1971; G. M. Dobrov: Scientific Potential as an Object of Investigation and Control in the Soviet Union. In: A. de Reuck/M. Goldsmith/J. Knight (Ed.): Decision Making in National Science Policy. London 1968; L. Berkner: The Scientific Age. Yale University 1965.

mit dem sowjetischen System nicht überein (Kandidat, Doktor). Es gibt Unterschiede in bezug auf das Anforderungsniveau sowie bei der Verteidigung und Bestätigung der akademischen Grade. Dennoch halten wir es für möglich, das Ausbildungstempo dieser Kategorien von Wissenschaftlern zu vergleichen. Die Tatsache, daß es in den USA gelang, Niveau und Umfang der Forschungen aufrechtzuerhalten, obwohl die Gesamtzahl der Wissenschaftler unter der der UdSSR lag, deutet auf eine insgesamt intensivere Nutzung der Wissenschaftskader in den USA hin.

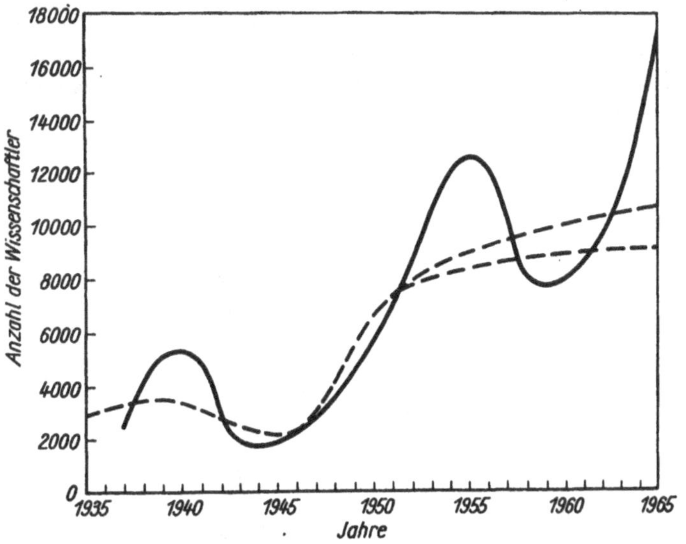

Abb. 60. Wachstumsdynamik der Anzahl der Wissenschaftskader hoher Qualifikation in der UdSSR und den USA: Doktoren und Kandidaten der Wissenschaften in der UdSSR (————); Doktoren in den USA (– – – – – –)

Aus dem Diagramm der Abbildung 60 geht hervor, daß sich in den USA in den Nachkriegsjahren die Anzahl der jährlich ausgebildeten Doktoren im Durchschnitt alle 10 bis 12 Jahre verdoppelt hat. Im gleichen Zeitraum verdoppelte sich die Anzahl der verteidigten Kandidaten- und Doktordissertationen in der UdSSR durchschnittlich alle 8 Jahre, in der letzten Zeit sogar alle 5 bis 6 Jahre. Nach 1950 stellten Staatsbürger anderer Länder einen beträchtlichen Teil der Doktoren, die in den USA arbeiteten (etwa 10% des Gesamtzuwachses, mit steigender Tendenz).

Unsere Analyse sowjetischer Dissertationskataloge ermöglichte es nicht nur, Veränderungen in der Gesamtzahl der Doktoren und Kandidaten der Wissenschaften zu untersuchen, sondern auch die Wachstumstempi der Anzahl hochqualifizierter Wissenschaftler in einzelnen Wissenschaftszweigen und in verschiedenen wissenschaftlichen Zentren des Landes zu ermitteln. Es können drei Gruppen von Wissenschaften unterschieden werden, in denen das Wachstumstempo und seine Veränderungen wesentlich voneinander abweichen.

Zur ersten Gruppe können die physikalisch-mathematischen, die technischen, die chemischen und die medizinischen Wissenschaften gezählt werden. Dies ist die zahlenmäßig stärkste Gruppe. Die technischen und die medizinischen Wissenschaften stellen z. B. zusammen etwa die Hälfte aller Kandidaten der Wissenschaften in der Sowjetunion.

Abbildung 61 zeigt ein Diagramm der Wachstumstempi der Zahl verteidigter Kandidatendissertationen in diesen Wissenschaften, bezogen auf den Jahresdurchschnitt der Anzahl verteidigter Dissertationen in den Jahren 1946 bis 1950.[12]

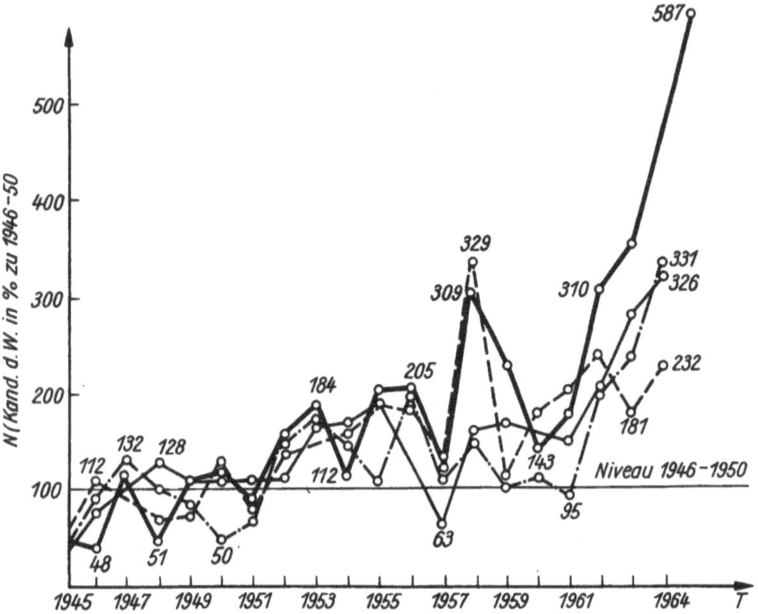

Abb. 61. Tempo der zahlenmäßigen Zunahme der Kandidaten der Wissenschaften in den physikalisch-mathematischen (————) chemischen (—·—·—·—), technischen (————) und medizinischen Wissenschaften (– – – – – –) in der UdSSR

12 Dieser Zeitraum wurde als Vergleichsbasis aus zwei Gründen gewählt: Gerade in diesen Jahren wurde das heute in der UdSSR geltende System für die Festlegung der höchsten wissenschaftlichen Qualifikation exakt ausgestaltet, und in diesem Zeitraum wurde der Vorkriegsstand bei der Zahl der Dissertationsverteidigungen erreicht und übertroffen.

Ungeachtet zeitweiliger Schwankungen ist in dieser Gruppe von Wissenschaften eine deutliche Gesamttendenz zur Beschleunigung des Ausbildungstempos wissenschaftlicher Kader festzustellen, die besonders in den Jahren 1960 bis 1965 stark ausgeprägt ist. In diesem Zeitraum hat sich die Anzahl der neuen Kandidaten der physikalisch-mathematischen und der chemischen Wissenschaften alle zwei Jahre, die der technischen Wissenschaften alle drei Jahre verdoppelt.

Hinzuweisen ist auf den Rückgang der Dissertationszahl in den Jahren 1956/57, der sich in allen Wissenschaftszweigen bemerkbar machte und darauf zurückzuführen ist, daß zu diesem Zeitpunkt von der Obersten Attestationskommission verlangt wurde, den Hauptinhalt der Dissertationen vorher zu veröffentlichen und öffentlich zu diskutieren. Diese Entscheidung hat dazu beigetragen, die Qualität der Dissertationen zu erhöhen. Allerdings war sie nicht in der erforderlichen Weise vorbereitet worden (Umfang der Erscheinungshäufigkeit der Zeitschriften, Prozedur der Durchsicht der Publikationen, Praxis der Erörterung der Arbeiten usw.). Auf dem Gebiet der technischen Wissenschaften verringerte

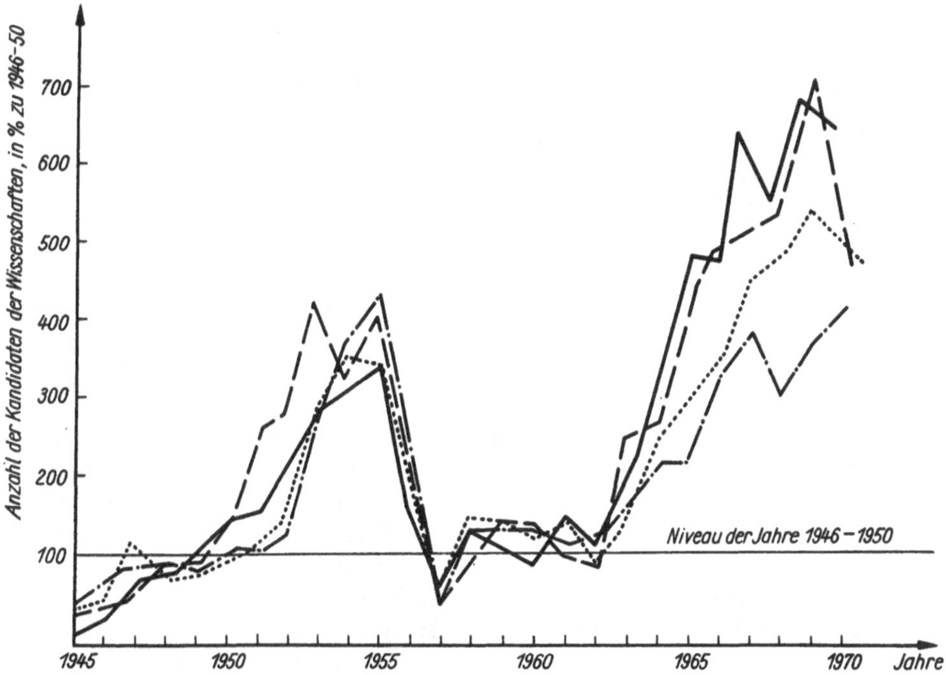

Abb. 62a. Tempo der zahlenmäßigen Zunahme der Kandidaten der Wissenschaften in den philosophischen (————) und pädagogischen (...............) Wissenschaften, der Rechtswissenschaft (— — — — —) und den philologischen Wissenschaften (—·—·—·—) in der UdSSR

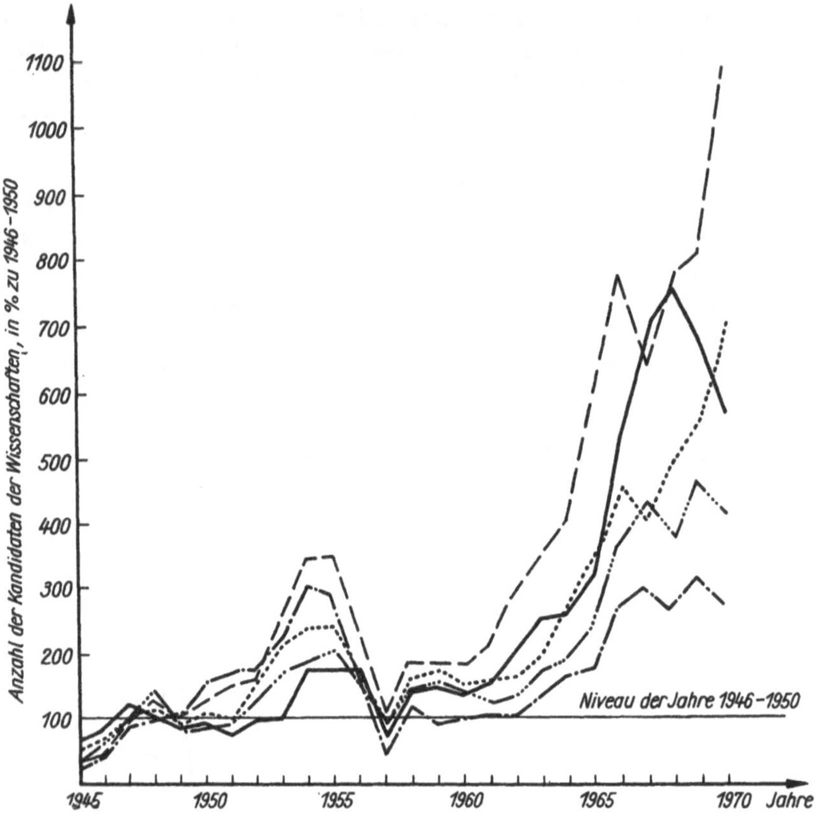

Abb. 62b. Tempo der zahlenmäßigen Zunahme der Kandidaten der Wissenschaften in den geologisch-mineralogischen (————), biologischen (.........), historischen (—·—·—·—), landwirtschaftlichen (—···—···—) und Wirtschaftswissenschaften (— — — — —) in der UdSSR

sich daraufhin die Anzahl der verteidigten Dissertationen 1957 um ein Drittel des Durchschnittsstandes der Jahre 1946 bis 1950 und auf ein Viertel des Standes von 1955. In den physikalisch-mathematischen Wissenschaften wurde dieser Tempoverlust bei der Ausbildung wissenschaftlicher Kader in den zwei darauffolgenden Jahren im wesentlichen wieder aufgeholt. In den technischen und chemischen Wissenschaften dauerte es fünf bis sechs Jahre.

Die zweite Gruppe wissenschaftlicher Disziplinen ist durch eine ungleichmäßige Dynamik der Dissertationsverteidigungen gekennzeichnet (Abb. 62a und 62b).

In den Jahren 1957 bis 1960 wurden in den historischen und philosophischen Wissenschaften nur etwa halb so viele Dissertationen verteidigt wie im Durchschnitt der Jahre 1946 bis 1950. Seit 1961 ist in den ökonomischen und den philosophischen Wissenschaften ein merklicher Aufschwung bei der Verteidigung von Dissertationen festzustellen. Die entsprechenden Kennziffern halten durchaus einen Vergleich mit denen der ersten Gruppe von Wissenschaften aus.

Man könnte noch eine dritte Gruppe von Wissenschaften nennen: Geographie, Kunstwissenschaften, Architektur und Veterinärmedizin. In diesen Disziplinen arbeiten verhältnismäßig wenig Kandidaten der Wissenschaften. Bis 1963 lag hier die Intensität der Ausbildung von Kandidaten etwa beim Stand der Jahre 1946 bis 1950. Danach sind die entsprechenden Kennziffern erheblich angewachsen und betragen das 1,5- bis 4fache. Diese Wissenschaften entwickeln sich zunehmend, und entsprechend nimmt auch die Anzahl der auf diesen Gebieten tätigen Forscher zu (s. Abb. 62c).

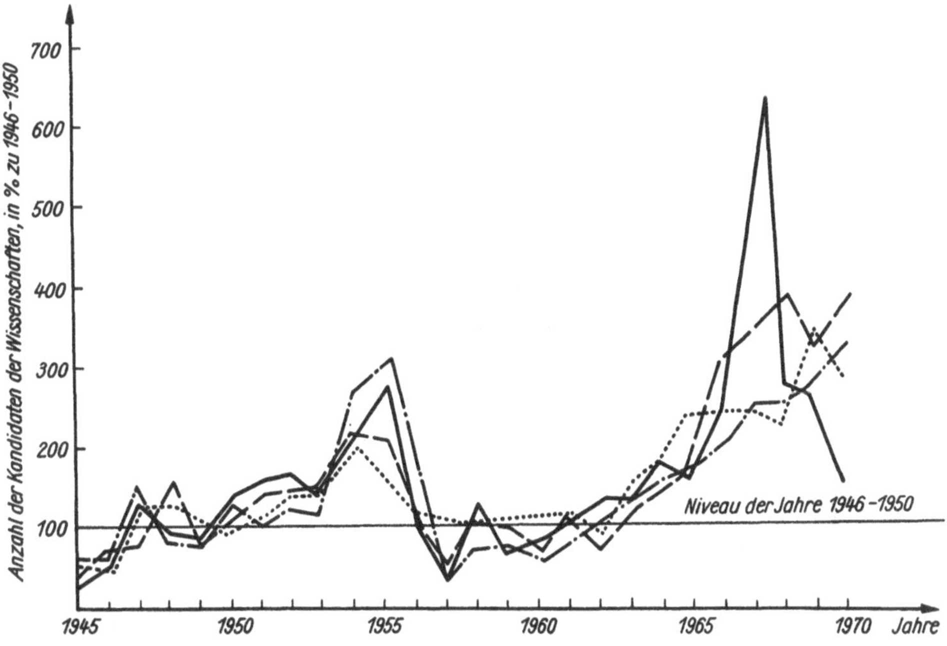

Abb. 62c. Tempo der zahlenmäßigen Zunahme der Kandidaten der Wissenschaften in den geographischen Wissenschaften (..........), der Veterinärmedizin (— — — —), der Architektur (————) und der Kunstwissenschaft (—·—·—·—) in der UdSSR

Auch bei der Ausbildung von Doktoren der Wissenschaften lassen sich diese drei Gruppen von Wissenschaften unterscheiden, jedoch ist der Unterschied zwischen der Intensität der Ausbildung von Doktoren der Wissenschaften in den Gruppen 1 und 2 weniger stark ausgeprägt. Mehr noch, am Ende des untersuchten

Zeitraums liegt das Tempo der Ausbildung von Doktoren der Wissenschaften in der zweiten Gruppe sogar insgesamt über dem Tempo der ersten Gruppe. Einer der Gründe dafür ist unserer Ansicht nach darin zu suchen, daß während der Jahre 1953 bis 1955 in den Wissenschaften der zweiten Gruppe ein intensiver Zuwachs an neuen Kandidaten der Wissenschaften zu verzeichnen war (insgesamt $1^1/_2$- bis 2mal so hoch wie in den Wissenschaften der ersten Gruppe). Es ist anzunehmen, daß 10 bis 12 Jahre danach — ebendieser Zeitraum lag Anfang der sechziger Jahre zwischen der Verteidigung der Kandidatendissertation und der

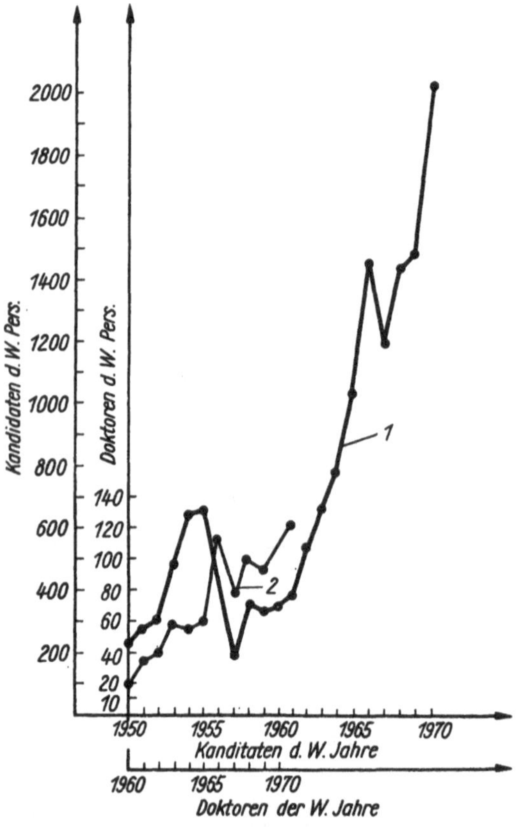

Abb. 63. Vergleich der Wachstumstempi der Anzahl der Kandidaten (1) und der Doktoren (2) der Wissenschaften

Verteidigung der Doktordissertation[13] — viele der Mitte der fünfziger Jahre ausgebildeten Kandidaten ihre Doktordissertationen verteidigten.

Genauer läßt sich diese Annahme anhand der einzelnen Wissenschaftszweige untersuchen. Abbildung 63 zeigt in absoluten Zahlen das Wachstumstempo der Anzahl neuer Doktoren und Kandidaten der Wissenschaften in den Nachkriegsjahren. Der Anschaulichkeit halber wurde der Maßstab der Kurve, die die Ausbildung neuer Doktoren charakterisiert, um das Zehnfache vergrößert (ausgehend von dem weiter oben genannten Verhältnis von 1:10 zwischen den Zahlen der neuen Doktoren und der neuen Kandidaten). Außerdem wurde diese Kurve auf der Abszisse um 9 Jahre nach links verschoben (auf der Graphik sind beide Achsen dargestellt).

Wie aus dem Diagramm ersichtlich ist, besteht zwischen beiden Kurven eine überaus starke Korrelation. Damit wird die obige Annahme bestätigt, mit dem einen Unterschied freilich, daß in diesem konkreten Fall der Zeitraum zwischen der Verteidigung der Kandidatendissertation und der Verteidigung der Doktordissertation 9 bis 10 Jahre beträgt. Ein ähnliches Bild mit einem mehr oder weniger hohen Korrelationsgrad der Kurven ergibt sich auch in den anderen Wissenschaftszweigen.

Das Diagramm zeigt, daß 1965 ein starker Rückgang bei der Doktorenausbildung zu verzeichnen war. In den technischen Wissenschaften wurden z. B. in diesem Jahr nur 48 Doktordissertationen verteidigt, 14% weniger als 1964. Ein ähnliches Bild ist auch (Verringerung um 7%) in den chemischen Wissenschaften zu beobachten. In allen übrigen Zweigen nahm die absolute Zahl der Dissertationsverteidigungen zu. Es fällt auf, daß gerade in den technischen und den chemischen Wissenschaften, wie oben gezeigt, 9 Jahre zuvor der stärkste Rückgang in der Anzahl der verteidigten Kandidatendissertationen zu verzeichnen war.

Aus dieser Beobachtung wurden Schlußfolgerungen gezogen und Maßnahmen getroffen, damit sich ein derartiger Rückgang bei der Doktorenausbildung in den anderen Wissenschaften, in denen der durchschnittliche Zeitraum zwischen der Verteidigung von Kandidatendissertationen und Doktordissertationen etwas länger ist als bei den technischen und chemischen Wissenschaften, nicht wiederholt.

Die Diagramme der Abbildungen 64a und 64b zeigen anschaulich, wie sich die relativen Anteile der Kandidaten und Doktoren der technischen, der physikalisch-mathematischen, der chemischen, der Landwirtschafts-, der Geschichts-, der ökonomischen und der medizinischen Wissenschaften am Gesamtbestand der im jeweiligen Jahr ausgebildeten Doktoren und Kandidaten der Wissenschaften verändert haben.

13 Vgl. A. V. Topčiev: O sostojanii i podgotovke naučnych kadrov v svete novych zadač Akademii nauk SSSR. In: Vestnik AN SSSR, 1961, Heft 12.

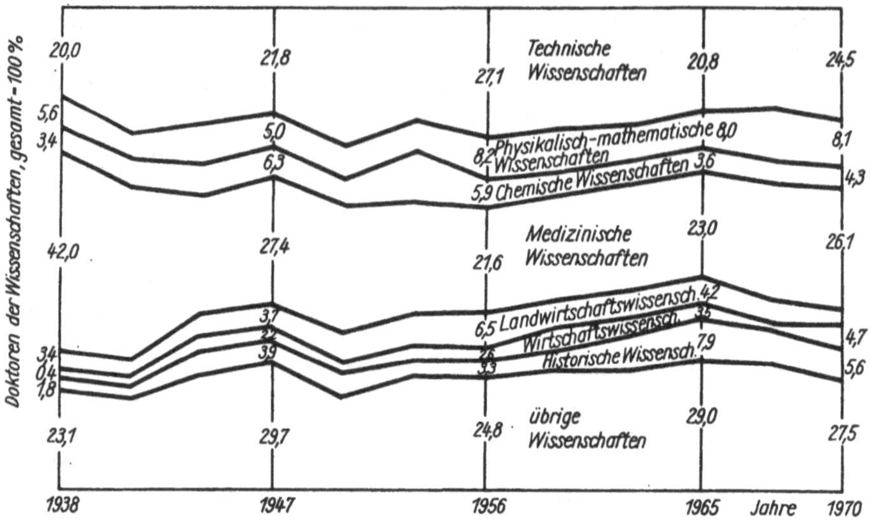

Abb. 64a. Veränderung der Zusammensetzung der neuen Doktoren der Wissenschaften nach Wissenschaftsbereichen in der UdSSR

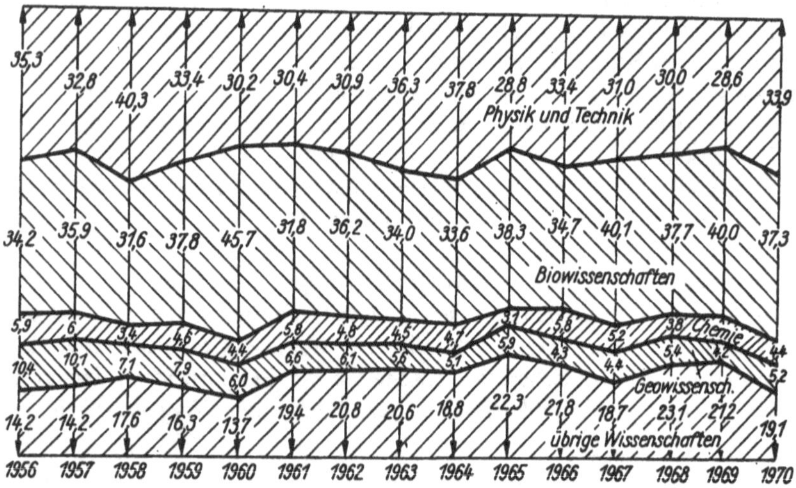

Abb. 64b. Veränderung der Zusammensetzung der neuen Kandidaten der Wissenschaften nach Wissenschaftsbereichen in der UdSSR

Es zeigt sich, daß diese wissenschaftlichen Disziplinen während des gesamten betrachteten Zeitraums hinsichtlich der Ausbildungsintensität wissenschaftlicher Kader führend waren. So stellen die Doktoren der technischen Wissenschaften in den letzten Jahren etwa ein Viertel aller neuen Doktoren, die Kandidaten mehr als ein Drittel aller neuen Kandidaten der Wissenschaften. In den untersuchten sieben Wissenschaftsbereichen wurden zusammen über 70% aller hochqualifizierten wissenschaftlichen Spezialisten weitergebildet. Außerdem läßt dieses Diagramm erkennen, daß in den letzten Jahren eine gewisse Vergrößerung des relativen Anteils von Wissenschaftlern solcher Bereiche wie der physikalisch-mathematischen, der chemischen und der Wirtschaftswissenschaften eingetreten ist.

Ein Vergleich der Abbildungen 64a und 64b erlaubt bestimmte Aussagen über sich abzeichnende Veränderungen in der Struktur der Wissenschaftskader. So ist z. B. der Anteil der neu bestätigten Doktoren der chemischen Wissenschaften von 1962 bis 1965 von 4,8 auf 3,6% zurückgegangen. In den Jahren von 1962 bis 1966 stieg jedoch der Anteil der Kandidaten der chemischen Wissenschaften von 4,8 auf 5,8%. Die chemische Forschung gewann damals an Bedeutung, und damit verbreiterte sich auch die Basis für eine zukünftige Vergrößerung der Anzahl der Doktordissertationen. Von 1965 bis 1970 erhöhte sich der Anteil der neuen Doktoren der chemischen Wissenschaften von 3,6% auf 4,3%. Analoge Überlegungen könnten auch über die technischen Wissenschaften, die Wirtschaftswissenschaften und die physikalisch-mathematischen Wissenschaften angestellt werden. Eine gegenläufige Tendenz war in den Geschichtswissenschaften und Landwirtschaftswissenschaften zu beobachten.

Interessant ist ein Vergleich des Ausbildungstempos hochqualifizierter Wissenschaftskader in den größten wissenschaftlichen Zentren des Landes (Moskau, Leningrad, Kiew usw.) und in dem neuen wissenschaftlichen Zentrum, das während der Nachkriegsjahre in Sibirien entstanden ist.

Abbildung 65 gibt Auskunft über das Ausbildungstempo von Kandidaten der Wissenschaften in den drei größten Städten der Sowjetunion: Moskau, Leningrad und Kiew. Der Anschaulichkeit halber werden auf dem Diagramm die jährlichen Zuwachsraten der Verteidigung von Kandidatendissertationen in Prozenten des durchschnittlichen Niveaus der 20 Nachkriegsjahre angegeben.

Der Verlauf der Kurven zeugt von der Identität der Veränderungen in der jährlichen Anzahl der Verteidigung von Kandidatendissertationen in den drei Städten. Das ist ein weiteres Beispiel dafür, daß die Wissenschaftsorganisation in der Sowjetunion auf einheitlichen allgemeinen Gesetzen beruht, die durch das sozialökonomische Wesen des Staatsaufbaus bestimmt werden. Dieses Diagramm zeigt jedoch auch die Besonderheiten, die der Wissenschaft eigen sind, wenn diese sich unter verschiedenen historischen Bedingungen entwickelt. So war die Ausbildung wissenschaftlicher Kader in den ersten Nachkriegsjahren am intensivsten in Moskau und Leningrad, wo eine große Anzahl wissenschaftlicher Institutionen konzentriert war. Nach Beendigung der Wiederaufbauperiode, dem Ersatz der Kaderverluste, der Beseitigung der Folgen des Krieges und der zeitweiligen Okkupation Kiews dagegen stieg der Beitrag der ukrainischen Hauptstadt zur Ausbildung hochqualifizierter Wissenschaftler ganz erheblich. In den letzten Jahren hat sich das Ausbildungstempo von Wissenschaftskadern in Sibirien und im Fernen Osten bedeutend erhöht, da dort günstige Bedingungen für eine schnelle Entwicklung der Wissenschaft geschaffen worden sind.

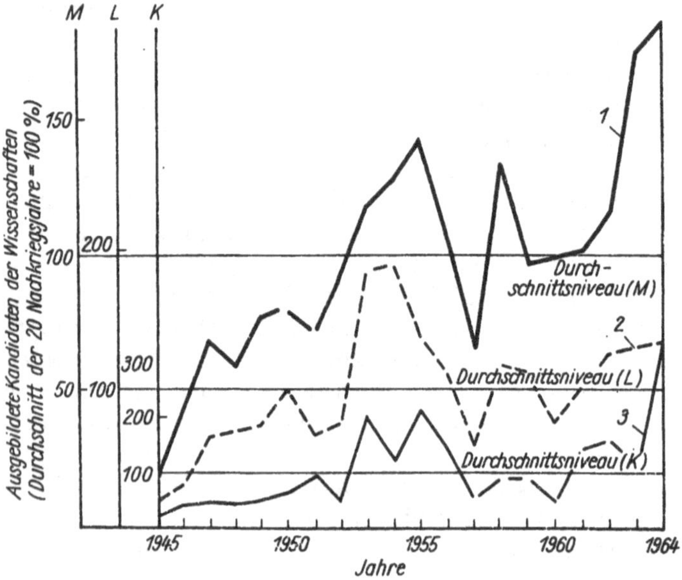

Abb. 65. Entwicklung der Ausbildung von Kandidaten der Wissenschaften in Moskau (1), Leningrad (2) und Kiew (3)

Abbildung 66 zeigt Vergleiche über das Ausbildungstempo von Doktoren der Wissenschaften in Moskau, Leningrad, der Ukraine und in Sibirien (West- und Ostsibiriens und des Fernen Ostens). Das Diagramm macht deutlich, in welch schnellem Tempo die Ausbildung von hochqualifizierten Wissenschaftskadern in dem neuen wissenschaftlichen Zentrum im Osten der Sowjetunion und in der Ukrainischen SSR erfolgt ist, wo in kürzester Zeit die durch den Krieg eingetretenen Verluste an wissenschaftlichen Kadern ausgeglichen werden mußten. Obwohl in Sibirien und in der Ukraine weniger Wissenschaftler ausgebildet worden sind als in Moskau und Leningrad (in absoluten Zahlen), lag in den beiden zuerst genannten wissenschaftlichen Zentren das Ausbildungstempo von Wissenschaftlern prozentual beträchtlich höher als in Moskau und Leningrad.

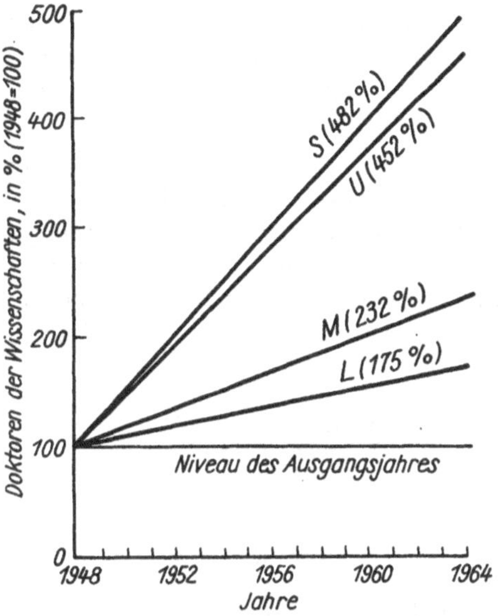

Abb. 66. Entwicklung der Ausbildung von Doktoren der Wissenschaften in Moskau (M), Leningrad (L), der Ukraine (U) und Sibirien (S)

Wenden wir uns nun den tendenziellen Veränderungen der Qualifikationsstruktur der in der Wissenschaft tätigen Menschen zu.

Wissenschaftswissenschaftler weisen darauf hin, daß das Wachstumstempo der Anzahl der Doktoren der Wissenschaften hinter dem allgemeinen Wachstumstempo der Anzahl der Wissenschaftler etwas zurückbleibt. In organisatorischer Hinsicht bedeutet das nicht selten, daß den am höchsten qualifizierten Spezialisten weniger Möglichkeiten bleiben, sich um die Entwicklung der wissenschaftlichen Interessen und die Herausbildung der Fertigkeiten der jungen Wissenschaftler in der wissenschaftlichen Arbeit zu kümmern. Entfielen 1950 in der UdSSR auf einen wissenschaftlich tätigen Doktor der Wissenschaften noch etwa 13 nichtgraduierte Wissenschaftler, so hat sich diese Zahl 1970 auf 29 erhöht. Der Grund dafür ist, daß die Anzahl der Wissenschaftler in der UdSSR bereits seit mehr als 25 Jahren schnell zunimmt, während ein entsprechend hohes Ausbildungstempo von Doktoren und Kandidaten der Wissenschaften erst seit 8 bis 12 Jahren zu beobachten ist, und auch das nicht in allen Wissenschaftszweigen in gleichem Maße.

Die Dynamik der relativen Rangveränderungen (nach dem spezifischen Anteil) der verschiedenen Wissenschaftszweige in der UdSSR während der fünfziger und sechziger Jahre ist auf den Abbildungen 67 und 68[14] dargestellt. Auf den *x*-Achsen dieser Diagramme ist der Platz („Rang") abgetragen, den die jeweiligen Wissenschaftszweige nach dem Anteil der in ihnen tätigen Wissenschaftler an der Gesamtzahl der Wissenschaftler einnehmen (*N*); dasselbe ist auf den *y*-Achsen der Fall, jedoch im Hinblick auf den Anteil der Kandidaten der Wissenschaften (*K*) (Abb. 67) und der Doktoren der Wissenschaften (*D*) (Abb. 68) an der entsprechend qualifizierten Gruppe der Sowjetwissenschaftler. Der Ausgangspunkt der Pfeile entspricht dem Jahre 1950, die Spitze dem Stand im Jahre 1968. Die Diagramme lassen die Stabilität der beiden Wissenschaftszweige erkennen, die in der Rangfolge den ersten Platz (technische Wissenschaften) und den letzten

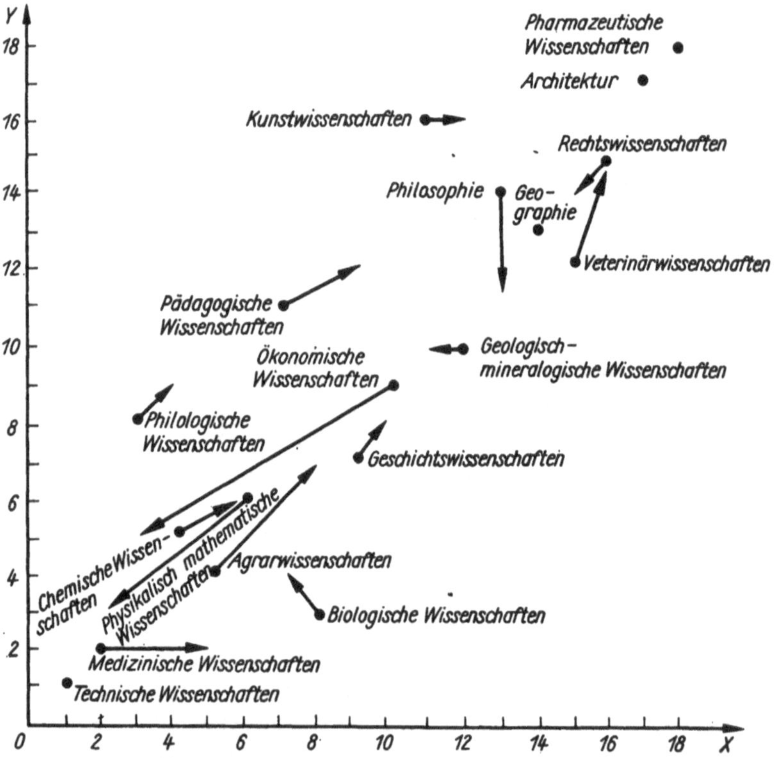

Abb. 67. Veränderung der Stellung, die die Wissenschaftszweige nach dem Anteil der in ihnen tätigen Kandidaten der Wissenschaften einnehmen

14 Vgl. D. M. Gvišiani/S. R. Mikulinskij/S. A. Kugel' (Red.): Naučno-techničeskaja revoljucija i izmenenie struktury naučnych kadrov SSSR. Moskau 1973, S. 167ff.

Platz (pharmazeutische Wissenschaften) belegen. Die stärksten Veränderungen in der Rangfolge bei *N*, *K* und *D* nach oben gab es bei den Wirtschaftswissenschaften und den physikalisch-mathematischen Wissenschaften. Die biologischen Wissenschaften sind im Hinblick auf die Gesamtzahl der Wissenschaftler *N* vorgerückt, aber hinsichtlich des Anteils der in ihnen tätigen Kandidaten *K* und Doktoren *D* zurückgefallen usw.

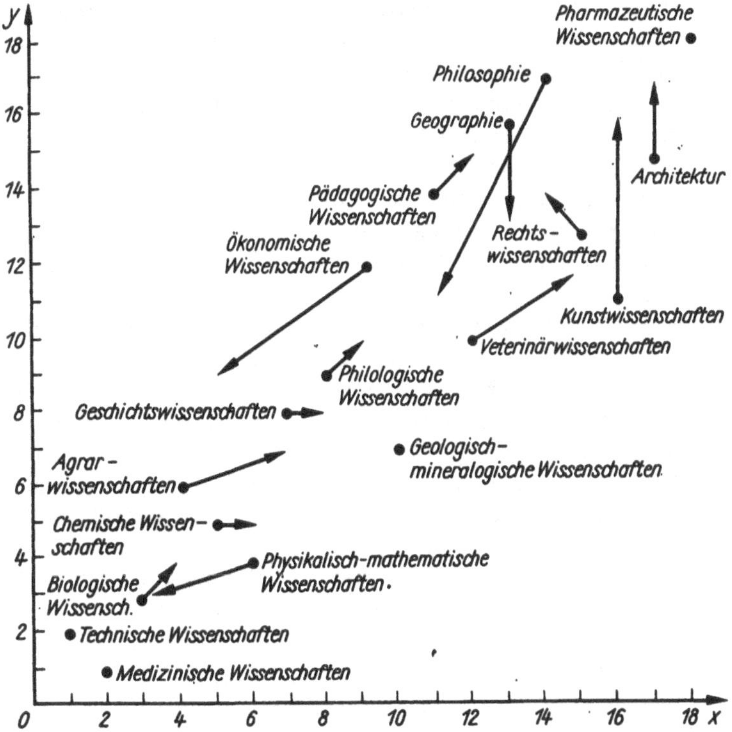

Abb. 68. Veränderung der Stellung, die die Wissenschaftszweige nach dem Anteil der in ihnen tätigen Doktoren der Wissenschaften einnehmen

Im Interesse einer harmonischen Entwicklung aller Zweige der Wissenschaften ist es erforderlich, im Rahmen der einheitlichen staatlichen Wissenschaftspolitik die Dynamik der Konzentration von Spezialisten auf den verschiedenen Gebieten der wissenschaftlichen Tätigkeit zu beobachten und Maßnahmen zu ergreifen, um die Spezialisten dazu anzuregen, sich an der Entwicklung dieser oder jener schnell wachsenden Wissenschaftszweige zu beteiligen.

Bei der Verwirklichung einer solchen Zielstellung der staatlichen Wissenschaftspolitik muß verschiedenen Umständen Rechnung getragen werden.

Der erste ist die wachsende Kompliziertheit des wissenschaftlichen Forschungsprozesses. Die Tragweite dieser Erscheinung ist erst in den letzten Jahren ganz deutlich geworden und manifestiert sich vornehmlich in der Divergenz zwischen Umfang und Kompliziertheit der wissenschaftlichen Informationen einerseits und den unzureichenden Möglichkeiten der Wissenschaftler, sie auf effektive Weise zu erhalten und zu verarbeiten, andererseits.

Der zweite Umstand ist, daß die traditionellen Formen der Qualifizierung der Wissenschaftler den grundlegend veränderten Funktionen der Wissenschaft und den Organisationsmethoden des wissenschaftlichen Forschungsprozesses nicht mehr entsprechen. Das wissenschaftliche Qualifikationssystem in der UdSSR stammt im wesentlichen aus der Vorkriegszeit und den ersten Nachkriegsjahren. Heute ist jedoch die Rolle der Wissenschaft als eine unmittelbare Produktivkraft ganz erheblich gewachsen, und viele Formen der wissenschaftlichen Tätigkeit haben sich grundlegend gewandelt. Die Kollektivität des Wissenschaftsprozesses besitzt heute bereits eine völlig neue Qualität. Dissertationen aber werden nach wie vor hauptsächlich als Produkt individuellen wissenschaftlichen Schöpfertums gewertet.

Der dritte Umstand sind die organisatorisch-technischen Schwierigkeiten, die damit zusammenhängen, daß die fähigsten wissenschaftlichen Mitarbeiter einen relativ großen Teil ihrer Arbeitszeit darauf verwenden müssen, die Arbeit der größer gewordenen wissenschaftlichen Kollektive zu organisieren und operativ eine Vielzahl administrativer Aufgaben zu lösen.

Als Fazit dieser Analyse der zahlenmäßigen Zunahme und der Veränderungen in der Struktur der Wissenschaftskader der UdSSR können wir feststellen: Die Kaderpolitik in der Wissenschaft darf sich nicht darauf beschränken, die Anzahl der in der Wissenschaft tätigen Menschen zielstrebig zu vergrößern, sondern sie muß in gleichem Maße die Herausbildung einer optimalen Kaderstruktur und der wissenschaftlichen Einrichtungen einschließen. Das Qualifikations- und das schöpferische Niveau der Wissenschaftler ist zu erhöhen, und es sind die technisch-organisatorischen Bedingungen zu schaffen, daß jeder Mitarbeiter entsprechend seinen schöpferischen Möglichkeiten, seiner Qualifikation und den Bedürfnissen des wissenschaftlichen Systems insgesamt möglichst intensiv eingesetzt werden kann.

2. Die Kaderreserve der Wissenschaft

Eines der wichtigsten Merkmale des wissenschaftlichen Potentials eines Staates bildet die Altersstruktur der wissenschaftlichen Kader.

Es ist allgemein bekannt, daß die meisten bedeutenden wissenschaftlichen Entdeckungen von Forschern im Alter zwischen 26 und 40 Jahren gemacht wurden. Nicht umsonst bezeichnen schon die Griechen der Antike das Lebensalter der Männer um die 40 als „akme“ – die Jahre der Blüte. Die moderne Statistik stützt diese Erfahrung. Eine statistische Analyse von H. C. LEHMAN ist diesbezüglich sehr aufschlußreich.[15] Abbildung 69 zeigt Diagramme über die Veränderung der individuellen Produktivität von Wissenschaftlern in Abhängigkeit vom Lebensalter in vier Ländern (von insgesamt 20, die in LEHMANS Analyse erfaßt wurden). Die Diagramme beruhen auf biographischen und bibliographischen Angaben von Wissenschaftlergruppen. Auf der Abszisse ist das Lebensalter in Jahren abgetragen, auf der Koordinate die jährliche Durchschnittszahl der wesentlichen wissenschaftlichen Publikationen (in % der höchsten Produktivität). Nach einer analogen Methode hat L. A. IGNATOV[16] die Statistik der Patentanmeldungen in der UdSSR analysiert. Seine Beobachtungen sind in Abbildung 70 dargestellt. Charakteristisch sind in diesem Fall eine gewisse allgemeine Verlagerung der Daten nach rechts und eine Erhöhung der Erfolgsquote der eingereichten Vorschläge (Kurve 3, Abb. 70), worin sich technische und Lebenserfahrungen ausdrücken.

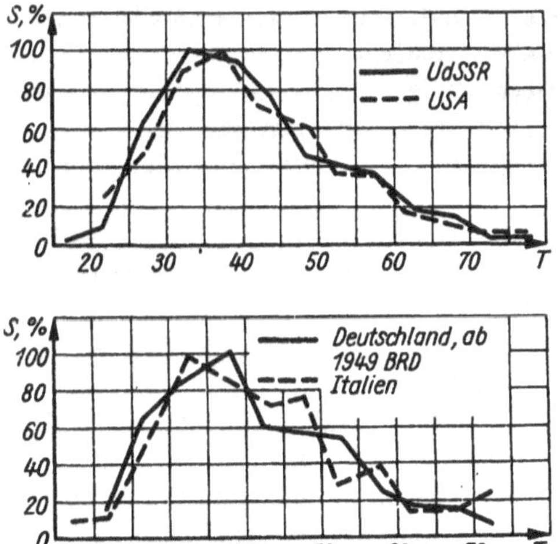

Abb. 69. Veränderung der Publikationsaktivität von Wissenschaftlern in Abhängigkeit vom Alter

15 Vgl. H. C. LEHMAN: The Age and Achievement. In: Memoirs of the American Philosophical Society Held at Philadelphia for Promoting Useful Knowledge, Bd. 33. Princeton 1953; ders.: Men's Creative Production Rate at Different Ages and in Different Countries. In: Scientific Monthly. Lancaster 1954, Bd. 78, Heft 5, S. 321–326.

16 Vgl. L. A. IGNATOV: Vozrastnoj faktor v izobretatel'nom tvorčestve. In: Naukovedenie i informatika, 1973, Nr. 8.

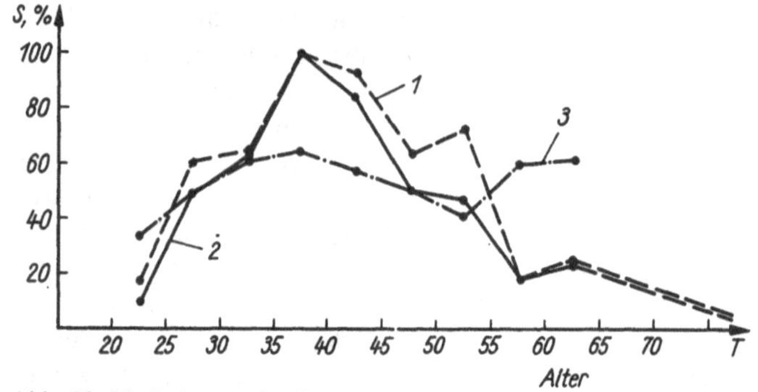

Abb. 70. Veränderung der Produktivität von Erfindern in Abhängigkeit vom Lebensalter
1 — Anmeldung von Erfindungen; 2 — erteilte Urheberdokumente; 3 — Prozentsatz der anerkannten Erfindungen

Talent und Genialität haben selbstverständlich nicht direkt etwas mit dem Lebensalter zu tun; unstrittig ist aber auch, daß Wissenschaftler, die über diese Qualitäten verfügen, tatsächlich in dieser Periode am aktivsten schöpferisch tätig sind. Diese Werte sind natürlich typische statistische Kennziffern, vergleichbar den Angaben über die mittlere Lebenserwartung der Bevölkerung; sie schließen beliebige Abweichungen keineswegs aus, sondern setzen sie im Gegenteil voraus.

Die Altersbedingtheit schöpferischer Aktivität ist durch folgende objektive Faktoren zu erklären:

— durch die große Energie, über die ein Mensch im Alter zwischen 30 und 40 Jahren verfügt, sowie die in diesem Alter gewöhnlich stärker wirkenden Stimuli zu wissenschaftlichem Schöpfertum;
— durch die Begeisterung für die Arbeit, die durch weniger „bremsende" Faktoren und „Antistimuli" beeinflußt wird;
— durch die höhere Aufnahmefähigkeit und Aktivität des noch jungen Gehirns und die beträchtlich höhere Konzentrationsfähigkeit.

Natürlich trägt diese Erscheinung im jedem Einzelfall einen unverwechselbaren individuellen Charakter. Wissenschaftler der DDR, die biographische und bibliographische Daten über 158 hervorragende Naturwissenschaftler untersuchten, stellten z. B. fest,[17] daß 96 dieser Wissenschaftler zu publizieren begannen, als sie 25 Jahre und älter waren. Im Alter von 30 bis 39 Jahren publizierten sie im Durchschnitt 20 Arbeiten jährlich. Im Alter von 40 bis 59 Jahren betrug die Anzahl der jährlich publizierten Arbeiten 22 bis 24. Zwischen dem 60. und dem 70. Lebensjahr sank diese Zahl auf 18, im Alter von 80 Jahren und mehr auf 13.

L. K. Semenov untersuchte die Abhängigkeit der Anzahl der Veröffentlichungen vom Lebensalter bei 27 Mitgliedern der Akademie der Wissenschaften der

17 Vgl. Nauka i žizn', 1964, Nr. 2, S. 20.

UdSSR in 9 Wissenschaftszweigen. Auf vier Gebieten (Mathematik, Physik, Chemie und Geologie) war die Publikationsaktivität bis zum fünfzigsten Lebensjahr annähernd 1,5mal höher als im Alter von 50 bis 70 Jahren. Auf den übrigen Gebieten war es umgekehrt: In der Technik und in der Geschichte war die Publikationstätigkeit in der zweiten Periode um fast das Dreifache, in der Ökonomie und der Literaturwissenschaft um das 1,5- bis 2fache größer; in der Biologie wurde kein besonderer Unterschied hinsichtlich der Publikationsaktivität in den beiden Perioden festgestellt.[18] Die Differenz zwischen diesen Ergebnissen und denen LEHMANS erklärt sich vor allem daraus, daß in beiden Fällen zielgerichtet nur jeweils eine Gruppe hervorragender Wissenschaftler untersucht wurde.[19]

Interessant sind Veränderungen der altersabhängigen Aktivität bei Wissenschaftlern, die Mitte des 19. Jahrhunderts, und solchen, die zu Beginn des 20. Jahrhunderts geboren wurden (LEHMANS Angaben sind in dieser Hinsicht gemischt).

1964 äußerten wir die Vermutung,[20] daß sich die „Aktivitätskurve" im 20. Jahrhundert nach rechts verlagert habe. Das könnte vor allem dadurch erklärt

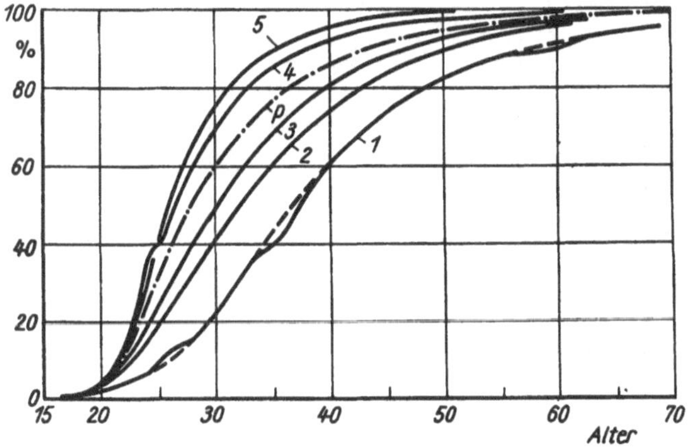

Abb. 71. Prozentualer Anteil der Mathematiker, die ihre erste Arbeit im Alter von x Jahren veröffentlicht haben (nach Perioden): 1—17. Jahrhundert; 2—18. Jahrhundert; 3 — 1801 bis 1850; 4 — 1851 bis 1900; 5 — 1901 bis 1930; P — 17. bis 20. Jahrhundert; nach Angaben von J. C. Poggendorff (Biographisch-literarisches Handwörterbuch zur Geschichte der exakten Wissenschaften ..., Bd. 1—3. Leipzig 1863. Wird bis in die Gegenwart ständig überarbeitet und ergänzt).

18 Vgl. L. SEMENOV: Nekotorye voprosy vozrastnoj struktury kadrov i ee vlijanie na naučnyj potencial. Moskau 1968.

19 Die Frage nach der Bedeutung der wissenschaftlichen Arbeiten bleibt natürlich in beiden Fällen unberücksichtigt. Für eine solche Bewertung werden andere Methoden angewendet.

20 Vgl. G. M. DOBROV: O predvidenii razvitija nauki. In: Voprosy filosofii, 1964, Nr. 10, S. 38—47.

werden, daß der Umfang der wissenschaftlichen Informationen, die von den heutigen Wissenschaftlern verarbeitet werden müssen, kolossal gewachsen ist. Ein unterschiedliches Bild ergibt sich, wenn man die Altersangaben über Wissenschaftler, die auf dem Gebiet der technischen Wissenschaften (z. B. der Mathematik) arbeiten, mit denen von Wissenschaftlern vergleicht, die sich mit beschreibenden Wissenschaften (der Botanik oder, in noch höherem Grade, der Geschichtswissenschaft) beschäftigen.

Eine Untersuchung der tschechoslowakischen Kollegen J. Folta und L. Novy befaßt sich mit den quantitativen Charakteristika der Entwicklung der Mathe-

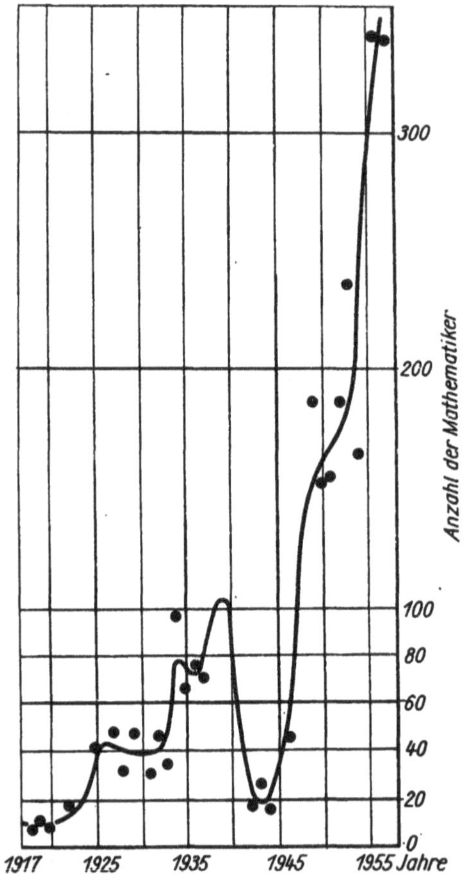

Abb. 72. Veränderung der Anzahl der Mathematiker in der UdSSR, die ihre erste Arbeit veröffentlichten

matik.[21] FOLTA und NOVY stellten eine überaus interessante Tatsache fest (vgl. Abb. 71). Es zeigt sich nämlich, daß die schöpferische Lebensphase der Mathematiker vom 17. bis zum 19. Jahrhundert in immer jüngere Jahre zu fallen begann (dazu trugen die besseren Publikationsmöglichkeiten bei). Von 1901 bis 1930 (insbesondere in der zweiten Hälfte dieser Periode) gleitet diese Phase weltweit wieder in ein höheres Lebensalter.

Diese Arbeit enthält auch Angaben darüber, wie sich das Mathematikerpotential in der UdSSR verändert und erneuert hat. Sie machen den Einfluß der sozialen Faktoren auf das Tempo deutlich, mit dem sich die Anzahl der sowjetischen Mathematiker vergrößerte (Abb. 72), und die charakteristischen Veränderungen des Durchschnittsalters der Mathematiker in der UdSSR (Abb. 73).

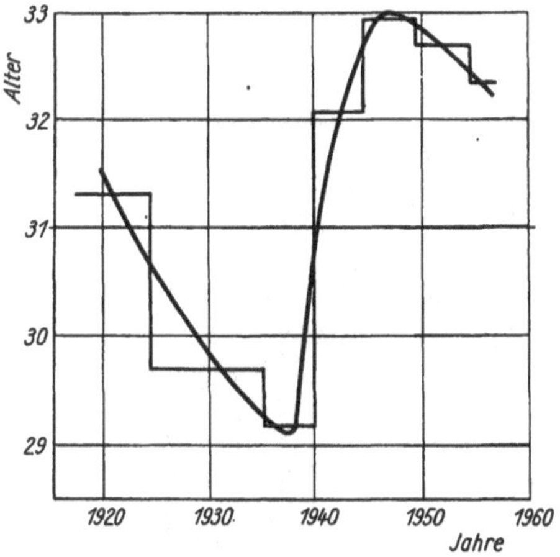

Abb. 73. Veränderung des Durchschnittsalters der ihre Tätigkeit aufnehmenden Mathematiker in der UdSSR

In der Vorkriegszeit sank das Durchschnittsalter der mit ihrer Arbeit beginnenden Wissenschaftler. FOLTA und NOVY sehen hier einen Zusammenhang mit der Festigung des Sowjetstaates und insbesondere mit dem verbesserten Schulsystem, das die Entwicklung junger Talente erleichterte.[22] Infolge des Krieges stieg das Durchschnittsalter der Mathematiker in der UdSSR erneut erheblich an. Seit den 50er Jahren ist wieder eine sinkende Tendenz festzustellen.

21 Vgl. L. NOVY/J. FOLTA: O primenenii količestvennych metodov v issledovanijach po istorii matematiki. In: Analiz tendencii i prognozirovanie naučno-techničeskogo progressa. Kiev 1967, S. 235—262.

22 Vgl. ebenda, S. 256.

Die harmonische Verbindung der reichen wissenschaftsmethodischen Erfahrungen und der großen Kenntnisse der älteren Wissenschaftlergeneration mit der Energie und Kühnheit, welche die junge Wissenschaftlergeneration bei der Suche nach neuen Wegen und Konzeptionen in der Wissenschaft auszeichnen, bildet die Grundlage für die Gestaltung der Altersstruktur der sowjetischen Wissenschaftskader. Ein wesentlicher Parameter, der ständige Beobachtung verdient, ist in der UdSSR der Zeitraum zwischen der Verteidigung der Kandidatendissertation und der Verteidigung der Doktordissertation. Er betrug Anfang der sechziger Jahre im Durchschnitt 12 Jahre, und das Durchschnittsalter der Wissenschaftler, die eine Doktordissertation verteidigten, lag bei 49 Jahren. Detaillierter ist die Altersstruktur der neuen Doktoren der Wissenschaften auf dem folgenden Diagramm dargestellt (Abb. 74), das sich auf Materialien der Obersten Attestationskommission stützt.

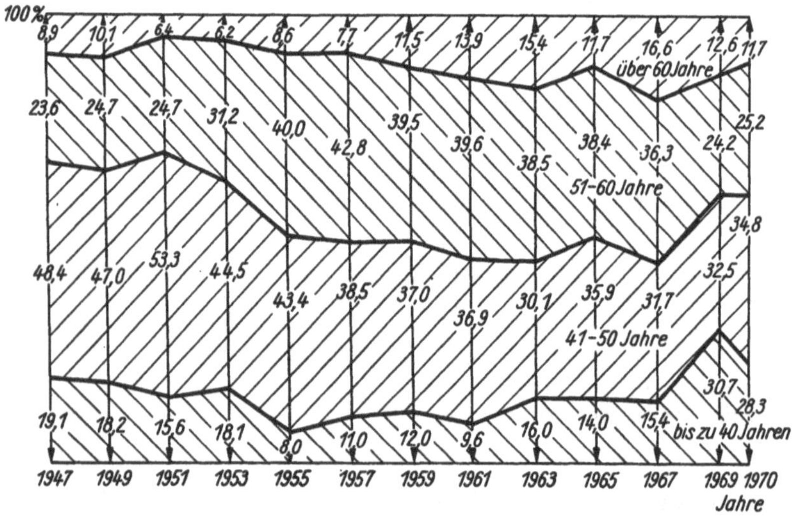

Abb. 74. Altersstruktur der neuen Doktoren der Wissenschaften in der UdSSR

Die Anzahl der Wissenschaftler, die vor Erreichung des 30. Lebensjahres Doktordissertationen verteidigten, schwankte in der gesamten Nachkriegszeit zwischen 1 und 4 pro Jahr (wir haben diese der Altersgruppe zwischen 30 und 40 Jahren zugerechnet). Der Anteil der Doktoren, die vor Vollendung des 40. Lebensjahres ihre Dissertationen verteidigten, hatte sich 1970 gegenüber 1947 um 9,2% erhöht. Diese progressive Tendenz setzte sich in den siebziger Jahren fort. Schwächer ausgeprägt ist sie beim Durchschnittsalter der neuen Professoren (Abb. 75). Hier hat sich im Vergleich zu 1947 der Anteil der Altersgruppe unter 40 Jahren um

1,0% erhöht, der Anteil der Altersgruppe über 60 Jahre ist um 2,2% zurückgegangen.

Es gibt sicher viele Erklärungen für diese Erscheinung. Man darf nicht vergessen, daß der Weg der Generation der seinerzeit über sechzigjährigen sowjetischen Wissenschaftler zur Wissenschaft überaus schwierig war. Sie hatten die grausamen Prüfungen des Großen Vaterländischen Krieges hinter sich, und viele Vertreter dieser Generation hatten zudem ihre Hochschulausbildung mit der Arbeiter-und-Bauern-Fakultät begonnen und mußten auf die Vorzüge einer frühzeitigen Spezialisierung verzichten. Das konnte nicht ohne Einfluß auf den Zeitpunkt bleiben, zu dem die Wissenschaftler der älteren Generation ihre Doktordissertationen verteidigten.

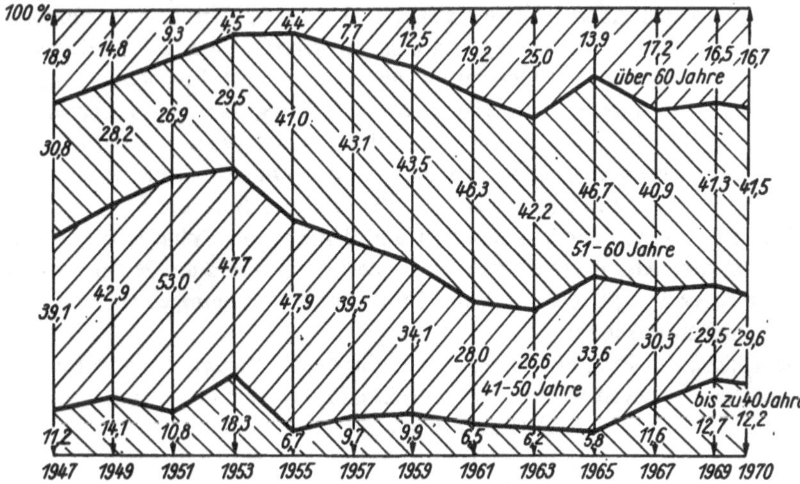

Abb. 75. Altersstruktur der neuernannten Professoren in der UdSSR

Zugleich gibt es zweifellos allgemeinere, in der Entwicklung der Wissenschaft selbst liegende Ursachen, die möglicherweise mit der Komplizierung der Informationssituation in der Wissenschaft zusammenhängen. Eine ähnliche „Alterungs"-Tendenz der führenden wissenschaftlichen Kader ist auch in anderen Ländern zu verzeichnen. Während der ersten Hälfte unseres Jahrhunderts ist das Durchschnittsalter der Spezialisten, die eigenständig schöpferisch zu arbeiten begannen, um 5 Jahre gestiegen (von 20 auf 25 Jahre). Noch schneller verläuft dieser Prozeß in den Gruppen mit höherer Qualifikation. So betrug 1806 das Durchschnittsalter der Mitglieder der Akademie der Wissenschaften in Frankreich 52 Jahre und war 1956 schon auf 72,2 Jahre gestiegen.[23]

23 Vgl.: A. Rubakin: Rabotosposobnost' i vozrast. In: Nauka i žizn', 1964, Nr. 2, S. 20.

Insgesamt lassen alle diese Angaben über die Veränderung der individuellen Produktivität der Wissenschaftler in Abhängigkeit von ihrem Lebensalter den Schluß zu, daß ein „Altern" der Wissenschaftskader zu beobachten ist. Aus der Sicht des wissenschaftlichen Potentials könnte man daraus folgende Forderung ableiten: Die Wissenschaft ist ein ewig junger und sich ständig erneuernder Organismus, sie erfordert eine adäquat junge Kaderstruktur.

Die Zukunft des wissenschaftlich-technischen Fortschritts hängt weitgehend von einer ausreichenden Kaderreserve der Wissenschaft und von den Möglichkeiten ihrer zweckmäßigen Nutzung ab, von Menschen, die fähig sind, die Wissenschaft weiterzuentwickeln. Die gegenwärtige Wachstumstendenz der Anzahl der Wissenschaftler zeigt, daß bei gleichbleibendem Wachstumstempo in der UdSSR, in den USA und in vielen anderen wissenschaftlich-technisch entwickelten Ländern am Anfang des 21. Jahrhunderts die Anzahl der Wissenschaftler die Gesamtzahl der Bevölkerung dieser Länder beträchtlich übertreffen würde. Berücksichtigt man jedoch, daß die Komplettierung der wissenschaftlichen Kader hauptsächlich aus einer bestimmten Altersgruppe erfolgt (22—30 Jahre), dann verlagert sich das höchst aktuelle Kaderproblem der Wissenschaft vom Ende des Jahrhunderts in die gegenwärtigen beiden Jahrzehnte. Die Situation wird noch dadurch erschwert, daß es nicht einfach um den Teil der Bevölkerung geht, den die Gesellschaft zwischen der Wissenschaft und den anderen Sphären der gesellschaftlich nützlichen Arbeit verteilen kann, sondern vorwiegend um den am besten ausgebildeten, über den die notwendigen Fähigkeiten und Neigungen verfügenden Teil der personellen Ressourcen.

Allgemein kann das Problem der Kaderreserve der Wissenschaft so formuliert werden: Wie und wodurch können eine zweckmäßig wachsende Anzahl und eine optimale Struktur der Wissenschaftskader gewährleistet werden?

Eine Antwort auf diese Frage muß von den objektiven Tendenzen auf dem Gebiet der Allgemeinbildung, im Bereich des Hochschulwesens und im Bereich der unmittelbaren Ausbildung der Forschungskader ausgehen.

Das Bildungsniveau. Um die Probleme der Ausbildung von Wissenschaftlern — das Wachstum der Anzahl, die Veränderungen der Qualifikationsstruktur u. a. — verstehen zu können, muß man das Bildungsniveau und das kulturell-technische Niveau der Bevölkerung eines Landes kennen.

Im vorrevolutionären Rußland war die überwiegende Mehrheit der Bevölkerung jeglicher Bildungsmöglichkeiten beraubt. In den Jahren der Sowjetmacht fand eine wahre kulturelle Revolution statt: Die allgemeine, unentgeltliche Schulbildung wurde eingeführt, das Gesetz über die allgemeine achtjährige Schulpflicht ist verwirklicht worden, und der Übergang zur allgemeinen vollen Mittelschulbildung wird vollzogen. Von den ehemals rückständigen Ländern der Erde hat die UdSSR als erstes das Analphabetentum völlig überwunden. Grundlegend verändert wurde auch der Inhalt der Volksbildung. Die sowjetischen Schulen garantieren ein hohes allgemeines Bildungsniveau, erziehen allseitig entwickelte Persönlichkeiten und vermitteln ihnen Fertigkeiten für die praktische Tätigkeit.

Seit 1939 hat sich die Anzahl der Menschen mit Hoch- und Fachschulbildung je tausend mit physischer Arbeit Beschäftigte fast verzehnfacht. Hinsichtlich des allgemeinen Bildungs- und kulturell-technischen Niveaus der Bevölkerung nimmt die Sowjetunion heute einen der ersten Plätze in der Welt ein. Gegenwärtig überlegt man sich in der UdSSR, ob es möglich ist, die Allgemeinbildung früher zu beginnen, die Effektivität des Bildungs- und Erziehungsprozesses zu erhöhen, die Fähigkeiten zum selbständigen Denken stärker zu fördern und Bedingungen dafür zu schaffen, daß sich die Fähigkeiten zu wissenschaftlicher Tätigkeit früher entwickeln können.

Förderungsmaßnahmen, wie schöpferische Wettbewerbe und wissenschaftliche Olympiaden, werden umfassend praktiziert, um begabte junge Menschen herauszufinden. Das Netz der Spezialschulen für Kinder, die auf bestimmten Gebieten wie z. B. der Mathematik, der Physik, der Chemie usw. begabt sind, wird ausgebaut. Den Unterricht in den Spezialfächern erteilen in diesen Schulen die angesehensten Wissenschaftler des Landes.

Weiterentwickelt und wesentlich vervollkommnet wird auch die Hochschulausbildung in der UdSSR. Ein Wissenschaftler, der heute etwa auf dem Gebiet der technischen Wissenschaften arbeitet, muß z. B. gründliches technisches Wissen, Produktionserfahrungen und ein solides Wissen auf dem Gebiet der Naturwissenschaften besitzen. Er muß in immer umfassenderem Sinne des Wortes ein Spezialist mit weitem Profil sein.

Einen Eindruck vom Umfang der Ausbildung qualifizierter Spezialisten in der Sowjetunion, also letztlich auch vom Umfang der unmittelbaren wissenschaftlichen Kaderreserven, vermitteln die folgenden Daten: Die Anzahl der Studenten an den Universitäten, Hochschulen und Fachschulen der UdSSR erreichte in den siebziger Jahren 10 Millionen. Davon studieren über die Hälfte an den Universitäten und ihnen gleichgestellten Fachhochschulen. Im Durchschnitt ergibt das 187 Studenten je 10000 Einwohner. Die Zahl der Spezialisten mit Hochschulabschluß und Diplom erreichte 1971 in der UdSSR 7,3 Millionen.[24]

Die unbehinderte Einbeziehung aller begabten Jugendlichen in die Hochschulausbildung wird in der Sowjetunion durch das allgemein hohe Bildungsniveau der Bevölkerung und durch die Tatsache gewährleistet, daß die Fachausbildung auf allen Stufen unentgeltlich ist. 70% der Direktstudenten erhalten zudem staatliche Stipendien. Der staatliche Stipendienfonds beläuft sich gegenwärtig auf über eine Milliarde Rubel.

Das sowjetische Hochschulwesen bemüht sich, die Qualität der Ausbildung der zukünftigen Spezialisten weiter zu verbessern. Die Struktur der Fachrich-

24 Vgl.: Narodnoe chozjajstvo SSSR (1922—1972). Moskau 1972, S. 353.

tungen, in denen Studenten ausgebildet werden, muß nicht nur den heutigen Anforderungen gerecht werden, sondern auch zukünftigen Anforderungen entsprechen. Die Ausbildungsmethodik wird deshalb ständig vervollkommnet. Der Schwerpunkt wird nunmehr immer mehr von der Faktenvermittlung auf die Ausarbeitung von Algorithmen zur selbständigen Erarbeitung von Wissen verlagert. Als zweckmäßig werden solche Lehrmethoden angesehen, die eine effektive Analyse der vermittelten Information durch die Studierenden gewährleisten; dazu gehören auch spezielle Übungs- und Lehrmaschinen.[25]

Außerordentlich wichtig für den Erfolg der Fachausbildung an Hochschulen und Universitäten ist ein grundsätzlich schöpferischer, antidogmatischer Geist der Ausbildung. Die Kunst des Lehrens muß darin bestehen, den Studenten nicht allein die fundamentalen Aussagen und letzten Entdeckungen einer Wissenschaft zu vermitteln, sondern ihnen auch eine kritische Einstellung zur Wissenschaft als einem sich in komplizierten Widersprüchen dynamisch entwickelnden System anzuerziehen. Der angesehene sowjetische Geograph und bedeutende Hochschullehrer, Akademiemitglied D. ŠČERBAKOV, schrieb dazu treffend: „Im Gehirn eines jeden vernunftbegabten Wesens werden drei Zeiten zu einem einheitlichen Ganzen vereinigt. Man kann die Gegenwart nicht verstehen, wenn man die Vergangenheit nicht kennt, und es ist sinnlos, von der Zukunft zu träumen, wenn man sich nicht über die Gegenwart im klaren ist."[26]

Was den Inhalt der Ausbildung betrifft, so müssen hier die dialektische Methode und ihre konkrete Anwendung auf die Analyse von Naturwissenschaft und Technik eine außerordentlich wichtige Rolle spielen. In organisatorischer Hinsicht bringt die durch Gesetz festgelegte obligatorische Einladung von Wissenschaftlern, die neue Richtungen und Konzeptionen in der Wissenschaft entwickeln, zu Gastvorlesungen vor den Studenten großen Nutzen.

Ein sehr wichtiges Problem ist die richtige Auswahl begabter junger Menschen für das Hochschulstudium in Übereinstimmung mit deren wirklichen Neigungen. Der Bedarf aller Richtungen der modernen Wissenschaft an talentierten Menschen ist so groß, daß jeder Verlust eines zukünftigen begabten Physikers, Mechanikers, Linguisten oder Philosophen von der Sowjetgesellschaft als ein gesamtstaatlicher Verlust betrachtet wird.

Das sowjetische Hochschulwesen hat bei der Ausbildung von Spezialisten reiche Erfahrungen gesammelt, die international große Anerkennung gefunden haben.[27]

25 Vgl. V. M. GLUŠKOV: Kibernetika i pedagogika. O nekotorych perspektivach razvitija i primenenija obučajuščich mašin. In: Nauka i žižn', 1964, Nr. 1.

26 D. ŠČERBAKOV: O tom, čto volnuet. In: Oktjabr', 1964, Nr. 1.

27 Vgl. E. OLSZEWSKI: Struktura rozwoju nauki a istniejący system kształcenia pracowników nauki. In: Życie Szkoły Wyższey, 1964, Nr. 12, S. 23ff.; N. DE WITT: Soviet Professional Manpower: its Education, Training and Supply. Washington, NSF, 1965; C. F. POWELL: Das Moskauer Symposium über Hochschulausbildung. In: Wissenschaftliche Welt, Jg. VI, 1962, Nr. 4, S. 1—7.

Ein wichtiges soziales Ergebnis des sowjetischen Ausbildungssystems von Fachleuten ist die Tatsache, daß Anfang der siebziger Jahre über die Hälfte aller Arbeiter, mehr als ein Drittel der Kolchosbauern und praktisch alle Angestellten der Volkswirtschaft Hoch- oder Fachschulbildung besaßen.

Die moderne Kaderpolitik ist nicht nur dadurch gekennzeichnet, daß der Anteil der Wissenschaftler an der Gesamtbevölkerung ständig vergrößert wird, sondern auch dadurch, daß die Anzahl der Spezialisten und Ingenieure mit Fachschulabschluß wächst, die in die unmittelbare wissenschaftliche Tätigkeit einbezogen werden.

Die Probleme der Entwicklung von Wissenschaftskadern beschäftigen in zunehmendem Maße auch die Wissenschaftswissenschaft. Es versteht sich, daß gerade diese Probleme und deren Lösungsmöglichkeiten von den sozialökonomischen Bedingungen der verschiedenen Länder geprägt sind.

An englischen Hochschulen war z. B. die Tendenz zu erkennen, daß die Anzahl der Lehrer doppelt so schnell zunahm wie die Anzahl der Studenten. B. WILLIAMS[28] wertete dies bereits vor längerer Zeit als Folge des seiner Meinung nach unerwünschten Eindringens von Studenten aus „bücherlosen Häusern" in die Hochschulen, von Studenten, die „wenig Bildung genossen haben und die die Universitäten noch unwissender verlassen, als sie bei ihrem Eintritt waren".

Interessant ist auch eine Analyse von W. R. BRODE: „Approaching the Ceilings in the Supply of Scientific Manpower."[29] Er leitet sie mit der Feststellung ein, daß sich unter den gegenwärtig (1964) fast vier Millionen Arbeitslosen in den USA auch Wissenschaftler und Ingenieure befinden, während gleichzeitig im ganzen Lande ein Mangel an Wissenschaftlern und Ingenieuren spürbar ist. Wie vereinbaren sich diese beiden Erscheinungen? BRODE meint: „Offenbar brauchen wir eine bessere nationale Planung sowie eine rationellere Verteilung der Privilegien für das Personal, die Programme und die Fonds, um dem widernatürlichen und unausgeglichenen Zustand entrinnen zu können."

BRODE analysierte die Zahl der 22jährigen USA-Bürger (das ist das übliche Alter, in dem die Colleges verlassen werden) sowie die quantitative Zusammensetzung der College-Absolventen. Dabei erhielt er folgendes Diagramm (Abb. 76).

BRODE ging von folgenden Voraussetzungen aus:

— Einbezogen wurden alle Absolventen der verschiedensten amerikanischen Colleges (auch die mit zweijährigem Studium, was den sowjetischen mittleren Fachschulen entspricht).

28 Vgl. B. WILLIAMS: MR. ROWE and University Efficiency. In: Science and Freedom. London, Bull. 16, 1960, S. 11. Vgl. auch unten S. 300f.

29 Vgl. W. R. BRODE: Approaching the Ceilings in the Supply of Scientific Manpower. In: Science, 1964, Bd. 143, Nr. 3604.

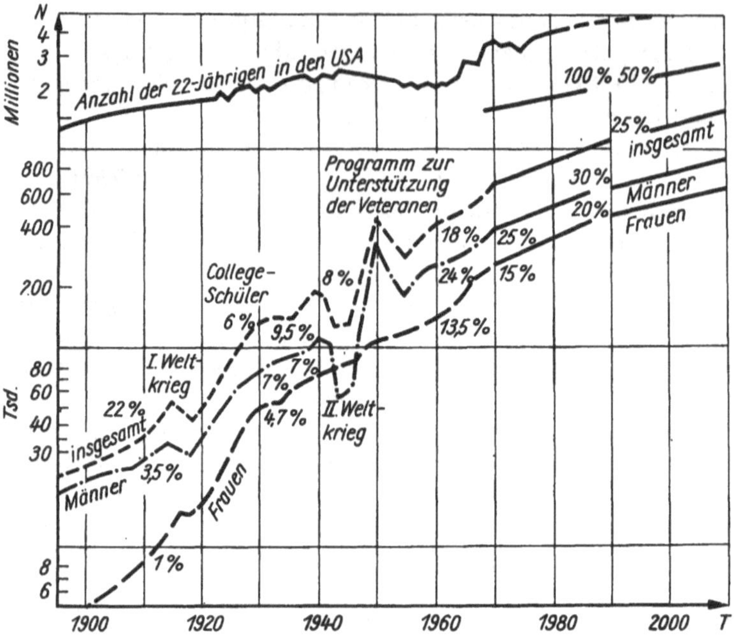

Abb. 76. Dynamik der Veränderung des Anteils der amerikanischen College-Studenten an der zahlenmäßigen Stärke der 22jährigen

— Es wurde als unveränderliche Tatsache vorausgesetzt, daß nur 80 % der Jugendlichen dieser Altersgruppe allgemeinbildende Schulen absolvieren und damit die Bedingung für eine Aufnahme in die Colleges erfüllen.
— Es wurde angenommen, daß nur die Hälfte aller Absolventen allgemeinbildender Schulen, d. h. 40 % dieser Altersgruppe, jetzt und später ein College besuchen wird.
— Nicht mehr als 50 bis 60 % der in die Colleges eingetretenen Studenten können das Studium auch abschließen (d. h. nicht mehr als 20 bis 25 % der berücksichtigten Altersgruppe).
— Es wird in Betracht gezogen, daß in erster Linie weibliche Studierende aus der Ausbildung ausscheiden und in der Regel auch nicht in die wissenschaftliche Forschung kommen. Im Hinblick auf die in den USA seinerzeit etwas angestiegene Zahl weiblicher Studenten bemerkt BRODE: „Diese Tatsache kann denjenigen, der an einem Wachstum der Anzahl der Wissenschaftler und Ingenieure in unserem Lande interessiert ist, nicht erfreuen, wenn man bedenkt, daß 95 % der Wissenschaftler Männer sind."[30]

30 Ebenda, S. 317.

Alle diese Voraussetzungen sind eng mit den sozialökonomischen Bedingungen verbunden, unter denen in den USA die Kaderreserve der Wissenschaft gebildet wird. Sie erklären vollauf die Schlußfolgerung BRODES, daß unter diesen Bedingungen die USA bereits an die Grenzen ihrer Möglichkeiten, die Anzahl der wissenschaftlichen Kader zu vergrößern, gelangt sind oder diese in nächster Zukunft erreichen werden.

Wahl des wissenschaftlichen Berufs und die Aneignung entsprechender Fähigkeiten. Die Kaderfrage wurde noch zusätzlich dadurch kompliziert, daß sich in einer Reihe von Ländern eine gewisse „atechnische Neigung" der Jugend bei der Berufswahl entwickelte. Eine spezielle Untersuchung dieser Frage, die in den USA unter den „fähigsten" Studenten der amerikanischen Colleges (1 bis 2% der leistungsstärksten Studenten) durchgeführt worden ist, ergab symptomatische Veränderungen in der Differenzierung ihrer Interessen („Wahl der Karriere"). Die entsprechenden Daten zeigt Tabelle 16.[31]

Eine ähnliche Analyse wurde auch hinsichtlich der zukünftigen Berufe vorgenommen, welche die Studenten zu wählen beabsichtigten. Sie zeigt, daß unter den männlichen Studenten besonders stark das Interesse an der Sprachwissenschaft, der Geschichte, der Philosophie, der Psychologie, den Sozialwissenschaf-

Tabelle 16

Gewünschte Tätigkeit	Männer			Frauen		
	1957 %	1961 %	+ oder −, %	1957 %	1961 %	+ oder −, %
Administrative Tätigkeit	3,74	6,41	+71,1	1,23	0,75	−39,8
Ingenieurarbeit	32,72	15,47	−52,8	2,34	0,85	−64,1
Hausfrau	—	—	—	8,13	11,98	+46,1
Juristische Tätigkeit	5,96	9,33	+56,2	0,89	1,05	+18,0
Offiziersdienst	2,0	3,34	+62,0	—	—	—
Arbeit im Staatsapparat	2,75	2,43	−11,0	—	—	—
Büroarbeit	—	—	—	1,56	2,52	+61,5
Physische Arbeit	9,81	9,51	−3,3	4,46	2,42	−45,7
Unternehmertätigkeit	0,45	0,95	+106,5	—	—	—
Forschungsarbeit	25,37	11,40	−52,2	19,55	8,04	−58,9
Sozialarbeit	—	—	—	2,56	2,05	−15,9
Unterricht an allgemeinbildenden Schulen	2,28	2,87	+25,4	26,18	24,45	−6,6
Unterricht an Colleges	4,9	16,63	+238,6	5,79	16,72	+188,8

31 R. C. NICHOLS: Career Decisions of Very Able Students. In: Science, 1964, Bd. 144, S. 1315—1319.

ten, der Geologie und der Mathematik zugenommen hatte, bei den weiblichen Studenten dagegen das Interesse an der Linguistik, der Geschichte, den politischen Wissenschaften und der Philosophie.

Die Tabelle ist verkürzt wiedergegeben. Striche bedeuten, daß entsprechende Angaben zu diesen Fragen nur von sehr wenigen Personen gemacht wurden; + bedeutet eine Vergrößerung, — eine Verkleinerung der betreffenden Kennziffer.

Diese Analyse erklärt natürlich nicht die Ursache, welche die amerikanischen Studenten zu ihrer Wahl veranlaßt haben. Es waren gewiß nicht Geschmack und Neigung ausschlaggebend, sondern vor allem die reale Einschätzung der Perspektiven, die die Entscheidung der Absolventen amerikanischer Colleges für diese oder jene Tätigkeit motivierte. Lehrtätigkeit, Privatunternehmertum, Offizierskarriere und Justizdienst hielten die amerikanischen Studenten offensichtlich für die vielversprechendsten Tätigkeitsbereiche.

Eine soziologische Untersuchung unter den wissenschaftlichen Mitarbeitern der Sibirischen Abteilung der Akademie der Wissenschaften der UdSSR sollte unter anderem deren Motive klären, die sie veranlaßt hatte, eine wissenschaftliche Tätigkeit aufzunehmen, und welche Probleme (Schwierigkeiten) dabei auftraten.[32]

Folgende Motive und deren Häufigkeit hatten zu einer wissenschaftlichen Tätigkeit bewogen:

1. Neigung zur wissenschaftlichen Arbeit	34,5%
2. Empfehlung der Hochschule	16,1%
3. bessere Arbeitsbedingungen der Wissenschaftler	13,6%
4. Hinweise von Kollegen	12,4%
5. wachsende Bedeutung der Wissenschaft im Leben der Gesellschaft	9,9%
6. Delegierung durch ein Ministerium oder eine Behörde	3,7%
7. der Wunsch, eigene praktische Erfahrungen zu verallgemeinern	1,2%
8. Empfehlungen der Eltern	1,2%
9. zufällige Ursachen	7,4%

Beachtenswert ist, daß fast die Hälfte aller Wissenschaftler (die Punkte 1, 5, 7) diesen Schritt ganz bewußt und im Einklang mit ihren individuellen Neigungen und Fähigkeiten getan haben. Mehr als 20% der Befragten wurden durch gelenkte Kaderpolitik für die wissenschaftliche Arbeit gewonnen, und dabei konnten in bestimmtem Umfang individuelle Interessen und Neigungen berücksichtigt werden. Für 13,6% der Befragten waren die Arbeits- und die materiellen Bedingungen der Wissenschaftler von wesentlicher Bedeutung.

32 Vgl. I. V. ČERNOV/A. I. ŠČERBAKOV: Konkretno-sociologičeskie issledovanija organizacii naučnogo truda. In: Analiz tendencij i prognozirovanie naučno-techničeskogo progressa. Kiev 1967.

Die Untersuchung deckte auch einige Probleme auf, die bei der Aufnahme einer wissenschaftlichen Tätigkeit auftreten können:

1.	keinerlei Schwierigkeiten	62,6%
2.	Schwierigkeiten bei der Lösung des früheren Arbeitsverhältnisses	11,9%
3.	materielle Schwierigkeiten	11,9%
4.	fehlende Wohnung	3,4%
5.	Prüfungen	3,4%
6.	Zweifel an den eigenen Fähigkeiten	3,4%
7.	mangelnde praktische Arbeitserfahrungen	1,7%
8.	Widerstand der Familie	1,7%
		100 %

Die Ergebnisse dieser Untersuchung, die in einem einzigen wissenschaftlichen Zentrum durchgeführt worden sind, können natürlich nicht repräsentativ für alle wissenschaftlichen Zentren der Sowjetunion sein. Unter prinzipiellem soziologischem Gesichtspunkt kann jedoch das Bild dieser Untersuchung durchaus als typisch für die sozialökonomische Situation gelten, in der die Komplettierung der Wissenschaftskader in der Sowjetunion erfolgt.

Allein die Tatsache, daß ein solches neues und großes wissenschaftliches Zentrum wie die Sibirische Abteilung der Akademie der Wissenschaften der UdSSR in Nowosibirsk geschaffen worden ist, kann als Beispiel für die zweckmäßige staatliche Umverteilung der Wissenschaftskader gelten, deren Ziel darin besteht, Bedingungen für eine schnelle Entwicklung der Wissenschaft in einer besonders zukunftsträchtigen Region des Landes zu gewährleisten.[33]

Auf völlig andere Weise wird die Verteilung der Wissenschaftskader in den entwickelten kapitalistischen Ländern gelöst. Weitverbreitet ist z. B. die Anwerbung ausländischer Spezialisten. Die englische Öffentlichkeit beispielsweise war sehr beruhigt darüber, daß außerordentlich viele britische Wissenschaftler, darunter solche mit höchster Qualifikation, in die USA ausgewandert sind. In Westeuropa nennt man diese Erscheinung bildhaft „brain-drain" — den Abfluß von Gehirnen.

Unter den Bedingungen eines akuten Mangels an wissenschaftlichen Kadern in den USA bildet ein derartiger „Import" bereits ausgebildeter und erfahrener Wissenschaftler aus anderen Ländern eine typische Methode zur Überwindung der „Kaderkrise". Diese Methode, die der wissenschaftlich-technischen Entwicklung anderer Länder gewaltigen Schaden zufügt, ist für die USA ökonomisch unge-

33 Vgl. M. A. Lavrent'ev: Itogi XXII s-ezda KPSS i zadači naučnych učreždenij Sibirskogo otdelenija AN SSSR. In: Izvestija SO AN SSSR, 1962, Nr. 1; S. L. Sobolev: V. I. Lenin i nauka. In: Izvestija SO AN SSSR, 1960, Nr. 5.

mein vorteilhaft, denn sie erfordert keine großen und langfristigen Investitionen in die Ausbildung von Wissenschaftskadern.

J. Bernal stellte dazu scharfsinnig fest, daß man in Indien aus wirtschaftlichen Erwägungen keine jungen Elefanten fängt, sondern sie im Dschungel aufwachsen läßt. Mit bitterer Ironie resümierte er: „Wir sind der Dschungel, aus dem Amerika seine Wissenschaftler bezieht."[34]

In der Sowjetunion werden qualifizierte wissenschaftliche Spezialisten intensiv und zielgerichtet aus der jungen Generation des eigenen Landes herangebildet. Die Hauptformen dieser Ausbildung sind die planmäßige und die außerplanmäßige Aspirantur sowie die Anfertigung von Dissertationsschriften zu aktuellen Fragen der Produktion.

Im Rahmen der 1925 geschaffenen Einrichtung der Aspirantur wurden in den ersten 10 Jahren 7000 qualifizierte Wissenschaftler ausgebildet. Im Studienjahr 1940/41 befanden sich bereits 17000 Personen in der Aspirantur. 1946, nach Beendigung des Krieges, waren es 10000, und im Jahre 1949 wurde der Vorkriegsstand übertroffen.[35] In den folgenden Jahren entwickelte sich die Aspirantur in der UdSSR besonders schnell.[36] Die Anzahl der Aspiranten (s. Tabelle 17) wuchs gegenüber 1940 auf das Sechsfache, und zwar bei bevorzugter Entwicklung der außerplanmäßigen (Fern-)Aspirantur (Wachstum auf das Zwanzigfache).

Immer mehr verbreitet sich in der UdSSR auch die Ausbildung von Forschern, die in der Produktion, an den Hochschulen und Universitäten sowie in Forschungsinstituten arbeiten, zu hochqualifizierten Wissenschaftlern.

Die in dieser Hinsicht gesammelten Erfahrungen zeigen, daß diese Form der Ausbildung von Kandidaten der Wissenschaften im ganzen nicht minder effektiv ist als die Ausbildung über die Aspirantur. In Wissenschaften, die zur Durchführung von Forschungen keine komplizierte Ausrüstung benötigen (Gesellschaftswissenschaften, geologisch-mineralogische Wissenschaften, Geographie usw.), beginnt diese Form der Ausbildung von qualifizierten wissenschaftlichen Spezialisten in den letzten Jahren sogar zu dominieren.

Eine planmäßige Ausbildung von Wissenschaftskadern ist auch für die anderen sozialistischen Länder charakteristisch. So basierte die Ausbildung von Wissenschaftlern in der Volksrepublik Polen in den 60er Jahren auf folgenden Prinzipien.[37]

34 J. D. Bernal: The Brain Drain. In: Labour Monthly, 1964, Bd. 46, Nr. 4, S. 103.

35 Vgl. K. T. Galkin: Vysšee obrazovanie i podgotovka naučnych kadrov v SSSR. Moskau 1958.

36 Vgl. Narodnoe chozjajstvo SSSR (1922—1972). Moskau 1972, S. 107.

37 Vgl. W. Michajłow: Kształcenie kadr naukowych w wyższych uczelniach. In: Zagadnienia Naukoznawstwa, Bd. 2, Nr. 1—2, 1966, S. 69—74.

Tabelle 17

Anzahl der Aspiranten und der Absolventen der Aspirantur in der UdSSR

	1940	1950	1960	1965	1970	1971
Aspiranten insgesamt (am Jahresende)	16863	21905	36754	90294	99427	99308
davon:						
planmäßige (Direkt-) Aspirantur	14425	18143	22978	41109	55024	53839
außerplanmäßige (Fern-) Aspirantur	2438	3762	13776	39185	44403	45469
In wissenschaftlichen Einrichtungen (außer Hochschulen u. Universitäten)	3694	9418	16348	36882	42518	42311
davon:						
planmäßige (Direkt-) Aspirantur	2919	6944	9515	17765	18725	17842
außerplanmäßige (Fern-) Aspirantur	775	2474	6833	19117	23793	24469
An Hochschulen und Universitäten	13169	12487	20406	53412	56909	56997
davon:						
planmäßige (Direkt-) Aspirantur	11506	11199	13463	33344	36299	35997
außerplanmäßige (Fern-) Aspirantur	1663	1288	6943	20068	20610	21000
Absolventen insgesamt im Jahr	1978	4093	5517	19240	25870	26488
davon:						
In wissenschaftlichen Einrichtungen (außer Hochschulen u. Universitäten)	506	1632	2497	7395	10757	11052
davon:						
planmäßige (Direkt-) Aspirantur	454	1368	1718	4701	5842	5966
außerplanmäßige (Fern-) Aspirantur	52	264	779	2694	4915	5086
An Hochschulen u. Universitäten	1472	2461	3020	11845	15113	15436
davon:						
planmäßige (Direkt-) Aspirantur	1411	2281	2407	8764	10620	11040
außerplanmäßige (Fern-) Aspirantur	61	180	613	3081	4493	4396

— Veränderung der Qualifikationsstruktur der Wissenschaftskader durch vorrangige Steigerung der Anzahl der Doktoren und Dozenten,[38] besonders in den führenden Zweigen der Wissenschaft;
— verstärkte Konzentration von hochqualifizierten Wissenschaftlern in den wissenschaftlichen Einrichtungen, die unmittelbar mit der Industrie verbunden sind.

Beachtenswert ist, daß Anfang der 70er Jahre in der Volksrepublik Polen über die Hälfte aller jungen hochqualifizierten Wissenschaftler auf die technischen und physikalisch-mathematischen Wissenschaften, 25% auf die Gesellschaftswissenschaften, 15% auf die medizinischen Wissenschaften und 9% auf die Landwirtschaftswissenschaften entfielen.

In der Kaderpolitik der sowjetischen Wissenschaft nimmt die Einbeziehung der Frauen in die Entwicklung von Wissenschaft und Technik einen besonders wichtigen Platz ein. Die in der sowjetischen Verfassung garantierte und in der Praxis voll gesicherte Gleichberechtigung der Frauen in allen Bereichen des gesellschaftlichen Lebens ist eine der bedeutenden sozialen Errungenschaften der sowjetischen Gesellschaftsordnung. In der UdSSR stellten die Frauen 1972 über die Hälfte aller Personen, die eine höhere oder Mittelschulbildung erhielten. In

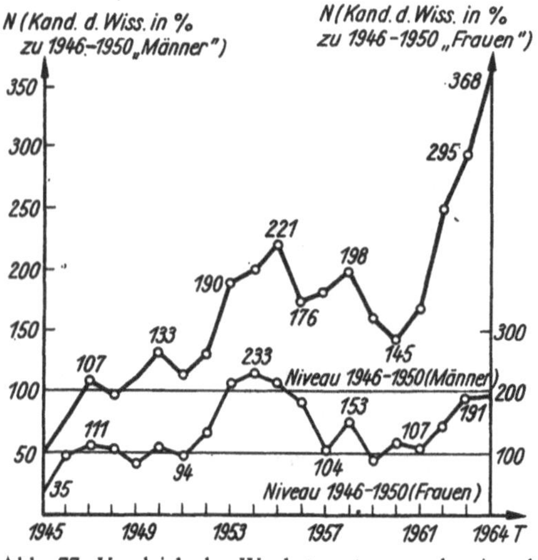

Abb. 77. Vergleich des Wachstumstempos der Anzahl verteidigter Dissertationen bei Männern und Frauen in der Sowjetunion

——— Dissertationen, die von Männern verteidigt wurden; ——— Dissertationen, die von Frauen verteidigt wurden

38 In der VR Polen ist der Titel Dozent der höchste wissenschaftliche Grad.

der Volkswirtschaft beträgt der Anteil der Frauen an der Zahl der Spezialisten mit Hochschul- oder Fachschulbildung ebenfalls über 50%. In der sowjetischen Wissenschaft stellen die Frauen 38% aller wissenschaftlichen Mitarbeiter und 48% aller im Bereich der Wissenschaft Beschäftigten.[39]

Das Diagramm auf Abbildung 77 zeigt das Wachstumstempo der Verteidigung von Kandidatendissertationen in der UdSSR bei Männern und Frauen.

Bis jetzt nehmen in keinem anderen Land der Welt die Frauen einen so angesehenen Platz in der Wissenschaft ein wie in der Sowjetunion. Die aktive Beteiligung der Frauen an der Entwicklung der Sowjetwissenschaft wurde durch die Praxis in vollem Umfang bestätigt.

„Die Hälfte der personellen potentiellen Verluste für die Wissenschaft kommt auf das Konto der geringen Mitarbeit der Frauen", konstatierte J. D. de Solla Price. „Und obwohl Rußland diesen Verlust mit Erfolg reduziert hat, wird in den USA in dieser Richtung nichts unternommen."[40]

Die Frage, ob Frauen zu wissenschaftlicher Arbeit geeignet seien, hat sich in den sozialistischen Ländern, wo die Gleichberechtigung der Geschlechter durchgesetzt ist, erledigt. Sie gewinnt in den letzten Jahren auch zunehmend an Bedeutung für die Wissenschaftspolitik der kapitalistischen Länder. So bemerkte beispielsweise N. Pirie: „Die weitverbreitete Meinung, Wissenschaft sei nichts für Frauen, ist absurd, denn alle, die mit weiblichen Wissenschaftlern zu tun hatten, können das Gegenteil bestätigen."[41]

3. Die moralisch-ethischen Ressourcen des wissenschaftlichen Potentials und der Leitung

Um ihre gesellschaftliche Funktionen erfüllen zu können, muß die Wissenschaft alle ihre Kräfte und Möglichkeiten mobilisieren und alle Ressourcen zur Leitung der Wissenschaftsprozesse wirksam nutzen. Eine besondere Bedeutung kommt dabei den moralisch-ethischen Aspekten des Systems der Ziele und Mittel der Wissenschaftsleitung zu.

Die Ethik ist als Forschungsobjekt und als Leitungsfaktor ein System von moralischen Normen und Zielsetzungen, die auf der gesellschaftlichen Erfahrung beruhen, ihrem Wesen nach sozialpsychologischer Natur sind und den Inhalt und die Formen jeder Art menschlicher Tätigkeit beeinflussen.

39 Vgl. Narodnoe chozjajstvo SSSR (1922—1972), S. 104, 348.

40 D. de Solla Price: Little Science, Big Science, S. 42. Vgl. auch International Science and Technologie, 1963, Heft 15.

41 N. W. Pirie: The Maldistribution of Research Effort. In: The Science of Science. London 1964.

In der gesellschaftlichen Praxis und selbst in der Theorie kann man häufig eine Gegenüberstellung von Ethik und Rationalismus, von ethischem „Automatismus" des Verhaltens und „Berechnung" der Vorschriften für eine effektive Tätigkeit antreffen. Eine solche Interpretation halten wir für völlig unhaltbar. Eine wissenschaftlich fundierte Leitungstätigkeit wird vielmehr stets bestrebt sein, die ethischen Normen, Regeln und Motive zur Stimulierung jeder Art von Tätigkeit zu nutzen; dies gilt besonders für die Leitung schöpferischer Arbeitsprozesse, wie sie am weitesten in der Sphäre der Wissenschaft verbreitet sind. V. G. Afanas'ev schrieb dazu: „Die Berücksichtigung der Rolle des menschlichen Faktors ist eines der Mittel zur Verwirklichung der Vorzüge des Sozialismus, der dem Schöpfertum und der Initiative der Massen Raum gibt und zwischen den Menschen wahrhaft menschliche Beziehungen herstellt, wie sie unter kapitalistischen Bedingungen undenkbar sind."[42]

Die Ethik im oben definierten Sinne verfügt über zwei grundsätzliche Systemeigenschaften (Systeme von Mitteln), die ausgedrückt werden durch:

- *ein System von Vorschriften*; auf ihrer Grundlage wird entschieden, ob diese oder jene Ziele festgelegt und diese oder jene Handlungen unternommen werden dürfen oder nicht, um sie zu erreichen;
- *ein System von Werten*; auf ihrer Grundlage werden die menschlichen Ideale und Bestrebungen formuliert sowie der Inhalt und die Form von Arbeiten und deren Rangfolge festgelegt.

Die normative und zielsetzende Wirkung der Ethik zeigt sich in drei Effekten, einem:

- *ideologischen Effekt*; er besteht in der Festigung, Veränderung oder Ablösung dieser oder jener gesellschaftlich bedingten Kriterien und Komponenten der öffentlichen Meinung, und das schlägt sich letztlich auch im System der ethischen Normen selbst wieder nieder;
- *regulierenden Effekt*; er äußert sich in der sozial-gesellschaftlichen Veränderung der Ziele, Wege und Mittel der wissenschaftlichen Tätigkeit und führt letztlich auch zu Veränderungen der Organisationssysteme dieser Tätigkeit;
- *stimulierenden Effekt*; er zeigt sich in der Veränderung der Interessen und Neigungen, des Geschmacks und der allgemeinen Einstellung zu den verschiedenen Tätigkeitsarten und widerspiegelt sich letztlich im Erfolg oder Mißerfolg dieser Tätigkeit selbst.

Die Wechselbeziehung dieser Elemente ist in Abbildung 78 durch eine Matrix der Effekte und Mittel der Ethik dargestellt.

In jedem konkreten Leitungsakt des Wissenschaftsprozesses erfolgt eine spezifische Integration: Der Prozeß ist allein bestimmt durch die Gesamtzielstellung, und er wird realisiert durch einen breiten Komplex von Mitteln und Maßnahmen,

42 V. G. Afanas'ev: Čelovek v sisteme upravlenija. In: Voprosy filosofii, 1972, Nr. 8.

die den Fortschritt der Wissenschaft zu steuern und zu stimulieren geeignet sind.

Ethikern entgeht oft der in der Praxis der Wissenschaftsleitung häufig unterschätzte Umstand, daß die Mittel und Möglichkeiten der Ethik im System der Ziele und Mittel der Wissenschaftsleitung einen Stellenwert besitzen, der mit dem der ökonomischen Mittel durchaus verglichen werden kann. Der Norm-Ziel-Apparat der Ethik und das System ihrer Vorschriften und moralischen Werte sollten bei jeder konkreten Formulierung einer Zielstellung genutzt werden und eine obligatorische Komponente bei der Wahl und Anwendung konkreter Mittel und Methoden der Wissenschaftsleitung sein.

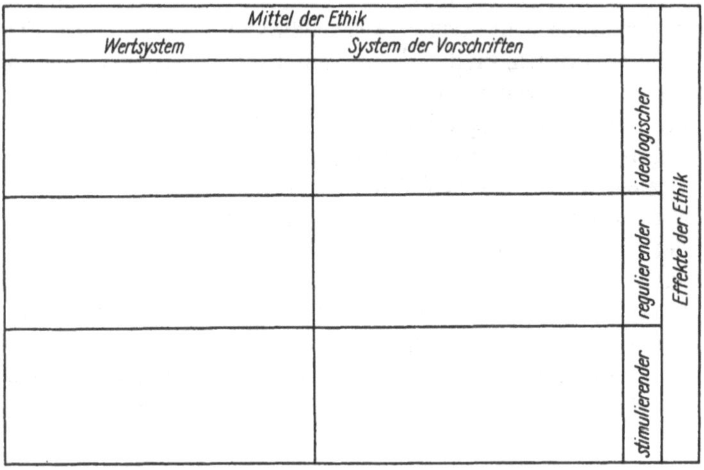

Abb. 78. Wechselbeziehung der Haupteffekte und Systemeigenschaften der Ethik

Bekanntlich kann unter sonst gleichen Bedingungen ein erstaunlich anderer Leitungseffekt ganz allein dadurch erzielt werden, daß die Mittel der Ethik sinnvoll eingesetzt werden. Umgekehrt müssen eine Vergrößerung der finanziellen Mittel, die Erhöhung der Gehälter usw. durchaus nicht zu den gewünschten Ergebnissen führen; etwa dann nicht, wenn diese Mittel für unpopuläre oder moralisch kompromittierte Arbeiten verwendet werden, wenn bei Gehaltserhöhungen Normen der Ethik oder bestimmte Wertkriterien verletzt werden usw. Es ist dann vielmehr zu erwarten, daß sich solche Maßnahmen als „Antistimuli" in der Arbeit erweisen, die zu einer Verschlechterung der Arbeitsorganisation führen und, werden solche Fehler wiederholt gemacht, auch zu Verlusten in ideologischer und erzieherischer Hinsicht.

Die Erfahrungen bestätigen,[43] daß moralische Faktoren der Leitungstätigkeit ausschlaggebend für Schwankungen von bis zu 18% der Arbeitsproduktivität sein können, und dies um so mehr, je schöpferischer die Arbeit selbst ist.

Die ökonomischen und die ethischen Aspekte der Leitungstätigkeit dürfen niemals als alternative Möglichkeiten verstanden werden; sie ergänzen sich prinzipiell gegenseitig. Sie dienen dem wissenschaftspolitischen Gesamtziel wie alle anderen Leitungsmaßnahmen — der Erhöhung der volkswirtschaftlichen und der allgemein-gesellschaftlichen Effektivität der Wissenschaft.

Natürlich sind die Formen und Erfahrungen der Anwendung normativ-zielsetzender Mittel der Ethik außerordentlich verschieden. Das gilt sowohl hinsichtlich der verschiedenen Aspekte der Wissenschaftsleitung als auch infolge der Spezifik der Mittel der Ethik und der möglichen Folgen ihrer Anwendung und hängt in noch größerem Maße vom konkreten sozialökonomischen Kontext der Leitungspraxis ab. Diese Formen und Erfahrungen harren noch der wissenschaftswissenschaftlichen Verallgemeinerung.[44]

Im folgenden führen wir einige Beispiele an (hauptsächlich aus eigenen soziologischen Untersuchungen),[45] die wir unter zwei Gesichtspunkten geordnet haben: a) nach den Hauptzielen der Wissenschaftsleitung und b) nach den wichtigsten Gruppen der Mittel zur Leitung der wissenschaftlichen Tätigkeit.

Bei der Lösung der zentralen Probleme der Wissenschaftsleitung tritt am deutlichsten die ideologische Funktion der Ethik in den Vordergrund. So wird die Herausbildung des nationalen Systems der Ziele der Forschungs- und Entwicklungstätigkeit nicht nur durch die politischen wie ökonomischen Aufgaben beeinflußt, die dem jeweiligen Staat gestellt sind, sondern auch durch die sittlichen Ideale und ethischen Prinzipien, die in der Ideologie einer Gesellschaft herrschen.

Der ethisch-moralische Charakter von Leitungsentscheidungen ist ein wichtiger Indikator für die gesellschaftlichen Funktionen einer Leitung insgesamt. D. M. Gvišiani, der die Anatomie des modernen Managertums untersuchte,[46] hat gezeigt, daß die Leitung unausweichlich und automatisch jedes ethischen Sinnes beraubt und die professionelle Ethik der Leiter auf die Beachtung des notwendigen Minimums an Legalität reduziert werden, wenn das Hauptziel der Leitung auf die Profitrate reduziert wird. Auf die Frage „Ethik oder Business?" gibt die Praxis der kapitalistischen Leitung damit eine eindeutig negative Antwort.[47]

43 Vgl. G. Fron: Racional'no upravljat'. Moskau 1972, S. 35.
44 Vgl.: Ėtičeskie problemy na naukite. Sofija 1973.
45 Gemeinsam mit I. N. Manžula.
46 Vgl. D. M. Gvišiani: Management. Eine Analyse bürgerlicher Theorien von Organisation und Leitung. Berlin 1974.
47 Vgl. A. Carr: Is Business Bluffing Ethical? In: Harvard Business Review, 1968, Bd. 46, S. 148.

In der sozialistischen Gesellschaft sind die ethischen Grundlagen der Wissenschaftsentwicklung in der strategischen Orientierung der staatlichen Wissenschaftspolitik verankert. So bestimmen z. B. die humanistischen Prinzipien der sozialistischen Gesellschaft die Lösung solcher Probleme wie friedliche Nutzung der Atomenergie, Naturschutz, rationelle Nutzung der natürlichen Ressourcen und viele andere.

Im Hinblick auf das Wachstum des wissenschaftlichen Potentials wirkt die normative Funktion der Ethik als spezifischer Regulator bei der Auswahl der Wissenschaftskader. In den sozialistischen Ländern sind neben anderen die moralischen Eigenschaften ein wichtiges Kriterium dafür, wissenschaftlich arbeiten zu dürfen.

Eine Erhöhung der Effektivität der Wissenschaft ist ohne die ideologischen, organisatorischen und stimulierenden Funktionen der Ethik kaum denkbar. Besonders die moralischen Anforderungen der Gesellschaft an die Wissenschaftler sind eine der Triebkräfte des Fortschritts der Wissenschaft.

Unter den Bedingungen der heutigen wissenschaftlich-technischen Revolution, da die gewaltigen Kräfte des organisierten, kollektiven Schöpfertums und die großen Möglichkeiten einer „Industrialisierung" wissenschaftlicher Arbeitsprozesse immer offenkundiger werden, darf jedoch keinerlei Gegensatz oder gar Widerspruch zwischen diesen objektiven Tendenzen und dem Bedarf der Wissenschaft an schöpferischen Individuen, an talentierten Wissenschaftlerpersönlichkeiten zugelassen werden; denn tatsächlich handelt es sich hier nicht um einander aus-, sondern einschließende Alternativen des wissenschaftlichen Potentials. Mangelndes Verständnis für diese Tatsache ist eine Quelle vieler moralischer Konflikte.

Dem ständig wachsenden Umfang der Forschungs- und Entwicklungsarbeiten kann nicht mehr allein dadurch begegnet werden, daß man die Stellenpläne wissenschaftlicher Einrichtungen ständig erweitert. Die Zeit ist gekommen, auch in der Wissenschaft von extensiven zu intensiven Arbeitsweisen überzugehen.

Eine der Ursachen für die sinkende Effektivität der extensiven Methoden ist, daß es bei dem übermäßig schnellen Wachstum der Anzahl von Wissenschaftlern nicht immer gelingt, eine hinreichend hohe Ausbildungsqualität zu sichern. Es entsteht die Gefahr, daß die Anzahl der nicht schöpferischen und der mittelmäßigen Wissenschaftler zunimmt. Wissenschaftswissenschaftler sprechen deshalb davon, daß in der Wissenschaft die „Null" eine negative Größe ist: Ein talentierter Wissenschaftler kann sowohl talentierte als auch erfolglose Schüler haben, doch aus einer „Schule" der Unbegabtheit können nur mittelmäßige Vertreter hervorgehen.

Die Ethik der Auswahl, Ausbildung und sittlichen Erziehung wissenschaftlicher Kader ist ein entscheidender Faktor für das Wachstum des wissenschaftlichen Potentials und für die Erhöhung der Effektivität des Wissenschaftsprozesses überhaupt.

Das System der Wertkriterien und normativen Vorschriften der Ethik wird bei der Leitung wissenschaftlicher Kollektive in verschiedenen Formen praktisch angewendet. Eine der häufigsten Formen ist das sogenannte Attestat für wissenschaftliche Tätigkeit. Es gilt als offizielles Dokument sowohl bei der Verteidigung von Dissertationen als auch bei der Bewerbung um eine neue Dienststellung und bei der Verlängerung des Arbeitsvertrages für eine bereits bekleidete Stellung; es spielt auch in vielen anderen Fällen eine Rolle.

Wir haben systematisch die Attestate von Absolventen der Aspirantur, d. h. junger Leute, die eine Tätigkeit in der Wissenschaft aufnehmen, analysiert (280 Dokumente) und sie mit den Attestaten erfahrener Wissenschaftler verglichen (200 Dokumente). Dabei ergab sich, daß in diesen Dokumenten recht viele sittliche und fachliche Eigenschaften angeführt wurden. Die vergleichende Analyse zeigte aber auch einen qualitativen Unterschied: In den Attestaten der jungen Wissenschaftler werden hauptsächlich moralische Qualitäten genannt, bei den erfahrenen Wissenschaftlern hingegen die erzielten wissenschaftlichen Ergebnisse.

Es fällt ebenfalls auf, daß sich die einzelnen moralischen und spezifisch professionellen Eigenschaften in den Beurteilungen der Vertreter verschiedener wissenschaftlicher Richtungen (technische Wissenschaften, biologische Wissenschaften, Humanwissenschaften) nicht in gleichem Maße niedergeschlagen haben.

Diese Unterschiede hängen vor allem mit der Spezifik der wissenschaftlichen Arbeit in den verschiedenen Wissenschaftsdisziplinen zusammen. Während in den Naturwissenschaften die Tendenz zur Kollektivität in der wissenschaftlichen Arbeit immer spürbarer in Erscheinung tritt, dominiert in den Gesellschaftswissenschaften bis auf den heutigen Tag die individuelle wissenschaftliche Arbeit. Die Bedeutung, die bestimmten Persönlichkeitsmerkmalen zukommt, wird deshalb, den jeweiligen Bedingungen entsprechend, verschieden eingeschätzt. Bestimmte Veränderungen in den Charakteristiken machen aber auch einen neuen Leitungsstil in der Art und Weise der Persönlichkeitsbeurteilung deutlich, der den organisatorischen Erfordernissen der heutigen Wissenschaft gerecht werden will.

Die Förderung der gesellschaftlichen Aktivität und die Entwicklung positiver moralischer Eigenschaften besonders der jungen Kollegen sind eine ständige Aufgabe jedes wissenschaftlichen Leiters, denn diese Entwicklung entspricht dem allgemeinen sozialen Status des Wissenschaftlers im Sozialismus. Er beschränkt sich nicht auf die berufliche Tätigkeit, sondern leistet in der Regel auch eine umfangreiche gesellschaftspolitische und wissenschaftlich-propagandistische Arbeit. Wir finden Wissenschaftler auf allen Ebenen der staatlichen und politischen Leitung des Landes, und in großem Umfang beteiligen sie sich auch an den gesellschaftlichen Formen der Organisation und Leitung der Wissenschaft.

An zweiter Stelle stehen in den Attestaten — was die Häufigkeit betrifft — Eigenschaften, welche die Fähigkeit der Persönlichkeit zur Zusammenarbeit, mit anderen Worten — die Züge des Kollektivismus kennzeichnen. Diese Eigenschaften des Kollektivismus werden bekanntlich auf dem gesamten Lebensweg eines Mitglieds der sozialistischen Gesellschaft, unabhängig von der Art der Tätigkeit, herausgebildet und hochgeschätzt. Die wissenschaftliche Tätigkeit bietet große Möglichkeiten, diese Eigenschaften zu beweisen und zu kultivieren. Positive Eigenschaften und Verhaltensweisen bei Wissenschaftlern im Hinblick auf das Kollektiv erleichtern zugleich die Lösung von organisatorischen Fragen der wissenschaftlichen Arbeit.

Organisation und Leitung als Formen sozialer Beziehungen schließen auch die Aufgabe ein, das moralische Verhalten des Wissenschaftlers zu beeinflussen, das sich in einer besonders aktiven und positiven Einstellung zur Arbeit äußert. Der bekannte sowjetische Wissenschaftler A. N. NESMEJANOV hob hervor: „Vom Wissenschaftler werden verlangt: enorme tägliche Arbeit, Arbeit das ganze Leben lang, gewaltige geistige Arbeit, Geduld und allmählicher Aufstieg zum Gipfel der Wissenschaft, der einen immer weiteren Horizont eröffnet; aber das alles ist leicht für einen Verliebten. Ohne äußerstes, liebendes Interesse gibt es keinen Wissenschaftler."[48] Nicht zufällig schlagen sich diese moralischen Erscheinungsformen der Begeisterung für die eigene Arbeit sehr umfassend in den Fachbeurteilungen der Wissenschaftler nieder. Die Untersuchung hat gezeigt, daß die meisten Wissenschaftler ihre Tätigkeit nicht auf die sogenannte Arbeitszeit beschränken, sondern mit Begeisterung und Interesse auch noch außerhalb der „Dienstzeit" wissenschaftlich arbeiten.

Wissenschaftler haben heute in der Regel die Arbeit mehr oder minder großer Gruppen von Menschen zu organisieren. Gerade diese unmittelbare Teilnahme an der Organisation und Leitung stellt an sie moralische Anforderungen, die man unter der Bezeichnung „organisatorische Qualitäten" zusammenfassen kann. Offensichtlich werden jedoch diese neuen Anforderungen an die Wissenschaftlerpersönlichkeit in der Ausbildungspraxis noch zu wenig beachtet. Nur in Einzelfällen sind diese organisatorischen Fähigkeiten in den Attestaten der Wissenschaftler eingeschätzt worden. Daran läßt sich erkennen, wie die wissenschaftlichen Leiter diese oder jene Eigenschaften der ihnen Unterstellten beurteilen und welche Rolle die letzteren bei der Verwirklichung der Hauptfunktionen des Wissenschaftsprozesses spielen.

Tabelle 18 enthält Angaben über den Anteil der verschiedenen Persönlichkeitseigenschaften, welche die Einstellung der Mitarbeiter zur wissenschaftlichen Tätigkeit und ihre allgemeine schöpferische Aktivität charakterisieren. Die Gesamtzahl der in den Attestaten genannten Persönlichkeitseigenschaften ist gleich 100% gesetzt worden.

48 A. N. NESMEJANOV: Molodomu čeloveku, vstupajuščemu v nauku. In: Technika molodeži, 1958, Nr. 10, S. 10f.

Tabelle 18

	Zielstrebigkeit	Beharrlichkeit	Initiativreichtum	Fleiß	Organisatorische Fähigkeiten	Energie	Insgesamt
Technische Wissenschaften	12	16	50	20	2	—	100
Biologische Wissenschaften	19	26	39	9	4	3	100
Gesellschaftswissenschaften	40	—	20	40	—	—	100

Auf die Bedeutung dieser Eigenschaften und ihre Rolle bei der Organisation der wissenschaftlichen Arbeit braucht nicht näher eingegangen zu werden.

Initiativreichtum ist in der experimentellen Wissenschaft, z. B. in den technischen und biologischen Wissenschaften, zweifellos von besonderer Bedeutung, und diese Eigenschaft ist tatsächlich gerade unter jungen Wissenschaftlern sehr verbreitet. Die Begriffe „Zielstrebigkeit" und „Beharrlichkeit" sind inhaltlich eng verwandt und kommen in den Beurteilungen recht häufig vor. In den Gesellschaftswissenschaften kommt zwar, wie sich zeigt, die Beharrlichkeit im Prozeß der wissenschaftlichen Tätigkeit gewissermaßen nur verborgen vor, sie wird jedoch durch den Begriff der Zielstrebigkeit ausgedrückt. In den biologischen Wissenschaften sind differenziertere Einschätzungen der persönlichen Aktivität zu beobachten. So erscheint der Fleiß als Prisma des gesamten Spektrums der Eigenschaften, die Aktivität ausdrücken.

Insgesamt wird bei der Attestierung individueller Eigenschaften die persönliche Disziplin nicht genügend beachtet. Wie wichtig diese Eigenschaft ist, zeigen schon die Ergebnisse einer speziellen Umfrage unter führenden Wissenschaftlern. Zur Einschätzung der Faktoren, die Erfolge in der Wissenschaft begünstigen, wurde auch folgende Frage gestellt: „Gab es unter Ihren Schülern solche, die in der Wissenschaft bedeutend weniger erreicht haben, als Sie angenommen hatten, und wenn, worauf war das zurückzuführen?"

Fast alle Befragten nannten die Gründe, die größere Erfolge in der Wissenschaft verhinderten: Undiszipliniertheit und mangelnde Zielstrebigkeit.

Wesentlichen Einfluß auf die Einstellung der Wissenschaftler zu ihrer Arbeit haben die Bedingungen, unter denen sie arbeiten und leben. Anders ausgedrückt — die Intensivierung der schöpferischen wissenschaftlichen Arbeit in allen ihren Erscheinungsformen hat den Wissenschaftler empfindlicher gemacht für die Arbeitsbedingungen. Wenn der Komplex der funktionalen Möglichkeiten der Ethik klug und effektiv genutzt wird, ist das von wesentlicher Bedeutung, um solche Bedingungen zu schaffen.

Es lassen sich auch in der Wissenschaft zwei Arten von Bedingungen unterscheiden: gesamtgesellschaftliche und konkret-soziologische, wobei die konkret-soziologischen Bedingungen durch die allgemeingesellschaftlichen Bedingungen determiniert werden. Die konkret-soziologischen Bedingungen der wissenschaftlichen Tätigkeit entstehen durch das Wirken innerer Faktoren und hängen ab von der gesellschaftlichen Bedeutung der wissenschaftlichen Aufgabenstellung, vom Niveau der wissenschaftlichen Arbeitsorganisation, von der gesellschaftlichen Aktivität der Mitarbeiter, von den zwischenmenschlichen Beziehungen, der Traditionen usw.

Eine Untersuchung in technischen Forschungsinstituten der Akademie ließ den Einfluß einiger moralischer Faktoren auf die Erhöhung der schöpferischen Aktivität deutlich werden.

Zunächst fallen die Motive der jungen Leute auf, in das Forschungsinstitut einzutreten. Für die meisten waren der Charakter der Arbeit und die Perspektiven der wissenschaftlichen Laufbahn das ausschlaggebende Motiv. Fast ein Drittel hatte sich jedoch von Anfang an auf eine reine Ingenieurtätigkeit innerhalb des Kollektivs orientiert, und annähernd 25% hatten keine exakte Vorstellung von ihrer Perspektive. Im Verlauf ihrer Tätigkeit bildeten sich bei fast allen Ingenieuren Vorstellungen über die Perspektiven ihrer wissenschaftlichen Entwicklung heraus. Für jene jungen Menschen, die keine deutlich ausgeprägten Fähigkeiten zu wissenschaftlicher Tätigkeit besaßen, waren die Praxis und der Umgang mit Berufswissenschaftlern der wirksamste Stimulus für ein Interesse an dieser Art Tätigkeit.

Die ideologische, erzieherische Funktion der Ethik findet ihren sichtbaren Ausdruck und kommt zum Tragen in dem Interesse der Wissenschaftler daran, wissenschaftliche Themen mit Erfolg zu bearbeiten und ihre gesellschaftliche Bedeutung zu würdigen. Das höchste moralische Prinzip des Wissenschaftlers im Sozialismus ist das Bewußtsein der Pflicht gegenüber der Gesellschaft. Die Ergebnisse der Untersuchung zeigten, daß die konkret-soziologischen Bedingungen für die wissenschaftliche Tätigkeit um so günstiger sind, je stärker die Mitarbeiter sich des Nutzens bewußt sind, den ihre Tätigkeit der Gesellschaft bringt.

Die Palette der dieses Gefühl stimulierenden Faktoren ist groß: Sie reicht von einem Lob aus dem Munde des Leiters oder des Kollektivs bis hin zu Auszeichnungen und zu staatlichen und internationalen Preisen. Die Stimulierung der moralischen Motive muß jeden Wissenschaftsorganisator interessieren, wenn es darum geht, die Effektivität der wissenschaftlichen Forschung zu erhöhen.

Untersuchungen haben gezeigt, daß der moralischen Stimulierung der schöpferischen Aktivität der Wissenschaftler in jener Periode, die der Gewinnung des endgültigen wissenschaftlichen Ergebnisses vorausgeht, noch relativ wenig Beachtung geschenkt wird. Da bis zum Erreichen eines wissenschaftlichen Ergebnisses oft ein langer Zeitraum erforderlich ist, bilden den Hauptstimulus während der gesamten Dauer eines wissenschaftlichen Forschungsprozesses vorwiegend die persönlichen Motive.

In der letzten Zeit differenziert sich die Arbeitsteilung innerhalb der wissenschaftlichen Kollektive immer offensichtlicher. Die einen Wissenschaftler sind besonders ideenreich, andere erfolgreiche Methodiker, dritte glänzende Experimentatoren usw. In der praktischen Stimulierung der kollektiven Arbeit aber finden diese neuen Erscheinungen noch nicht die nötige differenzierte Würdigung.

Alle Leitungsmittel, die in der Wissenschaft angewendet werden, formen schließlich, zusammengenommen, die Skala der sittlichen Gefühle und Zustände. Charakteristisch dafür kann das Gefühl sein, mit den Ergebnissen der eigenen Tätigkeit in gesellschaftlicher und persönlicher Hinsicht zufrieden sein zu dürfen. Dieses in hohem Grade sittliche Gefühl unterscheidet sich grundsätzlich vom egoistischen Gefühl der Zufriedenheit, das nur eigennützige Ziele kennt.

Das moralische Gefühl der Befriedigung beruht vor allem auf dem Bewußtsein, daß eine Arbeit gesellschaftlich wichtig ist. Der Kreis der Pflichten eines Wissenschaftlers und sein Interesse an ihnen sind bekanntlich außer von allgemeinen, durch den gesellschaftlichen Status des Wissenschaftlers bestimmten Umständen in jedem konkreten Falle durch das System der Organisation und der Leitung des Kollektivs bedingt. Die folgenden Angaben über den Grad des Interesses wissenschaftlicher Mitarbeiter an den ihnen übertragenen Aufgaben erhielten wir auf die Frage: „Stimmen in Ihrer Arbeit die eigenen Interessen mit Ihren arbeitsmäßigen Pflichten überein?" (s. Tabelle 19)

Tabelle 19

Kategorie der wissenschaftlichen Mitarbeiter	Institut I	Institut II	Institut III	im Durchschnitt
Höhere wissenschaftliche Mitarbeiter	50	62	70	61
Untere wissenschaftliche Mitarbeiter	72	50	73	65
Ingenieure	56	55	80	64

Die angeführten Daten zeigen, daß das Interesse von Wissenschaftlern ein und derselben Kategorie an den ihnen übertragenen Aufgaben in den verschiedenen Instituten sehr unterschiedlich ist. Es wurde festgestellt, daß entscheidend für dieses Interesse die persönliche Anteilnahme an den Forschungs- und Entwicklungsarbeiten und die Möglichkeit sind, eine den Wissenschaftler interessierende wissenschaftliche Aufgabe zu lösen, und dies sind Faktoren, die ganz vom Niveau der Leitung des wissenschaftlichen Forschungsprozesses abhängen.

Aus den bekannten Gründen ist die Bewertung wissenschaftlicher Produkte (Ergebnisse, Arbeiten usw.) noch immer recht fragwürdig. Erfolgserlebnisse sind unter diesen Bedingungen für viele Wissenschaftler mit der Einschätzung ihrer Tätigkeit durch die Administration und die Öffentlichkeit verbunden. Würdigen nun wissenschaftliche Leiter nicht genügend die Arbeit ihrer Mitarbeiter, so suchen diese diesen Mangel dadurch auszugleichen, daß sie Bewertungen, auch moralische, von Kollegen außerhalb des Kollektivs zu erlangen trachten. Zum Bespiel begründeten Mitarbeiter, die ihre Arbeit zuwenig gewürdigt fanden, ihre Teilnahme an verschiedenen wissenschaftlichen Veranstaltungen hauptsächlich mit dem Wunsch, eine Einschätzung ihrer eigenen Forschungsarbeiten zu erhalten.

Höchster Ausdruck der moralischen Würdigung einer Wissenschaftlerpersönlichkeit ist ihre Autorität im Kollektiv und in der wissenschaftlichen Fachwelt. Im Begriff der Autorität ist gewissermaßen die hohe Wertschätzung sowohl der moralischen als auch der speziellen beruflichen Qualitäten des Wissenschaftlers konzentriert. Eine solche fachliche Autorität kann nur erarbeitet, niemals aber verordnet werden.

Um diese Autorität kämpft jeder Wissenschaftler. Besonders wichtig ist sie für jeden Leiter und für jeden Wissenschaftler, der Leitungsfunktionen wahrzunehmen hat. Nur ein Leiter, der Autorität besitzt, ist imstande, ein Kollektiv für schwierige wissenschaftliche Forschungen zu begeistern, es zusammenzuhalten und Probleme im Rahmen der moralischen Normen zu lösen. Unsere Untersuchung zeigt, daß die wissenschaftliche Autorität des Leiters die wichtigste Bedingung für die Erzielung bedeutender Ergebnisse durch das Kollektiv ist.

Viele der Probleme, die nur mit Hilfe des normativ-zielsetzenden Apparates der Ethik gelöst werden können, entstehen beim Informationsaustausch in der Wissenschaft. Zwei von ihnen werden besonders lebhaft in der Öffentlichkeit und von den Wissenschaftswissenschaftlern diskutiert: das Recht auf Mitautorschaft und die Praxis der Benutzung fremder Informationen.

Die moderne Wissenschaft ist undenkbar ohne kollektives Schöpfertum. Die Forschungsprozesse sind so kompliziert geworden, und der Informationsstrom ist derart angewachsen, daß ernsthafte wissenschaftliche Forschung von einem einzelnen Wissenschaftler kaum mehr geleistet werden kann, wie talentiert er auch immer sei. Das gemeinsame wissenschaftliche Schöpfertum, in das die individuelle Leistung eingeht, besitzt seine Vorzüge: Erstens wird die Synthese der Kenntnisse und Fähigkeiten vieler Spezialisten aus verschiedenen, manchmal einander sehr fern stehenden Disziplinen möglich; zweitens ist ein einzelner Autor häufig einfach nicht imstande, die nötige Menge von Daten zu „verdauen", und das wirkt sich auf den Wert seiner Arbeit negativ aus. Die Statistik ist — wie bereits festgestellt — unerbittlich: Unter denen, die „das Fahrrad noch einmal erfanden", sind die Einzelautoren zu 60% vertreten, während der Anteil der „Erfinderpaare“ nur 20% und der Dreierkollektive nur 10% beträgt.

Es war aber immer so und wird immer so sein, daß in einem bestimmten Moment dieser oder jener konkrete Gedanke im Gehirn eines bestimmten Menschen geboren wird. Man kann zwei Gehirne nicht wie kybernetische Einrichtungen „parallelschalten“. Zugleich ermöglicht es das wissenschaftliche Schöpfertum, die Feststellungen der Einzelnen zu theoretischen Systemen zu verbinden. Häufig ist ja nicht die einzelne Idee wichtig, sondern ein Realisierungskomplex oder ihre rechtzeitige Verwirklichung.

Angaben Leningrader Soziologen zufolge kündigen 10% derjenigen wissenschaftlichen Mitarbeiter, die wegen verschiedenartiger Konflikte die Arbeitsstelle wechseln, im Zusammenhang mit der Verletzung ihrer Urheberrechte. Es bedarf keines Beweises dafür, daß dies die Verringerung der schöpferischen Aktivität der Kollektivmitglieder und eine Verschlechterung des Arbeitsklimas zur Folge hat. Dies kann vermieden werden, und darin liegt heute eine der aktuellen Aufgaben der Wissenschaftsethik.

Auf dem dornenreichen Weg des Wissenschaftlers gibt es Hindernisse, die er allein wohl kaum überwinden kann. Die Anzahl der Wissenschaftler, die zugeben, daß die schwierigsten Augenblicke in ihrem Leben Kollisionen zu einem Zeitpunkt waren, als sie dringend wissenschaftliche Hilfe von anderen brauchten, liegt zwischen 63% und 88%. Nach uns bekannten Einschätzungen liegt die Zahl derer, die aus irgendwelchen Gründen eine solche Hilfe nicht von ihrem Kollektiv erhielten, zwischen 1% und 3%. Ein ähnliches Bild ergibt sich bei der Selbsteinschätzung der kollegialen gegenseitigen Hilfe in Fragen des persönlichen Lebens.

Soziale Erscheinungen mit ausgeprägt moralischem Charakter sind Konflikte in den Kollektiven. Ohne hier auf Einzelheiten dieser Erscheinungen eingehen zu können, sei jedoch festgestellt, daß Konflikte in wissenschaftlichen Kollektiven offensichtlich unvermeidbar sind, da sich das Neue in der Wissenschaft im Kampf gegen alte Anschauungen durchsetzen muß. Das Übel sind also nicht die Konflikte selbst, sondern es entstehen Probleme, wenn diese Konflikte nicht sachgerecht gelöst werden. Dies ist eine der schwierigsten Aufgaben derjenigen, die zu leiten haben.

Ein wissenschaftliches Kollektiv ist ein komplizierter sozialer Organismus. In ihm vollziehen sich soziale Prozesse, von denen die Entwicklung der schöpferischen Möglichkeiten der Mitarbeiter abhängt. Die Planung der Wissenschaftsentwicklung für größere Zeiträume muß nicht nur alle Komponenten des wissenschaftlichen Potentials berücksichtigen, sondern auch solche sozialpsychologischen Bedingungen ermöglichen, daß die schöpferische Aktivität aller Mitglieder eines Kollektivs geweckt wird.

Die moralischen Ideale der jeweiligen Gesellschaft widerspiegeln sich in vollem

Umfang im Spektrum der nationalen wissenschaftlichen Ziele. Die Moral ist für Wissenschaftler eine Richtschnur bei der Festlegung der gesamtstaatlichen wissenschaftlichen Ziele und mobilisiert die schöpferischen Fähigkeiten der Wissenschaftler, um diese Ziele in der Forschungspraxis zu erreichen. Darin äußern sich die stimulierenden Funktionen der Ethik.

Nicht minder wichtig für den allseitigen Aufschwung der Wissenschaft ist auch die regulierende Funktion der Moral. Sie ist auf allen Ebenen der Wissenschaft ein Instrument der Organisation und Leitung. Am sichersten tritt diese Funktion jedoch bei der Leitung der wichtigsten Zellen der Wissenschaftsorganisation in Erscheinung — bei der Leitung wissenschaftlicher Kollektive. Mit den Rechtsnormen und -prinzipien gemeinsam reguliert die Moral die sozialen und wissenschaftlichen Beziehungen der Wissenschaftler und trägt dazu bei, ein optimales psychologisches Klima im Kollektiv zu schaffen.

Auf dem Boden der allgemeinen gesellschaftlichen Bedingungen erfolgen im Prozeß der Wissenschaftsentwicklung ständig eine Präzisierung alter sowie die Herausbildung neuer in der Wissenschaft geltender moralischer Normen und Prinzipien. Ihre Rolle bei der Organisation und Leitung wissenschaftlicher Kollektive wird ständig neu bewertet. Die wichtigsten moralischen Prinzipien, auf denen die Beziehungen zwischen Leitern und Geleiteten, zwischen den Mitgliedern wissenschaftlicher Kollektive im System der sozialistischen Wissenschaft beruhen, können folgendermaßen formuliert werden:

— Einheit der gesellschaftlichen Ziele des Kollektivs und der persönlichen Interessen seiner Mitglieder;
— ideologische und theoretische Gemeinsamkeit hinsichtlich der wissenschaftlichen Ziele und demokratisches Verfahren bei der Formulierung dieser Ziele;
— Kollektivismus in allen Sphären der Lebenstätigkeit;
— sozialer Humanismus;
— Informationsaustausch ohne Geheimnistuerei und Konkurrenzdenken.

Diese miteinander in Wechselwirkung stehenden moralischen Prinzipien der Leitung sind ein wichtiger Faktor, um das wissenschaftliche Potential zu stärken und die Effektivität der wissenschaftlichen Arbeit zu erhöhen.

Kapitel 7

Der Plan als gesellschaftliches Instrument der Wissenschaftsleitung

1. Die Entstehung der Planung

Vor nicht allzu langer Zeit wurde noch lebhaft um die Frage diskutiert, ob Wissenschaft überhaupt geplant werden könne. Diese Frage ist heute zwar eindeutig positiv entschieden,[1] aber die Suche nach den besten Wegen der Wissenschaftsplanung steht nach wie vor im Zentrum der Aufmerksamkeit der sowjetischen wissenschaftlichen Öffentlichkeit[2] und der Wissenschaftswissenschaftler in den anderen Ländern.[3]

1 Vgl. J. BERNAL: Die Planung der Wissenschaft. In: Wissenschaftliche Welt, Jg. III, 1959, Nr. 1, S. 2—8; P. L. KAPITSA: Wie die Forschung in der UdSSR organisiert wird. In: Wissenschaftliche Welt, Jg. III, 1959, Nr. 1, S. 15—19; S. MILCU: Die Freiheit der Forschung und die Planung der wissenschaftlichen Arbeit. In: Wissenschaftliche Welt, Jg. II, 1958, Nr. 1 (Heft 3), S. 10—13; L. BERKNER: Ein Vierpunkteplan für die Weltwissenschaft. In: Wissenschaftliche Welt, Jg. III, 1959, Nr. 1, S. 20—29; M. M. SCHEMJAKIN: Die Planung der Wissenschaft in der UdSSR. In: Wissenschaftliche Welt, Jg. V, 1961, Nr. 3, S. 11—14.

2 Vgl. N. P. FEDORENKO (Red.): Soveršenstvovanie planirovanija i upravlenija narodnym chozjajstvom. Leningrad 1967; A. S. KONSON: Planirovanie novoj razrabotki. Leningrad 1966; L. V. KANTOROVIČ/V. L. MAKAROV: Optimal'nye modeli perspektivnogo planirovanija. In: Primenenie matematiki v ėkonomičeskich issledovanijach. Moskau 1965; A. I. GREN'KOV (Red.): Planirovanie naučnych issledovanij i razrabotok. Kazan' 1969; L. M. GATOVSKIJ (Red.): Planirovanie i stimulirovanie naučno-techničeskogo progressa. Moskau 1972; ders.: Ėkonomičeskie problemy naučno-techničeskogo progressa. Moskau 1971; B. F. ZAJCEV/B. A. LAPIN: Organizacija planirovanija naučno-techničeskogo progressa. Moskau 1970; E. I. KISSEL': Organizacija truda issledovatelej i proektirovščikov. Moskau 1967; L. S. BLJACHMAN (Red.): Voprosy ėkonomiki i planirovanija naučnych issledovanij. Leningrad 1968; M. L. BAŠIN: Planirovanie naučno-issledovatel'skich i opytno-konstruktorskich rabot. 2., überarb. u. erg. Aufl. Moskau 1969; K. I. DUBROVSKIJ: Organizacija upravlenija naučnymi issledovanijami. Moskau 1970; V. M. GLUŠKOV: Vvedenie v ASU. Kiev 1972; V. N. ARCHANGEL'SKIJ: Racionalizacija upravlenija v NII i KB. Moskau 1972.

3 R. ACKOFF: A Concept of Corporate Planning, Wiley-Interscience, 1970; A. M. WEINBERG: Reflections on Big Science. Oxford 1967; (deutsch: Probleme der Großforschung. Frankfurt/M. 1970); Basic Research of National Goals. A Report to the Committee on Science and Astronautics US, House of Representatives by the National Academy of Sciences, 1965; N. STORER: The Social System of Science. New York 1966; M. CETRON/J. GOLDHAR (Ed.): The Science of Managing Organized Technology. 1970; D. ROMAN: Research and Development Management: The Economics and Administration of Technology. New York 1968.

Geht man von der Konzeption der Ziele und Mittel der Wissenschaftsleitung aus, wie sie im ersten Kapitel dargelegt worden ist, dann kann die Wissenschaftsplanung definiert werden als ein System von organisatorischen, ökonomischen, informationellen und sozialen Maßnahmen zur Leitung des Systems Wissenschaft mit dem Ziel, alle Forschungs- und Entwicklungsaufgaben effektiv zu lösen.

Die Planung der modernen Wissenschaft besitzt eine Reihe charakteristischer Besonderheiten:

- In der Wissenschaftsplanung werden Forschungsziele und die Reihenfolge, in der sie zu erreichen sind, mehr oder weniger konkret vorgegeben;
- die Prognostizierbarkeit von Forschungsergebnissen ist auf dem Gebiet der angewandten Forschung zuverlässiger als auf dem Gebiet der Grundlagenforschung, sie besitzt jedoch stets Wahrscheinlichkeitscharakter;
- Wissenschaftsplanung muß elastisch auf Veränderungen reagieren können, die durch andere Forschungsergebnisse notwendig werden;
- der Plan erfüllt für die Wissenschaft lebenswichtige ökonomische Funktionen, indem er die Voraussetzungen für den besten Einsatz der Kräfte und die rationellste Verteilung der materiellen Ressourcen schafft;
- der Plan besitzt eine Informationsfunktion, indem er die Wissenschaftler fundiert mit den jeweiligen Problemsituationen bekannt macht;
- im Plan verkörpern sich die wichtigsten Organisationsprinzipien der Wissenschaft: Koordiniertheit und Zielgerichtetheit, Komplexität und systematische Geschlossenheit usw.;
- die Forschungsplanung ist ein wichtiger methodischer Faktor für das richtige Verständnis der Aufgaben- und Zielstellung der Wissenschaft.

Die Planungsmethoden, der konkrete Inhalt und die Struktur von Plänen sowie die Verfahren, mit deren Hilfe diese Pläne realisiert werden, sind in den einzelnen Ländern höchst unterschiedlich. Das Planungsniveau ist abhängig von den jeweiligen sozialökonomischen Bedingungen, vom Entwicklungsstand der Produktivkräfte der Gesellschaft, insbesondere von Wissenschaft und Technik, vom Bildungsgrad der Bevölkerung, von nationalen und kulturellen Traditionen, aber auch von zahlreichen für das jeweilige Land spezifischen Problemen.

Die einheitliche gesamtstaatliche Planung der wissenschaftlich-technischen Entwicklung ist zum erstenmal in der Sowjetunion verwirklicht worden. Dieses Ergebnis, das zu einem wichtigen Faktor einer harmonischen Wissenschaftsentwicklung geworden ist, verdient in der Geschichte der Wissenschaftsorganisation und -leitung einen besonderen Ehrenplatz.

In den ersten Jahrzehnten des 20. Jahrhunderts machte sich in der Wissenschaft immer stärker das Bedürfnis nach Koordinierung der wissenschaftlichen Anstrengungen, nach staatlicher Unterstützung der Forschungen und nach größerer Effektivität des wissenschaftlich-technischen Fortschritts bemerkbar. Am dringlichsten waren diese Aufgaben für die ökonomisch schwachentwickelten Länder, zu denen auch das zaristische Rußland gehörte. V. I. VERNADSKIJ, Akademiemitglied und leidenschaftlicher Vorkämpfer einer planmäßigen Entwicklung der Wissenschaft sowie der Produktivkräfte Rußlands, stellte in einem im Januar 1917 veröffentlichten Referat fest: „Noch nie ist bei uns die Schaffung einer bestimmten Organisation dieser Angelegenheit, eines *staatlichen Netzes von Forschungs*instituten, erörtert worden, nie ist diese Aufgabe als eine staatliche anerkannt worden."[4]

Buchstäblich seit den ersten Tagen der Existenz des Sowjetstaates ergriff die Arbeiter-und-Bauern-Regierung alle Maßnahmen, die Entwicklung der Wissenschaft zu organisieren. In dem von LENIN im April 1918 persönlich verfaßten „Entwurf eines Plans wissenschaftlich-technischer Arbeiten" waren in gedrängter, aber konkreter Form die grundlegenden Richtlinien für die Politik des Staates auf diesem Gebiet dargelegt worden. Sie sahen die „systematische Untersuchung und Erforschung der natürlichen Produktivkräfte Rußlands" sowie Maßnahmen „für die möglichst rasche Ausarbeitung eines Plans für die Reorganisation der Industrie und den ökonomischen Aufstieg Rußlands" vor. Dieser Plan sollte nach LENINS Vorstellung umfassen: eine rationelle Standortverteilung der Industrie (geringe Entfernungen zwischen der Industrie und den Rohstoffquellen sowie minimaler Arbeitsaufwand in allen Stadien der Produktion); Konzentration auf die Elektrifizierung der Industrie und des Transportwesens, Anwendung der Elektrizität in der Landwirtschaft; Versorgung der Industrie mit den wichtigsten Rohstoffen und Erschließung der effektivsten Energiequellen.[5]

Das im Jahre 1919 angenommene Programm der KPR(B) enthält historisch bedeutsame Aussagen über die Schaffung der materiell-technischen Basis der neuen Gesellschaftsordnung: „Das Wichtige und Grundlegende, die gesamte Wirtschaftspolitik der Sowjetmacht Bestimmende, ist die größtmögliche Entwicklung der Produktivkräfte des Landes."[6] Dabei richtete sich die Aufmerksamkeit der Partei in erster Linie auf die „Vereinigung der gesamten wirtschaftlichen Tätigkeit nach einem gesamtstaatlichen Plan", auf die Zentralisation der Produktion, auf die rationelle Ausnutzung der materiellen Ressourcen des Landes, auf den Übergang von „rückständigen Formen der Produktion zu einer höheren, zur großen maschinellen Industrie". Große Aufmerksamkeit wurde auch der

4 V. I. VERNADSKIJ: O gosudarstvennoj seti issledovatel'skich institutov. In: Otčety Imperatorskoj Akademii nauk komitetu po izučeniju prirodnych proizvoditel'nych sil Rossii, Heft VIII. Petersburg 1917, S. 4.

5 Vgl. Sdelaem Rossiju ėlektričeskoj (Sammelband von Erinnerungen). Moskau—Leningrad 1961; W. I. LENIN: Entwurf eines Plans wissenschaftlich-technischer Arbeiten. In: LW, Bd. 27, Berlin 1960, S. 312f.

6 KPSS v rezoljucijach i rešenijach s-ezdov, konferencij i plenumov CK, Teil 1, 1962, S. 42. Vgl. auch: Geschichte der KPdSU. Berlin 1971, S. 339.

Aktivierung der schöpferischen Tätigkeit der Massen, dem zweckmäßigen Einsatz der Wissenschaftler und der Technik, der tatkräftigen „Entwicklung der Wissenschaft und ihrer Annäherung an die Produktion", der Gewährleistung der wissenschaftlich-technischen Information sowie dem Studium und der Verbreitung progressiver Erfahrungen gewidmet.[7]

Ihre erste Konkretisierung fanden diese Prinzipien der Perspektivplanung für den beschleunigten wissenschaftlich-technischen Fortschritt des Sowjetlandes im „Staatsplan für die Elektrifizierung Rußlands" (GOELRO-Plan). Dieser Plan forderte[8]:

- eine bedeutende Erhöhung des wissenschaftlich-technischen Niveaus der Produktion und auf dieser Grundlage ein maximales Wachstum der Produktivität und eine größtmögliche Verbesserung der Arbeitsbedingungen zu erreichen;
- ein vorrangiges Entwicklungstempo der Schwerindustrie des Landes zu gewährleisten;
- die wirtschaftliche Entwicklung so zu lenken, daß das Wachstumstempo der Energieversorgung der Volkswirtschaft bei einem hohen Entwicklungstempo aller Industriezweige Vorrang behält;
- die rationellste Ausnutzung aller Energieressourcen zu sichern, sowohl durch große Wärmekraftwerke auf der Basis billiger einheimischer Brennstoffe als auch durch mächtige Wasserkraftwerke für eine komplexe Ausnutzung der Wasservorkommen;
- entsprechend den Bedürfnissen der Industrialisierung des Landes ein verzweigtes System von Hochspannungsleitungen zu schaffen und die Energiesysteme des Landes rationell zu versorgen.

Der GOELRO-Plan ist als ein überaus wichtiges Dokument einheitlicher staatlicher Politik auf dem Gebiet der Entwicklung von Wissenschaft, Technik und Produktion in die Geschichte des wissenschaftlich-technischen Fortschritts eingegangen.

Der GOELRO-Plan wurde Ende 1920 bestätigt und war auf 10 Jahre berechnet. Vorgesehen waren der Bau von 30 neuen Kraftwerken mit einer Kapazität von insgesamt 1,75 Mill. kWh und die Rekonstruktion der bereits vorhandenen, deren Kapazität auf das Zehnfache gesteigert werden sollte. Damit sollte sich die jährliche Erzeugung von Elektroenergie auf 8,8 Mrd. kWh erhöhen.[9]

Diese für jene Zeit kühnen Pläne, in dem rückständigen und vom Krieg zerstörten Rußland die Grundlagen für den wissenschaftlich-technischen Fortschritt

7 Vgl. Sdelaem Rossiju ėlektričeskoj.

8 Vgl. I. T. NOVIKOV: Razvitie ėnergetiki i sozdanie edinoj ėnergetičeskoj sistemy SSSR. Moskau 1962.

9 Vgl. V. S. KULEBAKIN: V. I. LENIN i ėlektrifikacija SSSR. In: LENIN i nauka. Moskau 1960.

zu schaffen, erschienen vielen als Fantastereien. Der bekannte englische Schriftsteller Herbert Wells nannte Lenin, mit dem er im Jahre 1920 zusammengetroffen war, den „Träumer im Kreml". In seinem Buch „Nacht über Rußland" schrieb er: „In welchen Zauberspiegel ich auch blicken mochte, ich konnte dieses zukünftige Rußland nicht sehen, aber der untersetzte Mann im Kreml besitzt diese Gabe. Er sieht, wie an Stelle der zerstörten Eisenbahnen neue, elektrifizierte entstehen, er sieht, wie neue Straßen das ganze Land durchziehen, wie sich eine erneuerte und glückliche, industrialisierte kommunistische Macht erhebt."[10]

Lenin antwortete den Skeptikern: „Man muß träumen!" Und dieser Traum ist Wirklichkeit geworden. Wells und all die anderen, die nicht an einen schnellen wissenschaftlich-technischen Fortschritt Sowjetrußlands geglaubt hatten, mußten sich davon überzeugen, daß der Goelro-Plan nicht nur erfüllt, sondern um ein Vielfaches übertroffen wurde.

Bereits 1932 wurden in der Sowjetunion über 13,5 Mrd. kWh Elektroenergie erzeugt, siebenmal mehr als 1913 und anderthalbmal mehr, als der Goelro-Plan vorgesehen hatte.

Angesichts der wissenschaftlich-technischen Erfolge des Sowjetstaates begannen immer mehr Menschen auf der Erde über die Ursachen dieser Erfolge nachzudenken. Das zeigte sich besonders deutlich, als in der UdSSR die ersten Sputniks und Weltraumschiffe gestartet worden waren. Der angesehene englische Mathematiker Stafford Beer stellte dazu fest: „Der ungeheure Aufschwung Rußlands ist nicht allein das Ergebnis einer eisernen Entschlossenheit und Selbstaufopferung. Sputniks werden nicht durch Fasten und Beten auf ihre Bahnen geschossen ..."[11] Auf der Suche nach den Ursachen für die Erfolge bei der Entwicklung von Wissenschaft und Technik in der Sowjetunion wenden sich die fortschrittlichen Wissenschaftler natürlich dem Wesen der sowjetischen Gesellschaftsordnung, wo Wissenschaft und Technik im Dienst des Menschen stehen, und den progressiven Traditionen der Sowjetwissenschaft zu.

Die Erfahrungen, die während eines halben Jahrhunderts bei der wissenschaftlich-technischen, industriellen und kulturellen Entwicklung der Sowjetunion gesammelt wurden, sind ein überzeugender Beweis für den Triumph der Planung. Aus einem armen und zurückgebliebenen Land ist die UdSSR zur zweitstärksten Industriemacht der Welt geworden, zu einem Land, in dem ein beträchtlicher Teil der Aufgaben der Weltwissenschaft gelöst wird.

Wesentlich davon verschieden sind die Organisationsformen der Wissenschaft, und prinzipiell andere Ziele stellt sich die Wissenschaftspolitik unter Bedingungen,

10 H. G. Wells: Rossija vo mgle. Moskau 1958, S. 72f. (Übersetzung nach dem russ. Text, der eine Übersetzung aus dem Englischen ist).

11 St. Beer: Kybernetik und Management. Frankfurt/M. 1967.

unter denen die finanzielle Unterstützung der Wissenschaft aus unterschiedlichen gesellschaftlichen Quellen fließt und die Ergebnisse der wissenschaftlichen Forschung im Interesse des Privatkapitals und verschiedener gesellschaftspolitischer Gruppen ausgenutzt werden. Diese Situation gibt nicht selten Anlaß zur Skepsis hinsichtlich der Möglichkeit, eine wissenschaftlich begründete Politik der Wissenschaftsleitung zu verwirklichen, und läßt manchmal ein Gefühl des Mißtrauens und der Furcht gegenüber der Entwicklung aufkommen.

Treffend wurde einmal bemerkt, daß auch „alle technischen und wissenschaftlichen Errungenschaften, vom Rad bis zur Dampfmaschine und zum Atomreaktor, zu ihrer Zeit verdammt worden sind“[12].

Die heutige Einstellung der Wissenschaftler zu dieser Frage ist subtiler. J. Platt formulierte sie scharfsinnig so: Wissenschaft greift umsich wie Feuer und muß auch genauso gehütet und genährt werden.[13]

Die Wissenschaft ist heute derart tief und unmittelbar mit allen Sphären der sozialistischen Gesellschaft verbunden, daß sie mit Recht zu einem der wichtigsten Elemente der neuen Kultur, zu einer unverzichtbaren Voraussetzung für die erfolgreiche Steuerung der gesellschaftlichen Entwicklung geworden ist. Es ist keineswegs zufällig, wenn in der UdSSR ein großer Teil der Mitarbeiter des Staatsapparats (aller Dienststellungen) eine Hochschulausbildung auf dem Gebiet der Naturwissenschaften oder eine Diplomingenieur-Ausbildung besitzt.

D. de Solla Price wertete diese Tatsache als einen „Hinweis auf den Weg, auf dem unsere Zukunft liegen kann“[14], und C. P. Snow wünschte, „Mitte der achtziger Jahre den gleichen Stand in den englischsprechenden Ländern zu erreichen“[15].

Die Idee einer planmäßigen Wissenschaftsentwicklung auf der Grundlage einer einheitlichen staatlichen Wissenschaftspolitik ist in allen Ländern der Welt auf dem Vormarsch, und die Formen und die Folgen dieses Prozesses sind tiefgreifend und vielgestaltig.

Der erste Versuch einer staatlich geplanten und organisierten Lösung umfangreicher wissenschaftlicher und technischer Probleme unter den Bedingungen der kapitalistischen Gesellschaft war das sogenannte Manhattan-Projekt. Es handelte sich dabei um jenen Komplex von Maßnahmen, der zur Entwicklung der

12 Vgl. auch: Progrès Technique et Progrès Moral, Recontres Internationales de Genève. Neuchatel 1948.

13 J. P. Platt: The Step to Man. 1966, zitiert in: American Scientist, 1966, Bd. 54, Nr. 3, S. 345; "Science creates more science, like a fire; and the conditions for nursing it and keeping it burning are much the same."

14 D. de Solla Price: Little Science, Big Science, S. 113.

15 C. P. Snow: Government, Science and Public Policy. In: Science, 1966, Bd. 151, Nr. 3711, S. 653.

ersten Atombombe in den USA während des zweiten Weltkriegs führte. Die Realisierung dieses Projekts verschlang mehr Mittel, als für die Wissenschaft der ganzen Welt bis zu diesem Zeitpunkt aufgewendet worden waren. Von nun an war in den USA ein großer Teil der gesamtstaatlichen Anstrengungen auf dem Gebiet der Planung und Organisation wissenschaftlicher Forschungsarbeiten mit militärischen oder halbmilitärischen Zielsetzungen verknüpft.

Schon 1956 stellte die Vereinigung amerikanischer Wissenschaftler fest, daß sich die Anzahl der Wissenschaftler in den vergangenen 15 Jahren (seit 1941) verfünffacht hatte (von 46000 auf 250000) und daß die Aufwendungen für die Wissenschaft auf das Dreißigfache angestiegen waren (von 166 Millionen auf 5 Milliarden); mit Besorgnis wurde konstatiert, daß die „gegenwärtige Etappe einer schnellen planlosen Zunahme der Forschungstätigkeit die Zunahme der kritischen Schwierigkeiten beschleunigt ..."

Als Schwierigkeiten galten die ungleichmäßige Entwicklung der verschiedenen Wissenschaftszweige und der „ständig zunehmende Kadermangel"[16]. Acht Jahre später — im Jahre 1964 — sahen sich die amerikanischen Spezialisten für Wissenschaftsorganisation gezwungen festzustellen, daß es unter Wissenschaftlern und Ingenieuren Arbeitslosigkeit gebe, während es gleichzeitig an Spezialisten für die Wissenschaftsentwicklung mangele. Als Ursache wurde übereinstimmend die Tatsache genannt, daß die Probleme der nationalen Planung nicht gelöst sind.[17]

Kaum 8 Jahre später erschien bereits eine spezielle Publikation[18], in der der National Science Fonds der USA eine dreiprozentige Arbeitslosigkeit unter der Millionenarmee der hochqualifizierten Wissenschaftler und Ingenieure konstatierte. Unter den jungen (bis 25 Jahre) und älteren (über 55 Jahre) Spezialisten war die Arbeitslosenrate doppelt so hoch und übertraf 1971 zum erstenmal den Stand der Arbeitslosigkeit unter den Arbeitern (5,9%).

In England und anderen westeuropäischen Ländern[19] verringerte sich das wissenschaftliche Potential infolge fehlender staatlicher Fürsorge sowie einer planlosen Entwicklung in den letzten Jahren schnell, vor allem in bezug auf den Vorlauf an wissenschaftlichen Forschungsarbeiten und auf die Anzahl hochqualifizierter Wissenschaftler. Im Zusammenhang damit richteten die Wissenschaftshistoriker und Wissenschaftsorganisatoren ihre Aufmerksamkeit immer wieder auf die Erfahrungen der sozialistischen Länder. „Die sozialistischen

16 Vgl. Otčet o s-ezde Amerikanskoj associacii naučnych rabotnikov. In: Mir nauki, 1957, Nr. 2. Vgl. auch oben, S. 273ff.

17 Vgl. W. R. Brode: Approaching the Ceilings in the Supply of Scientific Manpower. In: Science, 1964, vol. 143, Nr. 3604, S. 315.

18 Vgl. Unemployment Rates and Employment Characteristics for Scientists and Engineers. Washington 1971, S. 1—72 (Hrsg. vom „National Science Fonds").

19 Vgl. C. P. Snow: Government, Science and Public Policy, a. a. O.

Länder sorgen schon seit langem für die Wissenschaft. Die gerade in den Nachkriegsjahren so sichtbaren Errungenschaften der Sowjetunion sind in hohem Maße durch eine vernünftige und planmäßige Entwicklung der Wissenschaft möglich geworden."[20]

Die objektiven Bedürfnisse des wissenschaftlich-technischen Fortschritts, die Logik der Entwicklung der Wissenschaft als eines komplizierten Organisationssystems, die immer deutlicher hervortretende gesamtstaatliche Bedeutung des wissenschaftlichen Potentials eines Landes und das Bestreben, die Konkurrenzfähigkeit auf dem internationalen Markt sicherzustellen, rufen überall verschiedene Formen der strategischen Einwirkung des Staates auf die Wissenschaftsentwicklung ins Leben.[21] In den USA wurde ein Nationaler Wissenschaftsfonds geschaffen, zu dessen Aufgaben die finanzielle Unterstützung und Kontrolle besonders aussichtsreicher Forschungs- und Entwicklungsarbeiten gehören. In Japan wurde ein Regierungszentrum für die Koordinierung der wissenschaftlichen Forschungsarbeiten gegründet, desgleichen eine halbstaatliche (mit gemischtem Kapital arbeitende) Gesellschaft für die Überleitung von Ergebnissen der Forschungs- und Entwicklungsarbeiten in die Produktion. In fast allen entwickelten Ländern sind in den letzten Jahren staatliche Berater für Wissenschaftsfragen eingesetzt sowie zentrale Institutionen für Wissenschaftspolitik geschaffen worden.[22]

Jede derartige Beteiligung des kapitalistischen Staates an der Organisation und Leitung des wissenschaftlich-technischen Fortschritts erfaßt jedoch zwangsläufig nur bestimmte Bereiche der Wissenschaftsentwicklung; sie ist weit davon entfernt, den modernen Bedürfnissen sowie Möglichkeiten einer harmonischen und beschleunigten Entwicklung des Gesamtsystems der Wissenschaften gerecht zu werden.

Ganz anders liegen die Probleme der Organisation, Planung und Leitung der Wissenschaftsentwicklung in den Ländern Asiens, Afrikas und Lateinamerikas, die sich von der Kolonialherrschaft befreit haben und eine selbständige nationale Entwicklung anstreben. In den wissenschaftlich-technisch entwickelten Ländern lebt heute etwa ein Drittel der Weltbevölkerung, aber sie produziert und ver-

20 J. D. Bernal: The Brain Drain. In: Labour Monthly, 1964, Bd. 46, Nr. 4, S. 182.

21 Vgl. UNESCO, The Role of Science and Technology in Economic Development, Science Policy Studies and Documents, Nr. 18, Paris 1970; J. J. Salomon and others: The Research System, OECD, Paris 1972; UNESCO, Science Policy and European States, Science Policy Studies and Documents, Nr. 25. Paris 1971; UNESCO, Science and Technology in Asian Development. Paris 1970; UNESCO, The Promotion of Scientific Activity in Tropical Africa, Science Policy Studies and Documents, Nr. 11. Paris 1964; UNESCO, Science Policy in Latin America 1971, Science Policy Studies and Documents, Nr. 29. Paris 1973.

22 Vgl. UNESCO, World Directory of National Science Policy-Making Bodies, Bd. 1, Europe and North America, 1961; Bd. 2, Asia and Oceania, 1968; Bd. 3, Latin America, 1968.

braucht mehr als drei Viertel aller Waren und verfügt über den größten Teil des Wissenschaftspotentials der Erde.

Die Beseitigung dieser tiefen Kluft zwischen den entwickelten und den Entwicklungsländern ist eine der wichtigsten internationalen Aufgaben der modernen Wissenschaft. Die Entwicklungsländer stehen vor folgenden Problemen:

- bei begrenzten finanziellen Ressourcen und in kürzester Frist nationale Wissenschaftskader auszubilden;
- ein Netz wissenschaftlicher Einrichtungen und eine entsprechende experimentelle Basis zu schaffen;
- die unter den Bedingungen des jeweiligen Landes geeignetsten internationalen wissenschaftlich-technischen Erfahrungen umfassend einzuführen;
- die eignen, in der Regel überaus reichen natürlichen Ressourcen möglichst vollständig zu nutzen.

Alle diese Länder sind bestrebt, die unaufschiebbaren Aufgaben in historisch kürzesten Fristen zu lösen. Sie stehen daher vor der Frage, auf welchen Weg der Wissenschaftsentwicklung sie sich orientieren sollen. Wollen sie die sozialistischen Erfahrungen der planmäßigen Wissenschaftsentwicklung und der staatlichen Leitung des wissenschaftlich-technischen Fortschritts nutzen, oder sollen sie auf die Leitungsmethoden setzen, die in den kapitalistischen Ländern üblich sind?

Die meisten Entwicklungsländer orientieren sich, wie die Praxis zeigt, auf die schöpferische Anwendung und eine den nationalen Bedingungen angepaßte planmäßige Wissenschaftsentwicklung. Das bestätigten die angesehensten Spezialisten der aufstrebenden Länder.[23] Auch in der westlichen Welt wurde diese Tatsache anerkannt.[24]

2. Das staatliche System der sowjetischen Wissenschaftsplanung

Die Wissenschaftsplanung in der UdSSR beruht auf der prinzipiell einheitlichen staatlichen Wissenschaftspolitik und auf der Nutzung der wissenschaftlichen Ergebnisse durch das ganze Volk. Die wissenschaftlichen Forschungspläne

23 Vgl. M. S. Adiseshiah: Die geplante Entwicklung der wissenschaftlichen Forschung in Afrika. In: Wissenschaftliche Welt, Jg. IX, 1965, Nr. 1, S. 2—9; A. Rahman: Die Planung der Forschung in Indien und damit zusammenhängende Probleme. In: Wissenschaftliche Welt, Jg. IX, 1965, Nr. 2, S. 18—24.

24 Vgl. P. M. Blackett: Planning for Science and Technology in Emerging Countries. In: New Scientist, 1963, Bd. 17, Nr. 326, S. 345—346; Technology and Economic Development. New York 1963, S. 15.

entstehen auf der Grundlage einer breiten demokratischen Erörterung durch kompetente Spezialisten und durch die wissenschaftlich-technische Öffentlichkeit; sie werden von der Regierung der UdSSR, von den Ministerräten der Unionsrepubliken sowie von den entsprechenden Fachorganen als *staatliche Akte* betrachtet, die für alle wissenschaftlichen Institutionen bindende Gültigkeit besitzen.

Die Ergebnisse der wissenschaftlichen Forschung sind in der Sowjetunion Besitz aller interessierten Organisationen, nicht aber einer oder mehrerer miteinander konkurrierender Firmen. Die finanzielle Sicherstellung der Wissenschaft erfolgt ebenfalls aus dem einheitlichen Staatshaushalt, und der ökonomische Effekt der Forschungs- und Entwicklungsarbeiten wird vom gesamtstaatlichen Standpunkt als volkswirtschaftlicher Effekt und nicht als Gewinn irgendeines Privatbetriebes betrachtet und gemessen.

Die Planung der wissenschaftlichen Forschungen ist in der Sowjetunion ein untrennbarer Bestandteil der gesamtstaatlichen Pläne zur Entwicklung der Volkswirtschaft und der Kultur. Das System der staatlichen Planung in der UdSSR strebt folgende Hauptziele an:

- ein hohes Wachstumstempo der gesellschaftlichen Produktion, die erforderliche Proportionalität in der Entwicklung ihrer verschiedenen Zweige und die ökonomisch optimale Lösung aller geplanten Aufgaben;
- die effektivere Nutzung der gewaltigen Investitionen in die Volkswirtschaft, darunter der überaus hohen und besonders schnell zunehmenden Investitionen in den wissenschaftlich-technischen Fortschritt der Sowjetunion;
- die maximale Erhöhung des wissenschaftlich-technischen Niveaus aller Zweige der Volkswirtschaft, die intensive Steigerung der ökonomischen Kennziffern der Produktion auf der Grundlage der Elektrifizierung, Chemisierung, komplexen Mechanisierung und Automatisierung der Produktion, durch die Einführung der Errungenschaften der sowjetischen und der internationalen Wissenschaft und Technik in die Produktion;
- die ständige Verbesserung der Produktionsstruktur, bei vorrangiger Entwicklung der progressivsten Zweige, Entwicklung der Spezialisierung, Kooperation und Kombination der Produktion, rationellster Nutzung der personellen, materiellen und natürlichen Ressourcen sowohl der Sowjetunion als auch der Länder der sozialistischen Staatengemeinschaft, bei Entwicklung gegenseitig vorteilhafter ökonomischer und wissenschaftlich-technischer Beziehungen zwischen Ländern mit unterschiedlicher Gesellschaftsordnung;
- die ständige Erhöhung des materiellen und kulturellen Lebensniveaus der Bevölkerung des Landes durch die materielle Stimulierung der Arbeit, die Vergrößerung der Realeinkommen der Werktätigen, die Erweiterung der Produktion und die Verbesserung der Qualität der Massenbedarfsgüter, durch die Entwicklung des Warenumsatzes des Handels, das beschleunigte Wachs-

tum des Wohnungsbaus, durch die Entwicklung der Kultur, des Gesundheitswesens und der anderen Zweige, die unmittelbar Dienstleistungen für die Bevölkerung erbringen.

Es ist ganz offensichtlich, daß diese generellen Ziele der sozialistischen Planung nur dann erreicht werden können, wenn alle Pläne für die Entwicklung der Produktion, der Technik und der Wissenschaft organisch miteinander abgestimmt sind. Die Methodik der volkswirtschaftlichen Planung schreibt daher verbindlich vor, daß der Aufstellung der Pläne in der Staatlichen Plankommission, in den Ministerien und Behörden der Unionsrepubliken und der UdSSR folgende Maßnahmen vorausgehen müssen: die gründliche prognostische Untersuchung der perspektivischen Bedürfnisse von Gesellschaft und Produktion, die Prognose der Möglichkeiten von Wissenschaft und Technik, die Festlegung von Maßnahmen für die Einführung neuer Technik und neuer Technologien, für die maximale Verwirklichung der Ergebnisse der Forschungs- und Entwicklungsarbeiten aus Instituten, Projektierungsorganisationen und Werkslaboratorien und der Vorschläge der Neuerer der Produktion.

Man kann die wissenschaftlichen Forschungspläne im staatlichen System der Wissenschaftsplanung nach den Ebenen der konkreten Ziel- und Aufgabenstellungen in drei große Gruppen einteilen:

- in wissenschaftliche Forschungspläne, die Bestandteil des allgemeinen Staatsplanes für die Entwicklung der Volkswirtschaft der Sowjetunion sind;
- in wissenschaftliche Forschungspläne, die Bestandteil des Staatsplans für die Entwicklung der Volkswirtschaft einer Unionsrepublik sind;
- in amtliche Forschungsthemen, die Bestandteil der Arbeitspläne von Ministerien, der Staatlichen Plankommission oder der Akademie der Wissenschaften sind.

Um die Praxisverbundenheit der Forschungen zu verstärken und die Effektivität der Wissenschaftsplanung zu verbessern, werden in den letzten Jahren zunehmend und mit Erfolg Forschungsthemen durch die Staatliche Plankommission, die Ministerien und die großen Produktionsvereinigungen vergeben (in Form von direkten Aufträgen zur Durchführung aktueller Forschungen, an denen die Volkswirtschaft interessiert ist). Diese Auftraggeber sind gemeinsam mit den wissenschaftlichen Institutionen dem Staat gegenüber für die Ausarbeitungen und erfolgreiche Überleitung der Forschungsergebnisse in die Praxis verantwortlich. Die Erfahrungen zeigen, daß dieses Verfahren der staatlichen Planung die Effektivität der Forschungen in den angewandten Zweigen der Wissenschaften beträchtlich erhöht.

Bewährt hat sich auch, daß die Leitungsorgane der wissenschaftlichen Vereinigungen (z. B. das Präsidium der Akademie der Wissenschaften der UdSSR) gemeinsam mit interessierten Organisationen (Ministerien) die aktuellsten Richtungen der Forschungsarbeiten analysieren. Sind die Forschungsprobleme auf dem Gebiet der Natur- und der Gesellschaftswissenschaften auf diese Weise formuliert worden, so werden sie den wissenschaftlichen Einrichtungen und den entsprechenden Organisationen oder Betrieben der Ministerien der UdSSR und der Unionsrepubliken zur gemeinsamen Ausarbeitung und Überleitung übergeben. Ihrer grundsätzlichen wissenschaftlichen und volkswirtschaftlichen Bedeutung entsprechend, werden diese Themen in eine der obengenannten Gruppen staatlicher Pläne aufgenommen.

Nach den Fristen für die Ausführung der Arbeiten werden die Forschungspläne in der UdSSR eingeteilt in:

a) Jahrespläne (1 Jahr);
b) mittelfristige Pläne (5 Jahre);
c) Perspektivpläne (15 Jahre).

Inhalt der Pläne sind komplexe *wissenschaftliche Probleme*, die in der Regel von mehreren Wissenschaftlerkollektiven bearbeitet werden, sowie die aufgegliederten *wissenschaftlichen Forschungsthemen*.

Der Jahresplan enthält folgende obligatorische Angaben:

— die Bezeichnung der wissenschaftlichen Richtung (des Problems), deren Bestandteil das betreffende Thema ist;
— die Angabe der Organisation, die Hauptbearbeiter (Leitorgan) des Themas ist, sowie der Organisationen, die außerdem an diesem Thema arbeiten;
— die Termine für den Beginn und den Abschluß der Arbeit am Thema (mit Präzisierung bis zu einem Quartal oder Monat);
— eine detaillierte Gliederung des Inhalts der bevorstehenden Forschung, einschließlich der Reihenfolge (Etappen) der Arbeiten und ihres Umfangs;
— die personelle Zusammensetzung der Gruppe der wissenschaftlichen Leiter und Hauptbearbeiter des Themas sowie die Gesamtzahl der Personen, die mit der Durchführung der betreffenden Forschung befaßt sein werden;
— den Umfang der für die betreffende Forschung bereitgestellten materiellen Ressourcen und die Quellen für die Finanzierung der Arbeiten;
— eine Beschreibung der erwarteten prinzipiellen Ergebnisse sowie Überschlagsrechnungen hinsichtlich des vermutlichen ökonomischen Nutzens der geplanten wissenschaftlichen Arbeit (das letztere betrifft nicht die Pläne für theoretische Forschungen und für die Gesellschaftswissenschaften).

Diese Detaillierung des Jahresplans der wissenschaftlichen Arbeit ermöglicht es den Leitern der wissenschaftlichen Institutionen und den staatlichen Organen für die Leitung der Wissenschaft, den Arbeitsablauf zu kontrollieren und die Erfüllung der Forschungspläne zu unterstützen.

Die Fünfjahrpläne für die wissenschaftlichen Forschungsarbeiten sind natürlich konzentrierter, d. h. weniger detailliert als die Jahrespläne. Aber auch in ihnen werden in der Regel nicht nur die hauptsächlichen wissenschaftlichen Aufgaben festgelegt, die zu lösen sind, sondern es werden auch die erwarteten Ergebnisse der geplanten Forschungen mit hinreichender Genauigkeit beschrieben.

Die Perspektivpläne der Forschung (15 Jahre) werden in einer Form aufgestellt, die entscheidend vom Typ der Forschung abhängt. Das Hauptziel dieser Pläne besteht darin, möglichst bestimmt die *Richtungen der wissenschaftlichen Forschung* sowie der Forschungsarbeiten zu Problemen festzulegen, die als besonders aktuell und aussichtsreich erkannt worden sind. Meistens werden in solchen Perspektivplänen jene Thesen konkretisiert und exakter ausgeführt, die in *Prognosen* der wissenschaftlich-technischen Entwicklung enthalten sind.

System und Methodik der Wissenschaftsplanung in der UdSSR sind also gekennzeichnet durch: 1. eine feste Rangordnung der Pläne entsprechend der Ebene der Ziele, die den Forschungen gestellt werden; 2. eine konkret fixierte Funktionalität bei der Erfüllung der aufgestellten Pläne; 3. die Nutzung von Expertenmeinungen und -einschätzungen (der Bearbeiter und der Auftraggeber) als Ausgangsinformation hinsichtlich des Inhalts der geplanten Arbeiten.

Diese Methode der Wissenschaftsplanung ist in Jahrzehnten entstanden und hatte ihre endgültige Gestalt im wesentlichen anfangs der fünfziger Jahre gefunden. Heute wächst das Bedürfnis nach einer weiteren Vervollkommnung dieser Planungsmethoden.

FRIEDRICH ENGELS hat bereits vor einem Jahrhundert in seinem „Anti-Dühring" die Erwartung geäußert, daß im Sozialismus der Plan durch den Vergleich der Nutzeffekte bestimmt sein wird. Diese Möglichkeit, die wichtigsten Entscheidungen auf die Waage der Interessen des ganzen Volkes zu legen, ist tatsächlich ein prinzipielles Privileg des Sozialismus. Als globales Optimierungskriterium[25] wird in diesem Fall die Maximierung der Zielfunktion des gesellschaftlichen Nutzens gewählt. Das trifft in vollem Umfang auch für Planungsentscheidungen in der Wissenschaftsentwicklung zu.

Das „System des optimalen Funktionierens der Ökonomie" (SOFĖ) hat die Entwicklung neuer Konzeptionen der Wissenschaftsplanung stimuliert und seinen Ausdruck vor allem in einer radikalen Neugestaltung des gesamten Stadiums der Planvorbereitung gefunden. Im Zentrum dieser Arbeiten stehen jetzt soziale, ökonomische und wissenschaftlich-technische Prognosen; im Hinblick auf sie sind die Pläne eine besondere Klasse von Leitungsentscheidungen.

Die Beziehungen zwischen den wissenschaftlich-technischen Prognosen einerseits und dem System der Pläne der wissenschaftlich-technischen Entwicklung andererseits sind in Abbildung 79 dargestellt.[26] Eine solche prognostische Vor-

25 Vgl. N. P. FEDORENKO: O razrabotke sistemy optimal'nogo funkcionirovanija ėkonomiki. Moskau 1968.

26 Vgl. Planirovanie, upravlenie i ocenka ėffektivnosti naučnych issledovanij i razrabotok. Moskau 1972, S. 14.

bereitung ermöglicht es, die Auswahl der Ziele, die Festlegung der auszuführenden Arbeiten und ihre Reihenfolge sowie die Verteilung der Ressourcen auf die geplanten Forschungs- und Entwicklungsarbeiten besser zu begründen.

Eine wichtige Neuerung in der staatlichen Planungspraxis ist, daß die Pläne heute nicht mehr nur eine bestimmte Menge von Themen, d. h. Forschungsaufgaben, ausweisen, sondern daß sie auch die damit verbundenen Programm-Ziel-Komplexe zur Lösung der wichtigsten wissenschaftlich-technischen Probleme enthalten.

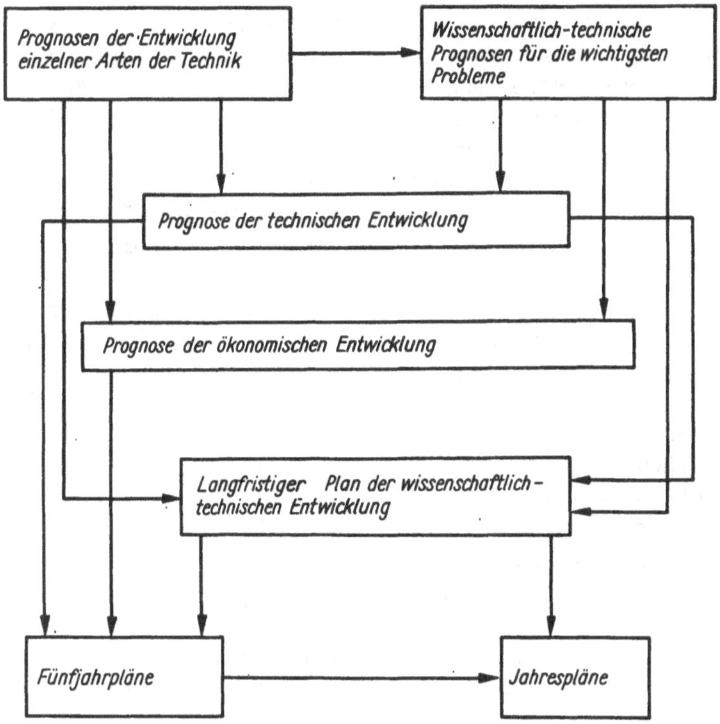

Abb. 79. Wechselbeziehung zwischen Prognosen und Plänen der wissenschaftlich-technischen Entwicklung eines Zweiges

Bei der Realisierung der Komplexprogramme entstehen zwischen den Organisationen der verschiedenen Verwaltungen und den Wissenschaftlerkollektiven sowie zwischen den Ingenieuren und den Vertretern der Produktion der verschiedenen Fachgebiete fruchtbare Beziehungen eines gegenseitigen Interesses, der exakten Festlegung von Aufgaben und Verantwortlichkeiten, mit anderen Worten: einer echten, zielstrebigen Kollektivität der Arbeit.

Jedes derartige Programm ist ein Komplex von ökonomischen, organisatorischen, von Produktions-, Projektierungs- und wissenschaftlichen Forschungsarbeiten, die auf die Erreichung einer bestimmten Hierarchie von Zielen im Interesse des Hauptziels gerichtet sind.

Komplexe Zielprogramme werden schon in nächster Zukunft Bestandteil aller Perspektivpläne für die Entwicklung der sozialistischen Volkswirtschaft sein. Durch dieses Programm-Ziel-Vorgehen[27] werden besser, als durch alle anderen Organisationsverfahren die Einheit und Bilanziertheit der Entscheidungen hinsichtlich der Zielauswahl, der Maßnahmepläne und der Verteilung der Ressourcen gewährleistet. Dieses Entscheidungssystem verbürgt Erfolge um so eher, wenn zahlreiche Anstrengungen zu koordinieren sind. Planungsmethodisch bedeutet dies Prinzip der Bilanziertheit von Zielen, Wegen und Ressourcen einen Übergang, und zwar den Übergang von der sogenannten Planung auf Grund des erreichten Niveaus zur „Planung auf Grund der sozialen und ökonomischen Endziele“; vom für die Vergangenheit typischen Ressourcen-Charakter der Plankennziffern zum gegenständlich-zielbestimmten Charakter, von der getrennten Planung der ökonomischen und wissenschaftlich-technischen Inhalte zu deren Einheit und gegenseitiger Fundierung.

Die Geschichte des wissenschaftlich-technischen Fortschritts kennt zahlreiche Beispiele für erfolglose Entscheidungen, deren Ausführung von Anfang an durch gegensätzlich wirkende Faktoren behindert wurde, weil die zugrunde gelegten Ziel-Weg-Ressourcen-Einschätzungen nicht bilanziert waren. 80 bis 90% aller Entscheidungen, die aus verschiedenen Gründen nicht verwirklicht worden sind, haben eben diese Nichtbilanziertheit der Pläne zur Ursache des Scheiterns. Die Einheit und Koordiniertheit der Einschätzungen von Zielen, Wegen und Ressourcen (das sogenannte Prinzip der Einheit ZWR) sind deshalb eine obligatorische Bedingung für qualitativ einwandfreie Leitungsentscheidungen.

Die nächste nicht minder wichtige Eigenschaft des Programm-Ziel-Vorgehens besteht darin, daß es bewußt darauf ausgerichtet ist, alle notwendigen Bedingungen für die Effektivität des wissenschaftlich-technischen Fortschritts zu schaffen, und daß es tatsächlich die Beschleunigung des wissenschaftlich-technischen Fortschritts, die Erweiterung des Anwendungsbereichs in der Praxis sowie die volle Nutzung der von der Wissenschaft und der Technik neu eröffneten Möglichkeiten wirksam sichert.

Alle Erfahrungen aus der Organisation und Leitung des wissenschaftlich-technischen Fortschritts lassen erwarten, daß die Zeiten für wissenschaftlich-technische Arbeiten auf die Hälfte, manchmal sogar auf ein Drittel und weniger reduziert werden können. Das bestätigen auch die Zeitverluste, die sowjetische

27 Vgl. auch B. A. Rajzberg/E. P. Golubkov/L. S. Pekarskij: Sistemnyj podchod v perspektivnom planirovanii. Moskau 1975.

Ökonomen bei der Untersuchung abgeschlossener Themenpläne festgestellt haben. Etwa 15 bis 20% Zeitverlust entstehen allein durch die mangelhafte materiell-technische und experimentell-produktionsmäßige Versorgung der Wissenschaft. Und etwa 25% der Zeit gehen verloren, weil Leitungsentscheidungen nicht rechtzeitig getroffen, auf den verschiedenen Ebenen nicht rechtzeitig abgestimmt werden usw.[28]

Es liegen Berechnungen an einem Makromodell vor, das im Landesmaßstab die Kennziffern für das Wachstumstempo des Nationaleinkommens sowie der Aufwendungen für den wissenschaftlich-technischen Fortschritt mit der Verkürzung der Fristen verbindet, in denen die Neuerungen technisch und ökonomisch realisiert werden. Diese Daten zeigen, daß bei einer Verkürzung der letzten Kennziffer von 8 auf 6 Jahre bis zum Jahre 1990 ein Wachstum der gesellschaftlichen Effektivität erreicht werden könnte, für dessen Erzielung andernfalls im Verlaufe von drei Fünfjahrplänen (1976—1990) zusätzlich mehr als 200 Mrd. Rubel in die Wissenschaft und den wissenschaftlich-technischen Fortschritt investiert werden müßten.

Heißt „schneller" der erste Effektivitätsfaktor, so der zweite „umfassender". Die umfassende Einführung von Neuerungen, die sich bereits bewährt haben, erbringt einen ökonomischen Nutzen, der schneller wächst als die Größenordnung der Verbreitung der Neuerungen.

Besondere Bedeutung unter den heutigen Bedingungen besitzt der dritte Effektivitätsfaktor, er heißt „vollständiger". Um neue wissenschaftliche Ergebnisse rechtzeitig, vollständig und zielgerichtet nutzen zu können, benötigt man ein entwickeltes Netz komplexer wissenschaftlich-technischer Programme. Das betrifft besonders die sogenannten Zwischen- oder Nebenergebnisse, die bei der planmäßigen Erforschung bestimmter Grundlagenprobleme oder angewandter Zielstellungen anfallen. Um sie effektiv zu realisieren, braucht man neu orientierte Zielprogramme und einen leistungsfähigen Mechanismus für die zwischenzweigliche überregionale Verbreitung neuer wissenschaftlich-technischer Errungenschaften.

Elektronik, Rechentechnik und Fernmeldetechnik ebenso wie Informatik, Soziologie, experimentelle Psychologie, Pädagogik und andere Gebiete der Wissenschaft und der Technik haben bis heute so mannigfaltige Ergebnisse zusammengetragen, daß künftig neue Arten individueller Informationstechnik entstehen und sich rasch verbreiten dürften. Diese Systeme könnten, wenn sie für kulturelle, erzieherische und Bildungszwecke eingesetzt würden, wenn sie umfassenden Zugang zu dem gesellschaftlichen Reichtum an Information gewährleisten und die Möglichkeiten der aktiven Teilnahme des Volkes an der gesellschaftlichen Leitung erweitern, unter den Bedingungen des Sozialismus einen größeren kulturellen und so-

28 Vgl. G. A. Lachtin: Taktika nauki. Novosibirsk 1969.

zialökonomischen Effekt erbringen als denjenigen, den seinerzeit die massenhafte Verbreitung des Fernsehens ausgelöst hat.

Eine solch wichtige Aufgabe, wie es die rechtzeitige und vollständige Nutzung des wissenschaftlich-technischen Potentials ist, könnte natürlich nicht durch eine einfache Zuteilung von Aufgaben gelöst werden. Es wäre unabdingbar, zur Planung, Organisation und Leitung der Arbeiten nach dem Programm-Ziel-Prinzip überzugehen. Die Rechte der Programmleiter müßten erweitert und ihnen Möglichkeiten gegeben werden, während der Gesamtdauer des Programms nach dynamischen ökonomischen Normativen über den Einsatz der Ressourcen zu verfügen; ferner müßten Mittel für die spezielle Informationsversorgung, darunter auch die Versorgung mit Prognosen, geschaffen werden. Der Charakter der gegenseitigen Beziehungen zwischen der Leitung der Programme und der Leitung der Zweige und Behörden müßte juristisch exakt definiert werden. Grundlage für diese Arbeit sind in der UdSSR die entsprechenden Beschlüsse. So hieß es bereits in der Direktive des XXIV. Parteitags der KPdSU: „Die Planung der Forschungs-, Versuchs- und Entwicklungsarbeiten ist dadurch zu verbessern, daß in den Plänen alle Etappen dieser Arbeiten bis zur Einführung ihrer Ergebnisse in die Produktion erfaßt werden; die Kontrolle über die Ausführung der Pläne ist zu verstärken." Der XXV. Parteitag der KPdSU beschloß: „Das System der Leitung der Forschungseinrichtungen und der Projektierungs- und Konstruktionsbetriebe sowie die Koordinierung, Planung und Finanzierung der Forschung sind zu verbessern."[29]

Diese strategische Zielstellung der Wissenschaftspolitik beinhaltet also nicht nur die *Planung der wissenschaftlichen Problematik*, sondern auch die *Planung des wissenschaftlichen Forschungsprozesses.*

Die Erfahrungen der Wissenschaftsentwicklung in der UdSSR haben es als zweckmäßig erwiesen, die Pläne nach den Hauptarten der Prozesse wie folgt zu differenzieren:

- Untersuchungen zur eigentlichen Forschungsthematik des wissenschaftlichen Kollektivs;
- Untersuchungen, die sich auf die experimentell-konstruktive Überprüfung abgeschlossener wissenschaftlicher Arbeiten richten;
- Untersuchungen mit dem Ziel, die Ergebnisse der beiden genannten Forschungsarten in die Produktion einzuführen und dort nutzbar zu machen. Arbeiten dieses Typs werden meist auf der Grundlage von Wirtschaftsverträgen mit interessierten Organisationen ausgeführt.

29 XXIV. Parteitag der KPdSU. Dokumente. Moskau—Berlin 1972, S. 53. XXV. Parteitag der KPdSU. Dokumente, Berlin 1976, S. 73.

In den Arbeitsplänen der sowjetischen Wissenschaftler wächst von Jahr zu Jahr der Anteil der theoretisch und praktisch besonders aktuellen Themen, die in den einheitlichen Staatsplan aufgenommen worden sind, während zweitrangige Themen mehr und mehr aus den Plänen verschwinden.

Fast alle Themen, in denen es um die experimentell-konstruktive Überprüfung und Überleitung in die Produktion geht, werden in der UdSSR von wissenschaftlichen Einrichtungen nach Plänen bearbeitet, die gemeinsam mit den Betrieben und Organisationen der Wirtschaftszweige des Landes aufgestellt worden sind. Dies fördert einerseits in hohem Maße die Beschleunigung des Nutzungsprozesses wissenschaftlicher Ergebnisse zur Befriedigung dringender volkswirtschaftlicher Bedürfnisse. Andererseits ist dieser Prozeß auch für die Wissenschaft lebenswichtig, denn er liefert ihr wertvolles Material über die Ergebnisse der praktischen Überprüfung wissenschaftlicher Aussagen und ermöglicht es, mit größerer Sicherheit die Richtungen der weiteren theoretischen Forschung und der Experimente auszuwählen.

Die langjährigen Erfahrungen der sowjetischen Wissenschaft zeigen, daß die Planung und Ausführung wissenschaftlicher Forschungsarbeiten auf der Grundlage direkter Wirtschaftsverträge zwischen den wissenschaftlichen Institutionen und Produktionsorganisationen eine der effektivsten Formen der Zusammenarbeit zwischen theoretischer und experimenteller Forschung und der Praxis ist. Sie ermöglicht es, die Fristen der Forschungsarbeiten zu verkürzen, und gewährleistet enge Kontakte zwischen den Wissenschaftler- und den Produktionskollektiven, ein gemeinsames Interesse an den Forschungsarbeiten und der Nutzung ihrer Ergebnisse.

Damit sind natürlich nicht alle Reserven für eine weitere Vervollkommnung der Planung von Forschungs- und Entwicklungsarbeiten ausgeschöpft. Besonders wichtig und kompliziert ist die Frage nach dem Verhältnis von theoretischen Grundlagen- und angewandten Forschungen in solchen wissenschaftlichen Vereinigungen wie der Akademie der Wissenschaften der UdSSR und den Akademien der Wissenschaften der Unionsrepubliken. Ähnlich steht es um das Problem der Wahl von Entscheidungskriterien dafür, welche Richtungen der Naturwissenschaften bevorzugt gefördert werden sollen.

Die Frage, in welchem Verhältnis Grundlagenforschung und angewandte Forschung betrieben werden sollten, wurde auf einer erweiterten Präsidiumssitzung der Akademie der Wissenschaften der UdSSR bei der Erörterung der Forschungsperspektiven auf dem Gebiet der allgemeinen und der angewandten Physik diskutiert. Akademiemitglied L. Arcimovič sagte hierzu: „Die Frage, worauf wir mehr Aufmerksamkeit verwenden sollen, auf die Halbleiter und die Elektronik oder auf die Astrophysik, ist ein Sonderfall einer allgemeineren Frage: Soll die Akademie in unserem Staat vor allem die Rolle eines Rettungswagens für schnelle wissenschaftlich-technische Hilfe spielen, oder besteht ihr Hauptzweck darin, jene Grundlagenforschungen zu entwickeln und zu unterstützen, deren Nutzen erst in Zeiträumen zu erwarten ist, die nicht mit den in der Wirtschaftsplanung üblichen Maßstäben zu messen sind. Letzteres scheint mir richtiger zu sein."[30]

Sowohl der Referent als auch andere Wissenschaftler beriefen sich in diesem Zusammenhang auf die wissenschaftsgeschichtlichen Erfahrungen der Vergangenheit. In der Tat ist dieses Problem weder für die Naturwissenschaft noch für die Akademie der Wissenschaften der UdSSR neu. Es sei daran erinnert, daß V. I. VERNADSKIJ im Zusammenhang mit einer ähnlichen Fragestellung bereits 1928 geschrieben hat: „Die sogenannte angewandte Wissenschaft ist ein integraler Bestandteil der Wissenschaft ... Kein Gelehrter kann sich, wenn der Horizont seiner Interessen nicht zu eng ist, von der angewandten Wissenschaft fernhalten."[31]

Selbst im Hinblick auf eine solche fundamentale und ihrem Wesen nach zutiefst abstrakte Wissenschaft wie die Mathematik hat einer ihrer hervorragendsten zeitgenössischen Theoretiker, JOHN VON NEUMANN, wie wir meinen, völlig zu Recht festgestellt, sie gerate in äußerste Gefahr, wenn sie sich den Anforderungen des Lebens entziehe und sich in der zweiten und dritten Generation nur mittelbar von Ideen aus der Wirklichkeit inspirieren lasse.[32]

Für die Akademie der Wissenschaften der UdSSR hat der frühere Präsident der Akademie, M. V. KELDYŠ, diese Frage so beantwortet: „... unsere erste Hauptaufgabe ist die Entwicklung einer perspektivischen Wissenschaft. Unsere zweite Hauptaufgabe besteht darin, zu erkennen, was diese perspektivische Wissenschaft der Praxis, dem Leben zu geben vermag, und Vorschläge zu unterbreiten, wie die wissenschaftlichen Ergebnisse praktisch anzuwenden sind."[33]

Diese Zitate deuten bereits das Kriterium dafür an, welche wissenschaftlichen Richtungen jeweils von grundlegender Bedeutung sind. Nicht ihr Wert an sich und auch nicht die Wertschätzung durch irgendwelche Vertreter einer Disziplin machen den Wert einer Wissenschaft aus, sondern die Bedeutung, die sie für die Wissenschaft insgesamt oder für die angewandte Forschungs- und Entwicklungsarbeit besitzt. Dieser Gesichtspunkt muß unserer Meinung nach einem solchen Kriterium zugrunde liegen. ALVIN WEINBERG formulierte das Kriterium für die Bedeutung naturwissenschaftlicher Grundlagendisziplinen so: „Unter sonst gleichen Bedingungen besitzt dasjenige Wissenschaftsgebiet den größeren Wert, das die Probleme der angrenzenden Disziplinen am hellsten beleuchtet und am aktivsten zu deren Ausarbeitung beiträgt."[34]

30 Nekotorye voprosy razvitija sovremennoj fiziki (Obsuždenie raboty otdelenija obščej i prikladnoj fiziki). In: Vestnik AN SSSR, 1965, Nr. 2, S. 5.

31 V. I. VERNADSKIJ: O zadačach i organizacii prikladnoj naučnoj raboty Akademii nauk SSSR. Leningrad 1928, S. 6, 14.

32 Vgl. R. HEYWOOD (Ed.): The Works of the Mind. Univ. of Chicago Press, 1947.

33 Nekotorye voprosy razvitija sovremennoj fiziki. In: Vestnik AN SSSR, 1965, Nr. 2, S. 43.

34 A. M. WEINBERG: Kriterii vybora nauk. In: Mir nauki, 1965, Nr. 2, S. 8.

Dieses Kriterium für den Wert einer wissenschaftlichen Richtung entspricht seiner informationellen Natur nach völlig dem sogenannten faktischen Einfluß, von dem bereits bei der Analyse der Struktur der Wechselwirkung zwischen den Wissenschaften die Rede war. Die konkrete quantitative Ausarbeitung dieser Konzeption auf der Basis hinreichend repräsentativen wissenschaftlichen Materials dürfte sich als für die wissenschaftliche Planung und Leitung der Wissenschaft sehr wertvoll erweisen.

3. Analytische Methoden der Planung und Leitung von Forschungs- und Entwicklungsarbeiten

Die gestiegenen Anforderungen an die Qualität und Wirksamkeit der Pläne haben die *Entwicklung mathematischer Methoden* zur Messung, Analyse und Bewertung von Ereignissen, Arbeiten und Zuständen des mit Hilfe von Plänen geleiteten Systems stimuliert.

Geht es um Entscheidungen ökonomischer Art (z. B. die Verteilung von Ressourcen), dann liegt es nahe, die Ideen und Methoden der Operationsforschung anzuwenden. Die Mathematisierung von Leitungsentscheidungen im Wissenschaftsprozeß hingegen war und ist umstritten.

Im Zusammenhang mit dieser Frage ist eine neue Wissenschaftsdisziplin zu erwähnen, die (vielleicht nicht ganz exakt) als *mathematische Theorie der Planung des Experiments* bezeichnet wird. Unter einem Experiment wird in diesem Fall ein sehr weiter Kreis von wissenschaftlichen und technischen Arbeiten verstanden: die Züchtung neuer landwirtschaftlicher Kulturen und die Auswahl der besten Maschinentypen (selektives Experiment); die Erzielung maximaler Ausbeute chemischer Reaktionen bei variierenden Faktoren und die Gewinnung superreiner Metalle in der technischen Physik (Optimierungsexperiment); die Untersuchung spontan verlaufender Prozesse, wie sie von Astronomen beim Studium der Galaxis beobachtet werden (passives Experiment) usw.[35]

„80%, vielleicht auch 90% der Forscher sind experimentell tätig", stellte V. V. NALIMOV fest. „Das Experiment selbst ist bis in die letzte Zeit keiner Untersuchung unterzogen worden. Man glaubte, daß man alles Mögliche studieren könnte außer den Forschungsprozeß selbst; man ging stillschweigend davon aus, daß er durch die Intuition bestimmt werde und daß die Aufstellung irgendeiner Theorie hier unmöglich oder unangebracht sei. Erst vor ganz kurzer Zeit ...

35 Vgl. V. V. NALIMOV/N. A. ČERNOVA: Statističeskie metody planirovanija ėkstremal'nych ėksperimentov. Moskau 1965.

ist das Experiment selbst zum Forschungsobjekt geworden. Es wurde möglich, von optimalen Methoden der Leitung eines Experiments zu sprechen."[36]

Im allgemeinen besteht in der Wissenschaft in diesen Fällen folgende Situation (s. Abbildung 80): Es existiert ein gewisses Objekt, über das wir grundsätzlich unvollständige Kenntnisse besitzen. Unvollständiges Wissen ist jedoch etwas anderes als vollständige Unwissenheit; meist verfügt die Menschheit über einen beträchtlichen Vorrat an empirischen Informationen über die verschiedenen Seiten des betreffenden Objekts. Außerdem wissen wir ziemlich genau, welchen Parameter P_i wir erhalten wollen. Erfahrungsgemäß wissen wir auch, welche Faktoren 1, 2, ... ihn beeinflussen. In diesem Fall sind zwei verschiedene wissenschaftliche Vorgehensweisen möglich. Die eine, der Wissenschaft traditionell eigene Art besteht darin, sowohl die Eigenschaften des Objekts als auch den Mechanismus der den Wissenschaftler interessierenden Prozesse zu erforschen, um auf dieser Grundlage eine mehr oder minder vollständige Theorie der Prozesse aufzustellen, mit deren Hilfe dann alle im vorliegenden Fall möglichen Aufgaben zu lösen sind. Diese Art des Vorgehens galt lange Zeit als die *einzig mögliche* Vorgehensweise: „Ein Problem lösen heißt eine Theorie zu schaffen."[37]

Tatsächlich kennt die moderne Wissenschaft auch ein prinzipiell anderes Verfahren, dessen reale Bedeutung schon heute, und mehr noch im Hinblick auf die zukünftige Wissenschaftsentwicklung, kaum überschätzt werden kann. Dieses Verfahren besteht darin, durch statistische Verallgemeinerung von Kenntnissen und Erfahrungen kurzfristig eine annähernd optimale Taktik für die Durchführung des Experiments zur Erzielung von Ergebnissen zu gewinnen. Die Ausgangsposition dieses Verfahrens besteht darin, daß jedes Forschungsproblem als ein gewisses wesentliches *Wissen vom Nichtwissen* betrachtet wird, das es wert ist, mit den Kräften und Mitteln der Wissenschaft methodisch bearbeitet zu werden.

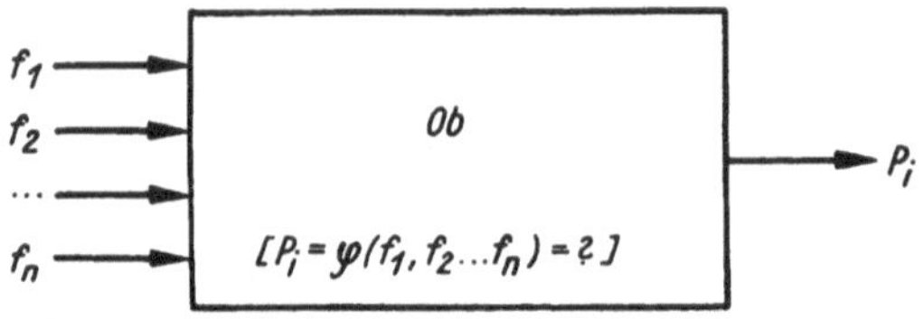

Abb. 80. Zur Frage einer Theorie des Experiments

36 V. V. Nalimov: Količestvennye metody issledovanija processa razvitija nauki. In: Voprosy filosofii, 1966, 12, S. 42.

37 E. S. Žarikov: Naučnaja problema. In: Logika naučnogo issledovanija. Moskau 1965, S. 39.

Die Organisation des Forschungsprozesses in diesem zweiten Fall kann durch das folgende typische Schema dargestellt werden.[38] Endziel der Untersuchung sei z. B. die Feststellung der Gesetzmäßigkeiten des Verlaufs einer spezifischen chemischen Reaktion unter besonderen Bedingungen. Das Wissen um diese Gesetzmäßigkeiten sei erforderlich, um anschließend eine Technologie für die Gewinnung bestimmter Stoffe entwickeln zu können und die theoretischen Vorstellungen von den Eigenschaften dieser Stoffe zu präzisieren.

In diesem Fall wird die erste Etappe der Forschung darin bestehen, auf der Grundlage der Apriori-Information eine Hypothese über die Gesetzmäßigkeiten des interessierenden Prozesses aufzustellen. Mit mathematischen Methoden werden anschließend die zweckmäßigste Reihenfolge der Experimente, der Umfang der Experimentreihen und die Darstellungsform der Endergebnisse bestimmt. Die dritte Etappe besteht in der ständigen Bearbeitung der Daten, die während dieses Experiments anfallen. In der folgenden Etappe werden diese verallgemeinerten Daten mit den Arbeitshypothesen verglichen, und es wird eine Alternativentscheidung getroffen. Ist die Apriori-Hypothese nicht adäquat, so wird zur Verifizierung der nächsten Hypothese übergegangen; oder man geht zu praktischen Schlußfolgerungen über, wenn das auf Grund der Apriori-Daten aufgestellte Prozeßmodell den Anforderungen hinsichtlich der Vollständigkeit und Genauigkeit gerecht wird.

Im letzteren Fall dienen die Daten und die Prozeßbeschreibung dazu, eine neue Serie von Experimenten zu planen, um die Verwertungseigenschaften und -möglichkeiten dieses Prozesses zu klären.

Spezialisten der mathematischen Theorie der Planung von Experimenten stellten zu Recht fest: „Die Grundidee der neuen Methode — die Möglichkeit der optimalen Leitung des Experiments bei unvollständigem Wissen — ist jenen Voraussetzungen verwandt, auf denen die Kybernetik beruht. Die Entstehung der Kybernetik . . . war erst möglich, als man begriffen hatte, daß optimale Leitung bei unvollständigem Wissen möglich ist.“[39]

Die wissenschaftliche Praxis hat bestätigt, daß die Effektivität der neuen Methode bedeutend höher ist als die der traditionellen Verfahren. Unter den heutigen Bedingungen kann schnell die Situation eintreten, daß die systematische wissenschaftliche Erforschung eines Objektes bereits nicht mehr notwendig ist, bevor noch seine wissenschaftliche Theorie im herkömmlichen Sinne geschaffen wurde. (Es ist z. B. nicht mehr nötig, die zu erforschenden Materialien zu benutzen; es sind aussichtsreichere Pflanzensorten gezüchtet worden; das Produkt, für dessen Bearbeitung eine Maschine geschaffen worden ist, wird nicht mehr produziert usw.)

38 Vgl. E. V. Markova: Ob upravlenii ėksperimental'nym poiskom. In: Materialy po analizu tendencij i prognozirovanie naučno-techničeskogo razvitija. Kiev 1967.

39 V. V. Nalimov/N. A. Černova: Statističeskie metody, a. a. O., S. 11.

Der Zeitfaktor und die gesellschaftliche Zweckmäßigkeit bestimmen heute schon, und mehr noch in der Zukunft, den Charakter des wissenschaftlichen Vorgehens und die Taktik der Forschungsorganisation.

Eine wichtige Verbesserung der funktionellen Pläne wissenschaftlicher Arbeiten sowie der analytischen Entscheidungsvorbereitung bestand darin, daß im Prozeß der Planrealisierung zur quantitativen Einschätzung der Bedeutung der verschiedenen Etappen des Arbeitskomplexes übergegangen werden konnte. Charakteristisch dafür war die in den Jahren 1963/64 in den USA entwickelte „PATTERN"-Methode. Leider liegen Erfahrungen über ihre Anwendung nur in militärischen Bereichen vor,[40] aber es dürfte möglich sein, sie auch bei der Planung von Forschungs- und Entwicklungsarbeiten zu nutzen.[41]

Diese Methode besteht in folgendem: In der ersten Etappe stellen Spezialisten nach einem „Szenarium", das — in diesem Falle — von Politikern, Militärs und Ökonomen vorgegeben wurde, für die Planung des Forschungs- und Entwicklungsprojekts einen „Zielbaum" auf (d. h., sie konstruieren ein funktional-hierarchisches System der Arbeiten). In der zweiten Etappe wird in einem formalisierten Verfahren von unabhängigen Expertengruppen eine Rangordnung festgelegt (d. h., die Ebenen und Elemente des „Zielbaumes" werden quantitativ bewertet, es wird ihnen ein „Bedeutungsrang" verliehen). Dann werden für einige Etappen die durchzuführenden Maßnahmen detailliert aufgeschlüsselt, und zwar schrittweise von oben nach unten, d. h., es wird vom Ziel zurückgerechnet. Um drei Ziele höchster Ebene abzusichern, mußte die Lösung von mehr als 2000 technischen Problemen geplant werden. Mit der Methode der Expertenurteile wurde die für jede Problemlösung erforderliche Zeit eingeschätzt, und schließlich wurde in einer letzten Etappe untersucht, ob bestimmte Ergebnisse der Teilsysteme in anderen „Zielbäumen" zweckmäßiger eingeplant sind.

Die quantitative Bewertung funktional-hierarchischer Systeme von Forschungs- und Entwicklungsarbeiten ist aus zwei Gründen notwendig: a) Die Zahl komplizierter Projekte, die eine Koordinierung der Arbeiten vieler Kollektive und einer großen Anzahl von Forschern erfordern, wächst rasch; b) es ist heute möglich, die Arbeitsabläufe auf formalisiertem Wege und unter Einsatz von EDVA zu analysieren und so Informationen über ein wissenschaftliches System schnell und gründlich zu verarbeiten.

40 Vgl. E. S. ŽARIKOV: Naučnaja problema; PATTERN. In: Aviation Week and Space Technology, 1964, Bd. 81, Nr. 26, S. 56—59; 1965, Bd. 82, Nr. 1, S. 54—58. Vgl. unter dem Gesichtspunkt der Prognose auch unten, Kapitel 11, S. 474f.

41 Vgl. M. M. LOPUCHIN: Metodika „Pattern" dja planirovanija naučno-issledovatel'skich rabot. In: Materialy k simpoziumu „Issledovanie operacij i analiz razvitija nauki", Teil 1, Metody analiza razvitija nauki. Moskau 1967; PATTERN. In: Agricultural Engineering, 1964, Bd. 45, Nr. 10, S. 570.

Es gibt bereits zahlreiche Methoden, die in solchen Fällen heute mit Erfolg angewendet werden (z. B. die Methoden der Netzwerkplanung; verschiedene Methoden wahrscheinlichkeitstheoretisch begründeter „kritischer Wege"; „Entscheidungsbäume" und „Matrizen der relativen Bedeutung" usw.). Um ein System von Wertungen, Gewichtungskoeffizienten und anderen quantitativen Daten bilden zu können, die für die Vorbereitung von Entscheidungen, besonders unter den Bedingungen der Programmleitung, erforderlich sind, werden zunehmend und erfolgreich Methoden der Expertenurteile angewendet.

In der gründlichen Übersicht von Claude Maestro und Keya Pavitt[42] über die modernen analytischen Methoden der Gestaltung staatlicher Wissenschaftspolitik wird mit gutem Grund davor gewarnt, daß sich diese Methoden als ein „grobes und gefährliches Instrument bei der Gestaltung der Wissenschaftspolitik" erweisen könnten, wenn solche Faktoren wie der Wahrscheinlichkeitscharakter des Wissenschaftsprozesses, die Mängel der heutigen Methoden sowie der soziale Kontext nicht beachtet würden, in dem die Wissenschaftspolitik ausgearbeitet und wissenschaftliche Arbeitspläne aufgestellt werden. „Die Gesellschaft besteht aus verschiedenen Gruppen von Menschen, deren Interesse und Wertsysteme unterschiedlich und deren Reaktionen auf bestimmte Programme häufig entgegengesetzt sind. Deshalb vermeiden Leute, die für staatliche Entscheidungen verantwortlich sind, aus Wahlkampfrücksichten zuweilen eine zu genaue Definition jener politischen Ziele, die einer bestimmten Gesellschaftsgruppe schaden oder schaden könnten."[43]

Trotz aller Vorbehalte und Zweifel halten die Verfasser die Wissenschaftsplanung für ein objektiv herangereiftes Bedürfnis: „Die Erfahrungen bei der Anwendung der Planungsmethoden und die exaktere Vorstellung von der Dynamik des wissenschaftlich-technischen Fortschritts können im Endeffekt zu einer umfassenderen Planung der Forschungs- und Entwicklungsarbeiten führen, die von der Regierung finanziert werden."[44]

Die Praxis der Planung und Leitung komplexer Forschungs- und Entwicklungsarbeiten macht eine normative Basis für diese Leitungsentscheidungen immer dringlicher. Sie kann nur auf der Grundlage statistischer Beobachtungen und spezieller Untersuchungen der Geschichte der Wissenschaft und der Technik gewonnen werden (z. B. durch Methoden, wie sie in den Projekten „Hindsight" und „Traces" angewendet worden sind).[45] Auch in der UdSSR wurden originelle Methoden zur Analyse und Verallgemeinerung der Planungs-, Bewertungs- und Entscheidungsverfahren (OPOR-Methoden, von: *O*pyt *P*lanirovanija, *O*cenok i

42 Vgl. OECD, Analytical Methods in Government Science Policy. Paris 1972.
43 Ebenda, S. 16.
44 Ebenda, S. 72.
45 Vgl. K. Kreilkamp: Hindsight and the Real World in Science Policy. In: Science Studies, Bd. 1, Nr. 1, 1971.

Rešenij) entwickelt. Interessante Ergebnisse sind z. B. auf der Grundlage spezifischer (retrospektiver) Netzgraphiken der Organisation eines abgeschlossenen Komplexes von Forschungs- und Entwicklungsarbeiten erzielt worden. Besonders mit dieser Methode gelingt es, den tatsächlichen „kritischen Weg" der Arbeitsabläufe festzustellen und die Verteilung des Zeitaufwands in Prozenten der Gesamtzeit des kritischen Weges zu erfassen. Diese Methode ermöglicht es auch, den Einfluß der Arbeiten der verschiedenen Ebenen (Grundlagenforschungen, angewandte Forschungen, konstruktionsmäßige Entwicklung, Versuchsproduktion, Überführung in die Produktion) auf den gesamten kritischen Weg des Komplexes der Forschungs- und Entwicklungsarbeiten einzuschätzen.

Zur Familie der OPOR-Methoden gehört auch eine Methodik zur Analyse der Synthese der Pläne von Forschungs- und Entwicklungsarbeiten, die von uns ausgearbeitet wurde und die in einigen wissenschaftlichen Institutionen praktisch erprobt wird. Die Grundgedanken dieser Methodik sind folgende[46]:

a) In einer Systemanalyse werden alle Ziele der Organisation (oder der beteiligten Kollektive) erfaßt und eine *Zielkonzeption* erarbeitet. Diese Zielkonzeption besitzt einen strukturellen Teil, der in Form eines Baumes, eines Graphen oder einer Matrix die Hierarchie und die innere Wechselbeziehung der Elemente der Zielmenge darstellt. Wichtig ist, daß diese systematisierten Elemente der Zielkonzeption erstens die grundlegenden theoretischen Tätigkeitsbereiche, zweitens die angewandten Untersuchungen und Entwicklungsarbeiten und drittens das Wachstum des wissenschaftlichen Potentials berücksichtigen (in Form der von den Forschern erworbenen Fertigkeiten, der Vervollkommnung der Forschungsmethoden und der Entwicklung neuer wissenschaftlicher Apparaturen).
   Ein anderer wichtiger Bestandteil der Zielkonzeption ist das System der relativen Gewichtungskoeffizienten. Diese Gewichtungskoeffizienten werden den Zielen von den Personen zugewiesen, die wissenschaftspolitisch in dieser Organisation verantwortlich sind.
b) Die unteren Verzweigungen im Zielgraphen, die wir *Realisationen* genannt haben, enthalten alle Ziele/Aufgaben, die zur Erfüllung der Forschungs- und Entwicklungsaufgabe gelöst werden müssen. Jedes konkrete Planthema enthält im Prinzip alle oder einen Teil der Realisationen der Zielkonzeption.
c) Es werden Typenskalen zur Einschätzung der geplanten und erreichten Fortschritte in jeder der drei Gruppen von Realisationen angefertigt. Sie widerspiegeln alle potentiell möglichen Arbeitsphasen:

46 Vgl. G. M. Dobrov/T. I. Kuchtenko/T. I. Ščedrina: Die quantitative Analyse von Forschungsarbeiten. In: Leitung der Forschung. Ergebnisse und Probleme. Hg. v. G. M. Dobrov und D. Wahl, Berlin 1976, S. 185—209.

— von der Formulierung der Forschungsaufgabe bis zum Ergebnis in Form einer wissenschaftlichen Entdeckung oder einer Theorie (für Grundlagenforschungen) (vgl. Tabelle 20);
— von den Ausgangsvorstellungen über die praktische Anwendbarkeit einer bestimmten wissenschaftlichen Idee bis zu ihrer Realisierung (für den angewandten Aspekt der Arbeiten) (vgl. Tabelle 21);
— von der Benutzung bekannter Forschungsmethoden und Geräte bis zur Entwicklung und Anwendung von Methoden und Geräten, die prinzipiell neue Ideen realisieren und damit die potentiellen Möglichkeiten des Forschungskollektivs wesentlich erweitern (vgl. Tabelle 22).

Tabelle 20

Ebenen des Fortschritts bei der theoretischen Forschung

Nr. der Ebene	Beschreibung der Ebene	Bewertung der Ebene	
		Kriterium 1	Kriterium 2
1	2	3	4
1	Die Problemstellung fehlt	0	0
2	Das Problem ist nur in allgemeinen Zügen formuliert, die Wege zu seiner Lösung sind unbekannt	2	0,8
3	Es ist Information gewonnen und verarbeitet worden, die zum besseren Verständnis des Problems beiträgt und es ermöglicht, die bei der Bearbeitung des Problems gesammelten Erfahrungen einzuschätzen	3	1,2
4	Die Aufgaben der betreffenden konkreten Untersuchung sind formuliert, es existieren in allgemeinen Zügen Vorstellungen über die möglichen Wege zu ihrer Lösung	5	2
5	Die Aussichten der Methoden sind untersucht worden, und das Hauptverfahren zur Erreichung der Ziele der betreffenden Arbeit ist festgelegt worden. Es sind Bedingungen geschaffen worden, die es möglich machen, die Forschungsmethodik zu verwirklichen	7	4
6	Im Verlaufe der Untersuchung sind Ergebnisse erzielt worden, die die Vorstellungen vom Forschungsobjekt präzisieren. Die Ergebnisse bestätigen (oder widerlegen) die reale Möglichkeit, das Forschungsziel im Rahmen des bestehenden Arbeitsprogramms zu erreichen	11	8
7	Die Forschungsergebnisse sind theoretisch verallgemeinert worden. Dadurch ist es möglich, die beobachteten Erscheinungen zu erklären und eine Reihe von Fragen zu lösen, die sich aus den Forschungszielen ergeben	13	8,8

Tabelle 20 (Fortsetzung)

Nr. der Ebene	Beschreibung der Ebene	Bewertung der Ebene	
		Kriterium 1	Kriterium 2
1	2	3	4
8	Im Verlaufe der Untersuchung sind neue Ergebnisse gewonnen worden, die zu einer Revision der theoretischen Thesen geführt und die Möglichkeit eröffnet haben, die dem Forschungsziel entsprechenden Hauptfragen von allgemeineren (oder neuen) Positionen her zu lösen	17	10
9	Die Gesetzmäßigkeiten der zu untersuchenden Erscheinungen sind formuliert und ihre Theorie ist geschaffen worden	20	22,4
10	Es sind Ergebnisse, die einer wissenschaftlichen Entdekkung gleichkommen, erzielt worden. Sie zeugen von der Möglichkeit und der Notwendigkeit, eine neue Theorie einer umfassenderen Klasse von Objekten zu schaffen und neue Forschungsrichtungen auf dem entsprechenden Gebiet der Wissenschaft zu entwickeln	22	42,8
		Σ 100	Σ 100

Tabelle 21

Ebenen des Fortschritts bei der angewandten Forschung

Nr. der Ebene	Beschreibung der Ebene	Bewertung der Ebene	
		Kriterium 1	Kriterium 2
1	2	3	4
	Es sind Ergebnisse erzielt worden, die anstatt des erwarteten Beitrags zu einer beträchtlichen Verschlechterung der Kennziffer der Realisationsart führen können	−22	−18
	Es sind Ergebnisse erzielt worden, die anstatt des erwarteten Beitrags zu einer partiellen Verschlechterung der Kennziffer der Realisationsart führen können	−7	−4
0	Es fehlt eine Vorstellung von der möglichen Veränderung der Kennziffer der Realisationsart	0	0
1	Es ist eine prinzipielle Möglichkeit zur Verbesserung der Kennziffer der Realisationsart festgestellt worden	2	0,8

Tabelle 21 (Fortsetzung)

Nr. der Ebene	Beschreibung der Ebene	Bewertung der Ebene	
		Kriterium 1	Kriterium 2
1	2	3	4
2	Es sind praktische Wege zur Verbesserung der Kennziffern der Realisationsart gefunden und ausgewählt worden	3	1,2
3	Es ist eine Vorstellung von der zu erwartenden vebesserten Größe der Kennziffer der Realisationsart formuliert worden	5	2
4	Es sind angewandte Ergebnisse erzielt worden, die von einer partiellen Verbesserung der Größe der Kennziffer der Realisationsart zeugen	7	4
5	Es sind angewandte Ergebnisse erzielt worden, die von einer beträchtlichen Verbesserung der Kennziffer der Realisationsart zeugen	22	18
6	Es sind angewandte Ergebnisse erzielt worden, die von einer grundlegenden Verbesserung der Kennziffer der Realisationsart zeugen	48	30,8
7	Es sind Versuchsmuster hergestellt und Erprobungen durchgeführt worden, die die Größe der Kennziffer der Realisationsart bestätigen	19	22,4
8	Die Ergebnisse sind in die Praxis der Produktion übergeführt worden und bestätigen die Ergebnisse des Experiments	23	42,8
		Σ 100	Σ 100

Die Veränderung der Zahlenwerte auf den Skalen (Tabellen 20—22) wird durch zwei Regeln bestimmt: 1. Wenn die einzuschätzende Realisation auf die Lösung einer konkret bestimmten wissenschaftlich-technischen Aufgabe zielt (Teil des Programms ist), dann muß jeder folgende Skalenwert größer als die Summe aller Werte der vorhergehenden Skaleneinteilungen sein; 2. wenn die einzuschätzende Realisation den gewöhnlichen Inhalt einer Erweiterung der theoretischen und angewandten Kenntnisse besitzt, ist jeder folgende Skalenwert um eine bestimmte, wenig variierende Größe höher als der unmittelbar vorhergehende.

Tabelle 22

Ebenen des Beitrags zur Entwicklung von Forschungsmethoden (Geräten)

Nr. der Ebene	Beschreibung der Ebene	Bewertung der Ebene
1	Die Untersuchung ist mit Hilfe einer schon früher verwendeten Methode (Gerät) durchgeführt worden, ohne Veränderung derselben	1
2	Eine vorher bekannte Forschungsmethode ist zum erstenmal angewendet worden (die bekannte Idee eines Gerätes ist verwirklicht worden)	3
3	Die Präzision (Geschwindigkeit, Einfachheit) der Messungen, die zum erstenmal mit bekannten Methoden (Geräten) durchgeführt worden sind, ist verbessert worden, ohne Veränderung der Zusammensetzung der untersuchten Parameter und Charakteristika	5
4	Die Methodik der Messungen (die Geräte sind) ist sowohl im Hinblick auf die Qualität der Messungen als auch im Hinblick auf die Zusammensetzung der untersuchten Parameter und Charakteristika verbessert worden	7
5	Es ist ein neues Prinzip für die Erforschung des Objekts entwickelt und realisiert worden (ein Gerät mit neuem Wirkungsprinzip ist realisiert worden)	10

d) Die Bewertung der Planvorschläge oder der Zustände der Planerfüllung erfolgt nach der *verallgemeinerten Bedeutsamkeit* Z, die nach der Methode der gewichteten Summen anhand folgender Formel errechnet wird:

$$Z = \sum_{i=1}^{m_1} M_i^{(1)} \beta_i^{(2)} \sum_{p=n_i}^{n_i+k_i} l_p U_p^{(1)} + \sum_{j=1}^{m_2} M_j^{(2)} \beta_j^{(2)} \sum_{i=n_j}^{n_j+k_j} l_i U_r^{(2)} .$$

Dabei sind m_1 — die Anzahl der theoretischen Realisationen;
m_2 — die Anzahl der angewandten Realisationen;
i, j — die Indizes der Realisationen, die zum theoretischen Aspekt (einschließlich des Vorlaufs an Forschungsmethoden) und zum angewandten Aspekt (einschließlich der Schaffung von Forschungsapparaturen) der Arbeit gehören;
$M_i^{(1)}, M_j^{(2)}$ — die Koeffizienten für Dimensionalität der Realisationen (werden gleich 1 gesetzt, wenn sie zu einem Programm gehören);
$\beta_i^{(1)}, \beta_j^{(2)}$ — die relative Wichtigkeit der Realisationen;
n_i, n_j — die Ränge der Anfangsebenen des Fortschritts in den Realisationsskalen;
$n_i + k_i, n_j + k_j$ — die Ränge der Schlußebenen;

m_i, m_j — die Gesamtzahl der Ebenen in den Skalen zur Bewertung der Realisationen;
$U_p^{(1)}, U_r^{(2)}$ — die Werte der entsprechenden Ebenen des Fortschritts;
p, r — die Ränge der Fortschrittsebenen;
$l_p, l_r = 1$ — wenn die betreffende Realisation das betreffende Fortschrittsniveau besitzt; $\varnothing$ — wenn das nicht der Fall ist.

Bei der Analyse und Synthese der Pläne wird auch das *Komplexitätsniveau*, d. h. der Grad der Vermaschung der Arbeiten, eingeschätzt, die zu einem einzelnen Programm gehören. Als Komplexitätskoeffizienten einer bestimmten Forschungs- oder Entwicklungsarbeit bezeichnen wir das Verhältnis der Zahl der faktischen Verbindungen der betreffenden Arbeit zur Zahl aller möglichen (zweckmäßigen) Verbindungen der Arbeit mit anderen zum Programm gehörenden Arbeiten. Die Ausgangsdaten für diese Einschätzung werden der Matrix der Verbindungen von der Gesamtheit der Forschungs- und Entwicklungsarbeiten entnommen. Dabei wird der „Rang" der zu vermaschenden Arbeiten (nach dem Wert Z) berücksichtigt, aber auch die Intensität der bestehenden Verbindungen. Die Intensitätsskala ist entsprechend dem oben formulierten Prinzip von der Einheit der drei Verbindungen aufgebaut: a_0 — keine Verbindung (es wird der Wert 0 angenommen); a_1 — es liegt nur eine informationelle Verbindung vor; a_2 — es ist eine organisatorische Verbindung vorhanden; a_3 — es ist nur eine ökonomische Verbindung vorhanden; a_4 — es sind gleichzeitig informationelle und organisatorische Verbindungen vorhanden; a_5 — es sind gleichzeitig informationelle und ökonomische Verbindungen vorhanden; a_6 — es sind gleichzeitig organisatorische und ökonomische Verbindungen vorhanden; a_7 — zwischen den betreffenden Forschungs- und Entwicklungsarbeiten bestehen alle drei Arten von Verbindungen (dieser Maximalwert wird gleich 1 gesetzt).

Dieses System von Meßgrößen ermöglicht es, die Erfahrungen bei der Organisation und Leitung von Forschungs- und Entwicklungsarbeiten zu analysieren und verallgemeinernd zu bewerten. Diese Ergebnisse können nun sowohl mit dem Zuwachs der ökonomischen oder funktionalen Kennziffern, der mit Hilfe des betreffenden Programms erreicht worden ist, als auch mit dem Umfang der für das Programm aufgewendeten Ressourcen verglichen werden.

Es ist praktisch wichtig, daß der Erfüllungsstand der verschiedenen Programmelemente unmittelbar festgestellt werden kann und nicht erst post factum, wie das bei anderen Methoden gewöhnlich der Fall ist.

Unsere Erfahrungen mit dieser Methodik berechtigen zu Optimismus, denn sie eröffnen die Aussicht, ein prinzipiell neues Verfahren der Planung von Forschungs- und Entwicklungsarbeiten zu verwirklichen, und zwar in Form von zielgerichteten Arbeitsprogrammen, die im Stadium der Planvorbereitung durch eine Art *Wettbewerb der Ideen und Planvorschläge* erarbeitet werden.

Entscheidend für den Erfolg dieser Methodik ist eine qualifizierte Zielkonzeption des Programms. Manchmal wird eine Zielkonzeption auf heuristischem Wege formuliert, und zwar ausgehend von den Forderungen der höheren Leitungsebenen oder von den Traditionen und Möglichkeiten des Bearbeiterkreises usw. Auf diese Weise erarbeitete Zielkonzeptionen sind unvermeidlich konventionell vorbelastet durch die Kompromisse von Personen, die zu entscheiden haben. Um zu wirklich wissenschaftlich begründeten und perspektivischen Zielkonzeptionen zu gelangen, muß man jedoch von speziellen wissenschaftlich-technischen Prognosen ausgehen.

In der Sowjetunion gibt es heute bereits eine ganze Anzahl von erprobten analytischen Verfahren zur Aufstellung und Bewertung von Forschungs- und Entwicklungsplänen.[47] Sie sind in einer 1971 erschienenen Arbeit[48] hinsichtlich zweier besonders typischer Aspekte verallgemeinert worden: a) hinsichtlich der Wahl einer Strategie zur Entwicklung der Forschungen (für den Fall, daß sich die Arbeiten auf die Erweiterung der wissenschaftlichen Kenntnisse, auf die Vertiefung ihrer theoretischen und methodologischen Grundlagen richten); b) hinsichtlich der Wahl einer Strategie für den Abschluß von Arbeiten (für den Fall, daß sich die Arbeiten auf die Erreichung eines konkreten und genau formulierten meist angewandten Zieles richten).

Die experimentelle Überprüfung verschiedener analytischer Verfahren hat bestätigt, daß mit ihrer Hilfe die folgenden positiven Leitungseffekte erzielt werden können:

a) Verschiedenartige Forschungs- und Entwicklungsarbeiten werden vergleichbar;
b) Entscheidungen werden sachlich fundiert, sie sind in ihrem Realitätsbezug objektiver und deshalb vertrauenerweckender;
c) die Prinzipien und Kriterien der Wissenschaftsleitung und -organisation werden jedermann offensichtlich und verständlich; die bewußte Ausführung dieser Entscheidungen oder ihre kritische Revision wird deshalb zum persönlichen Anliegen jedes Mitarbeiters;
d) die Berichtsinformationen können vereinheitlicht, die Darstellungsformen der Daten standardisiert werden; dies ist für die Schaffung von zentralisierten Informations- und Leitungssystemen in der Wissenschaft von großer Bedeutung.

Die Planerfüllung und die Effektivität wissenschaftlicher Institutionen hängen wesentlich von *der unmittelbaren Leitung der wissenschaftlichen Forschungen* ab.

Die unmittelbare Wissenschaftsleitung hat folgende Aufgaben:

47 Vgl. Planirovanie, upravlenie i ocenka ėffektivnosti naučnych issledovanij i razrabotok. Moskau 1972.

48 Vgl. K. L. Gorfan/N. I. Komkov/L. Ė. Mindeli: Planirovanie i upravlenie naučnymi issledovanijami. Moskau 1971.

- effektivste Organisation der Arbeit zur Erfüllung der Pläne;
- Kontrolle der Forschungsarbeiten und ihrer Ergebnisse;
- rechtzeitige Weitergabe von Zwischenergebnissen zur weiteren Nutzung und Wahrung der Autorenrechte (Patente, Lizenzen);
- Korrektur der Forschungsmethodik und/oder der Forschungsrichtung unter Berücksichtigung der Aufgaben-Ziel-Relation;
- Lösung von Kader-, Ausrüstungs- und materiell-finanziellen Ressourcenfragen im Interesse der Forschungsarbeiten.

Das heute allgemein übliche Verfahren zur Kontrolle und Leitung wissenschaftlicher Forschungen ist die systematische Erörterung des Verlaufs der Arbeiten in wissenschaftlichen Seminaren, wissenschaftlich-technischen Beratungen, in den wissenschaftlichen Räten der Institute und den Koordinierungsräten für wissenschaftliche Probleme. Die hier erarbeiteten Meinungen und vorgesehenen Maßnahmen werden dann von den wissenschaftlichen und administrativen Leitern der wissenschaftlichen Kollektive verwirklicht. Daß die Meinungen und Erfahrungen vieler an den wissenschaftlichen Arbeiten Beteiligter berücksichtigt werden, ist die positive Seite dieses Systems. Seine Mängel sind jedoch die Schwerfälligkeit des Verfahrens und seine immanente Schwierigkeit, Ergebnisse rechtzeitig vorauszusehen.

Durch die Entlastung der wissenschaftlichen Pläne von überflüssiger Reglementierung und durch die Heranbildung einer Generation von talentierten Wissenschaftsorganisatoren können die Mängel zwar reduziert, aber nicht prinzipiell beseitigt oder voll kompensiert werden. Es wird allgemein anerkannt, daß die moderne Wissenschaft auch moderne, hocheffektive Methoden für die operative Leitung der wissenschaftlichen Forschungsarbeiten braucht.

Die Informations- und Recherchesysteme für die automatische Leitung von umfangreichen komplexen Forschungs- und Entwicklungsarbeiten, die jetzt geschaffen werden, eröffnen auf der Grundlage der Netzwerktechnik und nach der Methode des kritischen Weges unter den Bedingungen des einheitlichen staatlichen Planungssystems außerordentlich günstige Perspektiven für eine effektive Leitung von angewandten Forschungen und Entwicklungsarbeiten. Die erfolgreichen praktischen Erfahrungen, die vom Institut für Mathematik der Sibirischen Abteilung der Akademie der Wissenschaften der UdSSR, vom Institut für Automatik und Telemechanik der Akademie der Wissenschaften der UdSSR, vom Institut für Kybernetik der Akademie der Wissenschaften der Ukrainischen SSR sowie von einer Anzahl anderer wissenschaftlicher Institutionen der Sowjetunion gesammelt wurden, zeigen, daß die Anwendung derartiger mathematischer Methoden und Informations- und Recherchesysteme bei der Planung und Leitung wissenschaftlicher Arbeiten folgendes ermöglicht[49]:

49 Vgl.: Vyčislitel'nye sistemy. Sbornik Instituta matematiki SO AN SSSR, 1964, Nr. 11.

— eine enge Verbindung aller Glieder und Etappen der Lösung von komplexen wissenschaftlichen Problemen zu gewährleisten;
— die im System vorhandenen Reserven vollständiger zu nutzen;
— operativ zu kontrollieren und den Verlauf der Arbeiten effektiv zu beeinflussen;
— die Ergebnisse der wissenschaftlichen Forschungsarbeiten beträchtlich genauer zu prognostizieren;
— zu einer konkreten ökonomischen Analyse der Effektivität der Lösung wissenschaftlicher Probleme beizutragen.[50]

Besonders erfolgreich sind diese progressiven Leitungsmethoden bei Projektierungs- und Konstruktionsarbeiten sowie bei angewandten Forschungsarbeiten benutzt worden. Derartige automatisierte Systeme der optimalen Leitung wissenschaftlicher Forschungsarbeiten werden sicher in den nächsten Jahren eine weite Verbindung finden. Die Beteiligung von Wissenschaftlern, die große Erfahrungen in der Forschung besitzen, an der Entwicklung und Anwendung solcher Systeme sowie eine gleichzeitige zielgerichtete Ausbildung von qualifizierten Spezialisten für Wissenschaftsplanung werden in hohem Maß dazu beitragen, das Niveau der Leitung von Wissenschaftsprozessen weiter zu erhöhen.

Allerdings entstehen hier einige neue spezifische Probleme, von deren Lösung, wie wir meinen, die Aussichten abhängen, die an die Anwendung von mathematischen Methoden zur Planung des wissenschaftlichen Forschungsprozesses geknüpft werden. Vor allem sind einige Neuerungen in der Netzplantechnik selbst erforderlich, soweit diese auf die wissenschaftliche Forschungsarbeit angewendet werden soll. Es handelt sich darum, daß bei der Planung der Produktion oder von Projektierungs- und Konstruktionsarbeiten von den beiden Elementen der Netzschemata (Satz der erforderlichen Arbeiten, Ereignisse und Zeit ihrer Vollendung) vorwiegend nur die Zeit unbestimmt und limitierend ist,[51] während bei der Planung wissenschaftlicher Forschungen häufig ein gleich großer Unbestimmtheitsgrad beider Elemente vorliegt.

Im Verlauf wissenschaftlicher Forschungsarbeiten werden oft nicht nur „Resultate" im klassischen Sinne der Netzgraphik erzielt, sondern häufig auch Alternativsituationen erreicht, die eine Entscheidung erfordern (sogenannte Entscheidungsquellen). Wenn dieses neue Element in ein verallgemeinertes Netzschema

50 Vgl. A. E. Trop/G. A. Bagautinov/Ė. L. Kimel'man/R. E. Leonov: O nekotorych vozmožnostjach primenenija obobščennych setevych schem dlja planirovanija i analiza naučno-issledovatel'skich rabót. In: Materialy po analizu tendencij i prognozirovanie naučno-techničeskogo razvitija. Kiev 1967.

51 In anderen Varianten der Methode der kritischen Wege können dies die Kosten oder andere ähnliche Faktoren sein.

eingeführt wird,[52] dann kann dieses Schema einer Widerspiegelung der spezifischen Logik des Forschungsprozesses nahekommen. Gegenwärtig werden Methoden für die numerische Analyse derartiger verallgemeinerter Schemata ausgearbeitet.

Darüber hinaus wird heute die Frage wieder aktuell, wie eine hinreichend breite und repräsentative Kollektion von konkreten Parametern, Normativen und quantitativen Meßgrößen für die Organisationserfahrungen des Forschungsprozesses zu gewinnen sei. Solche Daten sind eine der unverzichtbaren Voraussetzungen für eine fundierte Entscheidungsfindung in alternativen Situationen der Wissenschaft.

Moderne Formen der Wissenschaftsorganisation sind in der Regel ein Komplex aus Forschungs- und Entwicklungsabteilungen, einem Versuchsbetrieb, einem Rechenzentrum sowie einer Reihe von Ingenieur-, Informations- und wissenschaftsorganisatorischen Diensten. Die Hauptziele aller dieser Abteilungen sind im einheitlichen Plan dieser Organisation enthalten. Da sich die funktionalen Obliegenheiten der verschiedenen Gliederungen jedoch wesentlich unterscheiden, sind die Abstimmung ihrer Aktivitäten und ein wirklich einheitliches Herangehen an die Lösung der gemeinsamen Aufgaben ein ziemlich schwieriges Leitungsproblem.

Mit seiner Lösung beschäftigt sich eine spezielle Art der wissenschaftswissenschaftlichen Analyse und Synthese, die wir „Projektierung der Leitungsprozeduren" genannt haben.

Jede solche Prozedur muß die systemhafte Einheit der Arbeitsprozesse sowie der funktionalen Struktur der Organisation gewährleisten. Wir illustrieren dies an einem Beispiel.[53] Die Zielfunktion oder — wie man im Hinblick auf Leitungsprozeduren sagt — *Nutzenfunktion* ist das Streben nach drei Effekten, die in den Forderungen „schneller", „umfassender" und „vollständiger" ausgedrückt werden. Gemeint ist: Beschleunigung der zu einem Zyklus gehörenden Forschungs- und Entwicklungsarbeiten; Erhöhung des wissenschaftlich-technischen Niveaus und der Qualität der Ergebnisse; vollständigere und intensivere Nutzung aller erzielten Ergebnisse.

Die Prozesse, die durch die Prozedur „Zyklus" erfaßt wurden, bestehen aus folgenden Hauptetappen (vgl. Beilage, Abbildung 81):

1. Begründung der geplanten Themen (Arbeiten),

52 Vgl. A. E. TROP/G. A. BAGAUTINOV/Ė. L. KIMEL'MAN/R. E. LEONOV: a. a. O.; C. FREEMAN: A Generalized PERT. In: Operations Research, 1960, Nr. 3; H. A. FISCHER: A Generalized Network Approach to the Planning and Sheduling of a Research Programm. In: Operation Research, 1962, Nr. 1, S. 115—126.

53 Gemeinsam mit V. F. JANKEVIČ und V. V. MOISEENKO.

2. Zwischenkontrolle der Themenbearbeitung und Weitergabe der Zwischenergebnisse,
3. Arbeitsetappen in den Versuchs- und Produktionsabteilungen,
4. Abnahme der abgeschlossenen Arbeiten,
5. Realisierung der Beschlüsse der Institutsleitung hinsichtlich der abgeschlossenen Arbeiten.

Begründung der geplanten Themen. Die Begründung der Planthemen erfolgt auf der Grundlage von Aufgaben, die vom Präsidium der Akademie gestellt werden, auf der Grundlage von Vorschlägen der Ministerien und der Verwaltungen, auf der Grundlage von Aufträgen, die Betriebe oder Organisationen erteilen; sie erfolgt ferner auf der Grundlage von Initiativvorschlägen der Institutsleitung sowie persönlichen Initiativen der Leiter von Abteilungen und Laboratorien und einzelner wissenschaftlicher Mitarbeiter.

Bei der Vorbereitung der Begründung wird von den entsprechenden Personen verlangt, daß neben dem konkreten Ziel der vorgeschlagenen Untersuchung auch das allgemeine Ziel der zu entwickelnden wissenschaftlichen Richtung (des Problems) genannt wird, zu dessen Erreichung die betreffende Untersuchung beiträgt. Daneben müssen die Ziele der Arbeit zu den Zielen des Instituts sowie zu den entsprechenden staatlichen wissenschaftlich-technischen Programmen in Verbindung gesetzt werden.

An der Begründung des Themas nehmen neben dem vorgeschlagenen Leiter teil: eine Gruppe für ökonomische Analyse (zur Berechnung des vermutlichen ökonomischen Nutzens) und die Patentabteilung (Feststellung der Patentsituation).

Wenn das Institut in der Lage ist, dem Auftraggeber die ihn interessierenden Materialien (Berichte, Programme, Algorithmen usw.) auf Grund früher durchgeführter Arbeiten zur Verfügung zu stellen und folglich nicht in vollem Umfang neue Forschungs- und Entwicklungsarbeiten durchführen muß, so wird die Übergabeform der betreffenden Materialien festgelegt. Dadurch wird eine bessere Nutzung des wissenschaftlichen Potentials des Instituts gewährleistet.

Arbeiten, die für die Entwicklung der Volkswirtschaft besonders wichtig sind, vor allem Regierungsaufträge, die sich durch einen hohen Schwierigkeitsgrad auszeichnen und die Beteiligung mehrerer Abteilungen des Instituts, darunter des Konstruktionsbüros, erfordern, sowie Arbeiten, die mit wissenschaftlich-technischen Ausarbeitungen abgeschlossen werden, die der Staatlichen Abnahmekommission vorgelegt werden sollen, unterliegen der direkten Kontrolle durch die Direktion.

Die Arbeiten an der hauptsächlichen Planthematik unterliegen der Kontrolle durch die Leiter der großen Gliederungen des Instituts. Die Abteilungsleiter des Instituts kontrollieren die Arbeiten, die auf Ersuchen einzelner Betriebe und Organisationen ausgeführt werden und die in der Regel darin bestehen, Ergebnisse früherer Arbeiten des Instituts entsprechend den Bedingungen des Auftraggebers zu konkretisieren oder anzupassen. Die Kontrollebene wird von der Institutsdirektion bei der Entscheidung über die Aufnahme des Themas in den Plan festgelegt.

Um die einheitliche Planung der Arbeiten im Institut und in seinen Versuchs- und Produktionsabteilungen zu gewährleisten, wird für solche Arbeiten, an denen die Versuchs- und Produktionsabteilungen beteiligt sind, eine einheitliche Plandokumentation eingeführt. Die Jahres- und die Quartalspläne der Versuchs- und Produktionsabteilungen werden zur Sicherstellung der Einheit der Planung erst nach der Aufstellung der entsprechenden Pläne des Instituts aufgestellt.

Die Einführung der einheitlichen Planung ermöglicht es den genannten Abteilungen, sich rechtzeitig auf die Ausführung der entsprechenden Arbeitsetappen vorzubereiten und die rechtzeitige Erledigung der vom Institut geplanten Arbeiten zu gewährleisten. Um eine differenzierte und systematische Kontrolle der durchzuführenden Arbeiten entsprechend ihrer volkswirtschaftlichen Bedeutsamkeit und ihrer Komplexität zu sichern, werden drei Kontrollebenen eingeführt: Kontrolle durch die Institutsleitung, Kontrolle durch die Leiter größerer Gliederungen des Instituts (der Sektoren, der Konstruktionsbüros usw.) und Kontrolle durch die Abteilungsleiter.

Die Zwischenkontrolle der auszuführenden Arbeiten. Um die Qualität der laufenden Arbeiten zu gewährleisten und sicherzustellen, daß Informationen über Arbeitsergebnisse, die unmittelbare praktische Bedeutung besitzen, rechtzeitig einem weiten Kreis von Benutzern übermittelt werden, wird eine Zwischenkontrolle eingeführt.

Die Hauptoperationen der Zwischenkontrolle sind:

Bezeichnung der Operation	Ausführender
1	2
Begründung der Notwendigkeit, Umfang und Fristen der Arbeit zu verändern	Verantwortlicher Bearbeiter
Einschätzung der Neuartigkeit sowie der Patentfähigkeit der gewonnenen Resultate	Patentabteilung; Verantwortl. Bearbeiter
Bestimmung der Notwendigkeit, Eilinformationen vorzubereiten	Abteilung Wissenschaftl.-technische Informationen; Verantwortlicher Bearbeiter
Festlegung der Notwendigkeit, die Ergebnisse auf Ausstellungen zu zeigen	Abteilung wissenschaftlich-technische Information; Verantwortlicher Bearbeiter
Auswahl der Algorithmen und Programme für die Weitergabe an den Republikfonds für Algorithmen und Programme (RFAP)	Verantwortlicher Bearbeiter

Die Ergebnisse der Zwischenkontrolle werden in eine spezielle Kontrollkarte für die Arbeitsetappen eingetragen, die der Planungs- und Koordinierungsabteilung des Instituts übergeben wird, die wiederum die Ausführung der Entscheidungen über die betreffende Etappe kontrolliert.

Anhand der Ergebnisse der Zwischenkontrolle über die Ausführung der Arbeiten werden vorgenommen: die Beantragung von Urheberscheinen; die Vorbereitung von Eilinformation zur Weitergabe an die zwischenzweiglichen und amtlichen Organe der wissenschaftlich-technischen Information; die Vorbereitung der Algorithmen und Programme für die Übergabe an den RFAP.

Bei der Zwischenkontrolle werden im Wissenschaftlichen Rat auch die technischen Aufträge für die Arbeiten beraten, die für die Versuchs- und Produktionsabteilungen geplant worden sind.

Die Ausführung der Arbeitsetappen in den Versuchs- und Produktionsabteilungen. Um die qualitätsgerechte Ausführung der Arbeiten zu gewährleisten, die in den Versuchs- und Produktionsabteilungen nach Vorgaben des Instituts vorgenommen werden, wird eine Expertise für die technischen Aufgaben bei der Herstellung von Mustern für die anschließende Serienproduktion oder von Modellen, die dem Auftraggeber übergeben werden, eingeführt. Die Expertenkommission wird entweder aus Spezialisten des Instituts oder seiner Abteilungen gebildet oder als zwischenbehördliche Kommission unter Einbeziehung von Vertretern des Auftraggebers konstituiert.

Die Monatspläne der Versuchs- und Produktionsabteilungen werden auf der Grundlage der Quartalspläne und der übertragenen technischen Aufgaben aufgestellt.

Im Prozeß der Arbeitsdurchführung wird in den Versuchs- und Produktionsabteilungen eine analoge etappenweise Zwischenkontrolle durchgeführt, um einem weiten Kreis von Interessenten Informationen über die Arbeitsergebnisse zur Verfügung zu stellen.

Auf der Basis der Ergebnisse der Zwischenkontrolle werden Standards und technische Bedingungen, Anträge auf Urheberscheine, Algorithmen sowie Programme für den RFAP, Eilinformationen, Reklameprospekte u. a. vorbereitet.

Gestaltung und Prüfung der abgeschlossenen Arbeiten. Die Gestaltung der abgeschlossenen Arbeiten durchläuft eine Reihe von Kontrollprozeduren, die durch bestehende Vorschriften festgelegt sind. Dazu gehören die äußere und die innere Rezension und die Berechnung des zu erwartenden ökonomischen Nutzens.

Um besonders wichtige wissenschaftlich-technische Arbeiten umfassend in die Praxis überzuleiten, wird in einer Reihe von Volkswirtschaftszweigen eine Auswahlprozedur besonders wichtiger Arbeiten für die Abnahme durch eine staatliche Kommission vorgesehen. Ob es zweckmäßig ist, die wissenschaftlich-technischen Ausarbeitungen an die staatliche Kommission zu übergeben, wird von der Institutsleitung festgelegt. Sie ernennt eine Expertenkommission, an deren Arbeit Spezialisten aus anderen Organisationen teilnehmen können.

Die Realisierung der Entscheidungen der Institutsleitung hinsichtlich der abgeschlossenen Arbeiten. Auf Empfehlung des Wissenschaftlichen Rates beschließt die Institutsleitung, die Ergebnisse der Arbeiten auf folgenden hauptsächlichen Wegen zu realisieren:

— Aufnahme in den Plan für die industrielle Erprobung und Überleitung in die Praxis;
— Aufnahme neuer wissenschaftlicher Forschungs- und Entwicklungsarbeiten;
— Herstellung und Vorbereitung von Exponaten für Ausstellungen;
— Übergabe der Arbeiten an den Auftraggeber, an andere Benutzer, an eine staatliche Kommission;
— Anmeldung zur Patentierung im Ausland, Verkauf von Lizenzen;
— Vorbereitung von Publikationen und Popularisierung der Arbeit;
— Projekte von Vorlagen an Leitungsorgane, Briefe an Ministerien (Verwaltungen).

In den Leitungsbeschlüssen des Instituts werden für jeden der erwähnten Punkte des Beschlusses des Wissenschaftlichen Rates konkret die Fristen und die Ausführenden festgelegt.

Damit die Beschlüsse der Institutsleitung über die Realisierung der Arbeitsergebnisse rechtzeitig und qualitätsgerecht verwirklicht werden, wird eine Kontrolle eingeführt, die die Abteilung für Planung und Koordinierung der Forschungsarbeiten vornimmt.

Alle Dokumente und Materialien, die mit der Ausführung der Arbeiten sowie mit der Realisierung ihrer Ergebnisse zusammenhängen, darunter auch die Kontrollkarten (nach der Aufhebung der Kontrolle), werden in einem Spezialdossier für jede geplante Arbeit zusammengefaßt. Dadurch wird es möglich, den gesamten Zyklus „Forschung — Produktion“ nachträglich zu untersuchen, um Reserven für eine Verkürzung seiner Gesamtdauer zu ermitteln.

In das Dossier werden auch die Ergebnisse der Berechnungen des faktischen ökonomischen Nutzens aufgenommen, der durch die Überleitung der Arbeitsergebnisse in die Volkswirtschaft erzielt worden ist; das gilt auch für Angaben über Reklamationen oder die weitere Entwicklung und Vervollkommnung der bereits gewonnenen Ergebnisse.

Kapitel 8

Die systemhafte methodische und informationelle Sicherung der Wissenschaftsleitung

1. Makromodelle der Wissenschaftspolitik

Es gibt ein Modell der staatlichen Wissenschaftspolitik,[1] das in der Terminologie der UNESCO als „kybernetisches Modell der nationalen Wissenschaftspolitik" bezeichnet wird.[2] Dieses Modell enthält vier funktional verschiedene Blöcke: die Kriterien der Wissenschaftspolitik; die Leitung der Wissenschaft auf gesamtstaatlicher Ebene; die Organisation und Leitung von Forschung und Entwicklung; die Nutzung der wissenschaftlich-technischen Neuerungen. Die Organe und Instanzen, denen die Leitung und Kontrolle der in diesen Funktionsgruppen genannten Aufgaben obliegt, sind untereinander durch komplizierte Beziehungen der Über- und Unterordnung sowie durch Rückkopplungen verbunden. Von ihrer Arbeitsfähigkeit hängt wesentlich die erfolgreiche Realisierung der staatlichen Wissenschaftspolitik ab.

Dieses Strukturmodell staatlicher Wissenschaftspolitik ist geeignet, vorhandene Organisationsstrukturen der Wissenschaftsleitung weiter zu verbessern.[3] Die theoretische Grundlage dafür in der Sowjetunion ist das „Komplexprogramm für die Entwicklung von Wissenschaft und Technik im Perspektivzeitraum bis 1990". Dieses Dokument haben die Staatliche Plankommission der UdSSR, das Staatliche Komitee für Wissenschaft und Technik beim Ministerrat der UdSSR und das Präsidium der Akademie der Wissenschaften der UdSSR erarbeitet und dabei außerordentlich wertvolle Erfahrungen der systemhaften methodischen Sicherung eines detailliert profilierten Komplexes prognostischer Forschungen gesammelt.

1 Osnovnye principy i obščie problemy upravlenija naukoj, Moskau 1973; G. M. Dobrov: Systemnyj podchod k upravleniju naukoj. In: Ėkonomika i organizacija promyšlennogo proizvodstva, Novosibirsk, 1973, Nr. 3.

2 UNESCO. Manuel for Surveying the National Scientific and Technological Potential (Science Policy Studies and Documents, Nr. 157), Paris 1970.

3 G. Dobrov: Republic of Irak: Science Policy, UNESCO Serial Nr. 2863/RMO, Paris, March 1973. Russ. Übersetzung: Irak: celi i sredstva gosudarstvennoj politiki v otnošenii nauki, Kiev 1973. Y. de Hemptinne/D. Solla Price/G. M. Dobrov: ERE: Current Problems in Science and Technology Policy, UNESCO Serial Nr. 2753/RMO, Paris, September 1972.

Weitergeführt wurden auch die Arbeiten zur Schaffung eines automatisierten Leitungssystems für Wissenschaft und Technik. Nach V. A. Mjasnikov und V. I. Maksimenko wird dessen höchste Stufe die automatisierten Leitungssysteme des Staatlichen Komitees für Wissenschaft und Technik beim Ministerrat, der Akademie der Wissenschaften der UdSSR und des Staatlichen Komitees für Erfindungen und Entdeckungen beim Ministerrat der UdSSR (automatisiertes Leitungssystem „Erfindung") miteinander vereinigen. Auf der mittleren Stufe dieses automatisierten Leitungssystems werden mehr als 200 Teilsysteme und spezialisierte Systeme der Leitung der wissenschaftlich-technischen Entwicklung zusammenwirken, und auf der unteren Ebene ist vorgesehen, daß mehr als 5000 kleinere Einheiten (automatisierte Leitungssysteme und Informationsrecherchesysteme) von Vereinigungen, Forschungs-, Projektierungs-, Konstruktions- und technologischen Organisationen verbunden sind.

Diese Konzeption eines automatisierten Leitungssystems des wissenschaftlich-technischen Fortschritts wird ständig weiterentwickelt, konkretisiert und präzisiert. Eine der wichtigsten Aufgaben dabei ist die Ausarbeitung von Methoden und Modellen für die Lösung spezifischer Aufgaben der Wissenschaftsleitung. V. N. Klimenjuk und B. Ja. Brusilovskij haben ein Modell[4] zur Prognostizierung des Wissenschaftspotentials und zur Bilanzierung der wissenschaftspolitischen Perspektiven, entsprechend den Indizes der sozialökonomischen Entwicklung, vorgestellt.

Das Modell arbeitet mit vier Veränderlichen: der quantitativen Einschätzung des angestrebten Wachstumstempos des Nationaleinkommens; dem jährlichen Finanzbudget für Forschung und Entwicklung; dem Zeitraum zwischen Wissenschaftsinvestition und deren ökonomischer Amortisation; der zeitlichen Geltungsdauer von Varianten. Der mathematische Apparat dieses Modells benutzt den Begriff „Wissenschaftsmaß der Produktion" (= Wissenschaftsinvestitionen, bezogen auf den prozentualen Effektivitätszuwachs der gesellschaftlichen Produktion); berücksichtigt werden ferner die verspätete Untersuchung von Prognose-Objekten, aber auch der Übergang von extensiven zu intensiven Methoden in der Wissenschaft.

Dieses Modell erlaubt es, eine praktisch unbegrenzte Anzahl von Varianten prognostischer Hypothesen der Wissenschaftspolitik zu formulieren und zu analysieren. Indem diese Hypothesen danach beurteilt werden, wieweit die projektierten Varianten den sozialökonomischen Zielen entsprechen, kann man gleichzeitig die verschiedenen Varianten der Wissenschaftspolitik untereinander vergleichen. In die prognostischen Schlußdokumente werden als Planvarianten jene

4 V. N. Klimenjuk: Upravlenie razvitiem i ispol'zovaniem naučnogo potenciala. Kiew 1974; B. Ja. Brusilovskij: Matematičeskie modeli v prognozirovanii i organizacii nauki. Kiev 1975.

prognostischen Hypothesen aufgenommen, bei denen die gesellschaftlichen Zielstellungen mit einem Minimum an Ressourcen zu erreichen sind.

In einer weiteren Etappe der Prognosetätigkeit werden die Wissenschaftsinvestitionen entsprechend dem Wissenschaftspotential strukturiert und diese strukturellen Proportionen in der prognostizierten Gesamtzahl der im Bereich der Wissenschaft Tätigen optimiert.

Die letzte Art prognostischer Projektierungen entspricht etwa den Prognosen für die Ausbildung von Spezialkadern unterschiedlichen Niveaus (mittlere wie höhere Bildung, Kandidaten und Doktoren der Wissenschaft). Für die Lösung derartiger Aufgaben gibt es verschiedene Methoden.[5]

Ein wichtiges methodisches Hilfsmittel bei der Gestaltung der Wissenschaftspolitik ist die „Methodik der Programm-Prognostizierung von Wissenschaft und Technik", die im Institut für Kybernetik der Akademie der Wissenschaften der Ukrainischen SSR ausgearbeitet und 1971 vom Staatlichen Komitee für Wissenschaft und Technik beim Ministerrat der UdSSR als allgemeine Grundlage für Prognosearbeiten in verschiedenen Zweigen der Volkswirtschaft und auf Gebieten des wissenschaftlich-technischen Fortschritts bestätigt wurde.[6] Sie wird heute überall im Lande, aber auch bei Prognosen im internationalen Rahmen angewendet. Im Jahre 1974 bestätigte das Wissenschaftlich-technische Komitee des Rates für gegenseitige Wirtschaftshilfe die auf ebendieser Grundlage ausgearbeitete „Methodik der gemeinsamen Prognostizierung von Wissenschaft und Technik in den Mitgliedsländern des Rates für gegenseitige Wirtschaftshilfe".

Die Grundideen dieses speziellen methodischen und informationellen Instrumentariums bestehen in folgendem: Mit Hilfe der Methoden der Experteneinschätzungen[7] wird ein Feld von Ausgangselementen für ein Modell des wissenschaftlich-technischen Fortschritts gebildet. Jedes Element besteht aus folgenden Teilen: a) Beschreibung des „Ereignisses" der wissenschaftlich-technischen Entwicklung (ausgewählt nach einem entsprechenden Klassifikator); b) Systeme der sich wechselseitig bedingenden quantitativen Einschätzungen des gegebenen Ereignisses (Wahrscheinlichkeit des Abschlusses, erwartete Zeit des Abschlusses, relative Bedeutsamkeit und erwarteter Wert der Realisierung); c) Indizes der Kausalzusammenhänge des gegebenen Ereignisses (seine Rolle als Bedingung für den

5 M. A. Bermant/L. K. Semenov/V. N. Sulickij: Matematičeskie modeli i planirovanie obrazovanija. Moskau 1972.

6 V. M. Gluškov: O prognozirovanii na osnove ekspertnych ocenok. In: Kibernetika, 1969, Nr. 2; G. M. Dobrov: Prognozirovanie nauki i techniki. Moskau 1969, [2]1977, deutsch: Prognostik in Wissenschaft und Technik. Berlin 1971; Metodika programmnogo prognozirovanija razvitija nauki i techniki. Hrsg. vom Staatlichen Komitee für Wissenschaft und Technik beim Ministerrat der UdSSR, Moskau 1971.

7 G. M. Dobrov/Ju. V. Eršov/E. I. Levin/L. P. Smirnov: Ėkspertnye ocenki v naučno-techničeskom prognozirovanii. Kiev 1974.

Abschluß der folgenden Ereignisse und als Grundbedingung für die Realisierung des Ereignisses selbst).

Aus diesen Elementen wird ein Modell der wissenschaftlich-technischen Entwicklung in Form eines gerichteten Graphen (Abb. 82) konstruiert, dessen Spitze das Generalziel der Wissenschaftspolitik auf einem konkreten Fachgebiet darstellt. Der Algorithmus für die Gestaltung dieses „Prognose-Graphen" beruht auf der konsequenten Durchführung einiger Runden voneinander unabhängiger Expertisen (nach der Dephi-Methode). Dabei formulieren die Experten jene Bedingungen, auf deren Grundlage der Ereignisse-Ziele-Zyklus realisiert werden kann.

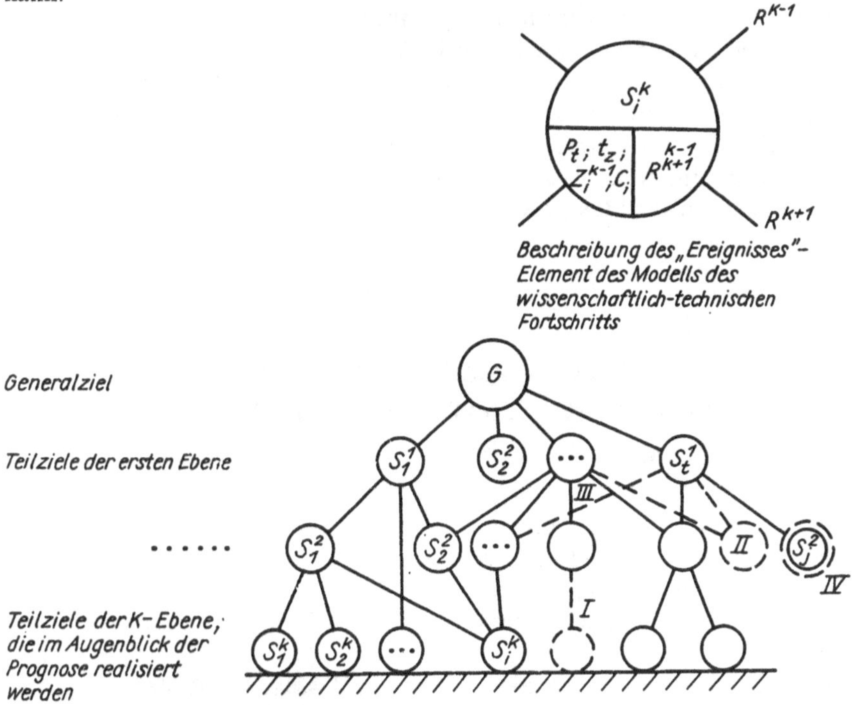

Abb. 82. Modell des wissenschaftlich-technischen Fortschritts

I. Auftreten von Vorstellungen über die konkrete Art der Lösung einer bestimmten Aufgabe

II. Auftreten neuer Aufgaben und Teilziele (von Bedingungen für das Erreichen der Ziele auf höherer Ebene)

III. Feststellung neuer Kausaluntersuchungszusammenhänge zwischen erwünschten oder erwarteten „Ereignissen" der wissenschaftlich-technischen Entwicklung

IV. Veränderung im System der quantitativen Parameter des „Ereignisses"
(P_t — Wahrscheinlichkeit des Abschlusses zu einem bestimmten Moment der Zeit t; t_z — mit Wahrscheinlichkeit erwartete Zeit, die für die Realisierung des Ereignisses erforderlich ist; Z_i^{k-1} — relative Bedeutsamkeit des Ereignisses S_i^k für die Erreichung der Ziele auf der $(k - 1)$-Ebene; C — Einschätzung des Wertes des realisierten Ereignisses)

Das Modell kennt vier Arten von Veränderungen: 1. „Geerdet" (d. h. bereits realisiert) werden einige der früher „hochhängenden" Zweige des Graphen; 2. in der Struktur des Graphen erscheinen neue Ereignisse; 3. es verändert sich die Beziehungsstruktur der Ereignisse; 4. es verändern sich die quantitativen Charakteristika von Ereignissen.

Mit Hilfe dieses Modells kann die wissenschaftlich-technische Entwicklung permanent verfolgt werden. Prognostische Varianten erhält man auf der Grundlage von Experteneinschätzungen, die man als hypothetisch angenommene Veränderungen den quantitativen Charakteristika der Ereignisse beifügt. Der mathematische Apparat dieses Modells stammt von V. M. GLUŠKOV und erhielt die Bezeichnung „Methode der maximalen Möglichkeiten"[8].

Dieses automatisierte System der Situationsanalyse gestattet es, die Wechselbeziehungen zwischen sozialökonomischen und wissenschaftlich-technischen Zielstellungen zu modellieren, Programm-Ziel-Komplexe der Wissenschaftsentwicklung zu begründen sowie strategische Grundzüge und Varianten der staatlichen Wissenschaftspolitik zu entwickeln. Es dient aber auch als Kontrollinstrument der Realprozesse auf der Makroebene und als Entscheidungshilfe bei der Korrektur von Prozeßabläufen.

2. Modelle für die Leitung von Zielprogrammen sowie von Forschungsinstituten, Konstruktionsbüros und Versuchsproduktionen

Zur Modellierung der Leitungsprozesse in Forschung und Entwicklung nutzen wir die modernen Möglichkeiten der kybernetischen Systemtheorie und der Rechentechnik. Ausgangspunkt ist eine *strukturbildende Prozedur*[9], durch die wir ein Modell der grundlegenden Produktionsprozesse des zu leitenden Systems gewinnen.

In unserem Fall ist das zu leitende System ein Wissenschaftssystem, d. h. eine Einheit aus Wissenschaftsorganisation und zielgerichtetem Wissenschaftsprozeß. Für die Lösung einer wissenschaftlichen Aufgabe sind im einzelnen die vorhandenen Kenntnisse und potentiellen Möglichkeiten der Wissenschaft und die vorhan-

8 I. K. CIKUNOV: Principy postroenija situacij na osnove „metoda maksimal'nych vožmoznostej". In: VI Simpozium po kibernetike (Doklady), Band 3, Tbilisi 1972.

9 Prozedur ist die im gegebenen System festgestellte Ordnung („Mechanismus") der speziellen Organisation und der spezifischen Tätigkeitsprozesse, die geschaffen wurde, um bestimmte Ziele oder funktionale Aufgaben zu erreichen.

denen Ressourcen als eine Gesamtheit ökonomischer, technischer, innerwissenschaftlicher und sozialer Effekte von Bedeutung.

Die strukturbildende Prozedur umfaßt ein System von Handlungen, eine Prozedur „Zyklus“, die aus etwa folgenden Etappen besteht: Annahme von Planentscheidungen — Sicherung ihrer Realisierung durch ein entsprechendes Potential — mehrere Stadien iterativer Prozesse der Forschung und Entwicklung, der Musterproduktion und der experimentellen Überprüfung — Realisierung der Ergebnisse in der Produktion. Diese Prozedur Zyklus wird dann mit Bewertungen des Erfolges und der Effektivität beendet.

Die Prozedur „Zyklus“ wurde projektiert und eingeführt unter Berücksichtigung der Leitungsbedürfnisse eines Komplexes, das aus Forschungsinstituten, Konstruktionsbüros und experimenteller Produktionsbasis besteht.[10] Ihr Ziel besteht darin, folgende Nutzenfunktionen zu realisieren: die perspektivreichsten Ziele und Richtungen der Forschung auszuwählen, die grundlegenden wissenschaftlich-produktiven Prozesse möglichst schnell und qualitativ hochwertig zu verwirklichen sowie die Ergebnisse des Zyklus der Forschungsarbeiten maximal vollständig zu nutzen.

Offensichtlich können diese Nutzenfunktionen allein durch eine Vervollkommnung der vorhandenen Organisations- und Leitungsstrukturen nicht realisiert werden. Notwendig ist vielmehr eine spezielle systemhafte methodische und informationelle Sicherung des Hauptzyklus der wissenschaftlichen Arbeiten auf moderner mathematischer und systemtheoretischer Grundlage.

Diese systemhafte Sicherung kann in folgende vier Hauptgruppen unterteilt werden:

1. Informationell-methodische und mathematische Sicherung der Ziel-, Programm- und Planorientierung der Arbeiten. Als Beispiele für diese Form der Sicherung seien die folgenden Systeme genannt: „INPROGS“ — informationell-prognostisches System (Institut für Kybernetik der Akademie der Wissenschaften der Ukrainischen SSR: G. M. Dobrov, L. P. Smirnov, V. S. Volochov[11]); „ISTOK“ — informationelles System der thematischen Orientierung und Koordinierung (Institut für Kybernetik der Akademie der Wissenschaften der Ukrainischen SSR: A. A. Korennoj, O. G. Levčenko[12]); „ZARNICA“ —

10 E. F. Guržij/G. M. Dobrov/Ju. A. Kločko/V. V. Moiseenko/V. D. Priljuk: Metodičeskie rekomendacii po proektirovaniju i primeneniju procedur upravlenija naučnym kompleksom, vključajuščim NII, KB i ĖP. Kiev 1974.

11 G. M. Dobrov u. a.: a. a. O.; I. K. Cikunov: a. a. O.; E. F. Guržij u. a.: a. a. O.; V. S. Volochov/L. P. Smirnov: K metodike proektirovanija otraslevych informacionno-prognozirujuščich system. In: V Kievskij simpozium po naukovedeniju i naučno-techničeskomu prognozirovaniju. Teil II. Kiev 1974.

12 A. A. Korennoj/O. G. Levčenko: O formalizovannych priemach analiza massivov neopublikuemych naučno-techničeskich dokumentov. In: V Kievskij simpozium po naukovedeniju i naučno-techničeskomu prognozirovaniju. Teil III. Kiev 1974.

Informationssystem über ausländische wissenschaftliche Forschungszentren / Abkürzung nach: *Za*rubežnye *n*aučno-*i*ssledovatel'skie *c*entry / (Institut für Kybernetik der Akademie der Wissenschaften der Ukrainischen SSR: A. A. KORENNOJ, N. N. ČERNENKO).

2. Informationelle Sicherung der Kontrolle der Arbeiten und der Einschätzung der Tätigkeit. Beispiele für diese Form der Sicherung sind: Das Kontrollsystem für Arbeitsablauf und Beschlußerfüllung in Forschungsinstituten; „INFOR" (Institut für Kybernetik der Akademie der Wissenschaften der Ukrainischen SSR: A. A. STOGNIJ, F. I. ANDON, V. G. AFANAS'EV[13]); die Systeme der Netzplanung und -leitung,[14] die mit Hilfe der informationellen, mathematischen und technischen Mittel ORION-1 und ORION-2 geschaffen wurden (Institut für Kybernetik der Akademie der Wissenschaften der Ukrainischen SSR); die systemhafte methodische und informationelle Sicherung von Arbeitsbewertungen wissenschaftlicher Organisationen (Institut für Kybernetik der Akademie der Wissenschaften der Ukrainischen SSR: T. I. ŠČEDRINA, V. A. TVERDOCHLEB, Institut für Industrie-Ökonomik der Akademie der Wissenschaften der Ukrainischen SSR: L. Š. GAFT).
3. Die systemhafte Sicherung der Leitung des wissenschaftlichen Potentials. Als Beispiel hierfür seien genannt: die Leitungsprozedur „Kader", die die Hauptaufgaben der Kaderpolitik im Rahmen eines wissenschaftlichen Programms oder eines wissenschaftlichen Komplexes umfaßt.[15] In diese Sicherung gehen auch die „Beschreibungen der Dienststellungen"[16] und die Methoden zur Einschätzung in der Wissenschaft tätiger Personen ein.[17] Es gibt auch Modelle und Methodiken zur Begründung optimaler Kaderstrukturen unter Berücksichtigung der Spezifika von Forschungsinstituten.[18]

   Um die Automatisierung der Finanzbuchhaltung in Forschungseinrichtungen hat sich das Institut für Kybernetik der Akademie der Wissenschaften der

13 F. I. ANDON/A. A. STOGNIJ: Sistema INFOR. Obščee opisanie. In: Upravljajuščie sistemy i mašiny, 1974, Nr. 4.

14 D. I. GOLENKO u. a.: Avtomatizacija planirovanija i upravlenija novymi razrabotkami. Riga 1966; L. Š. GAFT/M. A. NOVIKOVA u. a.: Otraslevaja avtomatizirovannaja sistema upravlenija sozdaniem izdelij novoj techniki. Kiev 1973.

15 E. F. GURŽIJ u. a., a. a. O.

16 JU. A. KLOČKO: „Opisanie posta" kak model' ėlementa funkcional'noj sistemy NIU. In: V Kievskij simpozium po naukovedeniju i naučno-techničeskomu prognozirovaniju. Teil V. Kiev 1974.

17 G. M. DOBROV/I. N. MANŽULA/N. A. BORISENKO/JU. A. KLOČKO: Sociologija v upravlenii naukoj. In: Doklady i soobščenija k VIII VSK (Sovetskaja sociologičeskaja Associacija). Kiev 1974.

18 G. M. DOBROV/V. N. KLIMENJUK/B. JA. BRUSILOVSKIJ: Šljachi viznačennja racional'noj kvalifikacionnoj strukturi naukovich ustanov. In: Visnik AN URSR, 1973, Nr. 5.

Ukrainischen SSR (I. V. SERGIENKO, N. G. ZAJCEV) verdient gemacht.[19] Schließlich sind die Verteilung der Ressourcen und die Budgetkontrolle sowie die materiell-technische Versorgung von Forschungseinrichtungen wichtig. Gegenwärtig werden Aufwandsnormative für die Hauptarten und -etappen der Forschungs- und Versuchsarbeiten in den Forschungsinstituten und Konstruktionsbüros der Akademie (G. A. SAMOJLOV[20]) und der Zweige (V. K. BEKLEŠOV, P. N. ZAVLIN[21]) ausgearbeitet.
Analytische Methoden zur Gestaltung, Analyse und Einschätzung thematischer Pläne wurden erarbeitet im Institut für Kybernetik, Institut für Elektroschweißen, Institut für Festigkeitsprobleme, Institut für Gießereiprobleme, (alle Akademie der Wissenschaften der Ukrainischen SSR).[22] Ein System mathematischer Modelle für die Planung und Leitung der Forschungen hat das Zentrale ökonomisch-mathematische Institut der Akademie der Wissenschaften der UdSSR entwickelt.[23] Ausgearbeitet werden Methodiken zur Projektierung und Rationalisierung der Strukturen von Forschungseinrichtungen mit Hilfe der statistischen Analyse[24] sowie der morphologischen Systemanalyse und -synthese.[25] Um die methodischen Grundlagen der Wissenschaftsorganisation zu vervollkommnen, ist es notwendig, die praktischen Erfahrungen bei der Projektierung und Einführung von Leitungsprozeduren[26] sowie die Methodologie der Programm-Ziel-Leitung wissenschaftlich-technischer Arbeitskomplexe[27] zu nutzen.

19 N. G. ZAJCEV/R. V. KANDALOVA u. a.: Avtomatizirovannaja sistema načislenij zarabotnoj platy na ĖVM „Minsk-22“ (RFAP). Kiev 1969.
20 G. A. SAMOJLOV/T. M. SMIRNOVA: Finansirovanie NIR kak funkcija upravlenija. In: Naukovedenie i informatika, Nr. 9, Kiev 1973.
21 V. K. BEKLEŠOV/P. N. ZAVLIN: Normirovanie truda v NII i KB. Moskau 1973.
22 G. M. DOBROV/T. I. KUCHTENKO/T. I. ŠČEDRINA: Analitičeskij podchod k formirovaniju tematičeskich planov NII. In: Naukovedenie i informatika, Nr. 7. Kiev 1972; Ė. M. ZADOROŽNYJ: Prognozirovanie razvitija litejnoj nauki. In: Naukovedenie i informatika, Nr. 10, Kiev 1974; V. N. VERNADSKIJ/N. S. GAVRILJUK/JU. V. ERŠOV/V. V. ŽURAVKOV/I. V. SALTYSOV: Prognoznaja orientirovka v oblasti svaročnoj nauki. In: V Kievskij simpozium po naukovedeniju i naučno-techničeskomu prognozirovaniju. Teil II. Kiev 1974.
23 K. V. TARAKANOV u. a.: Avtomatizacija upravlenija naučnymi učreždenijami. Moskau 1975; V. N. ARCHANGEL'SKIJ/Z. P. KABANOVA: Avtomatizacija planirovanija naučnych issledovanij. Moskau 1973.
24 A. A. GRIGORJAN/G. N. DANIELJAN: Statističeskie metody planirovanija i sinteza naučno-issledovatel'skogo processa. In: Naukovedenie i informatika, Nr. 11, Kiev 1974.
25 V. M. ODRIN/S. S. KARTAVOV: Nekotorye itogi i perspektivy razvitija morfologičeskogo analiza sistem. Kiev 1973.
26 E. F. GURŽIJ u. a., a. a. O.
27 G. M. DOBROV/V. I. ŽIL'COV/A. I. KOBZAR'/N. V. KONONOV/I. V. SALTYSOV: Programmno-celevoj metod upravlenija v nauke. Moskau 1974.

Einige Verwaltungen und wissenschaftliche Institutionen arbeiten gegenwärtig Systemunterlagen für eine höhere Effektivität der wissenschaftlich-technischen Information aus. Es sind dies gegenwärtig z. B. die Systeme „ASSISTENT" (Allunionsinstitut für wissenschaftlich-technische Information — VINITI), „ALSIZOBRETENIE" („Automatisiertes Leitungssystem Erfindung"; Staatskomitee für Erfindungen und Entdeckungen), „MARS — NTI" (MARS — Wissenschaftlich-technische Information; Ukrainisches Institut für wissenschaftlich-technische Information) u. a. Im Institut für Kybernetik arbeitet man an der Schaffung des Systems IRI (*i*zbiratel'noe *r*aspredelenie *i*nformacii) — ausgewählte Informationsverteilung (E. F. SKOROCHODKO) und natürlich auch an der Vervollkommnung der Dienste des wissenschaftlichen Informations- und Patentwesens.

4. Die systemhafte Automatisierung der Forschungen, der Experimente sowie der Projektierungs- und Konstruktionsarbeiten. Diesen Arten der mathematischen und systemtechnischen Sicherung kommt bei der Erhöhung der Arbeitsproduktivität außerordentliche Bedeutung zu, denn sie helfen den Forschungs- und Entwicklungszyklus zu beschleunigen, eine hohe Qualität der Arbeit und deren Effektivität zu sichern. Beispiele dafür sind die automatisierten Systeme wissenschaftlicher Forschung und der Datenverarbeitung, aber auch der Projektierung und der Planung.
   Es gibt hierüber eine umfangreiche Literatur, u. a. die Arbeiten von V. I. SKURICHIN, B. N. MALINOVSKIJ, JU. V. KAPITONOVA und anderen Mitarbeitern des Instituts für Kybernetik der Akademie der Wissenschaften der Ukrainischen SSR.[28] Unserer Meinung nach ist die Zeit herangereift, eine Theorie und Methodologie integrierter Automatisierungssysteme zu entwickeln und sie praktisch zu realisieren.[29]

28 B. M. MALINOVS'KIJ: Principi organizacii techničnogo zabezpečennja sistemi avtomatizacii naukovich doslidžen'. In: Visnik AN URSR, 1972, Nr. 9; V. I. SKURICHIN: Nekotorye problemy razrabotka avtomatizirovannych sistem upravlenija mašinostroitel'nymi predprijatijami. In: Upravljajuščie sistemy i mašiny, 1974, Nr. 4; V. M. GLUŠKOV/JU. V. KAPITONOVA/ A. A. LETIČEVSKIJ: Avtomatizacija proektirovanija vyčislitel'nych mašin. Kiev 1975; B. N. MALINOVSKIJ/V. M. EGIPKO: Strukturnye osobennosti sistemy avtomatizacii sbora i obrabotki dannych složnogo ėksperimenta na baze mašin serii „Dnepr". In: Upravljajuščie sistemy i mašiny, 1973, Nr. 4; N. M. GLAZUNOV: Opyt primenenija dialogovoj sistemy programmirovanija i matematičeskich issledovanij. In: Upravljajuščie sistemy i mašiny, 1974, Nr. 6.

29 V. M. GLUŠKOV: Avtomatizirovannye sistemy upravlenija predprijatijami. Kiev 1973; V. N. KUNCEVIČ: Integrirovannye sistemy upravlenija predprijatijami — kakimi oni dolžny stat'. In: Upravljajuščie sistemy i mašiny, 1974, Nr. 4; V. M. EGIPKO/A. A. KORENNOJ/B. B. ŠEVČENKO/I. A. POGOSJAN: O podchode k razrabotke integrirovannych sistem upravlenija naučno-issledovatel'skimi rabotami i ich avtomatizacii. In: V Kievskij simpozium po naukovedeniju i naučno-techničeskomu prognozirovaniju. Teil III. Kiev 1974.

3. Organisationsprinzipien, systemtechnische Mittel und methodische Sicherung der Wissenschaftsleitung

Die systemhaften Sicherungsmittel wirken nur dann effektiv, wenn sie alle Phasen des Wissenschafts-Produktions-Zyklus umfassen. Die Wissenschaftsleitungen verfügen heute nicht nur über alle Mittel der Rechentechnik, sondern auch über Terminierungsmittel und das Display (Abbildungsmittel), um den Dialog „Mensch—Maschine" im Prozeß der Informationssuche, der Synthese neuer Entscheidungen zu realisieren.[30] Im folgenden sollen die methodischen und algorithmischen Möglichkeiten für die Realisierung des Dialogs in spezialisierten Si-

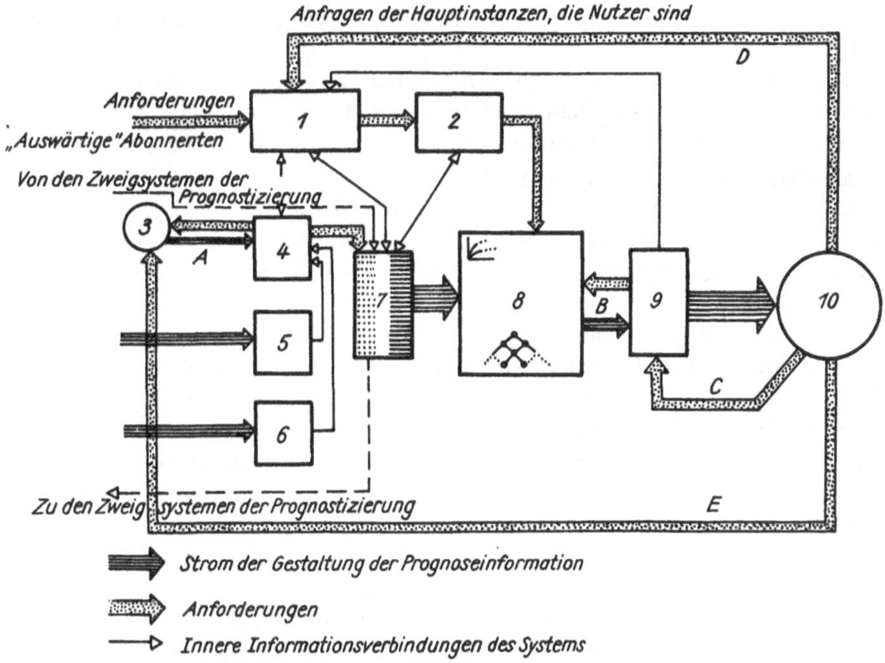

Abb. 83. Struktur des Systems INPROGS

1. Dienst für die Analyse der Anforderungen und Auswahl der Methode für ihre Realisierung; 2. Gruppe der mathematischen Sicherung des Systems; 3. Expertenkollektiv; 4. Expertengruppe; 5. Gruppe für die Analyse der Patentinformation; 6. Gruppe für die Analyse der allgemeinen wissenschaftlich-technischen Information; 7. Datenbank und Bibliothek der Systemprogramme; 8. Elektronische Rechenanlage mit erminierten Dialogmechanismen; 9. Gruppe für die Analyse und die systemhafte Interpretation der Prognose-Daten; 10. Instanz für die Entscheidungsfällung über die Leitung der wissenschaftlich-technischen Entwicklung auf dem gegebenen Sachgebiet

30 V. M. Gluškov/A. M. Dovgjallo/Z. L. Rabinovič/A. A. Stognij: Dialog, upravljaemy vyčislitel'noj mašinoj. In: Upravljajuščie sistemy i mašiny, 1974, Nr. 8.

cherungssystemen der Wissenschaftsleitung illustriert werden an Hand der Systeme INPROGS und ISTOK. Das Informations-Prognose-System (INPROGS) wurde vom Sektor „Komplexprobleme der Wissenschaftswissenschaft“ im Institut für Kybernetik der Akademie der Wissenschaften der Ukrainischen SSR ausgearbeitet. Es beruht auf der oben charakterisierten „Methode der maximalen Möglichkeiten“.

Die Struktur und die allgemeine Beschreibung des Systems INPROGS enthält Abb. 83. INPROGS gehört zur Klasse von Systemen für die organisierte Leitung von Prozessen mit starker Diskretheit und Unbestimmtheit der Zustände. In solchen Fällen ist ein prinzipiell anderes Verfahren erforderlich als bei der Leitung technologischer Prozesse, in denen als Hauptquelle der Information das Leitungsobjekt selbst dient und die Leitung durch unmittelbare Rückkopplung verwirklicht wird.

Um die Realisierung der INPROGS übertragenen Funktionen zu sichern, werden im System einige Dialogarten verwirklicht (vgl. Abb. 83):

A. Dialog „System — Expertenkollektiv“;

B. Dialog „Mensch — Maschine“;

C, D, E. Dialog der Instanz, die die Entscheidung fällt, mit dem System und unmittelbar (bei organisatorischer, methodischer und informationeller Mitwirkung des Systems) mit dem Expertenkollektiv einer wissenschaftlich-technischen Entwicklung.

Für die Lösung solcher Aufgaben[31] ist ein Prozessor in der Art eines Mensch-Maschine-Teilsystems notwendig, das der Hauptfunktionalblock des INPROGS ist. Außer der üblichen Verteilung der systemhaften Verpflichtungen (die Maschine erfüllt die Funktion des Prozessors, und der Mensch sichert den Informationsfluß) werden im System mit Hilfe der iterativ-heuristischen Methode schwachstrukturierte Probleme gelöst. Dabei nimmt das Spezialistenkollektiv unmittelbar am Lösungsprozeß teil.

Ein Modell für den Ertrag kann man erhalten, indem man neben der „Methode der maximalen Möglichkeiten“ einige andere unabhängige Prognosemethoden verwendet. In allen Kanälen der systemimmanenten und der Dialog-Rückkopplung werden Operationen für die Überprüfung der Übereinstimmung durchgeführt. Die (quantitativen und qualitativen) Unterschiede zwischen den Ergebnissen der Prognosen, die mit voneinander unabhängigen Methoden gewonnen wurden, werden bestimmt, die Bedeutungsunterschiede logisch eingeschätzt, und auf ihrer Grundlage wird ein Modell für die Ausgangsinformation gestaltet.

Der Prozessor des Systems verwirklicht sich strukturell in Form zweier funktional verbundener Blöcke der elektronischen Rechenanlage mit entwickelten

31 Die systematische Durcharbeitung des Problems wurde gemeinsam mit L. P. Smirnov und V. S. Volochov vorgenommen.

terminierten Mechanismen, aber auch als mit der Maschine arbeitende Gruppen der Analyse und der systemhaften Dateninterpretation.

Die Spezialisten der Gruppe für systemhafte Dateninterpretation konstruieren das Modell für den Ertrag, überprüfen die quantitativen und qualitativen Beziehungen zwischen den Modellen, schätzen den Übereinstimmungsgrad ein und arbeiten Entscheidungsvarianten aus, auf deren Grundlage heuristische Verfahrensmodelle konstruiert werden. Stimmen die Ertragsmodelle überein, wird das Ergebnis interpretiert und dem Auftraggeber übergeben. Andernfalls werden die heuristischen Prognosemethoden und die Entscheidung korrigiert.

Die Analysegruppe besteht aus Spezialisten mit ausreichender Qualifikation (Kompetenz nicht niedriger als 7 Punkte auf einer Zehnpunkteskale,[32] die für die wissenschaftlich-technischen und technologischen Hauptrichtungen des erforschten Gebietes kompetent ist.

Als Ertrag des Maschinenteils des Prozessors erhält man Informationen über die Veränderungen, die sich auf dem Forschungsgebiet vollzogen haben. Sie werden bearbeitet, systematisiert und nach ihrer Interpretation und Korrektur der Datenbank eingegeben.

Die dynamischen Eigenschaften des Systems INPROGS, seine operative Geschmeidigkeit und die günstige Reaktionszeit ergeben sich in vieler Hinsicht aus seiner Vereinbarkeit mit anderen Prognosesystemen, aber auch aus der Kompatibilität des Systems INPROGS mit anderen Systemen der Wissenschaftsleitung.

Das Informationssystem der thematischen Orientierung und Koordinierung (ISTOK) wurde ebenfalls im Sektor für Komplexprobleme der Wissenschaftswissenschaft des Instituts für Kybernetik der Akademie der Wissenschaften der Ukrainischen SSR ausgearbeitet, und zwar als ein spezialisiertes System für die informationelle Entscheidungssicherung bei der Organisation, Planung und Leitung von Forschungs- und Entwicklungsarbeiten, die eine wirklich analytische und gleichzeitig operative Information erfordern. Die Hauptvoraussetzungen für das System ISTOK sind der in der UdSSR existierende Gesamtstaatliche Registrationsdienst für Forschungs- und Versuchskonstruktionsarbeiten sowie eine verbreitete fachwissenschaftliche Dokumentation. Zuständig ist dafür das „Allunionszentrum für wissenschaftlich-technische Information" des Staatlichen Komitees für Wissenschaft und Technik beim Ministerrat der UdSSR.

Die methodologische Grundlage für die Herstellung thematischer Beziehungen sind die Informationsmodelle der Beziehungen zwischen Forschungsorganisationen. Die Aufdeckung thematischer Beziehungen zwischen Forschungsorganisationen läuft darauf hinaus, die Beziehungen zwischen den wissenschaftlich-technischen Berichten aufzudecken, deren Autoren Forschungsorganisationen sind. Darauf folgt dann die Identifizierung der Berichte mit der Forschungsinstitution.

32 G. M. Dobrov/Ju. V. Eršov/E. I. Levin/L. P. Smirnov, a. a. O.

Den Algorithmen für die Bearbeitung der Informationen liegt die Methode der automatischen Klassifikation[33] zugrunde; sie gestattet eine „natürliche" Klassifikation sowohl der Forschungsorganisationen, die dem Allunionszentrum Berichte zur Verfügung stellen, als auch der Nutzerorganisationen (Nutzer oder Auftraggeber) dieser Berichte unter vielen Aspekten. Als „Indikator" der Beziehungen zwischen den Berichten der Forschungsorganisationen werden die Anfragen der Nutzerorganisationen nach Berichten an das Allunionszentrum verwendet.

Die Informationen, die man durch Anforderung von Berichtskopien vom Allunionszentrum für wissenschaftlich-technische Information erhalten kann, sind ein bedeutender Teil des Gesamtstroms wissenschaftlich-technischer Informationen. Deshalb kann man die Berichtsanforderungen als „Indikator" betrachten, der die Informationsbedürfnisse der anfordernden Organisation genügend repräsentativ widerspiegelt. Diese Anforderung von Berichten ist ein objektiverer und zuverlässigerer formaler „Indikator" für Informationsverbindungen als beispielsweise Zitierungen in wissenschaftlichen Publikationen. Im Vergleich mit ihnen ist die Anforderung ein operativerer und damit konkreterer „Indikator".

Jedem Bericht kann man die Bezeichnungen der Nutzerorganisationen zuordnen, die sie anfordern, und umgekehrt jeder Nutzerorganisation die Anzahl der durch sie angeforderten Berichte. Die Herstellung thematischer Verbindungen zwischen Forschungsorganisationen (als der „Autoren" der Berichte) ist ein erster Typ von Verbindungen, die Herstellung von Verbindungen zwischen den Nutzerorganisationen ein zweiter Typ.

Bei der Bestimmung des ersten Typs von Verbindungen wurde davon ausgegangen, daß das gleichzeitige Erscheinen der Nummern zweier Berichte in der Anforderung ein und derselben Nutzerorganisation die Maßeinheit für die Kraft der Verbindung zwischen diesen Berichten ist (Abb. 84), d. h., zwei Berichte gelten als verbunden, wenn es eine gewisse Anzahl von Nutzerorganisationen gibt, die sie gemeinsam anfordern. Je öfter Berichte zweier Forschungsorganisationen gemeinsam angefordert werden, um so enger ist die Verbindung zwischen ihnen. Die Kraft der Verbindung zwischen zwei Forschungsinstituten wird bestimmt als Summe der Kraft der Verbindungen, die für alle Berichte des ausgewählten Paars von Forschungsorganisationen bestimmend sind. Nach einer bestimmten quantitativen Bedeutung der Kraft der Verbindung wird ein Graph der Forschungsorganisationen (als der „Autoren" der Berichte) gebildet, innerhalb seiner Struktur wird die Teilmenge eng miteinander verbundener Spitzengruppen (Forschungsorganisationen) herausgelöst. Das ist dann dem Wesen nach ihre „natürliche" Klassifikation nach dem Merkmal der thematischen Nähe.

33 A. A. Dorofejuk: Algoritmy avtomatičeskoj klassifikacii (obzor). In: Avtomatika i telemechanika, 1971, Nr. 12; N. G. Zagorujko: Metody raspoznavanija i ich primenenie. Moskau 1972; B. G. Mirkin: Diskretnye zadači klassifikacii vzaimosvjazannych ob-ektov (obzorov). In: Voprosy analyza složnych sistem. Novosibirsk 1974.

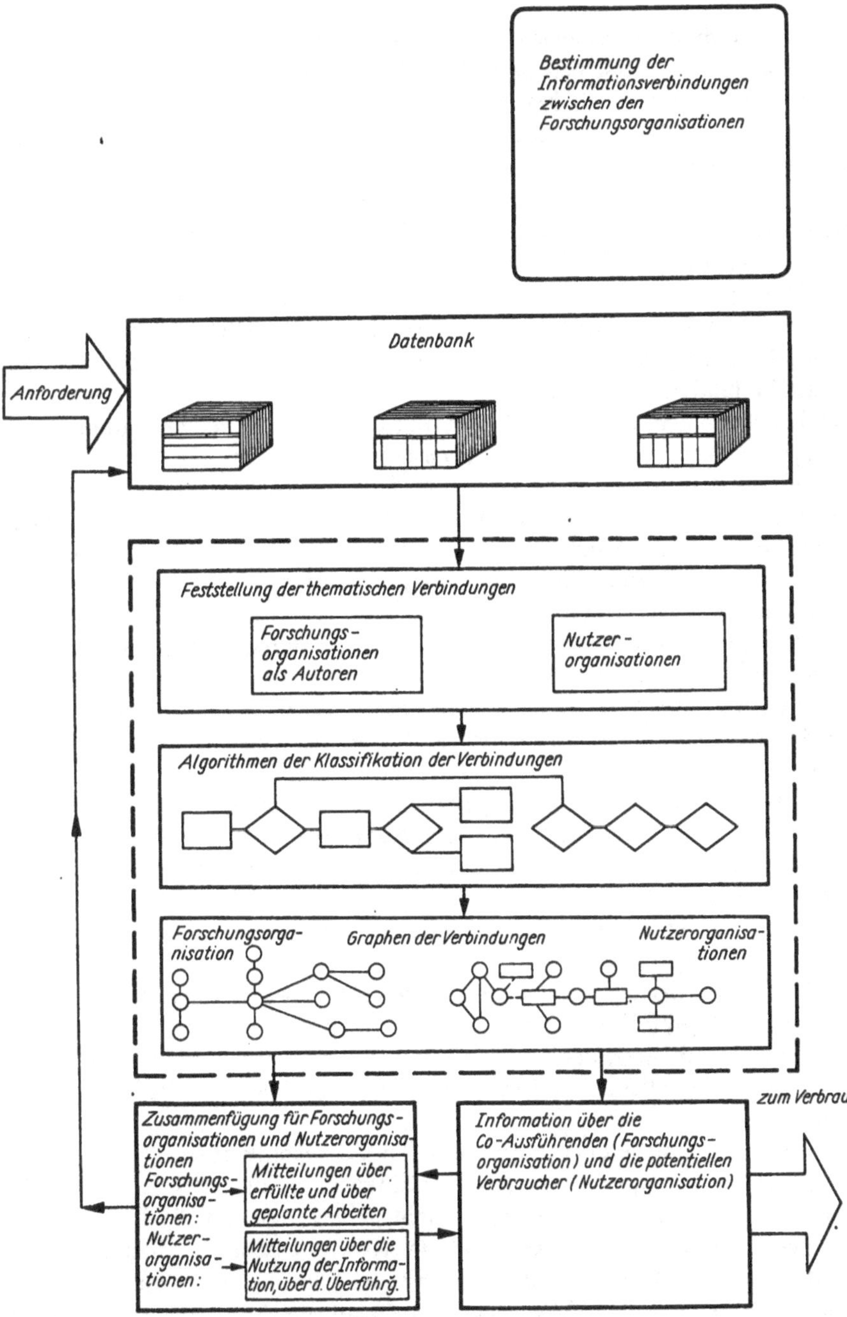

Abb. 84. Informationssystem der thematischen Orientierung und Koordinierung

Für die Bestimmung des zweiten Typs von Verbindungen ist das Auftauchen der Nummer ein und desselben Berichts in den Anfragen zweier Nutzerorganisationen maßgebend (siehe Abb. 84), d. h., zwei Nutzerorganisationen betrachten sich als verbunden durch informationelle Ausgangsbedürfnisse, wenn eine gewisse Anzahl von Berichten existiert, die sie gemeinsam anfordern; je zahlreicher solche Berichte sind, desto größer ist die Kraft der Verbindung zwischen einem ausgewählten Paar von Nutzerorganisationen. Die Kraft der Verbindung zwischen ihnen wird bestimmt als die Summe aller zeitlich zusammenfallenden Nummern der angeforderten Berichte. Nach bestimmten quantitativen Bedeutungen der Kraft der Verbindungen wird ein Graph gebildet und eine Teilmenge stark verbundener Nutzerorganisationen sowie ihre „natürliche" Klassifikation nach der Kraft der Verbindungen herausgelöst.

Es gilt festzuhalten, daß in die Anzahl auch die Teilzahl der Forschungsorganisationen als Autoren der Berichte eingehen kann, die im gegebenen Fall als Nutzer wissenschaftlicher Ergebnisse anderer Forschungsorganisationen auftreten. In diesem Fall enthält die Bestimmung der Kraft der Verbindungen zwischen einem Paar von Forschungsorganisationen, die gleichzeitig als Autoren der Berichte und als Nutzer auftreten, zusätzlich das quantitative Resultat ihrer wechselseitigen Anforderungen von Berichten.

Nun gestattet es das System, „Informationsvorstellungen" über die Struktur und die Kraft der thematischen Verbindungen zu entwickeln, die durch statistische Daten ergänzt werden können. Die Qualitätsanalyse und die inhaltliche Interpretation dieser Daten können im Prozeß der Wissenschaftsleitung etwa so genutzt werden:

- als Grundlage für ergänzende Expertenauskünfte hinsichtlich der Perspektive des „geerdeten Ereignisses" und des Auftretens neuer Verbindungen im Prognosemodell des wissenschaftlich-technischen Fortschritts, das im System INPROGS benutzt wird;
- als Entscheidungshilfen bei der Suche nach Mitnutzern wissenschaftlich-technischer Programme;
- als Hilfsmittel bei der Ausmerzung ungerechtfertigter Doppelarbeiten oder zur vollständigeren Einbeziehung bereits vorhandener Arbeitserfahrungen;
- als Methode zur Modellierung von Situationen, die charakterisiert sind durch eine stabile Orientierung auf eine sich neu herausbildende Forschungsrichtung;
- als Nachrichtenquelle über interessierte Nutzerorganisationen.

Systemdenken und systemtechnische Verfahren haben die Effektivität der Leitungstätigkeit gerade dort bedeutend erhöht, wo es sich um die Leitung verschiedener komplizierter Systeme — wie in der Wissenschaft — handelt. Dennoch ist die gegenwärtige Lage auf dem Gebiet der Wissenschaftsorganisation und -leitung noch keineswegs befriedigend, denn nicht alle Leiter dringen auf eine grundlegende Verbesserung der informationellen Sicherung ihrer organisatorisch-leitenden Funktionen. Oft genug ist immer noch unklar, welche Informationen die Leitung wirklich benötigt.

Und schließlich wirkt sich auch noch das Fehlen von Modellen und Algorithmen der Entscheidungsfindung negativ aus, und zwar gerade in der Sphäre der Wissenschaft.[34] Gäbe es bereits spezielle Modelle der Entscheidungsfindung, so könnten sie maschinell simuliert werden und die konkreten Entscheidungsprozesse optimaler gestalten helfen.

Leitungsaufgaben, für die es weder Modelle noch Entscheidungsalgorithmen gibt, muß man oft auf der Grundlage eines Minimums an Daten und der vorhandenen Erfahrungen lösen. Hier bleibt eine systematische Heuristik zu entwickeln mit dem Ziel, ein System der methodischen und informationellen Sicherung zu schaffen.

Leitungsentscheidungen werden oft unter dem Einfluß von Störungen oder ungünstigen Randbedingungen getroffen. In diesem Fall besteht die Aufgabe des Systems der methodischen und informationellen Sicherung darin, den Fehlergrad (in gewissem Sinne den Grad einer nichtoptimalen Entscheidung) einzuschätzen, diese Einschätzung mit den vorhandenen Erfahrungen zu analysieren und so die Leitungsentscheidung zu verbessern.

34 R. L. Ackoff: The System Revolution. In: Long Range Planning, 1974, vol. 7, Nr. 6.

Kapitel 9

Die Ökonomik der Wissenschaft

1. Die finanzielle Sicherstellung der wissenschaftlichen Tätigkeit

Die Probleme der materiell-finanziellen Sicherstellung, die im Gesamtsystem der Wissenschaftsplanung einen besonders wichtigen Platz einnehmen, sind stärker als andere Fragen der Wissenschaftsorganisation mit der sozialökonomischen Struktur der Gesellschaft verknüpft. Daher ist es oft unmöglich, die finanzielle Situation der Wissenschaft in Ländern mit prinzipiell verschiedenen Gesellschaftsordnungen zu vergleichen. Zugleich verdeutlicht gerade dieser Aspekt der Gesamtproblematik die *qualitative* Spezifik der Wissenschaftsorganisation.

Tabelle 23

Aufwendungen für die Wissenschaft in der UdSSR aus dem Staatshaushalt und anderen Quellen (am Jahresende, in Milliarden Rubel)

	1940	1950	1960	1965	1970	1971	1971 in % zu 1950
Gesamtausgaben für die Wissenschaft (ohne Investitionen für den Bau von Labors u. dgl. sowie für den Wohnungsbau für Wissenschaftler)	0,3	1,0	3,9	6,9	11,7	13	1300
davon aus dem Staatshaushalt der UdSSR	0,1	0,5	2,3	4,3	6,6	7,0	1400
in % der Gesamtausgaben des Budgets	0,6	1,3	3,2	4,2	4,2	4,3	331

In der Sowjetunion und den anderen sozialistischen Ländern wird die Wissenschaft aus einer ihrem Wesen nach einheitlichen Quelle finanziert — aus dem Staatshaushalt. Dabei können die konkreten Verteilungskanäle für diese Mittel sehr unterschiedlich sein: Forschungsarbeiten können aus dem Unionsbudget, dem Budget der Unionsrepubliken oder aus den Fonds der Industrie- und

Landwirtschaftsbetriebe finanziert werden. Die Dynamik des Wachstums dieser Aufwendungen[1] wird durch die Angaben[2] in Tabelle 23 dargestellt.

Noch deutlicher wird das vorrangige Wachstumstempo der Aufwendungen für die Wissenschaft, wenn man es mit dem Wachstumstempo der anderen Kennziffern für die Entwicklung der Volkswirtschaft der UdSSR vergleicht. Tabelle 24 (aufgestellt gemeinsam mit G. A. SAMOJLOV nach Angaben der Zentralverwaltung für Statistik)[3] zeigt, daß die Höhe der Aufwendungen für die Wissenschaft in der UdSSR in zwei Jahrzehnten sowohl absolut als auch je Beschäftigten in der Volkswirtschaft schneller als irgendeine andere ökonomische Kennziffer gestiegen ist.

Tabelle 24

Wachstumstempi der Hauptkennziffern für die Entwicklung der Volkswirtschaft der UdSSR

Kennziffern	1950	1960	1970
1	2	3	4
Gesellschaftliches Bruttoprodukt	1	2,7	5
Produziertes Nationaleinkommen	1	2,8	5,5
Produktionsgrundfonds der Volkswirtschaft	1	2,5	6
Volumen der Industrieproduktion	1	3	7
Volumen der landwirtschaftlichen Produktion	1	1,5	2,3
Transportleistung	1	2,6	5,2
Anzahl der Arbeiter und Angestellten in der Volkswirtschaft	1	1,5	2,2
Produktion			
in der Industrie	1	2	3,3
in der Landwirtschaft	1	1,7	2,5
Höhe der Aufwendungen für die Wissenschaft			
— in % des gesellschaftlichen Gesamtprodukts	1	3	4,6
— absolut	1	4	12
— je Beschäftigten in der Volkswirtschaft der UdSSR	1	3	7

Anmerkung
Die Kennziffern des Jahres 1950 wurden gleich 1 gesetzt.

1 Vgl.: Narodnoe chozjajstvo SSSR (1922—1972). Moskau 1972, S. 418, 483.
2 Nimmt man in diese Statistik die Angaben über die Investitionen für den Bau von Laboratorien, von Wohnungen und von kulturellen und anderen Dienstleistungseinrichtungen für die Wissenschaftler auf, so steigt die Gesamthöhe der Aufwendungen um annähernd ein Viertel.
3 Vgl.: Narodnoe chozjajstvo SSSR (1922—1972).

Diese Prioritätsverteilung in der staatlichen Wirtschaftspolitik ist auf die besondere Rolle zurückzuführen, welche die Wissenschaft in dieser Periode bei der Herausbildung der intensiven Faktoren der Wirtschaftsentwicklung zu spielen begonnen hat. Struktur und Effektivität der *extensiven* (Erweiterung des Umfangs der Produktion, Erhöhung der Beschäftigtenzahl, Vergrößerung der Grundfonds und der Investitionen) und der *intensiven* (Wissenschaft, wissenschaftlich-technischer Fortschritt, Erneuerung der Arbeitsmittel, Verbesserung der qualitativen Parameter der Hauptarten von Erzeugnissen) Faktoren in der UdSSR in den sechziger Jahren[4] sind in Tabelle 25 dargestellt (errechnet von E. V. SAPILOV).[5]

Tabelle 25

Struktur und Effektivität der extensiven und der intensiven Faktoren der Entwicklung der Volkswirtschaft in der UdSSR

Faktoren	Aufwand (Mrd. Rubel)	Effekt (Zuwachs d. Nationaleinkommens, Mrd. Rubel)	Nutzeffekt je Rubel Investition (Rubel)	Verhältnis des Nutzeffekts
extensive (Erweiterung der Maßstäbe der Produktion, der Investitionen u. Fonds)	215	31,4	0,15	1
intensive (Wissenschaft, wiss.-techn. Fortschritt, Erneuerung d. Arbeitsmittel)	58,2	30,8	0,60	4

Eine statistische Zusammenfassung bestätigt die grundlegenden ökonomischen Vorzüge des intensiven Weges der Wirtschaftsentwicklung. Die Wissenschaft kann jedoch für sich ihre wachsenden potentiellen ökonomischen und kulturellen Werte nicht verwirklichen; dazu bedarf es der proportionalen Entwicklung der Bildungs- und Ausbildungsphäre und besonders einer schnelleren Steigerung der Mittel für die Überleitung der Neuentwicklungen in die Praxis.

Wir haben gemeinsam mit G. A. SAMOJLOV die gesamten Aufwendungen des Staatshaushaltes der UdSSR in drei Gruppen eingeteilt — „Produktion und Wissen" (Forschung und Entwicklung), „Verbreitung von Wissen" (Bildung und Information) und „Anwendung von Wissen" (Erneuerung der Arbeitsmittel

4 Die Daten über die Investitionen in die Wissenschaft (1956—60) berücksichtigen die Verschiebungen, die sich daraus ergeben, daß die übrigen Daten einen acht Jahre späteren Zeitraum betreffen (1964—68).

5 Vgl. K. L. GORFAN/N. I. KOMKOV/L. Ė. MINDELI: Planirovanie i upravlenie naučnymi issledovanijami. Moskau 1971; V. N. ARCHANGEL'SKIJ/Z. P. KABANOVA: Avtomatizacija planirovanija naučnych issledovanij. Moskau 1973.

und Überleitung wissenschaftlich-technischer Entwicklungen in die Praxis) — und nach Angaben der Zentralverwaltung für Statistik[6] folgende Tabelle aufgestellt (s. Tabelle 26).

Tabelle 26

Dynamik der Struktur der Aufwendungen für die Produktion, die Verbreitung und die Anwendung von Wissen

	Jahr	Produktion von Wissen	Verbreitung von Wissen	Anwendung von Wissen
Wachstum der Aufwendungen pro Beschäftigten in der Volkswirtschaft der UdSSR pro Jahr	1950 1960 1970	20 60 130	128 131 210	250 690 910
Wachstum in 20 Jahren um das		6,5fache	1,7fache	3,6fache
Proportionen für die UdSSR (Anfang der 70erJahre)		1	1,6	7
Proportionen für die USA (Anfang der 70er Jahre)		1	2 (einschließlich Werbung)	11

In Kapitel 1 hatten wir dargelegt, daß, um die vorhandenen wissenschaftlichen Kräfte und die Ergebnisse von Forschung und Entwicklung maximal nutzen zu können sowie einen ausreichenden Vorlauf an wissenschaftlichen Arbeiten und ein optimales wissenschaftliches Potential zu gewährleisten, der Umfang der Aufwendungen für die Nutzung der Neuentwicklungen in der Regel um eine Potenz über dem Umfang der Aufwendungen liegen muß, die gemacht werden, um Ergebnisse im Bereich von Forschung und Entwicklung zu erzielen.

Die Ausdehnung der Prinzipien der Intensivierungspolitik auf die Leitung des wissenschaftlich-technischen Fortschritts hat besonders dazu geführt, daß sich die Höhe der Mittel, die für Maßnahmen zur unmittelbaren Sicherstellung des wissenschaftlich-technischen Fortschritts der gesamten gesellschaftlichen Produktion bereitgestellt und genutzt werden, bereits im 9. Fünfjahrplan (1971—1975) im Wachstumstempo dem Tempo der Produktion von Erkenntnissen angeglichen hat.

Diese wesentlichen Prozesse in der Wirtschaftspolitik und in der Wissenschaftspolitik erfassen natürlich auch die unmittelbare Finanzierung von Forschung und Entwicklung in den einzelnen konkreten Forschungsinstituten und Konstruktionsbüros auf allen Gebieten wie in allen Sphären der Volkswirtschaft.

6 Vgl. Narodnoe chozjajstvo SSSR (1922—1972).

Das Hauptprinzip bei der planmäßigen finanziellen Sicherstellung der Forschungs- und Entwicklungsarbeiten in der UdSSR ist eine hinreichende und konzentrierte finanzielle Unterstützung zu folgenden Zwecken[7]:

- zur Sicherung eines hohen Entwicklungstempos der neuen Gebiete von Wissenschaft und Technik, zur Einhaltung optimaler Proportionen in der Entwicklung der wissenschaftlichen Forschungen, die eine Erfüllung der Staatspläne für die ökonomische und gesellschaftliche Entwicklung gewährleisten;
- für einen möglichst schnellen Abschluß wissenschaftlicher Forschungs- und Entwicklungsarbeiten, um zu einer effektiven praktischen Nutzung der Ergebnisse beizutragen;
- für ein höheres materiell-technisches Ausstattungsniveau der Forschungs- und Entwicklungsarbeiten auf der Basis modernster Geräte, Apparaturen, Methoden und Materialien;
- für die Entwicklung der experimentellen Basis der wissenschaftlichen Einrichtungen des Landes unter Berücksichtigung der Zukunftsträchtigkeit der Forschungsrichtungen sowie der in den wissenschaftlichen Zentren geschaffenen potentiellen Möglichkeiten für eine erfolgreiche Entwicklung der Wissenschaft.

In der Sowjetunion wird folgende Verteilung der Mittel für die Forschung angestrebt: 80 bis 85% für die wichtigsten wissenschaftlich-technischen und theoretischen Probleme (1965 betrugen diese Mittel etwa 72%); 10 bis 15% für Forschungsthemen, deren Ergebnisse noch unbestimmt sind; 5% für die Fortsetzung aller anderen wissenschaftlichen Arbeiten (1965 betrugen diese Mittel über 10%).[8] Die Verteilungsstruktur der Mittel für die planmäßigen Forschungen[9] in der UdSSR Anfang der siebziger Jahre zeigt Tabelle 27.

Die Kostenveränderungen in der Forschung widerspiegeln die Erhöhung der Fondsintensität, die auf den meisten Gebieten der wissenschaftlichen Tätigkeit zu beobachten ist (infolge höherer Qualifikation der Beschäftigten, längerer Dauer der Arbeiten, quantitativ und qualitativ verbesserter wissenschaftlicher Ausrüstung und Materialien sowie anderer Faktoren). Dieser Aspekt der Wissen-

7 Vgl.: Metodičeskie rekomendacii po soveršenstvovaniju sistemy upravlenija dejatel'nost'ju naučno-issledovatel'skogo učreždenija na osnove sozdanija avtomatizirovannoj sistemy upravlenija (ASUNICh). Moskau 1973; E. V. SAPILOV: K voprosu o stoimosti produkta nauki. In: Ėkonomičeskie problemy ėffektivnosti nauki. Moskau 1971; E. V. SAPILOV: Opredelenie ėffektivnosti ispol'zovanija dostiženij nauki v narodnom chozjajstve metodov provedennych zątrat. In: Materialy po naukovedeniju, SOPS AN USSR, Heft 6, Kiev 1970.

8 Vgl. Metodičeskie rekomendaci, a. a. O.

9 Gemeint sind planmäßige Forschungen, die im Allunionszentrum für wissenschaftlich-technische Information des Staatlichen Komitees für Wissenschaft registriert werden.

Tabelle 27

Verteilung der Mittel für die planmäßigen wissenschaftlichen Forschungen in der UdSSR

Kennziffern	Jahr	Forschungsgebiete							
		Naturwissenschaft	Techn. Wiss.	Bau u. Architektur	Agrarwiss.	Mediz. Wiss.	Gesellschaftswiss.	Wissenschaftswissenschaft u. wiss.-techn. Information	Für/in alle(n) Gebiete(n)
Verteilung der Mittel, %	1969	13,8	65,2	4,8	8,4	2,9	4,0	0,9	100
	1970	15,1	63,7	4,3	10,3	3,1	2,3	1,2	100
Durchschnittskosten eines abgeschlossenen Themas, %	1969	100	59,8	32,1	128,9	32,9	65,4	58,9	65,7
	1970	157,6	90,3	44,5	134,4	33,8	52,4	76,2	88,8

(Die Kosten eines Themas in der Naturwissenschaft wurden für das Jahr 1969 gleich 100% gesetzt)

schaftsentwicklung wird deshalb zu einem immer wichtigeren Objekt der unmittelbaren Wissenschaftsleitung.

Eine große Rolle bei der Finanzierung der wissenschaftlichen Forschung spielen in der Sowjetunion z. B. Wirtschaftsverträge zwischen sozialistischen Industriebetrieben und wissenschaftlichen Einrichtungen. Die auf diese Weise für die Forschung eingesetzten Mittel sind heute etwa genau so groß wie die aus dem Staatshaushalt bereitgestellten Mittel. Wir werten dies als Ausdruck der ständig zunehmenden Effektivität der Forschungen und der sich immer enger gestaltenden Beziehungen zwischen Wissenschaft und Produktion. Und schließlich wird darin jener gesetzmäßige Prozeß sichtbar, den wir als die Umwandlung der Wissenschaft in eine unmittelbare Produktivkraft bezeichnen.

Prinzipiell anders wurden Verträge zwischen wissenschaftlichen Institutionen und Industrieunternehmen bereits 1963 auf dem Nationalkongreß der französischen Wissenschaftler beurteilt. Dieser Kongreß, der die Finanzierung der wissenschaftlichen Forschung in Frankreich erörterte, qualifizierte in seinen Beschlüssen solche Verträge nicht ohne Grund als „Gefahr einer fortschreitenden Unterjochung der Universität". In der Präambel der Entschließung dieses Kongresses heißt es: „Professoren und leitende Mitarbeiter von Forschungsinstituten haben sich wegen mangelnder Mittel für Forschungszwecke häufig gezwungen gesehen, zwecks Beschaffung von Geld zu Methoden zu greifen, die der Universität und dem nationalen Zentrum für wissenschaftliche Forschung (Centre National de la Recherche Scientifique — CNRS) von Haus aus fremd sind. Diese Sachlage ist zu bedauern, wenn sie auch unter den obwaltenden Umständen schwerlich durchgreifend geändert werden kann."[10] Dieser hier charakterisierte Vorgang hat sich in der Folgezeit in allen kapitalistischen Ländern weiter verstärkt.

Für die moderne Wissenschaft im ganzen ist charakteristisch, daß der Bedarf an finanziellen Mitteln für die immer komplizierter und teurer werdenden Forschungsprozesse ständig steigt. Bereits an der Schwelle unseres Jahrhunderts schrieb Marie-Curie-Skłodowska: „Können sich die Menschen den ganzen Kummer eines begeisterten und uneigennützigen Schöpfers einer großen Sache vorstellen, wenn die Realisierung seiner Träume ständig durch den Mangel an Mitteln gehemmt wird? Kann man an die nicht wieder gutzumachende Vergeudung der wertvollsten Güter des Volkes — Talent, Kraft und Mut der besten Söhne der Nation — denken, ohne von einem Gefühl tiefen Kummers übermannt zu werden?"[11]

Zwar sind seitdem die Aufwendungen für die Wissenschaft um weit mehr als das Hundertfache gewachsen, noch schneller aber die materiellen Bedürfnisse

10 Die Finanzierung der wissenschaftlichen Forschung in Frankreich. In: Wissenschaftliche Welt, Jg. VII, 1963, Heft 4, S. 29—32, Zitate S. 29, 31.

11 Zitiert nach M. Šaskol'skaja: Žolio-Kjuri. Moskau 1959, S. 35.

der Wissenschaft, und hier vor allem schnell im letzten Jahrzehnt, dieser Epoche grundlegender quantitativer und qualitativer Veränderungen der Wissenschaft.

In den westlichen Ländern sind die Aufwendungen für die Wissenschaft zu einem beträchtlichen Teil mit militärischen Programmen verknüpft. In den USA traf das in den sechziger Jahren für bis zu drei Viertel des Gesamtbudgets der Wissenschaft zu. Detaillierter wird diese Verteilung in Tabelle 28 dargestellt.[12]

Tabelle 28

Struktur und Anteil der Aufwendungen für militärische Programme in den Budgets der sechziger Jahre in kapitalistischen Staaten

	1960—1961				1969—1970			
	Verteidigung	Kosmos	Kernforschung	Insgesamt	Verteidigung	Kosmos	Kernforschung	Insgesamt
USA	68,7	9,1	10,7	88,5	48,7	23,2	6,5	78,4
Kanada	23,2	—	21,2	44,4	11,2	1,4	19,5	32,1
Belgien	6,0	—	24,3	30,3	2,0	6,0	14,8	22,8
Großbritannien	64,5	0,5	14,7	79,7	40,4	3,7	11,5	55,6
Norwegen	8,6	0,4	16,5	25,5	7,1	1,2	8,3	16,6
Japan	5,6	—	7,6	13,2	2,2	0,7	7,4	10,3
Schweden	49,0	0,1	23,9	73,0	28,3	1,5	9,4	39,2
Niederlande	5,0	0,2	11,7	16,9	4,5	2,9	10,5	17,9
Frankreich	41,5	—	27,5	69,0	30,7	6,7	17,8	55,2

Quelle
OECD-Statistik 1971

In den meisten entwickelten Ländern der heutigen Welt wachsen die Budgets für Forschung und Entwicklung.[13] Dies ist jedoch nicht in jedem Falle Ausdruck der Sorge des Staates um die harmonische Entwicklung der Wissenschaft, sondern oft lediglich ein Versuch, eine staatsmonopolistische „Entdeckungs- und Erfindungsindustrie" zu schaffen, die in der kapitalistischen Wirtschaft von Jahr zu

12 Vgl. G. L. Chajtin: Analiz finansovo-chozjajstvennoj dejatel'nosti naučnych organizacij. Moskau 1973, S. 363.

13 Vgl. E. E. Grišaev: Finansirovanie naučnych issledovanij. Moskau 1967; L. A. Ašanina: O finansirovanii naučnych issledovanij. Moskau 1968; C. Freeman/C. Oldham/C. Cooper/ B. Achilladelis: The Goals of R. and D. in the 1970-s. In: Science Studies, Bd. 1, 1971; A. T. Waterman: National Science Foundation. A Ten-Year Resume. In: Science, 1960, Bd. 131, Nr. 3410, S. 1341—1354; Federal Research, Development and Related Programs. In: Special Analysis Budget of the United States. 1968, Bureau of the Budget, Januar 1967, S. 123—144; S. Szalai: Statistics, Sociology and Economics of Research in Hungary. In: Social Sciences, Information sur les Sciences Sociales, 1966, Bd. V, S. 57—69.

Jahr eine größere Rolle spielt.[14] Darin äußert sich unter den spezifischen sozialökonomischen Bedingungen dieser Länder u. a. der allgemeine Prozeß der Verwandlung der Wissenschaft in eine unmittelbare Produktivkraft. Die Konkurrenzfähigkeit der Betriebe und eine hohe Profitrate werden in der heutigen kapitalistischen Welt in ständig zunehmendem Maße durch die Ausnutzung der neuesten Ergebnisse von Wissenschaft und Technik gewährleistet.[15]

In der Sowjetunion ist die Politik der Wissenschaftsfinanzierung sowohl auf die beschleunigte Entwicklung volkswirtschaftlich besonders aussichtsreicher wissenschaftlicher Richtungen als auch auf die harmonische Entwicklung der Wissenschaft selbst gerichtet. Wir illustrieren dies am Beispiel der technischen Sicherstellung des Wissenschaftsprozesses, denn sie ist charakteristisch für den wissenschaftlichen Fortschritt in der Epoche der wissenschaftlich-technischen Revolution und zeigt sich in folgendem:

- Das Erreichen einer immer größeren Anzahl von Forschungszielen in einer annehmbaren Zeit und auf einem entsprechenden Niveau ist immer häufiger einfach unmöglich ohne das Vorhandensein eines technischen Instrumentariums, dessen Parameter dem Weltniveau entsprechen;
- die technische Ausstattung der Laboratorien wird immer komplizierter, umfangreicher und teurer; für ihre Anschaffung ist ein immer größerer Teil des Wissenschaftsbudgets erforderlich, und an dieser Ausrüstung arbeitet ein immer größerer Teil speziell ausgebildeter Mitglieder des Forscherkollektivs;
- der Bestand an wissenschaftlichen Geräten und an technischen Versuchsmitteln zeichnet sich durch eine überaus große Dynamik der quantitativen und qualitativen Charakteristika gegenüber allen anderen Klassen von technischen Mitteln aus; die Frist, innerhalb der das moderne wissenschaftliche Instrumentarium moralisch verschleißt, beträgt heute etwa 4 bis 5 Jahre. Das ist nur die Hälfte der Zeit, die z. B. zwischen der Ablösung einer Generation von Elektronenrechnern durch die nächste vergeht.

Unter diesen Bedingungen wird die Vervollkommnung des Gesamtsystems der technischen Versorgung des Wissenschaftsprozesses zu einer immer komplizierteren und verantwortungsvolleren Aufgabe der Wissenschaftsleitung. Während des vorigen und besonders während des laufenden Fünfjahrplans sind in der UdSSR zahlreiche neue Konzeptionen zur Lösung dieser Probleme erprobt worden. Im folgenden stellen wir einige davon vor, gruppiert nach den Leitungsmaßnahmen.

14 Vgl. A. D. NIKOLAEV: Obščestvennoe vosproizvodstvo i razvitie naučnych issledovanij v SŠA. Očerk teorii. Moskau 1969.

15 Vgl. beispielsweise E. MANSFIELD: The Economics of Technological Change. New York 1968; OECD, Ministers Talk about Science. Paris 1965; How much Science? In: Nature, 1966, Bd. 211, Nr. 5046, S. 221.

Organisatorische Maßnahmen. Eine neue Form der technischen Versorgung der Forschungen sind neben den bereits viele Jahre bestehenden Diensten der Institute regionale Systeme eines instrumentellen Service. Mit Erfolg arbeitet die Organisation Lennaučsnab. Sie versorgt eines der größten wissenschaftlichen Zentren unseres Landes, Leningrad, wo ein Viertel des Gesamtpotentials der sowjetischen Wissenschaft konzentriert ist. Lennaučsnab ist eine zwischenbehördliche Einrichtung, arbeitet auf der Grundlage der wirtschaftlichen Rechnungsführung und verfügt über ein entwickeltes Netz von Handelsniederlassungen, spezialisierten Basen, Musterausstellungen, Ausleihstellen für wissenschaftliche Ausrüstung sowie spezialisierten Werkstätten für Präzisionsüberprüfungen und Reparaturen wissenschaftlicher Geräte.

Ähnlich arbeitet ein regionaler Versorgungsdienst in den baltischen Unionsrepubliken der UdSSR. Hier sind interessante Erfahrungen bei der Schaffung eines staatlichen Systems für die Berufsausbildung qualifizierter unterer Spezialisten (Techniker und Laboranten) gesammelt worden. Solche Mitarbeiter der technischen Basis der Wissenschaft werden am dringlichsten gebraucht.

Besonders nützlich war die Errichtung von Meß- und Analysezentren, die mit Spezialgeräten ausgerüstet sind. So arbeiten z. B. in Moskau elf solche Zentren, die einige Dutzend Institute der chemischen Forschung bedienen. Mit Hilfe solcher Zentren können komplizierte physikalisch-chemische Untersuchungen bedeutend schneller und qualifizierter ausgeführt werden, und der Auslastungskoeffizient der Geräte steigt auf das Dreifache. Die intensive Nutzung der Geräte erfolgt auf der Basis von Wirtschaftsverträgen, so daß sich die Investitionen nicht nur innerhalb von zwei bis drei Jahren amortisieren, sondern auch die Erneuerung des Instrumentariums z. T. finanziert werden kann.

Neu ist auch der Industriezweig „wissenschaftlicher Gerätebau". So sind in einigen wissenschaftlichen Zentren, z. B. in der Akademie der Wissenschaften der Ukrainischen SSR, Einrichtungen für die Produktion wissenschaftlicher Einzelgeräte geschaffen worden, die als „Nebenergebnisse" der von den Wissenschaftlern vieler Institute dieser Akademie durchgeführten fundamentalen physikalischen und chemischen Forschungen entstehen.

Ökonomische Maßnahmen. Um die instrumentelle Sicherstellung der Wissenschaft zu verwirklichen, muß der Staat beträchtliche und unverhältnismäßig schnell wachsende Mittel aufwenden. Gegen Ende des achten Fünfjahrplan-Zeitraums hatte sich der Anteil der Mittel für wissenschaftliche Ausrüstung auf 18% des Gesamtbudgets der sowjetischen Wissenschaft erhöht und macht gegenwärtig fast ein Fünftel der Gesamtmittel aus. Das bedeutet in absoluten Zahlen eine Summe von etwa 2 bis 3 Mrd. Rubel pro Jahr. Neben dieser Summe investiert der Staat jährlich beträchtliche Mittel (in der Größenordnung von einem Viertel bis zu einem Drittel des Gesamtbudgets der Wissenschaft) zusätzlich in den Ausbau und die Entwicklung der bestehenden Wissenschaftsbasen. Ein großer Teil davon dient unmittelbar der technischen Neuausrüstung.

Charakteristisch für die staatliche Wissenschaftspolitik in der UdSSR ist das bevorzugte Wachstumstempo der Ausgaben für den erörterten Zweck (der jährlichen Zuwachsraten ΔM in %) gegenüber dem an und für sich schon hohen Wachstumstempo der Anzahl der wissenschaftlichen Kader (ΔN in % des jährlichen Zuwachses). $\alpha = \frac{\Delta M}{\Delta N} < 1$ würde statistisch bedeuten, daß die aktiven Wissenschaftler mit jedem Jahr schlechter mit technischen Mitteln ausgestattet wären.

Progressiv ist das Verhältnis $\alpha > 1$, das im statistischen Durchschnitt den Prozeß der beschleunigten Zunahme der technischen Mittel widerspiegelt, die sich in den Händen der Forscher befinden.

Tabelle 29 enthält konkrete Angaben über dieses Wachstum in den akademischen Institutionen des Landes.

Tabelle 29

Dynamik der Finanzierung der technischen Ausstattung des Wissenschaftsprozesses

	Mittel für wissenschaftliche Ausrüstung			Anzahl der Wissenschaftler		
	M Summe (Mill. Rubel)	% des Jahresbudgets	ΔM Zuwachs 1969 auf 1970 (%)	N Anzahl (1000 Pers.)	ΔN Zuwachs 1969 auf 1970 (%)	Wert des Koeffizienten
Insgesamt im Akademiesystem						
1969	86,2	14,35	26,7	60,2	8,0	3,3
1970	109,0	16,45		64,8		
AdW der UdSSR						
1969	43,6	17,15	32,0	24,6	12,5	2,5
1970	57,5	18,85		27,6		
Akademien der Wissenschaften d. Unionsrepubliken						
1969	30,5	12,5	14,0	29,0	8,5	1,6
1970	34,7	13,0		31,5		

Von Bedeutung für das Verständnis der ökonomischen Politik des Staates im Hinblick auf die technische Versorgung der Wissenschaft sind nicht nur das Verhältnis zwischen dem Zuwachs in beiden Bereichen, sondern auch die absolute Menge der Mittel, die (pro Wissenschaftler) aufgewendet wurden, um die Bedingungen für das Wachstum der Produktivität der Forschungsarbeit zu gewährleisten: $\gamma = \frac{M}{N}$. Im Lande insgesamt lag diese Kennziffer in den siebziger Jahren etwa bei $2 \cdot 10^3 \frac{\text{Rubel}}{\text{Pers. u. Jahr}}$ und zeigt im letzten Jahrfünft ein kontinuierliches Wachstum.

Die Kennziffern γ und α stehen natürlich untereinander in einem funktionalen Zusammenhang. Wir nehmen folgende Umwandlungen vor[16]:

$$\alpha = \frac{\frac{\mathrm{d}M}{M}}{\frac{\mathrm{d}N}{N}}; \qquad \frac{\mathrm{d}M}{M} = \alpha \cdot \frac{\mathrm{d}N}{N};$$

$$\log M = \alpha \cdot \log N + \beta; \qquad M = K \cdot N^{\alpha}; \qquad \frac{M}{N} = \gamma; \qquad \gamma = K \cdot N^{\alpha - 1}$$

Neuere statistische Daten lassen den Schluß zu, daß der Koeffizient etwa $K \approx 0{,}07$ beträgt.

Informationelle Maßnahmen. Diese Aspekte der staatlichen Politik einer beschleunigten technischen Umrüstung der Wissenschaft gewinnen ständig an Aktualität und führen zu tiefgreifenden und vielfältigen Veränderungen der Wissenschaftsorganisation und der Forschungspraxis.

Wir verweisen vor allem auf die sich schnell erweiternde automatisierte Verarbeitung von Versuchsergebnissen. Mehr als zwei Drittel aller sowjetischen Wissenschaftler arbeiten in der einen oder anderen Weise experimentell. Daraus ergibt sich die grundsätzliche Wichtigkeit nicht nur der Mechanisierung, sondern auch der Automatisierung dieses arbeitsaufwendigsten Bereichs der wissenschaftlichen Tätigkeit.

Taktik und Niveau der Automatisierung unterscheiden sich natürlich je nach dem Typ der experimentellen Arbeiten sehr erheblich. Ein unterschiedliches Vorgehen kann man in diesem Zusammenhang z. B. im Hinblick auf folgende Arbeiten feststellen:

a) umfangreiche Einzelexperimente an Spezialeinrichtungen;
b) Experimente, die eine regelmäßige Sammlung von Daten vieler häufig entfernter und beweglicher Punkte voraussetzen;
c) Experimente, deren Technologie sich durch die Kontinuität und nicht selten durch Extremalparameter des Verlaufs der zu untersuchenden Prozesse auszeichnet;
d) traditionelle (nach wie vor sehr verbreitete) Experimente diskreten Typs mit Aufgabenstellungen, die sich im Verlauf der Zeit wesentlich ändern.

16 Die Idee dieses Modells wurde unter Beteiligung von D. DE SOLLA PRICE entwickelt.

Es liegen umfangreiche Erfahrungen auf diesem Gebiet vor. So hat das Institut für Kybernetik der Akademie der Wissenschaften der Ukrainischen SSR Experimente auf Expeditionsschiffen, auf dem Gebiet der Kernphysik und der Geochemie, Experimente bei der Erforschung von Problemen der Festigkeit, des Schweißens, der Krebsforschung u. a. automatisiert. Die Erfahrungen zeigen, daß die automatisierte Bearbeitung von Versuchsdaten und die Automatisierung der Leitung des Experiments selbst nicht nur einen merklichen Gewinn an Zeit und Arbeitsproduktivität erbringen, sondern auch, was besonders wichtig ist, besonders günstige Bedingungen, schöpferische Hypothesen mit mehr Kühnheit vorzutragen und sie auch operativer zu überprüfen, um nach neuen Wegen des Experiments und der gesamten Forschung im Prozeß des Dialogs zwischen dem Wissenschaftler und dem modernen Informations- und Recherchesystem zu suchen.

Projiziert man diese Erfahrungen bei der Leitung der Wissenschaft auf die drei Hauptzielgruppen der Leitung („Problemorientierung", „Potential", „Effektivität"), dann kann man verallgemeinernd feststellen:

1. Die Aufgaben der technischen Versorgung der Wissenschaft und viele andere Leitungsaufgaben haben gezeigt, daß immer eine Orientierung auf die *strategisch-langfristigen Zielsetzungen* der Wissenschaftspolitik erforderlich ist. Andernfalls werden etwa Ausrüstungen geliefert, wenn sie schon nicht mehr gebraucht werden, weil sich die Forschungsziele geändert haben.
   Das Prinzip, von der strategischen Zielsetzung auszugehen, erzwingt geradezu ein neues System der Planung und Organisation der technischen Sicherstellung. Es geht darum, Vorbestellungen und technische Aufträge für die Vorbereitung und Lieferung benötigter Ausrüstungen umfassender zu praktizieren und dabei von Prognosen und Perspektivplänen der wissenschaftlichen Tätigkeit auszugehen.
2. Die technische Sicherstellung der Wissenschaft ist ein wichtiger Faktor des *wissenschaftlichen Potentials*. Beim Übergang von extensiven zu intensiven Methoden in der Wissenschaft kommt der Optimierung der Proportionen innerhalb dieses Potentials besondere Bedeutung zu.
   Der wissenschaftliche Fortschritt wird nicht allein durch Stellenpläne gewährleistet (sie können nicht unbegrenzt wachsen), sondern durch die Qualität der Kader, ein hohes Niveau der materiell-technischen Versorgung und der Organisation, durch Kreativität und die Realisierung der aussichtsreichsten wissenschaftlichen Ideen.

2. Die Statistik der Produktivität

Das Vorhandensein einer hinreichenden Anzahl von Wissenschaftlern, die über eine entsprechende Qualifikation verfügen, und das Vorhandensein der erforderlichen wissenschaftlichen Ausrüstung, der Methoden, der Informationsquellen und der finanziellen Mittel zur Durchführung wissenschaftlicher Arbeit sind wichtige, aber nicht die einzigen Voraussetzungen für das Erreichen konkreter Ziele in einer Wissenschaft. Die Kräfte der Wissenschaft müssen dazu noch in Aktion gesetzt werden. Und hier entsteht vor der Wissenschaftsleitung in voller Größe eine lebenswichtige Aufgabe: Wie kann man das effektivste Funktionieren der gesamten Wissenschaftlergemeinschaft, jeder ihrer Abteilungen und der Wissenschaft als eines komplizierten dynamischen Systems insgesamt sicherstellen?

Die Suche nach einer Antwort auf diese Frage wird in vieler Hinsicht dadurch erschwert, daß Methoden für eine objektive Bewertung der Arbeitsproduktivität in der Sphäre der Wissenschaft entweder fehlen oder nur bedingt aussagekräftig sind. Dieser Umstand wird manchmal sogar zu einem besonderen „Prinzip der Unbestimmtheit" erhoben. Gerechtfertigt ist dieses Prinzip jedoch lediglich im Hinblick auf die Kenntnisse, über die der Naturwissenschaftler verfügt, und auf die Methoden der Chemie, Physik, Biologie usw., die tatsächlich in den meisten Fällen für die Lösung einer solchen Aufgabe ungeeignet sind. Hier sind originelle Ideen und Methoden erforderlich, nach denen die Wissenschaftswissenschaft gemeinsam mit anderen Wissenschaften heute noch eifrig sucht.

Das optimale Funktionieren des Wissenschaftssystems ist die Voraussetzung für eine hohe Arbeitsproduktivität der Menschen in der Wissenschaft, und sie determiniert ihrerseits die allgemeine Effektivität der wissenschaftlichen Forschungen und die überaus wichtige Komponente der ökonomischen Effektivität.[17] Von der allgemeinen Bestimmung der Kybernetik als der Wissenschaft von der optimalen Leitung komplizierter Systeme ausgehend, hebt Akademiemitglied A. I. Berg mit Recht die Bedeutung des systemhaften Herangehens an den Fragenkomplex der Effektivität hervor und betont die Notwendigkeit, die Erfahrungen der Effektivitätssteigerung in der Vergangenheit zu studieren und die gewaltigen Erfahrungen beim sozialistischen Aufbau zu berücksichtigen.[18]

Dabei sind nach Meinung Bergs einige wichtige Grundsätze zu beachten:

- Die Arbeit des Menschen ist die Hauptbedingung seiner Existenz und Entwicklung;
- die Arbeit muß zielgerichtet sein;
- die Arbeit muß produktiv (effektiv) sein;
- die Arbeitsorganisation muß die Übereinstimmung des Arbeitsumfangs, der Zeit und der Ressourcen gewährleisten;

17 Vgl. W. Guber/D. Marquis (Ed.): Factors in the Transfer of Technology. The M. J. T. Press, 1969.

18 Vgl. A. I. Berg, Kibernetika i stroitel'stvo kommunizma. In: Kibernetika, myšlenie, žizn'. Moskau 1964, S. 17.

— die organisierte, zielgerichtete und effektive Arbeit muß durch Leitungsmethoden und -mittel erreicht werden, die im Einklang mit der zur Verfügung stehenden Zeit und den Schwierigkeiten der zu lösenden Aufgaben stehen;
— die Arbeit muß unter möglichst günstigen Bedingungen erfolgen, d. h., die Arbeitsprozesse müssen optimiert werden.

Diese allgemeinen Feststellungen gelten ganz sicher auch für die wissenschaftliche Arbeit; aber sie auf die wissenschaftliche Arbeitsorganisation anzuwenden ist wegen des schöpferischen Charakters der wissenschaftlichen Arbeit tatsächlich sehr kompliziert. Erschwert wird eine objektive, wissenschaftliche Analyse dieses Problems überdies durch jahrhundertealte Vorurteile und geradezu mystische Legenden über die „Geheimnisse" der Wissenschaft.

Wappnen wir uns deshalb mit Geduld, und wenden wir uns einigen Versuchen zu, die Produktivität der Arbeit eines Wissenschaftlers wissenschaftlich zu analysieren.

Die individuelle Produktivität der einzelnen Wissenschaftler schwankt bekanntlich sehr viel stärker als die Arbeitsproduktivität der Menschen in anderen Bereichen. Man vergleiche etwa die Leistung eines EINSTEIN mit der eines beliebigen wissenschaftlichen Institutsmitarbeiters. Selbst bei einer Bewertung nach der Anzahl der wissenschaftlichen Publikationen kann eine durchschnittliche Streuung der Daten bei verschiedenen Autoren um das Fünfzigfache als typisch gelten. Wie exakt sind im Gegensatz dazu etwa die Leistungsparameter im Sport, im Studium oder gar in der Produktion!

Wir haben es hier also mit einer überaus spezifischen Art der menschlichen Tätigkeit zu tun. Wie bereits in Kapitel 3 erwähnt, versuchte als erster FRANCIS GALTON (1822—1911), solchen Fragen auf die Spur zu kommen. Sein ziemlich geradliniges Prinzip war, „alles zu wählen, was sich zählen läßt". Dabei gelangte er natürlich häufig zu Ergebnissen, die nicht nur ihm den Mut nahmen. Als er z. B. zu klären suchte, wie viele Lebensjahre die Mitglieder der königlichen Familie und die Vertreter des Klerus dadurch „geschenkt" erhielten, daß ein großer Teil der Bevölkerung für sie betete, da erhielt er eine negative Zahl (?!).

Eine statistische Beobachtung jedoch, die er in den siebziger Jahren des 19. Jahrhunderts machte, wurde in der Folge von den Forschern beachtet. Hinsichtlich der Anzahl der Gelehrten, die von den Zeitgenossen und den Historikern für herausragend gehalten wurden (die in biographischen Nachschlagewerken erwähnt, in Übersichtsarbeiten vermerkt waren usw.), stellte er fest, daß in England auf 1 Million Einwohner 10 solcher Personen entfielen. Eine Anfang des 20. Jahrhunderts an amerikanischem Material wiederholte Berechnung ergab beinahe dasselbe Resultat, nämlich 11. Für ein solches statistisches Vorgehen hat sich eine Reihe von Wissenschaftshistorikern interessiert (DE CANDOLLE, E. PICKERING u. a.). 1909 versuchte der bekannte Chemiker und Wissenschaftshistoriker WILHELM OSTWALD, der für seine Arbeiten zur Theorie der Katalyse mit dem Nobelpreis ausgezeichnet wurde, das vorhandene statistische Material zu verallgemeinern. In seinem Buch „Große Männer" stellte er Material darüber zusammen, wie sich die Wissenschaftler, die Mitglieder mindestens zweier Akademien sind, auf die einzelnen Länder verteilen.

Neben vielen richtigen Gedanken, die er in diesem Zusammenhang äußerte (den negativen Einfluß der Kirche und die schlechte Allgemeinbildung der Bevölkerung auf das Niveau der italienischen Wissenschaft, die Bedeutung wissenschaftlicher Zentren für die Wissenschaft eines Landes), stellte W. OSTWALD auch einige wissenschaftlich unhaltbare Thesen auf.[19] Dazu gehören die Exklusivität des Geistes der deutschen Wissenschaft, die Herabsetzung des Beitrages der slawischen Völker zur Wissenschaft und die kategorische Verneinung der Rolle der Frau in der Wissenschaft.

Die Ursache dieser falschen Urteile war nicht zuletzt die Verabsolutierung einer unkritisch gewählten statistischen Meßgröße. Es genügt, darauf hinzuweisen, daß in der statistischen Analyse OSTWALDS solche seinerzeit weltbekannten Wissenschaftler wie DMITRIJ MENDELEEV, SOFIA KOVALEVSKAJA und MARIE CURIE-SKŁODOWSKA nicht berücksichtigt wurden. Die Gründe dafür, daß sie den OSTWALDschen Auswahlkriterien nicht genügten, sind in den sozialökonomischen und politischen Verhältnissen zu suchen, unter denen sie arbeiteten. Was die Bedeutung ihres wissenschaftlichen Beitrags betrifft, so hätten sie selbst nach der Meinung der Wissenschaftshistoriker jener Zeit einem großen Teil der in der Liste OSTWALDS berücksichtigten Wissenschaftler vorgezogen werden können.

Die Unzulänglichkeit dieser Art von statistischen Untersuchungsverfahren zwang dazu, andere verhältnismäßig objektivere Methoden zu suchen. 1926 unternahm ALFRED LOTKA in den USA den Versuch,[20] anhand von Materialien der Referatezeitschrift „Chemical Abstracts" sowie von Angaben einer wissenschaftsgeschichtlichen Statistik[21] die Häufigkeitsverteilung der wissenschaftlichen Produktivität zu bestimmen. Er erhielt eine Abhängigkeit, die in der Wissenschaftswissenschaft häufig als „statistisches LOTKA-Gesetz" oder „Gesetz der umgekehrten Quadrate der wissenschaftlichen Produktivität" bezeichnet wird.

Man kann diese Abhängigkeit folgendermaßen darstellen. Um als Autor zu gelten (und damit von der vorliegenden Analyse erfaßt zu werden), muß ein Wissenschaftler mindestens eine Arbeit publiziert haben.

19 Vgl. W. OSTWALD: Große Männer. Leipzig 1909.

20 Vgl. A. J. LOTKA: The Frequency Distribution of Scientific Productivity. In: Journal of the Washington Academy of Sciences, 1926, vol. 16, Nr. 12, S. 317—323.

21 Vgl. G. M. DOBROV: Sistemnyj podchod k upravleniju naukoj. In: Ėkonomika i organizacija promyšlennogo proizvodstva, Novosibirsk, 1973, Nr. 3.

In einer Menge von N Autoren ist die Teilmenge $N_{(q)}$ derjenigen Autoren, die in der Gesamtperiode ihrer Tätigkeit mindestens q Arbeiten veröffentlicht haben, dem Quadrat von q umgekehrt proportional:

$$N_{(q)} = \frac{N}{q^2}\,.$$

Logarithmieren wir beide Teile der LOTKA-Gleichung, so erhalten wir

$$\ln N_{(q)} = \ln N - 2 \ln q\,.$$

Dies ist die übliche Gleichung der linearen logarithmischen Verteilung. Ihre Deutung ist: Für die Häufigkeit $N_{(q)}$ des Auftretens von Personen, die mindestens q Arbeiten publizierten, existiert die Beziehung $q^n N_{(q)} = \text{const.}$ Das von LOTKA benutzte experimentelle Material ergab die Werte

$$n = 1{,}89 \approx 2; \quad \text{const.} = 0{,}6\,.$$

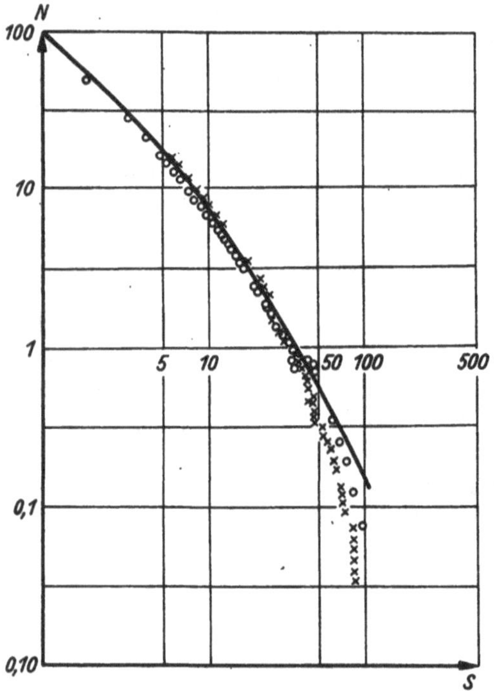

Abb. 85. Verteilung der Produktivität der Autoren, die während ihrer gesamten Tätigkeit mindestens eine Arbeit veröffentlicht haben

S — Zahl der Veröffentlichungen eines Autors; N — Zahl der Autoren

Abbildung 85 zeigt (in binären logarithmischen Koordinaten) die statistische Verteilung, die LOTKA erhielt.

Für das Ausgangsmaterial LOTKAS galt die statistische Regel, daß die Hälfte aller gedruckten Arbeiten der untersuchten Autoren von den 10 produktivsten Autoren stammte, die andere Hälfte von jenen Autoren, die weniger als 10 Arbeiten publiziert hatten. Ein Viertel der Arbeiten war von den zwei Wissenschaftlern geschrieben worden, die an der Spitze der Liste standen, ein weiteres Viertel von Autoren einer oder zweier Arbeiten.

Die später wiederholt überprüfte Schlußfolgerung LOTKAS wurde in der Weise korrigiert, daß die Kennziffer für die Funktion der statistischen Verteilung sich entsprechend der jeweiligen Wissenschaft und dem Niveau der Kollektivautorschaft der Arbeiten verändert.

Auf Abbildung 86 stellen wir die Ergebnisse indischer Wissenschaftswissenschaftler über zwei sehr verschiedene Wissenschaftsgebiete vor.[22] Während für die Botanik das „LOTKA-Gesetz" in seiner „klassischen" Form gilt, ist die Produktivität in der Gruppe der Elektronik-Wissenschaftler im wesentlichen gleichmäßig verteilt.

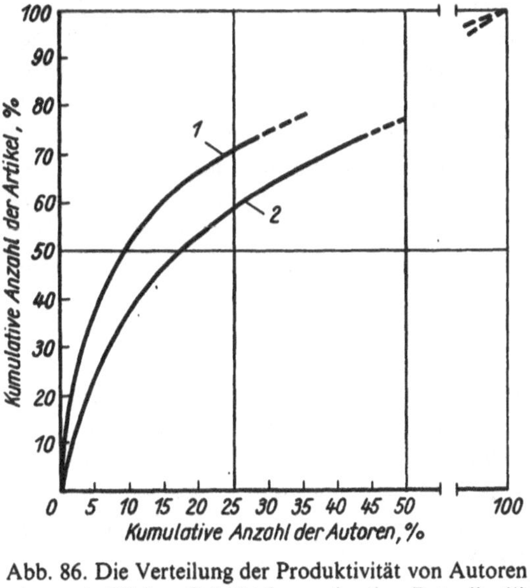

Abb. 86. Die Verteilung der Produktivität von Autoren wissenschaftlicher Publikationen in der Botanik (1) und Elektronik (2)

22 Vgl. E. YAGI: An Application of Type Matrix to Analyze Citations of Scientific Papers. In: American Documentation, vol. 16, Nr. 1, 1965.

Noch ein anderer Umstand in der Analyse Lotkas verdient Beachtung. Gestützt auf Angaben der wissenschaftsgeschichtlichen Statistik, hat er zum Vergleich Daten über die *verhältnismäßig wichtigeren wissenschaftlichen Arbeiten* herangezogen. Daß dabei ein hoher Grad der Übereinstimmung der statistischen Verteilungen erhalten wurde, ist überaus bemerkenswert. Dennoch sind die Produktivität im oben dargestellten statistischen Sinn und die wissenschaftliche Autorität eines Wissenschaftlers keineswegs identisch. Dieser Umstand ist ebenfalls überprüft worden. Eine Analyse von W. Dennis[23] aus den fünfziger Jahren wies zwischen diesen beiden Erscheinungen eine enge Beziehung nach.[24] Zum Beispiel zeigte sich, daß von den 10% der produktivsten Autoren die Hälfte Mitglieder nationaler Akademien waren und in der Britischen Enzyklopädie erwähnt wurden. Bei 5% der statistisch produktivsten Autoren wuchs der Anteil derjenigen, die eine derartige Anerkennung gefunden hatten, auf 70%. Und umgekehrt: Kein Wissenschaftler mit großem Namen hatte weniger als 27 Arbeiten veröffentlicht, und die Durchschnittszahl der Arbeiten jener Wissenschaftler, die internationale Anerkennung gefunden und etwa 70 Jahre gelebt hatten, betrug 200.

Diese enge Korrelationsbeziehung erlaubt folgende Annahme: Gelänge es, vergleichbare quantitative Bewertungsgrößen für den objektiven Wert von Arbeiten zu finden, so entspräche die Verteilung dieser Größen einer statistischen Gesetzmäßigkeit ähnlich dem Lotka-Gesetz, denn wissenschaftliche Schriften entstehen ebensowenig zufällig wie Entdeckungen. Der Umfang der vorhandenen Informationen (Wissen, Erfahrungen, Ideen) beeinflußt in hohem Maße die Produktivität ihrer Verarbeitung, deren Ziel die Gewinnung neuer Informationen ist. Jedem Leser ist intuitiv klar, daß es unter sonst gleichen Bedingungen für einen Autor von zehn Arbeiten ebenso schwer ist, die elfte zu schreiben, wie es einem Autor von hundert Arbeiten schwerfällt, diesen hundert noch weitere zehn hinzuzufügen.

Betrachten wir diese Erscheinung auch unter folgendem Blickwinkel. Die wissenschaftliche Tätigkeit besitzt insgesamt typisch anti-entropischen Charakter. Der Prozeß der Sammlung, Analyse und Verarbeitung von Informationen (und das ist eigentlich das, was wir hier unter dem „wissenschaftlichen Prozeß“ verstehen), führt zu einer größeren Ordnung der Information und zu einer Verringerung der Unbestimmtheit auf diesem Informationsgebiet. Bevor sich dieser Prozeß in Publikationen niederschlägt, vollzieht er sich im Kopf des Wissenschaftlers, wobei sich die Speicherung und Ordnung der Informationen im

23 Vgl. W. Dennis: Bibliographies of Eminent Scientists. In: The Scientific Monthly, September 1954, Bd. 79, S. 180—183.

24 Wir sollten hier nicht von einer funktionalen Beziehung, sondern von einer Korrelationsbeziehung sprechen, da die statistische Produktivität nur einer von vielen Faktoren ist, die die Autorität eines Wissenschaftlers beeinflussen.

menschlichen Gehirn prinzipiell von der Informationsspeicherung und -klassifizierung in Bibliotheken oder anderen ähnlichen „toten" Systemen unterscheiden.

Entscheidend für die Effektivität der Informationsverarbeitung durch den Menschen sind nicht nur die Menge der vorhandenen elementaren Informationen, sondern auch die Fähigkeit, *Beziehungen zwischen ihnen* herzustellen, sie zu kombinieren usw. Es gibt bekanntlich ausgesprochene „Vielwisser", die schöpferisch völlig unfruchtbar sind.[25]

Informationsverarbeitung im menschlichen Gehirn bedeutet wahrscheinlich jeweils eine Umstrukturierung dieses komplizierten Systems von Beziehungen. Ein Teil von Verbindungen wird unterbrochen und hinterläßt „freie Äste", es entstehen neue Verbindungen zwischen vorher nicht miteinander verbundenen Informationseinheiten. Früher entstandene Verbindungen werden gefestigt und bilden neue Informationseinheiten, die nun als elementare angesehen werden können usw. Die *Gesamtzahl dieser Verbindungen* zwischen den elementaren Einheiten nimmt *proportional dem Quadrat der Anzahl dieser elementaren Einheiten* zu.

Derartige Verbindungen bilden den sogenannten *aktiven Informationsvorrat.* Zwischen der Anzahl der Elemente, die zum aktiven Informationsvorrat gehören, und der Anzahl der wissenschaftlichen Arbeiten, die von einem Wissenschaftler publiziert worden sind, besteht ein direkter proportionaler Zusammenhang (es ist logisch anzunehmen, daß sich ein Teil dieser Elemente in den Publikationen widerspiegelt). Dann ist aber auch die *Proportionalität zwischen der Größe des aktiven Informationsvorrats und der Quadratzahl der veröffentlichten Publikationen* offensichtlich.

Die logarithmische Darstellung des aktiven Informationsvorrats zeigt eine lineare Form. Man kann darum den Standpunkt einiger Forscher[26] als begründet ansehen, beim Vergleich der statistischen Produktivität von Wissenschaftlern nicht die Gesamtzahl der Publikationen zu betrachten, sondern die Größe des Logarithmus der Zahl der publizierten Arbeiten, anders ausgedrückt, die Größenordnung und nicht ihren absoluten Wert.

Es ist versucht worden, mit Hilfe dieser Methode konkrete Situationen der Wissenschaftsorganisation zu analysieren. Nobelpreisträger WILLIAM SHOCKLEY erforschte die Verteilung der individuellen Abweichungen der Produktivität einer großen Gruppe von Wissenschaftlern, die im staatlichen wissenschaftlichen Forschungslaboratorium von Los Angeles und im Nationalen Physikalischen Zentrum von Brookhaven (USA) arbeiteten.[27] Diese Analyse machte bedeutende

25 Genauer wäre es, hier von Leuten zu sprechen, die sich „an vieles erinnern".

26 Vgl. z. B. D. PRICE: Science since Babylon, a. a. O.

27 Vgl. W. SHOCKLEY: On the Statistics of Individual Variations of Productivity in Research Laboratories. In: Proceedings of I.R.E., 1957, vol. 45, Nr. 3, S. 279.

Unterschiede in der statistischen Produktivität von Wissenschaftlern deutlich, die unter gleichen Bedingungen tätig sind.

Da SHOCKLEY die Arbeiten seiner Kollegen gut kannte, konnte er schlußfolgern, daß in den meisten Fällen ein enger Zusammenhang zwischen der wissenschaftlichen Bedeutsamkeit der Publikationen und dem konkreten Beitrag ihrer Autoren zur Wissenschaft, zwischen ihrer Leistung in Theorie (Publikationen) und Praxis (Forschung) besteht.

Weiter beobachtete SHOCKLEY, daß das System der Bezahlung der Wissenschaftler, das auf der Hypothese vom „gleichmäßigen Wirkungsgrad" beruht, völlig unhaltbar ist. Folgende Erscheinungen sind zu beobachten:

- eine kleine Gruppe besonders produktiver Mitarbeiter erhält weniger als die Hälfte des Gehaltes, das ihnen eigentlich zustehen würde;
- eine beträchtliche Gruppe (ein Viertel bis ein Drittel) der Mitarbeiter arbeitet mit einem Wirkungsgrad, der zwar formal zulässig, aber faktisch um die Hälfte niedriger ist als die durchschnittliche Produktivität aller, die der gleichen Gehaltsstufe angehören. Das wirkt sich besonders negativ auf die Gesamteffektivität der Institution aus.

Eine derartige Analyse kann, so scheint uns, bei Einschätzungen und Empfehlungen über bestimmte Arbeitsbedingungen von Wissenschaftlern nützlich sein.

In England führte D. J. URQUHART eine statistische Untersuchung anderer Art durch.[28] In der berühmten Londoner Wissenschaftlichen Bibliothek gibt es 9120 Titel wissenschaftlicher Zeitschriften, die gegenwärtig periodisch in den wichtigsten Ländern der Erde erscheinen. Im Jahre 1956 wurden von Wissenschaftlern, die Leser der Bibliothek sind, insgesamt 53000mal wissenschaftliche Zeitschriften angefordert. Die statistische Verteilung der Benutzungshäufigkeit der verschiedenen Zeitschriften ist in diesem Fall und in allen analogen Fällen nicht nur unter dem Aspekt der Informationsdienstleistung für die Wissenschaftler interessant (Wo soll man welche Zeitschriften halten? Wie soll man die Fonds ergänzen? Wie soll man die Mittel für die Anschaffung von Periodika verteilen? usw.). Sehr wichtig ist sie auch für eine wissenschaftlich begründete Publikationspolitik hinsichtlich der Neugründung, der Zusammenlegung oder Reorganisation von Zeitschriften, ihrer Finanzierung usw.

Die Verteilung, die URQUHART erhielt, kommt einer umgekehrt quadratischen Abhängigkeit sehr nahe. Sie zeigt, daß sich im Verlauf eines Jahres für 4800 von 9120 Zeitschriften (für mehr als die Hälfte!) keine Interessenten fanden; 2274 Zeitschriften wurden nur ein- bis zweimal benutzt. Gleichzeitig wurde eine der am meisten verlangten Zeitschriften („Science") 382mal eingesehen. 60 Zeitschriften wurden mehr als 100mal angefordert. Insgesamt entfiel die Hälfte aller

28 Vgl. D. J. URQUHART: Use of Scientific Periodicals. In: International Conference on Scientific Information. NSF, Washington 1958, S. 277—290.

Bestellungen auf 40 Zeitschriften, und 10% der wertvollsten Zeitschriften befriedigten 80% des gesamten Informationsbedürfnisses.

D. J. de Solla Price verallgemeinerte jenes Verfahren, das sich zuerst in den Arbeiten Lotkas findet. Seine grundlegende Schlußfolgerung ist die: Ein solches Gesetz der statistischen Verteilung gilt für eine große Anzahl von Fällen, mit denen sich die Wissenschaftsorganisation beschäftigt. Man muß z. B. bei der Finanzplanung berücksichtigen, daß sich die Kosten wissenschaftlicher Arbeiten wie das Quadrat der Anzahl der Personen erhöhen, die mit diesen Arbeiten beschäftigt sind, oder wie die vierte Potenz der Anzahl der besonders produktiven Wissenschaftler. Für eine Reihe von Berechnungen kann auch die Beobachtung von Nutzen sein, daß die Ausgaben für den wissenschaftlichen Prozeß proportional dem Quadrat aller auszuführenden wissenschaftlichen Arbeiten anwachsen.[29]

Diese Beobachtungen sind wichtig, um wissenschaftliche Methoden zur Analyse der historischen Erfahrungen, die bei der Wissenschaftsorganisation gewonnen wurden, auszuarbeiten. Ihre heutige praktische Aktualität ist offensichtlich, doch stützen sie sich vorläufig auf Material, das nur beschränkt repräsentativ und beweiskräftig ist.

Ungeklärt bleiben auch noch die konkreten Proportionalitätskoeffizienten, die im Hinblick auf die Spezifik der verschiedenen Wissenschaftszweige und die verschiedenen Funktionsbedingungen der Wissenschaft eingeführt werden müssen. Dies alles sind dringliche Aufgaben, die eine wissenschaftswissenschaftliche Analyse nicht einzelner, sondern eines ganzen Systems von Kennziffern erfordern. Am zweckmäßigsten dürften jetzt Analysen sowohl der informationellen als auch der inhaltlichen Kennziffern der Produktivität der wissenschaftlichen Arbeit sein.

V. Nalimov und Z. Mul'čenko[30] haben versucht, die Arbeitsproduktivität eines Wissenschaftlers (insgesamt für einen längeren Zeitraum) nach der Anzahl seiner Zitierungen (Science Citation Index — SCI) zu bewerten. Da die Bewertung einer *einzelnen Arbeit* nach ihrer Zitierungshäufigkeit nicht zuverlässig ist, analysierten sie die Zitierungshäufigkeit aller Arbeiten einer wissenschaftlichen Richtung, die von dem betreffenden Autor vertreten wird.[31]

Auf der Grundlage des SCI (1965) wurde die Zitierungshäufigkeit führender sowjetischer Wissenschaftler untersucht, die Ordentliche Mitglieder der Aka-

29 Vgl. D. Price: Science since Babylon.

30 Vgl. V. V. Nalimov/Z. M. Mul'čenko: Naukometrija. Moskau 1969.

31 Es kann eine beträchtliche und unbestimmte zeitliche Verschiebung der Popularität auftreten. Manche Arbeiten werden nicht deshalb verstärkt zitiert, weil die Ideen des Autors so wertvoll sind, sondern aus Gründen der „Autorität", wegen der verständlichen Darlegung fremder Gedanken usw.

demie der Wissenschaften der UdSSR sind. Ein erheblicher Teil der sowjetischen Akademiemitglieder gehört danach zu den international am häufigsten zitierten Wissenschaftlern (die Nobelpreisträger der Jahre 1962 und 1963 wurden 1965 im Durchschnitt 169mal zitiert, während die durchschnittliche Zitierungshäufigkeit aller anderen vom Index erfaßten Wissenschaftler nur 5,5 beträgt).

Am meisten beachtet werden die sowjetischen Chemiker: Drei Akademiemitglieder wurden über 100mal zitiert, und 5 öfter als 50mal. An der Spitze steht jedoch der berühmte sowjetische Physiker L. LANDAU (er wird 359mal in sowjetischen und 658mal in ausländischen Arbeiten zitiert). Der bekannte Mathematiker N. BOGOLJUBOV wurde 131, der Physiker JA. ZEL'DOVIČ 137 und die Mathematiker A. KOLMOGOROV und N. MUSCHELIŠVILI wurden 114 bzw. 103mal zitiert.

Besonders interessant im Licht der Zitierungspraxis sind die Arbeiten von Akademiemitglied L. PONTRJAGIN. Einen beträchtlichen Teil seines Schaffens widmete er sehr abstrakten Gebieten der Mathematik, z. B. der Topologie, die infolge ihrer Kompliziertheit und speziellen Bedeutung nur einen engen Leserkreis anzusprechen schienen. In den letzten Jahren entwickelte L. PONTRJAGIN gemeinsam mit anderen Mathematikern eine Methode zur Lösung von Extremalproblemen, die große praktische Bedeutung besitzt. Die Monographie über diese Methode wurde 1965 allein 103mal zitiert. Die Zitierungshäufigkeit ist also zwar ein durchaus informatives Bewertungskriterium für den *Einfluß* von Arbeiten, aber es wirkt in den verschiedenen Sphären der wissenschaftlichen Forschung sehr unterschiedlich.

Von Interesse für die Wissenschaftswissenschaft ist auch der Versuch, die schöpferische Effektivität der Wissenschaftler anhand von Kennziffern zu analysieren, zu denen Folgende gehören: Publikationen, spezielle Forschungsberichte, Erfindungen und Patente, Vorträge auf Allunions- und internationalen Konferenzen, die Ausbildung von Kadern, die Lehrtätigkeit usw. Eine entsprechende Untersuchung[32] in Leningrad erfaßte aus 31 Forschungsinstituten 3000 wissenschaftliche Mitarbeiter. Konnte ein Wissenschaftler für diesen Zeitraum für die meisten der obengenannten Punkte positive Ergebnisse nachweisen, dann zählte er zu jener Gruppe von Wissenschaftlern, die sich durch *schöpferische Effektivität* auszeichnen. Lagen mindestens 10 gedruckte Arbeiten oder 5 Erfindungen vor, so wurde er zur Gruppe der Wissenschaftler mit *höchster Effektivität* gerechnet.

Im Durchschnitt gehörten zur ersten Gruppe 78,2% der Mitarbeiter aller Institute. Es wurden Institute ermittelt, in denen es sehr wenige effektiv tätige Mitarbeiter gab, und solche, in denen fast alle Mitarbeiter zu dieser Gruppe gehörten.

32 A. P. SOLOV'EV: Opyt izmerenija tvorčeskoj aktivnosti naučnych sotrudnikov v naučno-issledovatel'skich institutach. Leningrad 1966.

Kennzeichnend ist, daß diese Daten gut mit der allgemeinen Effektivität der betreffenden Forschungsinstitute korrelieren und die schöpferische Effektivität bei Männern und Frauen *übereinstimmt* (37,5% der Befragten waren Frauen).

Deutlich zeigt sich eine Tendenz zu erhöhter Effektivität der Wissenschaftler mit steigendem Dienstalter und wachsender Qualifikation. Das ergibt sich aus den Daten über die Verteilung effektiver Wissenschaftler unter den Mitarbeitern der unterschiedlichen Gehaltsstufen.

Es gibt auch Angaben[33], die eine wachsende schöpferische Produktivität mit zunehmender Arbeitsdauer auf einem bestimmten Arbeitsgebiet in Forschungs- und Entwicklungsorganisationen der USA bezeugen (vgl. Abb. 87).

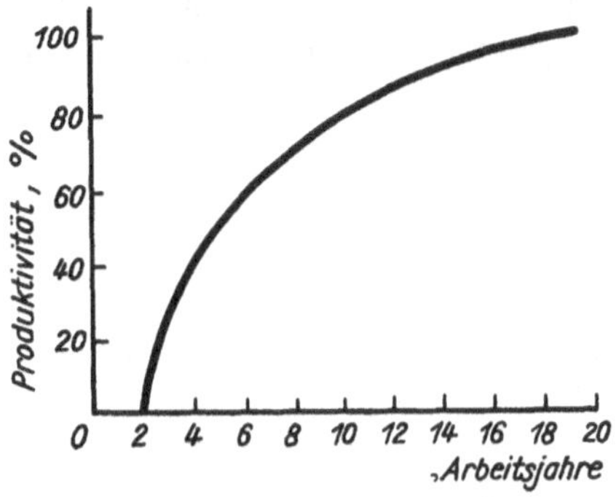

Abb. 87. Abhängigkeit der Produktivität der Wissenschaftler von der Dauer ihrer wissenschaftlichen Praxis

Das Diagramm zeigt, daß der Spezialist das mittlere Produktivitätsniveau der betreffenden Gruppe annähernd im fünften Arbeitsjahr erreicht, das Maximum nach 18 bis 20 Jahren. Das letztere stimmt recht gut mit den Angaben H. C. Lehmans (Kap. 6) überein, wenn man berücksichtigt, daß die jungen Spezialisten in den USA durchschnittlich 22 Jahre alt sind, wenn sie die Universität absolviert haben. Es gibt aber auch Unterschiede. Die Angaben Lehmans charakterisieren die *schöpferische Aktivität*. Die obenangeführten Daten betreffen dagegen die individuelle Produktivität, was eine Verschiebung der Kurve um annähernd 5 Jahre nach rechts ganz natürlich macht.

Die vorhandenen Proportionen zwischen den Größenverhältnissen der wissenschaftlichen Forschungen, der Wachstumsgeschwindigkeit der Zahl der Forschungsarbeiten, dem Umfang und dem jährlichen Zuwachs an wissenschaftlich-technischen Informationen, der Zahl und der Struktur der wissenschaftlichen

33 Vgl. W. Dennis: Bibliographies of Eminent Scientists, a. a. O.

Kader, dem Umfang des Wissenschaftsbudgets und der Rentabilität der in die Wissenschaft investierten Mittel bilden die Grundlage für die Strategie und Taktik der Wissenschaftsentwicklung.

Daher ist es besonders aktuell, derartige Daten anhand umfassenden und repräsentativen Materials zu ermitteln, das die langjährigen Erfahrungen verschiedener wissenschaftlicher Disziplinen auf ihren unterschiedlichen Entwicklungsebenen erfaßt. Solche zielgerichteten Untersuchungen, die zum Themenkreis der Wissenschaftswissenschaft gehören, müssen sich auf solide statistische Angaben aus verschiedenen Ländern stützen können, um die jeweilige Situation der Wissenschaft widerzuspiegeln.

Die Produktivität der Wissenschaft ist eines der kompliziertesten Probleme der Wissenschaftswissenschaft. Schwierig deshalb, weil man über das Funktionieren eines beliebigen wissenschaftlichen Systems nicht schlechthin urteilen

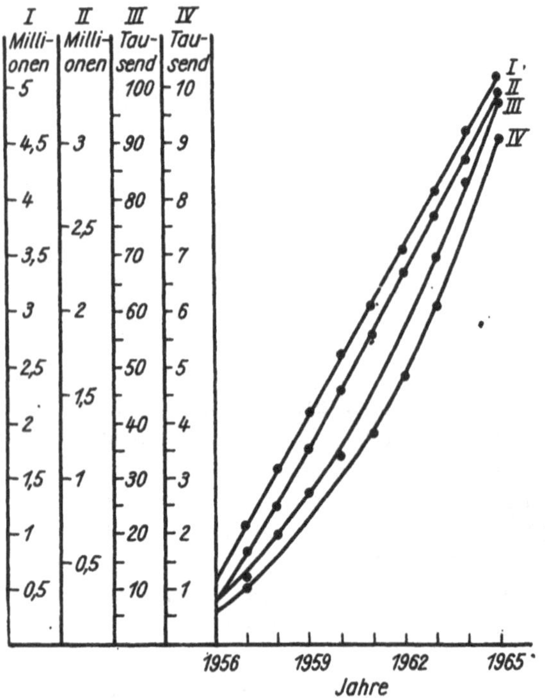

Abb. 88. Kumulative Kurven des Tempos der Ausbildung von Wissenschaftlern und Fachleuten in der UdSSR

I — Absolventen der Fachschulen; II — Absolventen der Hochschulen; III — Kandidaten der Wissenschaften; IV — Doktoren der Wissenschaften kann, indem man die Erfüllung eines Arbeitskomplexes in Geldeinheiten oder nach der Anzahl der Themen mißt. Um die Frage nach der „Produktivität" der wissenschaftlichen Arbeit beantworten zu können, müssen *alle* Kennziffern, die die Tätigkeit der Wissenschaftler charakterisieren, statistisch aufbereitet und analysiert werden.[34]

Die den wissenschaftlichen Prozeß leitenden graduierten Wissenschaftler tragen in der Regel am meisten zur Erzielung neuer wissenschaftlicher Ergebnisse bei. Die schnellere Ausbildung weiterer hochqualifizierter Wissenschaftskader dürfte den Zuwachs an neuen wissenschaftlichen Ergebnissen beschleunigen.

Abb. 88 zeigt die kumulativen Kurven des Wachstumstempos der Zahl neuer Doktoren und Kandidaten der Wissenschaften sowie der Ausbildung von Spezialisten mit Hoch- und Fachschulbildung in der UdSSR für einen Zeitraum von 10 Jahren (1956 bis 1965). Eine ähnliche Graphik ist auch über die Zahl der jährlichen Anmeldungen wissenschaftlicher Entdeckungen und Erfindungen sowie über die Anzahl der veröffentlichten Bücher und Broschüren für alle Zweige der Wissenschaft und Technik in der UdSSR erarbeitet worden (Abb. 89). Es zeigte sich, daß das Wachstumstempo dieser Kennziffern überaus hoch ist. Die Anzahl der neuen Kandidaten und Doktoren der Wissenschaften sowie der Absolventen von Hoch- und Fachschulen verdoppelt sich etwa alle 3,5 bis 4 Jahre, und durchschnittlich alle 2,5 bis 3 Jahre erfolgt eine Verdopplung der Zahl der Anmeldungen von wissenschaftlichen Entdeckungen und Erfindungen. Ähnlich wachsen die Zahlen der erteilten Patente und Urheberscheine, der in die Praxis übergeleiteten Erfindungen sowie der wissenschaftlichen Publikationen.

Es fällt auf, daß die Proportionen der betrachteten Kennziffern innerhalb des gesamten Zeitraums recht stabil bleiben. Setzt man die Anzahl der jährlich ausgebildeten neuen Doktoren der Wissenschaften gleich 1, dann läßt sich, von gewissen Schwankungen dieser Größen in einzelnen Jahren abgesehen, die Struktur des Zuwachses an wissenschaftlicher Produktion folgendermaßen darstellen (vgl. Tabelle 30).

Als positiv ist das gleichmäßig hohe Tempo der Ausbildung von Spezialisten mit Hoch- und Fachschulbildung in der UdSSR hervorzuheben. Das trägt in hohem Maße zur beschleunigten Bildung einer Kaderreserve für die Ausbildung von hochqualifizierten Wissenschaftlern bei.

Zum Vergleich führen wir Daten über das Wachstumstempo der hauptsächlichen „Wissenschaftsproduktion" in den USA an[35] (Abb. 90).

Aus dem Diagramm geht hervor, daß in den USA das Tempo der Ausbildung neuer Bakkalaurei und Magister etwas niedriger ist als das der Doktoren. Das

34 Die Analyse dieser Daten wurde gemeinsam mit V. KLIMENJUK erarbeitet.

35 Vgl. F. MACHLUP: The Production and Distribution of Knowledge in the United States. Princeton, New Jersey 1962.

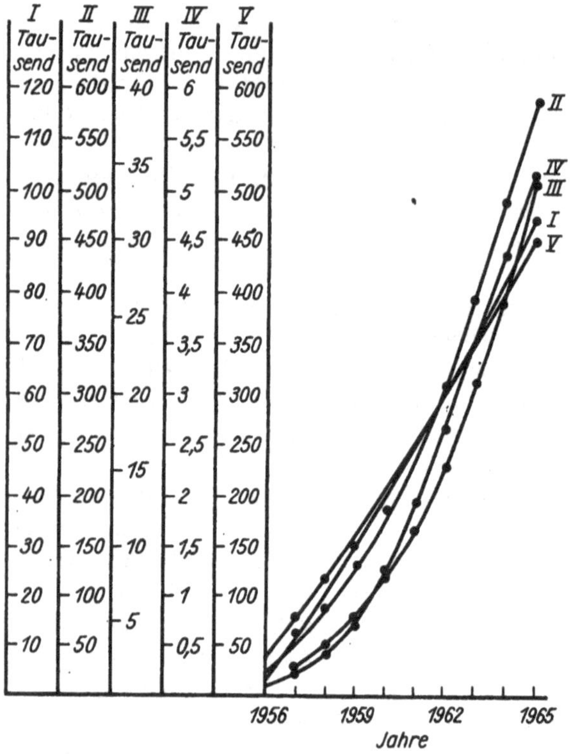

Abb. 89. Kumulative Kurven des Wachstumstempos der Wissenschaftsproduktion in der UdSSR

I — Patente und Urheberscheine; II — Anmeldungen von Erfindungen; III — Überführung von Erfindungen in die Praxis; IV — Anmeldungen von Entdeckungen; V — wissenschaftliche Publikationen (Bücher und Zeitschriften)

hängt möglicherweise mit der in den USA zu verzeichnenden geringeren Intensität der Ausbildung von Doktoren zusammen.

Man kann die Struktur des Zuwachses der „Wissenschaftsproduktion" in den USA in den Jahren 1951 bis 1960 durch folgende Gesamtkorrelation charakterisieren (s. Tabelle 31).

Diese Graphiken (Abb. 88, 89, 90) bestätigen anhand anderer Informationen erneut das allgemeine Gesetz der beschleunigten Wissenschaftsentwicklung. Untersucht wurde auch das Verhältnis der Wachstumsgeschwindigkeiten der einzelnen Arten der „Wissenschaftsproduktion" nach Wissensgebieten (Tabelle 32).

Tabelle 30

Struktur des Zuwachses der Hauptarten der „Wissenschaftsproduktion" in der UdSSR

Arten der Wissenschaftsproduktion	Korrelation der Zuwachsraten im Durchschnitt der Jahre
Doktoren der Wissenschaften	1,0
Kandidaten der Wissenschaften	10
Fachleute mit Hochschulbildung	333
Fachleute mit mittlerer Bildung	500
Anmeldungen wissenschaftlicher Entdeckungen	0,5
Anmeldungen von Erfindungen	50
Patente und Urheberscheine	10
Einführung von Erfindungen in die Produktion	3,3
Wissenschaftliche Bücher und Broschüren	50

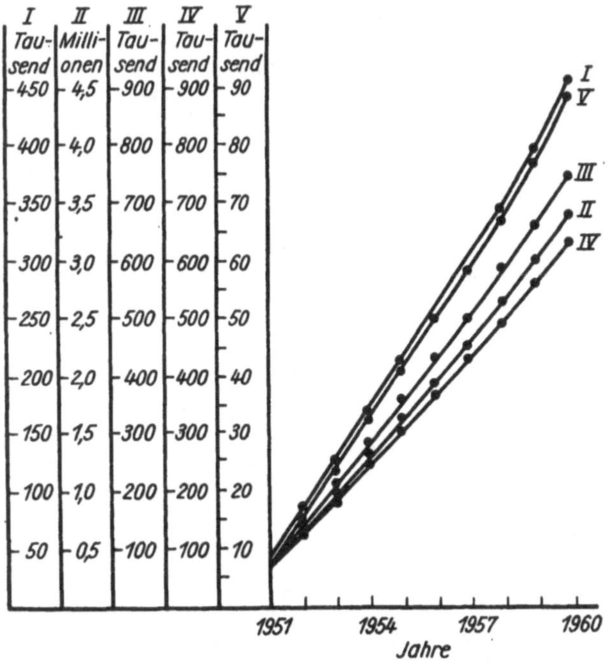

Abb. 90. Kumulative Kurven des Wachstumstempos der Wissenschaftsproduktion in den USA

I — Patente; II — Bakkalaurei; III — Anmeldungen von Erfindungen; IV — Magister; V — Doktoren

Tabelle 31

Struktur des Zuwachses der Hauptarten der „Wissenschaftsproduktion" in den USA

Arten der Wissenschaftsproduktion	Korrelation der Zuwachsraten im Durchschnitt der Jahre
Doktoren	1,0
Magister	10
Bakkalaurei	50
Anmeldungen von Erfindungen	10
Patente	5

Tabelle 32

Art der „Wissenschafts-produktion"	Zeitraum	Zuwachs der „Wissenschaftsproduktion" nach Wissenszweigen					
		Physik.-techn. Wissenschaften	Chemie	Medizin	Biologie	Geo- und Kosmoswissenschaften	Alle Wissensgebiete
Anmeldungen wissenschaftlicher Entdeckungen	1956 bis 1961	84	15	8	17	23	181
		100	100	100	100	100	100
	1968 bis 1970	201	127	84	97	124	700
		238	848	1500	571	541	386
Kandidaten der Wissenschaften	1956 bis 1961	2394	337	1296	459	302	6787
		100	100	100	100	100	100
	1968 bis 1970	11704	1549	3716	1751	1296	25478
		491	459	288	382	432	376
Doktoren der Wissenschaften	1956 bis 1961	212	31	146	55	43	632
		100	100	100	100	100	100
	1968 bis 1970	737	107	626	158	119	2439
		350	346	430	288	277	386
Kandidaten und Doktoren der Wissenschaften	1956 bis 1961	2605	368	1442	514	345	7419
		100	100	100	100	100	100
	1968 bis 1970	12441	1656	4342	1909	1415	27917
		477	449	301	372	412	376

Anmerkung
Die Zahlen der in den jeweils oberen Reihen stellen den Zuwachs in absoluten Zahlen dar, die Zahlen der unteren Reihen den Zuwachs in Prozenten (Zuwachs 1956—1961 gleich 100%).

Im selben Zeitraum erhöhte sich auch die Anzahl der jährlich angemeldeten wissenschaftlichen Entdeckungen um das 3,5fache.

Aus der Tabelle geht hervor, daß sich in drei Jahren (1968 bis 1970) die Anzahl der neuen Doktoren und Kandidaten der Wissenschaften pro Jahr in allen Wissenszweigen gegenüber den Jahren 1956 bis 1961 erheblich vergrößert hat.

Betrachten wir nun, wie sich die Zahl der jährlichen Anmeldungen von wissenschaftlichen Entdeckungen (ΔI) in den verschiedenen Wissensgebieten im Verhältnis zur Zahl der neuen graduierten Wissenschaftler (ΔN) verändert hat. In der Tabelle 33 sind die Werte dieser Kennziffer (γ) auf 100 graduierte Wissenschaftler dargestellt $\left(\gamma = \frac{\Delta I}{\Delta N} \cdot 100\right)$.

Tabelle 33

Wissensgebiete	Anzahl der Anmeldungen wissenschaftlicher Entdeckungen pro 100 neue graduierte Wissenschaftler im Jahresdurchschnitt		Zuwachs im Verhältnis zu 1956—1961, %
	1956—1961	1968—1970	
Physikalisch-technische Wissenschaften	3,2	6,6	206
Chemie	4,0	7,5	180
Medizin	0,6	1,9	317
Biologie	3,3	5,1	155
Geo- und Kosmoswissenschaften	6,7	8,8	131
Für alle Wissensgebiete	2,44	5,51	224

In allen Wissenschaftszweigen zusammen ist die Kennziffer, die das Verhältnis der jährlich angemeldeten Entdeckungen pro 100 neu graduierte Wissenschaftler ausdrückt, um das 2,24fache angestiegen. Dabei ist das Wachstumstempo dieser Kennziffer in den verschiedenen Wissenschaften unterschiedlich. Tabelle 33 läßt den Schluß zu, daß ein gleiches relatives Wachstumstempo der Anzahl der neuen Doktoren und Kandidaten der Wissenschaften in der Medizin eine höhere Zuwachsrate an wissenschaftlichen Entdeckungen hervorruft als in anderen Wissenschaftsdisziplinen.

Von besonderem Interesse für die Bewertung der Arbeitsergebnisse eines wissenschaftlichen Systems ist die Analyse des Zuwachses in den Hauptarten der „Wissenschaftsproduktion" je 1000 in der Wissenschaft beschäftigte Personen, je 1000 wissenschaftliche Mitarbeiter, je 1000 graduierte Wissenschaftler und je eine Mill. Rubel an Aufwendungen für die Wissenschaft[36] (vgl. Tabelle 34).

36 In diesem Falle einschließlich des Aufwandes für die Hoch- und Fachschulausbildung.

Tabelle 34

Arten der „Wissenschafts-produktion“	Jahr	Zunahme der Hauptarten der „Wissenschaftsproduktion“ in der UdSSR:			
		je 1000 in der Wissenschaft Beschäftigte	je 1000 wissenschaftl. Mitarbeiter	je 1000 graduierte Wissenschaftler	je 1 Mio. Rubel Aufwendungen für die Wissenschaft
1	2	3	4	5	6
Doktoren der Wissenschaften	1950	0,69	3,0	9,2	0,56
	1958	0,46	2,1	6,2	0,26
	1960	0,41	2,0	6,6	0,22
	1962	0,48	2,1	8,3	0,24
	1964	0,55	2,2	9,9	0,27
	1965	0,63	2,5	11,1	0,28
	1970	0,79	2,7	10,3	0,22
Kandidaten der Wissenschaften	1950	6,9	30,2	91,2	2,8
	1958	5,5	26,0	73,9	2,2
	1960	3,9	19,5	63,1	1,7
	1962	3,9	17,6	67,2	1,6
	1964	5,1	21,1	93,1	2,1
	1965	5,8	22,9	101,8	2,2
	1970	8,5	29,5	110,0	2,3
Anmeldungen wissenschaftlicher Entdeckungen (Anzahl)	1950	—	—	—	—
	1958	0,11	0,47	1,3	0,04
	1960	0,28	1,38	4,5	0,12
	1962	0,35	1,59	6,0	0,14
	1964	0,30	1,19	5,3	0,12
	1965	0,29	1,14	5,1	0,12
Anmeldungen von Erfindungen (Anzahl)	1950	45,5	200	603	18,6
	1958	27,1	128	364	10,5
	1960	30,6	152	494	13,4
	1962	32,2	146	556	13,5
	1964	37,7	154	682	15,2
	1965	39,7	157	698	15,4
Patente und Urheberscheine (Anzahl)	1950	16,3	71,5	21,7	6,69
	1958	6,03	28,5	81,0	2,32
	1960	5,95	29,6	96,5	2,55
	1962	4,82	21,8	83,5	2,02
	1964	4,47	18,3	81,1	1,80
	1965	5,05	19,9	88,5	1,93

Tabelle 34 (Fortsetzung)

Arten der „Wissenschafts-produktion"	Jahr	Zunahme der Hauptarten der „Wissenschaftsproduktion" in der UdSSR:			
		je 1000 in der Wissenschaft Beschäftigte	je 1000 wissenschaftl. Mitarbeiter	je 1000 graduierte Wissenschaftler	je 1 Mio Rubel Aufwendungen für die Wissenschaft
1	2	3	4	5	6
Überleitung von Erfindungen (Anzahl)	1950	—	—	—	—
	1958	1,15	5,45	15,5	0,45
	1960	1,48	7,35	24,0	0,64
	1962	2,20	9,90	37,3	0,92
	1964	2,50	10,1	45,3	1,00
	1965	2,64	10,4	46,4	1,02
Wissenschaftliche Bücher und Broschüren (Anzahl)	1950	34,6	152	459	14,1
	1958	28,7	136	385	11,1
	1960	24,7	123	435	11,5
	1962	23,9	108	413	9,9
	1964	19,4	80	351	7,8
	1965	19,3	75	333	7,4

Die Daten der Tabelle 34 weisen eine wesentliche Steigerung der Produktivität der sowjetischen Wissenschaft in den Jahren 1958 bis 1960 aus. Von da an gilt eine im allgemeinen gleichmäßige Zunahme aller Arten von wissenschaftlicher Produktion, bezogen auf solche Meßgrößen des wissenschaftlichen Potentials wie 1000 Wissenschaftler verschiedener Qualifikation und eine Mill. Rubel Aufwendungen.[37] Daß die Daten über Anmeldungen wissenschaftlicher Entdeckungen, Erfindungen und Patente von diesem Gesamtbild etwas abweichen, hängt damit zusammen, daß das System der Registrierung neuer wissenschaftlich-technischer Ergebnisse verändert worden ist, aber auch mit den bereits erwähnten Tendenzen, welche die Informationssituation auf diesem Gebiet kompliziert haben.

Aufmerksamkeit verdienen auch die unterschiedlichen Entwicklungstendenzen bei solchen Arten der Wissenschaftsproduktion wie bei der Überleitung von Erfindungen und bei wissenschaftlichen Publikationen. Während nun die Kennziffer für die Überleitung von Erfindungen ständig wächst, verringert sich die

37 Eigentlich müßte auch die Produktivität je 1 Million Rubel Investitionen in die Wissenschaft für einen längeren Zeitraum der Vergangenheit analysiert werden. Das würde jedoch eine detaillierte Differenzierung nach Wissenschaftszweigen sowohl hinsichtlich des Umfangs der Aufwendungen als auch hinsichtlich der Perioden der kumulativen Berechnung erfordern, was die ganze Prozedur der Analyse wesentlich komplizieren würde.

Kennziffer für wissenschaftliche Publikationen; dies beruht u. E. auf zwei wesentlichen Umständen:

a) auf dem vorrangigen Wachstum des wissenschaftlichen Potentials derjenigen Zweige und Einrichtungen, die in erster Linie die „produktive Potenz" der Wissenschaft ausmachen und für die die Publikationen an sich keine adäquate Meßgröße sind;
b) auf der Tendenz zur rascheren Information in Form von wissenschaftlichen Aufsätzen, dafür weniger in Form von Büchern und Broschüren. Diese besonders mobilen und operativen Formen der wissenschaftlich-technischen Informationsvermittlung werden offenbar besser dem heutigen Tempo der Wissenschaftsentwicklung gerecht.

Betrachten wir nun die Daten über Veränderungen in der Anzahl der innerhalb von sechs Jahren (1960—1965) in der UdSSR in die Praxis übergeleiteten Erfindungen sowie über ihren ökonomischen Nutzen je 1000 in der Volkswirtschaft tätige Ingenieure (s. Tabelle 35).

Tabelle 35

Kennziffern	Erfindungstätigkeit je 1000 in der Volkswirtschaft der UdSSR beschäftigte Ingenieure			
	1960 %	1963 % zu 1960	1965 % zu 1963	% zu 1960
Angemeldete Erfindungen	100	122	111	135
Erteilte Urheberscheine	100	69,5	126	87,8
Übergeleitete Erfindungen	100	156	119	187
davon die wichtigsten Erfindungen, deren ökonomischer Nutzen errechnet wurde	100	197	114	225
Ökonomischer Nutzen der übergeleiteten Erfindungen	100	232	106	246

Die Ergebnisse dieser Untersuchung rechtfertigen die Ende der sechziger Jahre eingeleiteten Maßnahmen zur Belebung der Patent- und Lizenztätigkeit.

Die Daten über den Zuwachs in den einzelnen Arten der „Wissenschaftsproduktion" ermöglichen es auch, nicht allein die Produktivität des wissenschaftlichen Systems einzuschätzen, sondern auch der Antwort auf die Frage nach seiner ökonomischen Effektivität näherzukommen.[38]

38 Vgl. D. J. Urquart: Use of Scientific Periodicals, a. a. O.; A. P. Solov'ev: Opyt izmerenija, a. a. O.

3. Das System der Effekte

Es sind mehr als zweihundert verschiedene Methoden zur Bewertung der wissenschaftlichen Tätigkeit bekannt.[39] Die darüber veröffentlichten Arbeiten und die in ihnen enthaltenen Bibliographien zeigen das außerordentlich große Interesse der Wissenschaftler an der Lösung dieses Problems. Die schon hinreichend bekannten Schwierigkeiten erlauben es, mit aller Klarheit auf jene Fehler hinzuweisen, denen bei derlei Versuchen kaum jemand entgangen ist: der Jagd nach einer einheitlichen, unifizierten Meßgröße; der Systemlosigkeit in den Bewertungen; der fehlenden operativen Zuordnung der Bewertungen (zu einer bestimmten Klasse oder Entscheidungsebene der Wissenschaftsleitung). Methodisch sollte von folgendem ausgegangen werden:

a) *Objekt der Messung* sind die Forschungsergebnisse;
b) *Ergebnisse der Bewertung* sind quantitative und qualitative Charakteristika der Tätigkeit einer Forschungseinrichtung;
c) *Anwendungsebenen* sind die verschiedenen Leitungen und das Organisationssystem einer Forschungseinrichtung;
d) *Zweck* ist die zielgerichtete Einwirkung mit organisatorischen, ökonomischen, informationellen und sozialen Mitteln zur harmonischen Entwicklung einer Forschungseinrichtung im Interesse der *ständigen Effektivitätserhöhung*.

Nun müssen nacheinander folgende Aufgaben gelöst werden:

— ein *System der Effekte* ist aufzustellen, die von einer Forschungseinrichtung gefordert werden;
— eine *Meßmethode* ist zu entwickeln, mit der die Effekte einer Forschungseinrichtung exakt erfaßt werden können;

39 Vgl. E. A. JOHNSON: A Proposal for Strengthening US Technology. In: Operations Research in Research and Development. New York 1963; Osnovnye metodičeskie položenija po opredeleniju ėffektinosti naučno-issledovatel'skich rabot. Moskau 1964; Social'no-ėkonomičeskie problemy techničeskogo progressa. Moskau 1961; CH. FREEMAN/R. POIGNANT/I. SVENNILSON: Science, Economic Growth and Government Policy. In: OECD, Ministers Talk about Science. Paris 1965; V. TRAPEZNIKOV: Ėffektivnost' nauki. In: Pravda v. 18. 1. 1967; R. EWELL: The Role of Research in Economic Growth. In: Chemistry and Engeneering News, 1955, Bd. 33, S. 298—304; Puti povyšenija ėffektivnosti naučnogo truda. Teil I und II, Novosibirsk 1966; Zagadnienia Naukoznawstwa. Bd. 1, Nr. 1, Warszawa 1965, Bd. 2, S. 9ff., Nr. 3, Warszawa 1966; S. G. STRUMILIN: Problemy ėkonomiki truda. Moskau 1957; T. S. CHAČATUROV: Rol ėkonomičeskoj nauki v povyšenii ėffektivnosti kapitalovloženij. In: Stroitel'stvo kommunizma i obščestvennye nauki. Moskau 1962; I. G. KURAKOV: Nauka i ėffektivnost' obščestvennogo truda. In: Voprosy filosofii, 1966, Nr. 5, Nr. 10; J. NEKOLA/L. ŘÍHA: Some Aspects of Research and Development Efficiency. Report to Symposium Decision Making in National Science Policy, CIBA Foundation. London 10.—13. Apr. 1967; M. V. BREEV: Ėkonomičeskie i metodologičeskie osnovy planirovanija. Moskau 1973.

- eine Ordnung für die *Effektivitätsanalyse* sowie ein *System von Kennziffern* zur Effektivitätsmessung der Forschungseinrichtung sind festzulegen;
- ein *Verfahren zur Bewertung* der Kennziffern ist zu entwickeln, und zwar sowohl auf der Grundlage von Vergleichen mit normativen Daten als auch von Zeitvergleichen und Vergleichen mit anderen Forschungseinrichtungen;
- die Möglichkeiten und Grenzen der *Anwendung* einer solchen Nomenklatur der *Effektivitätsbewertungen* in der Leitungspraxis sind zu bestimmen. Unter Berücksichtigung der Spezifik einer Forschungseinrichtung sowie der besonderen Aufgabenstellung legt die Leitung die Nomenklatur der von ihr zu erreichenden Effekte fest.

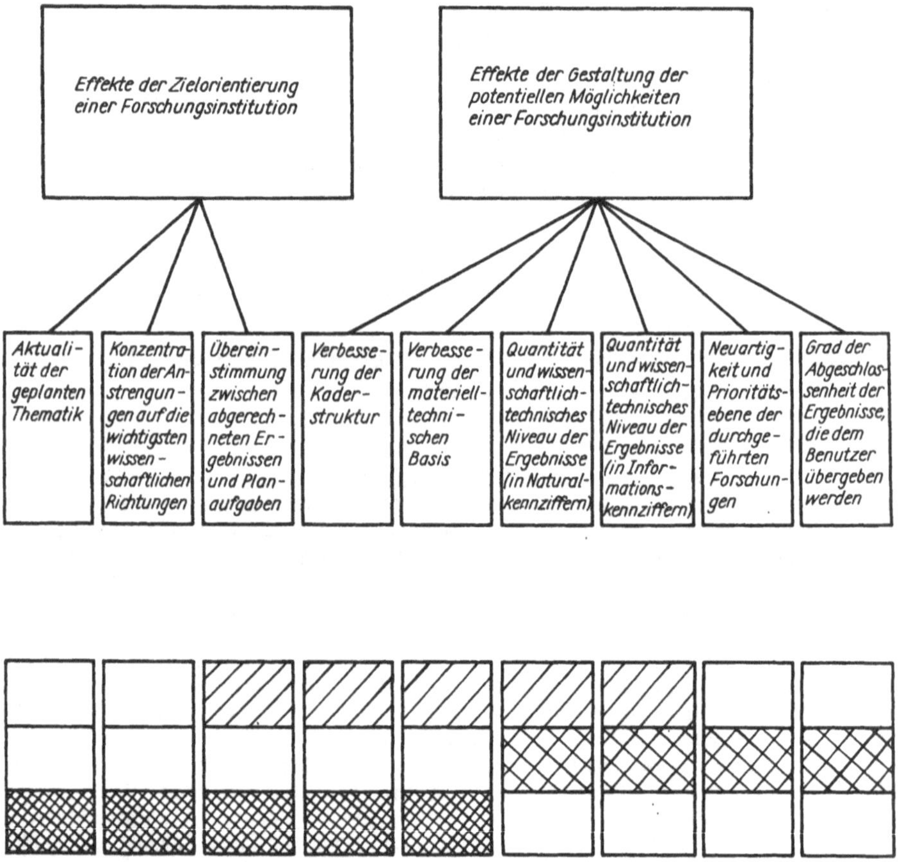

Abb. 91. System der Effekte der Tätigkeit einer Forschungsinstitution

Methodisch umfaßt die Messung:
- die Effekte der Zielorientierung einer Forschungseinrichtung,
- die Effekte der Gestaltung der potentiellen Möglichkeiten einer Forschungseinrichtung,
- die ökonomischen Effekte der Nutzung der Ergebnisse einer Forschungseinrichtung.

(Die sogenannten außerökonomischen Effekte — Nutzung von Forschungsergebnissen auf dem Gebiet der Kultur, der Soziologie, des Bildungswesens usw. — werden auf herkömmliche Weise analysiert und eingeschätzt, d. h. ausschließlich qualitativ.)

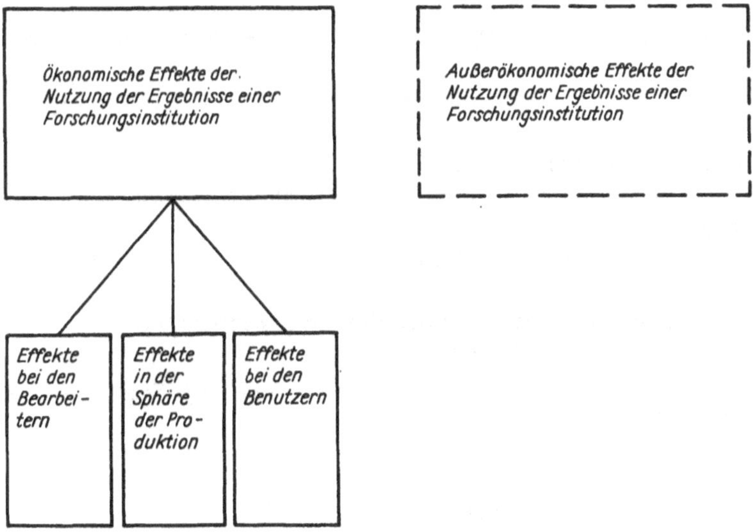

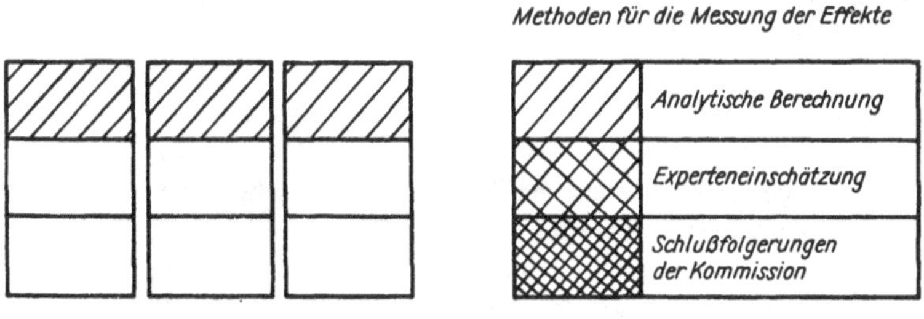

Die Effekte der Zielorientierung kennzeichnen in quantitativen Meßgrößen das Niveau, die Aktualität und den Aussichtsreichtum der Thematik, aber auch die Übereinstimmung zwischen den abgerechneten Ergebnissen und den Planaufgaben. Diese Effekte charakterisieren einerseits das staatliche Niveau der „Auftraggeber“ für die Arbeiten einer Forschungseinrichtung und andererseits die Konzentration der kollektiven Anstrengungen auf die wichtigsten Forschungsrichtungen der modernen Wissenschaft.

Die nächste Gruppe der Effekte — die Effekte bei der Herausbildung der potentiellen Möglichkeiten der Forschungseinrichtung — charakterisiert die Hauptergebnisse bei der Herausbildung des wissenschaftlichen Potentials, und zwar im Hinblick auf die personelle Komponente des Potentials, die materiell-technische Komponente und auch den „wissenschaftlichen Vorlauf“ in Form von Menge und Qualität der Ergebnisse abgerechneter Forschungen.

Die ökonomischen Effekte schließlich werden durch die Nutzung der wissenschaftlichen Ergebnisse erzielt.

Die Effekte dieser 3 Gruppen werden nun in 12 selbständige Untergruppen zergliedert:

E_1 — Aktualität der geplanten Thematik,
E_2 — Konzentration der Anstrengungen auf die wichtigsten wissenschaftlichen Richtungen,
E_3 — Übereinstimmung zwischen abgerechneten Ergebnissen und Planaufgaben,
E_4 — Verbesserung der Kaderstruktur der Forschungseinrichtung,
E_5 — Verbesserung der materiell-technischen Basis,
E_6 — Quantität und wissenschaftlich-technisches Niveau der Ergebnisse (in Naturalkennziffern),
E_7 — Quantität und wissenschaftlich-technisches Niveau der Ergebnisse (in Informationskennziffern),
E_8 — Neuartigkeit und Prioritätsebene der durchgeführten Forschungen,
E_9 — Grad der Abgeschlossenheit der Ergebnisse, die dem Benutzer übergeben wurden,
E_{10} — ökonomischer Effekt bei den Entwicklungsarbeiten (Effekt der wissenschaftlich-technischen Unterstützung),
E_{11} — ökonomischer Effekt in der Sphäre der Produktion,
E_{12} — ökonomischer Effekt bei den Benutzern der Erzeugnisse.

Abbildung 91 zeigt Methoden zur Messung der Effekte, die in der Praxis benutzt werden. Zu diesen Methoden gehören die analytische Berechnung, die Experteneinschätzung und der Kommissionsbeschluß.

Für jeden der zum System gehörenden Effekte wird im Hinblick auf die Spezifik der verschiedenen wissenschaftlichen Systeme eine Skala der möglichen Ausprägungsebenen der Effekte ausgearbeitet.

So wird z. B. für die erste Gruppe von Effekten bei der Bestimmung der Aktualität der Thematik (E_1) festgestellt, zu welcher der folgenden Ebenen die quantitativen Charakteristika der Tätigkeit der Forschungseinrichtung gehören:

— Nur einzelne Themen werden in die Volkswirtschaftspläne der UdSSR oder der jeweiligen Unionsrepublik aufgenommen; die Forschungseinrichtung erhält keine besonders wichtigen Regierungsaufträge; die Forschungseinrichtung ist nicht zur Realisierung zwischenzweiglicher Programme herangezogen worden; der Anteil der vertraglich gebundenen Themen liegt unter den Möglichkeiten der Forschungseinrichtung des betreffenden Profils;
— etwa die Hälfte der Themen ist in den Volkswirtschaftsplänen der UdSSR oder der jeweiligen Unionsrepublik enthalten, darunter befinden sich besonders wichtige Regierungsaufträge und RGW-Verpflichtungen. Etwa ein Drittel bis ein Viertel der finanziellen Mittel werden durch Vertragsthemen erbracht; die Forschungseinrichtung arbeitet an zwischenzweiglichen Programmen mit;
— die meisten Themen der Forschungsinstitution sind in den Volkswirtschaftsplänen der UdSSR oder der betreffenden Unionsrepublik enthalten, darunter befinden sich besonders wichtige Regierungsprogramme und RGW-Verpflichtungen; die Forschungseinrichtung ist an der Durchführung einer Reihe von Programmen beteiligt, sie ist u. a. für bestimmte Arbeiten Leitinstitution. Der Umfang der Arbeit an vertraglich gebundenen Themen ist für den betreffenden Typ von Forschungseinrichtungen optimal.

Die Zugehörigkeit zu einer dieser Ebenen wird auf der Grundlage der Berichtskennziffern ermittelt, die den statistischen Berichtsbögen entnommen werden. Eine logisch ähnliche Operation mit Angaben über die Verteilung der Anstrengungen auf die verschiedenen Richtungen, die in der betreffenden Forschungsinstitution vertreten sind, gestattet es, die Konzentration der Anstrengungen des Kollektivs auf die Arbeitsrichtungen quantitativ und qualitativ zu charakterisieren, die für die Forschungseinrichtung als die wichtigsten gelten (E_2).

Bei der zweiten Gruppe der Effekte wird besondere Aufmerksamkeit auf die Menge und das technische Niveau der übergeleiteten Ergebnisse (E_6), auf die Menge und Bedeutsamkeit der Erfindungen (E_7), auf die Neuartigkeit der durchgeführten Forschungsarbeiten (E_8) sowie auf die Ebene der Vollendung der abgeschlossenen, planmäßigen Arbeiten und der dem Auftraggeber übergebenen Ergebnisse (E_9) gelenkt. Ein Beispiel für die typischen Abschlußebenen von Arbeiten wird in Tabelle 36 gegeben.

Andere Varianten von Tabellen und Skalen für die Einschätzung der Effekte der wissenschaftlichen Tätigkeit haben wir in Kapitel 7 bei der Behandlung der analytischen Methoden der Wissenschaftsplanung beschrieben.

Messung der ökonomischen Effekte. Die ökonomische Potenz der Ergebnisse wissenschaftlicher Forschungen zeigt sich bei vielen aufeinanderfolgenden Schrit-

Tabelle 36
Skale für die Einschätzung der Vollendungsebene einer Forschungsarbeit

1. Es wurde die prinzipielle Möglichkeit, das Forschungsziel zu erreichen, festgestellt, ohne Hinweis darauf, wie das praktisch zu verwirklichen ist.
2. Es wurden Prinzipien für das Erreichen des Zieles ausgearbeitet, ohne daß Wege angegeben wurden, wie diese Prinzipien zu verwirklichen sind.
3. Es ist ein Weg für das praktische Erreichen des Zieles ausgearbeitet und eine Methodik für die Ausführung der Arbeiten aufgestellt worden.
4. Die Methodik ist durch die erforderlichen Methoden, die Forschungsausrüstung und experimentelle Daten abgesichert.
5. Es sind Voruntersuchungen durchgeführt worden, um die Methodik zu erproben und zu präzisieren.
6. Teilweise wurden Ergebnisse erzielt, die für das Erreichen des Ziels erforderlich sind.
7. Alle für das Erreichen des Zieles nötigen Ergebnisse sind gewonnen worden.
8. Die erhaltenen Ergebnisse sind überprüft worden.

Vollendungsebenen von Entwicklungsarbeiten

1. Die technische Aufgabenstellung ist ausgearbeitet worden.
2. Es ist ein technischer Vorschlag anhand der Daten der technischen Aufgabenstellung ausgearbeitet worden.
3. Ein Projektentwurf ist entwickelt worden.
4. Entsprechend dem Projektentwurf ist ein Muster hergestellt und erprobt worden.
5. Das technische Projekt ist ausgearbeitet worden.
6. Entsprechend dem technischen Projekt ist ein Muster hergestellt und erprobt worden.
7. Es ist eine Arbeitsdokumentation erarbeitet worden, die für die Herstellung und Erprobung des Versuchsmusters bestimmt ist.

Vollendungsebenen der industriellen Erprobung und Überleitung

1. Das Versuchsmuster ist unter Werksbedingungen hergestellt und erprobt worden.
2. Anhand der Ergebnisse der Herstellung und Werkserprobung des Versuchsmusters ist die Arbeitsdokumentation korrigiert worden.
3. Die Erprobung des Versuchsmusters ist abgeschlossen.
4. Die Arbeitsdokumentation ist entsprechend den Versuchsergebnissen korrigiert worden.
5. Die Nullserie ist produziert und erprobt worden.
6. Teilweise wurden Ergebnisse erzielt, die für das Erreichen des Ziels erforderlich sind.
7. Die Hauptserie ist angelaufen und erprobt worden.
8. Die Arbeitsdokumentation ist entsprechend den Ergebnissen bei der Erprobung der Hauptserie korrigiert worden.

ten der Kette „Forschung — Konstruktion — Produktion — Konsumtion". Dieser Umstand, der für die Wissenschaft insgesamt zutrifft, ist besonders kennzeichnend für die wissenschaftlichen Ergebnisse der Akademie-Einrichtungen und Universitäten. Die systematische Nutzung dieser Ergebnisse bringt in allen Etappen ökonomischen Nutzen, der in der ökonomischen Gesamtbilanz des Landes spürbar zu Buche schlägt. Dieser Nutzen kommt jedoch in unterschiedlicher Form zum Ausdruck und ist integriert mit den ökonomischen Ergebnissen anderer Tätigkeitsarten (allgemeine Erfolge des wissenschaftlich-technischen Fortschritts, Erweiterung und Intensivierung der Produktion, Vervollkommnung der Organisation des Absatzes, der Bedienung, des Betriebs usw.).

Um eine mehrfache Erfassung zu vermeiden und wegen der Schwierigkeiten bei der Differenzierung des ökonomischen Effekts sehen die vorhandenen Verfahren eine Berechnung des ökonomischen Effekts anhand des letzten Gliedes der obengenannten Kette vor. Leider gelingt es praktisch nie, den vollen Effekt (E_v) eines einzelnen wissenschaftlichen Ergebnisses oder einer einzelnen wissenschaftlichen Institution zu errechnen; systematisch aber wird eine solche Berechnung folgendermaßen angestellt:

$$E_v = E_{wt} + E_{pr} + E_a\,.$$

Dabei sind:

E_{wt} — „Effekt bei der Ausarbeitung" oder „Effekt der wissenschaftlich-technischen Einwirkung" (über seine Messung weiter unten),

E_{pr} — der sogenannte Effekt in der Sphäre der Produktion, der ökonomische Effekt, der in der Sphäre der Produktion durch die Erneuerung der Technik und Technologie erzielt wird. Im allgemeinen sehen die vorhandenen Methodiken eine Berechnung dieses Effekts (im Jahresumfang) nach folgender Formel vor:

$$E_{pr} = [(S_1 + E_n K_1) - (S_2 + E_n K_2)] \cdot A_t\,.$$

Dabei sind:

S_1 und S_2 — die Selbstkosten einer Erzeugniseinheit, die auf der Grundlage der Ausgangsvariante bzw. der neuen Variante der Technik oder Technologie erzeugt wird,

K_1 und K_2 — die diesen Varianten entsprechenden Investitionen,

E_n — der Normativkoeffizient der Investitionseffektivität (wird gleich 0,12 gesetzt),

A_t — der Umfang der Überleitung im Berechnungsjahr.

E_a — ist der sogenannte Effekt bei den Benutzern, der ökonomische Effekt, der in der Anwendungssphäre durch die neuen Eigenschaften des Erzeugnisses erzielt wird. Dieser Effekt wird so bestimmt:

$$E_a = \sum_{i=1}^{L} E_{di} \cdot A_{ti}.$$

Dabei sind:

E_{di} — der spezifische ökonomische Effekt, der durch die Anwendung einer Erzeugniseinheit des neuen Produkts innerhalb eines Jahres erzielt wird,

A_{ti} — die Jahresauflage oder der Umfang der Anwendung des neuen Produkts im Anwendungsgebiet innerhalb eines Jahres,

L — die Gesamtzahl der Anwendungsgebiete.

Die hier nur genannten methodischen Verfahren werden bei der Messung sowohl faktischer als auch bedingter (errechneter) ökonomischer Effekte sowjetischer Forschungseinrichtungen schon häufig angewendet; dennoch wird an ihrer Verbesserung weitergearbeitet.

Wir gehen nun auf Möglichkeiten einer vollständigeren Erfassung der ökonomischen Effektivität wissenschaftlicher Einrichtunen ein.

Was E_{wt} angeht, so kommt er als Effekt der wissenschaftlich-technischen Unterstützung in der Einsparung von Arbeit, Mitteln und Zeit in den abschließenden Etappen wissenschaftlich-technischer Arbeiten zum Ausdruck. Er wird in der Regel durch die Anwendung neu gewonnener Ergebnisse erzielt.

Es ist heute bereits möglich, das Wachstum der beiden wichtigsten ökonomischen Charakteristika des Effekts E_{wt}, der durch die in- und ausländische Nutzung von Forschungsergebnissen erreicht wird, zu erfassen, zu bewerten und zu stimulieren:

$$E_{wt} = \alpha \sum_{i=1}^{N} D_i \cdot A_i + \beta \sum_{j=1}^{M} D_j \cdot A_j.$$

Dabei sind:

D_i — die Summen, die im Berechnungsjahr der Forschungseinrichtung aus dem Prämienfonds einer anderen Forschungs-, Konstruktions- oder Produktionsorganisation als Entgelt für wissenschaftlich-technische Dokumentation oder eine Konsultation im Hinblick auf ein Ergebnis i der Forschungseinrichtung, das spätestens vor 5 Jahren gewonnen wurde, gezahlt worden sind,

A_i — die Anzahl der Organisationen, die wissenschaftlich-technische Hilfe in dieser Form erhalten haben,

D_j — die Summen (in ausländischer Valuta), die im Berechnungsjahr durch den Verkauf von Lizenzen für die Nutzung eines Ergebnisses j der Forschungseinrichtungen, für das ein Auslandspatent vorliegt, eingenommen worden sind (unabhängig davon, in welchem Jahr das Ergebnis gewonnen worden ist),

A_j — die Anzahl der Länder, die solche Lizenzen gekauft haben,

N und M — die Gesamtzahl der Ergebnisse, die in dieser Form weitergegeben worden sind,

α — ein Koeffizient für die Umrechnung von Summen des Prämienfonds in Summen des ihm entsprechenden Lohnfonds.

Die Einsparung von Arbeitszeit und eines entsprechenden Teils des Lohnfonds bei der nutzenden Organisation ist eine innersowjetische Komponente von E_{wt}. Sie ist die ökonomische Grundlage für die Festlegung der Höhe des Prämienfonds.

β — ein Koeffizient für die Umrechnung ausländischer Valuta in Rubel.

Die beiden Komponenten von E_{wt} werden mit Recht als der im Berechnungsjahr faktisch durch die wissenschaftlich-technische Unterstützung erzielte ökonomische Nutzen angesehen. Für Berechnungen des potentiellen oder bedingten ökonomischen Effekts E_{wt} kann folgende Formel benutzt werden:

$$E_{wt} = \left[\sum_{i=1}^{N} (1 + P)\, S_{wt}^{n} \cdot A_1 \right] - S_{wt} .$$

Dabei sind:

S_{wt} — die kalkulierten (berechneten) Selbstkosten,

S_{wt}^{n} — die normativen oder gesellschaftlich bedingten Selbstkosten der Arbeiten am Thema (an den Themen), die zum Ergebnis i geführt haben,

P — jene Aufschläge auf die Selbstkosten, die für die Erneuerung und Entwicklung der materiell-technischen, der informationellen und der personellen Komponente des wissenschaftlichen Potentials erforderlich sind. Analog zu komplizierten Produktionsdienstleistungen kann $P = 2 \div 3$ angenommen werden, wobei der obere Wert für Forschungseinrichtungen gilt, die sich durch ein hohes Niveau der technischen Ausrüstungen auszeichnen.

Das System der Kennziffern und Bewertungen

Hauptkennziffer für die Effektivität einer Forschungseinrichtung ist der Effektivitätskoeffizient:

$$K_{eff} = \frac{E_t^f}{A_t^f} .$$

Dabei sind:

E_t^f — der im Jahr t erreichte faktische ökonomische Nutzen von Arbeiten, die in diesem und in den vorausgegangenen 4 bis 8 Jahren abgeschlossen worden sind

Tabelle 37

Berechnungskennziffern für die Effektivität der Tätigkeit

Lfd. Nr.	Effekte	Bezeichnung der Kennziffer
1	E_{10}	Ökonomischer Nutzen durch den Verkauf von Lizenzen (E_l)
2	E_{10}	Ökonomischer Nutzen der Weitergabe von in der Forschungsinstitution vorhandenen Ergebnissen an die Benutzer (E_p)
3	E_{10}	Einsparung durch die Erfüllung der Vertragsthematik (E_{ver})
4	E_{12}	Anteil am ökonomischen Nutzen, den die Benutzer der Ergebnisse der Forschungsinstitution erzielen (E_{ant})
5	E_{12}	Ökonomischer Nutzen bei der Anwendung der Ergebnisse der Forschungsinstitution in der Sphäre der Produktion (E_{an})
6	$E_{10,11,12}$	Voller faktischer ökonomischer Effekt der Forschungsinstitution (E^v_{fakt})

Berechnungsformel	Erklärungen	
$E_l = \sum_{i=1}^{n} K_j \cdot D_i$	Di	— Preis von i-Lizenzen in Rubeln
	Kj	— Überweisungskoeffizient
	j	— Index des Landes, in das eine Lizenz verkauft wurde
	i	— Index der Lizenz
	n	— Quantität der verkauften Lizenzen
$E_p = \sum_{i=1}^{n} K_i \cdot D_i$		— Summe der Mittel aus dem Prämienfonds des Benutzers eines Ergebnisses
	Ki	— Überweisungskoeffizient
	n	— Quantität der übergebenen Ergebnisse
$E_{ver} = \sum_{i=1}^{n} (D_i \cdot Pi \cdot Si)$	Di	— Arbeitslohn vom Gesamtumfang der Mittel, die für die Durchführung der Arbeit verausgabt wurden
	Pi	— Unkosten des Benutzers
	Si	— Selbstkosten für die Erfüllung eines Vertrages
	i	— Index des Wirtschaftsvertrages
	n	— Gesamtquantität der wirtschaftsvertraglichen Arbeiten
$E_{ant} = \sum_{i=1}^{n} Ki \cdot Ei^{(n)}$	Ki	— Koeffizient der anteiligen Beteiligung
	$E_i^{(n)}$	— ökonomischer Effekt beim Benutzer der Ergebnisse
	i	— Index der Arbeit
	n	— Gesamtquantität der Arbeiten mit anteiligem Effekt
$E_{an} = \sum_{i=1}^{n} [(S_1 \cdot E_n \cdot K_1) - (S_2 + E_n \cdot K_2) \cdot A_i]$	S_1, S_2	— Selbstkosten für die ursprüngliche Variante und die Neueinführung
	K_1, K_2	— Investierungen in die ursprüngliche Variante und die Neueinführung
	En	— normativer Koeffizient
	Ai	— Quantität der Ergebnisse
$E^v_{fakt} = E_l + E_p + E_{ver} + E_{ant} + E_{an}$		

Tabelle 37 (Fortsetzung)

Lfd. Nr.	Effekte	Bezeichnung der Kennziffer
7	$E_{10,11,12}$	Bedingter ökonomischer Effekt der Forschungsinstitution (E^{v}_{bed})
8	$E_{10,11,12}$	Koeffizient der ökonomischen Rentabilität der Forschungsinstitution (K_r)
9	$E_{10,11,12}$	Jährlicher Zuwachs der faktischen ökonomischen Effektivität der Forschungsinstitution (E_z)
10	$E_{10,11,12}$	Koeffizient des jährlichen Zuwachses des faktischen ökonomischen Nutzens der Forschungsinstitution (K_{zef})
11	$E_{10,11,12}$	Ökonomischer Effekt je wissenschaftlichen Mitarbeiter (E_{wm})
12	$E_{10,11,12}$	Ökonomischer Effekt je Rubel des Wertes der Ausrüstung (E_{aus})
13	$E_{10,11,12}$	Faktische ökonomische Effektivität innerhalb des letzten Jahrfünfts ($E_f^{t=5}$)
14	$E_{10,11,12}$	Bedingte ökonomische Effektivität innerhalb des letzten Jahrfünfts ($E_{bed}^{t=5}$)

Berechnungsformel	Erklärungen	
$E^{v}_{\text{bed}} = \left[\sum_{i=1}^{N} (1 + P)\, S^{n}_{nt} \cdot A_i\right] - S_{nt}$	S_{nt}	— rechenschaftspflichtige Selbstkosten der Arbeiten
	S^{n}_{nt}	— normative Selbstkosten der Arbeiten
	P	— Zuschläge zu den Selbstkosten
$K_r = \dfrac{E^{v}_{\text{fakt}}}{A_{\text{fakt}}}$	E^{v}_{fakt}	— voller faktischer ökonomischer Effekt für das Berichtsjahr
	A_{fakt}	— faktische Aufwendungen der Forschungsinstitution für das Berichtsjahr
$E_z = \dfrac{E^{v}_{\text{fakt}} - E^{v}_{\text{fakt}\,0}}{A_{\text{fakt}\,0}}$	E^{v}_{fakt}, $E^{v}_{\text{fakt}\,0}$	— voller faktischer ökonomischer Effekt für das Berichtsjahr und das vorhergehende Jahr
	$A_{\text{fakt}\,0}$	— faktische Aufwendungen der Forschungsinstitution im vorhergehenden Jahr
$K_{\text{zef}} = \dfrac{E^{v}_{\text{fakt}} - E_{\text{fakt}\,0}}{E^{v}_{\text{fakt}\,0}}$	$E^{v}_{\text{fakt}\,0}$	— voller faktischer ökonomischer Effekt für das vorhergehende Jahr
$E_{\text{wm}} = \dfrac{E^{v}_{\text{fakt}}}{R_n}$	R_n	— Quantität der wissenschaftlichen Mitarbeiter der Forschungsinstitution im Berichtsjahr
$E_{\text{aus}} = \dfrac{E^{v}_{\text{fakt}}}{W_{\text{aus}}}$	W_{aus}	— Wert der Ausrüstung der Forschungsinstitution im Berichtsjahr
$E^{t=5}_{f} = \dfrac{\sum_{t=1}^{5} E^{v}_{\text{fakt}}}{\sum_{t=1}^{5} A_{\text{fakt}}}$	t	— Jahresindex für die Berechnung der faktischen ökonomischen Effektivität und der faktischen Aufwendungen der Forschungsinstitution ($t = 5$)
$E^{t=5}_{\text{bed}} = \dfrac{\sum_{t=1}^{5} E^{v}_{\text{bed}}}{\sum_{t=1}^{5} A_{\text{fakt}}}$	t	— Jahresindex für die Berechnung der bedingten ökonomischen Effektivität und der faktischen Aufwendungen der Forschungsinstitution

Tabelle 37 (Fortsetzung)

Lfd. Nr.	Effekte	Bezeichnung der Kennziffer
15	E_5	Umfang der realisierten Warenproduktion im EPM je Beschäftigten (P_{EPM})
16	E_5	Ökonomischer Effekt im EPM je Rubel Aufwendungen (E_{EPM})
17	E_5	Aufwendungen je Rubel Warenproduktion im EPM (A_{prod})
18	E_3	Koeffizient der vollen Planerfüllung der Forschungsarbeiten in der Forschungsinstitution (K_{niu})
19	$E_{1,2}$	Anteil der wirtschaftsvertraglichen Themen (nach Wert) an der Gesamtthematik der Forschungsinstitution (A_{wvt})
20	E_9	Anteil der Arbeiten (nach Wert), auf deren Grundlage die Überführung der Ergebnisse festgelegt wurde ($A_{üe}$)
21	E_3	Koeffizient für die Überführung der Arbeiten (Erfüllung des Plans der Überführung) ($K_{üb}$)

Berechnungsformel	Erklärungen
$P_{EPM} = \frac{O_{EPM}}{K_{EPM}}$	O_{EPM} — Umfang der realisierten Warenproduktion im EPM K_{EPM} — Quantität der Beschäftigten im EPM im Berichtsjahr
$E_{EPM} = \frac{E_{fakt}}{A_{fakt}^{EPM}}$	E_{fakt} — faktischer ökonomischer Effekt in 5 Jahren A_{fakt}^{EPM} — faktische Aufwendungen im Berichtsjahr
$A_{prod} = \frac{A_{fakt}^{EPM}}{O_{EPM}}$	
$K_{niu} = \frac{M_1 + M_2}{M_1 + M_2 + M_3}$	M_1 — Zahl der Forschungsarbeiten, die entsprechend dem Plan abgeschlossen werden müssen und im Berichtsjahr zeitgerecht erfüllt wurden M_2 -- Zahl der Forschungsarbeiten, die direktiv über den Plan hinaus übertragen und im Berichtsjahr zeitgerecht erfüllt wurden M_3 — Zahl der Forschungsarbeiten, die nicht fristgemäß erfüllt wurden aus Gründen, für die die Forschungsinstitution verantwortlich ist
$A_{wvt} = \frac{U_{wv}}{A_{fakt}}$	U_{wv} — Umfang der Mittel, die der Forschungsinstitution im Berichtsjahr nach der wirtschaftsvertraglichen Thematik zugeteilt wurden
$A_{üe} = \frac{W_{aü}}{A_{fakt}}$	$W_{aü}$ — Wert der Arbeiten, auf deren Grundlage die Überführung im Berichtsjahr festgelegt wurde
$K_{üb} = \frac{W_{aü\,fakt}}{W_{aü\,plan}}$	$W_{aü\,plan}$ — Wert der geplanten Arbeiten für die Überführung

Tabelle 37 (Fortsetzung)

Lfd. Nr.	Effekte	Bezeichnung der Kennziffer
22	E_1	Koeffizient für die abgeschlossenen Arbeiten (nach Wert), die auf Grund von Erfindungen erfüllt wurden (bei Aushändigung von Autor-Testaten und Patenten (K_{erf})
23	$E_{11,12}$	Koeffizient des erwarteten ökonomischen Effekts der Forschungsarbeiten (E_{for})
24	E_{11}	Koeffizient der effektiven Ausnutzung der Erfindungen in der Produktion (K_A)
25	E_6	Koeffizient für die Erhöhung der Qualität der Produktion (K_{qual})
26	E_6	Koeffizient für die internationale Bewertung der Erfindung (K_I)

(nach Arten der Ergebnisse und in Abhängigkeit vom Entwicklungstempo des betreffenden Wissenschaftszweiges):

$$E_t^f = E_{wt}^f + E_{pr}^f + E_a^f \,;$$

A_t^f — der jährliche Bruttoaufwand der Forschungseinrichtung am Ende des Jahres *t*.

Berechnungsformel	Erklärungen	
$K_{erf} = \frac{\sum_{i=1}^{5} W_{fakt}^{erf}}{\sum_{i=1}^{5} W_{fakt}^{abg}}$	W_{fakt}^{erf}	— faktischer Wert der abgeschlossenen Arbeit, für die Autoren-Attestate oder Patente ausgehändigt wurden
	W_{fakt}^{abg}	— faktischer Wert der abgeschlossenen Arbeiten
$E_{for} = \frac{E^0 d}{\sum A}$	$E^0 d$	— Effekt in Rubeln
	ΣA	— Aufwendungen in Rubeln
$K_A = \frac{N_j}{A_{for}}$	N_j	— jährlicher Nutzen aus der Realisierung der Erfindungen in der Volkswirtschaft
	A_{for}	— faktische Aufwendungen für die Durchführung der Forschungsarbeiten
$K_{qual} = \frac{P_{qual} \cdot 100\,\%}{\sum P}$	P_{qual}	— Produkte, die ein Qualitätszeichen erhielten und nach sorgfältigen Untersuchungen durch die Forschungsinstitution ausgeliefert wurden
	ΣP	— Gesamtmenge der Produktion entsprechend dem Profil der Forschungsinstitution
$K_l = \frac{(N_l + N_m) \cdot 100\,\%}{\sum N_{pat}}$	N_l	— Quantität der Erfindungen, die als Lizenzen verkauft wurden
	N_m	— Quantität der Erfindungen, die für den Verkauf als Lizenzen angenommen wurden
	ΣN_{pat}	— Quantität der im Ausland patentierten Erfindungen

Für differenziertere Analysen, Beurteilungen und Leitungsentscheidungen von Forschungseinrichtungen sind ebenfalls schon Kennziffernsysteme entwickelt worden; ihre Bestandteile sind in Tabelle 37 dargestellt.

Um die konkreten Werte derartiger Kennziffern fundiert einschätzen zu können, wurden Grobnormative für den Aufwand, die zahlenmäßige Stärke, das Niveau der experimentellen und der Produktionsbasis, die Optimierungskorrelationen in der Struktur des Potentials, in der Struktur des Zeitbudgets und für das Niveau des Effektivitätskoeffizienten im Hinblick auf die verschiedenen Forschungseinrichtungen ausgearbeitet. Dies alles trägt dazu bei, daß sich die Spezialdisziplin der Wissenschaftswissenschaft — die Ökonomik der wissenschaftlichen Forschung — besonders rasch entwickelt.

Wenngleich die Probleme der Effektivitätsmessung und -bewertung wissenschaftlicher Forschungsarbeit im ganzen auch noch ungelöst sind, liegen doch bereits wesentliche Ergebnisse auf dem Gebiet der ökonomischen Analyse angewandter wissenschaftlicher Forschungsarbeiten und der Versuchs- und Konstruktionsarbeiten vor. Auf ihrer Grundlage haben die Staatliche Plankommission der UdSSR und das Staatliche Komitee des Ministerrates der UdSSR für Wissenschaft und Technik methodische Anweisungen ausgearbeitet und bestätigt.

Die Erfahrungen zeigen, daß es zweckmäßig ist, die Struktur der konkreten „Meßgrößen" dynamisch anzulegen. Ein Satz von Kennziffern muß ergänzt, erweitert oder eingeschränkt werden können, ganz der Arbeit und Forschungsrichtung entsprechend. Dabei müssen solche Kennziffern nicht in jedem Falle unbedingt zu einer integralen oder universellen Meßgröße summiert werden. Versuche, Gewichtungskoeffizienten für die verschiedenen Meßgrößen einzuführen oder die Meßgrößen mit Hilfe spezieller Bewertungstabellen in eine Punktwertung zu übertragen, führen nicht immer zum gewünschten Ergebnis. Die Erfahrungen haben gezeigt, daß in jedem Fall hier äußerste Vorsicht am Platze ist und daß die Spezifik der wissenschaftlichen Tätigkeit immer beachtet werden muß.

Viele wichtige Tätigkeitsarten einer wissenschaftlichen Forschungseinrichtung können (wenn man die Arbeitsergebnisse ihrer verschiedenen Gliederungen vergleichen will) überhaupt nicht von den dargestellten Positionen her eingeschätzt werden. Je größer der Anteil theoretischer Aufgabenstellungen und Probleme ist, die ein schöpferisches Forschen verlangen, desto bedeutender können gerade diese unberücksichtigten Seiten der wissenschaftlichen Arbeit und des Forschungsprozesses sein.

In solchen Fällen wendet die Wissenschaftswissenschaft immer häufiger und mit wachsendem Erfolg die Methoden der kollektiven Experteneinschätzung an. Zu diesem Zweck wird in dem Forschungsinstitut eine hinreichend repräsentative Gruppe von objektiven und qualifizierten Experten gebildet. Bei Benutzung eindeutiger Kriterien können sie die Ergebnisse und das Niveau der Arbeit der wissenschaftlichen Abteilungen einer Forschungseinrichtung unter verschiedenen Aspekten sachgerecht einschätzen. Der Verstand und die Erfahrungen jener Spezialisten, die über die größte Autorität verfügen, sind und bleiben deshalb trotz aller Effektivitätsberechnungen unverzichtbar.

Kapitel 10

Die Prognose als wissenschaftliche Erkenntnis

1. Prognose und Plan

Die theoretischen Arbeiten über Wissenschaftsprognostik befinden sich teils noch im Stadium der Beschreibung und Popularisierung, teils treten sie gerade in das Stadium erster Verallgemeinerungen sowie der Klassifizierung und Unterscheidung von Haupttypen der Prognosen ein.[1]

Bei solcher Sachlage erscheint es zweckmäßig, zunächst die allgemeinen Konturen der theoretischen Probleme von Wissenschaftsprognosen zu umreißen und in erster Linie solche Fragen aufzuwerfen, die für alle wissenschaftlich-technischen Prognosen wichtig sind — Fragen der Typologie, der Verfahrensweisen usw.

Wissenschaftsprognosen kann man als wissenschaftlich fundierte Informationen über die Zukunft der Wissenschaft definieren. Ihr Inhalt wird bestimmt:

— durch die von der Menschheit gesammelten historischen Erfahrungen;

— durch die modernen wissenschaftlichen Erkenntnisse und Vorstellungen;

— durch die Möglichkeiten künftiger Generationen.

1 Vgl. E. JANTSCH: Technological Forecasting in Perspective. Paris 1967; G. M. DOBROV: Prognostik in Wissenschaft und Technik. Berlin 1971; R. AYRES: Technological Forecasting and Long Range Planning. McGraw-Hill 1969; J. BRIGHT (Ed.): Technological Forecasting for Industry and Government. Prentice-Hall 1968; J. BRIGHT: Technology, Forecasting. The Pemaguid Press 1972; M. CETRON: Technological Forecasting. Gordon and Breach 1969; M. CETRON/CH. RALPH: Industrial Application of Technological Forecasting: John Wiley and Sons 1971; D. M. GVIŠIANI/V. A. LISIČKIN: Prognostika. Moskau 1969; S. M. JAMPOL'SKIJ/F. M. CHILJUK/V. A. LISIČKIN: Problemy naučno-techničeskogo prognozirovanija. Moskau 1969; H. SCHUMANN: Organisation und Technik der Prognosearbeit im Industriezweig. Berlin 1969, (russ. Moskau 1971); N. STEFANOV/N. JACHIEL/ST. KAČAUNOV: Upravlenie, modelirane, prognozirane. Sofija 1970; G. ĖDELING: Prognozirovanie i socializm. Moskau 1970; P. V. KOPNIN: Gipoteza i poznanie dejstvitel'nosti. Kiev 1962; Materialy soveščenija stran-členov SĖV i SFRJu po obmenu opytom pri sostavlenii naučno-techničeskich prognozov. Praga 1967; A. S. PEROV: Analiz zarubežnogo opyta prognozirovanija naučnogo progressa. In: Vsesojuznoe soveščanie po kolicestvennym metodam v sociologii. Materialy sekcii količestvennych metodov izučenija razvitija nauki. Moskau 1967; Wirtschaftsprognose in der technischen Revolution. 2. Aufl., Berlin 1968.

Prognoseprobleme können nur dann sinnvoll bearbeitet werden, wenn alle relevanten wissenschaftlichen Erkenntnisse und insbesondere die Gesetzmäßigkeiten der wissenschaftlich-technischen Entwicklung berücksichtigt werden.

Jeder weitere Schritt in wissenschaftliches Neuland wird künftig mit immer größerer Mühe und um einen immer höheren Preis erkauft. Zwar übertrifft der direkte und indirekte Nutzen des wissenschaftlich-technischen Fortschritts die Aufwendungen um ein Vielfaches, dennoch wird heute offensichtlich, daß das Schicksal von Wissenschaft und Technik in zunehmendem Maße vom wissenschaftlichen Niveau der Organisation, der Planung und Voraussicht sowie von der effektiven Leitung des wissenschaftlich-technischen Fortschritts abhängt.

Diese letztlich sozialökonomischen Faktoren haben zur Herausbildung dieses jüngsten Zweiges der Wissenschaftswissenschaft geführt: der wissenschaftlich-technischen Prognostik. Innerhalb eines Jahrzehnts sind in der Welt etwa tausend wissenschaftliche Einrichtungen entstanden, die sich auf die wissenschaftlich-technische Prognostik spezialisiert haben. In den westlichen Ländern wirken sie zum größten Teil innerhalb einzelner Firmen. In den sozialistischen Ländern beruht das besondere Interesse an der Prognostik auf den Bedürfnissen der staatlichen Perspektivplanung der wissenschaftlichen Forschungen und der Überleitung ihrer Ergebnisse in die Praxis.

Die dynamischen Prozesse der wissenschaftlich-technischen Entwicklung sind prinzipiell steuerbar, d. h., die Entwicklung von Wissenschaft und Technik ist in hohem Maße durch organisatorische, planerische und prognostische Leitungsentscheidungen bestimmt. Bei der Prognostizierung von Prozessen, die nicht gesteuert werden können, kann natürlich nur gefragt werden, wie der Zustand des Objekts in der Zukunft sein wird. Bei der Prognostizierung steuerbarer Prozesse hingegen ist die Antwort auf eine derartige Frage hauptsächlich durch jene Entscheidungen auf dem Gebiet der Planung bedingt, die realisiert werden. Um diese Entscheidungen ihrerseits besser wissenschaftlich zu begründen, müssen wissenschaftlich-technische Prognosen ausgearbeitet werden. Es ist daher zweckmäßig, bei der Prognostizierung von wissenschaftlich-technischen Entwicklungen Antworten auf folgende Fragen zu suchen: 1. Welches sind die möglichen Folgen der zukünftigen Entwicklung von Wissenschaft und Technik? 2. Welche (der vielen möglichen) Ergebnisse sind erwünscht und notwendig? 3. Auf welchen Wegen können die erwünschten und notwendigen Ergebnisse erreicht werden? 4. Welche Zeit wird für die Bewältigung jedes der möglichen Wege erforderlich sein? 5. Wie groß ist die Wahrscheinlichkeit, ein bestimmtes Ergebnis auf diesem oder jenem Wege zu erreichen? 6. Welche personellen, materiell-technischen und finanziellen Ressourcen sind für das Beschreiten jedes der möglichen Wege erforderlich? 7. Welcher Komplex organisatorischer Maßnahmen ist erforderlich, um ein bestimmtes Resultat auf diesem oder jenem Wege zu erreichen? 8. Welche Wege (von vielen möglichen) sind die rationellsten?

Die sowjetischen und die internationalen Erfahrungen der modernen wissenschaftlich-technischen Prognostik erlauben folgende Definition: *Eine wissenschaftlich-technische Prognose ist ein System von Aussagen über begründete und wechselseitig eingeschätzte mögliche Wege und Ergebnisse der Entwicklung von Wissenschaft und Technik sowie der für ihr Erreichen erforderlichen Ressourcen und organisatorischen Maßnahmen.*

In diesem Sinne betrachten wir die wissenschaftlich-technische Prognostik als einen wichtigen Teil der Arbeit, die der Planung vorausgeht, und als ein Mittel zur Voraussicht der Ergebnisse der wissenschaftlich-technischen Entwicklung. Wenn die Prognose im Endeffekt Material für die Entscheidungsfindung liefert, so ist der Plan bereits das unmittelbare Ergebnis der Entscheidungsfindung.

Die wissenschaftlich-technischen Prognosen sind ihrerseits ein spezifischer (hinsichtlich der Objekte, Ziele und Methoden) Teil des umfassenderen Systems von Prognosen, das die soziale und ökonomische Prognostik einschließt. Die ökonomischen Reformen, die gegenwärtig in vielen sozialistischen Ländern durchgeführt werden, erhöhen die Anforderungen an die wissenschaftliche Begründung und Elastizität der Leitung; sie verstärken die Rolle der ökonomischen Faktoren in der Methodologie der wissenschaftlich-technischen Prognostik; sie orientieren die Prognosen auf die Steigerung der Arbeitsproduktivität und die Erhöhung der Rentabilität der Produktion.

Es ist oft versucht worden, Voraussagen über Bedürfnisse und Möglichkeiten des wissenschaftlich-technischen Fortschritts zu verallgemeinern. Mitte der dreißiger Jahre wurde auf Initiative des amerikanischen Komitees für Ressourcen eine Untersuchung vorgenommen und unter dem Titel „Technological Trends and National Policy"[2] veröffentlicht. Bedeutende Fachleute verschiedener Zweige von Wissenschaft und Technik bewerteten in dieser Arbeit zahlreiche wissenschaftlich-technische Voraussagen des 19. und des beginnenden 20. Jahrhunderts und legten auch eigene Prognosen (vor allem der ersten Periode) vor. Viele Prognosen haben sich als richtig erwiesen, bezeichnend sind aber auch die Lücken, die sich in diesen Prognosen finden.

Bei der Erörterung prinzipiell neuer Energiequellen berücksichtigten die Autoren z. B. nicht die mögliche Nutzung der Kernenergie, obwohl der Entwicklungsstand der Kernphysik zu jener Zeit eine derartige Voraussage bereits zuließ und solche Prognosen bereits zu Beginn des Jahrhunderts von verschiedenen anderen Wissenschaftlern, darunter auch von V. I. VERNADSKIJ, geäußert worden waren.

Zahlreiche Prognosen waren dem Fortschritt der Funktechnik und -elektronik gewidmet; die Autoren hielten es jedoch nicht für möglich, die praktische An-

2 Technological Trends and National Policy. Washington 1937.

wendung der Funkortung vorauszusagen, obwohl die prinzipiellen Wege zur Lösung dieses wissenschaftlich-technischen Problems seinerzeit schon bekannt waren.

Die Autoren sahen auch eine große Perspektive der Chemie und der Biologie voraus, aber auf die Anwendungsmöglichkeiten von Antibiotika wurde nicht hingewiesen, obwohl zu dieser Zeit Fleming, Florey und Chain das Penizillin bereits gefunden hatten.

Der englische Wissenschaftler S. Lilley hat den Realitätsgrad verschiedener Prognosen zu verallgemeinern versucht.[3] Er benutzte offizielle Publikationen, in denen die Richtigkeit von Prognosen eingeschätzt wurde, und führt folgende interessante Daten an (s. Tabelle 38).

Tabelle 38

Statistische Verteilung von Prognosen unterschiedlicher Wahrscheinlichkeit

Datum der Prognosen	*A* Voll eingetroffen, %	*B* Werden wahrscheinlich eintreffen, %	*C* Haben sich als falsch erwiesen, %	*D* Werden sich wahrscheinlich als falsch erweisen, %	*E* Noch zweifelhaft, %	Errechneter Grad des Eintreffens ($A+B+{}^1/_2E$)
1906	46	24	21	—	9	74,5
1915	28	48	—	—	24	88
1920	38	29	8	3	22	78

Das durchschnittliche Realitätsniveau der frühen Voraussagen für unser Jahrhundert, das bei annähernd 80% liegt, reicht aus für eine wissenschaftlich begründete Hypothese, ist aber zu niedrig, um die Prognostik als eine Wissenschaft zu betrachten. S. Lilley hält es für möglich, die Genauigkeit der Prognosen des wissenschaftlich-technischen Fortschritts auf über 90% zu erhöhen, und kommt zu folgendem unserer Ansicht nach völlig richtigen Schluß: „Die technische Prognostizierung muß ein wichtiges Element sein, das dazu beiträgt, die Zukunft zu planen ... Tatsache ist zugleich, daß nur die Planung diese Prognostizierung selbst realer machen kann."[4]

Die sozialökonomische Situation, in der sich der wissenschaftlich-technische Fortschritt entwickelt, das Niveau und der Charakter der Entwicklung der

3 Vgl. S. Lilley: Can Prediction Become a Science? In: Sociology of Science. New York 1962, S. 142—152.

4 Ebenda.

Produktivkräfte der Gesellschaft sind Bedingungen, von denen in hohem Maße nicht nur die Wahrscheinlichkeit dieser oder jener potentiell möglichen wissenschaftlich-technischen Errungenschaft abhängt, sondern auch das allgemeine Niveau des wissenschaftlich-technischen Fortschritts, die schöpferische Aktivität und Produktivität von Wissenschaft und Technik.

Von Interesse sind in diesem Zusammenhang Analysen der historischen Veränderungen in der relativen schöpferischen Aktivität der verschiedenen Länder der Welt. Wissenschaftshistoriker haben derartige Veränderungen in der Bewegung der Wissenschaft mehrfach festgestellt, die gesetzmäßig verknüpft waren mit historischen Besonderheiten in der Entwicklung dieser Länder. Eben aus diesem Grunde haben vom 16. bis zum 20. Jahrhundert nacheinander Italien, England, Frankreich, Deutschland sowie die USA und die UdSSR die führende Position im internationalen wissenschaftlich-technischen Fortschritt eingenommen.

Der japanische Wissenschaftler M. JUASA hat versucht, diese Erscheinung quantitativ zu untersuchen. Als Kennziffer für den relativen Entwicklungsstand der Wissenschaft eines Landes wählte er den Beitrag, den das betreffende Land im Hinblick auf die jeweils wichtigsten wissenschaftlichen Ergebnisse geleistet hat.[5] Wenn dieser Beitrag in einem bestimmten historischen Zeitraum ein Viertel aller erzielten wissenschaftlichen Ergebnisse überstieg, so betrachtet JUASA dies als ein Indiz dafür, daß sich das „Zentrum der wissenschaftlichen Aktivität" in dieses Land verlagert hat. Bemerkt sei, daß diese Verlagerung des „Zentrums der wissenschaftlichen Aktivität" in der Regel nicht gleichbedeutend ist mit einer absoluten Minderung des Umfangs der Wissenschaft in jenem Lande, das seine führende Position auf dem Gebiet des wissenschaftlichen Fortschritts eingebüßt hat, sondern vielmehr bedeutet, daß sich die Wissenschaft auf Grund bestimmter historischer Bedingungen in einem anderen Land schneller und fruchtbarer entwickelt hat.

JUASAS prognostische Analyse reicht bis zum Ende unseres Jahrhunderts. Er stellt fest, daß die USA, die in den zwanziger Jahren die führende Position im wissenschaftlichen Fortschritt innehatten, seit den fünfziger Jahren immer deutlicher von dieser Position verdrängt werden. Diese Wandlung vollzieht sich nach Ansicht JUASAS vor allem auf Grund des außerordentlich schnellen wissenschaftlichen Fortschritts in anderen Ländern, darunter in der UdSSR. JUASA meint, daß sich gegenwärtig und in der nächsten Zukunft das Zentrum der wissenschaftlichen Aktivität hauptsächlich nach Moskau verlagert.

Der historische Prozeß der Verlagerung der „Zentren der wissenschaftlichen Aktivität" läßt sich durch ein Diagramm illustrieren (Abb. 92).

5 Vgl. M. JUASA: Center of Scientific Activity. In: Japanese Journal of the History of Sciences, 1962, Nr. 1, S. 57—75.

Die Fakten zeigen, daß die Sowjetunion in der Tat eine immer größere Rolle im Hinblick auf den wissenschaftlich-technischen Fortschritt in der Welt spielt. Unserer Ansicht nach wäre es jedoch richtiger, heute und mehr noch in Zukunft nicht von der führenden Rolle eines Staates (mag er auch eine sehr wichtige Position im Fortschritt der Wissenschaft einnehmen) zu sprechen, sondern von der führenden Rolle einer Gruppe von Ländern, in denen die wissenschaftlich-technische Entwicklung sich unter ähnlichen sozialökonomischen Bedingungen vollzieht, die gleichen Ziele verfolgt, ein ähnliches Entwicklungsniveau besitzt sowie methodologisch eng verbunden ist. Solche Länder sind beispielsweise die Staaten, die zum Rat für Gegenseitige Wirtschaftshilfe gehören.[6]

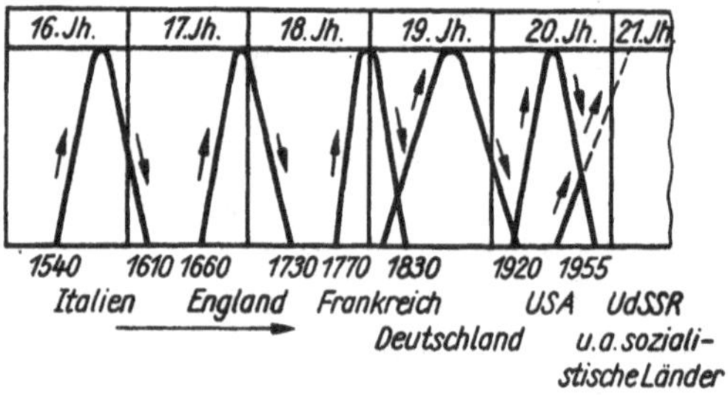

Abb. 92. Verlagerung der Zentren der wissenschaftlichen Aktivität

Die Wissenschaft ist ihrem Wesen nach zutiefst international. Je besser die Mittel und Methoden der gegenseitigen wissenschaftlichen Information, die internationale wissenschaftliche Zusammenarbeit und der gegenseitige Gedankenaustausch der Wissenschaftler entwickelt werden, um so mehr erhöht sich das allgemeine Tempo des wissenschaftlichen Fortschritts.[7]

Die immer engere Zusammenarbeit der Wissenschaftler und die internationale Integration der Wissenschaft sind eine gesetzmäßige Erscheinung in der Entwicklung der Wissenschaft. Eine echte Integration im internationalen Maßstab wird jedoch letztlich durch die gleichen Ursachen erschwert, die für die Verlagerung der „Zentren der wissenschaftlichen Aktivität" verantwortlich sind. Das absehbare Schicksal der Wissenschaft und ihre zukünftigen Organisationsformen sind nicht von der gesellschaftspolitischen und sozialökonomischen Entwicklung der Menschheit zu trennen.

6 Vgl. Teorija i praktika prognozirovanija razvitija nauki i techniki v stranach SĖV. Moskau 1971.

7 Zugleich verringern sich auch die Intervalle zwischen den oberen Teilen der Kurven, die im Diagramm Juasas dargestellt sind (s. Abb. 92).

2. Die Informationsbasis der Prognosen

Eine wichtige Voraussetzung für genaue Prognosen ist die Wahl einer adäquaten Informationsbasis. Dabei nutzt die wissenschaftliche Prognosetätigkeit umfassend die Tatsache, daß der Prozeß der wissenschaftlich-technischen Entwicklung eine genetische Kontinuität der verschiedenen Informationstypen hervorbringt (vgl. Kapitel 2).

So gehen der Anwendung technischer Mittel in der Produktion bekanntlich die Konstruktion und Herstellung dieser Mittel voraus. Der Herstellung der Maschinen wiederum geht die Erfindung voraus, die in Patenten und Urheberscheinen fixiert wird. Der wissenschaftlichen Entdeckung gehen die wissenschaftliche Bearbeitung des *Problems*, die *Entdeckung* neuer Eigenschaften von Materialien, neuer Möglichkeiten, Wirkprinzipien usw. voraus. Und den Erfindungen und Entdeckungen liegen die wissenschaftliche Intuition, die Gesamtheit der Hypothesen, Annahmen und Vermutungen der Spezialisten zugrunde.

Im Prozeß der Prognose wird die Information über jede dieser Arten von Wissen im Zusammenhang mit den für eine mehr oder minder lange Frist vorauszusehenden Bedürfnissen des Menschen, der Gesellschaft, der Natur und des wissenschaftlich-technischen Fortschritts selbst verarbeitet. Diese Prozedur unterscheidet die wissenschaftliche Prognose von haltlosen „Vermutungen über das Schicksal in der Zukunft“.

Weitgehend bekannt ist die Wechselbeziehung zwischen Fakten, einem System wissenschaftlicher Vorstellungen und den neuen wissenschaftlichen Fakten, die durch ein solches System vorausgesehen werden. Es ist wichtig zu unterstreichen, daß der wissenschaftliche Erkenntnisprozeß sehr eng mit dem Funktionieren der physiologischen und der vom Menschen künstlich geschaffenen Systeme zur Informationsspeicherung verknüpft ist. In nicht geringerem Maße hängt dieser Prozeß von der Systematisierung der Erkenntnisse und Vorstellungen ab. Sie kann auf unterschiedlichen Abstraktionsebenen erfolgen, und die früher erworbenen Kenntnisse sowie das logische Potential, über das der Mensch verfügt, können dabei in unterschiedlichem Grad genutzt werden, aber diese Systematisierung bildet einen obligatorischen Bestandteil des Prozesses der wissenschaftlichen Erkenntnis.[8]

Überaus aktuell ist die Klassifizierung der Systematisierungsebenen der Information. Sie ist unmittelbar mit den Perspektiven und Möglichkeiten verknüpft, für die Informationsverarbeitung verschiedenartige moderne technische Mittel einzusetzen. Viele wissenschaftliche Richtungen stehen übrigens vor einem ähnlichen Problem. Das maschinelle Übersetzen stieß bekanntlich infolge der „Mehrdeutigkeit“ natürlicher Sprachen auf große Schwierigkeiten. Um dieses

8 Vgl. P. V. Kopnin: Gipoteza i poznanie dejstvitel'nosti. Kiev 1962.

Problem zu lösen, mußte man sich der klassischen Linguistik zuwenden und die Idee des Spezialwörterbuches nutzen, eines Sinnklassifikators des Wort- und Ausdrucksbestandes einer Sprache vom Typ eines Thesaurus, wie er seinerzeit von PETER MARK ROGET aufgestellt worden ist (Thesaurus of English Words and Phrases).

Es gibt bereits interessante Vorschläge, wie man einen Thesaurus für die quantitative Bewertung semantischer Information benutzen kann. JU. ŠREJDER schlägt vor,[9] dazu Daten über die Veränderung zu verwenden, die der Thesaurus unter dem Einfluß neuer Information erfährt.

Ausgangspunkt dieser Idee ist, daß die Neuartigkeit von Vorstellungen über ein Objekt, ausgedrückt in einer entsprechenden Begriffssprache, zwangsläufig zur Veränderung der Struktur des betreffenden Thesaurus führt.

Wir meinen, daß es zweckmäßig und möglich ist, einen umfassenderen Begriff des verallgemeinerten Thesaurus zu entwickeln als den, der gegenwärtig üblich ist.

Ein *verallgemeinerter Thesaurus* ist ein gewisses formalisiertes System (eine Informationsgesamtheit), das mehr oder minder vollständig unsere Vorstellungen über die Informationsobjekte und die logischen Beziehungen widerspiegelt, die für diese Objekte charakteristisch sind.

Es werden drei Typen von Thesauri unterschieden: der nominale Thesaurus (Θ_n), der funktionale Thesaurus (Θ_f) und der adäquate Thesaurus (Θ_a).

Der erste Thesaurus besitzt den geringsten logischen Inhalt. Er enthält faktisch lediglich eine Liste bekannter Objekte, die durch einen einheitlichen Index der Beziehung verbunden sind, durch die Relation, „Element der Klasse" der betreffenden Objekte zu sein. Als Beispiel für eine solche Kollektion von Informationen kann ein Verzeichnis der Teile einer Vorrichtung dienen.

Das größte logische Volumen besitzt der dritte Thesaurus-Typ (Θ_a). Er bildet eine Liste nicht nur aller uns bekannten Systematisierungsobjekte, sondern auch, was besonders wichtig ist, der *von der Wissenschaft ermittelten*, objektiv zwischen diesen Objekten existierenden kausalen und sonstigen prinzipiellen Beziehungen. Ein klassisches Beispiel dafür ist das periodische System der Elemente MENDELEEVS; genannt werden können als Beispiele auch die Systematisierung von Objekten der lebenden Natur auf der Grundlage des Gesetzes der homologischen Reihen (N. VAVILOV) und andere ähnliche wissenschaftlich geordnete Informationsfelder.

In der wissenschaftlich-technischen Praxis haben wir es indes meist mit einem funktionalen Thesaurus zu tun, der eine Zwischenstellung zwischen den beiden geschilderten Thesauri einnimmt.

9 Vgl. JU. ŠREJDER: O količestvennych charakteristikach semantičeskoj informacii. In: Naučno-techničeskaja informacija, 1963, Heft 10.

Beim Aufbau von Θ_f beschränkt man sich bereits nicht mehr darauf, die Objekte einer bestimmten Klasse zu fixieren, man kann seiner Struktur aber auch noch nicht die Gesetzmäßigkeiten dieser Objekte zugrunde legen. Es wird

Tabelle 39

Charakteristik	Typ des Thesaurus		
	nominal Θ_n	funktional Θ_f	adäquat Θ_a
1	2	3	4
Definition	Fixiert den Bestand an bekannten Varianten von Objekten der betreffenden Klasse	Widerspiegelt außerdem empirische Vorstellungen von den Relationen und Beziehungen der zu systematisierenden Objekte	Fixiert den Bestand an bekannten Varianten von Objekten der betreffenden Klasse und widerspiegelt die objektiv existierenden, von der Wissenschaft festgestellten gesetzmäßigen Beziehungen und Relationen innerhalb der zu systematisierenden Gesamtheit
Beispiele	Katalog oder Verzeichnis der Teile einer technischen Vorrichtung	Ingenieurmäßige Konstruktionsbeschreibung	Periodensystem der chemischen Elemente
Aufstellungsregeln	Die Objekte werden unter Vernachlässigung der logischen Beziehungen zwischen ihnen aufgenommen	Die Objekte werden unter Berücksichtigung der logischen und funktionalen Beziehungen aufgenommen; letztere werden auf dem Niveau der vorhandenen Vorstellungen als Ausgangsgrößen betrachtet	Die Objekte werden aufgenommen, und die von der Wissenschaft festgestellten gesetzmäßigen Beziehungen zwischen ihnen werden fixiert
Beispiele für Aufgaben, die auf der Basis des betreffenden Thesaurus gelöst werden können	Allgemeine Berechnung bekannter Objekte; Informationsrecherche nach formalen Merkmalen (z. B. alphabetisch oder in der Reihenfolge des Eingangs)	Feststellung neuer Kombinationen aus bekannten Elementen; statistische Analyse der „Objekt-Funktion"-Verteilung; wahrscheinlichkeitstheoretische Prognostizierung zu erwartender Veränderungen in der Struktur des Thesaurus	Prognostizierung neuer Elemente bei bekannten Eigenschaften und neuer Eigenschaften bekannter Objekte. Mögliche Voraussage neuer Erscheinungen, die zur Veränderung des Thesaurus in Richtung auf eine Zunahme seiner Adäquatheit führen können

versucht, auf Grund praktischer Erfahrungen mit dem Thesaurus wesentliche Beziehungen zwischen den zu systematisierenden Objekten wiederzugeben, etwa Beziehungen der

- Ähnlichkeit und Verschiedenheit der Funktionen;
- der Nachbarschaft sowie der des Teiles zum Ganzen;
- der Hierarchie der Funktionen, kausale Beziehungen usw.

Je näher diese Vorstellungen wissenschaftlichen Gesetzmäßigkeiten kommen, um so mehr nähert sich Θ_f dem Typ Θ_a.

Eine allgemeine Vorstellung von den drei Typen von Thesauri liefert die Tabelle 39 auf der Seite 407.

Diese Klassifikation von Thesauri ist sowohl mit Aufgaben der angewandten Forschung (z. B. mit den Anforderungen an die logische Kapazität einer künstlichen Sprache) als auch mit der allgemeinen Theorie der Prognostik organisch verbunden.

D. Mendeleev bemerkte einmal treffend, jede wissenschaftliche Forschung habe zwei Haupt- oder Endziele: die Voraussicht und den Nutzen. Eine Antwort auf die Frage „Was kann man prognostizieren?" ist letztlich nur möglich, wenn man von der Kenntnis des Thesaurus ausgeht, auf dessen Grundlage eine wissenschaftlich-technische Prognose versucht wird.

Für alle drei Typen von Thesauri gilt der Unvollständigkeitssatz von Kurt Gödel (1931), der mathematisch exakt bewiesen ist und der besagt: Jedes formalisierte System ist unvollständig, d. h., es gibt in ihm nichtformalisierbare Bestandteile. Im Hinblick auf die Prognostizierung unterstreicht diese wichtige theoretische Aussage unter dem Aspekt des inneren logischen Potentials der Wissenschaft den prinzipiellen Wahrscheinlichkeitscharakter aller Prognosen. Sie weist auch auf die Notwendigkeit hin, um einer größeren Genauigkeit der Prognosen willen alle erfaßbaren Beziehungen einer zu prognostizierenden Erscheinung umfassend zu berücksichtigen.

3. Eine Klassifikation der wissenschaftlich-technischen Prognosen

In der Praxis müssen nach ihrer Informationsbasis und nach ihren Aufgaben vier Prognosetypen genau unterschieden werden:

- zu prognostizierende Charakteristika und wesentliche Besonderheiten zukünftiger technischer Ausrüstung;
- zu prognostizierende Konfliktsituationen zwischen Bedürfnissen und Realität, die zu neuen wissenschaftlich-technischen Lösungen führen;

— zu prognostizierende Abschlüsse auf dem Gebiet vorhandener oder sich abzeichnender (geplanter) Tendenzen der Wissenschaftsentwicklung;
— die zeitliche Voraussage zu erwartender konkreter Ereignisse und Erscheinungen der wissenschaftlich-technischen Entwicklung.

Mit jedem dieser Prognosetypen sind sehr reale Bedürfnisse verbunden. Von der Genauigkeit der Prognosen hängt weitgehend der Erfolg der perspektivischen Wissenschaftsplanung und der Strategie und Taktik der Leitung der wissenschaftlich-technischen Entwicklung ab.

Prognosen der wissenschaftlich-technischen Entwicklung besitzen in der Regel *komplexen Charakter*. Sie sind faktisch ein fundamentaler Teil des allgemeineren *Systems der ökonomischen Prognosen*[10], zu dem auch solche Teilsysteme wie die Prognose der personellen und materiellen Ressourcen, die Bildung des Nationalvermögens, das Zusammenwirken der zukünftigen Produktionszweige, die Prognose der Bedürfnisse und der Konsumtion usw. gehören.

Der folgenden *funktionalen Klassifikation* wissenschaftlich-technischer Prognosen (s. Abb. 93) liegt unsere Prognosedefinition zugrunde. Nach dieser Klassifikation werden drei Arten von Prognosen unterschieden — die Forschungsprognose, die Programmprognose und die Organisationsprognose.

Hauptaufgabe der Forschungsprognose ist es, mögliche Ergebnisse und Ziele der zukünftigen wissenschaftlich-technischen Entwicklung unter Berücksichtigung ihrer Tendenzen und des erreichten Niveaus zu formulieren und ihre Bedeutung einzuschätzen.

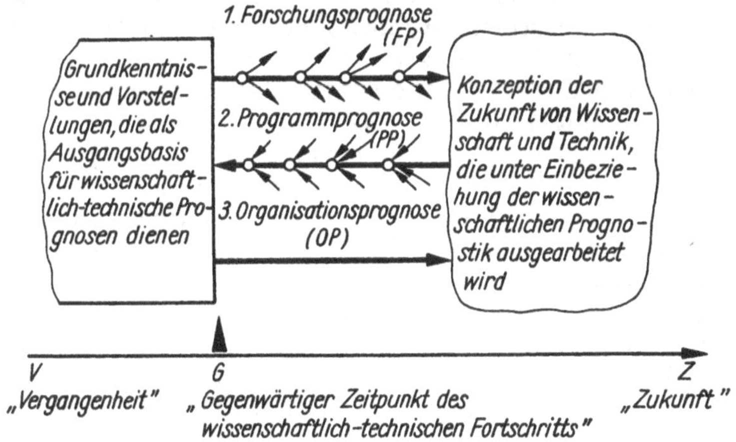

Abb. 93. Klassifikation und Funktion verschiedener Prognosen

10 Vgl. Naučnye osnovy ėkonomičeskogo prognoza. Moskau 1971; H. Theil: Applied Economic Forecasting. North Holland Publishing Co. 1966.

Ergebnis der Forschungsprognose ist die Festlegung der Ziele der zukünftigen wissenschaftlich-technischen Entwicklung in Form eines bestimmten wissenschaftlich-technischen Problems oder einer Anzahl solcher Probleme, die während des Prognosezeitraums zu lösen sind.

Bei der Programmprognose werden die möglichen Wege zur Erreichung der im Ergebnis der Forschungsprognose formulierten Ziele der wissenschaftlich-technischen Entwicklung erarbeitet und eingeschätzt, und bestimmte Etappen der wissenschaftlich-technischen Entwicklung werden zeitlich festgelegt.

Ergebnis der Programmprognose ist die Formulierung der möglichen Wege zur Erreichung der Ziele der zukünftigen wissenschaftlich-technischen Entwicklung.

Zur Aufgabe der Organisationsprognose[11] gehört die Einschätzung der finanziellen, materiell-technischen und personellen Ressourcen sowie des Komplexes organisatorischer Maßnahmen, die erforderlich sind, um das Erreichen der Ziele der zukünftigen wissenschaftlich-technischen Entwicklung auf den verschiedenen Wegen zu gewährleisten.

Ergebnis der Organisationsprognose ist die Feststellung möglicher Varianten für die Verteilung der Ressourcen sowie des Komplexes organisatorischer Maßnahmen, die erforderlich sind, um die Ziele der künftigen wissenschaftlich-technischen Entwicklung zu erreichen.

Ziel der Prognose-Untersuchung ist es, den Leitungsorganen Informationen zu liefern, die geeignet sind, die Wissenschaftlichkeit der Planung und Leitung der wissenschaftlich-technischen Entwicklung zu erhöhen. Abgeschlossen wird die Prognosearbeit mit der Formulierung der rationellsten (unter dem Aspekt der Zeit, der Wahrscheinlichkeit des Erfolgs in einer bestimmten Frist, der erforderlichen Ressourcen und organisatorischen Maßnahmen) Wege zur Erreichung der Ziele der zukünftigen wissenschaftlich-technischen Entwicklung.

Die Prognose bildet somit das Anfangsglied der logischen Reihenfolge „Prognosen — Ziele — Programme — Plan". Diese Reihenfolge ist das Rückgrat jenes Systems der komplexen Planung der sozialökonomischen und wissenschaftlich-technischen Entwicklung, das von den Forschungsorganisationen und Planungsorganen der UdSSR entwickelt wird.

Gemeinsam ist allen drei Prognosearten, daß sie sich auf die konkreten Tendenzen und Gesetzmäßigkeiten der wissenschaftlich-technischen Entwicklung stützen, die von Wissenschaftlern aller Disziplinen aufgedeckt werden. Die „Steuerbarkeit" der Prognose-Realisierung, die Möglichkeiten, diesen Verlauf

11 Es muß gesagt werden, daß das Fehlen exakt unterschiedener Vorstellungen über solche Prognosen in bestimmten aus der Literatur bekannten Methodiken die Komplexität der prognostischen Einschätzungen wesentlich verringert und deren weitere praktische Benutzung erschwert.

mit organisatorischen und ökonomischen Faktoren unmittelbar zu beeinflussen, sind jedoch sehr verschieden.

Diese drei Prognosearten bilden einen Komplex und ergänzen sich wechselseitig. Die Elektronenrechner etwa der ersten Generation, die mit Röhren bestückt waren, wurden seinerzeit durch Rechner einer zweiten Generation abgelöst, die mit Transistoren arbeiteten. Sie werden heute durch elektronische Datenverarbeitungsanlagen abgelöst, die über integrierte Schaltkreise, hohe Rechengeschwindigkeiten und andere wichtige neue Merkmale und Eigenschaften verfügen.

Eine wissenschaftlich fundierte Prognose über die Entwicklung von EDVA der vierten und eventuell auch der fünften Generation müßte die Bedeutung der Ereignisse einschätzen, die für deren Entwicklung erforderlich sind, Angaben über die Wahrscheinlichkeit und den Zeitpunkt des Eintretens dieser Ereignisse enthalten und eine orientierende Wertung über den Umfang und die Struktur der notwendigen Ressourcen geben. Einen wichtigen Platz in einer derartigen komplexen Prognose müßte auch die Begründung solcher organisatorisch-technischer Maßnahmen einnehmen wie der Ausschluß von Zwischenstadien der Entwicklung, die Organisation paralleler Erforschungen, die Nutzung neuer Möglichkeiten für eine sprunghafte Erhöhung der „intellektuellen Kapazität" der EDVA (z. B. Aggregieren, Schaffung homogener Rechensysteme usw.). Auf Grund dieser Informationen könnte versucht werden, die Wege zu einem höheren Niveau auf diesem wichtigen Gebiet zu planen.

Jede wissenschaftlich begründete Prognose ist eine Verbindung von Vergangenheit (Entwicklungstendenzen), Gegenwart (vorhandene Ressourcen und Kenntnisse) und Zukunft (Bedürfnisse und Möglichkeiten). In Abhängigkeit vom Zeitraum, für den Prognosen aufgestellt werden, besitzen sie unterschiedlichen Charakter, eine wesentlich unterschiedliche Zuverlässigkeit und werden auf unterschiedliche Weise in der Praxis der Entscheidungsfindung benutzt.

Man kann drei Gruppen wissenschaftlich-technischer Prognosen unterscheiden.

Prognosen der ersten Gruppe. Sie erfassen gewöhnlich einen Zeitraum von 15 bis 20 Jahren. Die Wahl dieses Zeitraums hängt damit zusammen, daß sich innerhalb dieser Periode die Anzahl wissenschaftlicher Arbeiten und technischer Ideen verdoppelt und eine völlige Ablösung aller technischen Produktionsmittel erfolgt. Wichtig ist auch, daß dies die typische Frist dafür ist, gewonnene wissenschaftliche Ergebnisse von den Grundlagenwissenschaften zu den angewandten Wissenschaften, von dort zu den Entwicklungsarbeiten und über die industrielle Versuchsproduktion in die Massenherstellung überzuleiten. Diese Frist verkürzt sich, ist jedoch in den verschiedenen Forschungsbereichen auch sehr unterschiedlich.

Im Zeitraum von 15 bis 20 Jahren wächst auch eine neue Generation von Spezialisten heran, und am Ende dieser Periode stellt sie die Mehrheit aller tätigen Wissenschaftler. Schließlich hat sich in der Vergangenheit innerhalb von 15 bis 20 Jahren noch die Anzahl der Wissenschaftler verdoppelt und die Anzahl der ingenieurtechnischen Mitarbeiter mindestens verdrei- bis vervierfacht.

Prognosen für diese Periode gehen gewöhnlich von den Möglichkeiten des wissenschaftlich-technischen Fortschritts aus, die in der Gegenwart (mindestens theoretisch) eindeutig festgestellt worden sind. Sie enthalten nicht nur qualitative, sondern in der Regel auch quantitative Einschätzungen. Prognosen über die Wissenschaft, die planmäßig geleistet wird, tragen objektiven Charakter und werden nicht selten mit Recht als Perspektivpläne bezeichnet.

Prognosen der zweiten Gruppe. Sie erfassen gewöhnlich einen Zeitraum von 40 bis 50 Jahren. In diesem Zeitraum verdoppelt sich die Gesamtmenge neuer wissenschaftlicher Ergebnisse, d. h., ein großer Teil aller in der Wissenschaft geltenden Konzeptionen und Theorien ist erneuert. Innerhalb dieser Frist verdoppelt sich die Weltbevölkerung (35 Jahre) und verschwindet eine Wissenschaftlergeneration (die schöpferische Lebensphase eines Menschen wird auf 40 bis 45 Jahre geschätzt).

In Prognosen dieser Art (bis in das 21. Jahrhundert hinein) treten die quantitativen Einschätzungen mehr und mehr hinter die qualitativen zurück. Als Grenzen derartiger Prognosen gelten die zum gegenwärtigen Zeitpunkt bekannten fundamentalen Gesetze und anerkannten Prinzipien der Naturwissenschaft. Das bedeutet, daß sich der prognostizierende Wissenschaftler nicht allein auf die Vorstellungen seines Wissenszweiges stützen kann, sondern daß er von allgemeineren Vorstellungen ausgehen muß.

Prognosen der dritten Gruppe. Sie orientieren auf den Zeitpunkt eines Jahrhunderts und darüber hinaus. Solche Prognosen besitzen in der Regel rein hypothetischen Charakter. Da Wissenschaftler in einer so fernen Zukunft von den wissenschaftlichen Vorstellungen ausgehen werden, die *sie selbst* entwickelt haben, von Vorstellungen, über die wir heute nichts wissen können, geht der Prognostiker von heute in diesem Fall in erster Linie von seiner Weltanschauung und Intuition aus. Quantitative Einschätzungen fehlen in solchen Prognosen meistens, und die qualitativen beschränken sich auf die allgemeinsten Gesetze der Logik, der Weltanschauung und der Naturwissenschaft.

Alle Prognosen enthalten Elemente der Unsicherheit, und die Alltagspraxis zwingt deshalb stets zu Korrekturen der Prognosen. Entscheidend hängt das Schicksal der Prognosen von der Entwicklung des sozialen Lebens der Gesellschaft und neuen Entdeckungen auf dem Gebiet der Naturwissenschaft ab. Ebendiese Umstände bestimmen auch den besonders strittigen Charakter langfristiger Prognosen.

Würden Prognostiker den Flug ihrer Gedanken nicht im Rahmen der modernen Erkenntnisse über Gesellschaft, Ökonomie, Naturwissenschaft und Technik halten, wären ihre Schlußfolgerungen ohne jede Beweiskraft, und das hieße auch ohne jeden wissenschaftlichen Wert. Dieser Umstand unterscheidet übrigens wissenschaftliche Prognosen von Phantastik. Sieht man von einigen besonders gelungenen literarischen Werken dieses Genres ab, die von Autoren mit wissenschaftlichen Kenntnissen geschaffen worden sind, so enthalten die Werke der wissenschaftlichen Phantastik sehr wenig echte wissenschaftliche Information. Das schließt freilich nicht aus, daß es in der wissenschaftlichen Phantastik geniale Vermutungen geben kann, wie das in manchen Werken von H. G. WELLS, JULES VERNE, I. EFREMOV, S. LEM, R. BRADBURY u. a. der Fall war.

Drei Hauptgruppen von begrenzenden Faktoren beeinflussen entscheidend den Realitätsbezug bzw. -gehalt wissenschaftlicher Voraussagen:

— die Gesetze der sozialökonomischen Zweckmäßigkeit und der wirtschaftlichen Möglichkeit der zu prognostizierenden wissenschaftlich-technischen Lösungen;
— die Gesetze und Prinzipien der Naturwissenschaft, von denen ein bedeutender Teil nach einem treffenden Ausdruck von GEORGE THOMSON als „Prinzipien der Unmöglichkeit" bezeichnet wird;[12]
— die allgemeinsten Gesetze der Natur und der gesellschaftlichen Entwicklung als die philosophischen Grundlagen der Weltanschauung des Wissenschaftlers.

Die Autoren von Prognosen der ersten Gruppe sind in der Regel bestrebt, alle drei Gruppen begrenzender Faktoren zu berücksichtigen. Darum besitzen ihre Prognosen einen relativ großen Genauigkeitsgrad.

Beim Übergang zu Prognosen der zweiten Gruppe abstrahieren die Autoren in gewissem Maße von den Bedingungen, die durch ökonomische Kategorien gesetzt werden. Bei Prognosen der dritten Gruppe wird außerdem die historische Relativität der Wahrheit heute anerkannter Prinzipien der Wissenschaft einkalkuliert.

Je weniger diese begrenzenden Faktoren beachtet werden, desto mehr Raum bleibt der Phantasie, um so geringer wird jedoch unvermeidlich der Realitätsgrad der wissenschaftlichen Voraussicht.

Die Prognostiker der zweiten und besonders der dritten Gruppe weisen zu Recht darauf hin, daß es übereilt wäre, anzunehmen, alle heute anerkannten Gesetze und Prinzipien der Wissenschaft würden auch in ferner Zukunft unwandelbar gelten. Wichtig ist jedoch zugleich, daß gerade diese objektiv festgestellten Prinzipien und Gesetze der Wissenschaft den wissenschaftlich-technischen Realismus der Prognosen sichern, daß eben dadurch die Prognosen als eine spezifische Form des Wissens sich unterscheiden von haltlosen Phantastereien einerseits und von den neu zu entdeckenden Gesetzen der Naturwissenschaft und der Technik andererseits.

12 Vgl. G. THOMSON: Predvidimoe buduščee. Moskau 1958.

Die Erfahrungen, die in der UdSSR mit dieser Konzeption der wissenschaftlich-technischen Prognostizierung gesammelt worden sind, erlauben die Feststellung, daß sie praktikabel und entwicklungsfähig ist. Sie ist auf allen Ebenen der Wissenschaftsleitung erfolgreich erprobt worden: im Maßstab des Landes und der führenden Wirtschaftszweige, in der Wissenschaftspolitik der Unionsrepubliken und der Akademien der Wissenschaften sowie bei der Ausarbeitung perspektivischer Zielstellungen und von Entwicklungsprogrammen für Forschung und Entwicklung.

Die perspektivischen Entwicklungsbedürfnisse und die effektive Nutzung der zukünftigen Möglichkeiten zur Befriedigung dieser Bedürfnisse bilden das methodologische Grundprinzip aller prognostischen Untersuchungen und Ausarbeitungen. Dabei ist man gewöhnlich bestrebt, daß die Thematik der Prognosen, die auf den verschiedenen Ebenen ausgearbeitet wird, eine Verknüpfung der Ergebnisse zu „Ketten" und „Bäumen" wissenschaftlich-technischer Probleme erlaubt, deren Lösung zur Erreichung eines oder mehrerer Hauptziele der Wissenschaftspolitik führen muß. So wird es z. B. als zweckmäßig angesehen, für die möglichst vollständige Befriedigung des zukünftigen Bedarfs des Landes an Elektroenergie die Nutzung der Atomenergie zu erweitern und eine Reihe neuer wissenschaftlich-technischer Möglichkeiten (Heizelemente, magnetohydrodynamische Generatoren (MHD), Nutzung der Erdwärme usw.) praktisch anzuwenden. Es ergibt sich dabei natürlich eine Vielzahl von Problemen, die gelöst werden müssen, wenn diese potentiellen Möglichkeiten genutzt werden sollen. Das macht es wiederum erforderlich, nach Wegen zur Lösung jedes dieser Probleme zu suchen usw. Im Ergebnis kann mehr oder weniger genau ein System wissenschaftlich-technischer Probleme formuliert werden, für deren Lösung entsprechende Anstrengungen unternommen werden müssen.

Weitere Aufgaben, die sich für die wissenschaftlich-technische Prognosetätigkeit ergeben, sind:

- die Formulierung von Problemen, die eine prognostische Analyse verdienen, auf der Grundlage der Einschätzung neu entstehender Möglichkeiten der in- oder ausländischen Wissenschaft (neueste Entdeckungen oder große Erfindungen);
- die Erhebung von Problemkomplexen, die von strategischen wissenschaftlichen Zielen diktiert werden (z. B. die Gewährleistung eines beschleunigten Entwicklungstempos der Biologie, die komplexe Erforschung der Weltmeere usw.), zu Objekten der Prognose;
- die Festlegung der für die Prognostizierung aktuellen wissenschaftlich-technischen Probleme, von deren Lösungsfristen und Lösungsniveau die Beseitigung der Disproportionen abhängt, die von sozialökonomischen Untersuchungen vorhergesagt werden;
- die Erhebung von komplexen wissenschaftlich-technischen Problemen, die

mit Situationen verbunden sind, die auf der Grundlage von demographischen Prognosen und Einschätzungen sozialer Ziele vorausgesehen werden, in den Rang von Prognose-Objekten.

Bei der inhaltlichen Analyse künftig möglicher Situationen der wissenschaftlich-technischen Entwicklung werden nacheinander die verschiedenen möglichen Maßnahmen erörtert, die eine Lösung der unklaren Fragen stimulieren, die Unbestimmtheit in den Meinungen verringern usw. Die Anforderungen, die an die Planung und Organisation des Komplexes der Forschungs- und Entwicklungsarbeiten sowie der produktionstechnischen Maßnahmen zur Realisierung des Fortschritts auf einem bestimmten zu prognostizierenden Gebiet gestellt werden, teilt man im allgemeinen in vier Hauptgruppen ein. Sie entsprechen den verschiedenen Entscheidungsebenen sowie den Organisationsformen, in denen diese Entscheidungen verwirklicht werden:

A. Es wird gefordert, intensiv eine Anzahl theoretischer Probleme auszuarbeiten und Vorschläge für die zielgerichtete Suche nach neuen Prinzipien und Erscheinungen fundamentalen Charakters zu machen, um das Tempo bei der Lösung dieser oder jener wissenschaftlich-technischen Aufgaben zu erhöhen.

B. Sind fundamentale Ideen und theoretische Kenntnisse vorhanden, während Ideen angewandter Art fehlen (oder nur in unzureichender Menge vorhanden sind), dann werden Forderungen und Vorschläge zur Organisation und Durchführung zielgerichteter Forschungs- und Entwicklungsarbeiten formuliert, wobei die Personen und Organisationen genannt werden, von denen eine erfolgreiche Lösung solcher Aufgaben am ehesten zu erwarten ist.

C. Der Grund dafür, daß die Nutzungswahrscheinlichkeit für bestimmte Ideen gering eingeschätzt wird, liegt häufig darin, daß die Erfahrungen bei der technologischen Durcharbeitung dieser Ideen nicht ausreichen und daß Verfahren für eine ökonomisch gerechtfertigte massenhafte (oder serienweise) Verwirklichung dieser Möglichkeiten fehlen.
In diesem Fall werden konkrete Vorschläge für die beschleunigte Entwicklung einer speziellen experimentell-technologischen Basis oder/und für den Erwerb entsprechender technologischer Dokumentationen, für den Austausch im Rahmen der wissenschaftlich-technischen Zusammenarbeit der RGW-Länder usw. ausgearbeitet.

D. Versprechen bestimmte Ergebnisse wissenschaftlich-technischer Arbeiten einen großen Nutzen, dann wird zur Hauptbedingung für eine rechtzeitige und erfolgreiche Verwirklichung der Zielstellung die Schaffung der organisatorischen und ökonomischen Voraussetzungen für eine möglichst rasche Produktionsaufnahme.

Für die Operationsabfolge bei der praktischen Prognosetätigkeit in den sozialistischen Ländern sind charakteristisch:

1. die Aufgabenstellung der Prognose. Diejenige Organisation, die den Prognose-

auftrag erteilt, muß das Objekt der Prognose bestimmen (den Umfang der Prognose), die erwünschte zeitliche Reichweite der prognostischen Einschätzungen angeben und mitteilen, in welchen Formen die Prognoseergebnisse genutzt werden sollen. Ein wichtiger Teil der Aufgabenstellung besteht darin, daß der Auftraggeber seine Auffassung vom Hauptziel der Entwicklung des Prognoseobjekts formuliert.

2. die vorbereitende Orientierung. Sie besteht darin, die Arbeitsdetails der Aufgabenstellung zu klären, die Sammlung der für die Prognosearbeit notwendigen Grundinformationen zu organisieren und sich mit den vorhandenen Übersichten und prognostischen Einschätzungen bekannt zu machen, die das Prognoseobjekt betreffen. Dieses Stadium der Arbeiten umfaßt auch die Aufstellung eines detaillierten Plans für die Ausarbeitung der Prognose.
3. die Analyse der Tendenzen und die Einschätzung des Standes der wissenschaftlich-technischen Entwicklung. Damit beginnt die eigentliche prognostische Tätigkeit, wobei wir die schon genannte Forschungsprognose, Programmprognose und Organisationsprognose unterscheiden. Es wird eine allgemeine Übersicht über die Erfahrungen und die Entwicklungstendenzen des Objekts angefertigt. Ein obligatorischer und überaus wichtiger Teil der Arbeiten in dieser Etappe ist die Einschätzung des Standes der wissenschaftlich-technischen Entwicklung des Objekts im Vergleich zu ausländischen und den besten inländischen Ergebnissen. Dabei werden die Hauptfaktoren und Widersprüche geklärt, welche die Entwicklung stimulieren bzw. hemmen, überhaupt die Faktoren, die sich spezifisch auf den Verlauf der Entwicklung des Prognoseobjekts auswirken.
4. die Aufstellung einer „Ziel-Mittel"-Matrix (vgl. Seite 443, Abb. 102). In dieser Etappe, die von wesentlicher Bedeutung für den Erfolg der weiteren Arbeiten ist, liefern die Prognostiker ihre möglichst objektiven und logisch widerspruchsfreien Formulierungen: das Hauptziel der Entwicklung des betreffenden Prognoseobjekts; die wichtigsten Teilziele und konkreten Wege, die zur Erreichung des Hauptziels führen; eine klassifizierte Aufstellung der prinzipiell möglichen Richtungen wissenschaftlich-technischer Arbeiten, die zum Erreichen dieser oder jener Teilziele führen und damit zum Erreichen des Hauptziels der Entwicklung beitragen können. Durch spezielle prognostische Verfahren werden im weiteren den Feldern dieser Matrix inhaltliche Angaben und Einschätzungen entsprechender „Gewichtungskoeffizienten" für die Wahrscheinlichkeiten der Ereignisse usw. zugeordnet.
5. die Analyse der Möglichkeiten der wissenschaftlich-technischen Entwicklung und die Herstellung einer Rangfolge der Schlüsselereignisse nach ihrer relativen Bedeutung (Forschungsprognose).
6. die Formulierung der möglichen Reihenfolgen dieser oder jener Gruppen und Schlüsselereignisse, ihre Verknüpfung zu hypothetischen Netzen von Arbeits-

programmen. Eine wichtige Aufgabe in dieser Etappe ist die wahrscheinlichkeitstheoretische Einschätzung des Realitätsgrades und der vermutlichen Fristen für den Abschluß der zu prognostizierenden Ereignisse (Programmprognose).

7. die Ermittlung der Erfordernisse, die Einschätzung derselben sowie der Entwicklungsperspektiven des Organisationssystems der Wissenschaft im Zusammenhang mit den Ergebnissen der vorigen Arbeitsetappe. Ein wichtiges Moment ist dabei die Einschätzung der Ressourcen, die erforderlich sind, um diese oder jene Ziele der wissenschaftlich-technischen Entwicklung auf den verschiedenen Wegen zu erreichen. In diesem Stadium werden die Forschungsprognose und die Programmprognose ergänzt, und es entwickelt sich die Organisationsprognose. Ein wichtiger Teil der letzteren kann darin bestehen, die optimale Verteilung der Ressourcen auf die zu prognostizierenden Richtungen zu ermitteln.
8. die Formulierung einer komplexen Konzeption der wissenschaftlich-technischen Entwicklung in Form eines Systems fundierter Thesen sowie quantitativer Kennziffern und Parameter. Ergänzt wird diese Konzeption durch ein beschreibendes Dokument, eine Art „Szenarium der Zukunft", in dem neben der Strategie zur Entwicklung des Wissenschaftszweiges auch die Entwicklungsrichtungen der angrenzenden Zweige von Wissenschaft und Technik genannt werden, die unter dem Aspekt der Prognosedaten am aussichtsreichsten erscheinen.
9. die Schlußbilanzierung des in die komplexe Prognose aufgenommenen Systems quantitativer Kennziffern mit den Daten über das wissenschaftliche und ökonomische Potential, die natürlichen Ressourcen usw. Ziel dieser Bilanzierung ist es, eine möglichst volle Übereinstimmung hauptsächlich innerhalb des Systems der aggregierten Kennziffern der wissenschaftlich-technischen, der ökonomischen und der gesellschaftlichen Entwicklung zu erreichen.

Bei der Vorbereitung und Gestaltung der Prognoseergebnisse ist genau zu berücksichtigen, an wen diese oder jene Gruppen von Vorschlägen, Ideen und Forderungen gerichtet werden. Im allgemeinen gibt es drei Ebenen unmittelbarer Adressaten und potentieller Benutzer von Prognosedaten.

Eine Ebene bilden die unmittelbaren Leiter der Wissenschaftlergruppen und -kollektive, die am Fortschritt des betreffenden Gebietes der Wissenschaft und Technik arbeiten.

Die zweite Ebene wird von den Instanzen gebildet, welche die staatliche Politik im Maßstab einiger wechselseitig verbundener Gebiete des wissenschaftlich-technischen Fortschritts bestimmen (das Staatliche Komitee für Wissenschaft und Technik beim Ministerrat der UdSSR, das Staatliche Komitee für Bauwesen usw.).

Die dritte Ebene bilden die höchsten Regierungsinstanzen, welche die einheitliche staatliche Politik auf dem Gebiet von Wissenschaft und Technik im gesamtstaatlichen Maßstab sowie die Politik der wissenschaftlich-technischen Zusammenarbeit, des Handels und des Austausches über die Landesgrenzen hinaus bestimmen.

Jede dieser potentiellen Benutzergruppen braucht Daten unterschiedlicher Struktur, unterschiedlichen Aggregierungsgrades und unterschiedlicher Darstellungsformen. Es gibt natürlich auch Aspekte der Organisationsprognose, die ausnahmslos alle Gruppen der zukünftigen Benutzer angehen.

Zu solchen Fragen gehören z. B. Begründungen für die Notwendigkeit, bei der Finanzierung und der Leitung schwieriger wissenschaftlich-technischer Prozesse zum Programmprinzip überzugehen, die Konkretisierung der Verantwortlichkeiten und die Delegierung ausreichender Rechte an die Leiter der Programme und der grundlegenden Teilsysteme sowie die Schaffung von ständigen Diensten, welche die Tendenzen der wissenschaftlich-technischen Entwicklung verfolgen und diese prognostizieren.

Mit Hilfe dieser Konzeption können nicht nur die modernen Möglichkeiten der Leitungs- und Prognosetechnik vollständiger genutzt, sondern auch Mechanismen geschaffen werden, die ein erfolgreiches und stabiles Funktionieren dieses so komplizierten und sich dynamisch entwickelnden Systems gewährleisten, wie es die einheitliche staatliche Politik auf dem Gebiet von Wissenschaft und Technik ist.

Der Auftraggeber erhält die Prognoseergebnisse in Form einer analytischen Dokumentation und der eigentlichen Prognosedokumentation.

Die *analytische Prognosedokumentation* muß enthalten:

- eine kurze Darlegung der hauptsächlichen ökonomischen, sozialen, politischen und anderen Grundlagen, die bei der Ausarbeitung der Prognose berücksichtigt worden sind;
- eine Charakteristik der wissenschaftlichen Methoden, die bei der Ausarbeitung der Prognose benutzt worden sind, sowie der berücksichtigten wissenschaftlich-technischen Argumente;
- zusammenfassende Einschätzungen der möglichen Fristen, der voraussichtlichen Wahrscheinlichkeit und der Gesamtbedeutung, die dem Erreichen der wichtigen Schlüsselereignisse zukommt;
- Vergleiche (darunter auch internationale) des wissenschaftlich-technischen Niveaus zum Prognosezeitpunkt und für die zu prognostizierende Perspektive;
- Hinweise auf den zu erwartenden Einfluß der einen Gebiete des wissenschaftlich-technischen Fortschritts auf andere solche Gebiete;
- die Formulierung und Einschätzung der möglichen sozialen Folgen;
- prinzipielle Überlegungen und konkrete Vorschläge über notwendige spezielle Bedingungen für die Realisierung der prognostizierten Perspektiven (neue For-

men ökonomischer Beziehungen und Strukturen, Stimulierungsmethoden, Erwerb von Lizenzen usw.).

Die *eigentliche Prognosedokumentation* muß in begründeter Form enthalten:

- die Varianten möglicher Ziele der Forschungs- und Entwicklungsarbeiten mit Angabe ihrer relativen Bedeutung;
- die voraussichtlichen Wege (Reihenfolge der Ereignisse, deren Wechselbeziehung, Arbeitsetappen) zur Erreichung der verschiedenen Ziele sowie die Durchlauffristen;
- den Umfang der personellen, materiell-technischen und finanziellen Ressourcen sowie des Komplexes der organisatorischen Maßnahmen, die erforderlich sind, um (auf den verschiedenen Wegen) die Ziele der zukünftigen wissenschaftlich-technischen Entwicklung zu erreichen.

Kapitel 11

Methoden und Organisation von Prognosen

1. Prognosemethoden

Nach Niveau, Maßstab und wissenschaftlicher Begründung sind — wie wir bereits bemerkten — mehr als hundert Prognosemethoden zu unterscheiden.[1] Ungeachtet aller Vielfalt lassen sich drei Hauptklassen unterscheiden:

- Extrapolationsmethoden,
- Methoden der Expertenbewertungen und
- Modellierungsmethoden.

Diese Klassen umfassen 8 Arten, die sich wiederum in 19 charakteristische Gruppen untergliedern (vgl. Abb. 94 sowie Tab. 43, S. 485f).

Um ihre Anwendbarkeit für Forschungs-, Programm- und Organisationsprognosen einschätzen zu können, wird im weiteren auf die Besonderheiten und spezifischen Möglichkeiten dieser Methoden eingegangen.

Die älteste Form, Hypothesen über die Zukunft aufzustellen, besteht darin, gegenwärtig vorhandene Tendenzen gedanklich unmittelbar weiterzuführen. Alle Extrapolationsverfahren beruhen auf der Annahme, daß die vorhandenen Entwicklungstendenzen unveränderlich oder zumindest relativ stabil sind. Auch beschreibend formulierte Tendenzen können extrapoliert werden; meistens werden jedoch statistisch erfaßbare Tendenzen, Veränderungen dieser oder jener quantitativen Charakteristika der Wissenschaft, der Technik und des Organisationssystems der Wissenschaft extrapoliert.

Der Wahrscheinlichkeitsgrad des Eintreffens derartiger Prognosen und das Vertrauen in sie hängen entscheidend davon ab, ob die Extrapolationsgrenzen begründet gewählt wurden und die Kennziffern gegenüber dem Wesen der betreffenden Erscheinung stabil sind. Häufig erweisen sich diese Kennziffern über einen größeren Zeitraum hinweg als nicht vergleichbar, z. B. in der zweiten und dritten Prognoseperiode. In solchen Fällen führt die Extrapolation nicht selten zu strittigen oder sogar absurden Ergebnissen. Dafür einige Beispiele:

1 Vgl. E. Jantsch: Technological Forecasting in Perspective. OECD. Paris 1967; E. Jantsch (Ed.): Perspectives of Planning. OECD. Paris 1969.

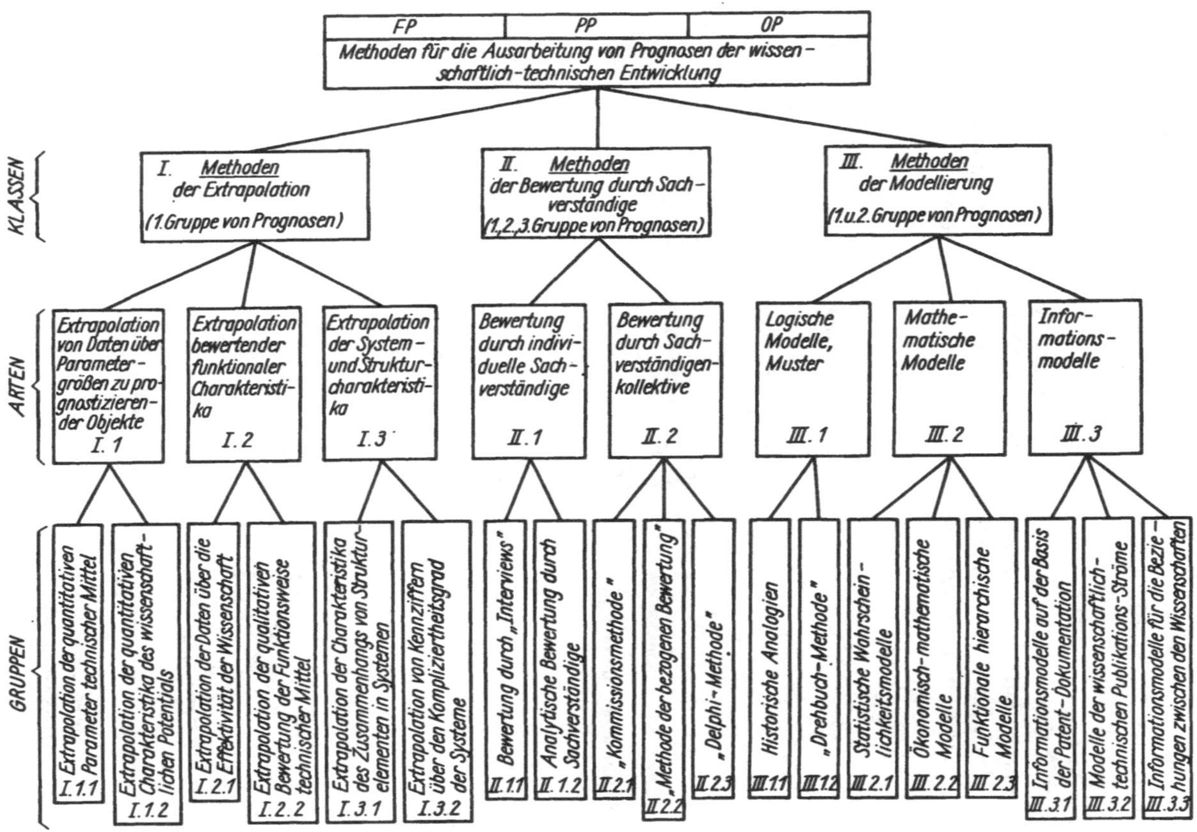

Abb. 94. Schema zur Klassifizierung der verschiedenen Prognosemethoden

So überträfe der Exponent des Wachstums der Anzahl der Wissenschaftler über die Grenzen der zweiten Prognoseperiode hinaus die Größe der erwarteten Weltbevölkerung. Extrapoliert man die allgemeine Tendenz zur Zunahme der Geschwindigkeiten der Transportmittel als unveränderlich (s. Abb. 95), dann müßte bereits gegen Ende des Jahrhunderts ein Wert erreicht werden, der der Lichtgeschwindigkeit nahekommt.[2]

Es ist auch errechnet worden, daß die Gesamtzahl der künstlichen Erdsatelliten (bei unverändertem Wachstum) gegen 1990 eine Million überstiege.

Unumgängliche Voraussetzungen für eine korrekte, ja oft einfach für eine elementar vernünftige Benutzung des Apparats der mathematischen Statistik

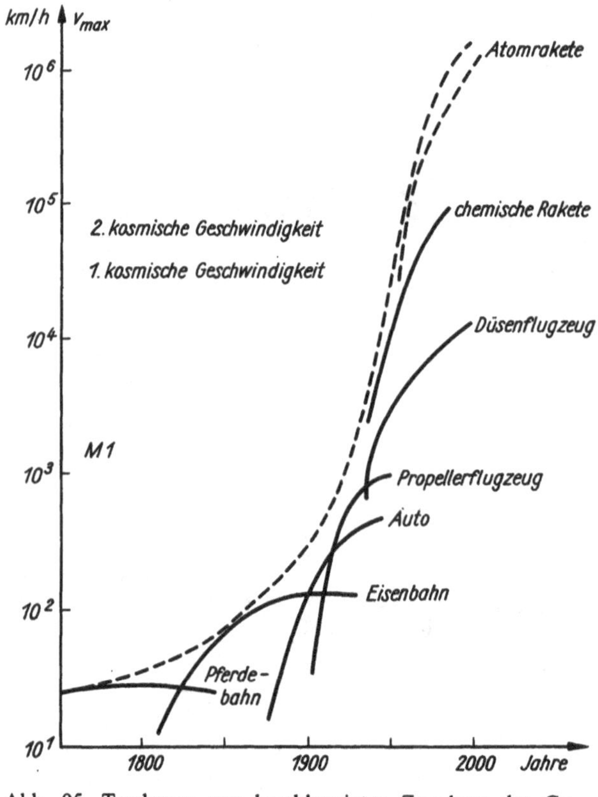

Abb. 95. Tendenzen zur beschleunigten Zunahme der Geschwindigkeiten durch neue Antriebsprinzipien

2 Vgl. R. W. Prehoda: The Growing Role of Technological Forecasting. In: The Futurist, 1967, Bd. 1, Nr. 3, S. 34.

sind die vorherige Formulierung begründeter logischer Hypothesen, das Eindringen in das „physische“ Wesen der zu extrapolierenden Prozesse und die Aufdeckung der kausalen Beziehungen in den mit Hilfe der Statistik zu untersuchenden Erscheinungen auf der Grundlage einer inhaltlichen Analyse. Es ist angebracht, an die Warnung zu erinnern, die F. MILLS, ein international hochangesehener Statistiker, ausgesprochen hat: „Der statistische Beweis stellt keine Kausalität her. Die Statistik stellt den Grad der Kovarianz fest, ob aber kausale Beziehungen bestehen oder nicht und auf welchem Wege sie sich entwickeln, kann nicht durch die Statistik festgestellt werden.“[3]

Die direkte Folge dieser Tatsache ist bei der Anwendung von Extrapolationsmethoden in der Prognostizierung von Wissenschaft und Technik die Notwendigkeit, die Faktoren der gesellschaftlichen Nachfrage nach neuen wissenschaftlich-technischen Entwicklungen zu berücksichtigen und den Einfluß einzuschätzen, den die Preispolitik und die in den verschiedenen Ländern spezifischen sozialökonomischen und Produktionsbedingungen auf die Entwicklung des zu prognostizierenden Objekts ausüben.[4] So zeigt die Statistik der technischen Lösungen im Stückguttransport Japans und seiner wichtigsten Handelspartner zur See die deutliche Tendenz zum Bau von Schiffen mit Höchsttonnage. Die Situation der Ein- und Ausfuhr von Rohstoffen auf dem Seeweg ist in der UdSSR prinzipiell verschieden von der in Japan. Deshalb ist es unzulässig, Schlußfolgerungen aus der Extrapolation derartiger Daten auf entsprechende technische Lösungen des sowjetischen Schiffbaus auszudehnen.

Ein weiterer wichtiger methodischer Umstand ist die Wahl des Verhältnisses zwischen der retrospektiven Tiefe der zu extrapolierenden Tendenz (der Extrapolationsbasis) und der zeitlichen Tiefe der Prognose in die Zukunft. A. S. KONSON hält es für möglich, diese Zeiträume gleich lang festzulegen.[5] V. A. LISIČKIN empfiehlt, der Prognosezeitraum solle ein Drittel der Länge der Basiszeit betragen.[6] Dieser letztere Vorschlag erscheint uns annehmbarer, obwohl er vorwiegend empirisch begründet wird. Eine nützliche Orientierung kann auch in diesem Fall die vorherige qualitative Einschätzung der Stabilität des Prozesses und des Charakters der ihn bestimmenden Gesetzmäßigkeiten liefern.

Eine spezielle Erörterung verdienen in jedem Fall die Parameter, die das technische Niveau eines Objekts charakterisieren. Als Beispiel führen wir die Kennziffern für das technisch-ökonomische Niveau von EDVA an, die in der Praxis der Tendenzanalyse und der Prognose benutzt werden.

3 F. MILLS: Statističeskie metody. Übers. a. d. Engl. Moskau 1958, S. 650.
4 Eine ausführliche Darstellung der Extrapolationsmethoden, die die Faktoren der Nachfrage und der Preise berücksichtigen, findet sich in der folgenden Arbeit: A. S. KONSON/V. S. SOMINSKIJ: Ėkonomika naučnych razrabotok. Moskau 1968.
5 Vgl. ebenda; A. S. KONSON: Planirovanie novoj razrabotki. Leningrad 1966.
6 Vgl. V. A. LISIČKIN: Ėkonomičeskie problemy prognozirovanija. Moskau 1968.

Rechenmaschinen und Prozeßrechner

Typen und Größen der Ausgangssignale, mA, V
Additionsgeschwindigkeit, Op./s
Multiplikationsgeschwindigkeit, Op./s
Kapazität des Arbeitsspeichers, Anzahl der Wörter
Kapazität des Pufferspeichers, Anzahl der Wörter
Stellenzahl, Anzahl der Einheiten
Kapazität des Außenspeichers, Anzahl der Wörter
Garantiefrist, Jahre, Monate
Abmessungen, m^3
Arbeitsdauer bis zur ersten Störung, Std.
Gesamtgewicht, kg
Benötigte Kapazität, kW

Komplizierte technische Objekte können in der Regel nicht allein durch einen Parameter charakterisiert werden. Die populäre Angabe der Rechengeschwindigkeit von EDVA kann z. B. für sich allein noch keine Grundlage für irgendwelche bewertenden Schlußfolgerungen sein; auch die Bestimmung und die Struktur des Rechners sind zu berücksichtigen. So ist die spezialisierte Anlage „Mir" trotz relativ geringer Rechengeschwindigkeit bei der Lösung ihrer Klasse von Aufgaben effektiver als bedeutend schnellere Universalrechner. Für jeden derartigen Fall braucht man offensichtlich ein speziell begründetes System technischer Charakteristika.

Die Reihenfolge der Operationen bei der statistischen Analyse von Tendenzen und bei der Extrapolation läßt sich wie folgt darstellen:

1. genaue Definition der Aufgabe, Aufstellung von Hypothesen über den möglichen „Mechanismus" der Entwicklung, Erörterung der Faktoren, welche die Entwicklung des betreffenden Objekts stimulieren, und solcher, die diese Entwicklung behindern.
2. Auswahl eines Systems von Parametern, Unifizierung der verschiedenen Maßeinheiten für jeden einzelnen Parameter.
3. Sammlung und Systematisierung von Daten. Vor ihrer Zusammenfassung in Tabellen ist es angebracht, noch einmal die Gleichartigkeit und Vergleichbarkeit der Daten zu überprüfen. Dazu gehört auch, daß die Daten unter zeitlichen Gesichtspunkten klassifiziert werden (manche Daten betreffen Serienerzeugnisse, andere charakterisieren vielleicht nur zu konstruierende Objekte oder wissenschaftlich-technische Möglichkeiten).
4. Feststellung von Tendenzen oder Symptomen für Veränderungen in den Entwicklungstendenzen der zu untersuchenden Größen; dies geschieht im Verlauf der statistischen Analyse der gesammelten Daten. Wir schlagen folgendes Vorgehen bei der Lösung dieser Aufgabe vor:
   In einem halblogarithmischen Koordinatennetz werden die Werte des zu untersuchenden Parameters auf der y-Achse abgetragen, die eine logarithmische Skale besitzt. Die entsprechenden Zeitangaben werden auf der x-Achse abgetra-

gen, die eine stetige Skale besitzt. Man erhält ein gewisses Feld von Punkten. Nun wird in diesem Feld eine Kurve $\ln y = a_0 + a_1x + a_2x^2$ (beispielsweise) so gelegt, daß die Summe der Quadrate der Abweichungen der Ausgangspunkte von den Punkten dieser Parabel minimiert wird.

5. Es wird endgültig über die Wahl der Extrapolationsgrenzen entschieden. Durch Veränderungen der Zeitvariablen erhält man die Werte der Näherungskurve in dem zu extrapolierenden Bereich der zukünftigen Entwicklung.
6. Die Extrapolationsdaten werden anhand der vorher aufgestellten Hypothesen und logischen Argumente kritisch eingeschätzt. Die statistische Abweichung der Prognose wird fixiert.

Eine wirklich wissenschaftliche Einstellung zur Extrapolation von Tendenzen hat nichts mit Fatalismus und blinder Unterodnung unter die statistische Einschätzung zu tun. Selbst eine weite Extrapolation bis zum „Absurditätspunkt" — d. h. bis zu unmöglichen oder prinzipiell unannehmbaren Situationen — ist keine völlig sinnlose Beschäftigung, wenn man die Ergebnisse nicht eigentlich als eine Prognose, sondern als einen Hinweis darauf betrachtet, daß die mehr oder minder dringlich herangereifte Notwendigkeit besteht, die früher festgestellte Tendenz zu verändern. Außerdem gibt es bei der Extrapolation eines Systems von wechselseitig verbundenen Parametern die Möglichkeit, die Empfindlichkeit der Endergebnisse gegenüber gleich großen Veränderungen der verschiedenen Parameter einzuschätzen. Auf der Grundlage der so gewonnenen Informationen werden dann prognostische Empfehlungen zur Steuerung des Entwicklungsprozesses formuliert.

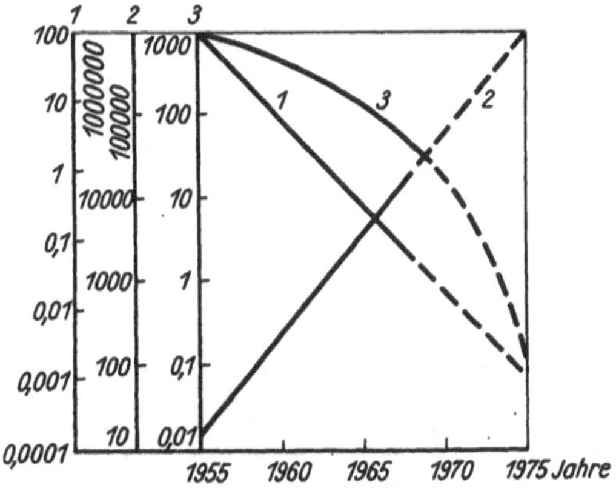

Abb. 96. Extrapolation der Veränderungen der Charakteristika elektronischer Rechenmaschinen

1 — Kosten (Dollar pro 10^6 Operationen/sec); 2 — Geschwindigkeit (1×10^3 Operationen/sec); 3 — Volumen (Kubikfuß)

Am häufigsten und mit zuverlässigen Ergebnissen wird die Extrapolation in Forschungsprognosen für den ersten Prognosezeitraum angewendet.

Infolge der Trägheit der zu untersuchenden Systeme verändern sich ihre Entwicklungstendenzen nicht kurzfristig. Die Erfahrungen zeigen, daß man für die nächsten 12 bis 15 Jahre einen großen Teil der wissenschaftlich-technischen Daten mit einer zulässigen Abweichung von ±15% extrapolieren kann.

Abbildung 96 zeigt ein Beispiel für die Extrapolation von Tendenzen, die bei der Veränderung einiger wesentlicher Charakteristika der elektronischen Rechentechnik auftreten.[7]

Als Beispiel für eine methodisch anders angelegte Prognose, die auf der Extrapolation wissenschaftlich-technischer Daten beruht, kann die Prognose des DDR-

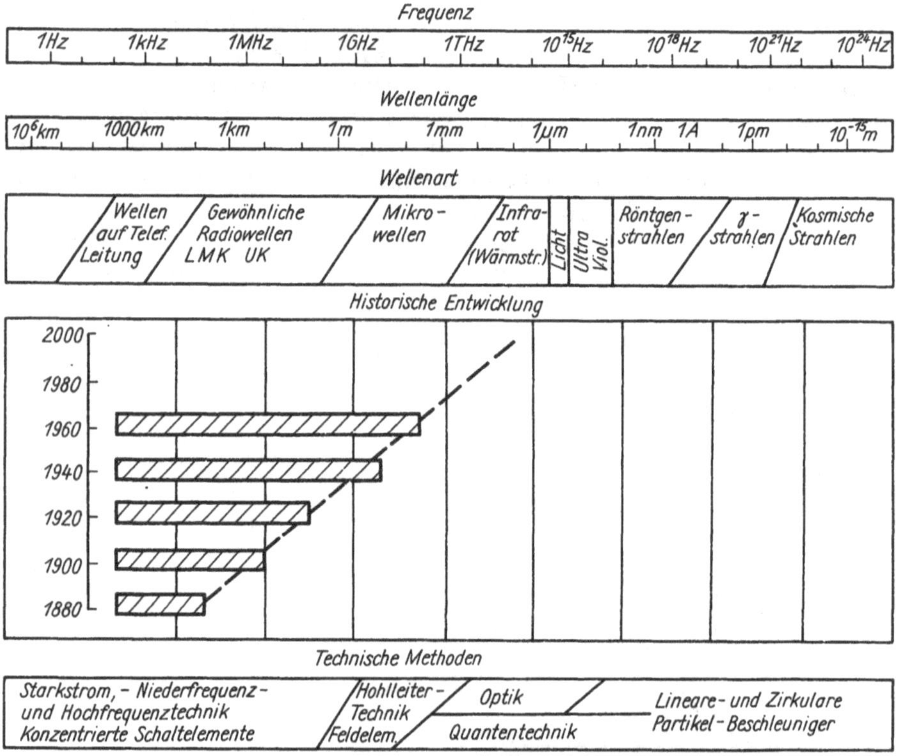

Abb. 97. Extrapolation der Tendenzen zur Erweiterung des Bereichs der genutzten Wellen

7 Vgl. P. AMER: Computer Aspects of Technological Change. In: Automation and Economic Progress, Rand Corporation, November 1965.

Wissenschaftlers H. FRÜHAUF dienen.[8] Ausgehend von einer „Darstellung der historischen Entwicklung der technisch beherrschten elektromagnetischen Wellen" (vgl. Abb. 97), schlußfolgerte er in der zweiten Hälfte der fünfziger Jahre, daß es „etwa noch vor Abschluß dieses Jahrhunderts, also noch vor dem Jahre 2000, gelingt, mit elektronischen Mitteln das Gebiet kontinuierlich und kohärent schwingender Lichtwellen in Erzeugung und Verstärkung technisch mit der Elektronik zu bewältigen". Im weiteren konkretisierte er seine Vorstellungen von den wissenschaftlich-technischen Mitteln, mit denen in dieses Gebiet vorgedrungen würde. Alle diese Voraussagen wurden in der Folge durch die Schaffung von Quantengeneratoren ziemlich gut bestätigt.

Seit langem ist man interessiert an der Analyse und Prognose der Veränderungstendenzen solcher Funktionscharakteristika technischer Mittel wie des Wirkungsgrades, der Belastungsfähigkeit je Kapazitätseinheit, der spezifischen Energie-Intensität usw. Als Beispiel für eine erfolgreiche technische Prognose dieser Art kann uns eine Prognose dienen, die 1965 für die Verringerung der spezifischen (auf eine Komponente entfallenden) Kosten K_y der Integralschaltungen elektronischer Ausrüstungen in Abhängigkeit von der Anzahl der zugehörigen Elemente n_e (s. Abb. 98) aufgestellt wurde. Die Vergrößerung des optimalen Ausmaßes n_e bis 1970 um das Zwanzigfache und des Minimalwertes K_y um das Zehnfache erwiesen sich als Perspektiven, die durch die internationale Praxis vollauf bestätigt wurden.[9]

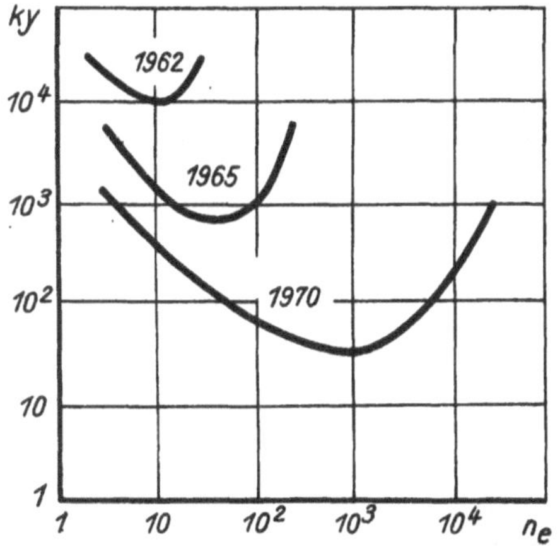

Abb. 98. Prognose der Veränderungen der spezifischen Kosten von integrierten Schaltkreisen elektronischer Ausrüstungen

8 Vgl. H. FRÜHAUF: Perspektiven der Nachrichtentechnik. In: Nachrichtentechnik, 1964, Bd. 14, Heft 1, S. 3—9.

9 Vgl. V. A. LISIČKIN: Otraslevoe naučno-techničeskoe prognozirovanie. Moskau 1971.

Um die Genauigkeit der Extrapolation zu erhöhen, werden verschiedene Verfahren angewendet. Eines dieser Verfahren besteht z. B. darin, den extrapolierten Teil der Gesamtkurve der Entwicklung (Trend) dadurch zu korrigieren, daß die realen Erfahrungen bei der Entwicklung eines Analogons berücksichtigt werden. d. h. eines Forschungszweiges oder eines technischen Objekts, deren Entwicklung bereits weiter als die des zu prognostizierenden Objekts fortgeschritten ist. So haben z. B. amerikanische Prognostiker eine Aufgabenstellung für die Entwicklung eines zivilen Transportflugzeuges der neunziger Jahre ausgearbeitet, wobei sie von der Tatsache ausgingen, daß in den USA die Entwicklung der Zivilluftfahrt in den technischen Kennziffern um 5 bis 7 Jahre hinter dem militärischen Flugwesen zurückbleibt. Die auf 12 bis 15 Jahre extrapolierten Trends der flugtechnischen Charakteristika wurden dabei in ihrem mittleren Bereich anhand der Ergebnisse des Analogons korrigiert.[10]

Ein anderes Verfahren besteht darin, gleichzeitig statistische und informationelle Daten zu benutzen. Wir wollen dies an einem verallgemeinerten Beispiel demonstrieren, in dem die Tendenz analysiert und die Zunahme eines gewissen wesentlichen Parameters T prognostiziert werden soll (s. Abb. 99). Die im Jahr

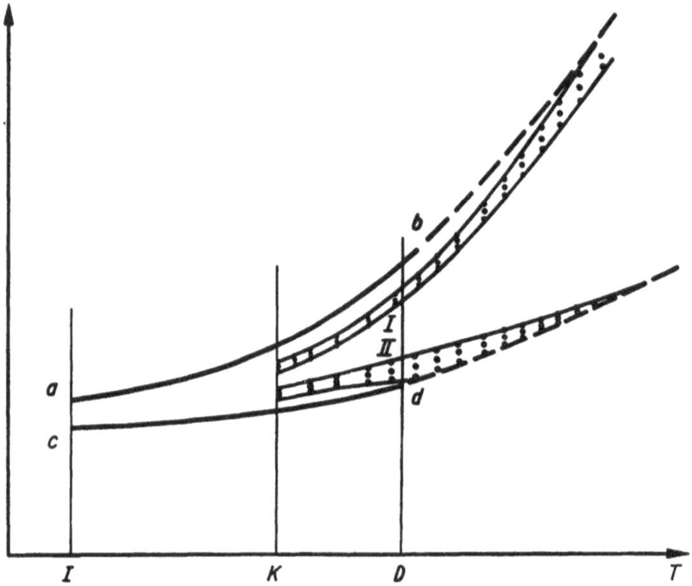

Abb. 99. Extrapolation der Hüllkurven der Daten über das Weltniveau gleichartiger technischer Parameter

10 Vgl. R. Ch. Lenz: Technological Forecasting (2 ed., Report). Aeronautical System Division, US Air Force. Ohio, June 1962.

i in verschiedenen Ländern geschaffenen Objekte besaßen den Parameter T_i, der im Bereich *ac* variierte. Die Erfahrungen bei der Entwicklung des Objekts vermehrten jedes Jahr die Vielfalt der Parameterwerte (die verschiedenen Werte sind auf der Abbildung unterschiedlich bezeichnet).

Wenn man alle Werte für das betreffende Jahr in das Diagramm eingetragen hat, kann man Hüllkurven dieses Datenfeldes bilden. Die durch sie begrenzte Zone stellt im Grunde das Weltniveau des Parameters *F* mit der oberen Grenze *ab* und der unteren Grenze *cd* dar. Innerhalb dieser Zone kann man Gesamtheiten von Daten I und II unterscheiden, welche die Erfahrungen bei der Entwicklung analoger Objekte in verschiedenen Ländern beschreiben.

Weiter kann man folgendermaßen vorgehen. Die Hüllkurven werden nach den allgemeinen Regeln extrapoliert. In diesem Bereich des zukünftigen Weltniveaus tragen wir die Daten ein, die den Charakteristika der realen Objekte entnommen sind, die sich in dem betreffenden Land in den verschiedenen Stadien der Forschung, Entwicklung und Projektierung befinden. Dabei kann sich erweisen, daß, ungeachtet des anscheinend günstigen Standes (der in den Projekten vorgesehenen Verbesserungen des Parameters *T*), die nach diesen Projekten geschaffenen Objekte nur die untere Grenze des internationalen technischen Niveaus (Fall II) bilden werden. Angenehmer ist natürlich der Fall I.

Aber wie wichtig auch irgendein Parameter *T* sein mag, nie kann man ein Objekt allein nach einem Parameter beurteilen, in der Regel muß ein ganzes System wesentlicher Kennziffern des Objekts analysiert werden.

Mit der Extrapolationsmethode sind auch das Wachstum der wissenschaftlich-technischen Informationen, die Investitionen für die Wissenschaft und andere wichtige Fragen prognostiziert worden.[11] Die dabei gewonnenen Einschätzungen (vgl. z. B. die Extrapolation des Bedarfs der USA an Wissenschaftlern und der erwarteten Anzahl — Abb. 100) können die Grundlage für wichtige Entscheidungen über die zukünftige Wissenschaftspolitik sein.[12] Eine solche Entscheidung ist z. B., daß in Zukunft die Arbeitsproduktivität der in der Forschung tätigen Menschen schneller wachsen muß als die Menge der Mitarbeiter (Abb. 101).

Besonders interessant im Zusammenhang mit diesem typisch wissenschaftswissenschaftlichen Problem sind Versuche, Daten über die Produktivität der Wissenschaft zu extrapolieren. Daten über das Zuwachstempo an neuen wissenschaftlichen Ergebnissen in verschiedenen Wissenschaftszweigen wurden gesammelt und analysiert und nationale Statistiken über wissenschaftliche Entdek-

11 Vgl. L. V. Zaržickaja/A. A. Zvorykin/B. I. Spasskij: Primenenie količestvennych metodov dlja kačestvennoj ocenki razvitija razdelov fiziki. In: Vsesojuznoe soveščanie po količestvennym metodam v sociologii. Materialy sekcii količestvennych metodov izučenija razvitija nauki. Moskau 1967.

12 Vgl. H. Brown/J. Bonner/J. Weir: The Next Hundred Years. New York 1957.

kungen, Erfindungen usw. verglichen. Jetzt untersucht man die Korrelation solcher Daten mit den Wachstumstendenzen der Investitionen in verschiedene Wissenschaftszweige sowie mit dem Umfang der Forschungsanstrengungen.[13]

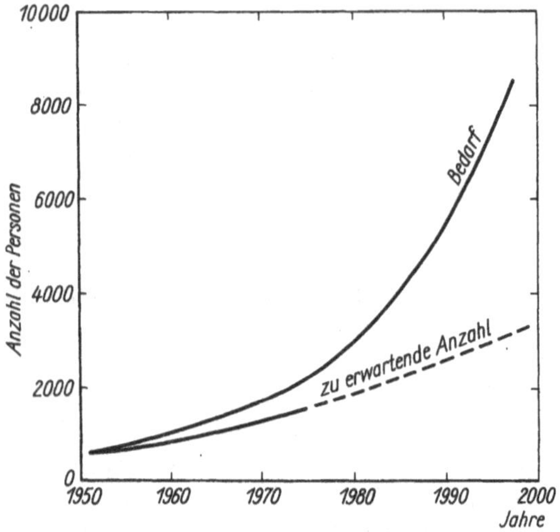

Abb. 100. Extrapolierte Kluft zwischen dem Bedarf der USA an Wissenschaftlern und der zu erwartenden Anzahl der Wissenschaftler

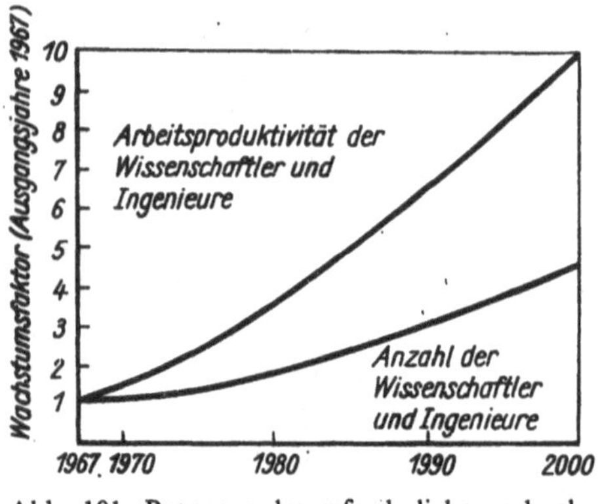

Abb. 101. Prognose des erforderlichen schnelleren Wachstums der Arbeitsproduktivität in der Forschung im Vergleich zur zahlenmäßigen Zunahme des Personals

13 Vgl. G. DQBROV/V. KLIMENJUK/A. SAVEL'EV: Nekotorye puti optimizacii organizacionnoj struktury nauki. Soobščenie na Simpoziume SĖV po probleme „Upravlenie, planirovanie i organizacija naučnych in techničeskich issledovanij". Moskau 1968.

Von beträchtlichem Interesse können auch Prognosen sein, welche die Beziehungen der Strukturelemente wissenschaftlich-technischer und wissenschaftsorganisatorischer Systeme extrapolieren: die Struktur der technischen Lösungen bei Transportmitteln, die Zusammensetzung des Werkzeugmaschinenparks, die Korrelation der Forschungsanstrengungen in den Grundlagen- und den angewandten Wissenschaften usw. Aktuell sind heute auch Versuche, die Tendenzen der quantitativen und qualitativen Charakteristika des Kompliziertheitsniveaus wissenschaftlich-technischer Systeme zu verfolgen und den Komplex dieser Charakteristika zu extrapolieren.

Betrachtet man die Extrapolation nicht als Selbstzweck, sondern als Beginn der Tendenzanalyse und der Prognosetätigkeit, dann muß anerkannt werden, daß die Möglichkeiten dieser Methoden sehr vielfältig sind. Diese Art der Prognostizierung ist überaus verbreitet, wenngleich hauptsächlich auf die erste Periode der Prognostizierung beschränkt. Um weiter in die Zukunft des wissenschaftlich-technischen Fortschritts vorausblicken zu können, muß dieses Verfahren in der Regel durch ein tieferes Eindringen in die Logik der wissenschaftlich-technischen Entwicklung und die zukünftigen Möglichkeiten der Naturwissenschaften ergänzt werden.

Die effektive Entwicklung einer konkreten Wissenschaftsdisziplin setzt voraus, daß zumindest die führenden Wissenschaftler dieser Disziplin hypothetische Vorstellungen über die Lösungswege gegenwärtiger Entwicklungswidersprüche besitzen, daß sie die Bedeutung der verschiedenen wissenschaftlichen Lösungen a priori einschätzen können und sich über mögliche Alternativen und Entwicklungsvarianten intuitiv klar sind. Der Experte, wie ihn die Wissenschaftswissenschaft versteht, ist eben ein solcher Spezialist, der entsprechende Vorstellungen ausgearbeitet hat und sich in seiner wissenschaftlichen Tätigkeit von ihnen leiten läßt. Freilich, der unter Prognostikern populäre Aphorismus „Ein Experte ist ein Spezialist, der schon viele Fehler gemacht hat“ steht der Wahrheit nicht so fern. Eine interessante psychologische Beobachtung hat A. CLARK gemacht (das sogenannte CLARKsche Gesetz): Wenn ein kompetenter älterer Wissenschaftler feststellt: „Das ist unmöglich“, dann hat er fast immer recht. Formuliert er dagegen vorsichtiger: „Das läßt sich nicht verwirklichen“, so gibt es Grund zu der Hoffnung, daß er sich geirrt hat.[14] Es ist auch festgestellt worden, daß Prognosen für sehr kurze Fristen (bis zu 5 Jahren) häufig zu optimistisch, Prognosen für 20 und mehr Jahre aber oft nicht kühn genug sind.[15]

Prognosemethoden, die mit der Sammlung und Systematisierung verschiedenartiger Experteneinschätzungen verbunden sind, erfreuen sich überaus großer Verbreitung. Ihre prognostische Kraft gewinnen sie in den Augen der Prognostiker

14 Vgl. A. CLARK: Čerty buduščego. Übers. a. d. Engl. Moskau 1966.
15 Vgl. R. W. PREHODA: The Growing Role of Technological Forecasting, a. a. O.

durch die Überzeugung, daß dann, wenn begründete Einschätzungen einer repräsentativen Expertengruppe die Antwort auf reale gesellschaftliche, ökonomische oder innerwissenschaftliche Bedürfnisse sind, die darin enthaltenen Gedanken und Vorschläge reif für die Verwirklichung sind.

Experteneinschätzungen werden seit langem in den verschiedenen Sphären der menschlichen Tätigkeit benutzt. Ein glänzendes Beispiel für die erfolgreiche Anwendung von Methoden der Experteneinschätzung bei der Festlegung der wichtigsten staatlichen Aufgaben für 10 bis 20 Jahre im voraus bildet die Arbeit der Staatlichen Kommission für die Elektrifizierung Rußlands (GOELRO). Die dabei gesammelten Erfahrungen wurden mit Erfolg bei der Ausarbeitung überaus wichtiger programmatischer Dokumente genutzt.

Bekannt sind auch viele andere Gebiete, in denen Expertenurteile verwendet werden — Rechtsprechung und musikalische Wettbewerbe, Medizin und Sport, die Tätigkeit der Wissenschaftlichen Räte und die Bewertung der Qualität von Produkten. Das zeigt eindrucksvoll, wie weit diese Methoden verbreitet sind. Als Qualität wird dabei eine komplexe Charakteristik verstanden, die die Gesamtheit der Nutzeigenschaften widerspiegelt, die zum Gebrauchswert des zu beurteilenden Produkts gehören.[16]

Die Einschätzungsprozedur besteht im wesentlichen aus folgenden Etappen:

1. Es wird eine Anzahl gleichartiger Produkte ausgewählt;
2. es wird eine Liste der Nutzeigenschaften aufgestellt;
3. eine Expertengruppe wird gebildet;
4. eine Matrix wird aufgestellt, deren Spalten die zu vergleichenden Typen (Arten) des Produkts bezeichnen und in deren Zeilen die ausgewählten Nutzeigenschaften des Produkts beurteilt werden. In die Felder der Matrix werden die quantitativen Beurteilungswerte eingetragen, welche die Nutzeigenschaften der Typen des Produkts erhalten haben. Die quantitativen Werte der Nutzeigenschaften der verschiedenen Typen (Arten) des Produkts sowie die Wertigkeit (Wichtigkeit) jeder Eigenschaft werden von den Experten festgelegt.

Große Verbreitung finden Expertenurteile in der letzten Zeit bei Untersuchungen darüber, ob Produkte den Anforderungen der technischen Ästhetik entsprechen. Man ist der Meinung, daß die Experten, wenn sie eine solche Beurteilung vornehmen, im Grunde eine komplexe Beurteilung der Gebrauchseigenschaften von Industrieerzeugnissen liefern.[17]

Unter den methodischen Fragen, die mit der Organisation und der Durchführung einer solchen Expertise verbunden sind und von Fachleuten erörtert werden, interessieren besonders die Festlegung der Aufgaben für die Experten und die Auswahl der Experten selbst. Erfahrungsgemäß sollten sich die Aufgaben der

16 Vgl. G. Azgal'dov in: Techničeskaja ėstetika, 1969, Nr. 1.

17 Vgl. E. Zadesenec/E. Šipilov in: Techničeskaja ėstetika, 1969, Nr. 10.

Experten darauf beschränken, das Vorhandensein oder Fehlen des erforderlichen Nutzeffekts des Erzeugnisses zu konstatieren, diesen Effekt einzuschätzen und die Ergebnisse der Expertise zu erläutern. Unzweckmäßig hingegen ist es, von Experten Urteile über die technischen Ursachen der mangelnden Qualität eines Erzeugnisses zu erwarten. Dies ist, so meinen wir, ein wichtiger psychologischer Aspekt des Problems.

Eine allgemeine Besonderheit dieses Verfahrens ist der statische Charakter der Beurteilung, denn die Experten schätzen ja faktisch nur den gerade gegebenen Zustand eines Objekts ein. Dabei stützen sie sich auf ihre Erfahrungen und Kenntnisse und verbinden die Einschätzungen beinahe nie mit dem möglichen zukünftigen Zustand der Objekte. Bei der komplexen Beurteilung der Qualität eines Produkts müssen die Experten freilich die Perspektiven seines Funktionierens sehen und die neuesten Errungenschaften von Wissenschaft und Technik insofern berücksichtigen, als ein hoch eingeschätztes Produkt während einer bestimmten Funktionszeit hohen Anforderungen gerecht werden muß. Fundierte Entscheidungen werden in diesem Fall natürlich in der Regel durch die Neuartigkeit der zu beurteilenden Objekte erschwert.

Experteneinschätzungen sind in den industriell entwickelten kapitalistischen Ländern gang und gäbe. Das Interesse an ihnen ist unter den Bedingungen der modernen wissenschaftlich-technischen Revolution noch gestiegen. Experteneinschätzungen dienen in diesen Ländern hauptsächlich den einzelnen Unternehmen zur ökonomischen und wissenschaftlich-technischen Orientierung. Sie finden aber auch Anwendung bei der Ausarbeitung von langfristigen wissenschaftlich-technischen Programmen auf nationaler Ebene.

Der wachsende Bedarf an Experteneinschätzungen ist praktisch für alle Ebenen der Leitung und der Entscheidungsfindung charakteristisch. Das hat zur Entstehung spezialisierter Organisationen geführt (z. B. der RAND Corporation und des Hudson Institute in den USA), die im Auftrag privater Firmen und staatlicher Einrichtungen den Zustand sowie die möglichen Richtungen und Ergebnisse der zukünftigen ökonomischen, wissenschaftlich-technischen, sozialen und sozialpolitischen Entwicklung einschätzen. Als ständige Mitarbeiter sind in diesen Organisationen hochqualifizierte Experten auf den verschiedenen Gebieten der menschlichen Tätigkeit beschäftigt, und für einzelne Expertisen werden die hervorragendsten Wissenschaftler und Spezialisten des eigenen Landes und anderer Länder herangezogen.

Als erste Schritte bei der Ausarbeitung von Methoden der Experteneinschätzung für Prognosezwecke können die Arbeiten angesehen werden, die Anfang der dreißiger Jahre von einer Gruppe amerikanischer Psychologen eingeleitet wurden. Sie begannen im Jahre 1930 mit der Untersuchung des Einflusses, den das Interesse eines Experten auf den Charakter seines Urteils über zukünftige gesellschaftspolitische Ereignisse ausübt. Dabei wurden für die Tests Ereignisse der nächsten Zukunft ausgewählt, damit die Richtigkeit der geäußerten Ansichten ohne große Verzögerung überprüft werden konnte.[18] Das blieb nicht ohne Einfluß auf den Charakter der Einschätzungen — sie widerspiegelten mehr die Vorstellungen der Experten von der Gegenwart als von der Zukunft. Es wurde festgestellt, daß der Einfluß des Interesses eines Experten auf den Charakter seiner Aussage dann überaus groß ist, wenn dem Experten die Entwicklungsgesetzmäßigkeiten der zu beurteilenden Objekte nicht klar sind. Weitere Untersuchungen in dieser Richtung haben gezeigt, daß die Zuverlässigkeit der Aussagen eines Experten am meisten vom Niveau seiner Spezialkenntnisse beeinflußt wird.[19]

Die stürmische Entwicklung von Wissenschaft und Technik, die für die Periode nach dem zweiten Weltkrieg charakteristisch ist, hat zu großen Veränderungen in der Einstellung gegenüber Einschätzungen der zukünftigen Entwicklung geführt. Ein Ergebnis dieser Veränderungen war die Ausarbeitung jener Methode der Experteneinschätzung, die in der Literatur als „Delphi-Methode" bekannt ist.[20] Zum Unterschied vom traditionellen Vorgehen, bei dem die Abstimmung der Meinungen der Experten durch eine offene Diskussion erreicht wird, verzichtet die „Delphi-Methode" völlig auf kollektive Erörterungen. Das geschieht, um vor allem den Einfluß folgender psychologischer Faktoren zu verringern: der Neigung, sich der Meinung des Spezialisten mit der größten Autorität anzuschließen; der Abneigung, sich von einer öffentlich geäußerten Meinung zu distanzieren; der Versuchung, sich der Meinung der Mehrheit anzuschließen. In der Delphi-Methode tritt an die Stelle direkter Debatten ein sorgfältig ausgearbeitetes Programm aufeinanderfolgender individueller Befragungen, die meist mit Hilfe von Fragebögen durchgeführt werden. Die Antworten der Experten werden verallgemeinert und zusammen mit neuer, zusätzlicher Information den Experten zugeleitet, die danach ihre ursprünglichen Antworten präzisieren. Diese Prozedur wird mehrfach wiederholt, bis alle Meinungen einen annehmbaren Grad von Übereinstimmung zeigen.

Die Delphi-Methode ist zum erstenmal von der RAND-Corporation in der zweiten Hälfte der vierziger Jahre bei der Lösung gewisser Aufgaben angewendet worden, die im Auftrage des Verteidigungsministeriums der USA ausgeführt wurden. Dabei erwies sich die Effektivität dieser Methode, und es stellte sich als zweckmäßig heraus, sie auf eine große Klasse von Aufgaben anzuwenden, in denen es um die Einschätzung zukünftiger Ereignisse geht. Die Ergebnisse des

18 Vgl. N. Israel in: Journal of Social Psychology, 1933, Nr. 4; s. a. J. R. Bright (Ed.): Technological Forecasting for Industry and Government. New Jersey 1968.

19 Vgl. H. Contril: Prediction of Social Events. In: Public Opinion Quarterly, 1937, Nr. 1; s. a. J. R. Bright (Ed.).

20 Vgl. ebenda; T. J. Gordon/O. Helmer: Report on a Long-Range Forecasting Study. The RAND Corporation. Santa Monica, Calif., 1964.

Experiments zeigten eine akzeptable Konvergenz der Experten nach fünf Befragungsrunden.

1964 wurden die Möglichkeiten untersucht, die Delphi-Methode zur langfristigen Prognostizierung zu benutzen.[21]

In letzter Zeit werden Versuche unternommen, die bekannten Verfahren der Experteneinschätzung zu vervollkommnen, um gewisse Unzulänglichkeiten dieser Verfahren zu überwinden. Ein Beispiel dafür ist die modifizierte Delphi-Methode, welche die Bezeichnung SEER erhalten hat (System for Event Evaluation Review – System zur Einschätzung und Einordnung von Ereignissen).[22]

SEER ermöglicht es, eine Reihe von Mängeln der Delphi-Methode zu vermeiden. Gemeint ist vor allem der beträchtliche Zeitaufwand für die Ausarbeitung der Expertise, den die große Anzahl der Einschätzungsschritte bei der Delphi-Methode erfordert. Die Notwendigkeit, seine Antworten wiederholt zu revidieren, ruft beim Experten zudem eine negative Reaktion hervor, was sich auf die Ergebnisse der Expertise auswirkt. SEER sieht nur zwei Einschätzungsrunden vor. Zu jeder Runde werden unterschiedliche Expertengruppen herangezogen. Die Experten der ersten Runde sind Fachleute aus der Industrie, die Experten der zweiten Runde sind die qualifiziertesten Spezialisten aus den entscheidungfällenden Organen sowie Spezialisten auf dem Gebiet der Natur- und der technischen Wissenschaften. Der Experte jeder Runde braucht auf seine Antworten nicht zurückzukommen, wenn seine Antwort nicht außerhalb eines bestimmten Spektrums liegt, in dem die Mehrheit der Einschätzungen sich befindet (z. B. eines Spektrums, innerhalb dessen 90% aller Einschätzungen liegen).

In der ersten Runde werden die Hauptproduzenten von Erzeugnissen des zu prognostizierenden Zweiges aufgefordert, eine vorläufige Liste der möglichen Ergebnisse in dem zu untersuchenden Zweig aufzustellen (SEER wurde entwickelt und angewendet, um die Entwicklung von Mitteln der Informationsverarbeitung zu prognostizieren). Die in dieser Liste enthaltenen Ereignisse wurden Fachleuten für Produktionsplanung, Forschungs- und Entwicklungsingenieuren, aber auch Betriebsingenieuren zur Einschätzung vorgelegt. Jeder dieser Teilnehmer der Expertise wurde aufgefordert, die Liste der Ereignisse zu ergänzen und die zusätzlichen Ereignisse, die in seinem Kompetenzbereich lagen, einzuschätzen. Den Experten wurde gestattet, die Liste auch durch Ereignisse zu ergänzen, die sie in angrenzenden Gebieten erwarteten. Bei der Einschätzung hatten die Experten die Frage zu beantworten, ob ein bestimmtes Ereignis vom Standpunkt des Konsumenten wünschenswert sei; sie sollten die Möglichkeiten des Eintritts jedes Ereignisses wie folgt beurteilen: die „ausreichende Wahrscheinlichkeit" ($p = 0{,}2$),

21 Vgl. ebenda.

22 Vgl. G. B. Bernstein/M. J. Cetron: SEER: A Delphic Approach Applied to Information Processing. In: Technological Forecasting, 1969, Nr. 1.

die „sehr große Wahrscheinlichkeit" ($p = 0,5$) oder die „fast sichere Wahrscheinlichkeit" ($p = 0,9$). Die Ergebnisse der ersten Runde wurden gesammelt, bearbeitet und in Form einer Datenkartei dargestellt.

In der zweiten Runde schätzten die Experten die in der ersten Runde gewonnenen Informationen ein, korrigierten und erweiterten diese Angaben; zugleich bestimmten sie die wichtigsten Ereignisse sowie die möglichen Wechselwirkungen zwischen ihnen. Diese Prozedur ermöglicht es bei Benutzung der Delphi-Methode, die Zielrichtung der auszuarbeitenden Prognose zu verbessern.

Nach Abschluß der zweiten Runde verfügt man über eine korrigierte Liste der potentiell möglichen Ereignisse. Diese Liste wurde dazu benutzt, die potentiell möglichen kurzfristigen, mittelfristigen und langfristigen Ziele auszuarbeiten und diejenigen Ereignisse festzustellen, die zur Erreichung der genannten Ziele wünschenswert und notwendig waren. Die gewonnene Information diente nunmehr als Grundlage für einen Graphen, der die Wechselbeziehungen zwischen den Zielen und den Ereignissen abbildete, die zu ihrer Erreichung wünschenswert und notwendig waren.

Die Aufstellung eines solchen Graphen erhöht den Wert der Prognose für den Benutzer — ein Organ, das Entscheidungen auf dem Gebiet der wissenschaftlich-technischen Entwicklung fällt — ganz beträchtlich. Die Möglichkeiten zu fundierterer Planung und Leitung werden dadurch erweitert und verstärkt.

Noch unzureichend entwickelt sind gegenwärtig die Methoden zur Erfassung des gegenseitigen Einflusses der sozialökonomischen und der wissenschaftlich-technischen Entwicklungsprozesse. Großes Interesse verdienen in diesem Zusammenhang die Versuche, diese Frage durch Spiele hochqualifizierter Spezialisten zu lösen, in denen mögliche Varianten der zukünftigen Entwicklung modelliert werden.[23]

Analysiert man die Methoden der Experteneinschätzung, die bei der wissenschaftlich-technischen Prognostizierung angewendet werden, dann zeigt sich, daß es auf diesem Gebiet eine ganze Reihe wichtiger Aspekte gibt, die eine weitere Vervollkommnung erfordern. Dazu gehören: die Formulierung der Aufgaben der Expertise; die Ausarbeitung des Programms der Experteneinschätzung; die Auswahl der Experten, die Organisation der Expertenbefragung; die Bearbeitung und die Analyse der Befragungsergebnisse.

Betrachten wir nun näher, in welcher Hinsicht die einzelnen Etappen der Experteneinschätzung vervollkommnet werden können.

Vor der Festlegung und Formulierung der Aufgaben, welche die Expertise zu lösen hat, muß eine vorprognostische Orientierung erfolgen. Sie setzt voraus, daß der gegenwärtige Zustand des zu prognostizierenden Gebietes analysiert und einge-

23 Vgl. T. J. Gordon/S. Enzer/R. Rochberg: An Experiment in Simultation Gaming for Social Policy Studies. In: Technological Forecasting, 1970, Nr. 1.

schätzt wird, daß im voraus die Tendenzen und Hauptrichtungen der Entwicklung dieses Gebietes festgestellt sowie die möglichen Varianten der perspektivischen Entwicklung ermittelt werden. Diese vorprognostische Orientierung wird von den Prognostikern gemeinsam mit hochqualifizierten Spezialisten aus dem zu prognostizierenden Gebiet vorgenommen. Im Ergebnis dieser Orientierung muß das generelle Entwicklungsziel des betreffenden Gebietes für den Prognosezeitraum formuliert werden: unter dem Aspekt, daß dieses Generalziel auch erreicht werden soll, müssen die Aufgaben formuliert werden, die die Expertise bei der Einschätzung der Entwicklungsperspektiven des Gebietes zu erfüllen hat.

Eine sehr verantwortungsvolle Etappe bei der Ausarbeitung von Expertisen ist die Aufstellung des Programms für die Durchführung der Experteneinschätzung. Den organisatorischen Kern dieses Programms bilden die Fragen, die an die Experten gerichtet werden sollen. Wir halten es für möglich, diese Fragen folgendermaßen einzuteilen:

1. die Einschätzung der Wünschbarkeit oder Notwendigkeit gewisser Ereignisse in der Zukunft für das Erreichen bestimmter Ziele;
2. die Einschätzung der relativen Wichtigkeit der Entwicklung verschiedener Richtungen von Forschungs- und Entwicklungsarbeiten innerhalb des Prognosezeitraums;
3. die Einschätzung der Zeit für den Eintritt der Ereignisse (d. h. die Erzielung bestimmter Ergebnisse) in dem zu untersuchenden Zweig;
4. die Einschätzung quantitativer Charakteristika der technischen Mittel, die innerhalb bestimmter Zeiträume in der Zukunft erreicht werden können;
5. die Einschätzung des „spezifischen Gewichts" (der Korrelationen) der verschiedenen Arten wissenschaftlich-technischer Lösungen, technischer Mittel, Aufgaben usw.;
6. die Auswahl eines Weges von einigen möglichen Wegen der weiteren Entwicklung.

Die Fragen müssen so formuliert werden, daß sie (im Fall einer kollektiven Experteneinschätzung) von allen Experten im gleichen Sinn verstanden werden. Außerdem muß die Formulierung einer Reihe von Fragen die Möglichkeit bieten, Antworten in quantitativer Form zu erhalten. In den übrigen Fällen wird dem Experten eine Anzahl vorher formulierter Antworten vorgelegt, unter denen er wählen kann. Ein solches Vorgehen bei der Formulierung der Fragen gewährleistet eindeutige und vergleichbare Antworten und macht es möglich, die Materialien der Experteneinschätzung in der nächsten Etappe mathematisch zu bearbeiten und sie zu verallgemeinern. Anzumerken ist, daß unter den Fragen auch solche sein können, auf die eine beschreibende Antwort gegeben werden kann.

Die Bedingungen für die Äußerung produktiver Meinungen, für die Verstärkung des Effekts der „kollektiven Vernunft" und für die Verringerung des negativen Einflusses, den die Aussagen der „Autoritäten" sowie die Meinung der

„Mehrheit“ auf die Meinungen einzelner Experten ausüben, werden weitgehend vom Charakter der Wechselwirkung zwischen den Spezialisten, welche die Prognose ausarbeiten, und der Gruppe, die den Auftrag dazu gegeben hat, geprägt.[24]

Der Erfolg der Anwendung von Experteneinschätzungen in der wissenschaftlich-technischen Prognosetätigkeit wird in hohem Maße dadurch bestimmt, wie exakt die Kriterien formuliert sind, von denen sich die Experten bei ihren Beurteilungen leiten lassen sollen.

In einer Arbeit werden Kriterien für die Einschätzung von alternativen Projekten verschiedener Teilsysteme eines perspektivischen technischen Systems vorgeschlagen.[25] Zu diesen Kriterien gehören:

1. Kosten;
2. Elastizität (die Fähigkeit des Teilsystems, in dieser oder jener Variante neben den Hauptfunktionen zusätzliche Funktionen zu übernehmen);
3. Qualität (die Fähigkeit des Teilsystems, seine Hauptfunktion zu erfüllen);
4. Zuverlässigkeit (Wahrscheinlichkeit des Versagens);
5. das Risiko der Nichteinhaltung des Plans zur Entwicklung des Teilsystems (wegen möglicher Unterbrechungen von Lieferungen usw.);
6. das technische Risiko (die Wahrscheinlichkeit, daß überhaupt kein Teilsystem entwickelt werden kann, das den gestellten Anforderungen gerecht wird).

Aus der Qualitätsanalyse von Expertisen[26] wurde gefolgert, daß die richtige Zusammensetzung der Expertengruppe die Grundbedingung für die Erlangung qualifizierter Befragungsergebnisse ist.

Im Idealfall müßten alle Experten die gesamte vorhandene Information erhalten (und benutzen), einschließlich der Informationen, über die jeder einzelne von ihnen verfügt, damit die subjektive Unbestimmtheit auf ein Minimum verringert wird. Besonders wichtig ist es, den Experten Informationen zu vermitteln, die für alle neu sind.

Um die Fehlerquote zu minimieren, die durch ein unterschiedliches Verständnis der Fragen entsteht, ist es zweckmäßig, die Form der Fragestellungen zu variieren.

Große Beachtung fanden Fragen zur Theorie der Experteneinschätzung auf dem 6. Symposium für Kybernetik, das im November 1972 in Tbilissi stattfand und sich mit Problemen der Entscheidungsfällung befaßte.[27]

24 Vgl. A. SEMJANOVSKIJ: Nauka v kapitalističeskich stranach kak novaja specifičeskaja sfera priloženija kapitala. In: Voprosy ėkonomiki, 1968, Nr. 9, S. 57—66.

25 Vgl. Some Factors in Economic Growth in Europe during the 1950-s. Geneva, U.N., 1964.

26 Vgl. JU. JA. OL'SEVIČ: O teoretičeskich osnovach buržuaznych ėkonomičeskich prognozov i programm. In: Sorevnovanie dvuch sistem. Novye javlenija v ėkonomike kapitalizma. Moskau 1967, S. 18—49.

27 Vgl. Bol'šaja Sovetskaja Enciklopedija. Ežegodnik 1973, S. 119.

Das Problem der Expertenauswahl besitzt bekanntlich zwei Aspekte: die Auswahl des einzelnen Experten und die Zusammensetzung der Gruppe (des Kollektivs) der Experten. Bei der Auswahl des einzelnen Experten müssen vor allem die Übereinstimmung seines Kompetenzbereichs mit den Aufgaben der Expertise sowie das Qualifikationsniveau des Experten für dieses Gebiet beachtet werden.

Die Zusammensetzung der Gruppe (des Kollektivs) von Experten wird durch verschiedene Faktoren bestimmt. Dazu gehören die Übereinstimmung zwischen dem summarischen Kompetenzbereich der Expertengruppe und dem einzuschätzenden Gebiet und die Möglichkeiten, die den Prognostikern, unter Berücksichtigung des Zeitaufwands und der Mittel für die Durchführung der Befragung, zur Verfügung stehen, um die Expertise zu organisieren. Es ist anzumerken, daß bei der Auswahl der Gruppe (des Kollektivs) von Experten einige Ergebnisse der Graphentheorie benutzt werden können,[28] insbesondere solche der Monte-Carlo-Methode.[29]

Die Kompetenz des Experten kann durch zwei Komponenten charakterisiert werden: durch die Struktur der Argumente, von denen er sich bei der Beantwortung der Frage leiten läßt, und durch den Grad seiner Kenntnisse auf dem Gebiet, zu dem die zu erörternde Frage gehört.

Dabei kann der Experte selbst einschätzen, wie und in welchem Grad seine Antwort durch folgende Argumentationsquellen beeinflußt wird: die eigene theoretische Analyse, die Produktionserfahrungen des Experten, die Verallgemeinerung von Arbeiten in- und ausländischer Autoren, die persönliche Kenntnis des Experten vom Entwicklungsstand im In- und Ausland, seine Intuition.

Günstig ist es auch, quantifizierte Informationen darüber zu besitzen, in welchem Grad der Experte mit einer bestimmten Frage vertraut ist. Zu diesem Zweck kann sowohl eine gegenseitige Einschätzung vorgenommen werden, bei der sich die Experten untereinander beurteilen,[30] als auch eine Selbsteinschätzung der einzelnen Experten erfolgen. Dabei ergibt sich die Frage, wie die Skale aussehen soll, nach der die Vertrautheit des Experten mit einem bestimmten Problem gemessen werden soll. Psychologische Forschungsergebnisse zeigen, daß der Mensch in der Lage ist, hinreichend effektiv zu unterscheiden oder zu graduieren, wenn die Anzahl der Merkmale oder Graduierungsstufen nicht höher als 9 bis 10 ist. Bei einer größeren Anzahl von Merkmalen (oder Stufen) verringert sich die Unterscheidungsfähigkeit bei den meisten Personen ganz beträchtlich. Darum sollte die Skale für die Einschätzung des Vertrautheitsgrades nicht mehr als 10 Merkmale oder Stufen enthalten. Die Skale darf jedoch auch nicht aus zu

28 Vgl. K. Berž: Teorija grafov i ee primenenija. Moskau 1962.

29 Vgl. Ju. M. Ermol'ev/I. M. Mel'nik: Ėkstremal'nye zadači na grafach. Kiev 1968.

30 Eine spezifische Form der gegenseitigen Einschätzung besteht darin, daß der Experte die Heranziehung anderer Experten empfiehlt.

wenigen Stufen bestehen. Zum Beispiel wird die Einteilung der Experten zu grob sein und nicht die ganze Vielfalt ihrer Vertrautheit mit dem Problem erfassen, wenn die Skale nur aus 2 bis 3 Stufen besteht. Zweckmäßig ist daher eine Skale, die 5 bis 10 Unterteilungen aufweist.[31] Damit die Beurteilung der verschiedenen Experten eindeutig und vergleichbar ist, müssen die Grenzen der Skale und eine Reihe von Zwischenwerten definiert sein.

Die günstigste Form für die Darstellung der Fragen sind in vielen Fällen speziell für diesen Zweck ausgearbeitete Tabellen. Die Typen der Fragen, die an die Experten gerichtet werden, und ebenfalls die Form der Tabellen für die Experteneinschätzung werden in hohem Grade von den Zielen der Expertise und der Spezifik des zu prognostizierenden Zweiges bestimmt.

Wenn das Ziel der Expertise darin besteht, Lösungswege für ein wissenschaftlich-technisches Problem zu finden, die, gemessen an einer Reihe von Kriterien, optimal sind, so wird der Experte aufgefordert, die Bedingungen zu formulieren, die notwendig und ausreichend dafür wären, daß er selbst die Lösung des Problems in Angriff nähme, das ihm zur Beurteilung vorgelegt wird. Dabei wird dem Experten auch vorgeschlagen, die Zeit, die er für die Lösung des betreffenden Problems benötigen würde, sowie die Kosten der entsprechenden Arbeiten einmal optimistisch und einmal pessimistisch einzuschätzen.

Besteht das Ziel der Expertise darin, die möglichen Wege zur Entwicklung des zu prognostizierenden Zweiges einzuschätzen, so können dem Experten folgende Aufgaben gestellt werden: Einschätzung der relativen Wichtigkeit der verschiedenen Forschungsrichtungen; Einschätzung der Zeit, die für den Abschluß bestimmter Ereignisse erforderlich ist; Einschätzung der Wechselbeziehungen zwischen den verschiedenen Arten wissenschaftlich-technischer Lösungen; Auswahl eines Weges der zukünftigen Entwicklung aus mehreren möglichen Wegen.

Da Probleme eingeschätzt werden müssen, die mit den Perspektiven der technologischen Vervollkommnung der Produktion zur Erreichung bestimmter Parameter bei den technischen Mitteln verknüpft sind, ist es zweckmäßig, in die Tabellen der Experteneinschätzung in erster Linie Fragen aufzunehmen, die sich auf die quantitativen Charakteristika der Objekte beziehen, die in bestimmten zukünftigen Zeiträumen erreicht werden können.

Von großem Interesse sind wegen der besonderen Schwierigkeiten, die dabei auftreten, die Bearbeitung und die Analyse von Materialien, die durch eine kollektive Experteneinschätzung gewonnen wurden.

31 In einer Reihe von Fällen kann auch eine Skale mit einer größeren Anzahl von Einteilungen, z. B. 100 (100 Punkte), benutzt werden. Eine solche Einteilung erlaubt dem Experten differenziertere Bewertungen. Zugleich kann eine solche Skale ebenso wie eine 10-Punkte-Skale benutzt werden.

Ziel der Bearbeitung der Materialien einer kollektiven Experteneinschätzung ist es, die Kennziffern der allgemeinen Meinung und den Übereinstimmungsgrad der Experten zu jeder Frage festzustellen, die Experten zu ermitteln, die originelle (sich von der Meinung der Mehrheit stark unterscheidende) Auffassungen geäußert haben, und die Expertengruppen zu unterscheiden, die entgegengesetzte Standpunkte vertreten. Der Charakter dieser Kennziffern und folglich auch die Bearbeitungsmethodik, der die Materialien der kollektiven Einschätzung unterzogen werden, werden von der Art der Fragen bestimmt, die den Experten gestellt worden sind.

Bei der Bearbeitung von Materialien einer kollektiven Einschätzung, die den relativen Bedeutungsgrad der Entwicklung von verschiedenen Richtungen der Forschungs- und Entwicklungsarbeiten betrifft, ist es zweckmäßig, die Methoden der Rangkorrelation zu benutzen.[32]

Diese Methoden sind ein äußerst bequemes und wirksames Instrumentarium zur Ermittlung der Kennziffer der zusammengefaßten Meinung sowie des Übereinstimmungsgrades der Expertenmeinungen. Rangbewertungen besitzen die Eigenschaft der Invarianz sowohl hinsichtlich des Inhalts der Expertenmeinungen als auch der Ausdehnung der Skale. Die letztere Eigenschaft erweist sich bei der Experteneinschätzung der Entwicklung verschiedener Forschungsrichtungen als äußerst nützlich, wenn es schwierig ist, eine gleiche Auffassung aller Experten über den Wert eines Punktes herzustellen (die sogenannten Punktwertungen verschiedener Experten können sich als nicht völlig vergleichbar erweisen).

Eine wichtige Methode zur Bearbeitung der Ergebnisse einer Experteneinschätzung besteht darin, die Expertengruppen zu ermitteln, die einen hohen Übereinstimmungsgrad der Meinungen aufweisen, und die Experten festzustellen, die einen originellen Standpunkt vertreten, der sich von der Meinung der Mehrheit unterscheidet.

In mehreren Arbeiten[33] werden Algorithmen für die Feststellung der Expertengruppe vorgeschlagen, in denen die Meinungsübereinstimmung groß ist.

Einer dieser Algorithmen beruht darauf, daß nacheinander die Experten ausgeschlossen werden, deren Urteile den Koeffizienten der Konkordanz, der die Kennziffer für die Übereinstimmung der Expertenmeinungen bildet, verringern. Der Untersuchende riskiert es jedoch in diesem Fall, originelle Meinungen, die sich stark von der Meinung der Mehrheit unterscheiden, aus der Analyse auszuschließen. Das aber ist besonders bei der wissenschaftlich-technischen Prognose-

32 Vgl. M. G. Kendall: Rank Correlations Methods. New York 1955.

33 Vgl. G. M. Dobrov u. a.: Metodičeskie ukazanija ob organizacii v USSR prognoznych razrabotok v oblasti estestvennych i techničeskich nauk. Kiev 1960; Ju. V. Eršov u. a. in: Prognozirovanie social'nych processov v socialističeskom obščestve. Nauka kak ob-ekt upravlenija, Teil 1. Kiev 1969; Ju. V. Eršov in: Materialy po naukovedeniju, Heft 5. Kiev 1970.

tätigkeit äußerst unerwünscht. Deshalb wurden noch andere Prozeduren für die Analyse der Übereinstimmung der Expertenmeinungen entwickelt. Eine dieser Prozeduren beruht auf der Konstruktion eines Vielecks, dessen Ecken jeweils einem bestimmten Experten entsprechen; die Linien, die eine bestimmte Ecke mit den übrigen verbinden, entsprechen den Koeffizienten der paarweisen Rangkorrelation. Mit Hilfe eines solchen Vielecks ist es möglich, die Experten zu ermitteln, die originelle Auffassungen zu einem Problem vertreten.

In einer Arbeit[34] wird ein Verfahren zur Unterscheidung von hochgradig übereinstimmenden Gruppen vorgeschlagen, das von der Theorie der Żeichenerkennung ausgeht und auf der Konstruktion und Analyse einer mehrdimensionalen Fläche beruht, deren Relief die Verteilung der Meinungen innerhalb der zu untersuchenden Expertengruppe widerspiegelt.

Die Anwendung von Methoden der Experteneinschätzung im Stadium der Ausarbeitung einer Organisationsprognose wird in einer Arbeit[35] anhand eines Beispiels untersucht. Dabei geht es darum, die Varianten für die Verteilung der Ressourcen zwischen den Forschungsorganisationen auszuwählen. Kennzeichnend für diese Aufgabenstellung ist die Analyse der verschiedenen Ebenen der Ausstattung mit Ressourcen. Dabei wird der summarische Beitrag der verschiedenen Organisationen zur Erfüllung des Gesamtprogramms der Forschungs- und Entwicklungsarbeiten maximiert. In dieser Form kann die Aufgabe genau dann gelöst werden, wenn als eine Art der Ausgangsdaten auch Experteneinschätzungen vorliegen.

Die von der modernen Prognostik gesammelten Erfahrungen mit den verschiedenen Prozeduren von Experteneinschätzungen erlauben die Feststellung, daß die wichtigsten Aufgaben der kollektiven Expertise darin bestehen, den Übereinstimmungsgrad der Expertenmeinungen zu konkreten Entwicklungsperspektiven zu ermitteln, die vorher von einzelnen Spezialisten formuliert worden sind (Objektivierung der Aussagen), sowie eine Einschätzung gewisser Entwicklungsaspekte zu erarbeiten, die mit anderen Methoden nicht erzielt werden kann (z. B. durch mathematische Analyse, Experimente usw.).

Damit diese Ziele erreicht werden, müssen einige Voraussetzungen für den Prozeß der kollektiven Expertise gegeben sein:
— die wechselseitige Unabhängigkeit der Expertenurteile muß gewährleistet sein;
— die Bewertungen müssen in der Regel in eine quantitative Form gebracht werden;
— der Experte muß die Struktur der Argumente angeben, die ihm als Basis für diese oder jene Bewertung gedient haben;

34 Vgl. Ju. V. Eršov in: Materialy po naukovedenija, Heft 5. Kiev 1970.
35 Vgl. Ju. V. Eršov in: Materialy po naukovedeniju, Heft 10. Kiev 1970.

— der Experte muß den Grad seiner Vertrautheit mit dem Gebiet angeben, auf das sich eine bestimmte Bewertung bezieht.

Zum Erfolg einer kollektiven Expertise trägt erheblich bei, wenn die Experten an dem Problem interessiert sind, wenn sie z. B. nicht die Position abseitsstehender Beobachter einnehmen, sondern sich in die Lage unmittelbarer Teilnehmer der Ereignisse versetzen, denen die Realisierung der aufgestellten Thesen übertragen werden kann.[36]

Die Methodik[37] zur Sammlung und Bearbeitung von Expertise-Ergebnissen kann in mehrere Arbeitsetappen aufgeteilt werden.

1. Etappe: Vor Beginn der prognostischen Untersuchung und in Übereinstimmung mit ihren Aufgaben wird eine sogenannte Ziel-Mittel-Matrix ausgearbeitet. Ihre Felder müssen Angaben enthalten, die bei der Analyse aller von den Prognostikern herangezogenen Daten (darunter auch solcher, die von Experten stammen) gewonnen worden sind. Dabei werden gemeinsam mit Fachleuten im Verlauf der

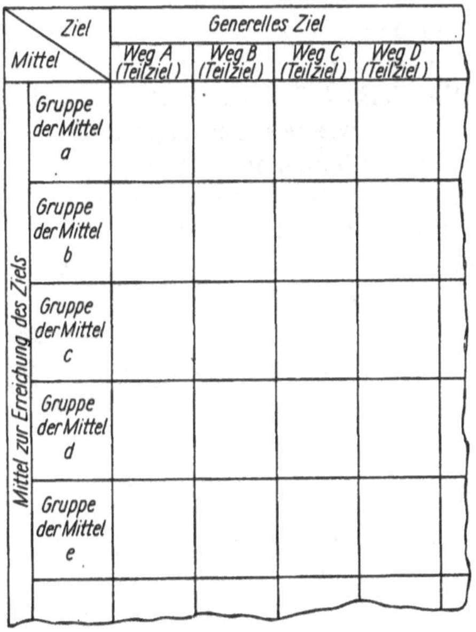

Abb. 102. Matrix „Ziel-Mittel"

36 Der Gedanke, die verantwortungsbewußte Einstellung der Experten zu gewährleisten, ist von Akademiemitglied V. M. GLUŠKOV geäußert und formuliert worden.

37 Diese Vorstellungen sind vom Autor gemeinsam mit L. P. SMIRNOV und JU. V. ERŠOV entwickelt worden.

Voranalyse einige der wichtigsten Ziele und Teilziele (Wege) zur Lösung des betreffenden Problems festgelegt. Die Lösungswege müssen so formuliert werden, daß sie im Komplex zur Lösung des Problems führen können und sich nicht überschneiden. Die Lösungswege (Teilziele) bilden die Spalten der Matrix.

Als Mittel zur Erreichung des Ziels werden die Richtungen von Forschungs- und Entwicklungsarbeiten verstanden, deren Ergebnisse der Erreichung des Ziels dienen können. Sie werden so gruppiert und formuliert, daß alle grundlegenden Richtungen von Forschungs- und Entwicklungsarbeiten berücksichtigt sind, deren Ergebnisse der Erreichung des Ziels dienen können. Außerdem dürfen sie sich nicht überschneiden. Die Mittel zur Erreichung des Ziels bilden die Zeilen der Matrix (vgl. S. 416).

Abb. 102 zeigt eine solche Matrix. Im speziellen Fall der Prognose für die Entwicklung der Rechentechnik könnten die Spalten und Zeilen wie folgt formuliert werden: *Generalziel* ist (innerhalb bestimmter Grenzen) eine Situation, in der alle Menschen in allen Tätigkeitsbereichen mit Hilfe von EDVA in vernünftiger Zeit und auf ökonomische Weise Aufgaben lösen und Ergebnisse in einer Form erhalten, die eine bequeme Anwendung gestattet. *Teilziel A* ist die Lösung des Problems der Kommunikation des Menschen mit der EDVA. *Teilziel B* ist die Vergrößerung des „Intellekts" der EDVA. *Teilziel C* ist die Vergrößerung der effektiven Produktivität der einzelnen EDVA sowie der Gesamtproduktivität aller EDVA des Landes. Gruppe der Mittel *a*: Vervollkommnung der Bauelementebasis und der technologischen Basis. Gruppe der Mittel *b*: Vervollkommnung der peripheren Einrichtungen und der Nachrichtentechnik. Gruppe der Mittel *c*: Entwicklung von Methoden der Informationsverarbeitung (mathematisierte Methoden zur Lösung von Aufgaben). Gruppe der Mittel *d*: Vervollkommnung der Programmiergeräte. Gruppe der Mittel *e*: Vervollkommnung der Struktur der EDVA. Gruppe der Mittel *f*: Vervollkommnung der Betriebsorganisation von EDVA. Gruppe der Mittel *g*: Vervollkommnung der Methoden zur Projektierung von EDVA.

Diese Formulierungsbeispiele sind nicht vollständig; sie stehen hier nur, um die Idee der „Ziel-Mittel-Matrix" zu konkretisieren. Die Benutzung einer solchen Matrix ist deshalb zweckmäßig, weil die Hauptarbeit des Prognosekollektivs im weiteren darin besteht, Matrizen mit aussagekräftigen und begründeten Angaben auszufüllen, die zur Forschungsprognose, Programmprognose und Organisationsprognose gehören.

2. Etappe: Die nächste Etappe der kollektiven Bewertung besteht darin, „Tabellen der Expertenbewertung" mit entsprechenden Fragen auszuarbeiten. Diese Tabellen müssen gewährleisten, daß der Experte folgende Angaben liefert:

— quantitativ bestimmte Antworten auf die ihm vorgelegten Fragen;
— formalisierte Angaben über den Charakter der Argumentationsquellen sowie über den Einfluß jeder dieser Quellen auf die Antwort des Experten;

— eine quantitativ bestimmte Einschätzung des Grades der eigenen Vertrautheit mit dem Gebiet, zu dem die vorgelegte Frage gehört.

Damit die erste Bedingung erfüllt werden kann, sind die den Experten vorzulegenden Fragen folgendermaßen klassifiziert worden:

a) Bewertung der relativen Wichtigkeit, die der Entwicklung der verschiedenen Richtungen der Forschungs- und Entwicklungstätigkeit zukommt. Der Experte wird aufgefordert, die relative Wichtigkeit der Entwicklung der verschiedenen Forschungsrichtungen für die Lösung eines bestimmten Problems einzuschätzen (nach Punkten in einem 100-Punkte-System);

b) Bewertung der Zeit für den Abschluß eines bestimmten Ereignisses. Der Experte wird z. B. aufgefordert, auf einer Zeitskale die Zeit zu markieren, die seiner Meinung nach für den Abschluß eines bestimmten Ereignisses erforderlich ist. Frage: Wann wird Ihrer Meinung nach das Ereignis A eintreten? Antwort (vgl. Abb. 103): Das Ereignis wird in der UdSSR zwischen 1980 und 1985 eintreten, in den USA zwischen 1975 und 1978;

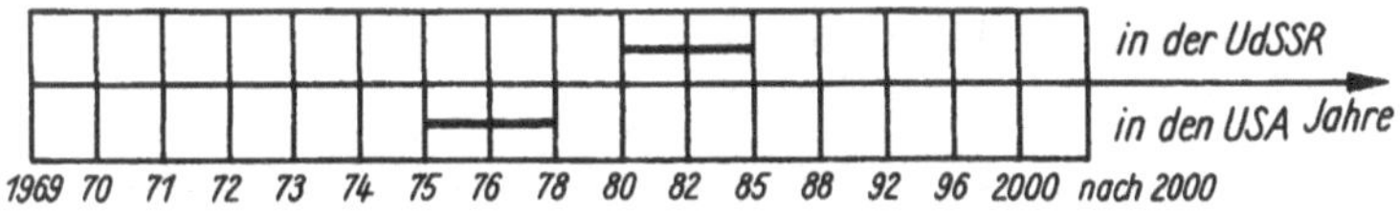

Abb. 103. Skale für die Einordnung eines Ereignisses auf der Zeitachse

c) Einschätzung des „spezifischen Gewichts" verschiedenartiger Aufgaben, Typen technischer Lösungen usw. Der Experte wird aufgefordert, seine Meinung über das „spezifische Gewicht" eines bestimmten Typs von Aufgaben, Erzeugnissen usw. im Prognosezeitraum auf einer Prozentskale (von 0 bis 100) zu markieren;

d) Anschluß an eine der alternativen Aussagen. Der Experte wird aufgefordert, die Aussage über die Entwicklung des betreffenden Zweiges der Technik im Prognosezeitraum zu kennzeichnen, die seinem Standpunkt am nächsten kommt.

Um die zweite Bedingung zu erfüllen, nämlich formalisierte Angaben über den Charakter der Argumentationsquellen und über den Einfluß dieser Quellen auf jede Gruppe von Antworten zu erhalten, wird der Experte aufgefordert, in einer Tabelle die Argumentationsquellen anzukreuzen, welche die Basis für die Antwort waren (vgl. Tabelle 40).

Die Eintragung wird in einer der Spalten gemacht, jeweils entsprechend dem Grad des Einflusses (hoch, mittel, gering), den jede Quelle nach Ansicht des Experten auf seine Meinung ausgeübt hat.

Im vorliegenden Fall bedeutet die vom Experten ausgefüllte Tabelle, daß seine Meinung zu der entsprechenden Frage in hohem Maß durch eine eigene theoretische Analyse und persönliche Produktionserfahrungen beeinflußt worden ist, in mittlerem Grade durch die Verallgemeinerung der Arbeiten inländischer Autoren sowie durch die eigene Intuition und in geringem Maße durch die Verallgemeinerung der Arbeiten ausländischer Autoren und seine persönliche Bekanntschaft mit dem Entwicklungsstand im Ausland. Alle diese Bewertungen werden von Prognostikern mit Hilfe einer Tabelle von Gewichtungskoeffizienten quantifiziert.

Tabelle 40

Argumentationsquelle	Einflußgrad der Quelle auf die Meinung des Experten		
	hoch	mittel	gering
Eine durchgeführte theoretische Analyse	×		
Produktionserfahrungen	×		
Verallgemeinerung der Arbeiten inländischer Autoren		×	
Verallgemeinerung der Arbeiten ausländischer Autoren			×
Persönliche Kenntnis vom Stand der Dinge im Ausland			×
Intuition		×	

Um die dritte Bedingung — eine quantitativ bestimmte Bewertung des Vertrautheitsgrades mit dem Gebiet, zu dem die vorgelegte Frage gehört — zu erfüllen, wird der Experte aufgefordert, ein Zeichen auf einer Skale zu setzen, deren maximaler Wert (10) einen Grad der Vertrautheit mit einer bestimmten Frage kennzeichnet, der der Autorschaft (Mitautorschaft) bei der Ausarbeitung gewisser Lösungen des zu erörternden Problems entspricht und deren minimaler Wert (0) die allgemeinste Bekanntschaft mit dem entsprechenden Problem bezeichnet.

3. Etappe: Organisation und Durchführung der Expertenbefragung. In dieser Etappe sind zwei Voraussetzungen sehr wichtig: gleichartiges Verständnis der einzelnen Fragen durch alle Experten und Bedingungen für eine freie und unabhängige Äußerung der Beurteilungen.

Alle von den Experten eingegangenen Antworten werden durch die Prognostiker unter zwei Aspekten bearbeitet und untersucht: 1. Analyse des Inhalts der Probleme und des Herangehens an ihre Lösung und 2. Umsetzung in quantitative Formen der Beurteilung. Beide Arten von Angaben dienen als Ausgangselemente für die Synthese prognostischer Hypothesen und Entwicklungsvarianten. In beiden Fällen müssen sich die Prognostiker, die sich auf Experteneinschätzungen stützen, vor zwei ständig drohenden Extremen hüten: dem übermäßigen Vertrauen in die individuellen Urteile der Autoritäten einerseits und dem blinden Vertrauen in die Meinung der entpersönlichten statistischen Mehrheit andererseits. Wesentliche

Merkmale einer wahrhaft wissenschaftlichen Prognose sind die aufmerksame Untersuchung und Berücksichtigung der Struktur der Expertenargumente sowie ein differenziertes Vorgehen, entsprechend der Spezifik des Prognoseobjekts. In einer Forschungsprognose der Naturwissenschaften werden sicherlich die individuellen Urteile der Experten das größte Gewicht besitzen; in der Programmprognose angewandter Forschungs- und Entwicklungsarbeiten wird den vorherrschenden Ansichten der Spezialisten besondere Aufmerksamkeit geschenkt, und in der Organisationsprognose muß der Prognostiker in hohem Maß bestrebt sein, die Möglichkeiten für eine direkte Berechnung der Ressourcen, Bedürfnisse und Perspektiven zu nutzen.

Die Methodik, die bei der statistischen Bearbeitung der Materialien einer Expertenbefragung benutzt wird, hängt vom Charakter der Fragen ab, die den Experten gestellt worden sind. Wir führen als Beispiel die Methodik für die Bearbeitung von Expertenangaben im Hinblick auf zwei Typen von Fragen an.

Die Bewertung der relativen Wichtigkeit verschiedener Richtungen der Forschungs- und Entwicklungsarbeiten. Die Spezifik der Bearbeitung der Daten, die den Experteneinschätzungen entnommen sind, hängt bei diesem Typ von Fragen mit der Wahl der Wichtigkeitskennziffer zusammen. Es können folgende Wichtigkeitskennziffern eingeführt werden:

Der statistische Mittelwert der Einschätzung einer bestimmten Forschungsrichtung (in Punkten):

$$M_j = \frac{\sum_{i=1}^{m} C_{ij}}{m_j}. \tag{1}$$

Dabei sind M_j — der statistische Mittelwert der Bewertungsgröße der Forschungsrichtung j; m_j — die Anzahl der Experten, die die Forschungsrichtung j bewertet haben; c_{ij} — die Bewertung (in Punkten), die der Experte i der Forschungsrichtung j gegeben hat.

Die Häufigkeit der Höchstbewertungen (der maximal möglichen):

$$K_{100j} = \frac{m_{100j}}{m_j}. \tag{2}$$

Dabei sind K_{100j} — die Häufigkeit der Höchstbewertungen, welche die Forschungsrichtung j erhalten hat; m_{100j} — die Anzahl der maximal möglichen Bewertungen (100 Punkte), die die Forschungsrichtung j erhalten hat.

38 Vgl. M. G. Kendall: Rank Correlation Methods. New York 1955; V. V. Nalimov/N. A. Černova: Statističeskie metody planirovanija ėkstremal'nych ėksperimentov. Moskau 1965.

Eine weitere Kennziffer der Wichtigkeit — die Rangsumme S_{Rj} — wird entsprechend den Methoden der Rangkorrelation[38] durch zwei Gruppen von Operationen bestimmt.

1. Die Aufstellung einer Rangordnung nach der Abnahme der Bewertungen, die jeder Experte jeder Forschungsrichtung zugeordnet hat. Dazu wird den Bewertungen, die der Experte i den Forschungsrichtungen j gegeben hat, je eine natürliche Zahl zugeschrieben: die Zahl 1 der maximalen Bewertung und die Zahl n der minimalen. Wenn alle Bewertungen verschieden sind, dann bilden die entsprechenden natürlichen Zahlen die Ränge der Bewertungen, die der Experte i diesen Forschungsrichtungen zugemessen hat.
   Wenn unter den Bewertungen, die ein bestimmter Experte vorgenommen hat, gleiche Bewertungen sind, dann erhalten diese den gleichen Rang, der dem arithmetischen Mittel entspricht. Die Anzahl der Experten, die mindestens eine Forschungsrichtung eingeschätzt haben, bezeichnen wir mit m_1.
2. Die Ermittlung der Summe der Ränge, die m_1 Experten der Forschungsrichtung j zugemessen haben:

$$S_{Rj} = \sum_{i=1}^{m} R_{ij} . \qquad (3)$$

Dabei ist R_{ij} — der Rang, den der Experte i der Forschungsrichtung j zugemessen hat.

Es liegt auf der Hand, daß bei einem Vergleich der Wichtigkeit nach S_R diejenige Forschungsrichtung als die wichtigste anzusehen ist, bei der S_R am kleinsten ist.

Äußerst wesentlich ist die Ermittlung des Übereinstimmungsgrades der Expertenmeinungen hinsichtlich der relativen Wichtigkeit einer bestimmten Forschungsrichtung. Er wird durch den Variationskoeffizienten[39] gekennzeichnet, der die relative mittlere quadratische Abweichung darstellt:

$$V_j = \frac{B_j}{M_j} . \qquad (4)$$

Dabei sind V_j — der Variationskoeffizient für die Forschungsrichtung j; B_j — die mittlere quadratische Abweichung der Bewertungen (in Punkten), welche die Forschungsrichtung j erhalten hat; M_j — die mittlere statistische Abwertungsgröße (in Punkten) der Forschungsrichtung j.

Die mittlere quadratische Abweichung wird nach der folgenden Formel errechnet:

$$B_j = \sqrt{B_j^2} . \qquad (5)$$

39 Vgl. D. È. Jul/M. G. Kendall: Teorija statistiki. Moskau 1960.

Hier ist B_j^2 die Streuung der Bewertungen, die die Forschungsrichtung j erhalten hat:

$$B_j^2 = \frac{\sum_{i=1}^{m} (C_{ij} - M_j)^2}{m_j}. \tag{6}$$

Der Grad der Übereinstimmung der Bewertungen, die das Expertenkollektiv allen Forschungsrichtungen gegeben hat, wird durch den Konkordanzkoeffizienten W angegeben, der für jede Tabelle der Wichtigkeitsbewertung nach der folgenden Formel berechnet wird[40]:

$$W = \frac{12 \sum_{j=1}^{n} d_j^2}{m_1^2(n^3 - n) - m_1 \sum_{i=1}^{m_1} T_i'}. \tag{7}$$

Dabei sind d_j — die Abweichung der Summe der Ränge, die die Forschungsrichtung j erhalten hat, vom arithmetischen Mittel der Summe der Ränge, die alle Forschungsrichtungen erhalten haben; d_j wird nach der Formel

$$d_j = S_{Rj} - M[S_R] \tag{8}$$

bestimmt, in der S_{Rj} die Summe der Ränge ist, die m_1 Experten der Forschungsrichtung j zugemessen haben, $M[S_R]$ — das arithmetische Mittel der Rangsummen, die alle Forschungsrichtungen erhalten haben; es wird bestimmt nach der Formel:

$$M[S_R] = \frac{\sum_{j=1}^{n} S_{Rj}}{n}. \tag{9}$$

T_i' ist die Kennziffer der verbundenen (gleichen) Ränge. Sie hängt von deren Menge t ab, die der Experte i festgesetzt hat:

$$T_i' = \sum_t (t^3 - t). \tag{10}$$

40 Vgl. M. G. Kendall: Rank Correlation Methods, a. a. O.

Wenn alle n Bewertungen (vom Experten i festgelegte Ränge) verschieden sind, dann ist $T'_i = 0$. Befinden sich darunter gleiche Einschätzungen, so wird T'_i nach der Formel (10) bestimmt.

Der Konkordanzkoeffizient W kann Werte zwischen 0 und 1 annehmen: $0 \leqq W \leqq 1$. Bei völliger Übereinstimmung der Expertenmeinungen ist $W = 1$. Die Veränderung von W zwischen 0 und 1 entspricht der Zunahme des Übereinstimmungsgrades der Expertenmeinungen.

Sehr wichtig bei der Bestimmung des Konkordanzkoeffizienten ist die Frage, welche Bedeutung ihm zukommt, d. h. die Feststellung der Wahrscheinlichkeit dafür, daß die Übereinstimmung der Expertenmeinungen, die durch einen bestimmten Konkordanzkoeffizienten gekennzeichnet wird, eine zufällige Übereinstimmung ist.

Um diesen Bedeutungsgrad festzustellen, wird das sogenannte Pearson-Kriterium χ^2_R benutzt. Die Methodik sieht in diesem Fall folgendermaßen aus: Wir errechnen χ^2_R nach der Formel

$$\chi^2_R = \frac{12 \sum_{j=1}^{n} d_j^2}{m_1 n(n+1) - \frac{1}{n-1} \sum_{i=1}^{m_1} T'} . \tag{11}$$

Wir bestimmen den „Freiheitsgrad“

$$v = n - 1 . \tag{12}$$

Danach suchen wir in der Wertetabelle von χ^2 für die betreffende Zahl der Freiheitsgrade v[41] den Tabellenwert, der dem nach Formel (11) errechneten Wert χ_R am nächsten kommt. Auf derselben Tabelle bestimmen wir für den gefundenen Tabellenwert den Bedeutungsgrad.

Ein wichtiges Element der Methodik zur Bearbeitung der Daten einer Experteneinschätzung sind die Feststellung der Expertengruppen, in denen die Übereinstimmung der Meinungen groß ist, sowie die Ermittlung der Experten, die originelle, sich von der Meinung der Mehrheit unterscheidende Auffassungen vertreten. Dies ermöglicht es, in den nächsten Etappen der Expertise Gegenargumente zu den anerkanntesten Richtungen zu formulieren, um entweder im weiteren die Position der Mehrheit zu stärken oder eine Reihe zusätzlicher Untersuchungen durchzuführen und die stark abweichenden Einschätzungen einzelner Experten zu überprüfen.

41 Vgl. D. Ė. JUL/M. G. KENDAL: Teorija statistiki, a. a. O.

Ein niedriger Wert des Konkordanzkoeffizienten zeugt von einer geringen Übereinstimmung der Expertenmeinungen. Das ist meist dann zu beobachten, wenn sich bei einer Expertengruppe noch keine bestimmte Gemeinsamkeit der Ansichten herausgebildet hat oder die Meinungen innerhalb der Gruppe auseinandergegangen sind. Diese Frage wird im Prognoseprozeß sowohl auf inhaltlicher Ebene als auch mit Hilfe von Diagrammen der paarweisen Korrelation untersucht.

Die Bewertung der Zeit für den Abschluß eines Ereignisses. Charakteristisch für diesen Fragentyp ist die Anordnung der Einschätzungen auf einer Zeitskale. Bei der statistischen Bearbeitung derartiger Materialien empfiehlt sich die Anwendung solcher Verfahren wie der Bestimmung der oberen und unteren Quartile sowie des Medians der Streuung. Diese Parameter charakterisieren mit hinreichender Vollständigkeit die zu untersuchenden Ausgangsdaten.

Die Bestimmung der unteren und oberen Quartile sowie des Medians erfolgt auf diese Weise: Zuerst werden die Bewertungen auf einer Zeitachse geordnet. Das mittlere Glied der Gesamtheit der Bewertungen, die auf der Zeitachse angeordnet sind, bildet den Median. Der Median besitzt die Eigenschaft, daß die Anzahl der Bewertungen (auf der Zeitachse) vor und nach dem Median gleich ist. Dann werden die Werte des unteren und oberen Quartils der geordneten Gesamtheit der Bewertungen ermittelt. Diese Werte werden so ausgewählt, daß 25% aller Bewertungen davor und 25% zeitlich danach liegen. Die Quartile und der Median teilen die Bewertungen in vier zahlenmäßig gleich starke Gruppen.

Man kann den Median als die Kennziffer der verallgemeinerten Auffassung der Experten über die Zeit des Abschlusses eines bestimmten Ereignisses auffassen. Die Werte der beiden zentralen Quartile sowie die der frühesten und der spätesten Bewertung kennzeichnen den Grad der Übereinstimmung in den Expertenmeinungen hinsichtlich der Zeit, in der das Ereignis eintreten wird.

Im folgenden werden einige Ergebnisse der Bearbeitung von Daten einer kollektiven Experteneinschätzung angeführt.[42] Sie stellen einen kleinen Teil der Schlußfolgerungen dar, die im Prozeß der Expertise gewonnen wurden, und sollen an dieser Stelle nur einige Möglichkeiten der dargestellten Methodik illustrieren.

In Tabelle 41 sind die Ergebnisse einer kollektiven Expertise über die relative Wichtigkeit verschiedener Forschungsrichtungen für die Erreichung eines Teilziels zusammengefaßt, nämlich der Erleichterung der Kommunikation des

42 Die Arbeit wurde im Auftrage des Staatlichen Komitees für Wissenschaft und Technik beim Ministerrat der UdSSR ausgeführt. Beteiligt war ein großer Kreis von Spezialisten aus verschiedenen Organisationen. An der experimentellen Erprobung der Methodik beteiligten sich unmittelbar 43 Experten.

Tabelle 41

Richtung der wissenschaftlich-technischen Forschungs- und Entwicklungsarbeiten	Bewertung der relativen Wichtigkeit der Ent-			
	Ohne Berücksichtigung des Kompetenzniveaus der Experten			
	M		K_y	
	absol. Wert	Rang	absol. Wert	Rang
Vervollkommnung der technologischen und Bauelementebasis	37,0	8	0,074	8
Vervollkommnung der Peripheriegeräte und der Nachrichtentechnik	91,3	1	0,183	1
Entwicklung der Methoden der Informationsbearbeitung	60,5	5	0,122	5
Vervollkommnung der Programmiertechnik	78,4	2	0,157	2
Vervollkommnung der Struktur der EDVA	49,9	7	0,100	6
Vervollkommnung der Organisation der Benutzung von EDVA	65,6	4	0,131	4
Entwicklung von Projektierungsmethoden für EDVA	24,4	9	0,049	9
Schaffung formaler Sprachen für die einzelnen wissenschaftlichen Richtungen	70,4	3	0,141	3
Entwicklung der ingenieurpsychologischen Untersuchungen des Systems „Mensch—Maschine“	53,3	6	0,107	7

Menschen mit EDVA. In der Tabelle werden die Wichtigkeitsränge angegeben, die anhand der verschiedenen oben beschriebenen Kennziffern bewertet wurden. Für diese Tabelle beträgt der Konkordanzkoeffizient $W = 0{,}411$ für den Grad der Bedeutung 0,001.

Als eine der wichtigsten Forschungsrichtungen zur Erreichung des Generalziels und aller seiner drei Teilziele (darunter auch des in Tabelle 41 behandelten) betrachten die Experten die Vervollkommnung der Programmiertechnik. Die Vervollkommnung der Peripheriegeräte und der Technik der Kommunikation, aber auch die Entwicklung formalisierter Sprachen wurden von den Experten als spezifisch besonders wichtig für die Erleichterung der Kommunikation des Menschen mit der EDVA eingeschätzt. Die relative Wichtigkeit der verschiedenen Richtungen der Forschungs- und Entwicklungsarbeiten verändert sich natürlich in Abhängigkeit vom jeweiligen konkreten Teilziel. So wird die Vervollkommnung der Struktur der EDVA als eine der wichtigsten Richtungen für die Erhöhung des „Intellekts“ und der Produktivität von EDVA eingeschätzt, und die Vervollkommnung der Organisation bei der Benutzung von EDVA wird als besonders wicklung von Forschungs- und Entwicklungsrichtungen

Unter Berücksichtigung des Kompetenzniveaus der Experten

K_{100}		S_R		M		K_y		A	K a. e.
absol. W.	Rang	absol. W.	Rang	absol. W.	Rang	absol. W.	Rang	absol. W.	Rang
0,077	7	271,0	8	29,00	8	0,079	8	39	0,907
0,714	1	91,5	1	35,10	1	0,111	5	42	0,987
0,146	5	211,0	5	43,80	5	0,129	4	41	0,954
0,342	2	136,5	2	55,90	2	0,164	1	41	0,954
0,154	4	238,5	7	38,10	7	1,103	7	39	0,907
0,126	6	180,0	4	48,60	4	0,133	3	40	0,930
0,028	8	334,5	9	17,90	9	0,049	9	36	0,837
0,214	3	178,0	3	11,80	3	0,142	2	42	0,977
0,026	9	237,5	6	38,20	6	0,104	6	39	0,907

wichtig für die Erhöhung der Gesamtproduktivität des EDVA-Bestands des Landes angesehen. Die größte Bedeutung für die Erhöhung der Produktivität der einzelnen EDVA messen die Experten der Vervollkommnung der technologischen und Bauelementebasis bei.

Abbildung 104 zeigt die Verteilung der Expertenmeinungen hinsichtlich des optimalen Anteils von EDVA mit vielen Programmen an der Gesamtzahl der

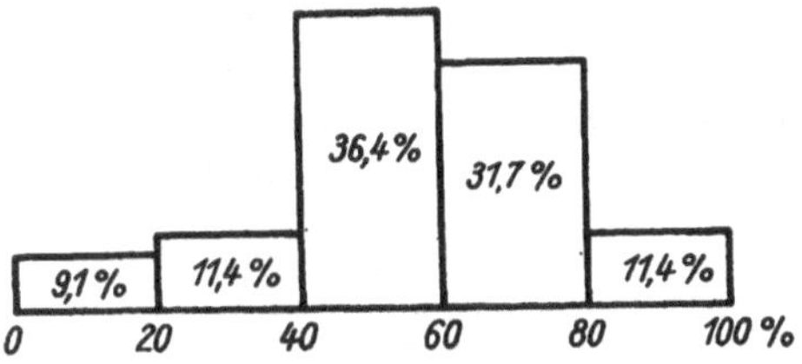

Abb. 104. Bewertung des optimalen spezifischen Gewichtes elektronischer Rechenmaschinen mit vielen Programmen unter den künftigen elektronischen Rechenmaschinen des Landes

EDVA des Landes in den nächsten 10 bis 15 Jahren. Die meisten Experten (etwa 70%) vertreten die Ansicht, daß diese Kennziffer zwischen 40 und 80% liegt. Die verallgemeinerte Expertenbewertung (der statistische Mittelwert der Bewertungen) besagt, daß der optimale Anteil derartiger Anlagen etwa bei 55% der Gesamtzahl der eingesetzten Anlagen liegt.

Die Experten wurden auch aufgefordert, sich einer der Meinungen über eine vervollkommnete Organisation der Benutzung von EDVA anzuschließen. Die Bearbeitung der Meinungen dazu ergab: Die Mehrheit der Experten (≈80%) vertritt die Ansicht, daß es im Fall einer rationellen Betriebsorganisation der EDVA zweckmäßiger ist, den Benutzern von EDVA diese ihnen nur für die Lösung einfacher, gleichartiger und in großer Anzahl anfallender Aufgaben zu übergeben. Für die Lösung komplizierter Aufgaben sollte eine zentralisierte EDVA-Dienstleistung gewährleistet sein, bzw. es sollte über Nachrichtenmittel Zugang zu großen Prozeßrechnern bestehen. Der Ansicht, daß jeder Benutzer „seine" EDVA zur Lösung aller Aufgaben besitzen sollte, schlossen sich nur 3% der Experten an.

Die Ergebnisse, die bei der experimentellen Erprobung dieser dargestellten Methodik der kollektiven Expertise erzielt wurden, gestatten die Schlußfolgerung, daß diese Methodik für Zwecke der wissenschaftlich-technischen Prognostizierung geeignet ist. Es wird daran gearbeitet, die Methodik im Hinblick auf die Verfahren zu vervollkommnen, die zur Einteilung der Experten in Gruppen mit hoher Übereinstimmung der Meinungen sowie zur Ermittlung und Berücksichtigung origineller (wenn auch wenig zahlreicher) Expertenmeinungen zu den vorgelegten Fragen dienen.[43]

Eine wichtige Überlegung zur weiteren Entwicklung der Methoden der Expertenbewertung besteht nach Ansicht von V. M. Gluškov darin, im Prozeß einer zielgerichteten und vielstufigen Befragung der Experten die Bedingungen herauszufinden und zu formulieren, die für die Erreichung jeder Ebene des Fortschritts auf dem zu prognostizierenden Gebiet erfüllt werden müssen. Die Reihenfolge der hier vorzunehmenden Operationen ist typisch für die Programmprognose. Das Problem wird aus der Zukunft zurück in die Gegenwart „entwickelt", um die dazwischenliegenden „Schlüsselereignisse" festzustellen und ihre kausalen Beziehungen zu fixieren. Zunächst wird das Ziel A formuliert; dann legen die Experten als Bedingungen für das Erreichen dieses Ziels die Verwirklichung der Ereignisse a und b fest (dabei werden hier und im weiteren die erwartete Bedeutung und Wahrscheinlichkeit des Eintritts der Ereignisse eingeschätzt); für die Erreichung der Ereignisse a und b stellen die Experten (ihre professionelle Zusammensetzung kann bei jedem Problemschritt eine andere

43 Vgl. O. Helmer: Social Technology. New York 1966.

sein) neue Bedingungen auf: x, y, z und α, β, γ usw., bis hin zu Ereignissen, die schon heute reale Bestandteile der Forschungs- und Entwicklungspläne sind.

Die auf diese Weise konstruierten hypothetischen Ereignisnetze sind durch kritische und teilkritische Wege gekennzeichnet, aber auch dadurch, daß es in ihnen „abhängige" Ereigniszweige gibt, für die es beim Stand der gegenwärtigen Erkenntnisse nicht möglich war, die erforderlichen Realisiserungsbedingungen zu formulieren.

Der Inhalt dieser Fälle wird speziell untersucht. Die Netze werden außerdem mit mathematischen Methoden analysiert, die für die Einschätzung und Prognostizierung von Planungs- und Leitungsnetzen ausgearbeitet worden sind. Die Arbeitsergebnisse werden dazu benutzt, die aktuellsten Programme zukünftiger Forschungs- und Entwicklungsarbeiten zu prognostizieren.

Den „abhängigen" Ereigniszweigen wird besondere Aufmerksamkeit gewidmet. Im Hinblick auf einige dieser Ereignisse, die den Prozeß der Erreichung des Hauptziels besonders wesentlich verändern können, formulieren die Prognostiker begründete Vorschläge für die Durchführung spezieller Forschungen. Andere fragliche Ereignisse werden im Verlauf der weiteren prognostischen Arbeiten unter Einsatz aller bekannten Methoden untersucht, darunter auch der Informationsanalyse und speziell der Patentanalyse.

Hervorzuheben ist, daß diese ganze Prozedur algorithmisiert werden kann. Die Ereignisnetze werden zusammen mit allen Bewertungen und unvollendeten Zweigen im Elektronenrechner gespeichert. Auch die Übersicht über die Netze, ihre Analyse und die Realisierungsverläufe können mit Hilfe des Elektronenrechners gespeichert werden.

Da es in der prognostischen Information (auf Grund der Bedingungen der Expertise) auch Angaben über Spezialisten gibt, die bereit sind, unter neuen Bedingungen selbst die Lösung eines bestimmten Problems in Angriff zu nehmen, und deren Einschätzungen über die Wege zur Lösung des Problems sich besonders bewahrheitet haben, kann der Rechner auch vorläufige Vorschläge über die Zusammensetzung der Wissenschaftler machen, die den Zyklus von Forschungs- und Entwicklungsarbeiten durchführen sollten, der unter dem Einfluß neu entstandener Erfordernisse und wissenschaftlich-technischer Möglichkeiten besonders aktuell geworden ist.

Als nützlich für die Verwirklichung einer solchen Idee können sich die Methoden zur Prognostizierung von Problemforschungen erweisen, die im Institut für Kybernetik der Akademie der Wissenschaften der Grusinischen SSR entwickelt werden.[44] Die Ideen der induktiven heuristischen Programmierung, die hier

44 Vgl. V. V. ČAVČANIDZE: Kibernetičeskie metody dolgosročnogo prognozirovanija i organizacii problemnych issledovanij (na primere biokibernetiki). Doklad na naučnom simpoziume SĖV „Upravlenie, planirovanie i organizacija naučnych i techničeskich issledovanij". Moskau 1968.

angewendet werden, sollen auf der Grundlage einer Übersicht über die logisch vollständige Kollektion der Merkmale des „Objekts", die durch eine Expertengruppe unter Beteiligung des Prognostikers (Leiters) erarbeitet wurde, den spezifisch psychologischen Prozeß stimulieren, dessen Ergebnisse die Formulierung der Entwicklungswege, die Aufstellung von Hypothesen und die Vorstellungen über die aussichtsreichsten Forschungsrichtungen sind.

Diese neuen Möglichkeiten der Prognostiker bedeuten im Grunde den Übergang von den Methoden der Expertenbewertungen zu den Methoden der Modellierung prognostischer Vorstellungen.

Überaus große Hoffnungen setzen die Prognostiker in den Versuch, wesentliche Prozesse und Erscheinungen der Wissenschaftsentwicklung zu modellieren. Die Wissenschaftswissenschaft insgesamt nähert sich erst dem Problem der Modellierung ihrer spezifischen Forschungsobjekte. Um so mehr Aufmerksamkeit verdienen einige bereits existierende Prognose-Methoden, in denen Modellierungsverfahren benutzt werden. Die längsten Traditionen besitzen in dieser Hinsicht die Methoden der Prognostizierung nach der historischen Analogie. Ausgehend vom Studium der inneren Entwicklungslogik einer konkreten Wissenschaftsdisziplin, wird ein historisch-logisches Modell dieser Disziplin konstruiert. Danach wird in Übereinstimmung mit diesem Modell die Lösung bestimmter Kollisionen in Situationen prognostiziert, die gemeinsame Eigenschaften mit dem Modell besitzen.[45] Die Popularität solcher logischen Modelle, die mit Hilfe der Methode der historischen Analogie konstruiert sind, beruht nicht nur auf den Traditionen, sondern auch darauf, daß es in der Entwicklung wissenschaftlicher Prinzipien und Ideen tatsächlich viel Kontinuität gibt, die den Historikern der Naturwissenschaften gut bekannt ist.

S. I. Vavilov lenkte die Aufmerksamkeit auf das „bis zur Trivialität offensichtliche Wachstum der Naturwissenschaft und der Technik sowie auf die Hunderttausende von Menschen, die vor unseren Augen auf der Erdkugel Schöpfer der Geschichte der Wissenschaft sind. Man darf diese unablässige Bewegung nicht außer acht lassen, diese mächtige Naturerscheinung, die fähig ist, die Erde nicht minder radikal zu verändern als Erdbeben und Überschwemmungen. Diesen Prozeß zu verstehen heißt — wie weitgehend auch immer —, ihn zu beherrschen und es zu lernen, ihn in die nötige Richtung zu lenken. Die Geschichte der Wissenschaft ist eine notwendige, ja sogar hinreichende Voraussetzung für die Planung der Wissenschaft. Deshalb muß die Geschichte der Wissenschaft früher oder später zu einer Wissenschaft werden. Bis heute beschränkt sie sich jedoch auf persönliche Charakteristiken und Biographien,

45 Vgl. B. Kedrov: Puti poznanija istiny. Razdum'ja o sud'bach estestvoznanija. In: Novyj mir, 1965, Nr. 1.

auf chronologische Daten und eine in vielen Fällen höchst unvollkommene Dokumentation".[46]

Ein historisches Herangehen an die Prognostizierung ist eine obligatorische Bedingung für die Wissenschaftlichkeit der Prognose, eine obligatorische, aber keineswegs schon hinreichende Bedingung. Allerdings muß man bei der prognostischen Nutzung historischer Erfahrungen (insbesondere der Analogie) sehr vorsichtig sein. Besonders sorgfältig muß die Spezifik der zu prognostizierenden Wissenschaften berücksichtigt, müssen die prinzipiell neuen Erfordernisse und Möglichkeiten ihrer Entwicklung beachtet werden, die in einer neuen historischen Situation entstehen, und zwar nicht selten in entfernten Gebieten der Wissenschaft, der Technik und der Produktion. Wäre die Methode der historischen Analogien so universell, wie wir manchmal geneigt sind anzunehmen, dann könnte die Wissenschaftspolitik von Historikern und müßte nicht von den Spezialisten gemacht werden, welche die modernen Erfahrungen am besten kennen.

Für die Prognostizierung und Planung neuer Technik und neuer Forschungsarbeiten ist es höchst wichtig, den Umfang, die Vollständigkeit und die Effektivität der Nutzung von Erfahrungen sowie die konkreten Tendenzen zur Aufnahme neuer wissenschaftlicher Ergebnisse in einen Zweig der Technik quantitativ zu bewerten. Das betrifft auch die Ergebnisse der Grundlagenforschung. Die Aktualität dieses Problems hängt mit dem wachsenden Tempo des moralischen Verschleißes technischer Mittel in der Gegenwart zusammen.

Speziell auf die Untersuchung dieses Problems war das amerikanische Projekt „Hindsight" (1964—1966) orientiert.[47] Es ermöglichte eine retrospektive Beurteilung der Produktivität eines Komplexes angewandter wissenschaftlicher Forschungen und erlaubte es, die Charakteristika jener neuen Ideen, die jedes der untersuchten technischen Systeme vollkommener gegenüber dem vorhergehenden gemacht hatten, konkret zu bewerten (hinsichtlich der Fristen, der Kosten und der erreichten technischen Parameter).

Ein großer Teil dieser Ideen entstammte Grundlagenwissenschaften und Erkundungsforschungen. Von den 43 wichtigsten technischen „Ereignissen", die z. B. das Raketensystem „Bullpap" ermöglichten, waren 23 vor mehr als 12 Jahren (Maximum: 40 Jahre) und 20 innerhalb des 12jährigen Zeitraums (Minimum: 4 Jahre) eingetreten. Es wurde auch die Anzahl der minimal notwendigen Neuheiten festgestellt, die es ermöglicht hatten, auf der Grundlage bekannter

46 S. I. Vavilov: Staraja i novaja fizika. In: Pamjati Karla Marksa, 1933, zitiert nach: Istorija i metodologija estestvennych nauk, vyp. III. Moskau, MGU, 1965, S. 3—4.

47 Vgl. Ch. W. Sherwin in: Chemical and Engineering News, 1966, Bd. 44, Nr. 39, S. 42; R. Isenson et al.: Project Hindsight. First Interim Report. Springfield, Clearinghouse for Federal Scientific and Technical Literature, 1966.

Ideen neue Eigenschaften zu erzielen (im vorliegenden Fall betrug die „kritische Masse" 46% der „Ereignisse").

Eine derartige konkrete Analyse der historischen wissenschaftlichen und technischen Erfahrungen kann für die Programmprognose und die Organisationsprognose eine Reihe von wesentlichen „normativen" Daten erbringen.

In einer Reihe von Fällen geht der unmittelbaren langfristigen Planung der wissenschaftlich-technischen Entwicklung eine logische Modellierung der Politik voraus, die in Zukunft auf dem Gebiet der Wissenschaft und der Technik betrieben werden soll. Ein solches Modell enthält: ökonomische, politische und andere Ziele des betreffenden Staates; die Beschreibung einer Reihe wissenschaftlicher und technischer Möglichkeiten, um diese Ziele zu erreichen; eine Charakteristik der Ressourcen und der Bedürfnisse, die eine staatliche Entscheidung begründen. Ein solches beschreibendes Dokument wird in der wissenschaftlichen Prognostik als „Szenarium der Zukunft" bezeichnet. Es steht gewöhnlich am Schluß eines Arbeitskomplexes zur quantitativ bestimmten Prognostizierung.[48]

Eine besonders wichtige Rolle in der Prognosearbeit spielen die Methoden der informationellen Modellierung. Die charakteristischen Eigenschaften der Massenströme an wissenschaftlich-technischer Information, die wir bereits weiter oben (Kapitel 2) behandelt haben, bieten eine Reihe von Möglichkeiten dafür, die Tendenzen des Fortschritts von Wissenschaft und Technik anhand von „Informationssignalen" — der Veränderung quantitativer und struktureller Parameter dieser Ströme — zu analysieren.[49]

Systematisch sind diese Gedanken in Kollektivarbeiten sowjetischer Autoren[50] dargelegt worden, in denen es um die Analyse der Gesetzmäßigkeiten und um die Prognostizierung der wissenschaftlich-technischen Entwicklung geht. Darum beschränken wir uns hier darauf, die prinzipiellen Aspekte informationeller Analyse- und Prognosemethoden zu charakterisieren.

Interessante Möglichkeiten zur Erkenntnis technischer Ideen, die tendenziell auf eine Erneuerung des Antlitzes einer konkreten Art von Technik zielen, eröffnen sich, wenn man die Anmeldungen von Erfindungen unter vielfältigen Aspekten analysiert. Diese Anmeldungen sind die frühesten und vollständigen Kollektionen von Dokumenten, in denen sich die Suche nach neuen technischen

48 Vgl. D. Gabor: Inventing the Future. London 1964; H. Kahn/A. J. Wiener: The Year 2000. London 1967.

49 Vgl. T. Sazacevic: Introduction to Information Science. New York 1970; Analiz zakonomernostej i prognozirovanie razvitija nauki i techniki. Teil 1—4. Kiev 1967; Primenenie ėlektronno-vyčislitel'nych ustrojstv v issledovanijach po istorii nauki i techniki. Moskau 1966; Pervyj rabočij simpozium po voprosam primenenija količestvennych metodov i ispol'zovanija vyčislitel'noj techniki v issledovanijach po istorii naučno-techničeskogo progressa. Sbornik materialov. Kiev 1966.

50 Vgl. die soeben genannten Titel.

Lösungen niederschlägt. Abbildung 105 zeigt ein Diagramm, das der Verfasser gemeinsam mit L. P. SMIRNOV nach der Analyse der sowjetischen Anmeldungen von Erfindungen auf dem Gebiet der Bergbautechnik erarbeitet hat. Solche Daten widerspiegeln einen gesetzmäßigen Prozeß, der durch praktische Erfahrungen, Erfordernisse der Produktion und wissenschaftliche Forschungen bestimmt wird. In diesem Fall zeigte sich das darin, daß sich das Interesse der Kombinebauer von der Anwendung des Prinzips der Schneidwirkung zur Anwendung aussichtsreicherer Prinzipien der Kohlezertrümmerung („Grobspalten", Hobeln und die Kombination dieser Prozeduren) verlagerte. Hier ebenso wie in den folgenden Beispielen (Abbildung 106 und 107) erfolgte die thematische Verlagerung der Bemühungen zur Entwicklung neuer Technik 8 bis 10 Jahre vor der späteren tatsächlichen Veränderung der technischen Mittel.

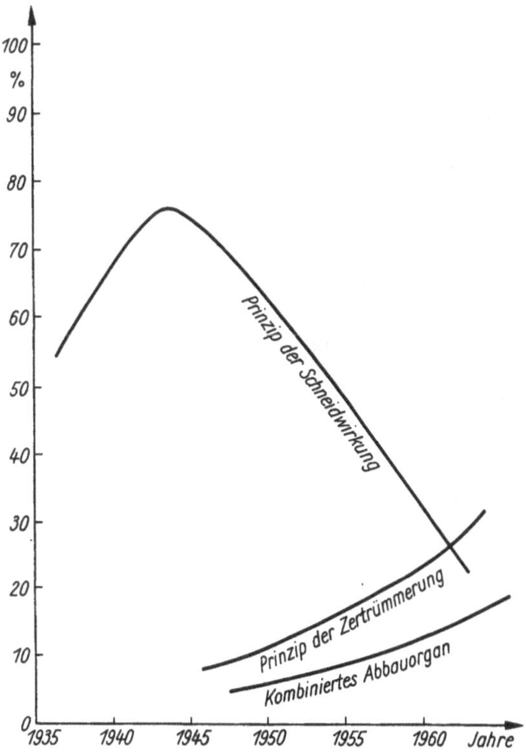

Abb. 105. Tendenzen in der thematischen Umverteilung der Bemühungen zur Entwicklung neuer Technik

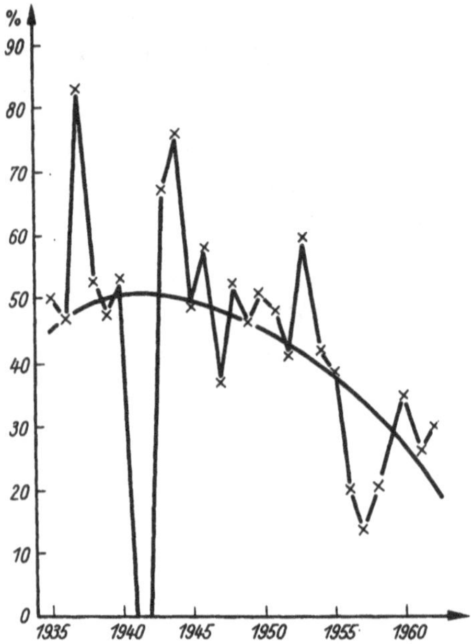

Abb. 106. Dynamik der Umverteilung der Anstrengungen zur Entwicklung neuer Technik (Kohlekombines mit breitem Schrämteil)

Eine Konzeption der technischen Prognostizierung auf der Basis einer Analyse von Patentinformationen findet sich in den Arbeiten von V. G. GMOŠINSKIJ[51]. Die Besonderheit dieser Konzeption liegt in dem Bestreben, bei der Analyse der Dynamik der Patentierungsarbeit die qualitativen Charakteristika zu berücksichtigen, welche die ingenieurtechnische und potentielle ökonomische Bedeutung der Patente bestimmen, und die Patente verallgemeinernd quantitativ zu bewerten.

Die Methodik sieht vor, daß der Prognostiker, der das konkrete Gebiet der Technik kennt, nacheinander drei Arbeitsetappen durchführt: a) die Einschätzung *jedes* der in der zu analysierenden Gesamtheit enthaltenen Patente auf sogenannte Totalität (ingenieurtechnische Bedeutsamkeit und ökonomischen Nutzen); b) die Fixierung des Nutzens der verschiedenen *Gruppen* technischer

51 Vgl. Tematičeskij patentno-informacionnyj poisk (razdel „Prognozirovanie naučno-techničeskogo progressa"). Moskau 1967; Voprosy naučnogo prognozirovanija (avtoreferaty dokladov naučnogo simpoziuma). Izd. Koordinacionnogo komiteta po prognozirovanija naučno-techničeskogo progressa i ego social'nych posledstvij. Moskau 1968; V. G. GMOŠINSKIJ: Ocenka inženerno-techničeskoj značimosti i rentabel'nosti izobretenij. In: Voprosy izobretatel'stva, 1966, Nr. 7, S. 18—21.

Lösungen durch Vergleich der summarischen Kennziffern der Bedeutsamkeit jener Lösungen, die miteinander konkurrieren (die für die Lösung ähnlicher Aufgaben bestimmt sind); c) die Bewertung des Niveaus der Patentierung im Hinblick auf die *Abteilung* der technischen Mittel (des Zweiges) insgesamt, und auf dieser Grundlage die Formulierung allgemeiner Schlußfolgerungen und Entwicklungstendenzen.

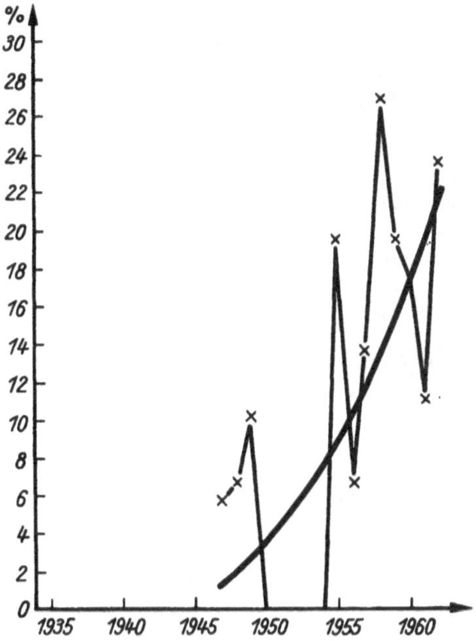

Abb. 107. Dynamik der Umverteilung der Anstrengungen zur Entwicklung neuer Technik (Kohlekombines mit schmalem Schrämteil)

Die Bewertungen werden in dimensionslosen Größen (Punkten) vorgenommen. Die Kriterien quantitativer Bewertungen sind in speziellen Tabellen zusammengefaßt, die für jede Klasse der technischen Mittel ausgearbeitet werden. Diese Tabellen enthalten fünf Charakteristika zu je fünf Positionen (möglich sind auch Tabellen 10 · 10). Die Struktur und der Inhalt der Tabellen, das „Gewicht" ihrer Positionen gehen von modernen wissenschaftlichen Vorstellungen und technischen Erfahrungen aus und berücksichtigen auch das reale ökonomische Interesse an der betreffenden Neuheit. Als Beispiel können eine Zusammenfassung solcher Charakteristika und das System ihrer Bewertungen angeführt werden, die das Gebiet der Technik des Fundamentebaus betreffen (vgl. Tabelle 42).

Tabelle 42

Charakteristika und Positionen	Bewertung (Punkte)	Bewertung unter Berücksichtigung des „Gewichts" des Charakteristikums
1	2	3
Ingenieurtechnische Besonderheiten der patentierten Lösung		
Vervollkommnung von Details existierender Konstruktionen oder einzelner Arbeitsetappen	1	0,992
Vervollkommnung von Baugruppen existierender Konstruktionen und einer Reihe von Arbeitsetappen	2	1,984
Vervollkommnung von Baugruppen existierender Konstruktionen und Arbeitsetappen auf einem neuen Niveau der Mechanisierung, der Automatisierung und der Netzwerkleitung	3	2,976
Neue Lösung, die den Inhalt eines Grundpatents besitzt (von Folgepatenten begleitet wird)	4	3,968
Prinzipiell neue Lösung, die den Charakter einer Entdeckung auf dem betreffenden Gebiet besitzt	5	4,900
Niveau der theoretischen Begründung		
Das Patent wird auf der Ebene empirischer Formeln und elementarer Hypothesen begründet	1	0,984
Berücksichtigt sind elementarste Vorstellungen einer linearen Beziehung zwischen Spannungen und Verformungen	2	1,968
Die Verformungseigenschaften der Stoffe (Böden, Beton in den verschiedenen Härtungssphasen) werden berücksichtigt	3	2,952
Das Kriechen der Stoffe wird berücksichtigt (Zeitfaktor)	4	2,952
In allen Phasen des Baus und der Belastung der Fundamente werden die modernen Theorien der Festigung und Angreifbarkeit der Materialien berücksichtigt	5	4,920
Lebensdauer der Konstruktion der Fundamente		
Das Arbeitsverfahren und die verwendeten Materialien gewährleisten eine Funktionsdauer der Fundamente bis zu 10 Jahren (zeitweilige Bauten)	1	0,960
Dasselbe, von 10 bis 40 Jahren	2	1,920
Dasselbe, von 40 bis 70 Jahren	3	2,880
Dasselbe, von 70 bis 100 Jahren	4	3,840
Das Arbeitsverfahren und die verwendeten Materialien beschränken nicht die Funktionsdauer der Fundamente	5	4,800
Gewährleistung der technischen Sicherheit im Bauprozeß		
Die patentierte Lösung entspricht nicht der technischen Sicherheit	1	0,884
Die technische Sicherheit wird für einzelne Baugruppen und Produktionsoperationen, nicht aber für die Konstruktion und den Produktionszyklus insgesamt gewährleistet	2	1,768
Die technische Sicherheit wird für die Baugruppen und die		

Tabelle 42 (Fortsetzung)

Charakteristika und Positionen	Bewertung (Punkte)	Bewertung unter Berücksichtigung des „Gewichts“ des Charakteristikums
1	2	3
Konstruktion insgesamt gewährleistet (oder bei allen technologischen Operationen)	3	2,652
Es wird bei allen Operationen geräuscharme Arbeit gewährleistet, bei Einhaltung der technischen Sicherheit für alle Baugruppen und die Konstruktion insgesamt	4	3,536
Das Produktionsverfahren garantiert volle Sicherheit bei ausnahmslos allen Produktionsoperationen und übt keinen schädlichen Einfluß auf benachbarte Bauten aus (Keine Erschütterungen, Wellen, Unterspülung u. dgl.)	5	4,420
Lizenz- und Konjunkturfaktor		
Das Patent ist nicht in die Produktion übergeleitet und nicht als Lizenz realisiert worden	1	0,626
Das Patent ist nicht in die Produktion übergeleitet und nicht als Lizenz realisiert worden, es bestehen aber günstige Bedingungen für die Überleitung (der Lösungen, die sich dafür empfehlen) und den Verkauf (Kauf) von Lizenzen	2	1,252
Das Patent ist in die Produktion der Firma übergeleitet worden, die die betreffende Lösung hat patentieren lassen	3	1,878
Lizenzen auf das Patent oder Probemuster (bei Pfahlgründungsvorrichtungen) sind von einer Reihe von Firmen und Gesellschaften in dem Lande erworben worden, in dem die betreffende Lösung patentiert worden ist	4	2,504
Lizenzen auf das Patent sind in mehreren Ländern erworben worden	5	3,130

Der Totalitätskoeffizient T der einzelnen Erfindung wird als Verhältnis der Summe der Bewertungen, die das betreffende Patent (q) erhalten hat, zur maximal möglichen Summe der Bewertungen Q errechnet:

$$T = \frac{q}{Q}; \qquad 0{,}2 \leqq T \leqq 1{,}0\,.$$

Die Summe des Koeffizienten T für eine Gruppe von n Patenten wird als die Nennzahl M der Patente bezeichnet:

$$M = \sum_{1}^{n} T\,.$$

Bildet man für die letzten 8 bis 10 Jahre die kumulative Summe der Nennzahlen M der Patente, die in jedem Jahr ausgegeben worden sind, und teilt man diese Summe durch die nominelle Gesamtzahl der in diesem Zeitraum erteilten Patente N (die ebenfalls kumulativ errechnet wird), erhält man den Wert des verallgemeinerten Totalitätskoeffizienten des Informationsstroms $T_{\text{allg.}}$:

$$T_{\text{allg.}} = \frac{\int_{t_0}^{t_i} M(t)\,\mathrm{d}t}{\int_{t_0}^{t_i} N(t)\,\mathrm{d}t}; \qquad 0{,}2 \leqq T_{\text{allg.}} \leqq 1{,}0.$$

Aus diesen Werten schließt der Prognostiker auf die Aussichten dieser oder jener in den Patenten fixierten technischen Lösungen. So ist z. B. die Zweckmäßigkeit der Überleitung eines Patents (oder einer Gruppe von technischen Lösungen) sehr hoch bei $T(T_{\text{allg.}}) = 1 + 0{,}8$, die Überleitung ist zweckmäßig bei $T = 0{,}79 + 0{,}6$, wenig zweckmäßig bei $T = 0{,}59 + 0{,}4$ und unzweckmäßig bei $T = 0{,}39 + 0{,}2$. Der Autor meint, daß die Reichweite der prognostischen Schlußfolgerungen aus dieser Analyse der Tiefe der Retrospektion entspricht (das Patentierungsjahr 1958 entspricht einer Massenanwendung der Erfindung im Jahre 1968; 1969 entspricht 1979 usw.).

Bereits vor einigen Jahrzehnten ist auf die Möglichkeit hingewiesen worden, das Entwicklungstempo und den Entwicklungscharakter dieser oder jener Zweige der wissenschaftlichen Tätigkeit nach den statistischen Berechnungen der wissenschaftlichen Literatur zu beurteilen.[52] Inzwischen sind, dank der Herausbildung der informationellen Konzeption der Wissenschaftswissenschaft und im Rahmen dieser Konzeption, diese „statistischen Attacken" zu einer systematischen Analyse des Informationsphänomens Wissenschaft geworden, und es wird versucht, spezielle Informationsmodelle der Wissenschaftsentwicklung aufzustellen und zu analysieren.

Mit Hilfe dieser Methoden werden untersucht: die Wachstumsdynamik der Anzahl wissenschaftlicher Zeitschriften; die Struktur des Stroms der Publikationen und Referate; die Benutzungshäufigkeit gedruckter Arbeiten sowie die Streuung und das „Altern" der Publikationen. Diese Daten werden verglichen mit den Wachstumstendenzen der Anzahl der Wissenschaftler, der Ausgaben für die Wissenschaft usw.

52 Vgl. E. W. Hulma: Statistical Bibliography in Relation to Growth of Modern Civilization. London 1923; S. C. Bradford: Sources of Information of Specific Subjects. In: Engineering, 1934, Bd. 137, Nr. 3550, S. 85—90.

Eine solche Beobachtung der Tendenzen erfolgt im Weltmaßstab, national und regional. Wenn der Vergleich des globalen Bildes mit den nationalen Daten einen wesentlichen Unterschied in der quantitativen Bewertung ergibt und die qualitative Analyse eines Gebiets davon zeugt, daß dieses Gebiet von großer Bedeutung für das Erreichen konkreter nationaler Ziele der wissenschaftlich-technischen Entwicklung ist, dann kann und muß dieser Beobachtungskomplex Anstoß zu Entscheidungen geben — zu organisatorischen Einwirkungen auf das wissenschaftliche System mit dem Ziel, die Aktivität und Produktivität der wissenschaftlichen Tätigkeit in den erwünschten Forschungsrichtungen zu erhöhen.[53]

Wissenschaftswissenschaftler haben auf solche wesentlichen Umstände hingewiesen wie die Ähnlichkeit einer Reihe von verallgemeinernden Kurven und die Übereinstimmung vieler dieser Kurven mit dem exponentiellen „Gesetz des Wissenschaftswachstums" bei einer Verdopplungszeit der kumulativen Summe der Ergebnisse in einem Zeitraum von 10 bis 15 Jahren.[54] Detailliertere Untersuchungen verschiedener wissenschaftlicher Disziplinen ergaben, daß sich dieses exponentielle Wachstum nur als eine äußerst allgemeine Tendenz durchsetzt und lediglich in den Informationsströmen der großen wissenschaftlichen Disziplinen sichtbar wird (z. B. in der Physik oder Chemie).

In Wissenschaftsgebieten, die eine stürmische Entwicklungsperiode durchmachen, liegt die Zuwachsgeschwindigkeit des Informationsvorrats in der Regel wesentlich höher. So verdoppelte sich z. B. die Anzahl der Arbeiten über Methoden des Ausschließungsexperiments (eine mathematische Theorie zur Planung von Experimenten) in einem Zeitraum von 5,4 Jahren.[55] In anderen Forschungsrichtungen der Wissenschaft verändern sich nicht nur die Parameter der Wachstumskurven, sondern auch der Charakter dieser Kurven. Dabei steht jeder bestimmte Typ der Wachstumskurve im Zusammenhang mit einer spezifischen Entwicklungsetappe der konkreten wissenschaftlichen Disziplin.

Bekannt sind die Vorschläge,[56] die Entwicklungstendenzen bestimmter Forschungsrichtungen auf der Grundlage von Beobachtungen der Informations-

53 Vgl. M. M. Karpov/A. V. Potemkin/M. K. Petrov: Nacional'nyj i mirovoj standarty raspredelenija naučnoj dejatel'nosti. In: Vsesojuznoe soveščanie po količestvennym metodam v sociologii. Materialy sekcii količestvennych metodov izučenija razvitija nauki. Moskau 1967, S. 23—27; Z. V. Barinova u. a.: Izučenie naučnych žurnalov kak kanalov svjazi. Ocenka vklada otdel'nych stran v mirovoj naučnyj informacionnyj potok. In: Naučno-techničeskaja informacija, 1967, Nr. 12, Serija 2, S. 3; J. Zieleniewski: Efektywność badań naukowych. Warszawa 1966.

54 Vgl. D. I. de Solla Price: Little Science, Big Science, a. a. O.

55 Vgl. V. V. Nalimov/Ju. P. Adler/Ju. V. Granovskij: Informacionnaja sistema po matematičeckoj teorii ėksperimenta. In: Kibernetika i dokumentalistika. Moskau 1966.

56 Vgl.: Analiz zakonomernostej i prognozirovanie razvitija nauki i techniki. Teil 1—4. Kiev 1967.

veränderungen und der von diesen Richtungen ausgehenden Dokumentationsströme zu analysieren. Aus der Intensität, mit der nach bestimmten Merkmalen in den Dokumenten gesucht wird, kann man die reale Bedeutung aller kodierten Merkmale der Dokumentation ableiten. Diese reale Bedeutung kann mit der theoretisch möglichen Informationsbelastung des gesamten Systems der kodierten Merkmale verglichen werden. Die Zu- oder Abnahme der realen Bedeutung ist das Signal, das die Zu- oder Abnahme der Aktualität und Bedeutung einer Forschungsrichtung anzeigt. Die Informationsbelastung ist das Verhältnis der Anzahl der Objekte mit den betreffenden Merkmalen zur Gesamtzahl der Merkmale im Kodierungssystem der Dokumentation.

Alle derartigen Beobachtungen besitzen grundsätzlich mittelbaren Charakter. Bei ihrer Durchführung ist es besonders wichtig, die Anwendung quantitativer Methoden mit einem tiefen Eindringen in den Inhalt und in die Logik der Entwicklung der betreffenden Wissenschaftsdisziplin zu verbinden.

Von Interesse für die informationellen Methoden zur Analyse der Wissenschaftsentwicklung ist die sich in den letzten Jahren ergebende Möglichkeit, automatisierte Indizes der bibliographischen Beziehungen (IBB) zwischen verschiedenen wissenschaftlichen Publikationen aufzustellen (die „Zitat-Index-Methode").[57]

Auf solche Weise werden jährlich bibliographische Informationsregister für die wichtigsten Wissenschaftsgebiete aufgestellt und veröffentlicht, welche die gegenseitigen Beziehungen erfassen. Das ist der Hauptzweck des Index. Es haben sich jedoch sehr schnell auch andere Möglichkeiten der Indexbenutzung herausgestellt, die besonders für die Wissenschaftswissenschaft wichtig sind. Der Index (IBB) erwies sich als ein leistungsfähiges Instrument bei der Analyse der Entwicklungstendenzen der Wissenschaft, für Zustandsdiagnosen der interdisziplinären Verbindungen und für die Prognostizierung einiger anderer Erscheinungen im Wissenschaftsorganismus.

Mit mathematischen Methoden kann man Informationsnetze beliebiger Kompliziertheit analysieren und dabei objektive Daten über den faktischen gegenseitigen Einfluß, über die Tendenzen in der Umverteilung der Forschungsanstrengungen, über die Intensität und Richtung der „Migration" der wissenschaftlichen Information aus den einen Forschungsgebieten in viele andere u. a. m. erhalten.

Typisch für unsere Zeit ist ein ausgedehnter Bereich der Forschungen, sind kolossale Informationsmengen sowie die zunehmende Bedeutung des Zusammenwirkens der Wissenschaften. Unter diesen Bedingungen ist es selbst für einen

57 Vgl. E. Garfield: Citation Indexes of Sciences: a New Dimension in Documentation through Association of Ideas. In: Science, 1955; A. de Reuck/J. Knight (Ed.): Communication in Science. Documentation and Automation. London 1967.

gut informierten und kompetenten Forscher schwer, operativ die Veränderungen in der Taktik bei der Lösung eines wissenschaftlichen Problems zu verfolgen, die in den verschiedenen Ländern vor sich gehen. Dafür sind die Veränderungen in der Struktur der Informationsströme ein empfindlicher Indikator. Auf Grund einer Analyse dieser Veränderungen kann man prognostizieren: zu erwartende Erfordernisse bei der Schaffung neuer spezialisierter (oder komplexer) wissenschaftlicher Einrichtungen, die Notwendigkeit der bestehenden und neuer wissenschaftlicher Zeitschriften sowie die heranreifende Abspaltung neuer, relativ selbständiger wissenschaftlicher Richtungen. Struktur, Intensität und Ausrichtung der Netze des faktischen gegenseitigen Einflusses erlauben es auch, in einzelnen Gebieten zu erwartende (heranreifende) große Veränderungen vorauszusagen. Sie liefern manchmal auch Material für die Klärung der Gründe, auf die eine niedrige Produktivität dieser oder jender Richtung zurückzuführen ist.[58]

Die Erfahrungen einiger sowjetischer Forscher (V. V. NALIMOV, Z. M. MUL'ČENKO, A. A. KORENNOJ u. a.) zeigen, daß Informationsmodelle, die auf einem bibliographischen Index beruhen, für die wissenschaftswissenschaftliche Analyse der Entwicklungstendenzen vorwiegend der fundamentalen Naturwissenschaften geeignet sind.[59]

Unter den Prognosemethoden besonders wichtig sind verschiedenartige mathematische Modelle der wissenschaftlich-technischen Entwicklung. Im einfachsten Falle der statistisch-wahrscheinlichkeitstheoretischen Modellierung approximiert der Prognostiker den künftigen Verlauf des zu untersuchenden Prozesses mit einer der bekannten statistischen Verteilungen. So wird der Zyklus der Nutzungsdauer technischer Massenartikel in einer Reihe von Fällen recht gut durch die (GAUSSsche) Normalverteilung beschrieben (Abb. 108 und 109). Viele Erscheinungen und Prozesse aus dem Gebiet der Wissenschaftsorganisation, aus der personellen, finanziellen und informationellen Sicherstellung der Wissenschaft werden zuverlässig durch die LOTKA-Verteilung, die BRADFORD-Verteilung und die ZIPF-Verteilung charakterisiert.[60]

58 Vgl. Z. V. BARINOVA u. a.: Izučenie naučnych žurnalov; A. A. KORENNOJ: Naučnye kommunikacii kak ob-ekt issledovanija informatiki i naukovedenija. In: Semantičeskie problemy avtomatizacii informacionnogo poiska. Kiev 1971.

59 Vgl. V. V. NALIMOV/Z. M. MUL'ČENKO: Ob izpol'zovanii statističeskich metodov pri upravlenii razvitiem nauki. Doklad na naučnom simposiume SĖV „Upravlenie, planirovanie i organizacija naučnych i techničeskich issledovanij". Moskau 1968.

60 Vgl. L. S. KOZAČKOV/L. A. CHURSIN/N. Z. ŠOR: Količestvennyj analiz nekotorych tendencij v razvitii issledovanija operacij i matematičeskoj ėkonomiki. In: Kibernetika. Kiev 1967, Nr. 5, S. 102—108.

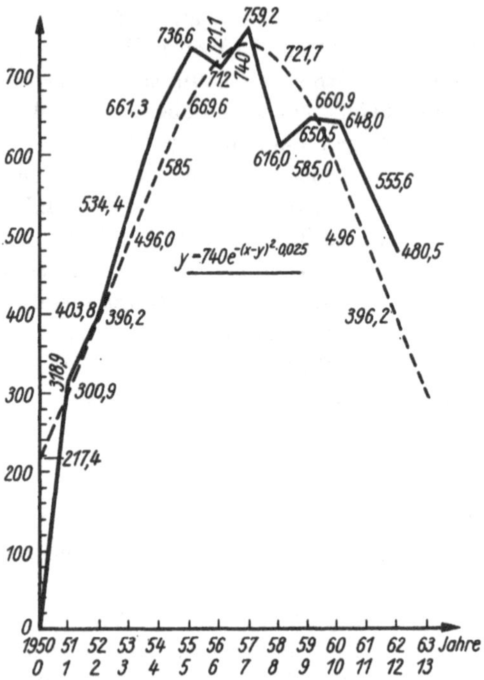

Abb. 108. Kurve des Lebenszyklus der Produktion einer Art der Technik (Produktion von Motorrollern in Westeuropa)

Große Beachtung findet in der Wissenschaftswissenschaft die Analyse der sogenannten Wachstumskurven, die im Idealfall dem Exponentialgesetz folgen

$$S_t = S_0 \, e^{kt} .$$

Dabei sind S_t — die Werte der Kennziffern für das Wachstum bestimmter Parameter der Wissenschaft; K — der Exponentialkoeffizient; t — die Zeit und e — die Basis der natürlichen Logarithmen.

In einem anderen auf seine Weise charakteristischen Fall werden solche Wachstumskurven (Anzahl der Wissenschaftler, Umfang der von der Wissenschaft in Anspruch genommenen Mittel, Anzahl der abgeschlossenen Arbeiten, Umfang der benutzten wissenschaftlichen Information usw.) durch die logistische Gleichung beschrieben

$$S_t = \frac{b}{1 + S_0 \, e^{-kt}} .$$

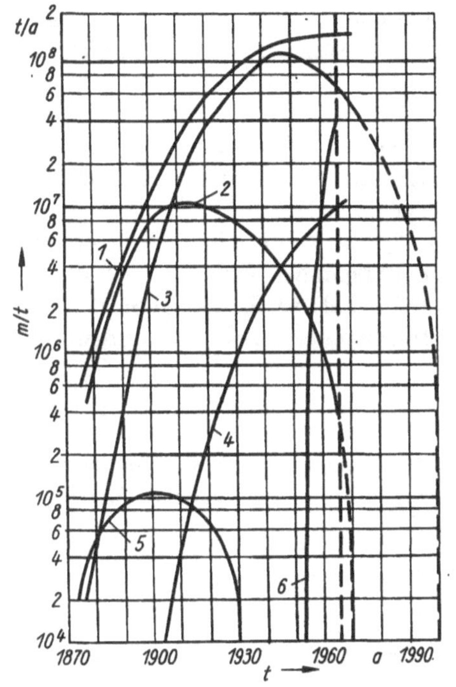

Abb. 109. Jährliche Produktion von m/t Stahl als Funktion der Zeit t

1 — Gesamtproduktion; 2 — Bessemer-Stahl; 3 — Siemens-Martin-Stahl; 4 — Elektrostahl; 5 — Tiegelstahl; 6 — Stahl, der bei Zugabe von Sauerstoff von oben erschmolzen wurde

Hier ist b — der für den betreffenden Fall maximal mögliche Wert. Bei $b \gg S$ ist diese Kurve der exponentiellen nahe. Mit dem Wachstum des Wertes S ergibt sich gewöhnlich die Möglichkeit, den Punkt des beginnenden Übergangs des Exponenten in die Logistik (den Wendepunkt) festzustellen.

Eine vertiefte Analyse der Theorie der „Wachstumskurven der Wissenschaft"[61] und eine unvoreingenommene Untersuchung der umfassenden, heute vorliegenden Kollektion real zustande gekommener Wachstumskurven erlaubt die Schlußfolgerung, daß als mathematische Modelle derartiger Kurven verschiedene Funktionen dienen können, die durch lineare Gleichungen, Gleichungen n-ten Grades, exponentielle Systeme, Parabeln, Hyperbeln, logistische Funktionen,

61 Vgl. O krivych rosta v nauke. Materialy diskussii, provedennoj otdeleniem kompleksnych problem naukovedenija i informatiki Instituta matematiki AN USSR. Kiev 1968.

die Integralfunktion von LAPLACE und GAUSS u. a. geliefert werden. Alles hängt von der Richtigkeit des gewählten Systems der Ausgangspostulate hinsichtlich des konkréten, mit Hilfe der Wachstumskurven zu untersuchenden Entwicklungsprozesses ab.

Ein interessanter Versuch zur Aufstellung eines mathematischen Modells für eine Gruppe verwandter Wachstumskurven stammt von dem DDR-Wissenschaftler SCHRAUBER.[62] Seine Idee läßt sich so darstellen:

Gegeben ist ein bestimmter Parameter P, der die Produktivität der Anstrengungen zur Vervollkommnung einer bestimmten Art von technischen Mitteln ausdrückt. Dieser Parameter (Produktivität) ist die Funktion der Anstrengungen (der Mittel M), die für seine Erreichung unternommen wurden:

$$P = \Psi[f(M)]\,. \tag{1}$$

Die Produktivität der Anstrengungen in den Grenzen eines Ausgangssystems benutzter wissenschaftlich-technischer Prinzipien besitzt eine gewisse Grenze P_l, für die die Ungleichung gilt

$$P < P_l\,. \tag{2}$$

Je näher der Wert P bei P_l liegt, desto geringer ist der Zuwachs der Kennziffer $\mathrm{d}P$ im Vergleich zum Zuwachs der Anstrengungen (Mittel) $\mathrm{d}M$:

$$\mathrm{d}P = (P_l - P)\,\mathrm{d}M\,. \tag{3}$$

Außerdem hängt $\mathrm{d}P$ natürlich auch von den früher fixierten Bedingungen ab:

$$\mathrm{d}P = (P_l - P)\,f(M)\frac{\mathrm{d}M}{\mathrm{d}t}\,\mathrm{d}t\,. \tag{4}$$

Hier ist $f(M)$ eine Funktion, die die Effektivität der Anwendung der Mittel beschreibt. Das Ergebnis dieser Funktion sowie des laufenden Zuwachses der Anstrengungen ist die relative Wachstumsgeschwindigkeit des Wertes der Kennziffer P und wird als $g(t)$ notiert. Dann kann die Gleichung (4) in folgender Form geschrieben werden:

$$\mathrm{d}P = (P_l - P)\,g(t)\,\mathrm{d}t\,. \tag{5}$$

62 Vgl. G. ŠRAUBER: O roste naučno-techničeskich parametrov s točki zrenija prognozirovanija. In: Materialy soveščanija specialistov stran-členov SĖV i SFRJu po obmenu opytom pri sostavlenii naučno-techničeskich prognozov. Praga 1967, S. 41—65.

Die Lösung dieser Differentialgleichung lautet:

$$P = P_l - (P_l - P_0) \cdot e^{-\int_0^t g(t)\,dt} . \tag{6}$$

Der Exponent bei e — der Basis der natürlichen Logarithmen — ist annähernd gleich

$$\left[-\left(\frac{t_i - t_0}{t_c}\right)^n\right]. \tag{7}$$

Dabei sind n — ein quantitativer Parameter, der dieses oder jenes Wachstumsgesetz charakterisiert; t_i — die laufende Zeit; t_0 — die Zeit des Beginns der Berechnung; t_c — eine Konstante, die als die charakteristische Zeit bezeichnet wird. Sie ist in der Hinsicht charakteristisch, daß sie den Grad der Annäherung des sich entwickelnden Prozesses gegen P_l widerspiegelt. Für diese Zeit gilt die Gleichung

$$P = \left(1 - \frac{1}{e}\right)(P_l - P_0) + P_0 . \tag{8}$$

In einer Reihe von Fällen sind wissenschaftlich begründete tatsächliche Werte von P_l bekannt, und dann kann t_c mit großer Genauigkeit berechnet werden; ihr annähernder Wert aus der Gleichung (8) beträgt: bei ansteigenden Parametern $P \approx 0{,}63\ P_l$ und bei sinkenden $P \approx 0{,}37\ P_l$.

Wenn $P_0 \ll P_l$ (wenn eine beträchtliche Reserve für die Steigerung der Kennziffer von den Anfangswerten bis zu den Grenzwerten vorhanden ist — das ist der am meisten typische Fall), dann kann die Gleichung (6) bei Einsetzung des Wertes von (7) in der folgenden Form geschrieben werden:

$$P = P_l\left(1 - e^{-\left(\frac{t}{tc}\right)^n}\right). \tag{9}$$

Weiter werden folgende zwei Parameter-Verhältnisse eingeführt:

$$Y = \frac{P}{P_l}; \qquad X = \frac{t}{t_c}.$$

Unter Berücksichtigung dieser Beziehungen wird das Gesetz des progressiven Wachstums der quantitativen Kennziffer durch folgende Gleichung beschrieben:

$$Y = 1 - e^{(-x)^n} . \tag{10}$$

Auf Abb. 110 ist eine Gruppe der charakteristischen Wachstumskurven bei verschiedenen Werten dargestellt. Bei der Verwendung derartiger Verallgemeinerungen können Modelle der Wachstumskurven für Prognosezwecke in folgender Weise genutzt werden:

a) sie liefern eine Einschätzung des Wertes P_l;
b) sie ermitteln aus der Analyse der realen Wachstumstendenz und mit Hilfe der Formeln (8) und (9) den Wert t_c;
c) sie liefern den Wert der Kennziffer n aus dem Anstieg der realen Wachstumskurve bei $t = t_c$;
d) sie geben die zu prognostizierende laufende Zeit vor und liefern für sie eine Bewertung des Parameters P.

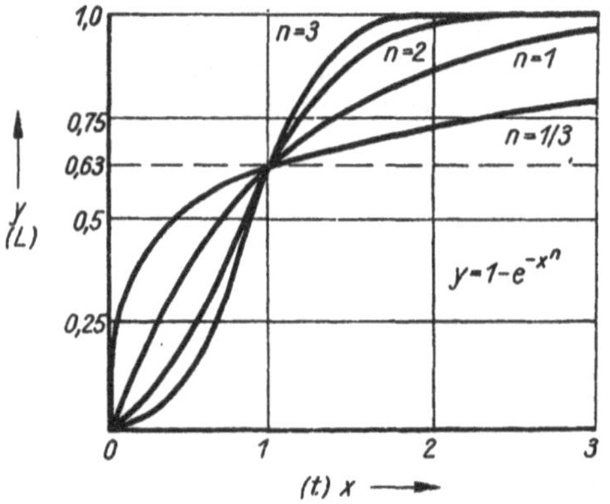

Abb. 110. Gruppe von Wachstumskurven bei verschiedenen Werten der Kennziffer der Potenzfunktion

Das dargestellte Modell ist von JA. FENEK[63] experimentell erprobt worden. FENEK sammelte und analysierte Daten über die Parameter der meisten von 1949 bis 1967 in den entwickelten kapitalistischen Ländern erzeugten Elektronenrechner. Danach wurden die zu erwartenden Grenzwerte für Rechner mit Transistor-Elementen eingeschätzt: Summierungszeit $\sim 10^8$ sek., durchschnittliche Rechengeschwindigkeit $\sim 10^8$ Oper./sek., Kapazität des Arbeitsspeichers $\sim 10^8$ bit. Weiter nahm FENEK eine statistische Bearbeitung der oberen und unteren Werte dieser Parameter vor und erhielt für beide Kurven für jeden Parameter ange-

63 Vgl. JA. FENEK: Osnovnye principy operežajuščej standartizacii produktov mašinostroenija (Kandidatendissertation). Moskau, Vsesojuznij naučno-issledovatel'skij institut standartizacii, 1968.

glichene Werte t_c und n. Bei diesen Operationen benutzte er eine Reihe von Verfahren, die von unserem Kollektiv vorgeschlagen worden sind.

Anschließend wurde auf der Grundlage des SCHRAUBER-Modells extrapoliert, und es wurden die zu erwartenden Werte für jeden der drei obengenannten Parameter gewonnen. Abb. 111 zeigt die Ergebnisse, die hinsichtlich des Wachstums der Werte für die Kapazität des Arbeitsspeichers von EDVA erzielt wurden.

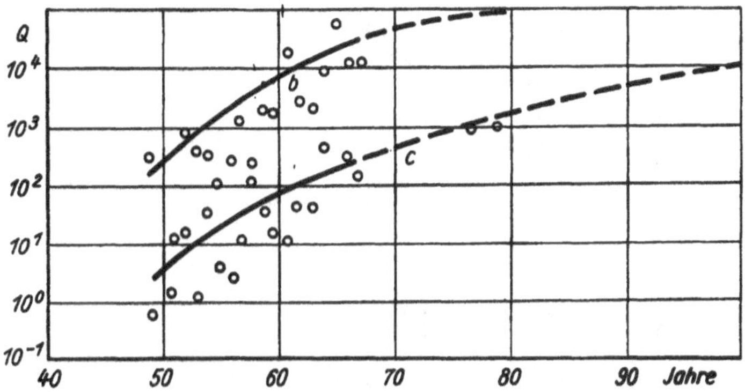

Abb. 111. Wachstumskurven der oberen (b) und der unteren (c) Werte der Kennziffern für die Kapazität des Arbeitsspeichers von EDVA

Die Ergebnisse von JA. FENEK stimmen recht gut mit einer Reihe anderer Bewertungen überein, die mit anderen Methoden erzielt worden sind. Sie bestätigen, daß die Arbeit zur Vervollkommnung der Anwendungsmethoden von Wachstumskurven in der wissenschaftlich-technischen Prognostik ein erfolgversprechendes Unternehmen ist.

Es gibt noch eine andere Gruppe von Modellen, die bei der Prognostizierung der wissenschaftlich-technischen Entwicklung angewendet werden. Gemeint ist der Aufbau von funktional-hierarchischen Netzen der Wege zur Erreichung hypothetischer Ziele des wissenschaftlich-technischen Fortschritts. Diese Methoden ermöglichen es, die Kompliziertheit einer Lösung von Aufgaben und die Schwierigkeit (in Fristen und Mitteln) des Erreichens prognostischer Perspektiven quantitativ zu bewerten sowie die Wahrscheinlichkeit zu bestimmen, mit der diese oder jene zu prognostizierenden Ergebnisse des wissenschaftlich-technischen Fortschritts erzielt werden können. Es bedarf keines Beweises, daß eine komplexe Prognose der wissenschaftlich-technischen Entwicklung, die solche Angaben enthält, für die Praxis der Perspektivplanung besonders wertvoll ist.

Grund für die Entwicklung einer dieser Methoden, die unter dem Namen PATTERN bekannt ist, war das Bestreben, eine Prozedur für die Ermittlung der optimalen Wege zur Realisierung wissenschaftlich-technischer Ideen zu finden. PATTERN wurde von dem amerikanischen Konzern „Honeywell“ (1963—1964) entwickelt, um unmittelbar die Schaffung neuer wissenschaftlich-technischer Systeme für militärische Zwecke zu beschleunigen.[64] Später ist die Nomenklatur der Anwendungsobjekte wesentlich erweitert worden, obwohl die erste Gruppe von Aufgaben nach wie vor dominiert. Die Methodik sieht folgendes vor: Es

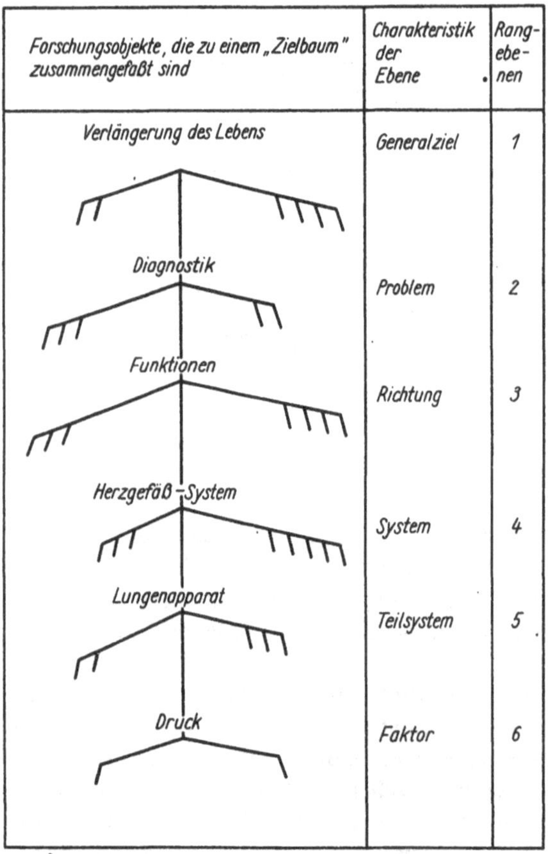

Abb. 112. Fragment eines „Zielbaumes“ zum Problem der Lebensverlängerung

64 Vgl. M. E. ESCH: Planning Assistance Through Technical Evaluation of Relevance Numbers. In: Proceedings of the 17th National Aeropace Electronics Conference (1965). New York 1965, S. 346—351 (die Anfangsbuchstaben des Titels ergeben den Begriff: PATTERN). Unter dem Gesichtspunkt der Planung bereits oben behandelt. Vgl. Kapitel 7, S. 316.

werden verschiedenartige Daten über sich abzeichnende Tendenzen sowie entsprechende Expertenbewertungen analysiert, und auf dieser Grundlage wird eine umfassende Kollektion konkreter Vorstellungen von den zukünftigen Möglichkeiten der wissenschaftlich-technischen Entwicklung gewonnen.[65] Experten analysieren entsprechend den Bedürfnissen und Ressourcen des Landes (oder der Firma) diese Vorstellungen, berücksichtigen die politischen, ökonomischen und anderen allgemeinen Zielstellungen und verfassen ein beschreibendes Dokument, ein sogenanntes Szenarium der wichtigsten Perspektiven der wissenschaftlich-technischen Entwicklung. Nach Billigung dieses „Szenariums" durch die kompetenten Instanzen wird ein sogenannter Zielbaum aufgestellt. Abb. 112 zeigt als Beispiel einige Zweige eines solchen Zielbaumes hinsichtlich „Verlängerung des Lebens".

Ein wichtiges Moment besteht darin, daß jedem „Zweigchen" des Baumes (jedem erwarteten Ereignis) auch auf jeder hierarchischen Ebene auf Grund von Expertenbewertungen entsprechende Wichtungskoeffizienten der Ereignisse sowie die möglichen Fristen für ihren Eintritt beigegeben werden. Eingeschätzt werden auch die Perspektiven des Zusammenwirkens der Wissenschaften, die interdisziplinären Beziehungen sowie die Möglichkeiten, Komplexarbeiten zu organisieren. Dabei stützen sich die Experten nicht nur auf ihren gesunden Menschenverstand, ihre Erfahrungen und ihre Intuition, sondern auch auf eine konkrete Analyse der Tendenzen in der Forschungs- und Entwicklungsarbeit. Dazu werden alle verfügbaren Verfahren eingesetzt, von der Extrapolation bis hin zur informationellen und statistisch-wahrscheinlichkeitstheoretischen Modellierung.

Diese sehr umfangreiche Information, die „manuell" nicht geordnet und untersucht werden kann, wird in einen Elektronenrechner eingegeben, wo sie analysiert sowie periodisch korrigiert und ergänzt wird. Auf dieser Grundlage werden konkrete quantitative Bewertungen der Prognose erarbeitet, z. B. die Wahrscheinlichkeit für das Erreichen verschiedener Etappen der angenommenen Perspektive und die Bedeutung dieses Ereignisses im Hinblick auf die Gesamtziele und die Teilziele.

Die Methoden zum Aufbau und zur Analyse funktional-hierarchischer Modelle des Ablaufs wissenschaftlich-technischer Arbeiten wurden intensiv vervollkommnet.[66] Nach Literaturangaben gab es bereits in den sechziger Jahren mehr

65 Vgl. M. M. Lopuchin: Pattern — metod planirovanija naučno-issledovatel'skich rabot. Moskau 1971.

66 Vgl. J. R. Bright (Ed.): Research Development and Technological Innovation. Homewood 1968; M. J. Cetron: Quest Status Report. In: IEEE Transactions of Engineering Management, 1967, Bd. EM-14, Nr. 2, S. 51—62.

als dreißig solcher Methoden.[67] Besondere Beachtung bei den Prognostikern finden diejenigen Methoden, die es ermöglichen, die relative Bedeutung der Grundlagenforschungen für die angewandten Forschungen und der letzteren für die verschiedenartigen Ziele und Teilziele der technischen Entwicklung zu bewerten.

Ein Beispiel für diese neuen Methoden der Aufstellung von funktional-hierarchischen Modellen bietet das System QUEST.

QUEST (Quantitative Utility Estimate for Science and Technology — quantitative Bewertung des Nutzens für Wissenschaft und Technik)[68] wurde entwickelt, um die Effektivität der Entscheidungen hinsichtlich der Verteilung der Ressourcen für Forschung und Entwicklung zu erhöhen. Der Methode liegt die Idee zugrunde, die Ressourcen unter Berücksichtigung des möglichen (durch Expertisen ermittelten) Beitrags zu verteilen, den die verschiedenen Zweige der Technik und wissenschaftliche Richtungen zur Lösung eines bestimmten Aufgabenkreises leisten können. QUEST gliedert sich in folgende Etappen:

1. die quantitative Expertenbewertung der Bedeutung der verschiedenen Aufgaben;
2. die quantitative Expertenbewertung des möglichen Beitrags der verschiedenen Zweige der Technik zur Lösung dieser Aufgaben, und zwar sowohl für den Fall normaler Finanzierung als auch für den Fall einer zusätzlichen Finanzierung dieser Zweige;
3. die Ermittlung der summarischen Bedeutung jedes Zweiges der Technik für die Lösung der Gesamtheit der Aufgaben; dies geschieht dadurch, daß die Produkte aus den Wichtungen der einzelnen Aufgaben und aus den entsprechenden Wertungen des Beitrags des betreffenden Zweiges summiert werden;
4. die Verteilung der Ressourcen auf die verschiedenen Zweige der Technik, entsprechend den summarischen Bedeutungen jedes Zweiges.

Eine analoge Prozedur ist auch vorgesehen, um Einschätzungen für den summarischen Beitrag jeder wissenschaftlichen Richtung zur Entwicklung aller technischen Zweige bei Berücksichtigung der Bedeutung jedes Zweiges zu gewinnen. Die Verteilung der Ressourcen auf die verschiedenen wissenschaftlichen Richtungen erfolgt dann auf der Grundlage dieser Einschätzungen.

Die Besonderheit von QUEST besteht darin, daß es notwendig ist, zahlreiche hochqualifizierte Spezialisten aus den verschiedenen Zweigen von Wissenschaft und Technik heranzuziehen und diesen Experten vielfältige zuverlässige und relevante Informationen zur Verfügung zu stellen.

67 Vgl. M. Cetron/S. Martino/L. Roepcke: The Selection of R and D Program Content-Survey of Quantitative Method. In: IEEE Transactions of Engineering Management, 1967, Bd. EM-14, Nr. 1, S. 4—13.

68 Vgl. M. J. Cetron: QUEST Status Report, a. a. O.

In den letzten Jahren haben sich die Wissenschaftswissenschaftler auch den Möglichkeiten zugewandt, welche die Methoden der Operationsforschung für die Analyse der Wissenschaftsentwicklung bieten.[69] Im Blick auf die Aufgaben von Programmprognosen und Organisationsprognosen entwickeln sich daraus Versuche, ökonomisch-mathematische Modelle für die Auswahl von Entwicklungsvarianten sowie für die zweckmäßige Verteilung der Ressourcen zu schaffen.

Insgesamt tragen die Modellierungsmethoden, die für die Prognose von Wissenschaft und Technik verwandt werden, dazu bei, in zunehmendem Maße die rationellen Elemente aller anderen Methoden und Verfahren zu synthetisieren. Das ist ein außerordentlich vielversprechender Weg, denn er eröffnet die Möglichkeit, einheitliche Komplexmethoden für die schrittweise Ausarbeitung von Forschungsprognosen, Programmprognosen und Organisationsprognosen zu entwickeln.

2. Die Versorgung der Wissenschaftsleitung mit Prognosen

Wissenschaftsprognosen müssen alle Arbeiten auf dem Gebiet von Wissenschaft und Technik erfassen. Sie müssen Einschätzungen, Schlußfolgerungen und Vorschläge zu folgenden Bereichen enthalten:

a) Bereich der Theorie-Entwicklung und Erfordernisse bei der Gestaltung eines Vorlaufs neuer Prinzipien und Ideen für die weitere Entwicklung des zu prognostizierenden Gebietes;
b) Bereich der Aufstellung von Arbeitsprogrammen zur zielgerichteten Forschung nach Verfahren zur Verwirklichung und Nutzung bereits erkannter Möglichkeiten und Prinzipien;
c) Bereich der Suche nach ökonomisch und technologisch effektiven Verfahren zur Realisierung der neuesten Lösungen in der modernen Produktion, die sich unter Laborbedingungen bewährt haben;
d) Bereich der Organisation der Nutzung und umfassenderen Anwendung von schon in die Praxis übergeleiteten Neuheiten.

Die Möglichkeiten, die obengenannten systematischen Schlußfolgerungen in der Praxis anzuwenden, illustrieren wir am Beispiel einer Methodik der wissenschaftlichen Prognose, die auf Ideen von V. M. GLUŠKOV beruht.[70]

69 Vgl. B. DEAN (Ed.): Operations Research in Research and Development. New York 1963; E. V. BRUJACKIJ/L. P. SMIRNOV: Matematičeskie metody v zadačach upravlenija naukoj. Kiev 1973; Materialy mežrespublikanskoj naučnoj konferencii „Ėkonomičeskie voprosy naučno-techničeskogo progressa", Teil I, II, III. Erevan 1973; A. BATTEREBY: Mathematics in Management. London 1966.

70 Vgl. V. M. GLUŠKOV: Prognozuvannja i keruvannja naukovimi doslidžennjami. In: Visnik AN URSR, Nr. 10, 1970.

Das Wesen dieser Methodik bilden die informationellen und mathematischen Prozeduren zum Aufbau und zur Analyse eines Stützgraphen. Dieser Graph widerspiegelt die verallgemeinerte, kollektive Meinung eines großen Kreises von Spezialisten über die Erfordernisse, Möglichkeiten und Ressourcen des wissenschaftlich-technischen Fortschritts auf einem bestimmten Gebiet der Forschung und Entwicklung. Im Hinblick auf die Spezifik der Leitung des wissenschaftlich-technischen Fortschritts in unserem Land wird dieser Prognose-Graph als „staatlicher Graph für die Prognose der Lösung wissenschaftlich-technischer Probleme" bezeichnet.

Bei der Aufstellung eines solchen Systems verallgemeinerter Vorstellungen versuchen die Organisatoren der Prognose im Verlauf einer zielgerichteten und vielstufigen Expertenbefragung, die wichtigsten zu erwartenden und erforderlichen Ereignisse und Bedingungen für die Erreichung jeder Fortschrittsebene auf dem zu prognostizierenden Gebiet zu klären und zu formulieren. Jedes solche Ereignis wird mit einem Komplex quantitativer Bewertungen versehen (t — die erwartete Eintrittszeit des Ereignisses j; $P_{ij}(t)$ — die relative Wahrscheinlichkeit, daß das Ereignis in der Zeit t vom Zustand i in den Zustand j übergeht; c_{ij} — Einschätzung der Kosten für die Verwirklichung des betreffenden elementaren Schritts des wissenschaftlich-technischen Fortschritts; z_i — die relative Bedeutung des Ereignisses i als einer Bedingung für den Eintritt des Ereignisses j).

Die Struktur des Graphen gibt das logische Netz der kausalen Beziehungen zwischen einer Menge von Ereignissen wieder, die in den Graphen aufgenommen werden. Der Graph wird in der Reihenfolge aufgebaut, daß ein gewisses Problem (Ereignis S — das Endziel des Programms) aus der Zukunft in die Gegenwart zurückverfolgt wird, wobei die Zwischenereignisse festgestellt und die kausalen Beziehungen zwischen ihnen fixiert werden. Ein speziell ausgewählter, repräsentativer Kreis von Experten (ihre Anzahl kann bei variabler Zusammensetzung in jeder Etappe der Expertise in die Hunderte gehen) formuliert schrittweise die wissenschaftlich-technischen Bedingungen für die Erreichung eines bestimmten Niveaus von Zielen und Teilzielen. Diese Prozeduren der Expertise werden bis hin zur Formulierung solcher Bedingungen wiederholt, wie sie die Nutzung eines bereits vorliegenden Ergebnisses der Forschungs- und Entwicklungsarbeiten, die Realisierung einer patentierten Lösung, die Einführung einer auf dem Lizenzweg erworbenen Neuheit usw. darstellen.

Die auf diese Weise konstruierten hypothetischen Netze berücksichtigen Tausende von Ereignissen. Nicht ausgeschlossen sind auch Zehntausende auf eine bestimmte Weise systematisierte konkrete wissenschaftlich-technische Ideen und Möglichkeiten. Eine solche formalisierte Darstellung der zusammengefaßten Spezialistenmeinung besitzt eine Reihe von interessanten und keineswegs trivialen Eigenschaften.

Vor allem enthält der Graph wesentliche Informationen, über die kein einzelner noch so qualifizierter und sachkundiger Spezialist verfügt. Diese Informationen können strukturell analysiert und unter Verwendung quantitativer Methoden mathematisch bearbeitet werden.

Das ausgearbeitete und auf dem Rechner M-220 realisierte Programm ermöglicht es, die (im Hinblick auf Zeit, Kosten usw.) optimalen Wege zur Erreichung des Endziels des Programms und die Wichtigkeit der verschiedenen Ereignisse und Ereignisketten (Varianten) für die Lösung des Ausgangsproblems zu ermitteln sowie diese Eigenschaften im Hinblick auf die Variantengruppen quantifiziert zu bewerten. Der Rechner übernimmt auch die recht umfangreichen Operationen zur Ordnung und Erneuerung des Informationsbestandes im Graphen, den Ausschluß von Sackgassen und Schleifen sowie andere Operationen, die für die anschließende Analyse und die Berechnungen erforderlich sind.

Die Hauptsache besteht darin, die Ketten der wechselseitig verbundenen Ereignisse von gemeinsamen Positionen her qualitativ zu analysieren und ihre Charakteristika in einem einheitlichen System von Meßgrößen quantitativ zu berechnen; bei gemeinsamen Einschätzungen, die den ganzen Prognosekomplex erfassen, kann man zudem diese Operationen für die Ziele und Teilziele, für die Wege zu ihrer Erreichung und die dazu erforderlichen Ressourcen durchführen.

Eine der wichtigsten Eigenschaften dieser Prognosemethode ist die Möglichkeit, einen Dialog mit dem Graphen zu führen, also einen Dialog „Mensch—Informationssystem". Als Widerspiegelung der Struktur wissenschaftlich-technischer Beziehungen ist jedes Ereignis spezifisch mit dem am nächsten stehenden Ereignis und über dieses mit den folgenden Ergebnissen verbunden. Die Erreichung des Endziels eines Programms hängt also in verschiedener Weise vom Schicksal der einzelnen Ereignisse ab. Der Graph bietet dem Prognostiker die Möglichkeit, eine Reihe von Hypothesen zu überprüfen (Situationen durchzuspielen). So kann er z. B. folgende Fragen untersuchen: Welche Folgen sind zu erwarten, wenn das Ereignis j in einem Zeitraum von $\pm\Delta t$ eintritt? Wie verändert sich die Wahrscheinlichkeit, das Ziel S zu erreichen, wenn die relative Wahrscheinlichkeit für den Übergang des Ereignisses i in den Zustand j gleich 0 ist?

Infolge der Spezifik des wissenschaftlich-technischen Fortschritts als Prognose-Objekt gibt es außerdem zu jedem Zeitpunkt im Graphen eine bestimmte Anzahl von Ereignissen, für deren Realisierung keiner der Experten die Bedingungen nennen konnte. Im tatsächlichen Verlauf der Forschungs- und Entwicklungsarbeiten werden (sowohl unter dem Einfluß der internationalen Erfahrungen als auch auf der Basis der eigenen Arbeiten) die Möglichkeiten für die Weiterentwicklung des Graphen ermittelt, darunter auch die Möglichkeiten für den Abschluß (die „Erdung") von Zweigen, die vorher nicht beurteilt werden konnten. Damit erfolgt zugleich eine Präzisierung der strukturellen Beziehungen sowie der früheren quantitativen Wertungen einer Reihe anderer Schlüsselereignisse.

Der Graph stellt ein dynamisches System dar, in das periodisch Informationen eingegeben werden. Quelle dieser Informationen können sowohl die Forschungstätigkeit des Experten sein, in deren Verlauf er neue Möglichkeiten entdeckt, als auch Informationen über neue wissenschaftliche Ergebnisse im In- und Ausland.

Unter dem Einfluß der neu in das System eingehenden Information erfolgt eine periodische Neueinschätzung (Revision) der früheren Bewertungen, der ausgearbeiteten Prognosevarianten und der auf dieser Grundlage gefällten Entscheidungen. Die Ergebnisse einer solchen algorithmierten Analyse können dem System „Anlaß geben", im Verlauf des Dialogs entsprechende Aufforderungen an die Leitung zu richten, etwa: diesen oder jenen Teil des Aktionsplans zu revidieren oder die neu entstandene Situation auf nichtformaler Ebene zu erörtern.

Ein wertvolles Moment für die Leitungspraxis ist der Umstand, daß die für die Entscheidungen verantwortliche Instanz den „Preis des Fehlers" oder den „Preis der Optimalität" einer Entscheidung erfahren kann.

Diese Fähigkeit des Prognose-Graphen zur „Selbstvervollkommnung" und „Selbstanalyse" eröffnet in Verbindung mit den weiter oben dargestellten Prozeduren zur Analyse und Synthese der Pläne der Forschungs- und Entwicklungsarbeiten besonders unter den sozialen Verhältnissen in der Sowjetunion günstige Perspektiven für die Gestaltung einer neuen Methodologie der Planung und Leitung des wissenschaftlich-technischen Fortschritts. Die Wesenszüge dieser Methodologie sind:

— Es wird ein einheitliches Spektrum von planmäßigen Entscheidungen gewährleistet, das die Forschungsarbeiten (unterschiedlichen Niveaus), die Versuchs- und Konstruktionsarbeiten und die Vervollkommnung der Produktion einschließt;
— alle wesentlichen Leitungsentscheidungen werden auf der Basis nahezu vollständiger und objektiver Informationen getroffen und stützen sich auf eine rechnerische Begründung nach dem Prinzip „Ziel, Weg, Ressourcen". Die Prognose wird auf „natürliche" Weise in einen Aktionsplan transformiert;
— die Planung erfolgt permanent, d. h., zu jedem Zeitpunkt innerhalb des 15- bis 20jährigen Prognosezeitraums ist es möglich, eine Entscheidung über das Zielprogramm (oder den Plan für das Jahrfünft) zu fällen oder zu korrigieren. Dabei werden die Auswahl der Ziele und die Dynamik ihrer Erreichung, aber auch die Aufstellung der perspektivischen Arbeitsprogramme und die Verteilung der Ressourcen einheitlich methodisch begründet;
— im Verlauf der Ausarbeitung von Prognosen, der Entscheidungsfindung und Plandurchführung kann ein immer größerer Kreis von Spezialisten Informationen in die Datenbank einbringen, die für die Prognosen wichtig sind. Dadurch können einzelne Zweige des Graphen „geerdet" oder frühere Bewertungen geändert werden, und damit können zugleich der Inhalt der

Prognose und der Charakter der auf Grund der Prognose zu fällenden Entscheidungen beeinflußt werden. Neue Ideen haben Einfluß auf den Graphen nicht über die statistisch ermittelten Bewertungen, sondern dadurch, daß die Zusammensetzung der Ereignisse und die Beziehungsstruktur dieser Ereignisse verändert werden. Eine sorgfältige Behandlung individueller Vorschläge stimuliert die Aktivität dieses besonderen „Ideenwettbewerbs".

Eine solche demokratische, elastische und dynamische Planung[71] bedarf natürlich bestimmter Voraussetzungen. So müssen Informationssysteme für die Prognosetätigkeit entwickelt werden, und zwar bis hin zu ständigen Systemen der Tendenzbeobachtung und der kontinuierlichen Prognostizierung der Entwicklung auf den Gebieten des wissenschaftlich-technischen Fortschritts, und diese Systeme müssen mit den automatisierten Leitungssystemen integriert werden.

Abb. 113 zeigt das Blockschema eines Prognosesystems. Output des Systems ist der Informationsstrom, der die Ergebnisse der Analyse, Diagnose und Prognose der Entwicklungstendenzen des zu leitenden Gebiets des wissenschaftlich-technischen Fortschritts enthält (Übersichten, vergleichende Bewertungen, prognostische Hypothesen usw.). Dieser Strom wird unmittelbar von einer Gruppe hochqualifizierter Spezialisten formiert, die im Dialog mit dem Prognosesystem stehen und in ihrer Arbeit nicht formalisierbare heuristische Verfahren anwenden. Wir bezeichnen dieses schöpferische Kollektiv als Gruppe für die *S*ynthese und *I*nterpretation der *D*aten (SID-Gruppe).

Das zum System gehörende technische Element — der Elektronenrechner — kann ganz für die Arbeit in einem solchen System spezialisiert sein, es kann aber auch ein Universalrechner eingesetzt werden, der auch andere Klassen von Aufgaben löst.

MV, die *m*athematische *V*ersorgung des Systems, stellt einen Satz von Standardprogrammen und speziell ausgearbeiteten Programmen für die Abarbeitung des Komplexes der informationellen und Rechenprozeduren mit dem Graphen sowie für die Lösung der Informationsrecherche-Aufgaben, der statistisch-mathematischen und sonstigen Aufgaben dar, die sich bei der Tendenzbeobachtung und der Prognosetätigkeit ergeben. Mit der Entwicklung des Systems und seiner Integration mit automatisierten Leitungssystemen werden in der Nomenklatur der mathematischen Versorgung auch Programme für die Auswahl der Varianten der wissenschaftlich-technischen Politik, Programme für die Optimierung der Reihenfolge der Leitungsentscheidungen und anderes Platz finden.

In der Struktur des Systems ist ein spezielles Glied — die Gruppe für *A*ufgaben und *M*ethoden der *L*ösung (Gruppe AML) — vorgesehen. Zu ihren Funktionen gehört es, den Strom der Aufgaben und Anforderungen, die in der

71 Vgl. V. Gluschkow: Kybernetik und Gesellschaftsprognose. In: Probleme des Friedens und des Sozialismus, 1971, Nr. 1, S. 52—61.

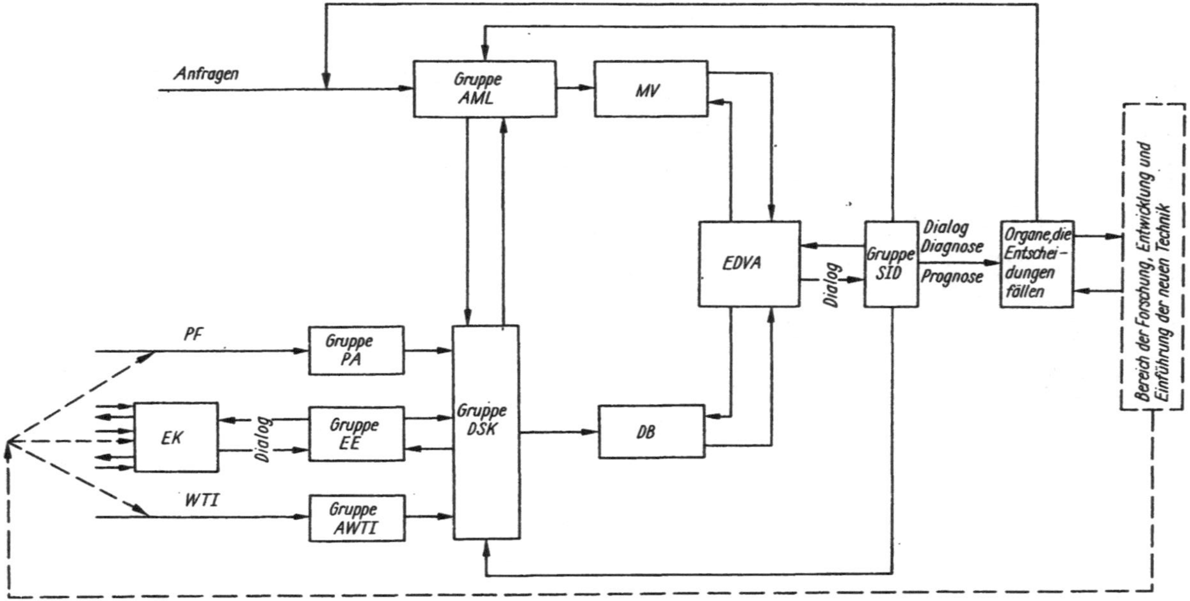

Abb. 113. Blockschema eines Prognosesystems

natürlichen Sprache eintreffen, entgegenzunehmen, sie in der Systemsprache zu interpretieren, rationelle Methoden für die Lösung der Aufgaben auszuwählen und die vorhandene mathematische Versorgung des Systems entsprechend einzusetzen. Die Operationen dieser Gruppe stehen in enger Wechselbeziehung mit der Tätigkeit der Gruppe für *D*aten*s*ystematisierung und -*k*odierung (Gruppe DSK). Sie bildet unmittelbar die *D*aten*b*ank (DB) des Systems und sichert deren rationelle Nutzung. Die Datenbank enthält nicht nur die eigentlichen wissenschaftlich-technischen Informationen, sondern auch Angaben über Experten, über frühere Entscheidungen der Wissenschaftspolitik, über Zielkonzeptionen der verschiedenen wissenschaftlich-technischen Programme, über Kataloge statistischer und normativer Daten u. dgl. m.

Neue Informationen erhält das System über drei Kanäle. Da den im System benutzten Prognosemethoden die Anwendung des Prognose-Graphen zugrunde liegt, nehmen den zentralen Platz in der in das System eingehenden Information die Gedanken und Einschätzungen ein, die von einem *E*xperten*k*ollektiv (EK) formuliert werden; im ständigen Dialog mit diesem Kollektiv arbeitet die Gruppe für *E*xperten*e*inschätzungen (Gruppe EE). Dieses *E*xperten*k*ollektiv (EK) analysiert ständig den Grad der Kompetenz, Aktivität und Genauigkeit der Intuition sowie das verantwortungsbewußte Verhalten jedes Experten im Hinblick auf die von ihm geäußerten Ideen, Vorschläge und Einschätzungen.

Eine spezifische Tätigkeit übt die Gruppe für *P*atent*a*nalyse (Gruppe PA) aus. Sie analysiert systematisch neu erschienene Dokumente des nationalen und internationalen *P*atent*f*onds (PF) — Patente, Urheberscheine und Patentanmeldungen — in den Klassen, die das Prognoseobjekt betreffen. Die Ergebnisse der Patentanalyse werden im System in mehrfacher Weise genutzt:

- sie werden als direkte Argumente für die Entwicklung des Graphen genutzt, indem sie die Zusammensetzung der Ereignisse vervollständigen, betroffene Zweige „erden" oder frühere Einschätzungen zu analogen Ereignissen präzisieren;
- die Ergebnisse der Patentanalyse, die vermittels spezieller Prozeduren erzielt worden sind,[72] bilden die Grundlage für eine Reihe von prognostischen Hypothesen, die nach ihrer Erörterung mit dem Expertenkollektiv zur weiteren Nutzung in die Datenbank eingegeben werden;
- die Gruppe PA informiert systematisch das Expertenkollektiv über neue wissenschaftlich-technische Lösungen und trägt damit zur Erhöhung der Qualität der Expertisen bei.

72 Vgl. G. M. Dobrov: Prognostik in Wissenschaft und Technik. Berlin 1971; Voprosy naučnogo prognozirovanija (avtoreferaty dokladov naučnogo simpoziuma). Izd. Koordinacionnogo komiteta po prognozirovaniju naučno-techničeskogo progressa i ego social'nych posledstvij. Moskau 1968; M. M. Timofeeva/N. M. Madatov: Opyt prognozirovanija razvitija otrasli techniki na osnove statističeskoj obrabotki patentov. Moskau 1970.

Der dritte Kanal, über den Ideen und Informationen, welche die modernen Erfahrungen der wissenschaftlich-technischen Entwicklung widerspiegeln, in das System gelangen, ist die *w*issenschaftlich-*t*echnische *I*nformation (WTI). Die Gruppe für die *A*nalyse der *w*issenschaftlich-*t*echnischen *I*nformation (Gruppe AWTI) sammelt und analysiert Übersichten, Niveau-Einschätzungen und prognostische Ausarbeitungen, die in der Literatur neu erschienen sind oder unmittelbar von Spezialisten mitgeteilt wurden, sowie Prinzipien und Ideen hinsichtlich der Entwicklung des betreffenden Gebiets von Wissenschaft und Technik. Die Ergebnisse dieser Analyse werden durch Vermittlung der Gruppe für *E*xperten*e*inschätzungen (EE) im wesentlichen auf die gleiche Weise genutzt, wie das bei den Ergebnissen der Gruppe PA der Fall ist.

Welche Vorteile bietet die Tätigkeit eines solchen Systems? Im Verlauf prognostischer Untersuchungen und Ausarbeitungen hat unser Kollektiv alle auf dem Schema in Abb. 113 genannten Blöcke des Systems experimentell erprobt. Diese Erfahrungen, aber auch theoretische Verallgemeinerungen erlauben die Feststellung, daß die Methode der ständigen Tendenzbeobachtung und Prognostizierung einige prinzipielle Vorzüge besitzt: Erstens erhöht sich ständig die Bedeutsamkeit der prognostischen Einschätzungen für die Leitungsorgane; zweitens wird ein System dieses Typs auf natürliche Weise mit den bereits bestehenden Diensten für wissenschaftlich-technische Information, Patentinformation und technisch-ökonomische Untersuchungen integriert; drittens kann — was offenbar am wichtigsten ist — ein System dieses Typs erfolgreich mit den bestehenden und neu entstehenden Diensten für die Versorgung der Leitungsorgane mit wissenschaftlichen Erkenntnissen integriert werden.

Das Ziel solcher Systeme ist es, ein Arbeitsinstrument für die Analyse der Erfahrungen, die Diagnose des Zustands und die Prognostizierung der Entwicklungsmöglichkeiten der zu leitenden Gebiete des wissenschaftlich-technischen Fortschritts zu werden. Der Kreis der berechtigten Benutzer solcher Systeme beschränkt sich nicht auf die offiziellen Instanzen und Leitungsorgane. Nicht minder wichtig ist, daß auch General- und Chefkonstrukteure von Projekten sowie andere Spezialisten, die für die unmittelbare Ausführung wichtiger Teile von komplexen Forschungs- und Entwicklungsprogrammen verantwortlich zeichnen, unmittelbar mit dem Prognosesystem kommunizieren können. Auch ihre beruflichen Kenntnisse, Erfahrungen und schöpferischen Intuitionen sind eine wichtige Informationsquelle für die Experteneinschätzungen.

3. Erfahrungen mit Prognosen

Obwohl jede Prognosemethode ihre besonderen Vorzüge, Unzulänglichkeiten und spezifischen Grenzen hat, ist der Komplex der modernen Methoden der wissenschaftlich-technischen Prognostik ein neues und überaus patentes Instrument für die wissenschaftlich begründete Leitung der wissenschaftlich-technischen Entwicklung.

Tabelle 43 zeigt, wie nach unserer Ansicht[73] die verschiedenen Prognosemethoden klassifiziert werden können (vgl. Abb. 94, S. 421):

Tabelle 43

Chiffre der Methoden im Klassifikationsschema			Prognosetypen	Forschungsprognose	Programmprognose	Organisationsprognose
1	2	3	4	5	6	7
			I. *Extrapolationsmethoden*			
I	1		Extrapolation von Daten über Parametergrößen von zu prognostizierenden Objekten			
I	1	1	Extrapolation der quantitativen Parameter technischer Mittel	×	×	—
I	1	2	Extrapolation der quantitativen Charakteristika des wissenschaftlichen Potentials	—	—	×
I	2		Extrapolation der bewertenden funktionalen Charakteristika	—	—	
I	2	1	Extrapolation der Daten über die Effektivität der Wissenschaft	×	—	×
I	2	2	Extrapolation der qualitativen Bewertungen der Funktionsweise technischer Mittel	×	×	—
I	3		Extrapolation der System- und Strukturcharakteristika			
I	3	1	Extrapolation der Charakteristika des Zusammenhangs von Strukturelementen in Systemen	×	×	×
I	3	2	Extrapolation von Kennziffern über den Kompliziertheitsgrad des Systems	×	×	×
			II. *Expertisemethoden*			
II	1		Individuelle Experteneinschätzungen			
II	1	1	Einschätzungen des „Interview"-Typs	×	×	—
II	1	2	Analytische Experteneinschätzungen	×	×	×
II	2		Kollektive Experteneinschätzungen			

73 Der Unterschied zwischen dieser Tabelle und der Bewertungstabelle, die E. Jantsch in seiner Arbeit „Technological Forecasting in Perspective" (Paris 1967) anführt, beruht auf den realen Prognoseerfahrungen, über die der Verfasser verfügt.

Tabelle 43 (Fortsetzung)

1	2	3	4	5	6	7
II	2	1	„Kommissionsmethode“	×	×	×
II	2	2	„Methode der bezogenen Auswertung“	×	—	—
II	2	3	„Delphi-Methode“	×	×	×
			III. *Modellierungsmethoden*			
III	1		Logische Modelle, Muster			
III	1	1	Historische Analogien	×	×	×
III	1	2	„Szenarien-Methode“	×	×	—
III	2		Mathematische Modelle			
III	2	1	Statistische Wahrscheinlichkeitsmodelle	—	×	×
III	2	2	Ökonomisch-mathematische Modelle	—	×	×
III	2	3	Funktional-hierarchische Modelle	—	×	×
III	3		Informationsmodelle			
III	3	1	Informationsmodelle auf der Basis der Patent-Dokumentation	×	×	×
III	3	2	Modelle der wissenschaftlich-technischen Publikationsströme	×	×	×
III	3	3	Informationsmodelle für die Beziehungen zwischen den Wissenschaften	×	×	×

Eines der wichtigsten und schwierigsten Probleme in der modernen Prognostik ist die Auswahl der Entwicklungsrichtungen von Wissenschaft und Technik, Heute werden verschiedene Gruppen von Kriterien benutzt, welche die Grundlage für eine vergleichende Bewertung und Auswahl derjenigen Entwicklungsvarianten bilden, die im Verlaufe der wissenschaftlich-technischen Prognosetätigkeit ausgearbeitet werden.

Diese Bewertung der Hypothesen wird benutzt, um zweifelhafte oder wenig begründete Vorschläge auszusondern. Eine große Rolle spielen dabei der gesunde Menschenverstand und die Intuition des Prognostikers. Es gibt auch formalisierte Methoden für die Wahrscheinlichkeitsbewertung des „Risikogrades“ bei Entscheidungen über die Auswahl der möglichen Neuerungen.

Nötig ist es in jedem Falle, die Prognosen auf typische Prognosefehler hin zu untersuchen:

— übermäßige Zuversicht — Vernachlässigung des Einflusses angrenzender Zweige;
— Voreingenommenheit bei der Festlegung der Extrapolationsgrenzen;
— Fehler in den Berechnungen.

Es ist festgestellt worden,[74] daß sich sehr kurzfristige Prognosen (bis zu 5 Jahren) häufig als zu optimistisch erweisen, Prognosen für einen Zeitraum von 20 Jahren hingegen als nicht kühn genug. Ein Zeitraum von 12 bis 15 Jahren erweist sich auch in dieser Hinsicht im allgemeinen als der effektivste. Man kann folgende Form der Zeiteinschätzung vorschlagen:

- T_{real} — die reale Zeit auf der Grundlage der vorsichtigsten Prognosen;
- T_{pess} — die Zeitangabe der pessimistischen Prognosen und
- T_{opt} — die Zeitangabe in den optimistischen Annahmen für den Eintritt der zu prognostizierenden Ereignisse:

$$T_{real} = \frac{4T_{pess} + 2T_{opt}}{6}.$$

Ein solches Vorgehen bei den Zeiteinschätzungen hat sich in der Praxis der Netzplanung bewährt. Wir haben diese Formel anhand von Stichproben überprüft, die sich auf Daten der komplexen Prognose „Die künftigen Ressourcen der USA"[75] beziehen. Die durchschnittliche Bewertung in dieser Prognose erfolgte durch Berechnungen, unabhängig von niedrigeren und höheren Schätzungen. Eine Umrechnung der Daten anhand der genannten Formel ergab jedoch in einem Viertel der Fälle Abweichungen unter 5% und für 80% der Schätzungen, die sich auf die Jahre 1980 und 2000 beziehen, Abweichungen von höchstens 15% von den vorausberechneten Größen.

Häufig gelingt es bei der Prognostizierung zukünftiger Entdeckungen in der Technik und den angewandten Wissenschaften, überzeugende ökonomische Argumente für die Wahl dieser oder jener Entwicklungsrichtung zu finden. Es liegt auf der Hand, daß bei der Einschätzung des zu erwartenden ökonomischen Nutzens, den die Neuerungen in 12 bis 15 Jahren erbringen sollen, die übliche Methodik für die Berechnung der ökonomischen Effektivität neuer Technik wesentliche Veränderungen erfahren muß.

In der Prognosepraxis werden in solchen Fällen bewußt vereinfachte Formeln benutzt. Die Wissenschaftswissenschaft steht vor der Aufgabe, ein System von verallgemeinerten ökonomischen Kriterien für die Bewertung der Varianten der zu prognostizierenden oder zu planenden wissenschaftlich-technischen Entwicklungen auszuarbeiten.

Dieselbe Forderung muß auch im Hinblick auf die ökonomisch-mathematischen Modelle und auf die Methoden der Operationsforschung für die Be-

74 Vgl. R. W. Prehoda: The Growing Role of Technological Forecasting. In: The Futurist, 1967, Bd. 1, Nr. 3, S. 34.

75 Vgl. H. H. Landsberg/L. L. Fischman/J. L. Fisher: Resursy SŠA v buduščem. Bd. 1 u. 2, Übers. a. d. Engl. Moskau 1965. Originalausgabe: Resources in America's Future. Baltimore 1963.

wertung der Prognosevarianten erhoben werden. Uns scheint, daß es für die Anwendung von ökonomisch-mathematischen Methoden in der Prognostik in erster Linie darauf ankommt, weitere Erfahrungen bei der Aufstellung von Bewertungsfunktionen für die Probleme und Situationen des wissenschaftlich-technischen Fortschritts zu sammeln, die unter den Bedingungen des konkreten ökonomischen Systems typisch sind.

Für sehr aussichtsreich halten wir im Hinblick auf die vergleichende Bewertung prognostischer Varianten der wissenschaftlich-technischen Entwicklung den Gedanken von Akademiemitglied V. TRAPEZNIKOV für die Analyse der Effektivität der Automatisierung.[76] Diese Methode kann in den verschiedensten Gebieten von Wissenschaft und Technik angewendet werden. Als ökonomisches Kriterium für die Auswahl von Varianten benutzt TRAPEZNIKOV eine Kennziffer, die er „*P*rogressivitäts*k*oeffizient der *I*nvestitionen" (PKI) nennt.

Nach einer Analyse der Zuwachskennziffern der Arbeitsproduktivität (oder der Naturalkennziffer — „Nettoproduktion") in Abhängigkeit vom Zuwachs der Investitionen kann man die Bewertung erhalten:

$\mathrm{PKI} = \frac{T_T}{T_F}$; dabei ist T_T — der Zuwachs, der vom technischen Fortschritt abhängt, T_F — der Zuwachs, der vom Wachstum der Fondsausstattung abhängt.

Einschätzungen des technischen Niveaus verschiedener Varianten von „Betrieben der Zukunft" haben die Möglichkeit voll bestätigt, dieses ökonomische Kriterium auch in der wissenschaftlich-technischen Prognostik mit Erfolg anzuwenden.

Diese Kriterien für die Bewertung von Entwicklungsmöglichkeiten berücksichtigen die Interessen der jeweils höheren Systemebenen.

Die Perspektiven einer neuen Richtung in der Grundlagen- und in der theoretischen Forschung können nach dem Einfluß bewertet werden, den sie auf *andere* Wissenschaften ausübt.[77]

Die Perspektive der *angewandten* Forschungen wird nach deren Stellung und Rolle im umfassenderen System „Wissenschaft — Technik — Produktion" beurteilt.

Weiter oben haben wir eines der Kriterien für die Einschätzung einer solchen Situation angeführt und die Proportionen der Entwicklungstempi untersucht, bei denen die Technik der Produktion und die Wissenschaft der Technik vorangehen.

76 Vgl. V. A. TRAPEZNIKOV: Avtomatičeskoe upravlenie i ėkonomika. In: Avtomatika i telemechanika, 1966, Nr. 1. Vgl. auch: Nauka i žizn', 1965, Heft 11 und 12.

77 Vgl. A. M. WEINBERG: Auswahlkriterien der Wissenschaften. In: Wissenschaftliche Welt, Jg. IX, 1965, Heft 2; A. M. WEINBERG, Probleme der Großforschung. Frankfurt/M. 1970.

Für den Bereich der *direkten Entwicklung neuer Technik* kann ein Systemkriterium auf der Einschätzung der in Zukunft möglichen Veränderungen im System der „Phasenverschiebungen“, d. h. auf der Geschwindigkeit der „Materialisierung“ der technischen Ideen, aufgebaut werden.

Politische Kriterien schließlich leiten sich aus der allgemeinen sozialen Struktur der Gesellschaft, ihrer Innen- und Außenpolitik, ihrer Ideologie und aus anderen Faktoren ab, die sich in der Einstellung des Staates und der Gesellschaft zur Wissenschaft, in der Gesamtheit der „nationalen Ziele“ niederschlagen, die der Wissenschaft gestellt werden.

Eines dieser Kriterien ist als „Prioritätskriterium“ bekannt. Solche Kriterien verdanken ihre große Wichtigkeit nicht allein Faktoren des nationalen Prestiges, sondern auch ökonomischen Überlegungen und Aufgaben der Verteidigung. Das Problem besteht jedoch darin, daß heute kein Land mehr allein imstande ist, die Priorität in allen prognostisch begründeten wissenschaftlich-technischen Perspektiven zu behaupten. „Kleine“ und „große“ Länder *unterscheiden sich* voneinander *nur* durch die Zahl der Richtungen, die sie zu entwickeln imstande sind, nicht aber hinsichtlich des Problems selbst.

Daher muß jedes einzelne Land Überlegungen anstellen, in welchen Bereichen es die internationalen wissenschaftlich-technischen Erfahrungen nutzen will.[78]

Wichtig ist es, die Gebiete zu kennen, auf denen die Erringung der internationalen Priorität *als nationales Ziel gesetzt* wird. In solchen Fällen kann man das Prinzip für die Auswahl der zu prognostizierenden wissenschaftlichen Richtungen mit der Volksweisheit vergleichen: „Wer einem anderen folgt, kann nicht der Erste sein.“ Anders ausgedrückt, den Vorzug muß unbedingt die Entwicklung prinzipiell neuer Wege erhalten. Freilich müssen dabei bewußt ein großes Risiko und eine geringere Wahrscheinlichkeit der Prognosen in Kauf genommen werden.

Die internationale wissenschaftliche Kooperation der sozialistischen Länder im Rahmen des RGW ermöglicht es, in allen diesen Ländern die aussichtsreichsten Richtungen des wissenschaftlich-technischen Fortschritts beträchtlich zu verstärken.[79]

Die moderne wissenschaftlich-technische Prognostik ist charakterisiert durch:

— systemhafte Analyse der Tendenzen und die Fähigkeit, den wechselseitigen Zusammenhang solcher Prognosen mit ökonomischen und sozialen Prognosen zu berücksichtigen;

78 Dabei ist zu berücksichtigen, daß eine erfolgreiche Übernahme von Ergebnissen der Weltwissenschaft ein entsprechend hohes eigenes wissenschaftliches Potential voraussetzt.

79 Vgl. G. M. Dobrov u. a.: Metodičeskie ukazanija ob organizacii v USSR prognoznych razrabotok v oblaste estestvennych i techničeskich nauk. Kiev 1969.

- Komplexität der Analyse- und Prognosemethoden, in denen Ideen der Kybernetik, der Ökonomie, der Mathematik und der Informatik angewendet werden;
- quantitative Wahrscheinlichkeitsbewertungen künftiger Zustände der Untersuchungsobjekte;
- systematische Analysen der Tendenzen der wissenschaftlich-technischen Entwicklung;
- weitgehende Anwendung moderner technischer Mittel zur Analyse der massenhaften wissenschaftlich-technischen Informationen, zur Realisierung formalisierter Modelle und zur Durchführung von Berechnungen;
- praktische Unterstützung der Perspektivplanung von Wissenschaft und Technik.

Obwohl Theorie und Praxis der wissenschaftlich-technischen Prognostik noch keineswegs ausgereift sind, tragen sie doch schon heute, und wieviel mehr erst in der Zukunft, zum wissenschaftlich-technischen Fortschritt bei.

Aus der Vergangenheit über die Gegenwart in die Zukunft

Dem großen PYTHAGORAS wird der Satz zugeschrieben: „Der Anfang ist die Hälfte des Ganzen.“ Diese Erfahrung macht irgendwann jeder Wissenschaftler: Entscheidend für die Geburt einer neuen Idee oder für die Herausbildung einer neuen wissenschaftlichen Richtung sind die ersten Forschungen und Schlußfolgerungen. Wir haben versucht, im vorliegenden Buch einen Überblick über die Probleme und Ergebnisse der neuen Disziplin Wissenschaftswissenschaft zu geben, und wir bemühten uns, dies konsequent auf der Basis einer Systemkonzeption der Wissenschaft zu tun. Obwohl es bislang noch keine allgemein anerkannte theoretische Konzeption der Wissenschaft gibt, ist die Literatur zu wissenschaftswissenschaftlichen Themen doch schon so groß, daß es schlechthin unmöglich war, sie hier auch nur annähernd vollständig auszuwerten. Diese Tatsache und der Umstand, daß das Interesse an den Problemen der Wissenschaftswissenschaft nach wie vor rasch wächst, gestatten uns zu schlußfolgern, daß der Grundstein für die Wissenschaft von der Wissenschaft längst gelegt ist.

Wenn heute eine allgemein anerkannte, umfassende Theorie der Wissenschaftswissenschaft auch noch aussteht, muß dies die Entwicklung der Wissenschaftswissenschaft keineswegs hemmen; schließlich beginnt der Bau eines Hauses auch nicht immer mit dem Fundament. Im Gegenteil: Theorien entstehen meist erst dann, wenn hinreichende Erfahrungen gesammelt sind. Die rasch anwachsende Menge neuer Fakten, Beobachtungen, Methoden, Verfahren und Ideen läßt erwarten, daß auch die theoretischen Grundlagen der Wissenschaftswissenschaft noch zu unseren Lebzeiten entwickelt werden.

Die allgemeine Beschleunigung des wissenschaftlich-technischen Fortschritts und seine vielfältigen Wechselbeziehungen mit allen Seiten des gesellschaftlichen Lebens verändern zwangsläufig den Inhalt des Begriffes „Wissenschaft“. Entwicklungsprozesse in der Wissenschaft, die früher Jahrhunderte dauerten, vollziehen sich heute in einigen Jahrzehnten. Die Aktualität von Untersuchungen des wissenschaftlich-technischen Fortschritts beruht daher nicht nur auf dringenden Erfordernissen des Lebens, sie ist auch eine objektive Gesetzmäßigkeit der Wissenschaftsentwicklung selbst.

In den dreieinhalb Jahrhunderten seit FRANCIS BACONS „Wissen ist Macht“ ist die wissenschaftliche Erkenntnis tatsächlich zu einer gewaltigen Macht geworden. Die Wissenschaftswissenschaft kann und wird dies auf ihre Weise aufs neue bestätigen, und sie wird dazu beitragen, daß diese Macht der Wissenschaft weiter wächst.

Sachregister

Personenregister

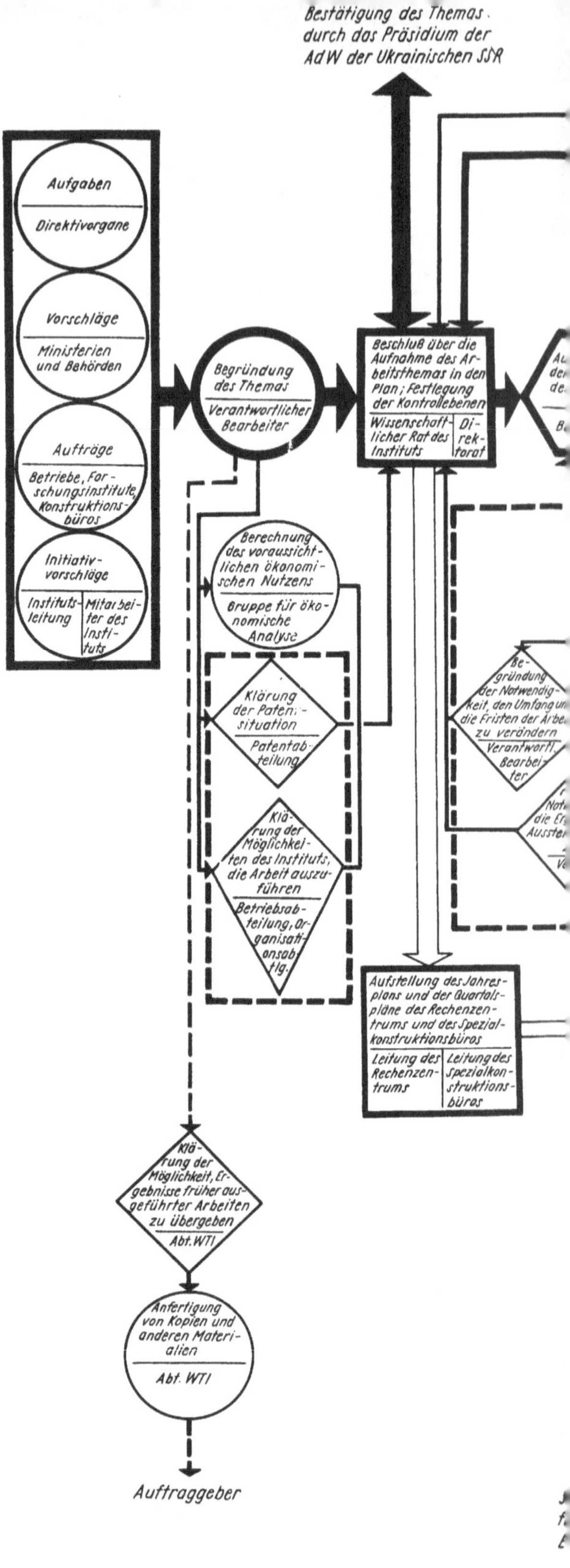

Abb. 81. Schema der Leitung der Forschungs- und Entwicklungsarbeiten eines In

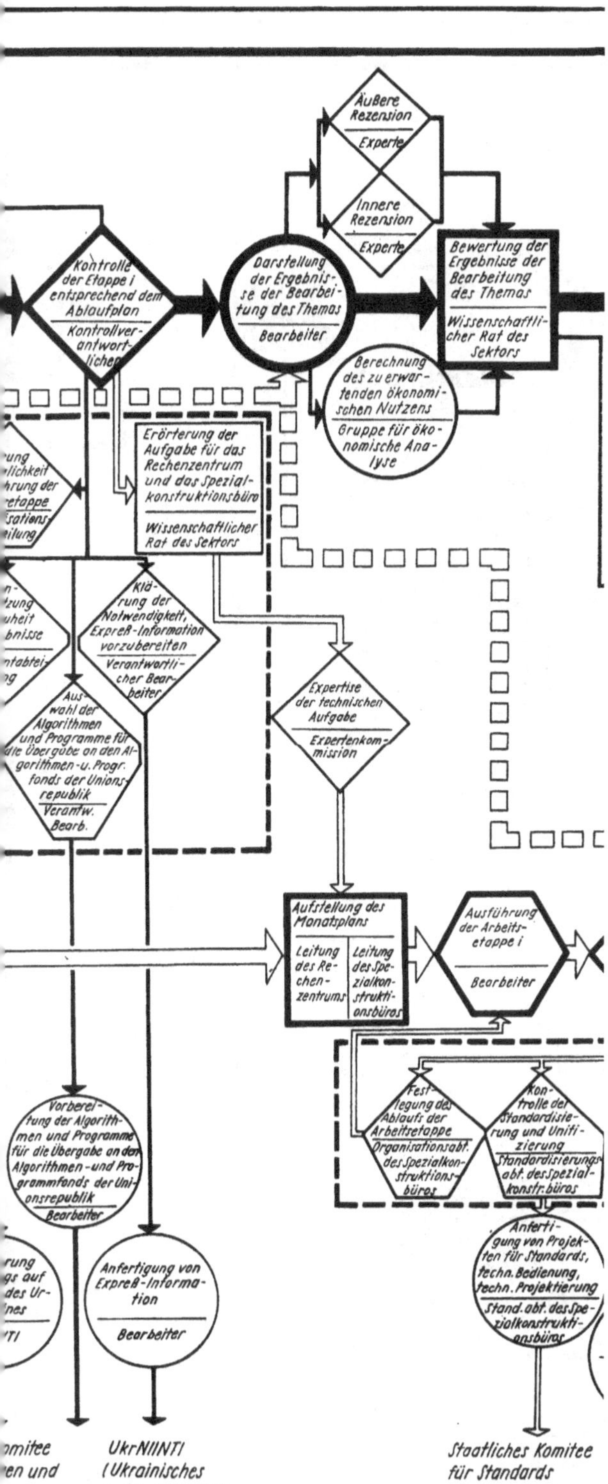

Algorithmen- und Programmfonds der Unionsrepublik

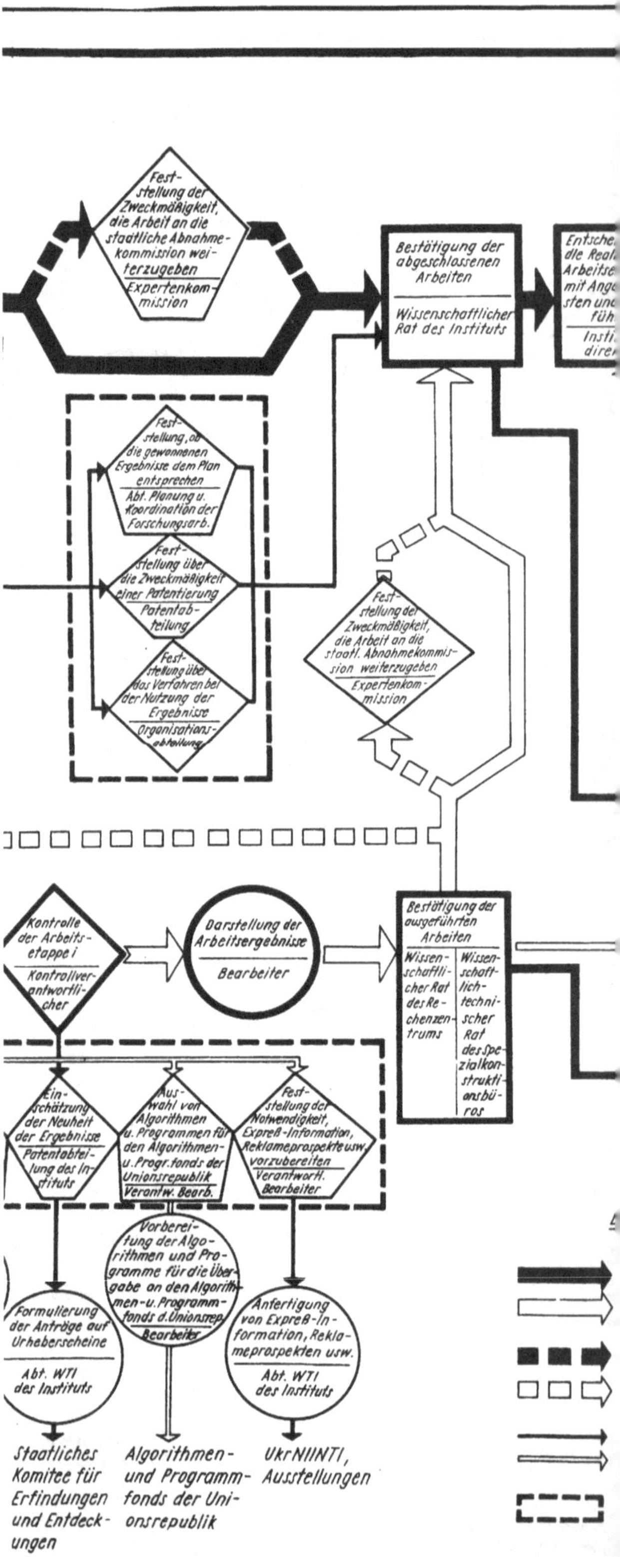

Feststellung der Zweckmäßigkeit, die Arbeit an die staatliche Abnahmekommission weiterzugeben
Expertenkommission
Bestätigung der abgeschlossenen Arbeiten
Wissenschaftlicher Rat des Instituts
Feststellung, ob die gewonnenen Ergebnisse dem Plan entsprechen
Abt. Planung u. Koordination der Forschungsarb.
Feststellung über die Zweckmäßigkeit einer Patentierung
Patentabteilung
Feststellung über das Verfahren bei der Nutzung der Ergebnisse
Organisationsabteilung
Feststellung der Zweckmäßigkeit, die Arbeit an die staatl. Abnahmekommission weiterzugeben
Expertenkommission
Kontrolle der Arbeitsetappe i
Kontrollverantwortlicher
Darstellung der Arbeitsergebnisse
Bearbeiter
Bestätigung der ausgeführten Arbeiten
Wissenschaftlicher Rat des Rechenzentrums
Wissenschaftlich-technischer Rat des Spezialkonstruktionsbüros
Einschätzung der Neuheit der Ergebnisse
Patentabteilung des Instituts
Auswahl von Algorithmen u. Programmen für den Algorithmen- u. Progr.fonds der Unionsrepublik
Verantw. Bearb.
Feststellung der Notwendigkeit, Expreß-Information, Reklameprospekte usw. vorzubereiten
Verantwortl. Bearbeiter
Vorbereitung der Algorithmen und Programme für die Übergabe an den Algorithmen- u. Programmfonds d. Unionsrep.
Bearbeiter
Formulierung der Anträge auf Urheberscheine
Abt. WTI des Instituts
Anfertigung von Expreß-Information, Reklameprospekten usw.
Abt. WTI des Instituts
Staatliches Komitee für Erfindungen und Entdeckungen
Algorithmen- und Programmfonds der Unionsrepublik
UkrNIINTI, Ausstellungen

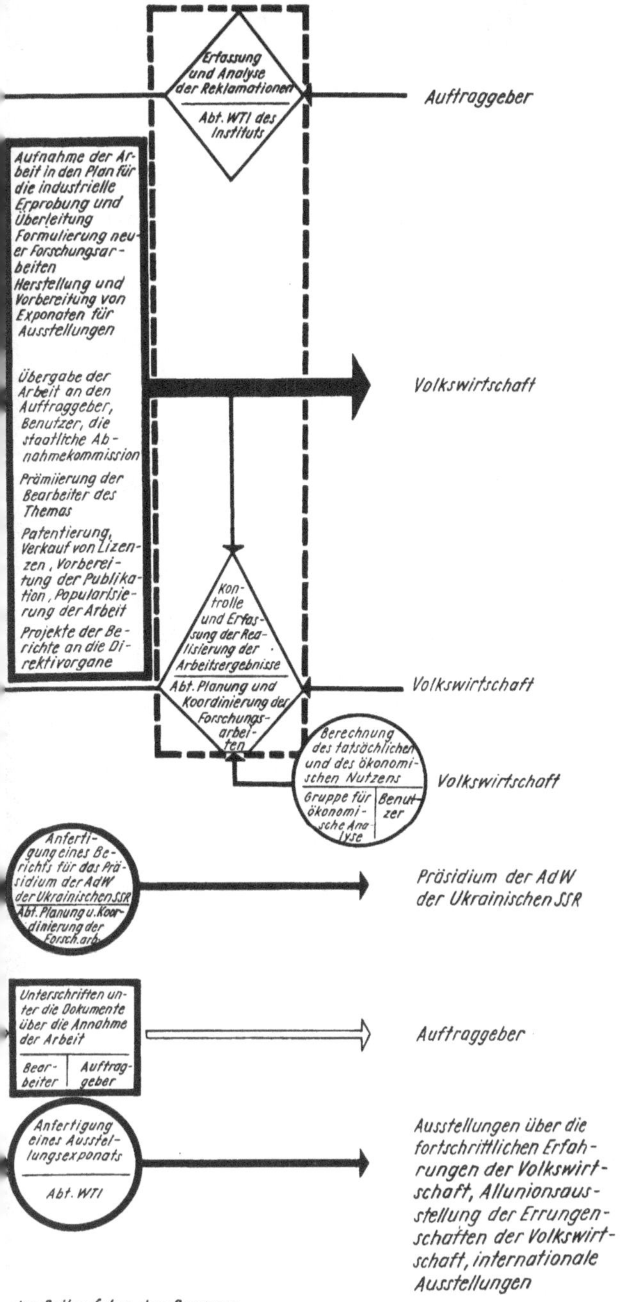

der Reihenfolge der Prozesse

zeß der Arbeiten:

Institut

Rechenzentrum und im Spezialkonstruktionsbüro

der Ausführung der Arbeiten:

Institut

Rechenzentrum und im Spezialkonstruktionsbüro

erationen:

Institut

Rechenzentrum und im Spezialkonstruktionsbüro

Kontrolloperationen

Kolibri 360 GmbH
Ferdinand-Jühlke-Straße 7
99095 Erfurt, Deutschland
produktsicherheit@kolibri360.de